普通高等教育“十一五”国家级规划教材
高等院校石油天然气类规划教材

油层物理

（第二版）

何更生　唐　海　主编

石 油 工 业 出 版 社

内容提要

本书主要包括储层岩石物理特性的概念及测定方法，储层流体的物理特性、相态特征及地下、地面的换算关系，多相流体的渗流机理和提高原油采收率的方法等内容。在阐述基础理论的同时，紧密联系生产实际，列举各种计算以加深理解，并在储层中粘土的影响、敏感性评价、状态方程式、裂缝储层的描述及提高采收率等内容上有自己的特色。

本书适合高等院校石油开采、油藏工程、石油地质和应用化学专业使用，也可供矿场地质、油藏工程技术人员及科研人员参考。

图书在版编目（CIP）数据

油层物理/何更生，唐海主编．—2版．
北京：石油工业出版社，2011.6（2024.8重印）
普通高等教育“十一五”国家级规划教材
高等院校石油天然气类规划教材
ISBN 978-7-5021-8424-7

Ⅰ．油…
Ⅱ．①何… ②唐…
Ⅲ．油层物理学-高等学校-教材
Ⅳ．TE311

中国版本图书馆CIP数据核字（2011）第078904号

出版发行：石油工业出版社
（北京安定门外安华里2区1号 100011）
网 址：www.petropub.com
编辑部：（010）64523579 图书营销中心：（010）64523633
经 销：全国新华书店
印 刷：北京中石油彩色印刷有限责任公司

2011年6月第2版 2024年8月第23次印刷
787毫米×1092毫米 开本：1/16 印张：24.25
字数：620千字

定价：49.90元

第二版前言

本教材是在何更生教授编写的《油层物理》教材的基础上，结合当今油层物理基础学科的发展，做了适当补充和修订。它可作为石油工程、石油地质及油田应用化学专业油层物理课程的教科书，以及相近专业的教学参考书，并可供矿场和有关科研技术人员参考。

近年来，石油勘探及开发各学科发展很快，尤其是油气藏评价、油气藏数值模拟、油气渗流力学、提高石油采收率等各项技术的快速发展以及低（特低）渗等特殊油气藏的有效勘探与开发，更加促进了油层物理这门基础学科的发展。因此需要有新教材来反映该学科近年来的成就，以满足读者由浅入深、循序渐进地学习石油工程基础知识。作者在编写这本教材工作中，力求作好这方面的尝试。

本教材主要介绍了油气藏开发工程所涉及的岩石流体物理化学现象、物理过程以及物理量之间的关系，包括油藏储层岩石的物理性质、油藏流体的物理性质、多孔介质中流体与岩石相互作用的多相渗流机理及其在石油工程中的应用。重点介绍基本概念、基本理论、基本方法，注重广度。通过学习，可以掌握基本物理参数的概念、定义，掌握物理现象、过程的影响因素、工程应用，掌握物理参数的测试原理、测定方法。通过学习使学生掌握本课程的基本知识框架，为学习后续课程以及从事油气田开发、开采工作打下良好的基础。

本书是按 48 学时编写的，限于篇幅，有些内容未能深入展开论述，有兴趣的读者可参考有关专著或相关文献。使用时应按教学要求突出重点，不必面面俱到。书中凡标有 * 号者均为选学内容，可根据不同专业需要选择讲授，也可作为自学内容。

本书第二版由唐海统稿，何更生、孙良田主审。孙雷、段永刚和王健分别参加了有关章节内容的增补和修订。彭彩珍、汤勇、王海涛、陈小凡、梅海燕、施雷庭、罗建新、胡雪涛、卞小强、孙琳等老师参加了教材校对工作。在改编过程中得到了西南石油大学领导以及石油工程学院老师们的支持与帮助。在此，感谢西南石油大学教材建设委员会的大力支持。同时本书还得到了成都理工大学伊向艺以及中国石油西南油气田分公司周克明的支持，提出了不少宝贵意见。作为一本专业基础教科书，本书继承了国内外石油院校各个历史时期《油层物理》教材的优点和精华，参考了许多正式和未正式出版的相关教材及科技文献，有的未能在参考文献中列出，在此一并表示感谢。

由于学科发展很快，很多方面都在推陈出新，限于编者水平，有些新技术和新方法难以完全反映在本教材的内容中，难免存在这样或那样的不足和错误，请同行和读者批评指正。

编　者

2011 年 2 月

第一版前言

本教材是为石油高校编写的，经过多次试用、修改和补充，它可作为油藏工程、采油工程、石油地质及油田应用化学专业的教科书，以及相近专业的教学参考书，并可供矿场和有关科研技术人员参考。

近年来，石油勘探及开发的各学科发展很快，尤其是油气藏评价、油气藏数值模拟、渗流力学、提高石油采收率的需要，更加促进了油层物理这门基础学科的发展。因此需要有新的教材来反映该学科近年来的成就，以满足读者由浅入深、循序渐进、符合认识论的要求，作者正试图努力做这方面的尝试。

书中凡标有*号者均为选学内容，可根据不同专业需要选择讲授，也可作为自学内容。

全书初稿经林平一教授审阅，并得到西南石油学院院系领导以及油藏工程教研室黄炳光、孙雷、裴柏林、黄湘、唐海、彭彩珍、叶鸣等同志的支持与帮助。随后又得到石油院校同仁的支持，提出了不少宝贵意见。本书在正式出版前，由秦同洛教授主审，洪世铎教授对本书第三章提出了很多中肯的意见，使本书得到更好的充实。本书还参考了许多未正式出版的文献，未能在参考文献中列出，在此一并表示感谢。

由于学科发展很快，很多方面都在推陈出新，限于时间和水平，有些内容难以完全反映到本书内，若有不当之处，希望同行及读者批评和指正。

编　者

1993 年 11 月

目　　录

绪　论

一、学习油层物理课程的重要意义

能源是一个国家社会发展的动力源泉，决定着一个国家的经济发展、竞争实力和综合国力。作为重要的能源、优质的化工原料和重要的战备物资，被称为黑色金子的石油及天然气是当今世界各国必不可少的主要能源和物资，其开发和合理利用受到各国的普遍重视。

新中国成立 60 年来，我国石油工业从新中国成立前年产不足 9×10^4 t，发展到 1978 年年产突破 1×10^8 t，近年来年产（1.6～1.7）$\times10^8$ t，进入世界产油大国行列。但从 1997 年起，我国已成石油净进口国，进入 21 世纪以来，石油年进口量已超过亿吨，成为世界第二大石油消费国。按照国家社会经济发展规划，今后我国对油气资源的需求量还将持续增加。因此，我国石油产量要满足国民经济现代化及可持续发展的需求，必须：(1) 寻找新的油气田，扩大油气后备储量；(2) 采用先进技术，最大限度地合理开发油气藏；(3) 提高现有油气田的油气采收率，增加油气产量；(4) 开展国际合作，参与开发国际油气资源，满足我国石油工业利用国内、国外"两种资源、两个市场"的需要；(5) 采取各种节能措施及开发可替代能源或新能源，减缓对石油需求的压力。对于将要从事石油勘探开发的工作者来说，必须通晓和掌握寻找油气资源、增加油气产量所必需的知识，才能面向 21 世纪，为我国石油工业的发展贡献力量。

"油层物理"是石油工程专业必修的一门重要的专业基础课，也是资源勘查工程专业一门重要的基础课程。它是一门建立在实验基础上、实践性很强的课程，是学好其他后续专业课程如渗流力学、油藏工程、油藏数值模拟、采油工程、试井分析、保护储层技术、天然气工程、提高采收率等非常关键的专业基础课程。课程主要目标为：(1) 掌握有关储层岩石和储层流体的基本物理性质以及多相流体在储层岩石中的基本渗流机理；(2) 培养学生在油气田开发方面的实验动手能力；(3) 培养学生分析和解决实际问题的能力。

二、油层物理的研究内容与任务

石油的英文词是 petroleum（petro 是希腊文，意思是指岩石，oleum 是拉丁文，意思是指可燃油），原意为"石油是产自岩石中的可燃油"。而油层物理（petrophysics）正是研究储层岩石、岩石中的流体（油、气、水）以及流体在岩石中渗流机理的一门学科。主要内容包括：

(1) 储油（气）岩石的物理性质（包括孔隙度、渗透率、饱和度、储层敏感性等）。地下油（气）储集体是岩石骨架内的孔隙空间，岩石骨架的物理性质以及岩石骨架内孔隙空间的物理性质与地面常见的流体储集容器有着本质的不同，地下储油（气）多孔介质岩石的性质决定着油、气、水在油藏岩石中的分布和流动规律，是油田开发的岩石物理基础，是油田开发理论研究的重要课题。

(2) 油气藏中流体的物理性质（包括油、气、水的高压物理性质及油气体系相态特征）。原油在地下处于高温高压状态，且溶解有大量伴生天然气，其性质与地面原油有很大的差异。油气藏开发过程中，油、气、水物理性质及油气体系相态特征，是油田开发的流体物理基础，也是油田开发理论研究的重要课题。

(3) 油气藏中多相流体与岩石相互作用的物理性质及多相渗流机理。储油（气）岩石与地下油、气、水流体间的复杂接触关系，直接影响油气藏中流体分布、渗流机理和流动规律，是油田开发的渗流物理基础，同样是油田开发理论研究的重要课题。

油层物理的知识贯穿于油气藏开发的全过程。在开发初期，用于获取流体物性、岩石物性资料，判断油气藏类型，为制订油田开发方案和设计服务。开发过程中，进行开发动态分析、方案调整等工作，也需要油层物理知识。开发后期，研究剩余油分布、提高采收率措施等更离不开这些知识。

三、油层物理的发展概况与发展水平

油层物理是一门比较年轻的学科，20 世纪 30 年代，美国、苏联等国家从事油气田开发的人员，注意到了油藏流体的特性及影响，初步进行了流体性质的测试及测定方法研究。30 年代，苏联已有这方面的专著，但油气层物理作为一门学科是以 1949 年美国 M. 马斯盖特发表的《采油物理原理》作为一个开端，该书汇总了 20 世纪上半叶关于储油岩石和油、气、水流体性质的研究与实践资料，概括并提升到物理学高度予以描述与解释。50 年代，苏联莫斯科石油学院 Ф. И. 卡佳霍夫教授著作《油层物理基础》是油层物理从采油工程中单独分科的起点，使油层物理基础成为一个新的学科分支。随后这门学科得到了更广泛更深入的发展，我国和世界上其他国家如美国、苏联和加拿大等，都相继出版了反映这些研究成果的多种不同版本的有关油层物理的书籍，尽管书名不同（如油藏工程基本原理等），但内容大体一致。国外标志性的进展为：(1) 70 年代，G. V. 奇林加等（1972）出版《碳酸盐岩石油天然气开采》，从开采角度叙述了碳酸盐岩储层特征，较系统和较全面地叙述了碳酸盐岩储层及其物理性质；D. 威廉等（1973）出版的《石油流体性质》，比较系统阐述了石油和天然气的物理化学性质和有关计算；苏联学者斯麦霍夫出版的《裂缝性油气储集层勘探的基本理论与方法》，专门探讨裂缝性储集层形成机理及其油气储量计算；1977 年卡佳霍夫及其助手新著《油气层物理学》，对储油（气）岩石的性质和孔隙结构有了新的概括和总结；И. Л. 马尔哈辛（1977）的《油层物理化学机理》则首次从物理化学观点探讨性地叙述了地层原油渗流运移的物理化学过程，强调要提高采收率必须在油层物理传统基础上加强油层物理化学机理的研究。(2) 80 年代的发展主要是在碳酸盐岩储层、碎屑岩、次生孔隙、油气流体的非牛顿性和相态方程应用等方面，实验测试技术和电算技术应用也有了新的发展。(3) 90 年代以来不论是理论研究的深度还是广度上，都进入了一个崭新的阶段，研究成果和文献数量很多。

我国油层物理学科是 20 世纪 50 年代前后形成的，且油层物理教学和科研专业人员队伍随着油田开发而不断发展壮大。油层物理学科起步是以聘请前苏联专家 Ш. К. 吉玛都金诺夫在我国第一所高等石油院校（北京石油学院）首次开设油层物理课程，并开始培养研究生为标志，伴随着东部几大油田的相继发现与开发，先后在北京和各大油田建立了研究院所、建立了有关油层物理的各类实验室，开展各方面的油层物理试验研究和油田开发试验研究，以及提高油藏原油采收率的各种方法试验研究，取得了一批研究成果，使我国油层物理科学研究不断前进。这些年来，我国相继出版的反映油层物理最新研究成果的几本标志性著者为：洪世铎（1985）的《油藏物理基础》，罗蛰潭（1985）的《油层物理》，张博全等（1989）　的《油气层物理》，何更生（1994）的《油层物理》，杨胜来（2004）的《油层物理学》，王允诚（2006）的《油层物理学》等。在各种杂志上发表的相关文章就更多了。

经过国内外几代学者的努力，油层物理已经形成比较完善的理论体系，实验测试技术也趋于规范化。在内容上，油层物理从岩石基本性质（如孔隙度、渗透率）的测定开始，逐渐发展到流体的测试研究，接着是多孔介质中多相渗流的理论和试验方法，岩石表面性质的研究方法和毛管压力、孔隙结构等微观物理的理论与研究方法。在试验分析上，从常规岩心分析发展到专项岩心分析、动静态试验、提高采收率试验、地层敏感性流动试验、地层流体分析等，并形成了比较定型的规范和流程。那么，当前国内外油层物理研究究竟发展到什么水平，反映出什么特点呢？

在常规岩心分析方面，目前国内外已经形成了一套比较完整的标准程序和比较完善的操作规程，国内已形成了行业标准（SY/T 5336—2006《岩心分析方法》）；分析方法在早期的经典方法基础上，每项分析测定又都针对不同类型的岩样，发展了针对性更强的多种测试方法；为适应取心技术的发展（如冷冻取心），实验室又建立了相应的室内分析技术。目前，国内外比较先进的服务性实验室，多用计算机采集、处理和分析试验结果，采用统一的格式发送试验报告。除此之外，在常规岩心分析的质量控制上，国外已有一套比较完善、比较成熟的办法，如美国岩心公司采用各种方法进行交叉检验；公司总部备有标准样品，如标准渗透率岩样和测定孔隙度的标准体积块等，再送各地区实测对比。我国近几年来，在上述方面也已取得了较大的进展。

在专项岩心分析方面，形成了静态分析试验和动态分析试验标准系列。静态试验项目包括：毛管压力测定，地层因素测定，地层电阻率指数测定，声速测定，孔隙体积压缩系数测定，在上覆压力下的孔隙度、渗透率测定以及润湿性测定。动态试验项目包括：各种相对渗透率的测定；注水试验；吸入法、驱替法测定残余气；提高采收率试验；为评价地层敏感性的流动试验；为研究渗流规律的流体渗流启动压力梯度试验；为保护储层的储层伤害评价试验；为有效勘探开发低渗致密油气藏而开展的流体赋存状态评价试验。总的来看，专项岩心分析项目不断向前发展，其测试方法逐渐成熟。

在地层流体分析方面，人们将烃类流体分为普通原油（即黑油）、易挥发油、凝析气和干气等四个体系，并按各自比较定型的流程进行分析。在有关相态研究中，与提高采收率技术相结合（如气驱、混相驱），从而扩大了这方面的研究领域。

在多相渗流机理方面，进行多种类型流体、不同注入工作剂时的物理化学渗流和非牛顿流体渗流的研究。例如，人们对于物理化学渗流中的对流、扩散、吸附、弥散、互溶、传质、相变及非牛顿流体在多孔介质中的流变性等也都有了进一步的认识。此外，在不同压力与温度、不同驱油工作剂等因素对驱油效率的影响方面进行理论、实验及现场研究。

然而，我们也看到，由于油藏岩石和流体的非均质性和油层物理现象的复杂性，有些现象还没有成熟的认识，有些还不能很好地解释和描述。生产的需要和发展，是促进油层物理学科发展的动力，实际生产中不断涌现的新问题给油层物理提出了新的研究课题，随着对实际问题的深入研究，油层物理必将继续发展、进步、深化，并将体现以下特点：（1）综合性：学科间的互相渗透、互相配合而形成新的边缘理论。（2）创新性：应用新理论，解决新问题。（3）工程性：测试和实验将更真切地模拟油层的实际条件和开发过程。

如今，油层物理已成为我国油田开发中不可缺少的理论基础。随着油气田开发难度的增加，以及深部油气藏、高含水油藏、低渗油气藏的开发，它必将在我国油田开发工作中发挥更重要的作用。

四、本课程的目的与学习方法

油层物理是高等石油院校石油工程专业、油田化学专业、地质专业的一门重要专业基础课，是研究油（气）层物理和物理化学现象的科学。它既要运用数学、物理、化学基础知识，又要运用普通地质、岩石学、物理化学以及流体力学等许多基础理论。在渗流力学、油藏数值模拟、油气田开发、油田应用化学、提高油气采收率、保护储集层技术、采油（气）工程等专业课程中又是以它为基础进行广泛的论述及应用。

油层物理是一门建立在实验基础上，理论与实践并重的课程，实验是油层物理研究方法的一大特点。不进行实验、不熟悉实验，就不可能牢固掌握油层物理的知识。因此，本课程的目的是使学生牢固地掌握油（气）层物理学的基本理论、基本知识和基本技能，要求教学工作中重视实验教学和习题课，通过实验和习题，掌握有关实验和计算技能，达到巩固和深化课堂理论教学的目的。

本书以国际单位制为主，同时介绍常用工程单位，引用的个别例题仍保留原用的英制单位，读者务必掌握公式的单位及其应用。

第一章　储层岩石的物理特性

油气是我们最感兴趣的研究对象，是主体。但是要研究油气就必须研究其居留于地下的空间，即居留的客观环境——油气储集层（简称储层）。油气是储存于地下深处的储油气层中，研究储层就必须研究储层岩石骨架、储存于骨架孔隙中的流体（油、气和水）以及流体在孔隙中的渗流机理三个部分。本章着重讨论储层岩石骨架的各种性质。

石油与天然气储层是指埋藏在地下深处的多孔岩层。地下多孔岩层的储集空间结构、性质等特征决定了油气的赋存特点、油气储量与储量丰度、油气井产能以及油气资源开发的难易程度和开发效果。研究和掌握油气储层的物理性质是认识储层、评价储层、保护和改造储层的基础，是从事油气勘探、钻井、开发与开采以及提高油气采收率工作所必须掌握的基础知识。

沉积岩储集层是地下石油与天然气的主要储层，世界上已发现的油气储量99%以上集中在沉积岩储集层中，而沉积岩储集层中又以碎屑岩和碳酸盐岩储集层为主（表1－1）。

表1－1　储层岩石的分类与国内典型油气田实例

沉积岩类型	岩性	分　类	典型油气田举例
碎屑岩	砂岩	疏松砂岩	萨尔图油田、胜坨油田、涩北气田
		粉砂岩	文东油田
		致密砂岩	枣园油田、靖安油田
		裂缝性砂岩	延长油田
	砾岩	砾岩	克拉玛依油田
	砂砾岩	砂砾岩	曙光油田
		裂缝性砂砾岩	蒙古林油田
	泥岩	孔隙缝洞泥灰岩	南翼山油田
碳酸盐岩	白云岩	裂缝孔洞白云岩	任丘油田
		裂缝孔隙泥质白云岩	风成城油田
	石灰岩	裂缝孔洞灰岩	苏桥油田、塔河油田
		生物灰岩	桩西油田
		孔隙裂缝藻灰岩	义东油田
	火成岩	裂缝孔隙安山岩	风化店油田
		裂缝性凝灰岩	哈达图油田
		火山岩	车排子油田、石西油田
		玄武岩、安山岩	克拉玛依油田417断块
	变质岩	裂缝性变质岩	鸭儿峡油田
		裂缝性花岗岩	静安堡油田

碎屑岩储集层是世界含油气区的主要储集层，它具有分布广、物性好的特点。碎屑岩储集层包括各种类型砂岩、砾岩、砂砾岩、泥岩以及没有或胶结很松散的砂层。其中，中、细

砂岩和粉砂岩储集层分布最广。因此，碎屑岩是油层物理必须研究讨论的储层岩石。

碳酸盐岩储集层也是重要的油气储集层。根据全球资料统计，约一半的世界油气储量存在于碳酸盐岩储集层中，达到世界油总产量的60%以上，可谓“半壁河山”。世界上有9口日产量曾达万吨以上的高产井，其中8口井产自碳酸盐岩储集层。以产油著称的波斯湾盆地是世界碳酸盐岩油田分布最集中的地区。四川气田基本上都属碳酸盐岩类型，其中川南自流井气田已有2000多年的勘探和开发历史；在油田方面，我国继川中大安寨碳酸盐岩油田发现之后，在河北任丘等地发现了古潜山油田，在塔里木盆地发现了塔河油田。生产实践不仅向人们展示了在碳酸盐岩中寻找油气资源的广阔前景，同时也提出了一系列有关碳酸盐岩储层亟待解决的问题。因此，油层物理除主要研究砂岩外，碳酸盐岩储集层也是极为重要的研究对象。

由于岩石骨架的复杂性，以致骨架颗粒的几何形状不可能用表示其边界曲面的方程来确定，只能采用某些实验的方法测量其宏观（即平均）几何性质，如粒度组成、比面、孔隙度、渗透率等，作为描述或反映多孔骨架实际几何性质的参数。这种采用实验手段研究岩石整体宏观性质（而不是研究单个颗粒或孔隙）的方法，也是油层物理学科研究方法的一大特点。

我们先从岩石骨架的构成开始研究储层岩石，在此基础上进一步研究与渗流、储集、开采有关的岩石的各种性质。这些性质包括：粒度组成、比面、孔隙度、饱和度、渗透率、压缩性、热学性质、电学性质、放射性、声学特性以及对上述性质影响较大的几种常见敏感矿物及其储层各种敏感性（速敏、水敏、酸敏、碱敏、盐敏和体积敏感性等）的评价问题。同时，这些内容也是学好本课程中有关章节及其他课程所必备的基础知识。

第一节　多孔介质分类

由于实际岩石的颗粒大小、圆度等不尽相同，孔隙、裂缝或溶洞也极不规则，因此要研究岩石的某些物理特性是十分困难的，有的甚至是不可能的。但是，我们可以根据多孔介质储集空间的特点，把复杂的真实多孔介质简化为几类简单的孔隙介质模型及其相互组合模型。长期的实践表明，利用简化的多孔介质模型分析（或解释）某些物理概念是比较易于被人们所接受的，分析生产和科研中的实际问题，也可以获得比较令人满意的结果。

一、均质与非均质

根据研究和分析的不同需要，人们可假设出不同的多孔介质岩石模型。例如，根据岩石物性参数的分布情况可将储层岩石分为均质、非均质岩石。

1. 均质多孔介质岩石

均质多孔介质岩石是指研究的整个多孔介质岩石空间内，任意空间点上岩石的所有物理性质参数（或所讨论的物理性质参数）均相等的多孔介质岩石。

2. 非均质岩石

非均质岩石是指研究的整个多孔介质岩石空间内，任意空间点的任一个物理性质参数或所有的物理性质参数都不相等的多孔介质岩石。这种多孔介质岩石模型比较符合实际，但研究起来比较困难。因此，有时也只能讨论其中一个或几个物理性质参数的规律性变化情况。事实上，非均质岩石是真实多孔介质岩石的简化，但有时多孔介质岩石的非均质性和油藏的非均质性是有区别的两个概念。岩石的非均质性是指岩石自身的非均质特性，而油藏的非均质性包括岩石和流体两部分的非均质特性，即油藏的非均质性是指储层岩石和流体物理特性随位置不同而变化，它是由于沉积、褶皱、断层、油层岩性后期沉积变化和流体类型、特性的变化而引起的。

二、多孔介质类型

岩石就是一种多孔介质。在油气勘探与开发过程中涉及的多孔介质，在许多情况下都是指地下储油气层岩石或天然岩石。常见的多孔介质类型主要有以下几种。

1. 孔隙介质

以固体颗粒为骨架，在颗粒之间形成连通的孔隙，即粒间孔隙。如砂岩、粘土都可称为孔隙介质。

2. 裂缝介质

由于地壳运动和构造应力等的作用，可能在岩层中形成形态各异、大小不一的裂缝。这种具有裂缝的多孔介质就称为裂缝介质。在纯裂缝介质中，油气的储集与流动仅发生在裂缝中。

3. 溶洞介质

由沉积过程及成岩后的溶解作用而形成孔隙（例如晶间孔隙、溶洞孔隙和洞穴孔隙等）。具有这种经溶解作用而形成的孔隙多孔介质常称为溶洞介质，例如碳酸盐岩岩层多具有这种孔隙。晶间孔隙一般直径约为0.06mm～0.1cm；而洞穴孔隙一般直径为1cm以上。在钻探过程中，遇上洞穴常发生“放空”现象。

4. 裂缝—孔隙介质

把既有裂缝存在又有粒间孔隙存在的多孔介质称为裂缝—孔隙介质。这种裂缝—孔隙介质是普遍存在的，只是有的介质中裂缝很小，被视为孔隙介质，而有的介质中粒间孔隙远小于裂缝孔隙，而被视为裂缝介质。

5. 裂缝—溶洞介质

把既有裂缝存在又有溶洞孔隙和洞穴孔隙存在的多孔介质称为裂缝—溶洞介质。

6. 溶洞—孔隙介质

把既有溶洞孔隙和洞穴孔隙又有粒间孔隙存在的多孔介质称为溶洞—孔隙介质。

第二节　储层岩石的骨架性质

对于砂岩类型的储层岩石，其骨架是由性质不同、形状各异、大小不等的砂粒胶结而成。颗粒的大小、形状、排列方式，胶结物的成分、数量、性质以及胶结方式必将影响到储层的性质。岩石的粒度和比面是反映岩石骨架构成的最主要指标，也是划分储层、评价储层的重要物性参数。本节主要讨论岩石的粒度和比面问题。

一、岩石的粒度组成

1. 粒度组成的概念及其测定方法

粒度是指构成砂岩的各种大小不同颗粒的直径，用目或毫米表示。粒度组成是指构成砂岩的各种大小不同颗粒的重量占岩石总重量的百分数。因此，测定粒度组成的问题就归结为如何测定不同粒级颗粒重量和全岩颗粒重量的问题。目前，粒度的测定方法较多，例如，对大颗粒（如砾石），可在野外直接测定；对于较致密的细粒岩石，可制成岩石二维薄片用显微镜观测（目测法）和用图像分析仪测定其粒度组成（图像分析法）；也可以采用激光衍射测定并分析粒度。但目前最直接、最常用的是在实验室直接测定。

1）直接法

直接法常采用的是用橡皮锤将砂岩捣碎，分开成单个的砂粒，再用筛析法和沉降法来测定储油气砂岩的粒度。

（1）筛析法。

筛析法是一种常规的分析方法，已为各油田普遍采用。筛析法是用成套的筛子对经橡皮锤捣碎的砂岩单个砂粒进行筛析，按不同粒级将它们分开（图 1-1）。筛子的筛孔有两种表示方法：一种是以英制每英寸长度上的孔数表示，称为目或号。而砂粒直径（cm）＝2.54cm/（每英寸长度上的孔数）。另一种则是以毫米直径来表示筛孔孔眼的大小，目前两种都在使用。筛析法分析中，成套筛子的孔眼大小有一定的规定，例如，相邻的两级筛孔孔眼大小可相差$\sqrt{2}$或$\sqrt[4]{2}$的级差。

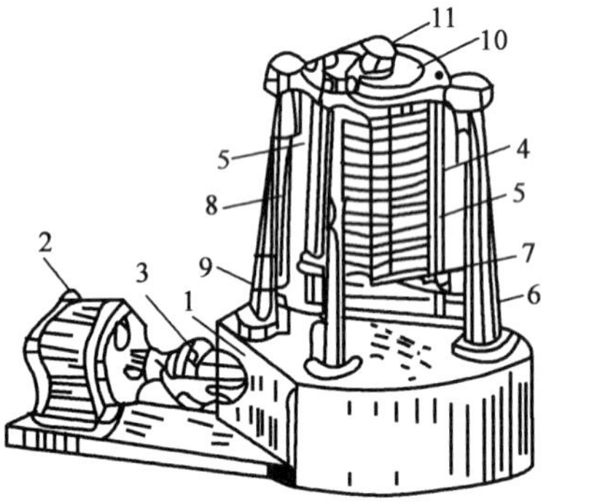

图 1-1 振动筛示意图（据卡佳霍夫，1958）

1—机座；2—电动机；3—连接器；4—筛子；5—导柱；6—底盘；7—卡箍；8—小轴；9—卡箍上横架；10—顶盖；11—撞击器

筛析法分析粒度组成的计算公式为：

留在每个筛网上的样品%＝（载有样品的该筛网质量－该筛网空质量）/总样品质量×100

留筛总量%＝每个筛网上留下的样品百分数的总和（从最大筛网到底盘包括的每个尺寸的筛网）

该方法试验简单，用很少的设备就可进行试验，适用于胶结较差的砂岩，对粒径大于 0.44mm 的颗粒进行分类时，该方法是标准的，准确的。也可以对样品重新组合对试验结果进行重复性试验。值得注意的是，在将砂岩捣碎时，要求既能将各颗粒分开，但又不可将颗粒破碎。

（2）沉降法。

沉降法又称斯托克定律分析方法。通过最小筛孔（即最细一层筛子，400 目，37μm 孔径）筛下的颗粒常为极细的软泥，粘土颗粒若需再分其粒级，可采用沉降法。该法主要是确定岩样中小于 53～72μm 的粒级含量。沉降分析法的原理是根据不同大小的颗粒在液体中具有不同的沉降速度。其大小可按照斯托克公式计算，即：

$$v=\frac{gd^2}{18\gamma}\left(\frac{\rho_s}{\rho_L}-1\right) \tag{1-1}$$

故

$$d=\sqrt{\frac{18\gamma v}{g\left(\frac{\rho_s}{\rho_L}-1\right)}}$$

式中 d——颗粒直径，cm；

v——粒径为 d 的颗粒在液体中的下沉速度，cm/s；

ρ_s——颗粒密度，g/cm^3；

ρ_L——液体密度，g/cm^3；

γ——液体的运动粘度，cm^2/s；

g——重力加速度，981cm/s^2。

在推导以上公式时，斯托克曾作了如下假设：①颗粒坚硬，并具有光滑的球形表面；②在粘性和不可压缩液体中颗粒的运动相当缓慢，且距离容器壁及底为无穷远；③颗粒沉降应以恒速进行；④在运动着的颗粒与分散介质之间界面上，不发生滑动等。因此该公式有一定的适用范围。研究表明，当颗粒直径为 50～100μm 时，实测值具有足够的精度。此外，颗粒的浓度对颗粒在分散液中下沉速度影响较大，为保证颗粒在沉降时呈单粒分散下沉，在测定时要求岩石颗粒在悬浮液中的质量分数不得超过 1%。

从式（1－1）可看出，当选定了悬浮液（常用清水）后，式中 ρ_L 和 γ 便为已知，颗粒密度 ρ_s 可用比重瓶等方法测得。因此，只需要测定颗粒在液体中的下降速度 v 便可按式（1－1)求得相应的颗粒直径 d，并测出相应于直径 d 的颗粒含量。

应该指出的是，筛析法和沉降法所得出的粒径 d 并不是一个定值，而是一个范围，该平均粒径可用下式求得：

$$\frac{1}{\bar{d}_i}=\frac{1}{2}\left(\frac{1}{d_i'}+\frac{1}{d_i''}\right) \tag{1-2}$$

式中 $\bar{d}_i$——颗粒的平均直径；

d_i'、d_i''——相邻两层筛子的孔眼直径。

2）间接法

间接法包括岩石薄片显微镜观测法、粒度薄片图像分析法和激光衍射测定法等。

岩石薄片显微镜观测法是将岩样粘在玻璃载片上，并研磨到大约 30μm 的厚度（这个厚度使透射光能透过大多数砂岩颗粒）。通过测量二维薄片的单个颗粒横截面的长轴尺寸来确定粒径大小。该方法适用于大多数砂岩和粗粉砂岩、疏松砂岩至胶结良好的砂岩样品的粒度分析，测量范围一般是 10～400 目。但该方法对细小颗粒（粉砂和粘土颗粒）的测量精度受限，试验结果重复性不好，也不能直接分析平均值和粒度分布，耗时，且仅限于颗粒二维的观测，使用的设备和仪器价格昂贵。

粒度薄片图像分析法是用自动或半自动图像分析法估算疏松砂岩和胶结砂岩的粒度分布，是将砂岩颗粒分散在玻璃载片上，使颗粒间不互相接触，用与显微镜相连的视频照相机组成的简易图像分析设备，得到每个颗粒的投影面积或直径。用背景（较明亮的）和颗粒（较暗的）的光度差作为界限标准，把颗粒从背景中区分出来。一般需要 200～500 个颗粒，耗时 5～15min。该方法对非常小的样品也可以分析，可快速获得原始数据，以数字形式存储数据。但该方法对样品的代表性要求严格，带有软件和视频照相的图像采集系统仪器的价格比目测法高。

激光衍射测定法是将分散的样品置于合适的携带液（油或水）中，搅拌或循环携带液，以保证颗粒分散。发射一个激光束通过分散的样品，利用计算机分析衍射光谱图。该方法测量的粒度范围可达到超微粒度（细粉砂和粘土级的粒度），具有数据重复性好，样品需要量少（一般<1.0g），测量迅速（30s 到几分钟）的特点。但该方法不适用于粗砂岩分析（如果有粗砂岩粒度存在，需要预先筛析），使用的仪器和附带的硬件价格昂贵。

2. 粒度组成及表示方法

在求得某一粒级的颗粒直径及其质量后，就可以分析砂岩的粒度组成。所谓粒度组成是指不同粒径范围（粒级）的颗粒占全部颗粒的质量百分数，可用列表法和作图法表示其粒度组成。表 1－2 是划分粒级的一种常见方法。

表 1-2 粒级的划分

粒级划分	泥（粘土）	粉砂		砂			砾			
		细粉砂	粗粉砂	细砂	中砂	粗砂	细砾	中砾	粗砾	巨砾
颗粒直径，mm	<0.01	0.05～0.01	0.1～0.05	0.25～0.1	0.5～0.25	1～0.5	10～1	100～10	1000～100	>1000

粒度组成也可以用作图法表示。作图法具有直观明了的优点，可以比较清楚地了解岩石粒度的均匀程度，以及颗粒按大小分布的特征，是常用的表示粒度组成的方法。

作图法可以根据坐标取值方法表示不同的参数，采用不同的图式，例如，直方图、累积曲线图、频率曲线图和概率曲线图等。粒度组成分布规律大多为正态或近似正态分布。目前矿场上常用的是前两种图，即粒度组成分布曲线（图 1-2）和粒度组成累积分布曲线（图 1-3），常见的粒度分布曲线的形态如图 1-4 所示。

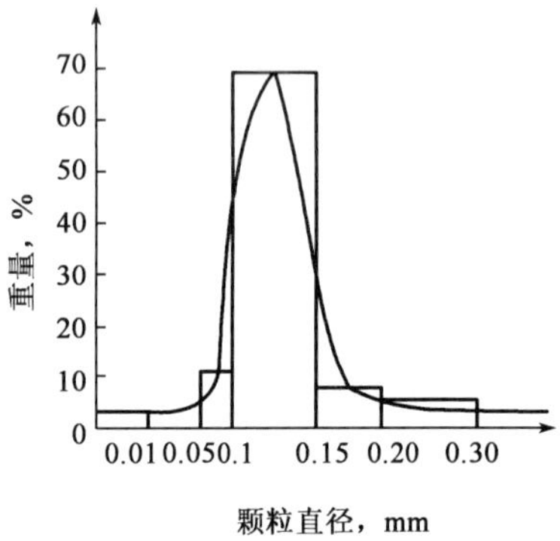

图 1-2 粒度组成分布曲线
（据卡佳霍夫，1956）

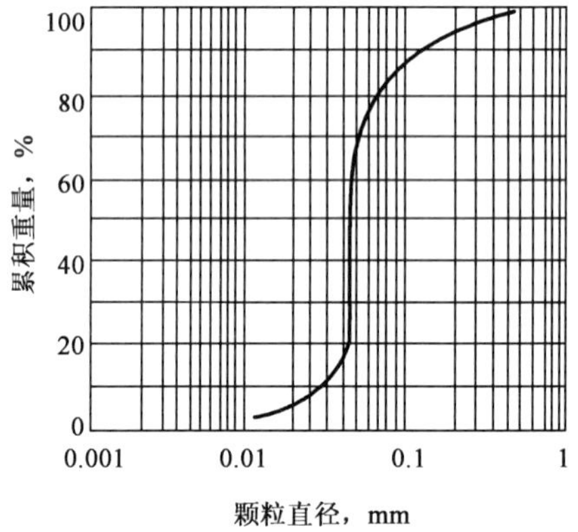

图 1-3 粒度组成累积分布曲线
（据卡佳霍夫，1956）

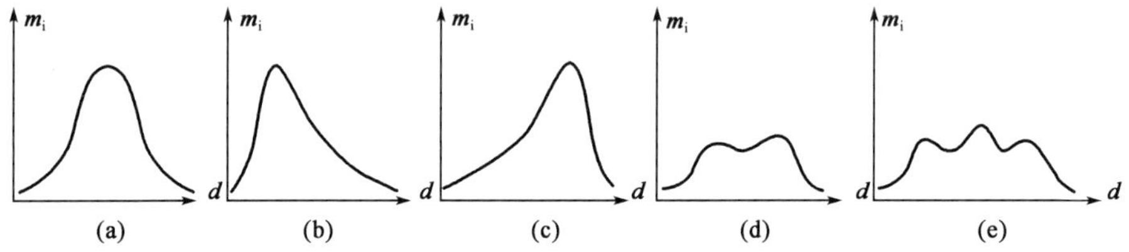

图 1-4 常见的粒度分布曲线的形态

（a）对称型或钟形；（b）正歪态；（c）负歪态；（d）双峰态；（e）多峰态

m_i—质量百分数（%）；d—颗粒直径（mm）

粒度组成分布曲线表示了各种粒径的颗粒所占的百分数，可用它确定任一粒级在岩石中的含量。曲线尖峰越高，说明该岩石以某一粒径颗粒为主，即岩石粒度组成越均匀；曲线尖峰越靠右，说明岩石颗粒越粗。一般储油砂岩颗粒的大小均在 1～0.01mm 之间。

粒度组成累积分布曲线也能较直观地表示出岩石粒度组成的均匀程度。上升段直线越陡，说明岩石越均匀。该曲线最大的用处是可以根据曲线上的一些特征点求得不同粒度属性的粒度参数（表 1-3），从而可定量描述岩石粒度组成的均匀性。

此外，粒度分布数据也可用于：（1）疏松岩层完井方案的工程应用；（2）胶结和疏松砂岩层的非均质性评价和沉积环境解释的地质应用；（3）评价不同相带地层测井曲线特征的油层物理应用。

表 1-3 粒度组成的属性及粒度参数

属　　性	技 术 度 量	属　　性	技 术 度 量
分散性	粒度中值、平均粒度、比面	尖度	峰态
分选性	分选系数、不均匀系数	中心集结趋势	中位数、平均模数
对称性	偏态、偏度		

3. 定量描述粒度组成的参数及计算

可用不均匀系数 α、分选系数 S、标准偏差 σ、$C-M$ 图以及平均粒度等参数，定量描述岩石粒度的组成。

1）不均匀系数 α

累积分布曲线上累积质量 60％所对应的颗粒直径 d_{60} 与累积质量 10％所对应的颗粒直径 d_{10} 之比称为不均匀系数，即：

$$\alpha = d_{60}/d_{10} \tag{1-3}$$

储层岩石的不均匀系数一般为 1～20。对照累积分布曲线不难理解，粒度越均匀，不均匀系数越接近于 1。

2）分选系数 S

用累积质量 25％、50％、75％三个特征点将累积曲线划分为四段，特拉斯特取两个特征点定义分选系数为：

$$S = \sqrt{\frac{d_{75}}{d_{25}}} \tag{1-4}$$

式中　d_{25}——累积分布曲线上 25％处所对应的颗粒直径，mm；

　　　d_{75}——累积分布曲线上 75％处所对应的颗粒直径，mm。

按特拉斯克的约定：$S=1$～2.5 为分选好；$S=2.5$～4.5 为分选中等；$S>4.5$ 为分选差。

3）标准偏差 σ

福克、沃德等人提出用正态分布标准偏差 σ 的大小划分颗粒分选性的等级，其公式如下：

$$\sigma = \frac{|\phi_{84} - \phi_{16}|}{4} + \frac{|\phi_{95} - \phi_5|}{6.6} \tag{1-5}$$

$$\phi_i = -\log_2 d_i = \log_2 \frac{1}{d_i}$$

式中　d_i——累积分布曲线上 i％处所对应的颗粒直径（即累计曲线上 95％、84％、16％、5％处所对应的直径），mm。

由式（1-5）可看出，该方法既包括了粒度组成累积分布曲线上从 ϕ_{16} 到 ϕ_{84} 的主体区间，也包括了曲线的首部（ϕ_5）和尾部（ϕ_{95}）的特征，因此用该参数评价颗粒的分选性效果比较理想，它是比较常用的描述粒度组成的参数之一。表 1-4 是用标准偏差 σ 划分粒度分选等级的评价标准，显然，标准偏差 σ 越小，岩石分选性越好。

有关福克、沃德粒度参数的其他计算公式，如计算平均值、偏度、峰态等，它与孔隙结构的偏度、峰态计算公式一致（见第三章第三节），此处从略。

对于碳酸盐岩如石灰岩和白云岩等，由于其骨架颗粒、胶结物及孔隙充填物基本上都是同样的物质，事实上无法将它们分为单个的颗粒，故对于碳酸盐岩不讨论其粒度问题。

表 1-4　按标准偏差划分的分选等级（据福克和沃德，1957）

福克、沃德标准偏差（σ）	分选等级	福克、沃德标准偏差（σ）	分选等级
<0.35	分选极好	1.00～2.00	分选差
0.35～0.50	分选好	2.00～4.00	分选很差
0.50～0.71	分选较好	>4.00	分选极差
0.71～1.00	分选中等		

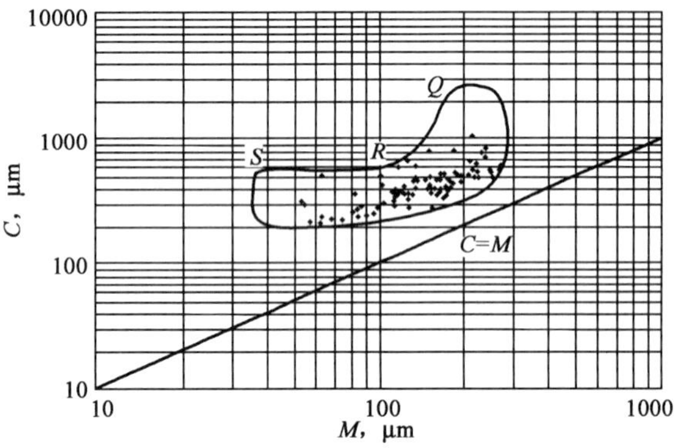

图 1-5　我国某油藏的 $C-M$ 图

QR 段——发育以递变悬浮沉积；

RS 段——发育均匀悬浮沉积

4）$C-M$ 图

$C-M$ 图（图 1-5）是利用每个岩心样品的 C 值和 M 值构成点群绘制的图件。其中 C 值为粒度组成累积分布曲线上 1%处对应的粒径，即样品中的最细粒径；M 值为累积曲线上 50%处对应的粒径，即中值（M_d）。$C-M$ 图可以定性描述岩石中具有较小粒径的部分颗粒在整个岩石中所占的百分含量。点群离 45°线越远，则表示岩石中粒径较小的颗粒所占的含量越大，反之则越小。

4. 几种平均粒度

（1）粒度中值 d_{50}：累积分布曲线上质量 50%所对应的颗粒直径，单位为 mm。

（2）粒度平均值 d_m：用几个特征点的颗粒直径进行算术平均，有下列几种平均方法：

$$d_m = \frac{d_5 + d_{15} + d_{25} + \cdots + d_{85} + d_{95}}{10} \tag{1-6}$$

或

$$d_m = \frac{d_{16} + d_{50} + d_{84}}{3} \tag{1-7}$$

或

$$d_m = \frac{d_{25} + d_{50} + d_{75}}{3} \tag{1-8}$$

二、岩石的比面

粒度组成是表示岩石骨架分散性的一种指标，组成砂岩的砂粒越细，表明其骨架分散程度越高。除了粒度组成外，还可以用岩石的比面描述储层岩石骨架的分散程度。

1. 比面的概念及其研究意义

比面是指单位外表体积岩石内孔隙总内表面积或单位外表体积岩石内岩石骨架的总表面积。其表达式如下：

$$S = \frac{A}{V} \tag{1-9}$$

式中　S——岩石比面，cm^2/cm^3；

A——岩石孔隙的总内表面积，cm^2；

V——岩石外表体积（或称为视体积），cm^3。

当颗粒间是点接触时，岩石孔隙的总内表面积即为所有颗粒的总外表面积。例如，半径为 R 的球体所组成的多孔介质，其比面 $S=8\times4\pi R^2/(4R)^3=\pi/2R$。显然，$R$ 越小，孔隙介质比面越大。例如，粒径为 1～0.25mm 的砂岩，其比面小于 950cm²/cm³；粒径为 0.25～0.1mm 的细砂岩，其比面为 950～2300cm²/cm³；粒径为 0.1～0.01mm 的泥砂岩，其比面大于 2300cm²/cm³。岩石比面越大，说明其骨架的分散程度越大，颗粒越细。为此，有人提出按比面的大小将岩石进行分类。各类砂岩的比面见表 1－5。

表 1－5　砂岩的粒径与比面关系

砂岩种类	粒径，mm	比面，cm^2/cm^3
一般砂岩	1～0.25	<950
细砂岩	0.25～0.1	950～2300
泥砂岩	0.1～0.01	>2300

比面的大小对流体在油藏中的流动影响很大，它可以决定岩石的许多性质。这是由于岩石骨架表面对流体流动范围起着边界的作用，对岩石与流体接触时所产生的表面现象及流体在岩石中的流动阻力大小、岩石的渗透性以及骨架表面对流体的吸附量等都具有重要影响。

岩石比面的大小除与颗粒粒径有关外，还受颗粒排列方式及颗粒形状等因素的影响。例如，扁圆形颗粒的比面要比圆球形颗粒大；颗粒间胶结物含量少的岩石要比胶结物含量多的岩石比面大。

当岩石中砂岩、细砂岩和泥砂岩三种粒级的含量都小于 50%时，岩石的比面将为 900～2100cm²/cm³。按比面而论，这类岩石完全属于细砂岩，基本上也具有细砂岩的性质。大部分的储油岩石，就比面来说均应属于细砂岩。

需要提及的是，在有关比面的定义中，其分母也有采用“单位重量”来定义比面的。对于砂岩而言，按单位重量定义的比面为 500～5000cm²/g，而对页岩的比面为 100～1000000cm²/g。

在实际应用和公式推导中，也有将比面定义中的分母采用不同的体积来定义。例如，除常以岩石外表体积 V 定义外，还采用颗粒骨架体积 V_s 和孔隙体积 V_p 为基准的三种比面，即：

$$S=\frac{A}{V} \qquad S_s=\frac{A}{V_s} \qquad S_p=\frac{A}{V_p} \tag{1-10}$$

式中　S——以岩石外表体积为基准的比面，cm^2/cm^3；

S_s——以岩石骨架体积为基准的比面，cm^2/cm^3；

S_p——以岩石孔隙体积为基准的比面，cm^2/cm^3。

因为

$$\phi=\frac{V_p}{V} \qquad V_p=\phi\cdot V \qquad V_s=(1-\phi)V \tag{1-11}$$

由此可得出按以上三种不同体积定义的比面关系为：

$$S=\phi\cdot S_p=(1-\phi)S_s \tag{1-12}$$

式中　ϕ——岩心孔隙度，小数。

一般情况下，如果未加注明，岩石比面是指以岩石外表体积为基准的比面 S。

2. 比面的测定方法

比面的测定有直接法和间接法两种。岩石的性质（如胶结情况）不同，采用的方法也不同。不同的方法，所得结果也不同，因为用不同的方法测量的是意义不同的比面。在任何情况下，我们都应根据岩石的实际情况，按照所要解决的问题来选择比面的定义及测量方法。

下面介绍两种测定比面的方法。

1）透过法

根据流体对岩石（或其他粉末颗粒层）的透过性来求比面的方法称为透过法。以空气作为流体的空气透过法较为常用。对较粗且遇水不分散的和不膨胀的颗粒，也可用水作为流体。

假设岩石中的流体通道为连续的颗粒间隙，即毛管束，流体以层流状态通过其中时，被润湿了的管壁面积即为岩石的表面积。流体通过时的压力降可由实验时测得的水柱压差 H 代替。

这种基于流体流动的方法最初由高才尼（Kozeny）1927 年提出，以后又被一些研究者如卡尔曼（Carman）所修正，最后推导出表征渗透率和比面的关系式（高—卡方程）为：

$$K=\frac{\phi^3}{\xi S^2}\times 10^8=\frac{\phi^3}{\xi S_s^2(1-\phi)^2}\times 10^8=\frac{\phi}{\xi S_p^2}\times 10^8 \tag{1-13}$$

式中 K——岩石的渗透率，μm^2；

S——以岩石外表体积为基准的比面，cm^2/cm^3；

S_s——以岩石骨架体积为基准的比面，cm^2/cm^3；

S_p——以岩石孔隙体积为基准的比面，cm^2/cm^3；

ξ——高才尼常数，$\xi=2.5\times1.4\times1.4$，常取为 5。

从高才尼方程可以看出，岩石的比面越大，则渗透率就越小，这就是为什么一般泥质砂岩、粉砂岩渗透率很低的缘故。

联立式（1-13）与气体岩石渗透率的公式（1-14）（见第五节），经量纲转换后，可导出计算岩石比面的公式（1-15）：

$$K=\frac{2p_0Q_0\mu L}{A(p_1^2-p_2^2)}\approx\frac{Q_0\mu L}{AH}\times 10^5 \tag{1-14}$$

$$S=140\sqrt{\phi^3}\sqrt{\frac{AH}{Q_0\mu L}} \tag{1-15}$$

式中 S——以岩石外表体积为基准的比面，cm^2/cm^3；

ϕ——岩心孔隙度，小数；

A——岩心截面积，cm^2；

L——岩心长度，cm；

Q_0——通过岩心的空气量，它相当于从马略特瓶（图 1-6）中流出的水量，cm^3/s；

μ——室温下空气的粘度，mPa·s；

H——空气通过岩心稳定后的压差，cm 水柱。

式（1-15）的具体推导过程，读者在了解有关孔隙度，渗透率的概念之后，可参见附录 1。

由式（1-15）可以看出，当已知岩心的孔隙度 ϕ、岩心几何尺寸面积 A、长度 L 及空气粘度 μ，只要实验时测出压差 H 及相应的流量 Q_0，即可按式（1-15）计算出岩石比面。

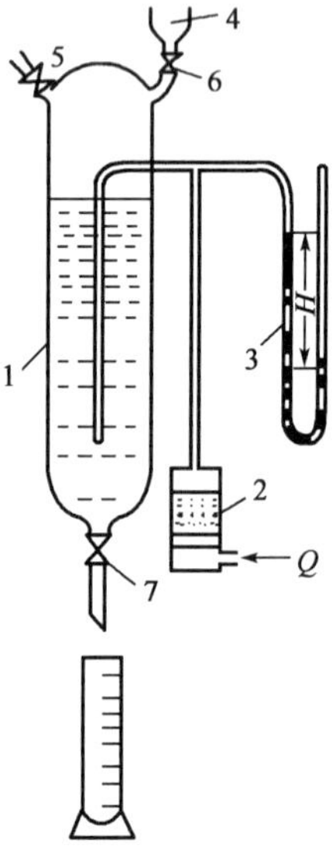

图 1-6 多孔介质比面测定仪

1—马略特瓶；2—岩心夹持器；3—水压计；4—漏斗；5、6、7—开关

根据式（1-15）基本理论，我们可以采用多孔介质比面测定仪（图 1-6）测定以岩石外表体积为基准的比面。在图 1-6 所示的实验仪器流程中，它主要由马略特瓶（1）、岩心夹持器

（2）和水压计（3）组成。实验开始前，通过漏斗（4）向马略特瓶中灌水。此时，开关（5）必须打开以便放出瓶内空气。当瓶内的水面升到一定高度后，关闭开关（5）和（6）。实验测定时，打开开关（7）并用它来控制流出的水量。待水压计的压差稳定在某一高度 H 值后，用量筒计量流出的水量 Q_0，此时通过岩心的空气量等于从瓶中流出的水量。有了相应的 H 和 Q_0 值，即可按式（1-15）计算出比面。

该法适用于测定粒径为 0.001～0.1mm 的多孔介质的比面。在试验过程中，马略特瓶中的水位不断下降，岩心两端的压差之所以能够稳定，是因为马略特瓶中的气体入口处的压力恒定。

2）吸附法

吸附法是一种通过测定某种吸附在颗粒表面的单分子（通常是气体分子）层的吸附量，再计算岩石比表面积的方法。应用最广泛的是用氮（N）、氪（Kr）及氙（Xe）等惰性气体在低温下物理吸附的 BET（Brunauer-Emmett-Teller）法。

气体吸附法测出的比面既包括外表面积也包括颗粒的裂隙、空洞等内表面积，以及颗粒与颗粒间的接触面。而透过法只能测出颗粒的外表面积。因此，吸附法测出的比面值要比透过法大。所以，在提供或应用比面的测定值时，一定要注明所使用的测定方法。此外，还可将上述方法所测得的结果与用其他方法测得的结果相比较，例如，与电子显微镜测定颗粒的大小再计算出的表面积相对比，误差若在 5%～10%以内，则为满意。

3. 比面的估算方法

常用的间接估算法有以下两种。

1）已知岩石的孔隙度和渗透率估算比面

该方法的实质仍然是基于高才尼方程：

$$K=\frac{\phi^3}{2\tau^2 S^2}\times 10^8 \tag{1-16}$$

当设毛管的迂曲度 $\tau=1$ 时，上式为：

$$K=\frac{\phi^3}{2S^2}\times 10^8$$

则

$$S=7000\phi\sqrt{\frac{\phi}{K}} \tag{1-17}$$

式中 S——以岩石外表几何体积为基准的比面，cm^2/cm^3；

ϕ——岩石孔隙度，小数；

K——岩石渗透率，μm^2。

若式（1-16）中的 τ 取为 1.4，则：

$$K=\frac{\phi^3}{2\times 1.4^2 S^2}\times 10^8$$

$$S\approx 5000\phi\sqrt{\frac{\phi}{K}} \tag{1-18}$$

除此而外，Kumar 和 Fatt（1969、1970）提出用核磁共振法（NMR）研究非胶结砂子的渗透率、孔隙度和比面之间的关系，他们提出下面的关系式来估算比面，即：

$$S=\left(10.7-1.41\ln\frac{K}{\phi}\right)\times 10^2\,\frac{\phi}{1-\phi} \tag{1-19}$$

2）由岩石的粒度组成资料估算比面

该法适用于胶结疏松或不含粘土颗粒的岩石。考虑问题的思路为：先从简到繁。首先假设所有的颗粒均为理想的圆球形，随后再接近真实情况，考虑颗粒形状不规则的情况。

第一步：假设单位球形颗粒组合中，有 N 个直径为 d 的颗粒，则每个球形颗粒的表面积 $S_i = \pi d^2$，每个球形颗粒的体积为 $V_i = \frac{1}{6}\pi d^3$。

设每个球形颗粒组合体的孔隙度为 ϕ，则在单位体积岩石颗粒所占的总体积为 $V=1-\phi$，故单位体积岩石颗粒的数量为：

$$N = \frac{1-\phi}{V_i} = \frac{6(1-\phi)}{\pi d^3} \tag{1-20}$$

由此可求出单位体积岩石颗粒的总表面，则比面为：

$$S = N \cdot S_i = N \cdot \pi d^2 = \frac{6(1-\phi)}{d} \tag{1-21}$$

由于实际岩心是由不同直径的球形颗粒组成，因此必须根据粒度组成的分析资料求比面。

若：颗粒平均直径为 d_1 的含量为 $G_1\%$

颗粒平均直径为 d_2 的含量为 $G_2\%$

…………………………

颗粒平均直径为 d_n 的含量为 $G_n\%$

则单位体积岩石中，每种直径的岩石颗粒的总表面为：

$$S_1 = \frac{6(1-\phi)}{d_1} \cdot G_1\%$$

$$S_2 = \frac{6(1-\phi)}{d_2} \cdot G_2\%$$

…………………………

$$S_n = \frac{6(1-\phi)}{d_n} \cdot G_n\%$$

故单位体积岩石所有颗粒的总表面积（即比面）为：

$$S = \sum S_i = \frac{6(1-\phi)}{100} \sum_{i=1}^{n} \frac{G_i}{d_i} \tag{1-22}$$

由于自然界中真实岩石的颗粒不完全为球形，为了更接近于实际情况，在式（1-22）的基础上，引入一个颗粒形状校正系数 C（一般情况下，C 值取 1.2～1.4），则式（1-22）可改写为：

$$S = C \cdot \frac{6(1-\phi)}{100} \sum_{i=1}^{n} \frac{G_i}{d_i} \tag{1-23}$$

需要指出的是，在上述推导过程中曾对砂岩颗粒作了若干假设，这往往与实际情况有偏差。但当砂岩胶结性很差（近松散砂粒）、且颗粒磨圆程度很高时，按该公式估算仍可得到较好的结果。

4. 统计法估算比面

此法由 chalkey 等（1949）提出，用于测量固结多孔介质的比面。它是在一张放大的多孔介质断面的显微照片上，多次随意地投掷一根长度为 L 的钢针，记录针尖落入孔隙空间的次数（α）及针与孔隙周界相交的次数（β），当投掷次数足够多时，由下式可计算出比面。

$$S=\frac{4\phi\beta m}{L\alpha} \tag{1-24}$$

式中　m——显微照片的线性放大率。

该方法被认为是一种较合适的统计方法。岩石骨架的其他许多性质如孔隙度等，也可用与此类似的方法确定。

以上我们研究了描述岩石骨架结构的粒度和比面两个基本参数。实际上，岩石骨架的本身还包含有胶结物，而且胶结物的数量、矿物组成及胶结方式对于储油层都有重要的影响，这些物性将在本章第七节进行讨论。

第三节　岩石的孔隙结构及孔隙性

砂岩中除了有固体颗粒物质外，还有未被固体物质占据的空间，称为孔隙或空隙。除砂岩颗粒间存在空隙外，碳酸盐岩中可溶成分受地下水溶蚀后能形成空隙；火成岩由于成岩时气体占据而形成空隙；各种岩石在地应力、构造应力及地质作用后产生裂缝（微裂缝）形成另一类形式的空隙。世界上没有孔隙的岩石是不存在的，只是不同的岩石，其孔隙大小、形状和发育程度不同而已。

空隙按几何尺寸或形状可分为孔隙（一般指砂岩）、空洞（一般指碳酸盐岩）和裂缝。由于孔隙是最普遍的形式，所以常笼统地将空隙统称为孔隙。孔隙空间可以均匀散布在整个岩石内，也可以不均匀分布在岩石中形成孔隙群。岩石孔隙空间主要由孔隙和喉道构成。一般可以将岩石颗粒包围着的较大空间称为孔隙，而仅仅在两个颗粒间连通的狭窄部分称为喉道。

地下石油和天然气就在这些空隙中储存和流动，因此，岩石孔隙的大小、形状、连通状况和发育程度直接影响到油气的储集数量和油气生产能力，这是油层物理最关心的课题。

砂岩储集岩的孔隙大小和形状取决于砂子颗粒相互接触的关系以及后来的成岩后生作用（胶结类型）所发生的变化，砂岩颗粒本身的形状、大小、圆度和球度也对孔隙及喉道的形状有直接影响。孔隙与喉道的相互配置关系比较复杂，每一个喉道可以连通两个孔隙，而每一个孔隙可以和多个喉道相连接，有的孔隙最多可以与六到八个喉道相连通。砂岩储集岩的孔隙和喉道关系如图 1－7 所示。孔隙反映了岩石的储集能力，而喉道的形状、大小则控制着孔隙的渗透能力。

与砂岩相比较，碳酸盐岩的储集空间比较复杂，次生变化非常强烈，可以产生大量次生孔隙，再加上裂缝常常很发育，使得碳酸盐岩储集层具有岩性变化大、孔隙类型多、物性变化无规律等特点。

碳酸盐岩储集层的储集性能主要受孔隙、洞穴和裂缝三个因素控制。实际上，碳酸盐岩的储集空间往往是由上述三组孔隙空间系统所构成。孔隙可以容纳油气，并在一定程度上起到连通作用，而连通性好的裂缝，则可造成储集层的高渗透带。在不少的情况下，裂缝和洞穴也是重要的储油气空间，碳酸盐岩的储集空间如图 1－8 所示。

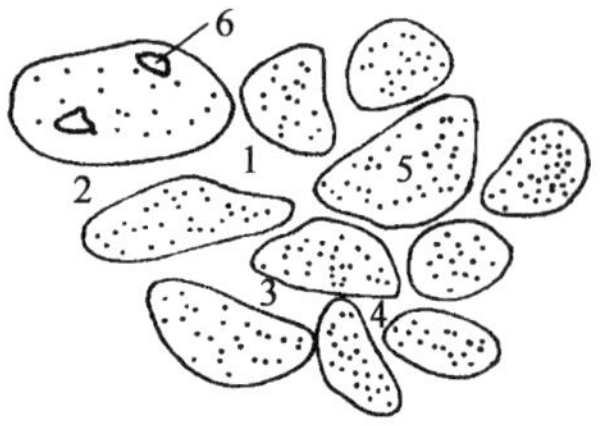

图 1-7　砂岩储集岩的孔隙和喉道

1—连通孔隙；2—喉道；3—死胡同孔隙；4—微毛细管束缚孔隙；5—颗粒；6—孤立的孔

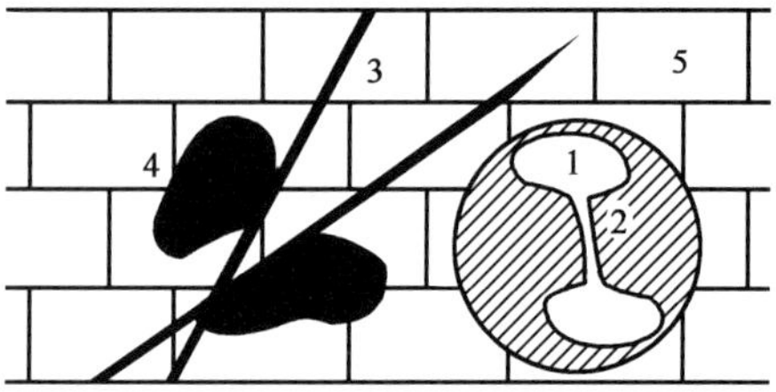

图 1-8　碳酸盐岩的储集空间

1—基质孔隙；2—喉道；3—裂缝；4—洞穴；5—基质

在研究储集岩中孔隙和喉道的相互关系时，概括出孔隙结构的概念。储集岩的孔隙结构是指岩石所具有的孔隙和喉道的几何形状、大小、分布及其相互连通关系。流体沿复杂的孔隙系统流动时，将要经历一系列交替着的孔隙和喉道。无论是在石油二次运移的成藏过程中（石油驱替在沉积期间充满在孔隙中的水），或是在石油开采过程中（石油被从孔隙中驱替出来），流体流动都受到流体通道中最小断面（即喉道直径）的控制。显然，喉道和孔隙的大小、分布及几何形态是影响储集岩储集能力和渗滤特征的主要因素。因此，喉道和孔隙的大小、分布及几何形态就是储集岩孔隙结构研究的中心问题。

在碳酸盐岩储集层中，除了与砂岩的孔隙结构有一致性而外，由于溶洞、裂缝等次生孔隙发育，其孔隙结构有特殊性。通常，在各种碳酸盐储集岩中，孔隙结构是指岩石所具有的孔、洞、缝的大小、形状及相互连通关系。

由于储层中孔隙（空隙）的形状、大小、发育程度、形成过程非常复杂，差异甚大，很难用常规几何方法描述，因此，采用什么方式来描述岩石的孔隙结构，采用什么参数来表征岩石的储集特征，参数的主要影响因素是什么，怎样获得这些参数等就构成了本节要研究的问题。

一、岩石的孔隙结构

岩石的孔隙结构包括岩石孔隙类型、孔隙大小、形状、孔间连通情况、孔壁粗糙程度等全部孔隙特征和它的构成方式。岩石的孔隙结构直接影响到岩石的储集特性和渗流特性，它是研究岩石的孔隙度和渗透率的基础。

1. 储集岩的孔隙类型（Meinzer 分类）

Meinzer 按储层岩石的成因，将孔隙类型分类为六种孔隙，如图 1-9 所示。

1）砂岩储集岩的孔隙类型及成因

砂岩中存在四种基本孔隙类型：粒间孔、溶蚀孔、微孔隙和裂隙。前三种类型与岩石结构有关，裂隙则可与其他任何孔隙共生，砂岩储集岩的孔隙类型如图 1-10 所示。

所有的砂岩最初都有粒间孔，如果它未遭到破坏的话，常常是渗透好、孔喉大。而溶蚀孔是由于碳酸盐、长石、硫酸盐或其他易溶物质的溶解造成的。具有溶蚀孔隙的砂岩储集性可以从极好到极差，这取决于孔隙和喉道的大小以及孔隙空间的相互连通性。孤立的溶孔并不会改善渗透能力，尤其对低渗透岩块而言，当具有互不连通的溶孔时，它仍然具有低渗透性特性。含有较多粘土矿物的砂岩则有大量的微孔隙，其特征常常是高比面、小孔径、低渗透性以及高残余水饱和度，并且对淡水的粘土膨胀灵敏度增加。裂隙只占累计孔隙空间的百分之几，但它将提高任何一种储集岩的渗滤能力。无论是天然的还是人造的张开缝，对仅仅具有微孔隙或孤立溶蚀孔隙的储集岩，都是必要的渗滤通道。

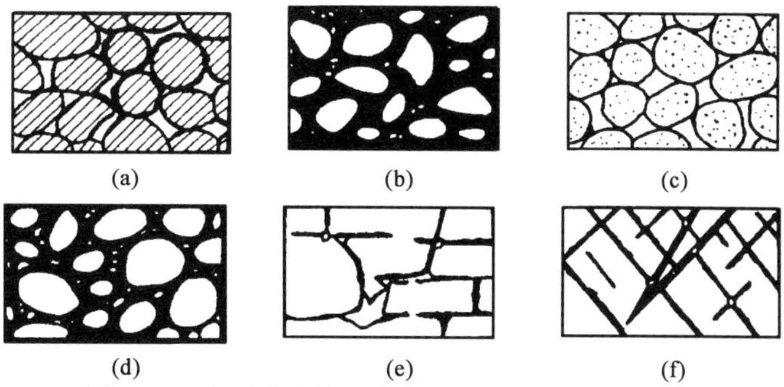

图 1－9　岩石孔隙的几种类型（据 Meinzer，1942）

（a）分选好、孔隙度高的沉积物；（b）分选差、孔隙度低的沉积物；（c）砾石组成的沉积物，砾石本身也是多孔的，因而整个沉积物的孔隙度很高；（d）沉积物分选好，但颗粒间有胶结物沉积，所以孔隙度低；（e）由溶蚀作用形成的多孔岩石；（f）由断裂形成的有胶结物的多孔岩石

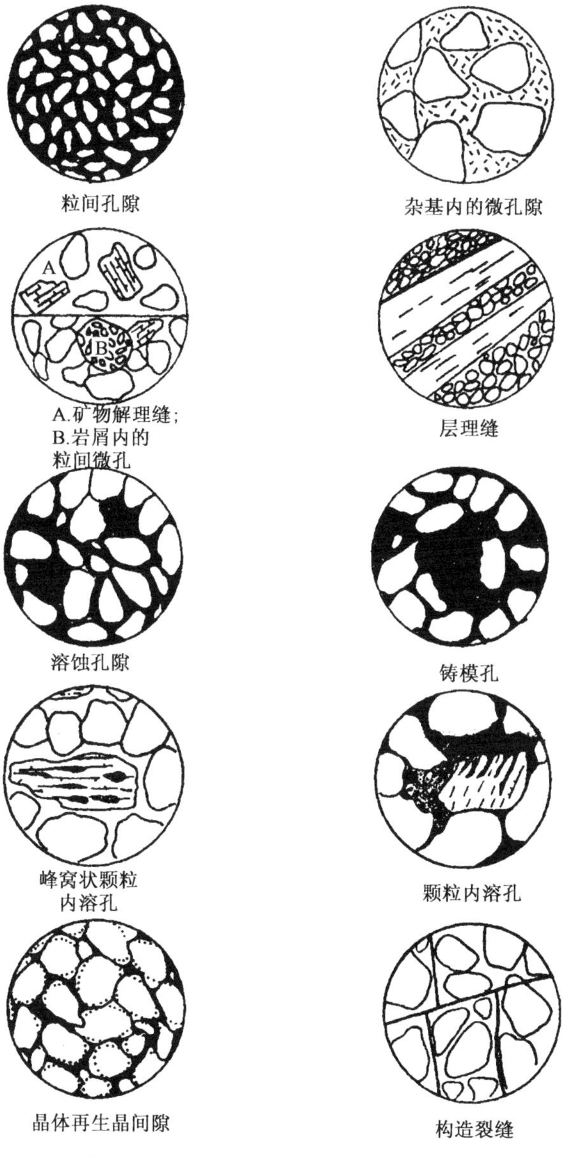

图 1－10　砂岩储集岩的孔隙类型示意图

孔隙类型及孔隙几何形状均随成岩作用而发生变化。例如，从大孔隙变成微孔，矿物溶解而产生孔隙，以及孔隙从部分到全部被沉淀矿物所占据。此外，孔隙类型很少是单一的。大量微孔隙和部分连通的大孔隙所构成的砂岩是一种特殊的例子，它属于两套孔隙系统的叠合，微孔中是水，而大孔中可以是油，并且具有产纯油的能力。因此，当实际储集岩中具有复杂的孔隙类型时，必须仔细研究。

砂岩储集岩中常见的孔隙类型可详细描述如下：

（1）粒间孔隙。

砂岩为颗粒支撑或杂基支撑，含少量胶结物，在颗粒间的孔隙称为粒间孔隙。粒间孔隙是砂岩储集岩中最重要、最普遍的孔隙类型。它受砂岩成分及组成所控制，是砂岩的粒度、分选、颗粒球度、圆度、颗粒排列方式和充填方式的综合结果。这种孔隙的分布直接与沉积环境有关，经成岩后生作用而发生变化。

以粒间孔隙为主的砂岩储集岩，其孔隙大、喉道粗，连通性较好。无论从储集能力或渗滤能力角度分析，最好的砂岩储集岩孔隙是以粒间孔隙为主的。它一般都具有较大的孔隙度（>20%）和较大渗透率（>100mD）。

我国大庆油田第三系产层的细砂岩、苏北下第三系阜宁组的部分产层、陕甘宁盆地马岭地区的侏罗系产层以及河南、山东等第三系产层的砂岩储集岩均以粒间孔隙为主。

（2）杂基内微孔隙。

杂基类微孔隙包括：沉积在孔隙内的泥状杂基内的微孔隙及粘土矿物重结晶的晶间孔隙，即高岭土、绿泥石、水云母及碳酸盐泥杂基中均具有此类孔隙。实际上，杂基内微孔隙几乎在所有的砂岩中均有分布，尤其在泥质砂岩中普遍有显著的微孔隙。杂基内微孔隙极为细小，宽度一般小于 0.2μm，在扫描电镜下方可清晰辨认。皮特曼提出将孔隙直径小于 0.5μm 的孔隙称为微孔隙。据他的观察，一般很窄的喉道常与小孔隙相联系，而非常小的喉道连通着较大孔隙的情况是不常见的。

杂基内微孔隙具有小孔径和高表面积特点，此种孔隙虽然可以形成百分之十几的孔隙度，但由于喉道细小的缘故，使得杂基内微孔隙的渗透能力极差，残余水饱和度也很高。除非有发育的裂缝存在，否则很难有较大的自然产能。

（3）矿物解理缝和岩屑内粒间微孔。

长石和云母等解理发育的矿物常见有片状或楔形解理缝，其宽度大都小于 0.1μm。有时可见到岩屑内的粒间微孔，数量极少。此类微孔隙的储集特征比杂基内微孔隙更差。由于此类孔隙常呈一端敞开的“死胡同孔隙”，故它一般是不含烃的无效孔隙。

（4）纹理及层理缝。

在具有层理和纹层构造的砂岩中，由于不同细层的岩性或颗粒排列方式的差异，沿纹理或层理常具缝隙，表现为渗透性的好坏具有方向性。总的来说，其储集意义不大。

（5）溶蚀孔隙。

溶蚀孔隙是由碳酸盐、长石、硫酸盐或者其他可溶组分溶解形成的。对溶解性比较差的硅酸盐矿物或其他矿物，例如氧化物矿物组合，早期可被易溶矿物交代，然后被溶解产生次生溶蚀孔隙。可溶组分可以是碎屑颗粒、自生矿物胶结物或者交代矿物。溶蚀孔隙又可分成以下几种类型：

①溶孔：不受颗粒边界限制，边缘呈港湾状，形状不规则，有时很大，甚至比邻近的颗粒大得多。在同一块样品中溶蚀作用不完全的地方可见到易溶组分的残余。苏北下第三系阜

宁群三段上砂组就见有溶孔发育的特征。

②铸模孔：包括颗粒的铸模和粒间易溶胶结物的铸模。新疆乌尔禾层系砾石间的方沸石铸模孔是十分典型的例子。

③颗粒内溶孔和胶结物内溶孔：早期易溶矿物交代颗粒后被溶解形成粒内溶孔。如早期碳酸盐局部交代了长石，后来碳酸盐被溶解，致使长石具有晶内溶孔或呈蜂窝状。这种孔隙相当普遍。在川中香溪群砂岩及陕甘宁盆地侏罗系产层中均可见到。此外，当介质条件变化时，胶结物组分也可溶解形成胶结物晶内溶孔。

由于溶蚀孔隙往往是在原生粒间孔或其他孔隙的基础上发展起来的，故实际上不好区分。尤其是当原生粒间孔隙和次生溶蚀孔隙同时存在时，更是如此。对于仅具溶蚀孔隙的砂岩储层，其储集性能变化很大，可以从差到很好，它们仍然是由孔隙的大小和孔隙间的连通性所决定。假如在仅具有溶蚀孔隙的砂岩中，可溶矿物是分散的，则砂岩基块的渗透性极低，甚至无法测量，因为可溶矿物的溶解只构成了微孔道相连通的分散孔隙。如果可溶矿物丰富到足以连接起来的程度，且受到相当程度的溶解时，就会有良好的渗透性。对于碳酸盐胶结的砂岩储层，当碳酸盐胶结物被溶解形成次生粒间溶孔的地方，可以形成具有良好储集性的砂岩储层。

皮特曼认为，由长石溶解（或者是交代了长石的碳酸盐的溶解）而形成的孔隙在全世界范围内所有时代的砂岩中都很普遍。溶解作用可以溶解长石颗粒的一部分或者整个颗粒。如果砂岩中有丰富的长石，大量的孔隙空间将以溶解作用产生。

（6）晶体再生长晶间隙及成岩期胶结物充填未满孔、胶结物的晶间孔。

砂岩中常有很丰富的石英胶结物，其含量可从1%到28%。在没有方解石胶结物的地方，颗粒接触点（即压力传递点）上有明显的溶解作用，造成颗粒的缝合线接触以及相互嵌入。在颗粒具有粘土膜和粘土边的地方，促进了溶解物质的扩散，从而增强了这种压溶作用。从压溶点上释放出来的二氧化硅转移到低压点，形成石英次生加大。石英加大大约在500～1000m的埋藏深度开始发育。

石英的再生长明显地减少了原生的粒间孔隙，最后只在再生长的晶体之间保留了细小的四面体孔或片状缝隙（喉道）。石英再生长可以很明显地降低孔隙空间和渗透能力，有时几乎可以填满全部孔隙。四川上三叠系香溪群的长石石英砂岩中石英再生长发育（埋藏深度为3000m左右），大部分呈镶嵌接触，只局部保留了一些片状晶间孔隙和细小的四面体孔（或多面体孔）。孔隙度降到5%～9%，渗透率只有0.1～0.5mD。

一般情况，石英再生长的深度下限可能在6000m左右，而在2000m左右发育最完全。但在饱和烃的砂岩中，石英再生长会被抑制。此外，石英的再生长可以阻止砂岩被压实。

在粒间孔隙中胶结物充填未满孔以及胶结物的晶间隙与晶体再生长的晶间隙其最后保留下来的形态都是一样的。这类孔隙一般不大，而且具有片状的喉道。其喉道的宽度大都只有零点几微米，个别的也只有几微米，所以其储、渗条件均很差。

（7）裂缝孔隙。

在砂岩储集层中，由于构造力作用而形成的微裂缝有时可以十分发育。微裂缝呈细小片状，缝面弯曲，绕过颗粒边界。其排列方向受构造力控制。裂缝宽度则受残余构造水平应力场的控制。在砂岩储集层中，裂缝宽度一般为几微米到几十微米。

裂缝孔隙最多提供百分之几的孔隙度（通常小于1%），但将提高任何砂岩储集层的渗透能力。因为粒间孔隙是相互连通的，所以除了性质很差的以外，即使没有裂隙也可成为合适的储集岩。具有显著微孔隙或孤立溶孔的砂岩储集岩中，特别需要裂缝来沟通。而无论是天然的或人造的裂缝，都可以成为主要渗透通道。

尽管裂缝造成的孔隙度很小，但这类储集层的特征是初期产量高，随后就急剧下降。各种收缩裂缝，包括那些由于岩石组分或岩石收缩引起的应力而形成的裂缝，其成因虽然与构造裂缝截然不同，但其形态和对储集岩产能的作用却与构造裂缝相同。虽然它们为数很少，但对储集岩的渗透能力却有一定的改善。

老君庙油田 M 层，基块孔隙度为 10%～18%，基块渗透率从小于一毫达西到几十毫达西。由于其垂直裂缝发育，使它具有产纯油的能力而有工业价值，初期单井日产油量有的可达几十吨。长庆油田三叠系延长组，基块孔隙度为 8%～15%，基块渗透率从小于一毫达西到几毫达西，但由于存在微裂缝，经压裂改造后具有工业开采价值，初期单井日产油量可达十几吨到几十吨。

以上所述的孔隙类型按其成因可概括为表 1－6。

表 1－6　按成因概括的孔隙类型

类　型		成　因
原生或沉积的孔隙	粒间孔	沉积作用
	纹理及层理缝	
次生或沉积后的孔隙	溶孔、铸模孔、颗粒内溶孔和胶结物内溶孔	溶解作用
	晶体再生长晶间孔	压溶作用
	裂缝孔隙	构造作用
	颗粒破裂孔隙、收缩孔洞	岩石的破裂和收缩
混合成因的孔隙	微孔隙	复合成因

2）*碳酸盐岩的孔隙类型*

乔奎特等对碳酸盐岩孔隙做了较为详细而深入的研究工作后，按选择性组构和无选择性组构将碳酸盐岩孔隙进行了分类（图 1－11）。他们认为，大多数碳酸盐岩仅具有微小的孔隙，但其孔隙空间对油气聚集作用却不相同。不同的孔隙类型具有不同的分布特征及含油气特点。因此，对孔隙类型的了解就会有助于勘探部署。在碳酸盐沉积物的成岩及后生变化过程中，由于物理—化学条件的变化，其中的孔隙会产生一系列的变化，包括孔隙的形成、变化和消失。因此，必须了解碳酸盐岩及其孔隙的成因，即了解从原始沉积物到碳酸盐岩及其孔隙的发育过程，必须对不同阶段的孔隙分布情况给予正确的认识。这样才可以进一步认识与所含流体之间的相互关系，从而考虑对它的开采方法。此外，孔隙的大小和丰富程度对油气聚集也有很重要的关系。因而，基本孔隙类型、成因、直径以及孔隙的丰富程度应作为主要的分类依据。

碳酸盐岩的基本孔隙类型可划分出十五种，其中有几类是常见型，其他则为比较特殊型。根据基本孔隙类型及其成因，可以对碳酸盐岩的孔隙作如下描述。

（1）原生孔隙。

原生孔隙是沉积时形成的孔隙，成岩过程中可能产生一定的变化。这种孔隙主要受碳酸盐岩的结构组分所控制，其中颗粒因素是主要的影响因素。在碳酸盐岩成岩过程以及成岩以后，岩石皆可受地下水溶蚀而形成孔隙（或充填）。这在碳酸盐岩中是普遍存在的，有时这种溶蚀孔隙与原生孔隙同时存在。如果溶蚀作用轻微，当孔隙仍保持基本的原始状态时，仍可将其划归为原生孔隙。原生孔隙可以分为粒间孔隙、粒内孔隙、晶间孔隙、壳体掩蔽孔隙和生物骨架孔隙五种。

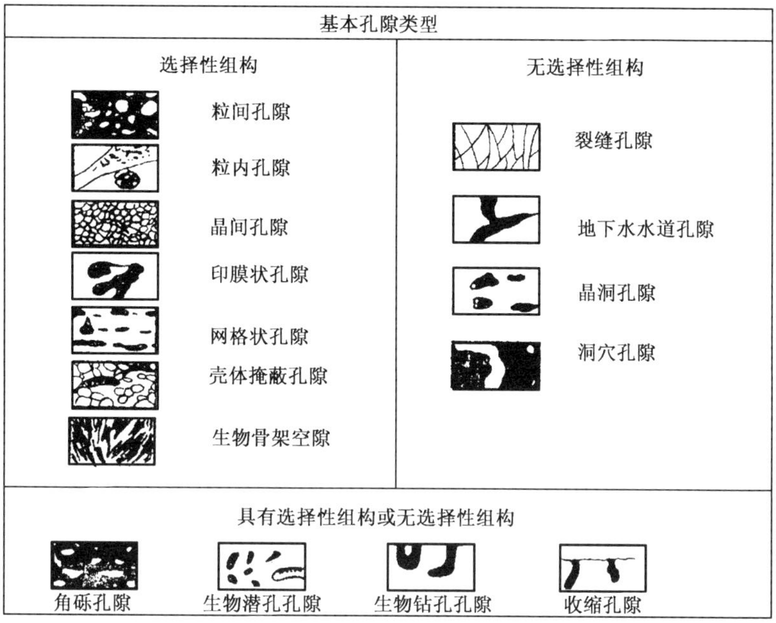

图 1-11　碳酸盐岩的孔隙分类命名

（据 Choquette；p. p. w. & pray L. C.，1970）

①粒间孔隙：颗粒含量在岩石中占主要地位时（>50%～60%），它可形成颗粒支撑，其空间未被灰泥或胶结物所充填的部分即为粒间孔隙。灰泥及胶结物少，分选及圆度好时，有利于粒间孔隙的发育。

②粒内孔隙：颗粒沉积前已存在的孔隙。这种孔隙是由于生物死亡后，软体部分腐烂分解所出现的空间。这种孔隙单独形成储集岩的情况较少。在很多情况下，它与粒间孔隙伴生，共同形成储集岩。

③晶间孔隙：碳酸盐晶体之间形成的孔隙。主要是重结晶作用所形成，因而孔隙都比较规则。一般情况下，主要表现为泥晶转变为亮晶过程中所形成的孔隙。它可以在成岩以后形成，也可以在沉积过程中发生。此外，晶洞孔隙也包括原地生长的石盐晶体和其他蒸发矿物之间的孔隙。

④壳体掩蔽孔隙：由于壳体或壳体碎片沉积后起了掩蔽作用，阻止了较小颗粒、胶结物及灰泥进入掩蔽空间，从而形成的孔隙。

⑤生物骨架孔隙：由于生物造礁活动而形成的骨架空间。这种空间在没有或局部充填的情况下，往往形成大量孔隙。造礁生物包括群体珊瑚、藻类、海绵、层孔虫、厚壳蛤等多种生物。它经常形成良好的储集空间。

颗粒石灰岩有时有丰富的粒间孔隙。世界上最大的沙特阿拉伯加瓦尔油田主要产层上侏罗统阿拉伯组 D 层的颗粒石灰岩主要由碎屑颗粒、球粒及鲕粒组成。D 层厚 30～45m，产层深度为 2000m，孔隙度为 21%，渗透率达 4D，单井平均日产油为 1600t。

世界上生物礁大油田很多，油气主要储集在生物骨架孔隙中。如美国二叠系盆地的马蹄环礁油区克勒—富德油田产油礁岩厚 70m，孔隙度最大为 10.03%（平均为 7.11%），水平渗透率为30.6mD。该油区最大油柱高230m，地质储量4×10^8t，是一个大型的生物礁油田，估计其采收率可达51.07%。

（2）溶蚀孔隙。

溶蚀孔隙是指沉积过程及成岩后由于溶解作用所形成的孔隙。地下水的溶解作用往往在沉积过程中就已经开始进行，并延续到成岩作用结束。在这个阶段，地层中原生孔隙发育时，地下水大都比较活跃，并通过溶蚀使孔隙进一步增加。成岩作用结束后，溶蚀孔隙仍可继续发育。尤其在不整合侵蚀面附近，由于处于渗流带及潜流带上部水文条件下，使得地下水在原生的孔隙发育带更为活跃。加上地表水的不断补充，因而在不整合面附近往往形成极为发育的溶蚀孔隙，有时可具有极高的产能。

溶蚀孔隙有以下几种类型：粒间及晶间溶蚀孔隙、铸模孔隙、窗格孔隙、沟道、晶洞、洞穴和角砾孔隙。

①粒间及晶间溶蚀孔隙：由于颗粒之间和晶间的胶结物或灰泥被溶解所形成的孔隙。它与晶洞的区别在于颗粒和晶体本身受到溶蚀作用较小。这种选择性的溶蚀主要是由于地下水沿亮晶之间或灰泥收缩空间的运动造成的。

②铸模孔隙：地下水将颗粒组分部分或全部溶去所形成的孔隙。这种选择性溶蚀是由于颗粒化学组分所决定的。铸模孔隙有时可形成比较重要的储油气空间。这种孔隙主要发育在由化石或颗粒组成的岩石中，有时一些石膏或盐的晶体受溶解后也可形成。化石层、生物礁、鲕粒及球粒碳酸盐岩易形成这种孔隙。

③窗格孔隙：它的形成主要取决于岩石组构情况。孔隙一般多呈扁平状平行于岩石的纹层或层面分布，但有时也呈球形、鸟眼状或不规则状，有时也作垂间延伸。因而，一些分隔的窗格孔隙往往形成连通性很好的储集层，尤其在裂缝发育的层系中，这种现象更为明显。此外，这种选择性溶蚀作用主要是沿高孔隙带进行，因而粗粒碳酸盐岩就具有形成窗格孔隙的良好条件。

④沟道孔隙：由于地下水活动而形成的连通水道。大多数沿层理分布，有时被后生沉淀物所充填或部分充填。它在储集层中虽然对孔隙度的贡献是次要的，但对渗透率的贡献有时可以很大。

⑤晶洞孔隙：其溶蚀作用不受岩石组构所控制，一般直径为1/16mm～10cm，其连通情况决定了这种孔隙的重要性。

⑥洞穴孔隙：其成因与晶洞相同，一般直径为10cm以上，这种空间在喀斯特区特别发育。在溶蚀型油气田钻探过程中，常发生“放空”现象。这种现象一般与洞穴有关，常说明有高产层存在。洞穴有时很大，直径可达2m，甚至更大。

⑦角砾孔隙：由断裂作用及塌陷作用形成角砾状破裂而造成的孔隙。其成因不一，所形成的角砾孔隙形状和大小均各不相同，差异很大。

在碳酸盐岩地层中，溶蚀型孔隙是很普遍的。利比亚锡尔特盆地的泽勒坦油田，就是一个溶蚀孔隙高度发育的实例。该油田的产层属于第三系古新统的泽勒坦段，产层厚110～120m，最高孔隙度可达35%，单井平均日产在1000t以上，石油可采储量为3×10^8t。

（3）生物钻孔和潜孔孔隙。

生物钻孔和潜孔孔隙多在沉积及成岩过程中形成，它对油气储集的意义是次要的。

（4）收缩孔隙。

收缩孔隙是由于沉积物的收缩作用而形成的孔隙。这种孔隙在大气或水体条件下皆可形成。

（5）裂缝。

裂缝一般是由于构造作用或成岩作用而形成的。裂缝的长度不一，由几厘米到几千米不等。宽度也可由几十毫米到几十厘米，但微裂缝的宽度仅数十微米。一般的，大的裂缝延伸远，方向稳定，与油气储集的关系更为密切。

许多研究人员得出一致认识，在1000m深度以下，裂缝宽度可能不超过0.1mm，裂缝孔隙度通常为0.5%～0.6%，很少超出1%～2%。例如，1000cm^{3}正方体中有10条0.1mm宽的裂缝时，其裂缝孔隙度仅为1%。

对于含有许多任意分布裂缝的碳酸盐储集岩要进行数学描述是十分困难的。假设井筒周围地层中只有一条延伸一定距离的垂直裂缝，据马斯盖特计算，当裂缝宽度超过0.035mm时，裂缝地层的产量就超过无裂缝地层简单径向流动系统的产量；当裂缝宽度为0.5mm时，裂缝本身所能运载的流体就占了灰岩—裂缝系统组合流量的90%；当裂缝宽度大于1mm时，绝大部分的油层流体便由裂缝通过。由此可见，碳酸盐储集岩中裂缝发育的多少及宽度对产能的影响是极为重要的。同样，也可以认识到，在碳酸盐储集层中，通过酸化、压裂制造人工裂缝对改造低渗透含油气层具有重要意义。

我国具有较多砂岩和碳酸盐岩储油区，这些砂岩储集层种类较多，从物性分析，它们有不同的孔隙类型、不同的孔隙度和渗透率，从而构成了不同储集性和产油能力。我国各油区砂岩储集岩的孔隙类型和物性的统计资料，见表1-7。四川的碳酸盐岩的孔隙类型和物性的统计资料，见表1-8。截至目前，砂岩储层仍是我国主要的产油储层。

表1-7　我国各油区砂岩储集岩的孔隙类型和物性统计资料

地区	层系		主要孔隙类型	孔隙度 %	渗透率 mD	产能
松辽	葡Ⅱ—Ⅲ层		粒间孔	20～30	100～3000	高
甘肃	M层	好	填充未满孔、胶结物晶间孔、粒间孔、构造裂缝	20～25	30～100	中
		中	填充未满孔、微孔隙	17～20	10～30	中—低
		差	微孔隙、晶间孔	10～17	0.5～10	低
江苏	阜宁群上段	好	粒间孔、溶蚀孔隙	20～30	20～400	中
		差	微孔隙	10～20	0.3～20	低
河南	沙河街组2～3段	好	粒间孔、微孔隙	16～23	60～1000	中
		差	微孔隙	7～16	0.3～40	无自然产能
川中	香溪群	好—差	晶间孔	2～16	<0.1～5	产微气
川西北	须家河组		晶间孔、粒间孔	0.5～14	<0.01～2	如裂缝发育可产气
陕北	延长群		微孔隙	9～15	0.1～5	无自然产能，压裂后有低产能
	延安组		微孔隙、粒间孔	12～25	5～300	中
华北	沙河街组		粒间孔、微孔隙	15～25	2～500	中—低

表 1-8　四川盆地碳酸盐岩储层的孔隙类型

地区和层位	主要孔隙类型	主 要 岩 类
川南三叠系嘉陵江组嘉一、嘉二层	溶孔	重结晶白云岩、粉—细灰质（化）云岩
	粒间溶孔	细晶白云岩、生物碎屑白云岩
	粒内溶孔	亮晶介屑负鲕灰岩，淀晶介屑、藻屑云岩和灰岩
	晶间溶孔	生物—细粉晶灰质云岩
	具连通性的晶间孔	生物—细粉晶灰岩和云岩
	微细晶间孔	泥晶或微晶灰岩和云岩（细结构占75%以上）
	微裂缝	宽度为几至几十微米
川南二叠系阳新统茅口组	白云石晶间孔	豹斑结构云灰岩
	方解石晶间孔	粒屑灰岩
	生物壳壁晶间孔	生物灰岩、亮晶红藻灰岩
	溶斑及溶蚀缝内晶间孔	粉骨屑微晶灰岩、介屑、贝屑泥晶灰岩
	溶孔（粒内多见）	生物灰岩
	裂缝	大、中、小均十分发育
	洞穴	大、中、小都有，大的可达几米
川东中石炭统	粗、细晶间孔	粉晶云岩、含角砾微—粉晶云岩
	粒间、粒内晶间孔	角砾云岩、微粉晶云岩
	无选择性溶孔	干缩、破裂角砾云岩、微—粉晶云岩
	粒间、粒内溶孔	虫屑、砂屑云岩、亮晶凝块石云岩
	粒间孔	亮晶核形石云岩
	溶蚀缝和构造裂缝	宽度多为几至几十微米

2. 岩石的孔隙大小分类

在实际工作中，常常把由毛细管或微毛细管结构组成的介质称为多孔介质。岩石的孔隙分类一般也是按孔隙的等效毛细管半径划分的，关于毛细管或微毛细管大小的划分标准较多，常见的划分标准见表 1-9。

表 1-9　毛细管或微毛细管划分标准

孔 隙 类 型	孔隙直径，mm	裂缝宽度，mm	孔 隙 特 征	岩 石 类 型
超毛细管孔隙	>0.5	>0.25	流体在重力作用下可自由流动	大裂缝、溶洞、未胶结或胶结疏松的砂岩
毛细管孔隙	0.5～0.0002	0.25～0.0001	流体在外力作用下可自由流动	一般砂岩
微毛细管孔隙	<0.0002	<0.0001	流体在自然压差下无法流动	泥岩

岩石中的孔隙按大小可分为三类：

（1）超毛细管孔隙：孔隙直径大于 0.5mm 或裂缝宽度大于 0.25mm 的孔隙。岩石中的大裂缝、溶洞及未胶结或胶结疏松的砂层孔隙多属于此类。在此类孔隙中，流体在重力作用下可自由流动。

（2）毛细管孔隙：孔隙直径介于 0.5～0.0002mm 之间，或裂缝宽度介于 0.25～0.0001mm 之间的孔隙。砂岩的孔隙大多属此类。在此类孔隙中，孔隙壁面固体分子对流体分子的作用力较大，如果存在两相流体，则存在毛细管力，液体不能自由流动。但在一定压差作用下，液体在毛细管内可以流动。

（3）微毛细管孔隙：孔隙直径小于 0.0002mm、裂缝宽度小于 0.0001mm 的孔隙。粘土、页岩中的孔隙一般属于此类型。在此类孔隙中，分子间的引力很大，油层条件下的压力梯度一般无法使液体在孔隙中移动，因此人们常将孔道直径大于或小于 0.2μm 作为流体能否在孔隙中流动的一个分界线。这类孔隙称为无效孔隙。

岩石中的孔隙按其他因素分类为：

（1）原生孔隙和次生孔隙：孔隙按生成时间分类可分为原生孔隙和次生孔隙。原生孔隙是与沉积过程同时形成的孔隙，如粒间孔隙。次生孔隙是沉积作用后由于各种原因形成的孔隙，如地下水作用形成的溶孔、溶洞，或在构造应力下破裂形成的裂隙。

（2）孔道和喉道：孔隙按组合关系可分为孔道和喉道。孔道是较大的孔洞（简称孔），喉道指连接大孔隙之间的细小通道（简称喉）。

（3）连通孔隙和死孔隙：孔隙按连通性可分为连通孔隙和死孔隙。岩石中绝大多数孔隙都是连通的，也有不连通的死孔隙。

3. 孔隙结构参数及研究方法

1）孔隙结构研究方法

目前常用的储集岩孔隙结构研究方法见表 1－10。

表 1－10　储集岩孔隙结构的研究方法、类型、数学模型及各种物理参数表

类型	研究方法及内容		孔喉特征描述及定量物理参数	数学模型		综合研究参数
	方法	内容		分布	参数	
视孔喉大小分布（孔喉大小分布）	测定毛管压力	注入曲线 退出曲线 （吸入曲线） 重新注入曲线	排驱压力——最大连通孔喉半径 饱和度中值毛管压力——近似平均孔喉半径 最小非饱和的孔喉百分数 平均毛管压力——平均孔喉半径 孔喉分选系数 喉道体积 孔隙加喉道的总体积 退出效率 阻滞滞后及捕集滞后	正态分布	均值 分选 峰态 歪度 峰值	平均孔—喉直径比 结构难度指数
				地质混合经验分布	均值 分选 变异系数 歪度	
真实孔隙大小分布	孔隙铸体	普通岩石铸体薄片 孔隙铸体薄片	孔隙类型、形状 平均孔隙直径 孔隙大小分布频率 孔隙—喉道配合数 孔隙—喉道组合关系 二维孔—喉直径比	泊松分布		

测定岩块平均孔喉大小分布特征的最常用的方法是压汞法（详见第三章）。它是根据水银对岩石是一种非润湿流体，在施加压力后，能克服岩石孔隙喉道的毛细管阻力而进入孔隙的原理测定岩石的孔喉大小分布。这种方法具有快速、准确的优点。所测得的毛管压力—水银饱和度关系曲线可以定量反映储集岩的孔隙喉道的大小分布。

在研究岩块微观孔隙结构时，常采用定量立体学方法、孔隙铸体（或薄片）的镜下统计法以及铸体薄片法。定量立体学方法是将伍德合金灌注在岩石的孔隙空间中去，溶蚀掉岩石后，对留下的孔隙空间结构的铸体用定量立体学方法恢复其三维空间结构，根据一定的数学解确定真实的孔隙大小的体积分布。孔隙铸体的镜下统计法是将染色树脂灌注到岩石的孔隙空间内，树脂固结后，溶解掉岩石部分，对留下的孔隙空间铸体用扫描电镜观察研究。铸体薄片法是将灌注了染色树脂的岩石磨成薄片，在显微镜下观察研究。

定量立体学方法以及孔隙铸体镜下统计法都可以直观地了解岩石孔隙空间的三维结构，并可量度其尺寸，是一种比较先进而成功的方法。铸体薄片法可以很方便地直接观察到孔隙、喉道及其相互连通、配位的二维空间结构。如果有计划地从各个方向来切取较多的薄片，也可以对岩石孔喉三维空间结构有一定了解。

从孔隙铸体或者岩石铸体薄片中，可以了解许多有关孔隙、喉道的特性，主要包括可确定孔隙类型及形状，可测定平均孔隙直径及孔隙大小分布频率，可确定孔隙—孔隙或孔隙—喉道的组合关系及孔隙—喉道的配位数，可测量二维或三维的孔—喉直径比等。

为了计算上的需要，研究岩石孔隙结构常用方法为：首先将复杂的岩石孔隙结构简化为各种简化模型，以此为基础建立数学模型，再通过数学推导得出方程式，用以描述孔隙结构特征，并以此建立与其他物性参数的相关关系。例如，先将岩石简化为理想土壤模型，该模型是将岩石骨架简化为由等径的圆球组成，但此种孔隙模型几何形状仍然很复杂，不利于在流体力学上应用。随后又发展了将岩石孔道简化为由大小不同的毛管束所构成的毛管束模型，这种模型在油层物理及渗流中应用最广。近年来，将岩石孔隙又简化为互相连通的各种网络模型，这种模型较毛管束模型又近了一步。网络模型常用于微模型可见技术中研究水驱油问题。

上述这种采用简化的岩石模型，再建立相应的数学模型而进行公式推导的方法，在高才尼—卡尔曼方程的建立过程中应用很明显（详见附录I的推导过程）。

2）孔隙大小的分选性

岩石内的孔隙大小并不都是相等的，有大孔也有小孔，孔隙大小的等效毛细管半径可由毛管压力曲线（参见第三章）求得。孔隙半径大小的分选性是认识储层的一个很重要的基础资料。孔隙大小的分选性表示方法与表示颗粒大小分布方法相类似，即可表示为孔隙大小分布曲线和孔隙大小累积分布曲线（图1-12、图1-13），其中，纵坐标表示某一孔隙半径的孔隙体积百分数（图1-12）或孔隙体积累积百分数（图1-13）；横坐标表示孔隙半径（以 μm

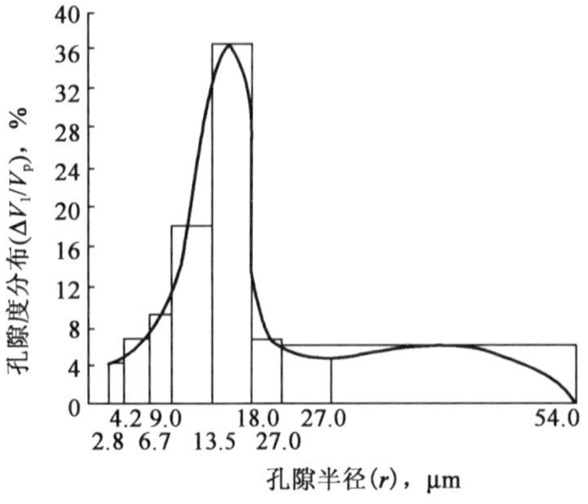

图1-12　孔隙大小分布曲线

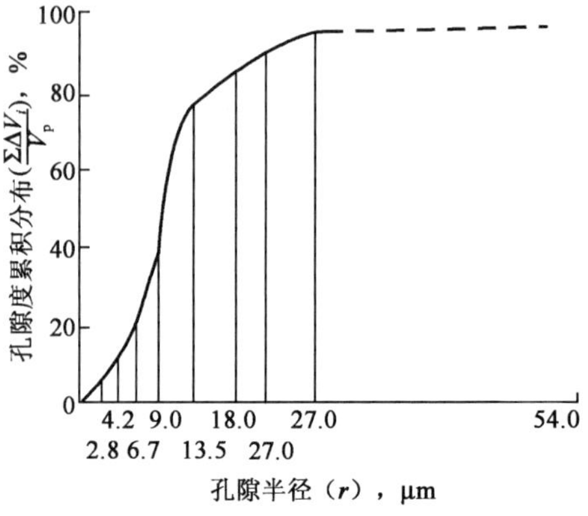

图1-13　孔隙大小累积分布曲线

或 $\log_2 d$ 表示，d 为孔隙直径）。利用孔隙累积分布曲线上某些特征点的数据，可定量评价岩石孔隙大小及分布（包括岩石孔隙大小分选系数、歪度和峰度等特征参数），具体评价指标计算方法见第三章的第三节。

岩石的孔隙大小及分布可以根据平均孔隙直径、峰态 K_p 值、歪度 S_{kp} 和分选系数 S_p 判断。

3）岩块微观孔隙结构

通过高倍显微镜观察岩石薄片、铸体或用电视显像的图像分析仪等还可确定以下岩石孔隙结构参数：

（1）孔喉比：孔隙直径与喉道直径的比值。

（2）孔隙配位数：每个孔道所连通的喉道数。例如，一个孔道与三个喉道相连，则配位数为 3，一般砂岩的配位数为 2～15 之间或更多些。

（3）孔隙迂曲度：表示孔隙弯曲程度的一个参数。迂曲度 τ 为流体质点实际流经的路程长度 l 与岩石外观长度 L 之比值，其值在 1.2～2.5 之间，一般无法直接测定。

（4）在显微镜下还可观测到孔隙内壁的粗糙度、孔隙的排列与组合方式等。

4. 岩石孔隙结构类型

储油（气）岩石孔隙结构可划分为单重、双重、三重孔隙介质和六种孔隙结构类型（图 1-14）。

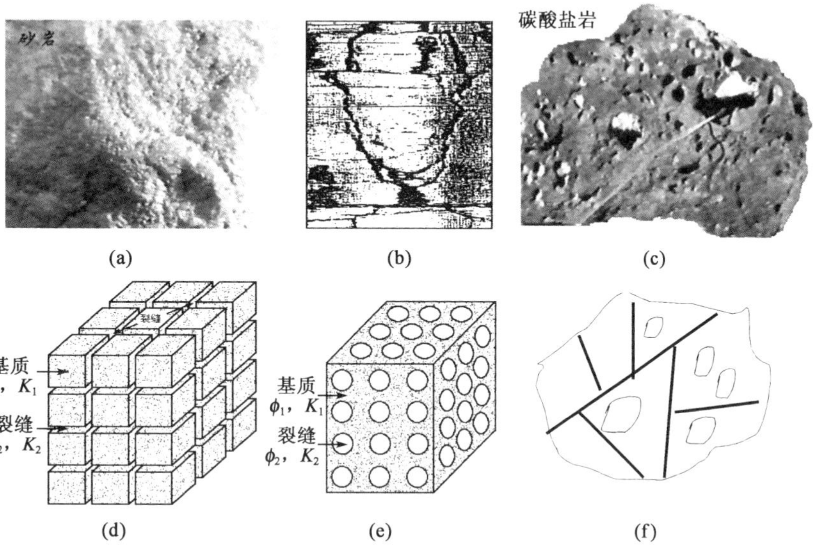

图 1-14　岩石孔隙结构的六种孔隙结构类型

（a）粒间孔隙；（b）裂缝孔隙；（c）溶洞孔隙；（d）裂缝—孔隙；（e）溶洞—孔隙；（f）裂缝—溶洞—孔隙

1）单重孔隙介质

（1）粒间孔隙结构：这是碎屑岩的基本孔隙结构，但部分碳酸盐岩也具有此种孔隙结构。这种结构是由大小和形状不同的颗粒组成，颗粒之间间隙又被胶结物充填。由于胶结不完全，在颗粒之间形成了粒间孔隙。这些粒间孔隙既是储油空间，又是油气渗流的通道。

对于单重孔隙介质粒间孔隙结构的储层岩石，早期是把它作为等直径的球体来研究，后来则把岩石的孔隙空间视为一束等直径的微细毛细管或变截面和弯曲的毛细管模型，近来又引进网络模型的概念去研究。

（2）纯裂缝结构：致密的碳酸盐储油（气）岩基本上是不渗透的。在这种岩石中，如果产生微裂缝称为“纯裂缝结构”，这时储油气空间和油气渗流通道都是裂缝。裂缝的发育和延伸往往是不规则的，因此很难定量描述裂缝的形态。有时简化为一种理想的、垂直方格的裂缝网格，即裂缝将岩层分隔成许多方块。

2）双重孔隙介质

（1）裂缝—孔隙结构：特别发育于石灰岩与白云岩中。这种孔隙结构是粒间孔隙介质又被裂缝分隔成多个块状单元，块状单元中的粒间孔隙是主要的储油气空间，而块状单元之间的裂缝是油气渗流的主要通道。也就是说在这种结构中，粒间孔隙有较大的孔隙度，但渗透率很小；相反，裂缝有很小的孔隙度，但具有较高的渗透率。由于两种并存的孔隙体系物理参数（孔隙度和渗透率）相差很悬殊，所以形成了两个水动力系统。因此，裂缝—孔隙结构的基本特点为：双重孔隙度、双重渗透率和两个性质差异较大的水动力场。

（2）溶洞—孔隙结构：特别发育于碳酸盐岩石。它是在粒间孔隙的岩石中分布着大的洞穴，洞穴的尺寸超过毛细管大小，所以在这种孔隙结构中，两种不同孔隙服从两种不同范畴的流动规律。流体在粒间孔隙中的流动服从渗流规律，而在洞穴中的流动服从流体力学奈维—斯托克斯方程。因此溶洞—孔隙结构也是一种服从两种流体流动规律的双重孔隙介质。

3）三重孔隙介质

（1）孔隙—微裂缝—大洞穴：由粒间孔隙、微裂缝再加上大洞穴构成。

（2）孔隙—微裂缝—大裂缝：为粒间孔隙、微裂缝、大裂缝三重孔隙并存的混合结构，特别发育于碳酸盐岩石。对于三重孔隙介质的渗流规律，目前还处于探索研究阶段。

二、储集层岩石的孔隙度

储层岩石的孔隙度是定量描述岩石储集能力大小的重要参数。

1. 岩石孔隙度的概念

孔隙度是指岩石中孔隙体积 V_p（或岩石中未被固体物质充填的空间体积）与岩石总体积 V_b 的比值，用希腊字母 ϕ 表示，其表达式为：

$$\phi=\frac{V_p}{V_b}\times 100\% \tag{1-25}$$

图 1－15 可形象地说明岩石总体积 V_b 与孔隙体积 V_p 及固相颗粒体积（基质体积）V_s 三者之间的关系。

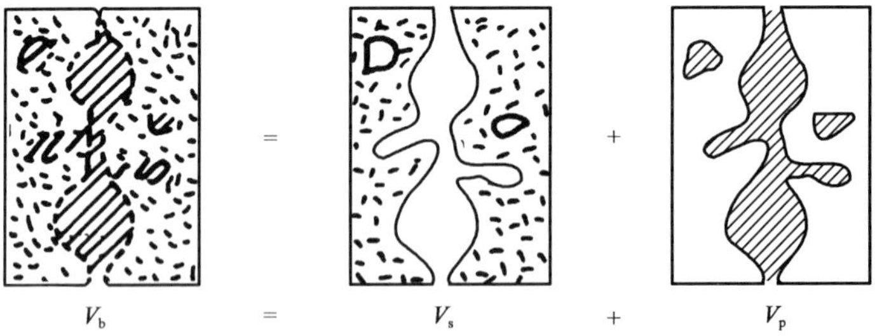

图 1－15　储集层岩石的总体积（V_b）与基质体积（V_s）和孔隙体积（V_p）

因为

$$V_b=V_p+V_s \tag{1-26}$$

故式（1－25）又可改写为：

$$\phi=\frac{V_p}{V_b}\times 100\%=(1-\frac{V_s}{V_b})\times 100\% \tag{1-27}$$

式中　ϕ——孔隙度，%；

V_b——储集岩的总体积，cm^3；

V_p——孔隙体积，cm^3；

V_s——储集岩基质体积，cm^3。

2. 不同孔隙度的概念

岩石的微毛管孔隙和孤立的孔隙对油气储集是毫无意义的。从油田开发角度考虑，只有那种既能储集油气，又能让流体渗流通过的连通孔隙才更具有实际意义。为此，根据孔隙的连通状况可分为连通孔隙（敞开孔隙）和不连通孔隙（封闭孔隙）。参与渗流的连通孔隙为有效孔隙，不参与渗流的则为无效孔隙。因此，又可将孔隙度分为绝对孔隙度、连通孔隙度、有效（含烃）孔隙度和流动孔隙度。

1）绝对孔隙度（ϕ_a）

绝对孔隙度是指岩石的总孔隙体积 V_p 与岩石总体积 V_b 之比。

$$\phi_a = \frac{V_p}{V_b} \times 100\% \tag{1-28}$$

2）连通孔隙度（ϕ_c）

连通孔隙度是指岩石中相互连通的孔隙体积 V_c 与岩石总体积 V_b 之比，这是石油工业中最常用的数值。

$$\phi_c = \frac{V_c}{V_b} \times 100\% \tag{1-29}$$

3）有效（含烃）孔隙度（ϕ_e）

有效孔隙度是指岩石中烃类体积 V_e 与岩石总体积 V_b 之比。岩石的有效（含烃）孔隙度仅是连通孔隙度中含烃类的那一部分。

$$\phi_e = \frac{V_e}{V_b} \times 100\% \tag{1-30}$$

需要注意的是，有些孔隙虽然彼此连通但未必都能让流体流过。例如，由于孔隙的喉道半径极小，在通常的开采压差下仍难以使流体流过；又如在亲水岩石孔壁表面常存在水膜，相应的缩小了油流孔隙通道。因此，从油田开发实际出发，又在上述孔隙度基础上，进一步划分出流动孔隙度的概念。

4）流动孔隙度（ϕ_{ff}）

流动孔隙度是指在含油岩石中，流体能在其内流动的孔隙体积 V_{ff} 与岩石总体积 V_b 之比，即：

$$\phi_{ff} = \frac{V_{ff}}{V_b} \times 100\% \tag{1-31}$$

需要说明的是，连通孔隙度和有效（含烃）孔隙度在一般情况下具有相同意义，但对于气层或稠油储层，“连通”和“有效”则不能相提并论。

流动孔隙度与有效（含烃）孔隙度的区别在于它不仅排除了死孔隙，也排除了那些为毛管力所束缚的液体所占有的孔隙体积，还排除了岩石颗粒表面上液体薄膜的体积。此外，流动孔隙度还随地层中的压力梯度和液体的物理—化学性质如粘度等而变化。因此，岩石的流动孔隙度在数值上是不确定的。尽管如此，在油田开发分析中，流动孔隙度仍具有一定的实际价值。

由上述分析不难理解，绝对孔隙度 ϕ_a、连通孔隙度 ϕ_c、有效孔隙度 ϕ_e 及流动孔隙度 ϕ_{ff} 间的关系应该为 $\phi_a > \phi_c \geqslant \phi_e > \phi_{ff}$。

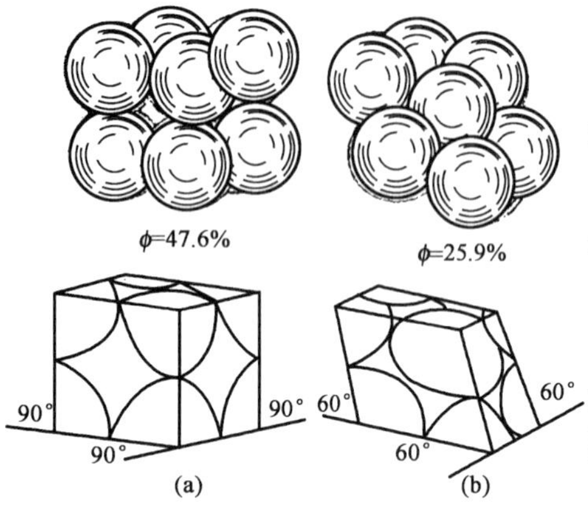

图 1-16 球粒呈立方体和菱面体排列

(a) 立方体（最宽敞）；(b) 菱面体（最紧密）

3. 理想土壤介质的孔隙度

所谓理想介质，是指由等直径或几种等直径的球形颗粒组成的岩石。探讨理想介质的孔隙度的目的是为了找出孔隙度的一般范围，并为储层孔隙度分级提供依据。

斯利奇特以及弗拉塞和格拉顿等对由大小均匀的等直径球形颗粒组成的理想土壤层模型的孔隙度进行了计算。球粒以最宽敞和最紧密两种模式排列［图 1-16（a）和图 1-16（b）］。

由图 1-16（a）可知，如球粒半径为 r，立方体的边长为 $2r$ 的单元，其总体积（V_r）应为：

$$V_r = (2r)^3 = 8r^3$$

然而，在这个单元中有八个八分之一的球粒，颗粒体积为一完整球粒的体积（V_s），即：

$$V_s = \frac{4}{3}\pi r^3$$

因此，呈立方体排列的等直径球粒所组成的多孔介质单元，其孔隙度（ϕ）应为：

$$\phi = \frac{(V_r - V_s)}{V_r} \times 100\% = \frac{\left(8r^3 - \frac{4}{3}\pi r^3\right)}{8r^3} \times 100\% = \left(1 - \frac{\pi}{6}\right) \times 100\% = 47.6\%$$

同理，由图 1-16（b）可求出呈最紧密的菱面体排列时的孔隙度，ϕ=25.96%。

对于用同一种直径的颗粒所组成的理想多孔介质，可以得出孔隙度仅是颗粒排列的函数，而与颗粒的大小无关。

可以进一步探讨由两种颗粒尺寸所组成的立方体填集的孔隙度，小直径颗粒刚好是填充在大直径颗粒的孔隙中，此时，介质的孔隙度将大大降低，如图 1-17 所示的结构，其计算的孔隙度近似为 12.5%。

由此可见，因为实际储集岩孔隙中有各种填隙物，其孔隙度要比理想介质的孔隙度小，且变化大。

4. 实际岩石的孔隙度及其分级

自然界的实际储集岩，其颗粒呈不规则形态，颗粒的大小、形态与分布也较复杂，外加颗粒之间还存在胶结物与充填物，使得实际岩石的孔隙空间形态与孔隙度比理想介质复杂得多（图 1-18），因此，理论介质所讨论的球粒孔隙度与粒径无关的结论，对实际砂岩是不适用的。实际储集岩的孔隙度与颗粒大小有密切关系，表 1-11 是我国酒泉盆地白杨河群砂岩的粒度中值与孔隙度关系。从表中数据可以看出，该层的孔隙度随粒度中值的增大而增大。储集层孔隙分级（砂岩）见表 1-12。

表 1-11 酒泉盆地白杨河群砂岩的粒度中值与孔隙度的关系

名　称	粉砂岩	细—中粒砂岩	粗砂岩
粒度中值，mm	<0.1	0.1～0.25	>0.25
孔隙度，%	7～13	10～25	14～20

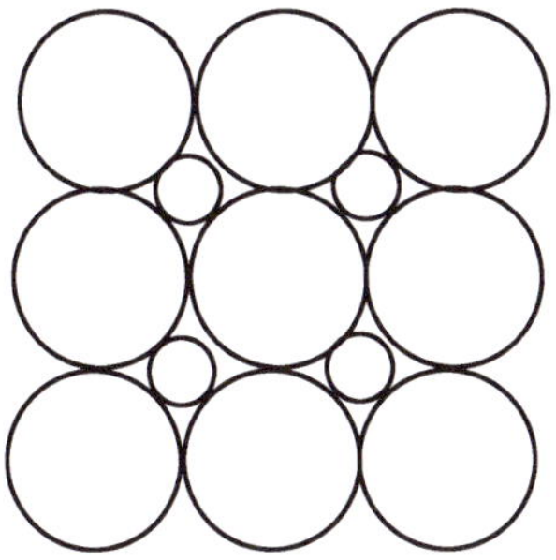

图 1-17　立方体填集

两种颗粒尺寸，$\phi\approx12.5\%$

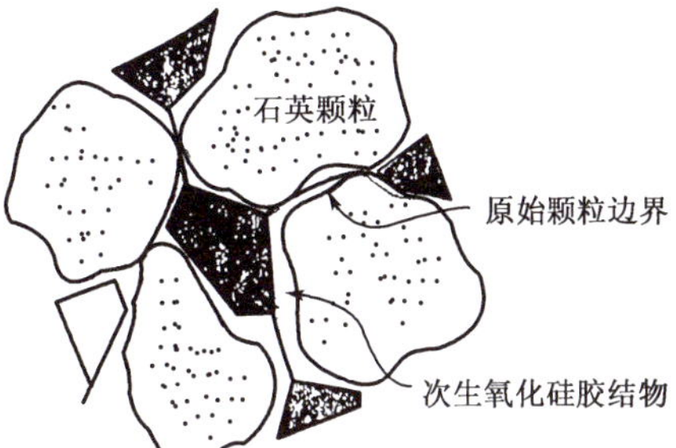

图 1-18　砂岩中的次生胶结物

表 1-12　储集层按孔隙度分级（砂岩）

孔隙度，%	评　价	
	碳酸盐岩	砂　岩
25～20	—	极好
20～15	极好	好
15～10	好	中等
10～5	中等	差
5～1	差	无价值
1～0	无价值	

根据我国各油气田的统计资料，实际储油气层储集岩的孔隙度范围大致为：

致密砂岩　　　孔隙度 1%～10%

致密碳酸盐岩　孔隙度 1%～5%

中等砂岩　　　孔隙度 10%～20%

中等碳酸盐岩　孔隙度 5%～10%

好的砂岩　　　孔隙度 20%～35%

好的碳酸盐岩　孔隙度 10%～20%

5. 双重孔隙度的概念

双重孔隙介质储层具有两种孔隙系统，第一类是岩石颗粒之间的孔隙空间构成的粒间孔隙，称为原生孔隙度或基质孔隙度；第二类是裂缝和孔洞的孔隙空间形成的次生孔隙，称为孔洞孔隙度或裂缝孔隙度。这类岩石的总孔隙度要用双重孔隙度来描述（图 1-19）。

对于裂缝性储集层来说，岩石总体积＝裂缝孔隙体积＋基质总体积。总孔隙体积＝裂缝孔隙体积＋岩石原生孔隙体积。

总孔隙度 ϕ_t、裂缝孔隙度 ϕ_f 和岩石原生孔隙度 ϕ_p 之间有如下关系：

$$\phi_t = \phi_p + \phi_f \tag{1-32}$$

式中：$\phi_p=\dfrac{\text{基质孔隙体积}}{\text{岩石总体积}}$

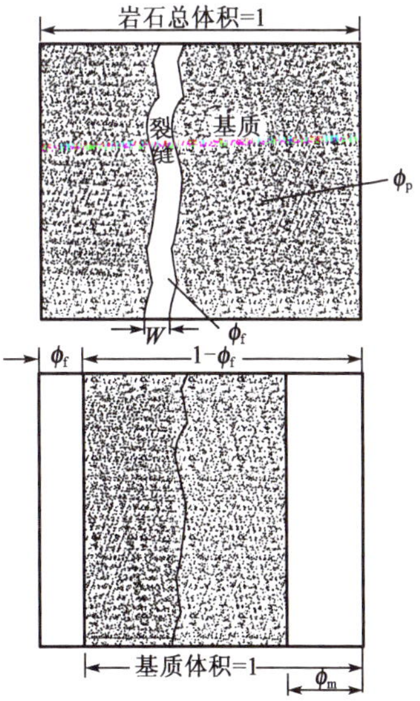

图 1-19　双重介质岩石孔隙度

$$\phi_f = \frac{裂缝孔隙体积}{岩石总体积}$$

上述 ϕ_p、ϕ_f 都是相对于双重介质岩石总体积而言的。大量实验测定结果表明：裂缝孔隙度 ϕ_f 明显小于岩石原生孔隙度 ϕ_p。

实际取心时很难获得带有裂缝的岩心，故实验室得到的岩心只是裂缝性岩石的基质部分，实验室测定的孔隙度称为基质孔隙度 ϕ_m。基质孔隙度 ϕ_m 是对基质总体积而言的：

$$\phi_m = \frac{基质孔隙体积}{基质总体积} \tag{1-33}$$

注意，ϕ_p 称为岩石原生孔隙度，它是相对岩石的总体积而言的，其孔隙指粒间孔隙；ϕ_m 称为基质孔隙度，仅就基质本身体积而言。由于岩石基质总体积小于岩石外表总体积，故 $\phi_m > \phi_p$。下面推导二者的关系式。

设岩石外表总体积为 1（单位体积），裂缝孔隙度为 ϕ_f，则基质总体积为 $1-\phi_f$，基质孔隙体积为（$1-\phi_f$）ϕ_m，岩石原生孔隙度与基质孔隙度的关系为：

$$\phi_p = \frac{基质孔隙体积}{岩石外表总体积} = \frac{(1-\phi_f)\phi_m}{1} = (1-\phi_f)\phi_m \tag{1-34}$$

则式（1－32）为：

$$\phi_t = (1-\phi_f)\phi_m + \phi_f \tag{1-35}$$

根据经验，当 $\phi_t < 10\%$ 时，最大裂缝孔隙度与总孔隙度间的关系为 $\phi_{fmax} < 0.1\phi_t$；当 $\phi_t > 10\%$ 时，最大的裂缝孔隙度 $\phi_{fmax} < 0.04\phi_t$。从岩石储集空间的观点考虑，ϕ_f 比基质孔隙度 ϕ_m 小得多，可忽略不计。但对于致密岩石，例如当 $\phi_t < 5\%$ 时，裂缝的存在对储存油气有意义，特别是对渗流起着重要作用（参见第五节）。

6. 岩石孔隙度的测定方法

岩石孔隙度的测定方法有实验室内直接测定法和以各种测井方法为基础的间接测定法两类。间接测定法影响因素多，误差较大。实验室内通过常规岩心分析法可以较精确地测定岩心的孔隙度。

根据孔隙度的定义［式（1－25）］，只要求得岩石总体积、固体部分（颗粒及胶结物）的体积以及孔隙体积这三个参数中的两个，就能按式（1－25）计算孔隙度。因此，各种测定孔隙度的方法都是围绕测量上述三个变量而进行的。

岩石总体积、颗粒体积、孔隙体积测定方法，见表 1－13。

表 1－13　总体积、颗粒体积、孔隙体积测定方法

测定方法	目的
阿基米德（浮力）汞浸没法	测量总体积
汞驱替法	测量总体积
卡尺测量法	测量总体积
用流体，而非汞的阿基米德浸没法（浮力）	测量总体积
颗粒体积与孔隙体积求和得到总体积	测量总体积
由分散岩样的颗粒密度求总孔隙体积	测量颗粒体积
波义耳定律双室法	测量颗粒体积
波义耳定律单室法	直接测定孔隙体积
流体孔隙度求和法	粗略测定总体积与孔隙体积
液体饱和度法	直接测定孔隙体积

1）岩石外表（视）体积（或总体积）V_b 的测定方法

（1）几何测量法。

对几何形状很简单的规则岩样，例如圆柱体岩样（钻、切成为圆柱体形状的岩样又称为岩心），并且没有缺口或者凹槽，可以直接用游标卡尺直接测量岩心的直径 d 和长度 L，则岩心的视体积 V_b 可按圆柱体计算。此法适用于胶结较好，钻切过程中保持完整、不破碎的岩石。

如果样品是随意选取的不规则岩心，则其表面不平整，可以用以下（2）、（3）、（4）方法测定。

（2）封蜡法。

首先称欲测定的样品在空气中的质量 ω_1，再将其放入熔化的石蜡中浸一下，岩样表面便被涂上一层薄的蜡壳，涂蜡后的岩样在空气中称质量为 ω_2，最后将已封蜡的岩样置于水中称质量 ω_3，于是，岩样总体积 V_b 可按下式计算：

$$V_b = \frac{\omega_2 - \omega_3}{\rho_w} - \frac{\omega_2 - \omega_1}{\rho_p} \tag{1-36}$$

式中　V_b——岩石外表体积，cm^3；

ρ_w、ρ_p——水和石蜡的密度，通常 $\rho_p = 0.918 g/cm^3$；

ω_1、、ω_2、ω_3——岩样不同条件下的质量，g。

此法适用于胶结疏松，易垮、易碎的岩石，岩样的形状可以是任意的不规则形状。

（3）水银体积泵法。

水银体积泵法是针对准备用压汞法测定毛管压力曲线的岩样，其基本原理是利用水银—空气之间具有很大表面张力，在常压下水银不会浸入岩石孔隙的特点，故可用以测定样品总体积。水银体积泵如图 1-20 所示。

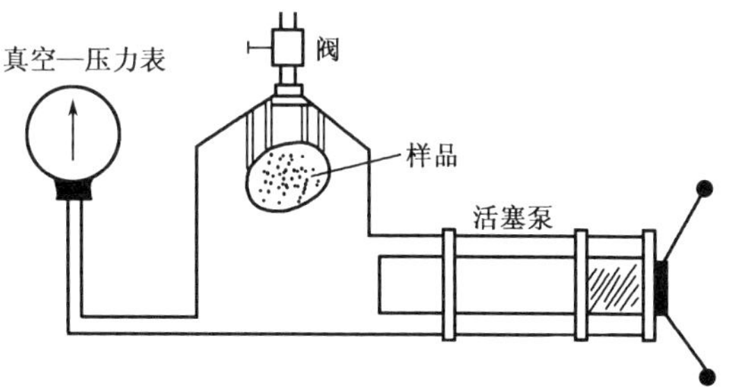

图 1-20　水银体积泵装置示意图

在岩样放入之前，利用体积泵使水银面到达岩样室上部的一个固定标志点，此时通过刻度盘使泵所在位置的刻度为零。然后移开活塞并把样品放在样品室中，并将泵的活塞推回来，使水银面重新达到原先所保持的固定标志，此时读出泵的刻度，就可得到样品的总体积。这种方法的测量精度 $\Delta V = 0.01cm^3$。因此，过小的样品不宜使用。使用这种方法必须注意防止水银污染样品（水银不进入岩样的孔隙）。

（4）饱和煤油法。

首先将岩心抽真空后饱和煤油，然后将已饱和煤油的岩心在空气中称质量记 ω_1、该岩心在煤油中称质量记 ω_2，根据阿基米德浮力原理，受到的浮力等于排开油的质量，可得 V_b 值：

$$V_b = \frac{\omega_1 - \omega_2}{\rho_o} \tag{1-37}$$

式中　ρ_o——煤油的密度，g/cm^3。

（5）阿基米得（浮力法）汞浸没法。

阿基米得汞浸没法是把一个柱塞岩样浸没在水银中，称量岩样排开的水银，求得体积（“阿基米得”原理）。使用该方法时要求岩样外表无圈闭的空气（空气为润湿相），否则得出的总体积偏高。若岩样浸没在水银中，且如果无空气滞留，温度保持恒定时，测定时质量的波动在±0.015g 之内，那么总体积测定结果的绝对偏差在±$0.01cm^3$ 以内。另外，因水银会渗入表面有溶洞或渗透率极高的岩样中，导致总体积值偏低，因此，该方法不适用于表面有溶洞或有开放裂缝或疏松的岩样总体积的测定。但如果必须用该方法分析这种岩样，岩样表面必须用涂料密封或堵上表面溶剂，以免水银渗入，具体处理方法有：①像热缩性聚四氟乙烯管这样的材料可用于包封岩样的圆柱表面，封住溶洞。测量的总体积必须减去包裹物的体积，在聚四氟乙烯管与岩石的非溶洞表面之间不得有空气间隙。②岩样表面的溶洞可以被填满（例如用注膜粘土，石蜡，或一种环氧树脂），这样，把岩样浸没在水银下就可以直接测定总体积。一般的，填满溶洞是一种破坏性实验，应该放在分析实验的最后一步进行。

2）*岩石样品固体体积 V_s 的测定方法*

（1）比重瓶法。

使用比重瓶法时，需要获得比重瓶的容积 V（由生产厂商提供校验的体积或用水银标定的体积），并在天平上称重测定以下参数：①空比重瓶质量 G_0；②充满密度 ρ 溶剂的比重瓶的质量 G_1；③装入已饱和溶剂的样品质量 G_2。

G_0、G_1、V 三个参数之间有如下关系：

$$G_1 = G_0 + \rho V \tag{1-38}$$

G_2 满足如下方程：

$$G_2 = G_0 + G_m + \rho(V - V_s) \tag{1-39}$$

式中 G_2——装有样品后比重瓶的质量，g；

G_m——干样品的质量，g；

V_s——样品的固体体积，cm^3。

将式（1-39）减去式（1-38），则有：

$$G_2 - G_1 = G_m - \rho V_s \tag{1-40}$$

因此有：

$$V_s = \frac{G_m - G_2 + G_1}{\rho} \tag{1-41}$$

（2）氦气孔隙度仪法。

氦气孔隙度仪法的基本原理是利用波义耳（Boyle）定律，对大岩心和小岩心、规则外形和不规则外形的样品都可适用。其原理如图 1-21 或图 1-22 所示，仪器由气源、调压阀、高精度压力表、样品室和标准体积室组成。

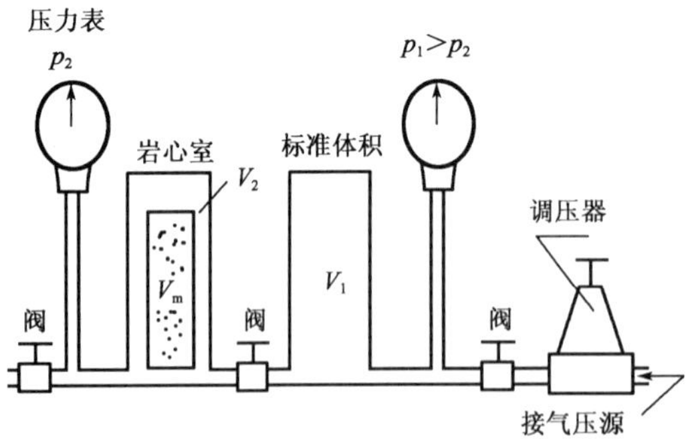

图 1-21　波义耳定律孔隙率计——确定颗粒体积

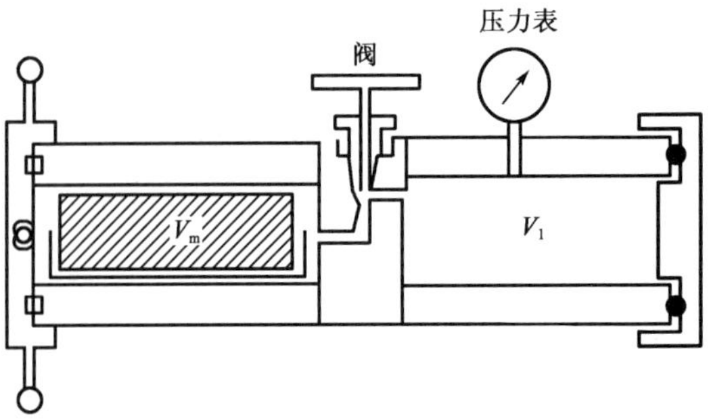

图 1-22　波义耳定律确定颗粒体积（孔隙率计）

已知岩心室的体积 V_2，标准体积室体积 V_1，测定时气体首先充入标准体积室，并记录压力 p_1，随后切断气源，将标准体积室内的气体经阀门放入装有待测样品（固体体积为 V_m 的岩样）的岩心室，并使气体等温膨胀达到平衡后，记录压力 p_2，根据波义耳（Boyle）定律有：

$$V_1 p_1 = V_1 p_2 + (V_2 - V_{\mathrm{m}}) p_2 \tag{1-42}$$

于是：

$$V_{\mathrm{m}} p_2 = V_1 p_2 + V_2 p_2 - V_1 p_1 \tag{1-43}$$

样品的固体体积为：

$$\begin{aligned} V_{\mathrm{m}} &= V_2 + V_1 - \frac{p_1}{p_2} V_1 \\ &= V_2 + V_1 \left(1 - \frac{p_1}{p_2}\right) \end{aligned} \tag{1-44}$$

此方法实验气体也可用氮气。但氮气相对分子质量比氦气大，氦气能进入更小的岩石孔隙中，故对于较为致密岩样采用氦气测定岩石孔隙体积比用氮气更精确。

（3）浸没称重法。

把样品浸没在溶剂内，通过作用于岩样固体上的浮力测定样品的固体体积，所用的装置为各类天平（图 1－23）。

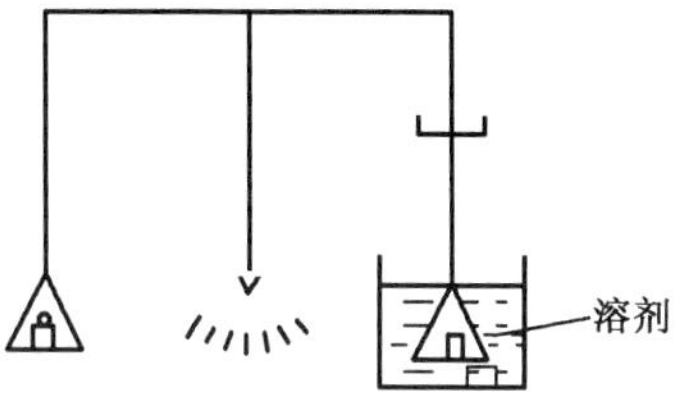

图 1－23　颗粒体积测定装置

测定的步骤如下：预先将欲测定的岩样洗净、烘干后，称量出干岩样的重量 G_{m}；在测量温度下，用密度为 ρ 的溶剂来饱和岩样，然后，把岩样浸没于溶剂中，测出其重量 G，此时，岩样的固体体积 V_{s} 即可按下式求得：

$$V_{\mathrm{s}} = \frac{G - G_{\mathrm{m}}}{\rho} \tag{1-45}$$

所采用的溶剂的密度越大，则浮力越大，其作用也越明显。通常使用的溶剂为四氯化碳（$\rho_{20℃} = 1.6\mathrm{g/cm^3}$）或三氯乙烷（$\rho_{20℃} = 1.32\mathrm{g/cm^3}$）。前者密度较大，但毒性也较大。

（4）固体体积计法（又名固体比重计法）。

如图 1－24 所示，波义耳定律孔隙率计由体积相等的底瓶和带刻度管的立瓶两部分组成。测定时：①将捣碎的岩样（呈颗粒状）放入底瓶中；②将立瓶倒置（口朝上）并向其中注入煤油，使油面到达刻度点；③将立瓶口朝下插入底瓶中连接起来（图 1－24），由立瓶上的刻度值可直接读出颗粒的体积 V_{s}。

（5）波义耳定律单室法（又名气体压缩法）。

根据波义耳定律，用不同体积的钢岩样（$V_{\mathrm{p}} = 0$ 或 $V_{\mathrm{b}} = V_{\mathrm{s}}$），测出钢岩样的体积 V_{s} 与水银回转的刻度关系曲线（常称为颗粒体积标准曲线），然后把岩样放入岩心室内，读得水银计量管读数，由此读数可查颗粒体积标准曲线得岩石骨架体积 V_{s} 值。

3）*岩石孔隙体积 V_{p} 的测定方法——饱和流体法*

饱和流体的装置如图 1－25 所示。试验时将已洗净、烘干的岩样在空气中称质量记为 w_1，然后将岩样抽成真空并饱和不挥发的流体（一般使用煤油或盐水），在空气中称出饱和煤油后的岩样质量记为 w_2，两次质量之差即为进入岩心孔隙的流体质量。若流体为煤油，且煤油密度为 ρ_{o}，则岩石孔隙体积 V_{p} 为：

$$V_{\mathrm{p}} = (w_2 - w_1) / \rho_{\mathrm{o}} \tag{1-46}$$

该方法装置简单，操作方便。用煤油饱和岩心时，测量质量应动作迅速，以防煤油挥发引起误差。用水测岩心孔隙体积时，必须用地层水（不能用蒸馏水、淡水），以防岩心遇水膨胀。液体饱和法测定的孔隙度值常称为液体孔隙度。

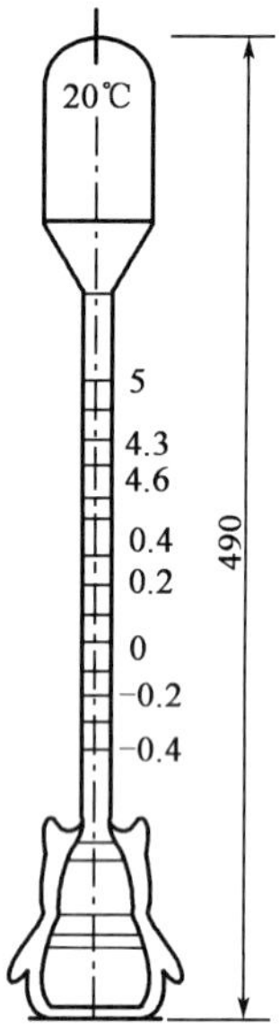

图 1-24　固体比重计

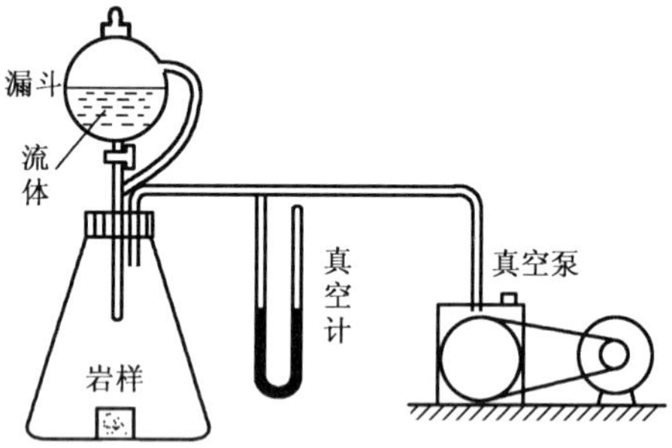

图 1-25　饱和流体的装置

4）*疏松岩样分析方法*

疏松岩样是指从松散的颗粒间无明显胶结物到完全未胶结的岩样。对疏松岩样的分析，需要用包封材料对任何柱塞样品进行特殊处理，这些包封材料需经得起清洗和测量。常用于弱胶结或未胶结岩样的包封材料及其优点和缺点见表 1-14。

表 1-14　用于弱胶结或未胶结岩样的包封材料

包封材料	优　点	缺　点
铅套筒	具有可延展性，与岩样相附性很好	与汞及某些盐水有反应
聚四氟乙烯带	不起化学反应	孔隙度和渗透率很难准确确定与应用
热缩性聚四氟乙烯管	不起化学反应，容易使用	低围压下与样品相附性不好，加热和径向加压使管子收缩，岩样有可能变化
铝套筒	具有可延展性，与岩样相附性很好	低围压时，与某些盐水作用有可能与岩样相附性不好
环氧树脂涂料或其他涂料	廉价，容易使用	与溶剂作用，机械强度差，有可能渗入到岩样中
锡皮	具有可延展性，与岩样相附性很好	与汞及某些盐水有反应

为了便于流体流动，柱塞端面用筛网或其他多孔材料包住。筛网的筛孔尺寸小到能防止颗粒流失，但要足够大以避免移动的微粒堵塞。常用的筛网为 200 目或 120 目。一些胶结岩样只需要单层筛网，胶结很差的岩样需要更先进的端面处理方法，例如，可用两层筛网，一个筛网的筛孔较细，防止颗粒流失，第二个筛网的筛孔较粗，目的是增加机械强度。选择的筛网材料必须与清洗和实验所用的溶剂及盐水不起反应。可采用高质量的不锈钢，如 316 号钢或镍铜合金做筛网材料。

只要岩样用包封材料和筛网包封，就可以采用适合胶结岩样测试的分析方法进行实验。测定孔隙度时，必须考虑并确定包封材料和端面筛网的表观孔隙和颗粒体积。单个岩样包封材料的体积可以采用测定颗粒体积的波义耳定律双室法或采用汞或其他溶剂测定总体积的阿基米德法。实际上，先测定包封材料的密度，然后确定每块岩样所用包封材料的质量，最后计算包封材料的体积，这样比较容易。该方法假设各片包封材料的密度不变。

同样，还要确定筛网的“颗粒”和“孔隙”体积。通过选取一些相同的筛网并用波义耳定律双室仪，测定其实体体积来确定颗粒体积。然后，把测定的结果除以实验用筛网的数量，求出的平均值即为用于每个岩样的筛网颗粒体积。孔隙体积对实验方法更加敏感。对于波义耳定律法，采用与实际样品相同的方式，通过把筛网与一个实心无孔的柱塞连在一起就可以确定筛网的孔隙或孔洞体积。然后用波义耳单室法得出筛网的孔洞体积。

由于疏松岩样的物理性质决定了其对围压比胶结好的岩样更加敏感，所以，在低于原始有效地层压力下测定的值并不能代表油藏条件下的孔隙度值。因此，推荐在高围压下，用波义耳定律单室法直接测定孔隙体积和波义耳定律双室法测定颗粒体积来确定疏松岩样的孔隙度。

5）孔隙度的其他测定方法

以上主要介绍了油层物理实验测定孔隙度的方法，其实在地质上一些统计法也是很有趣的。例如，在一张待测量的岩石断面放大显微照片上，多次随意地投掷一根大头针。能够证明，落入该断面孔隙空间内的随机点的概率就等于孔隙度 ϕ，因为随着投掷次数的增加，针尖落入孔隙空间的次数与总投掷次数之比便趋于孔隙度的数值（该方法于 1949 年由 Chalkley 提出）。

测定岩石孔隙度还有多种方法，如核磁共振法、电阻率法。矿场上常用地球物理测井方法，如中子测井、声波测井、密度测井、微电极测井和微侧向测井等，根据实测的测井曲线查相应的孔隙度图版即可求得地层中岩石孔隙度，读者可在相关书刊上详细了解。

6）有效应力下的孔隙度测定方法

沉积岩的孔隙度是压实程度的函数，压实的作用力是岩石埋藏最大深度的函数。图 1－26表示沉积岩石的孔隙度随深度而变化的基本规律。显然，在一般情况下，埋藏较深的沉积物比埋藏较浅的沉积物的孔隙度小。

当我们在井中某一深度 D 取得岩心时，岩心所承受的有效上覆岩层的压力为：

$$p_c = \frac{D \cdot \bar{\rho}}{100} - p_R \qquad (1-47)$$

式中 D——样品的实际深度，m；

$\bar{\rho}$——样品深度以上岩层的平均密度，g/cm^3；

p_R——样品深度处地层流体的压力，MPa；

p_c——样品所承受的有效上覆压力，MPa。

在实验室中测定有效应力下的孔隙度时，就要在样品周围施加按公式（1－47）计算的有效上覆压力。该有效压力施加在样品周围，也称为围限压力。

成都理工大学能源学院向阳教授改进的测定有效压力下孔隙度的仪器及实验结果如图 1－27、图 1－28 所示。该方法基本原理仍是波义耳—马里奥特定律，使用的气体介质是氦气。

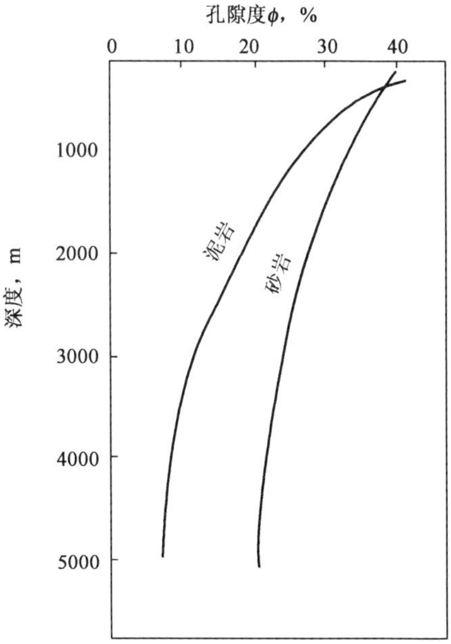

图 1－26　孔隙度随深度变化的关系

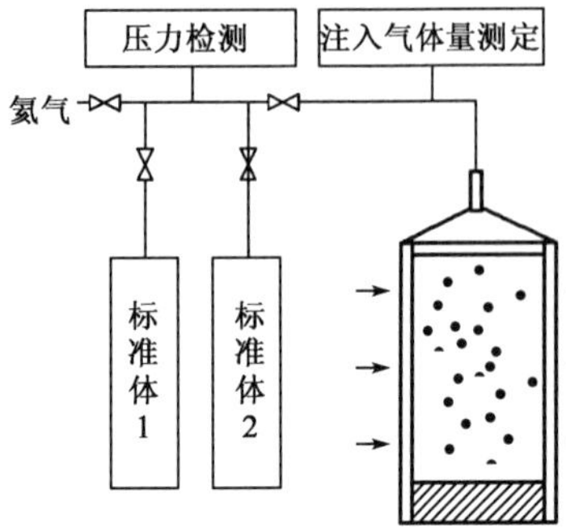

图 1－27　围限压力下测定孔隙度的示意图

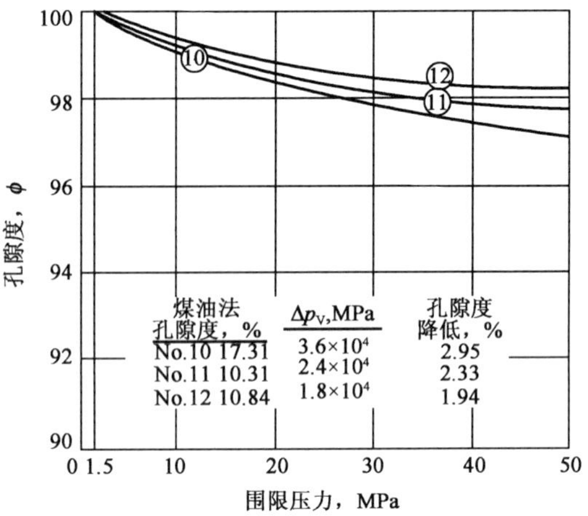

图 1－28　孔隙度随围限压力增大而减小的曲线

7. 孔隙度与表征性体积单元*

在测定孔隙度时，特别是对于某些宏观均匀的非均质储层（如带有微细裂缝、小溶洞等），当测定其孔隙度时对岩样体积大小有无要求呢？为此，我们以储层孔隙度这一基本物性参数为例，讨论所谓表征性体积单元（简称表征单元，记为 REV）的概念。

设 O 点是多孔岩石区域内的一个点，现考虑一个比单个孔隙或单个颗粒大得多的体积 ΔV_i，设 ΔV_i 为某一几何体积（比如圆柱体），O 是它的质心［图 1－29（a)］，并设 ΔV_i 内的孔隙空间体积为 $(\Delta V_{\mathrm{p}})_i$。对该体积我们可确定其孔隙度 ϕ_i：

$$\phi_i = \frac{(\Delta V_{\mathrm{p}})_i}{\Delta V_i} \tag{1-48}$$

逐步缩小以 O 点为质心的 ΔV_i 尺寸，即 $\Delta V_1 > \Delta V_2 > \Delta V_3 \cdots\cdots$，我们便可得到一系列的 ϕ_i（ΔV_i）值。

对于那些大 ΔV_i 的值来说，当 ΔV_i 逐渐减小时，孔隙度值 ϕ_i 可以逐渐变化，特别是当考虑储层区域非均质时更是如此。当体积缩小到某个 ΔV_i 值时（这取决于 O 点与不均匀边界的距离），这种波动趋于消失，而余下的小振幅波动则是由于 O 点周围孔隙大小的随机分布所引起的。但当 ΔV_i 小于一定的 ΔV_0 时［图 1－29（b)］，我们又会突然观察到孔隙度值 ϕ_i 出现大的波动。这种现象发生在 ΔV_i 的尺寸接近单个孔隙的尺寸时，即最后当 $\Delta V_i \rightarrow 0$ 时，ϕ_i 变化可为 100％或 0，它取决于 O 点是落在岩石的孔隙中（$\phi_i = 100\%$），还是在岩石的固体骨架上（$\phi_i = 0$）。

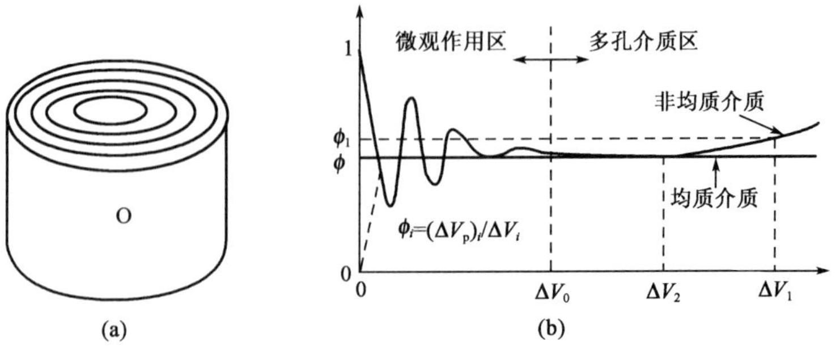

图 1－29　储层物性参数的表征性体积单元

对于 $\Delta V_i < \Delta V_0$ 的那些体积内，没有能代表 O 点孔隙度的单一数值，只有在 ΔV_0 处，才有单一孔隙度存在。所以体积 ΔV_0 就是岩石在 O 点处的表征单元。在该体积上增减若干孔隙对于孔隙度值不会有明显影响。

由上述分析可看出，对于非均质程度不同的岩心，我们测定时取岩心大小应该有所不同。这就是对裂缝或溶洞、砾石等宏观均质、微观非均质的储层，不用小岩心柱而要用大岩心（即全直径岩心）来测定其储层基本物性参数（如孔隙度、渗透率等）的原因。目前，也常将全直径岩心和小岩心柱测得的结果进行对比，以确定储层的非均质程度。

8. 影响岩石孔隙度的因素

对于一般的碎屑岩（如砂岩），由于它是由母岩经破碎、搬运、胶结和压实而成，因此碎屑颗粒的矿物成分、排列方式、分选程度、胶结物类型和数量以及成岩后的压实作用就成为影响这类岩石孔隙度的主要因素。

1）岩石矿物成分的影响

碎屑岩的碎屑成分主要是石英、长石和其他岩石碎屑。碎屑成分对岩石的强度、表面性质和孔隙类型都将产生重要影响。例如，长石较石英易于风化、破碎和被溶蚀且有解理，其颗粒本身经溶蚀可形成孔隙空间。石英颗粒为主的碎屑岩，在埋藏较浅时容易形成粒间孔隙，埋藏较深时受到压溶作用而产生次生加大会减小孔隙空间。

碎屑成分对孔隙度的影响决定于各种成分所占的百分数、硬度、风化程度、粒度大小等。在较多的储油岩石中，粒度较大时长石含量增加，有可能形成中、上等级的储油岩。较纯的细粒、中粒石英砂岩常常是很好的储油岩。即在其他条件相同时，一般石英砂岩比长石砂岩储油物性好，这主要是因为长石的亲油、亲水性比石英强，当被油、水润湿时，长石表面所形成的液膜比石英厚，而这些液膜一般是不移动的，它在一定程度上减少了孔隙的流动截面和储集体积。风化程度较高的长石砂岩，其孔隙度有某些增加，然而小孔隙的比例增大，则形成低渗透性的储集岩。

此外，颗粒矿物成分上的差别也反映在颗粒形态上，如石英为粒状而云母则为片状。

2）胶结物的影响

胶结物的成分、数量和胶结类型直接影响着岩石的孔隙度等物性。胶结物对孔隙度的影响表现为：（1）胶结类型：接触胶结的岩石孔隙度最大，而基底胶结最小，孔隙胶结介于之间。我国华北黄骅坳陷第三系储油岩石接触式胶结 $\phi=23\%\sim30\%$，孔隙式胶结 $\phi=18\%\sim28\%$，基底式胶结 $\phi=8\%\sim17\%$。（2）胶结物含量：在同一胶结类型中，伴随胶结物质含量的增加，粒间孔隙度显著降低，其关系见表 1－15。（3）胶结物成分：碎屑岩储层的胶结物主要是泥质，钙质较少，硅质、铁质等更少。胶结物中，粘土矿物遇水发生膨胀而影响孔隙度、渗透率等。我国华北黄骅坳陷第三系储油岩石以高岭石为主的岩石 $\phi=14.1\%\sim24.9\%$，以水云母、绿泥石为主的岩石 $\phi=8.45\%\sim19.1\%$。

表 1－15　砂岩孔隙度与泥质含量的关系

泥质含量，%	<2	2～5	5～10	10～15	15～20
孔隙度，%	28～34	29～31	25～30	<25	<20

在我国个别油田储层中，除泥质胶结物外，还常发现有钙质胶结物，其成分为常见的方解石、白云石等。钙质成分对孔隙度的影响比泥质大得多，当钙质含量大于 3%～5%时，岩石的孔隙度显著变小。

3）岩石颗粒排列方式对孔隙度的影响

岩石颗粒排列方式对孔隙度的影响可参见“理想介质的孔隙度”的分析结果。等径颗粒最疏松的正方形排列方式的孔隙度最大（47.6％）；等径颗粒最紧密的菱形排列方式的孔隙度降低很多（25.9％）。

4）颗粒的分选性及圆度对孔隙度的影响

真实岩石是各种粒度的组合体，颗粒有大有小，小颗粒碎屑充填了大颗粒间的孔隙和喉道，会降低岩石的孔隙度和渗透率，因此，颗粒的分选程度对孔隙度影响也很大，岩石颗粒越均匀孔隙度越大。岩石颗粒分选程度差时，孔隙度变小（图1－30）。

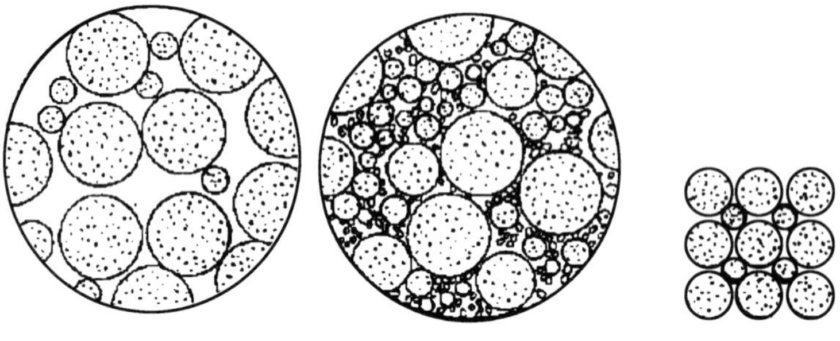

图1－30　分选程度对孔隙度的影响

（a）分选好的物质，$\phi\approx32\%$；（b）分选差的物质，$\phi\approx17\%$；（c）两种大小的圆球颗粒的立方体排列，$\phi\approx12.5\%$

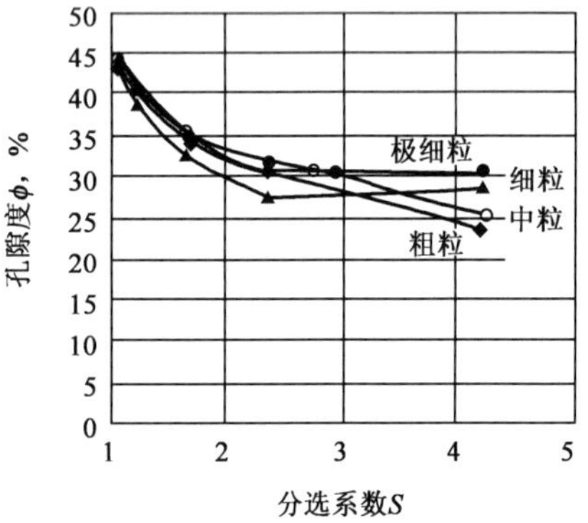

图1－31　颗粒分选系数与孔隙度的关系

图1－31给出了粒度分选系数与孔隙度的实验关系，分选系数接近于1，表明粒度组成均匀，此时孔隙度最大。分选系数越大于1越不均匀，即分选性差，孔隙度越低。

此外，对于真实岩石上千个砂岩岩样的统计规律表明，孔隙度与粒径有关，并且孔隙度随着粒径的增加而减小。这可能与细粒碎屑磨圆度差、呈棱角状、颗粒支撑时比较松散有关，因此，它比圆度较好的粗砂粒有更好的孔隙度。

图1－31表明分选系数接近于1（粒度组成均匀）时，粒度对孔隙度影响不大。而分选系数增大即分选性差时，颗粒越细孔隙度越低。一般情况，岩石颗粒的分选性越好，圆度越好，其孔隙度就越好；相反，分选性越差，圆度越差，则小颗粒在大颗粒间充填形状不规则的颗粒彼此镶嵌、咬合，故而孔隙度越差。

孔隙度与分选系数之间的关系还可以根据比尔德等人提出的经验公式（1－49）分析，他假设砂粒按任意的自然堆积，统计得出的孔隙度与分选系数之间的关系公式为：

$$\phi = 20.91 + 2.9/S \tag{1-49}$$

式中　S——分选系数。

5）埋藏深度的影响

沉积岩随着上覆岩层加厚，地层静压力和温度增加，使得岩石排列更加紧密，颗粒可发生非弹性的、不可逆的移动，使孔隙度迅速减小（图1－32）。当颗粒紧密排列到达最大限度时，上覆地层压力的进一步增加，就会促使颗粒在接触点上的局部溶解，溶解的矿物（如石英）则在孔隙空间形成新的结晶，进一步导致孔隙度的降低，严重时可导致孔隙的消失，成为不渗透层。

碳酸盐岩的孔隙度随深度的增加而减小也十分明显，如图 1-33 所示。由于碳酸盐岩是在一种很局限的环境下（如一定的水流环境）形成，并且与生物作用关系密切，再加上成岩后对环境异常敏感（如在地下水作用下易溶解，适当温度压力下发生重结晶作用等），因而这类岩石在孔隙的构成方式上是多种多样的，而且已形成的原生孔隙稍受环境影响就极易发生变化。这些影响因素包括：沉积环境的影响，白云岩化的影响，溶蚀作用，特别是构造应力的影响。由于碳酸盐岩较碎屑岩脆，因而更易受构造应力影响，形成许多裂隙，增大岩石孔隙度。在相同的应力条件下，一般白云岩裂缝发育，石灰岩次之，而泥灰岩最差。另外，裂缝密度和规模大小还与层厚有关，一般厚层的裂缝密度小、规模大；而薄层的裂缝密度大、规模小。对油气储层来说，往往是薄层（特别是白云岩薄层）的裂缝发育，孔隙度高。反之，裂缝差，孔隙度低。

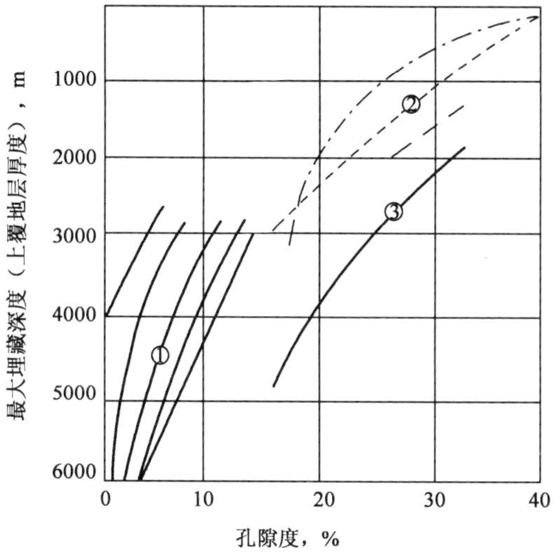

图 1-32 孔隙度与最大埋藏深度关系图
（据 Mayer Curr，1978）
①泥质砂岩（含云母）；②侏罗—白垩纪石英砂岩；③第三纪石英砂岩

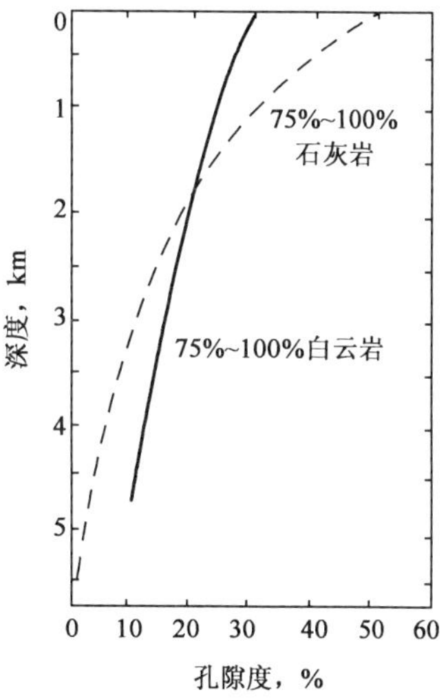

图 1-33 孔隙度随深度变化的关系曲线
（据 J. W. Schmoker 等，1982）

在地下水的作用下，岩石中的某些矿物颗粒和胶结物中的可溶成分可部分被溶解而形成溶洞或溶孔，从而增大岩石的孔隙度。此外，由于沉积环境主要控制着沉积岩的结构和矿物成分及数量，这些都直接影响着原生孔隙的形成。

9. 储层岩石的压缩性

1）*岩石的压缩性*

严格地讲，任何物质都有弹性，都可以被压缩，具有一定孔隙性的地层岩石也是如此，那么，对于地下岩石应该怎样理解其压缩性呢？为此，我们先讨论油藏岩石在开采前、后所处状态有什么变化，岩石骨架、孔隙以及其中的流体在开采过程中有何变化，以及这些变化是驱油的动力还是阻力等问题。

油田开发前，地层中岩柱压力（外压 p_f）、油层原始压力（流体内压 p_{si}）以及岩石骨架所承受的压力（外压与内压的压差）均处于平衡状态。投入开发后，随着油层中流体的采出，油层压力 p_s 不断下降，平衡遭到破坏，使外压与内压的压差加大。此时，岩石颗粒挤压变形、排列更加紧密，从而孔隙体积缩小（图 1－34）。

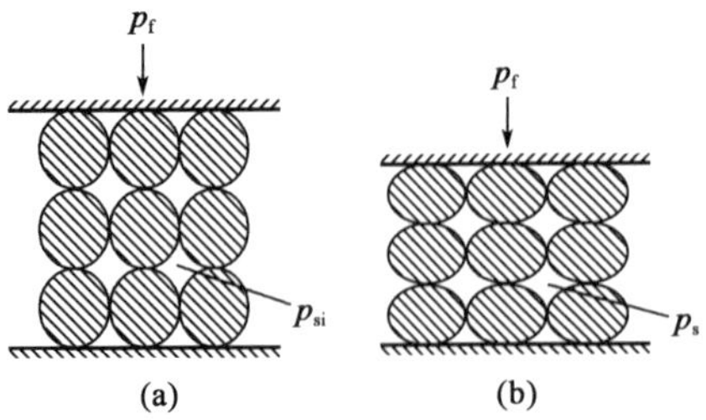

图 1－34　储层砂粒骨架变形示意图

孔隙体积减小的程度 ΔV_p 与哪些因素有关呢？实际上 ΔV_p 取决于地层岩石体积大小，或实验时所取岩样外表总体积 V_b 的大小。由地层压力降低情况，即可知 Δp 的大小。此外，ΔV_p 还与岩石本身的弹性压缩系数 C_f 有关，关系式为：

$$\Delta V_p = C_f V_b \Delta p \tag{1-50}$$

即

$$C_f = \frac{1}{V_b}\frac{\Delta V_p}{\Delta p} \tag{1-51}$$

式中　C_f——岩石的压缩系数，MPa^{-1}；

V_b——岩石的体积；

ΔV_p——油层压力降低 Δp 时，孔隙体积缩小值。

由式（1－51）C_f 的定义可知岩石的压缩系数的物理意义为：油层压力每降低单位压力，单位体积岩石中孔隙体积的缩小值。正是由于压力降低时孔隙体积的缩小，才使油不断地从油层中流出。从驱油的角度，这是驱油动力，它驱使地层岩石孔隙内的流体流向井底。所以，岩石压缩系数的大小，表示了岩石弹性驱油能力的大小，故也称为岩石弹性压缩系数。

岩石压缩系数一般约为（1～2）$\times 10^{-5} MPa^{-1}$。尽管岩石的压缩系数很小，但考虑到还有流体的压缩系数，特别是当边水或底水区很大时，岩石的压缩系数使孔隙体积缩小连同流体的压缩系数使流体发生膨胀两者的作用，就可以从储层中将大量的流体排入生产井中。

2）*岩石的综合压缩性与弹性可采储量*

由于岩石孔隙体积的缩小和孔隙中原油的膨胀，当单位地层岩石发生单位压力降低时，能采出多少油呢？从下面的推导中可以看出弹性采油量 ΔV_0 的大小。

$$\Delta V_0 = \Delta V_p + \Delta V_L$$

因为

$$V_p = V_b \cdot \phi$$

所以

$$\Delta V_0 = C_f V_b \Delta p + C_L V_b \phi \Delta p$$

$$= V_b \Delta p (C_f + C_L \phi) \tag{1-52}$$

式中　C_L——液体的压缩系数，MPa^{-1}；

ϕ——岩石孔隙度，小数；

Δp——油层压力变化量，MPa；

V_b——岩石的视体积；m^3；

ΔV_p——油层压力降低时，孔隙体积缩小值，m^3；

ΔV_L——油层压力降低时，岩石体积缩小值，m^3。

令

$$C^* = C_f + C_L \phi \tag{1-53}$$

则

$$C^* = \frac{1}{V_b}\frac{\Delta V_0}{\Delta p} \tag{1-54}$$

C^* 为地层综合弹性压缩系数，其物理意义为：地层压力每降低单位压降时，单位体积岩石中孔隙及液体总的体积变化。它代表了岩石和流体弹性的综合影响，是考虑地层的弹性可采储量和弹性能量时的一个重要参数，也是我们将岩石压缩性放在岩石孔隙性这一节进行讲述的原因。可以看出，岩石压缩性的大小，也直接影响到岩石的弹性储集能力大小。

需要提到的是，地层综合弹性压缩系数 C^* 中，是否因为 $C_L > C_f$，就可以认为液体的压缩性对弹性可采储量的影响要比岩石大呢？通常，由于孔隙度 ϕ 常为 0.1～0.3，故 ϕC_L 乘积值有可能比 C_f 小。因此，具体情况要具体分析，不能一概而论。此外，综合弹性压缩系数也是渗流力学中研究地层中的流体弹性不稳定渗流过程时的一个很重要的物性参数。

当地层中含有油气水三相流体时，其数学关系式为：

$$C^* = C_L\phi + C_f = (C_o S_o + C_g S_g + C_w S_w)\phi + C_f \tag{1-55}$$

式中 S_o、S_g、S_w——油、气、水的饱和度，小数；

C_o、C_g、C_w、C_f——油、气、水、岩石的压缩系数，MPa^{-1}。

此外，关于岩石压缩系数的概念，我国所用 $C_f = \Delta V_p / (V_b \Delta p)$ 与苏联相同，而美国常定义岩石压缩系数 C_f 为油层每改变单位压降时，对单位孔隙体积的孔隙体积变化值，即：

$$C_p = \frac{1}{V_p}\frac{\Delta V_p}{\Delta p} \tag{1-56}$$

式中 V_p——岩石孔隙体积，m^3。

因为 $V_p = V_b \cdot \phi$，故两种压缩系数之间的关系为：

$$C_f = \phi\, C_p \tag{1-57}$$

利用综合弹性压缩系数概念，可以分析地层压力下降到饱和压力时能够采出的弹性可采储量 N_C，其中，$\Delta p = p_i$（原始油层压力）$- p_b$（原油饱和压力）。但在计算有边底水油藏的弹性可采储量时，V_b 应该为水区和油区的总岩石的视体积，产出的流体总量 ΔV_p 应包括产出的水量，综合弹性压缩系数也应该按水区和油区分别计算。

3）*岩石常压孔隙度与地层条件下的孔隙度转换*

如何将常压条件下实验室所测的岩石孔隙度 ϕ_0 转换为地层条件下的孔隙度 ϕ 呢？通过研究岩石的压缩系数 C_p，可用 B. H. 尼科拉耶夫斯基等人所述公式：

$$\phi = \phi_0 e^{-C_p \Delta p} \tag{1-58}$$

把实验室条件下（Δp 小）所测的孔隙度值 ϕ_0 转换为地层条件下（Δp 大）的孔隙度。

第四节　储层岩石孔隙中的流体饱和度

油气层岩石孔隙中，一般总含有液态烃（原油）和气态烃（天然气）以及地层水，而这些流体在储层条件下会按一定的方式分布。油田开发中人们首先关心的就是油、气、水在孔隙中各自占多大的空间，因为它直接关系到油气在地层中储量的大小。为了描述油、气、水所占比例的大小，采用了饱和度这一参数。

一、流体饱和度定义

储层岩石孔隙中充满一种流体时，称为饱和了一种流体。当储层岩石孔隙中同时存在多种流体（原油、地层水或天然气）时，某种流体所占的体积百分数称为该种流体的饱和度。它表征了孔隙空间为某种流体所占据的程度。

根据上述定义，储层岩石孔隙中油、水、气的饱和度可以分别表示为：

$$S_o = \frac{V_o}{V_p} = \frac{V_o}{V_b\phi} \tag{1-59}$$

$$S_w = \frac{V_w}{V_p} = \frac{V_w}{V_b \phi} \tag{1-60}$$

$$S_g = \frac{V_g}{V_p} = \frac{V_g}{V_b \phi} \tag{1-61}$$

式中 S_o、S_w、S_g——含油、含水、含气饱和度，小数；

V_o、V_w、V_g——油、水、气在岩石孔隙中所占体积，m^3；

V_p、V_b——岩石孔隙体积和岩石视体积，m^3；

ϕ——岩石的孔隙度，小数。

根据饱和度的概念，S_o、S_w、S_g 三者之间有如下关系：

$$S_o + S_w + S_g = 1 \tag{1-62}$$

$$V_g + V_o + V_w = V_p \tag{1-63}$$

当岩心中只有油、水两相，即 $S_g = 0$ 时，S_o 和 S_w 有如下关系：

$$S_o + S_w = 1 \tag{1-64}$$

$$V_o + V_w = V_p \tag{1-65}$$

二、几个重要的饱和度概念

按行业标准颁发的“油气藏工程常用参数符号及计量单位”中规定：油、气、水饱和度要明确它所代表的意义以及用规定的符号表示。所以在实际使用时需要特别注意。

1. 原始含油、气、水饱和度

油藏投入开发之前，流体处于一种相对的平衡状态，流体已按照它们的密度达到了充分的重力分异，气位于油之上，而水则处于油之下。所谓原始含油、气、水饱和度是指在油藏储层岩石微观孔隙空间中原始含油、气、水体积 V_{oi}、V_{gi}、V_{wi}与对应的岩石孔隙体积 V_p 的比值。用油藏第一口取心井获得的油层原始岩心（未被泥浆污染的岩心）测试的油、气、水饱和度就称为原始的油、气、水饱和度，即油藏处于原始地层压力和温度条件下油、气、水占孔隙空间的分数称为原始油、气、水饱和度。原始油、气、水饱和度常用 S_{oi}、S_{gi}、S_{wc}或 S_{wi}表示。

原始含水饱和度在油藏含油部位则又称为共存水饱和度、残余水饱和度、原生水饱和度、封存水饱和度、平衡水饱和度等。有时候原始含水饱和度又称为不可再降低的水饱和度、临界饱和度、束缚水饱和度。之所以有以上的各种叫法，那是从不同角度来考虑的。例如，从成因角度上讲，称原始含水饱和度为残余水饱和度较为恰当，因为这可理解为油藏形成中油驱水时，未被驱走而保留在地层中水的饱和度；但就其存在的状态来说，称之为束缚水饱和度较为合理；而共存水饱和度则是指刚打开油层时，和油同时共存的水的饱和度。

但原生水饱和度与束缚水饱和度有时候有本质差异，尤其对低（特低）渗透地层，原生水饱和度是在油藏条件下地层的原始含水饱和度，而束缚水饱和度是指不可再降低的水饱和度。在我国长庆的致密低渗透气藏中，经常出现原生水饱和度低于束缚水饱和度的现象，而一般油藏中，又经常出现原生水饱和度大于束缚水饱和度的现象。

大量的岩心分析表明，即使是纯油气产层，其任何部位都会含有一定数量的不流动水，即束缚水。这是由于地层最初是在水的环境中形成，孔隙中完全充满水。在原油运移、油藏形成过程中，由于毛细管作用和岩石颗粒表面的吸附作用，油不可能将水全部驱走，而是与油共存在油藏中造成的。束缚水常环绕于颗粒表面，且充填在细小的孔隙中，而油则占据大孔隙中心。

对于不同的油藏，由于岩石及流体性质、油气运移条件不同、束缚水饱和度的大小常存在着很大的差别，其数值常介于20%～50%之间。对于粗粒砂岩，粒状、孔洞灰岩及所有大孔隙岩石，S_{wi}较低。反之，粉砂岩、含泥质较多的砂岩，S_{wi}则较高。

2. 平均含油、气、水饱和度

平均含油、气、水饱和度用符号$\overline{S}_o$、$\overline{S}_g$和$\overline{S}_w$表示。平均含油、气、水饱和度有两种含义：一种是指单井储层段或产层段的平均值；另一种是指整个油层平面上的平均值。

单井平均值采用厚度加权的方法，即：

$$\overline{S}_o = \frac{\sum_{i=1}^{n} h_i S_{oi}}{H} \tag{1-66}$$

式中 H——油层总厚度，m；

h_i——样品所代表的厚度段，m；

S_{oi}——样品的分析值，小数。

油藏平均值采用面积加权的方法，即：

$$\overline{S}_o = \frac{\sum_{k=1}^{m} A_k \overline{S}_{ok}}{A} \tag{1-67}$$

式中 A——油层总面积，m^2；

A_k——单井所控制的泄油面积，m^2；

$\overline{S}_{ok}$——单井平均饱和度，小数。

必须注意的是，所谓“平均”应有一个时间概念，如对原始状态的平均，则称为“平均原始含油、气、水饱和度”；如对开发过程某一时间的平均，则称为“目前平均含油、气、水饱和度”；如对开发末期的平均，则称为“平均残余油、气、水饱和度”。

3. 束缚水饱和度

束缚水饱和度常用的符号与原始含水饱和度的符号相同，为S_{wi}。

油气运移进入圈闭时，油气依靠浮力要不断排出孔隙中的水后而富集成油气藏。在具有最大浮力的油气藏顶部位置处，岩石孔隙中未被最大油气浮力排出的水，称为束缚水饱和度。为了勘探和开发分析的方便，B. C. Craft 和 M. F. Hawkins（1959）定义束缚水饱和度为“油层过渡带上部产纯油或纯气部分岩石孔隙中的水饱和度，称为束缚水饱和度”。

岩石孔隙中的束缚水一般粘附在颗粒表面、赋存在微孔隙中或滞留在颗粒接触处，在油田开发通常所具有压差下是不能流动的，故称为束缚水。不同的油气藏，因其岩石和流体性质不同和油气运移条件的差异，其束缚水饱和度也相差很大。图1-35是美国某油层的束缚水饱和度和渗透率的关系，由图可见，束缚水饱和度变化很大，在10%～90%之间，岩石的渗透率越高，则束缚水饱和度越低。不同的油藏有不同的束缚水饱和度，它不能用一个普遍的规律代替。

4. 可动油、气、水饱和度

可动油、气、水饱和度是指孔隙中油、气、水体积在油田开发所具有的压差下，可以流动的油、气、水体积占孔隙体积百分数。可动的流体必须在孔隙空间中呈连续分布，对于那些孤立的油、气、水滴，或者被小孔隙所包围的大孔隙中的油、气、水，不能呈连续状态，因此它们处于不能流动的状态。在实验室中可以根据孔隙喉道的大小估计可动油、气、水的数量；而一般情况下，可动油、气、水饱和度是依靠电测井求得的。孔隙中油、气、水的可动性与流体性质、流体与岩石的相互关系以及与生产压差有关，它也是一个变量。例如，随着压差增大，一些孤立的油滴可以被水流带出。

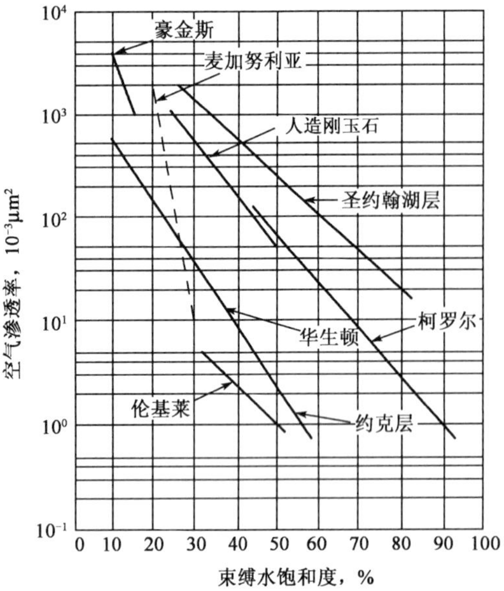

图 1-35　束缚水与渗透率的关系曲线

5. 残余油饱和度与剩余油饱和度

随着油田开发或油层能量的衰竭，即使是经过注水后还会在地层孔隙中存在着尚未驱尽的原油，这种油称为剩余油或残余油，它在岩石孔隙中所占体积的百分数称为剩余油饱和度或残余油饱和度。严格地讲，将剩余油饱和度看成残余油饱和度，只有当剩留在孔隙内的油变成不可流动状态时才是正确的。因为剩余油饱和度还包括未被注水所波及的死油区内的原油，这些油如能被水驱扫、波及，它是可以被采出一部分的，而并非都是处于残余状态。

剩余油主要指一个油藏经过某一采油方法开采后，仍不能采出的地下原油。一般包括驱油剂波及不到的死油区内的原油及驱油剂（注水）波及了但仍驱不出来的残余油两部分。剩余油的多少取决于地质条件、原油性质、驱油剂种类、开发井网以及开采工艺技术，通过一些开发调整措施或增产措施后仍有一部分可以被采出。剩余油体积与孔隙体积的之比称为剩余油饱和度。

6. 气顶区的油、水饱和度

气顶区的油、水饱和度用符号 S_{og} 和 S_{wg} 表示。在油藏上部的气顶区中主要是天然气，但它还有部分轻馏分的油析出，因此气顶区还有油、水饱和度。该区内三相共存，以气为主。

三、影响饱和度的因素

1. 储层岩石的孔隙结构及表面性质的影响

储层岩石的孔隙结构及表面性质是影响油气饱和度的关键因素。一般来说，岩石颗粒粗，则比面小，孔隙、喉道半径大，孔隙连通性好，孔隙内壁光滑，那么渗透性好，油气排驱水阻力小，油气饱和度就高，束缚水饱和度就低。

2. 油气性质的影响

油气密度不同，油气的饱和度不同。粘度较高的油，排水动力小，油气不易进入孔隙，残余水含量高，油气饱和度就低，反之亦然。

此外，油藏形成时，如油气排驱水动力大（如压力高），即排驱能量高，排出的水多，油气饱和度就高。

四、研究油、气、水饱和度的方法

目前，研究油、气、水饱和度有许多方法，就油层物理、开发实验来看，有常规岩心分析方法及专项岩心分析方法（如由相对渗透率曲线和毛管压力曲线等确定油水饱和度）、油层物理模型及数学模型等研究方法。

另一方面，地质上一些新的测井技术，如脉冲中子俘获测井、核磁测井等也开始应用于测定井周围地层的含油、气、水饱和度。此外，根据地层不同孔隙度值而得到的一些统计经验方程式和经验统计图版也得到应用。但任何图版和经验公式都具有局限性，只适用于一定的地层条件。因此，目前矿场确定储层含油、气、水饱和度最直接、最常用的方法仍然是对取样岩心进行饱和度的室内测定。下面我们讨论目前国内外最常用的三种测定流体饱和度大小的方法——常压干馏法、蒸馏抽提法及色谱法。

1. 常压干馏法

常压干馏法又称为干馏法或蒸发法，矿场俗称为热解法。干馏法所用装置如图 1－36 所示。

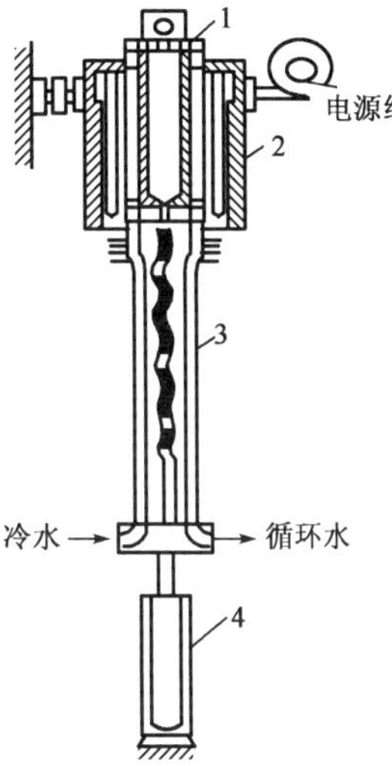

图 1－36　岩石油、水饱和度测定用的干馏仪

1—密闭岩心筒；2—筒式电炉；3—冷凝管；4—液体（油水）收集量筒

方法的原理：在电炉高温（50～650℃）下，将岩心中的油水加热，蒸发出来的油、水蒸气经冷凝管冷凝为液体而流入收集量筒中，即可由此直接读出油、水体积，再由其他方法（如氦孔隙度仪）测出岩石孔隙体积 V_p，就可算出岩石中的含油、水饱和度值。

值得注意的是，在实际干馏过程中，由于蒸发损失、结焦或裂解会导致原油体积减小，其结果总是使干馏出的油量少于实际岩心的油量，不同类型的原油这种差值大小会不同。因此，必须作出该油层实际油量与干馏出来油量间的关系曲线（图1－37），以便对干馏出的油量进行校正。有时，这两者油量误差可达 30％以上。

此外，还需绘制干馏出水量与温度的关系曲线（图 1－38）。通常曲线上第一个平缓段为束缚水完全蒸出时所需要的温度，高于此温度则干馏出的水量中还包括矿物的结晶水。因此，在对岩心干馏时，蒸馏束缚水阶段温度不能太高，直至读出岩样内束缚水的体积后，才能将温度提高到 650℃。

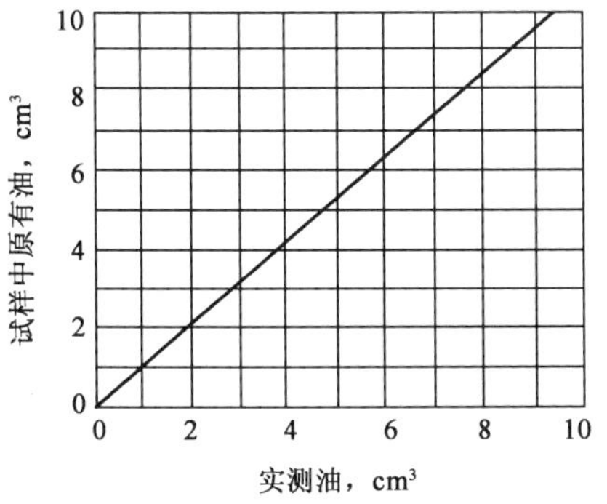

图 1－37　油校正曲线

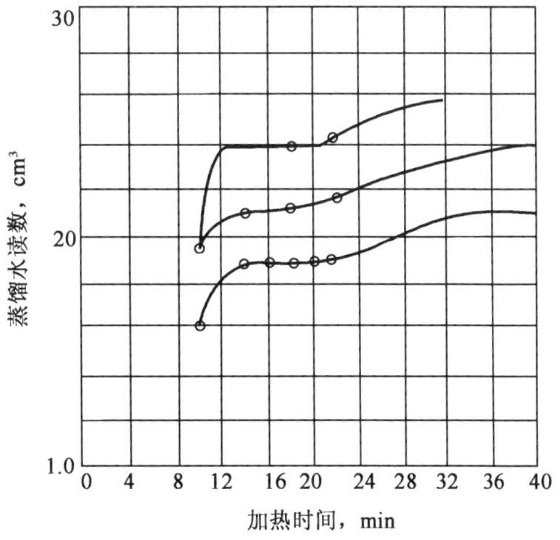

图 1－38　水校正曲线

2. 蒸馏抽提法

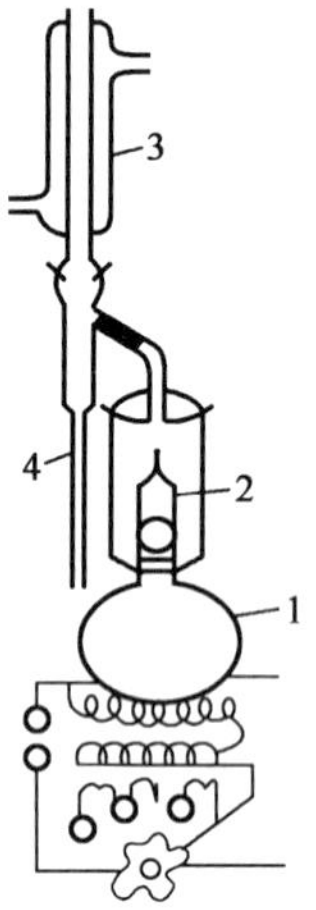

图 1-39　蒸馏法岩心油、水饱和度测定仪

原理：将含油岩样称重后，放入油水饱和度测定仪（图 1-39）的微孔隔板漏斗（1）中，然后加热烧瓶（2）中密度小于水、沸点比水高、溶解洗油能力强的溶剂，如甲苯 $C_6H_5CH_3$，相对密度为 0.867，沸点为 111℃或酒精苯等，使岩样中水蒸出，经过冷凝管（3）冷凝而收集在水分捕集器（4）中，直接读出水的体积 V_w，则含水饱和度为：

$$S_w = \frac{V_w}{V_p} \times 100\% \tag{1-68}$$

式中　V_p——岩样的孔隙体积，cm^3；

V_w——由捕集管中读出的水体积，cm^3。

此方法中，岩样的含油饱和度 S_o 采用重量法计算，测定时，分别测出抽提前岩心的重量 w_1 及岩心经抽提、洗净、烘干后的重量 w_2，将水的体积 V_w 换算成水重量 w_w，可求出油的体积 $V_o=(w_1-w_2-w_w)/\rho_o$，则含油饱和度 S_o 为：

$$S_o = \frac{w_1 - w_2 - w_w}{V_p \rho_o} \times 100\% \tag{1-69}$$

式中　ρ_o——油的密度，g/cm^3。

含气饱和度 S_g 按下式计算：

$$S_g = 1 - (S_w + S_o) \tag{1-70}$$

溶剂抽提法的优点在于：岩心清洗干净。用于研究的岩心常用这种方法进行洗油和测定其饱和度；方法简单、操作容易、能精确测出岩样内水的含量，故最适用于油田开发初期测定岩心中的束缚水饱和度，溶剂抽提法也是清洗岩心最常用的方法。

需要说明的是，在溶剂抽提法中，应以不改变岩心润湿性为原则，对不同润湿性的岩心，采用不同的溶剂。如对亲油岩心，可用四氯化碳；亲水岩心，可用 1∶2、1∶3、1∶4 的酒精苯；对中性岩心及沥青质原油可用甲苯等作溶剂进行抽提。对于含有结晶水的矿物，为了防止结晶水被抽提出，所选用溶剂的沸点应比水的沸点更低。

此外，为了将岩心清洗干净，抽提时间的长短非常重要，对致密岩心的抽提，有时需要 48h 或更长的时间。

3. 真空蒸馏法测定油、水饱和度

真空蒸馏法与常压蒸馏法的区别在于：(1) 该方法主要是对全直径岩心进行测试；(2) 为了使全直径岩心中央部分的油水能够蒸馏出来，因此设备上增加了真空装置。装置如图 1-40所示。

4. 色谱法

色谱法的原理是基于水可以与乙醇无限量溶解的性质设计的。试验原理与步骤如下：将已称质量的岩样放入乙醇溶剂中，使岩心中的水分充分溶解到乙醇中。用色谱仪分析溶解有水分的乙醇，根据原始乙醇与含水乙醇的含水浓度差，可以算出岩样含水量 V_w。再用溶剂抽提法清洗岩心，称干岩心质量，用差减法得到含油量，再根据孔隙体积就可分别计算出岩心的油、水饱和度。

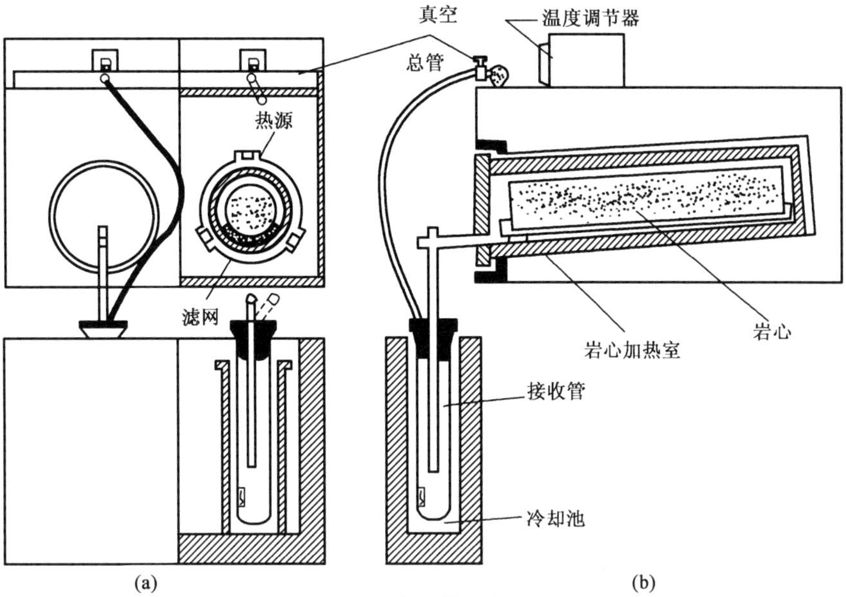

图 1－40　真空蒸馏装置
（a）正面；（b）剖面

5. 烘干法

烘干法是对天然气储集岩测定含气、水饱和度所特有的简易而准确的方法。

从井中取出的岩心，钻成圆柱或切成小块，首先称量出总重量，然后放在烘箱内在102℃下烘干，烘干的时间取决于岩样的渗透率，致密样品由于水不易挥发出来，所以有时要烘 24h 左右。烘干的温度不宜过高或过低，温度偏低时，水分不易蒸发出来；温度过高时，有可能将岩石矿物中的结晶水蒸发出来而使饱和度过高。

6. 实验室测定的水饱和度值的代表性分析

在地层所处的温度、压力和应力条件下，岩石的油、气、水饱和度由于获取岩心的手段和技术不同，取到地表上来并送到实验室分析，其油、气、水饱和度的数值与地层条件下的原始状态数值就不相同。所以，实验室测定的岩石油、气、水饱和度值，并不等于真正地层条件下的油、气、水饱和度值。虽然目前现场上都使用实验室的测定值作为依据，但是，在使用时必须谨慎地考虑两者之间的差异。

引起实验室的测定值与地层条件下的原始值之间存在差异原因很多。例如，在钻井中使用水基钻井液时，钻井液滤液的冲刷使得含油饱和度降低，含水饱和度增加；此外，当岩心从井中取到地表时，应力释放（围压降低）导致石油和天然气的压力降低，原来溶解在石油中的天然气发生膨胀并以气相析出。气体析出使石油总体积缩小，也就使得岩心的饱和度降低。同样原因，因溶于水中的天然气析出而使水饱和度也下降了。

如果在钻井中使用油基钻井液，可以保证水饱和度值不变，但是油饱和度会发生较大的变化。目前使用密闭取心技术可以使油、水饱和度的变化减小。

此外，如果在处理和运送岩心的过程中没能采取必要的保护措施，流体被蒸发从而降低饱和度也是不可避免的。

表 1－16 概括了用水基钻井液和油基钻井液取心时所造成的油、气、水饱和度变化。误差的大小与原油的粘度和溶解油气比有关，可从 0 变化到 70％～80％。因此，实际应用中，

常根据实验室测得的数据，乘以原油的地层体积系数，再乘以校正系数1.15，以校正由于流体的收缩、溢流和被驱出所引起的误差。

表1-16　用水基和油基钻井液取心时，岩心的地下和地表的流体饱和度变化
（据MONICARD，1980）

钻井液类别	所处状况	油	气	水
水基钻井液取心	在地表	收缩到12%	膨胀到40%	排出到48%
	在岩心筒中	冲刷掉15%	0	侵入到85%
	在地层中	70%	0	30%
油基钻井液取心	在地表	收缩到40%	析出到30%	30%
	在岩心筒中	70%（无侵入）	0	30%
	在地层中	70%	0	30%

显然，室内测定岩心饱和度首要和最关键的问题是要取得能代表储层中流体原始分布和含量的岩心样品，因为这关系到测定结果数据的准确性和可靠性。为此，国内外在取心工艺和取心筒方面做了不少改进，以保护岩心尽量不受或少受钻井液污染。

此外，在油藏数值模拟中，需要确定各个网格井点上储层的物性参数，如饱和度等。而油田上能直接取心进行测定的井点并不多，怎么办呢？其中一种方法是与邻近取心井的岩心分析资料和测井曲线资料的相互对比，再采用内插、外推等办法确定未取心井岩心的物性参数。

7. 确定含油、气、水饱和度的间接方法

各种测定毛管压力的方法都可以确定含水饱和度，这部分内容将在第三章中论述。在生产实际中，常常利用孔隙度和渗透率的资料确定束缚水饱和度。图1-41为Musket（1949）所提出的不同油田所取岩心的含水饱和度曲线，这些曲线指出一种共同的倾向，即含水饱和度随渗透率增加而降低。位于储油层上部的含气地带，其含水饱和度的数值范围与含油岩石大致相同。

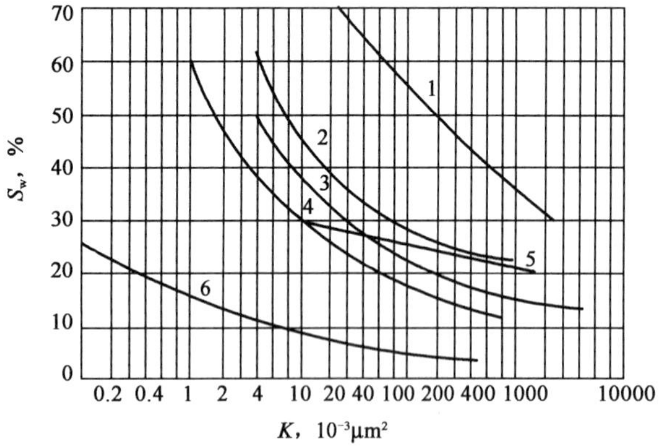

图1-41　不同油田岩心束缚水含量随渗透率变化的曲线

必须指出的是，图1-41说明，储油气层中岩石含水饱和度的数值与油气性质、表面张力、岩石中的颗粒分布、油水接触面及取心位置、粘土含量、孔喉分布等有关，单一的渗透率并不能完全表达出束缚水的含量。但如果能够对某一特定生产层得到类似的关系，就可以根据渗透率确定含水饱和度，而不必采用过于繁琐的实验室分析方法。

油、气、水饱和度也可以利用各种测井资料，常用的孔、渗资料与水饱和度的关系式有：

$$S_w = A\lg K + B \qquad (1-71)$$

或

$$S_w = A\phi + B\lg K + C \qquad (1-72)$$

或

$$S_w = A\phi + B\phi^2 + C\lg K + D\lg K^2 + E \quad (1-73)$$

式中　ϕ——孔隙度，小数；

K——渗透率，$10^{-3}\mu m^2$；

S_w——含水饱和度，小数；

A、B、C、D、E——系数。

对于大多数工程计算，当方程的项数较多时，最后都能给出令人满意的结果。

斯伦贝谢公司从油田研究中得到一些常用的经验公式，对于含有中等密度原油的岩石，经验公式为：

$$S_w = 250\phi^3 / \sqrt{K} \quad (1-74)$$

式（1－74）对于重油不宜使用。

对于干气储层，经验公式可写成：

$$S_w = 79\phi^3 / \sqrt{K} \quad (1-75)$$

式（1－74）和式（1－75）还可用图解法简化计算。图 1－42 表示在含油气孔隙介质中，束缚水饱和度、渗透率和孔隙度之间的经验关系曲线簇。由孔、渗即可查出油（气）水过渡区以上的水饱和度值。

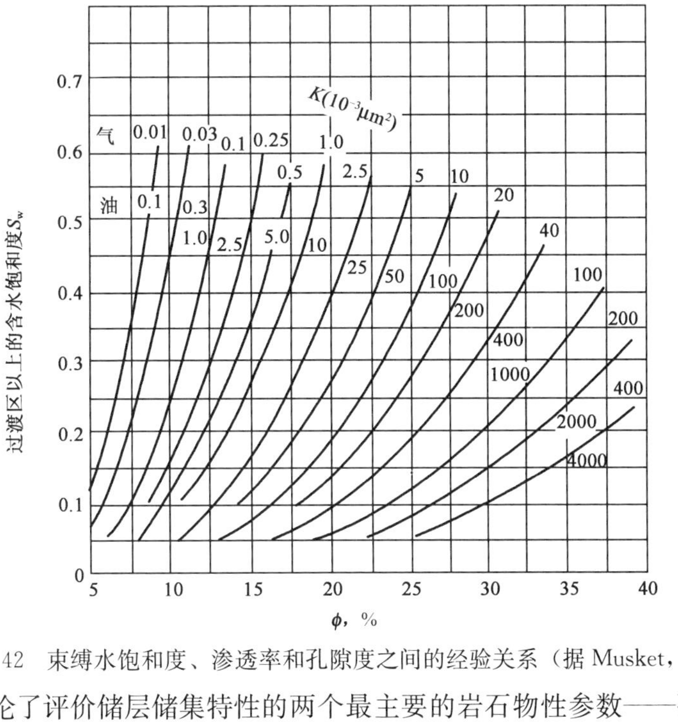

图 1－42　束缚水饱和度、渗透率和孔隙度之间的经验关系（据 Musket，1949）

以上我们讨论了评价储层储集特性的两个最主要的岩石物性参数——孔隙度与饱和度。因为当油藏的几何体积（面积、厚度）确定时，储层中储油、储气量的大小就主要取决于储层岩石的这两个参数。

第五节　储层岩石的渗透性

储层岩石是多孔介质，岩石的孔隙性和渗透性是人们关心的两个储层特征。孔隙性决定了的岩石储集性能，即单位体积岩石中的油气储量。而渗透性是表示岩石在一定的压差下，允许流体（油、气、水）通过的性质，渗透性的大小用渗透率来表示。岩石的渗透性则直接影响到油、气井的产量。油层砂岩中多数孔隙是连通的，流体在多孔介质中的流动称为渗流，孔隙介质中的渗流规律不同于流体力学中讨论的一般管流。本章从实验方法入手研究孔隙介质中的流动规律以及岩石渗透性。

一、达西定律及岩石的绝对渗透率

1. 达西实验与达西定律

1856年法国水文工程师亨利·达西（Henri-Darcy）在解决城市供水问题时，曾用未胶结砂做水流渗滤试验，其装置如图1-43所示。

达西实验发现，当水通过砂柱时，其流量 Q 的大小和砂柱截面积（A）、进出口端的压差（ΔH 或 Δp）成正比，与砂柱的长度（L）成反比。在采用不同粒径的砂粒和流体时还发现，流量与流体的粘度 μ 成反比；在其他条件如 A、L、μ、Δp 相同时，粒径不同，其流量也不同。达西将非胶结砂层中水流渗滤参数和规律表示成方程的形式就是著名的达西定律：

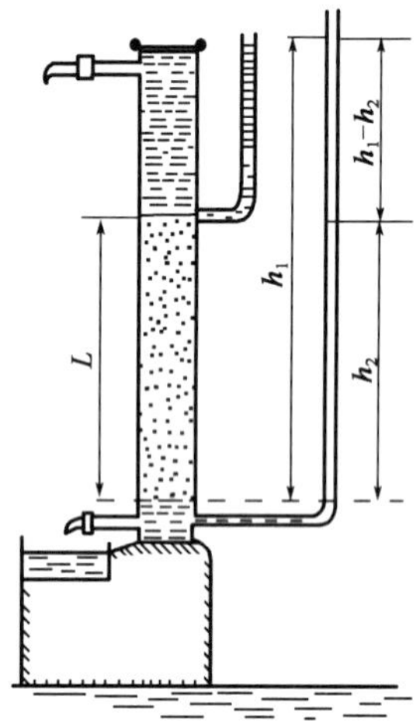

图1-43　达西的实验装置
（据 Hubbrt）

$$Q = K\frac{A\Delta p}{\mu L} \tag{1-76}$$

式中　Q——在压差 Δp 下，通过岩心的流量，cm^3/s；

A——垂直于流动方向岩心的截面积，cm^2；

L——岩心长度，cm；

μ——通过岩心的流体粘度，mPa·s；

Δp——流体通过砂柱前后的压力差，atm；

K——比例系数，称为该孔隙介质的绝对渗透率，反映了"在压力作用下，岩石允许流体通过的能力"，单位为达西（D），法定计量单位为 μm^2。

2. 岩石绝对渗透率及其测定条件

用岩心开展进一步的试验（图1-44）表明：(1) 达西定律适用于各种多孔介质，包括由砂粒胶结而成的岩石。(2) 当岩心全部孔隙为不与岩石发生任何化学和物理作用的单相液体所充满时，且在流量与压差呈线性关系条件下，对同一岩心而言，比例系数值 K 的大小是与液体性质无关的常数。(3) 对不同岩心而言，比例系数值 K 随岩心不同而变化。因此，岩心全部孔隙为不与岩石发生任何化学和物理作用的单相液体所充满时，测得的这一系数称为岩石的绝对渗透率，它是岩石本身的固有特性。

因此，测定和计算岩石绝对渗透率时必须符合以下条件：

(1) 岩石中全部孔隙为单相液体所饱和，液体不可压缩，岩心中流动是稳态单相流。

(2) 通过岩心的渗流为一维直线渗流。

(3) 液体性质稳定，不与岩石发生物理、化学作用。比如不能用酸液测定渗透率；不能使用蒸馏水，应使用地层水（盐水），防止岩石中含有的粘土矿物遇

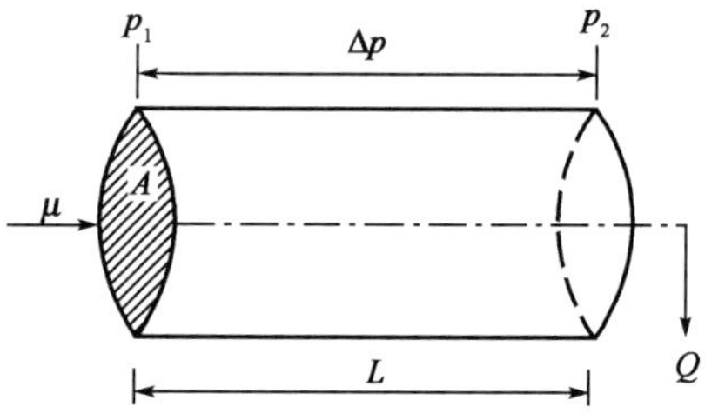

图1-44　渗流的力学分析示意图

水膨胀而使渗透率降低。

只有满足了这些要求，达西公式中的比例系数是才是常数。

3. 渗透率的单位

由式（1－76）可导出渗透率的计算公式：

$$K = \frac{Q\mu L}{A\Delta p} \tag{1-77}$$

式（1－77）采用达西单位制时，渗透率的单位是达西，记为 D（darcy）。1D 的物理意义为：粘度为 1mPa·s 的流体，在压差 1atm 作用下，通过截面积 1cm²、长度 1cm 的多孔介质，在流量与压差呈线性关系条件下，若流量为 1cm³/s 时，则该多孔介质的渗透率就是 1D。

$$\begin{aligned} 1D &= \frac{(1cm^3/s)\ (1/100dyn\cdot s/cm^2)\ (1cm)}{(1cm^2)\ (981000dyn/cm^2)} \\ &= \frac{1}{98.1\times10^6}cm^2 = 1.02\times10^{-8}cm^2 \\ &\approx 10^{-8}cm^2 = 1\mu m^2 \end{aligned} \tag{1-78}$$

达西定律常用的单位制见表 1－17。渗透率具有面积的量纲，它反映多孔介质中孔隙通道面积的大小。渗透率越高，孔道总面积越大，液体在其中流动越容易，渗透性也越好。

表 1－17　达西定律使用的单位制

参数	符号	量纲	绝对单位制		混合单位制		
			CGS 制	SI	达西单位制	矿场单位制	
						公制	英制
长度	L	L	cm	m	cm	m	ft
质量	m	M	g	kg	g	kg	lb
时间	t，T	T	s	s	s	d	h
面积	A，F	L^2	cm^2	m^2	cm^2	m^2	ft^2
流量	q，Q	L^3/T	cm^3/s	m^3/s	cm^3/s	m^3/d（地面）	bbl/d（地面）
速度	v	L/T	cm/s	m/s	cm/s	m/d	ft/d
密度	ρ	M/L^3	g/cm^3	kg/m^3	g/cm^3	kg/m^3	lb/ft^3
压力	p	$(ML/T^2)/L^2$	dyn/cm^2	N/m^2 (Pa)	atm	atm	lbf/in^2
粘度	μ	M/LT	g (cm·s) (P)	kg/ms (Pa·s)	cP	cP	cP
渗透率	K	L^2	cm^2	m^2	D	D	mD

大多数情况下油气储层岩石渗透率不高于 1D，因此常用毫达西（millidarcy，简写 mD）表示渗透率。$1D=1000mD=1.02\times10^{-8}cm^2\approx10^{-8}cm^2=1\mu m^2$；$1mD=10^{-3}\mu m^2$。

储层岩石的渗透率是评价储层优劣的主要指标，油藏岩石渗透率变化范围一般在 5～1000mD 之间，俄国人 T. И. 捷奥多罗维奇按渗透率大小将储层分为五级，见表 1－18。但随着勘探技术与油层改造工艺技术的不断提高，我国在长庆、吉林、大庆、新疆、中原等油田发现并开发了大量渗透性微弱的有效油层，尤其是长庆油田，已有效开发了渗透率小于 1mD 的特低渗透油气藏。

表 1-18 储集层按渗透率分级

等级	渗透率		评价
	μm^2	mD（或 $10^{-3}\mu m^2$）	
Ⅰ级	>1	>1000	渗透性极好
Ⅱ级	1～0.1	1000～100	渗透性好
Ⅲ级	0.1～0.01	100～10	渗透性中等
Ⅳ级	0.01～0.001	10～1	渗透性微弱
Ⅴ级	<0.001	<1	非渗透性的

4. 达西定律适用条件

达西定律有一定的适用条件，当渗流速度增大到一定值之后，除产生粘滞阻力外，还会产生惯性阻力，此时流量与压差不再是线性关系，这个渗流速度值就是达西定律的临界渗流速度（图 1-45 曲线 1）。若超过此临界渗流速度，流动由线性渗流转变为非线性渗流，达西定律也不再适用。图中压力梯度超过 b，则为非达西流。

卡佳霍夫提出了用雷诺数（Re）确定渗流时临界流速的方法。在已知岩石和流体的物性参数如岩石孔隙度、渗透率及流体密度、粘度的条件下，定义雷诺数如下：

$$Re=\frac{v\rho\sqrt{K}}{17.5\mu\phi^{3/2}} \tag{1-79}$$

式中 v——渗流速度，cm/s；

K——渗透率，D；

ρ——流体的密度，g/cm^3；

μ——流体的粘度，mPa·s；

ϕ——孔隙度，小数。

达西定律中，渗流速度是渗流流量与截面面积之比，即 $v=\dfrac{Q}{A}$。因为截面 A 内颗粒要占据一定的面积，因此实际孔道中的真实流速要高于渗流速度。

根据经验，一般储层的岩石和流体物性参数条件下，其临界雷诺数为 0.2～0.3。若取 $Re=0.2$ 代入上式，得满足线性渗流的临界流速为：

$$v_c=\frac{3.5\mu\phi^{3/2}}{\rho\sqrt{K}} \tag{1-80}$$

还有另一种情况：对于低渗致密岩石，在低速渗流时，由于流体与岩石之间存在吸附作用，或在粘土矿物表面形成水化膜，当压力梯度很低时，流体不流动，因而存在一个启动压力梯度（图 1-45 中 a 点）。当外加压差大于启动压力梯度后，液体才能开始流动，这个压力梯度称为渗流启动压力梯度。在低于渗流启动压力梯度的范围内流量和压差间的直线关系遭到破坏（图 1-45 中曲线 2），不符合达西定律。

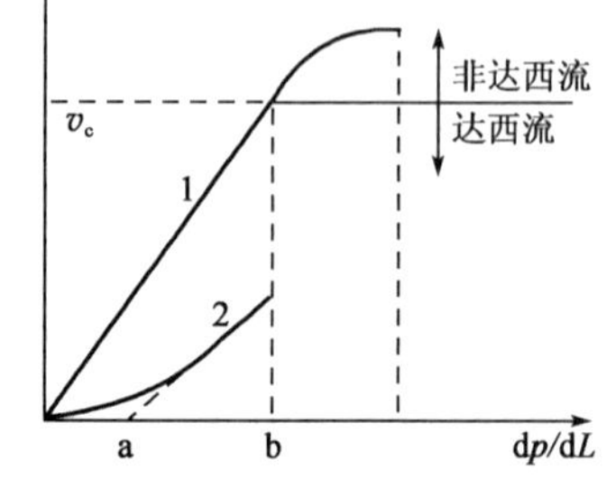

图 1-45 渗流速度与压力梯度关系

对于气体在岩石中渗流，由于气体滑动现象，达西定律［式（1-76）］也要修正。

5. 岩石的有效渗透率和相对渗透率

测定和计算岩石绝对渗透率时，只有不与岩石发生任何物理、化学作用的不可压缩流体100%饱和岩心，在单相、线性、稳定渗流条件下测得渗透率才是岩石的绝对渗透率。而根据上一节储层岩石的流体饱和度特点，在实际油层中，不存在单相流体饱和的情况，那么当岩石饱和了两种或多种流体时，如何分析岩石允许每一种流体在其孔隙中的流动能力呢？这就是岩石的有效渗透率和相对渗透率概念。

岩石的有效渗透率也称为相渗透率，是当岩石为两种或多种流体饱和时，岩石允许每种流体在其孔隙中的流动能力（图1-46），其计算公式同式（1-76），但公式中的参数为每一种流体的测试参数。例如，当岩石为油水两相流体饱和时，油水两相流体的有效渗透率为：

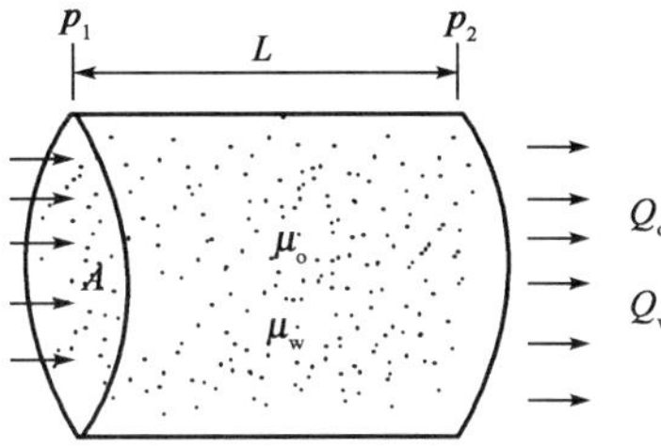

图1-46 岩石有效渗透率和相对渗透率试验

$$K_o = \frac{Q_o \mu_o L}{A \Delta p}$$
$$K_w = \frac{Q_w \mu_w L}{A \Delta p} \qquad (1-81)$$

式中 Q_o、Q_w——在压差 Δp 下，通过岩心的油、水流量，cm^3/s；

μ_o、μ_w——通过岩心的油、水流体粘度，mPa·s；

K_o、K_w——油、水的有效渗透率，D。

岩石的有效渗透率与绝对渗透率之比称为岩石的相对渗透率，当岩石为油水两相流体饱和时，油水两相流体的相对渗透率为：

$$K_{ro} = \frac{K_o}{K}$$
$$K_{rw} = \frac{K_w}{K} \qquad (1-82)$$

式中 K_{ro}、K_{rw}——油、水的相对渗透率，无量纲。

有效渗透率和相对渗透率都涉及其他相的存在，并由此使某相的渗透率降低。同时，流体饱和度与有效渗透率和相对渗透率之间的变化函数关系，在油田开发工程以及提高油藏采收率等方面起着十分重要的作用（见第三章）。

二、气体渗透率与气体的滑脱效应

1. 气体渗透率的计算公式

当用液体测量岩石渗透率时，在岩心两端压力 p_1 和 p_2 作用下，岩心中任意横截面上的液体体积流量 Q 都是不变的，即认为液体不可压缩。这虽然是近似，但在低压实验条件下是允许的。

利用图1-47的典型实验流程测定岩心的气体渗透率时有什么特点呢？其计算公式又如何？对气体而言，由于其压缩性远远大于液体的压缩性，气体的体积随压力和温度变化而变化。因此，在岩心中沿长度 L，每一断面的压力均不相同，并且逐渐减小（图1-48）。进入岩心的气体体积流量在岩心各点上是变化的，与出口气量也不相等，而是沿着压降的方向不断膨胀、增大，此时可以把达西公式改写成微分形式。

$$K = -\frac{Q\mu}{A} \cdot \frac{dL}{dp} \qquad (1-83)$$

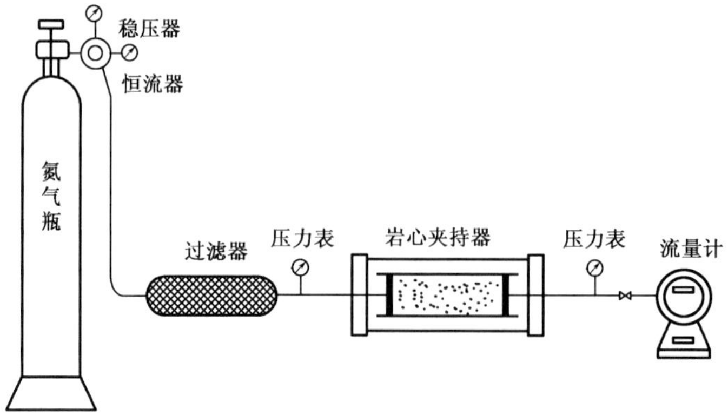

图 1-47　典型气体渗透率实验流程

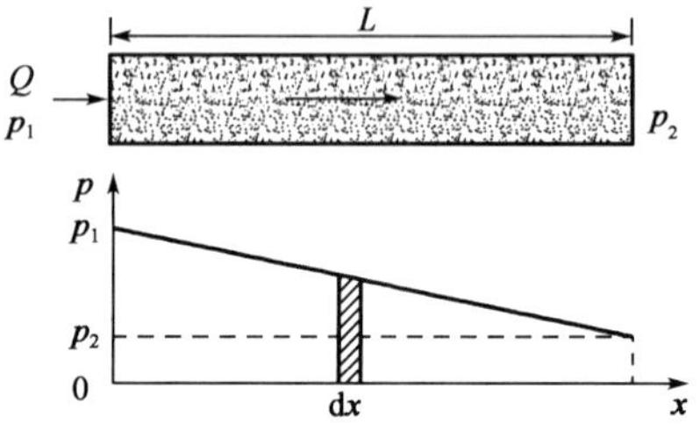

图 1-48　直线渗流的岩心中压力分布

沿岩心整个长度 L 上，气体流量 Q 是变数，但在一个微小单元 dL 上，可认为流量不变。由 dp 和 dL 有着不同的符号（即 dL 增量为正时，dp 为负，因为压力在降低），为保证渗透率 K 为正值，在公式右边取负号。

假设气体在岩心中的渗流为稳定流，则气体流过各横截面的质量流量不变。设整个流动过程等温，则根据玻义耳-马略特定律有：

$$Qp = Q_0 p_0 = \text{常数} \qquad \text{或} \qquad Q = \frac{Q_0 p_0}{p} \tag{1-84}$$

式中　p_0——大气压，atm；

Q_0——大气压下气体的体积流量（即出口气体流量），cm^3；

Q——任意截面上的流量，cm^3；

p——任意截面上的压力，atm。

将式（1-84）代入式（1-83），有：

$$K = -\frac{Q_0 p_0 \mu}{A}\frac{\mathrm{d}L}{p\,\mathrm{d}p} \tag{1-85}$$

分离变量，两边积分，则：

$$\int_{p_2}^{p_1} Kp\,\mathrm{d}p = -\int_0^L \frac{Q_0 p_0 \mu}{A}\mathrm{d}L \tag{1-86}$$

$$K\frac{p_2^2 - p_1^2}{2} = -\frac{Q_0 p_0 \mu}{A}\cdot L \tag{1-87}$$

$$K_g = \frac{2Q_0 p_0 \mu L}{A(p_1^2 - p_2^2)} \tag{1-88}$$

式中　K_g——气体渗透率，D；

A——岩心端面积，cm^2；

μ——气体的粘度，mPa·s；

L——岩心长度，cm；

p_1、p_2——入口和出口断面上的绝对压力，atm。

式（1-88）即为气体渗透率的计算公式，气体渗透率与两端压力的平方差 $p_1^2 - p_2^2$ 成反比。

2. 气体滑脱效应及其对岩石渗透率的影响

根据式（1－88），气体渗透率与测试压力有关。对式（1－88）进行分解，有：

$$K_g=\frac{2Q_0p_0\mu L}{A(p_1^2-p_2^2)}=\frac{Q_0p_0\mu L}{A(p_1-p_2)(p_1+p_2)/2} \tag{1-89}$$

结合液体渗透率计算公式（1－77）以及岩石绝对渗透率是岩石本身的固有特性的特点，显然，实际气体测定的岩石渗透率 K_g 受不同的平均压力［$\bar{p}=(p_1+p_2)/2$］的影响。实际上，在用不同气体实际测定岩石渗透率时，人们发现同一岩心，同一种气体，采用不同的平均压力［$\bar{p}=(p_1+p_2)/2$］所测得的 K_g 不同；而同一岩心，在同一平均压力 $\bar{p}$ 下，采用不同的气体（如 He、空气、CO_2 等）所测得的 K_g 也不相同（图 1－49），这就是人们发现气体在微小毛管中流动时会出现所谓的滑动或滑脱现象。

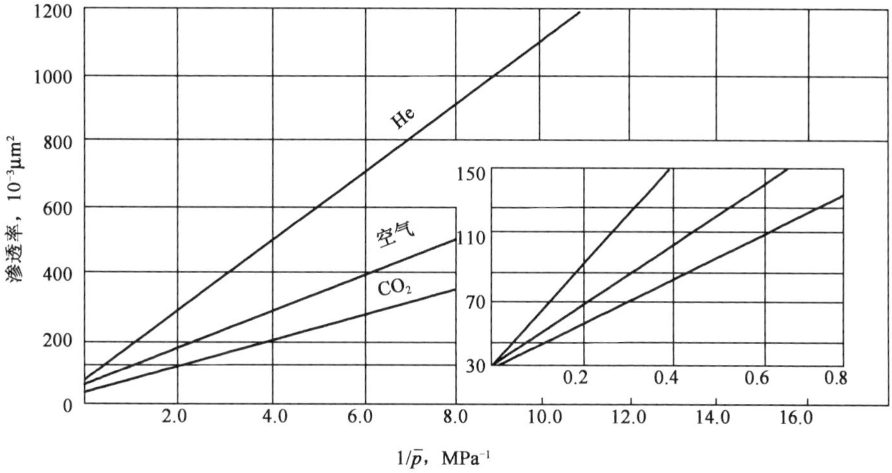

图 1－49　不同气体在不同平均压力下的渗透率（据 Klinkenberg）

同一岩心，应该只有一个绝对渗透率值，为什么测试条件（压力、气体）不同就会有不同的 K_a 值呢？那么，应该选取哪一个 K_g 值作为岩石的绝对渗透率呢？克林肯贝格（Klinkenberg）从分析孔隙内的气、液流速分布入手解释了这种现象。采用液体测量岩石渗透率的达西公式是建立在液体（确切讲是牛顿流体）渗滤实验的基础上的，认为液体的粘度不随液体的流动状态而改变，即所谓的粘性流动。其基本特点是液体在管内某一横断面上的流速分布呈椭圆形分布［图 1－50（a）］。孔道中心液体分子的流速要比孔壁表面的流速高，是由于液—固间的分子力比液—液间的分子力更大，故在管壁附近表现出的粘滞阻力最大，这使得管壁处液体的流速为零。管道中心处的粘滞阻力最小，因而此处流速最大。

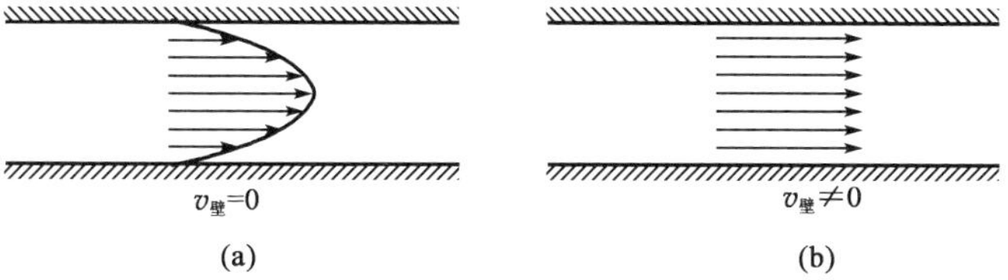

图 1－50　气体滑动效应示意图

（a）孔道中的液体流动；（b）孔道中的气体流动

然而对气体来说，因为气—固之间的分子作用力远比液—固间的分子作用力小得多，在管壁处的气体分子有的仍处于运动状态，并不全部粘附于管壁上。且相邻层的气体分子存在动量交换，可连同管壁处的气体分子一起沿管壁方向作定向流动（管壁处流速不为零），形成了所谓的“气体滑动现象”。克林肯贝格（Klinkenberg）发现了气体在微细毛管孔道中的这种流动滑动效应，故称“克氏效应”。

“气体滑动效应”是气体渗透率与液体渗透率差别的原因，可以解释上述种种现象。

1）同一岩石的气体渗透率值大于液体渗透率

由于气体滑脱现象的存在，即在管壁处气体也参加流动，这就增加了气体的流量。较液体而言，其实质就是岩石孔道提供了更大的孔隙流动空间，因此，一般气体渗透率都比液体渗透率更大。因为液体在孔壁上不流动的液膜占去了一部分流通通道。但就岩石孔隙本身而言，孔隙并没有增加，孔道断面也并未增大，从这种意义上来说，气体法测出的岩石渗透率应更能确切的反映出岩石的渗透性。

2）平均压力越小，所测渗透率值 K_g 越大

平均压力就是岩石孔隙中气体分子对单位管壁面积上的碰撞力，它既决定于气体分子本身的动量，又决定于气体分子的密度。平均压力越小，就意味着气体分子密度越小，即气体越稀薄，气体分子间的相互碰撞就越少，气体分子的平均自由行程就越大，它可能等于、甚至远大于孔道的直径，这就使气体分子更易流动，“气体滑脱现象”就更严重，因而测出的渗透率值 K_g 就越大。

反之，如果平均压力增大，则渗透率减小；当压力增至无穷大时，这时渗透率不再变化而趋于一个常数 K_∞（参见图 1-49），这个数值一般接近于液体渗透率 K_L，故又称为等效液体渗透率。这是在压力无穷大时，气体的流动性质已接近于液体的流动性质，气—固之间的作用力增大，因而气体滑动效应逐渐消失，管壁上的气膜逐渐趋于稳定，所测渗透率也趋于不变。

早在 1941 年，克林肯贝格给出了考虑气体滑动效应的气体渗透率数学表达式：

$$K_g = K_\infty\left(1 + \frac{b}{\overline{p}}\right) \tag{1-90}$$

$$\overline{p} = (p_1 + p_2)/2$$

式中 K_g——气测渗透率，μm^2；

K_∞——等效液体渗透率，μm^2；

$\overline{p}$——岩心进出口平均压力，MPa；

b——取决于气体性质和岩石孔隙结构的常数，称为“滑脱因子”或“滑脱系数”。

对气体在一根毛管内的流动：

$$b = \frac{4C\lambda\overline{p}}{r} \tag{1-91}$$

式中 r——毛管半径（相当于岩石孔隙半径），m；

C——近似于 1 的比例常数；

λ——对应于平均压力下气体分子平均自由行程，m。

由《普通物理学》气体分子运动理论知：

$$\lambda = \frac{1}{\sqrt{2}\pi d^2 n} \tag{1-92}$$

式中　d——分子直径，由气体种类决定，m；

n——分子密度，与平均压力 $\overline{p}$ 有关，kg/m³。

3）不同气体所测的渗透率值也不同

气体的滑脱效应还与气体的性质有关。气体种类不同，分子直径不同。如 He、空气、CO_2 的相对分子质量分别为 4、29 和 44。由式（1－92）可知，自由行程 λ 不同，使得滑脱系数 b 不同。相对分子质量小，d 小，λ 大，b 大，滑脱效应严重，这与图 1－49 中所示的 He、空气、CO_2 气体随相对分子质量增大，滑脱效应减弱相一致。但不同气体所测的等效液体渗透率 K_∞ 是相同的，见式（1－90）。

4）岩石不同，气体 K_g 与液体 K 差值大小不同

越致密的岩心，孔道半径 r 越小，由式（1－90）可知，则 b 越大，滑脱效应越严重。这是因为只有在气体分子的平均自由行程和它流动的孔道相当时，气体滑动这一微观机理才可能表现出来，滑动所造成的影响也才会突出出来。然而在高渗透率岩心中渗流时，气体是在较大的孔道中渗流，滑脱现象就不明显，因为此时岩石孔道直径比气体分子自由行程大得多，气体本身就很容易流动，气体滑动对整个流动的影响就减弱。

3. 气体渗透率的克氏校正

综上所述可知，气体滑动现象对气体渗透率有较大的影响，特别是对于低渗透岩石，在低压下测定时影响更大。此时，由于气体滑动现象存在，所测得的渗透率尽管反映了岩石渗透性的好坏，但同时又是测量压力的函数，从而失去了岩石参数是定值的准则，使之无法用于储层产能的评价，因此，国内外都提出应对克氏渗透率小于 100mD 的岩心进行校正。

目前有两类方法校正气体的克氏渗透率，一是在实验室测定渗透率值时，进行校正；一是利用经验公式和图版进行校正。

1）实验测定时的校正

实验室测定气体渗透率值时可以这样进行校正：做几个不同平均压力 $\overline{p}$ 下的实验，按式（1－88）计算出 K_g，并绘制出 K_g 与 $1/\overline{p}$ 关系曲线。从式（1－90）可知，K_g 与 $1/\overline{p}$ 间成直线关系，该直线在 K_g 轴上的截距即为 K_∞ 值，即为岩石的绝对渗透率，如图 1－49 所示。

实验测定过程中，为了保持不同平均压力 $\overline{p}$ 下气体渗流流态基本不变，不同平均压力 $\overline{p}$ 的正确获取方法为：在保持进出口压差恒定条件下，同时提高或降低进出口压力。

2）伊弗莱（Iffly R.，1956）计算法

使用条件是：当 $\overline{p}$ 接近于 0.1MPa 时，有：

$$K_\infty = K_g \frac{C}{C + 0.174} \tag{1-93}$$

$$C = 7\sqrt{\overline{p}_e}$$

式中　C——常数；

$\overline{p}_e$——由压汞法所得出的毛管压力曲线中平缓段的平均压力，MPa；

K_g——平均测定压力 $\overline{p}$ 条件下的气体渗透率，μm²。

3）Purcell 方法

$$K_\infty = \frac{(C^2\phi/\overline{p}^2) + 2K_g - \sqrt{C^2\phi/\overline{p}^2(C^2\phi/\overline{p}^2 + 4K_g^2)}}{2} \tag{1-94}$$

$$\overline{p} = \frac{1}{2}(p_1 + p_2)$$

式中　K_g——气测渗透率，$10^{-3}\mu m^2$；

ϕ——孔隙度，小数；

$\bar{p}$——平均测定压力，0.1MPa；

C——常数，当 $K_a<10\times10^{-3}\mu m^2$ 时，$C=2.26$；当 $K_a=(10\sim100)\times10^{-3}\mu m^2$ 时，$C=2.42$；当 $K_a>100\times10^{-3}\mu m^2$ 时，$C=2.72$。

4）图版法

目前所用图版各有不同，图 1－51 是由美国岩心公司提供的可采用的一种。

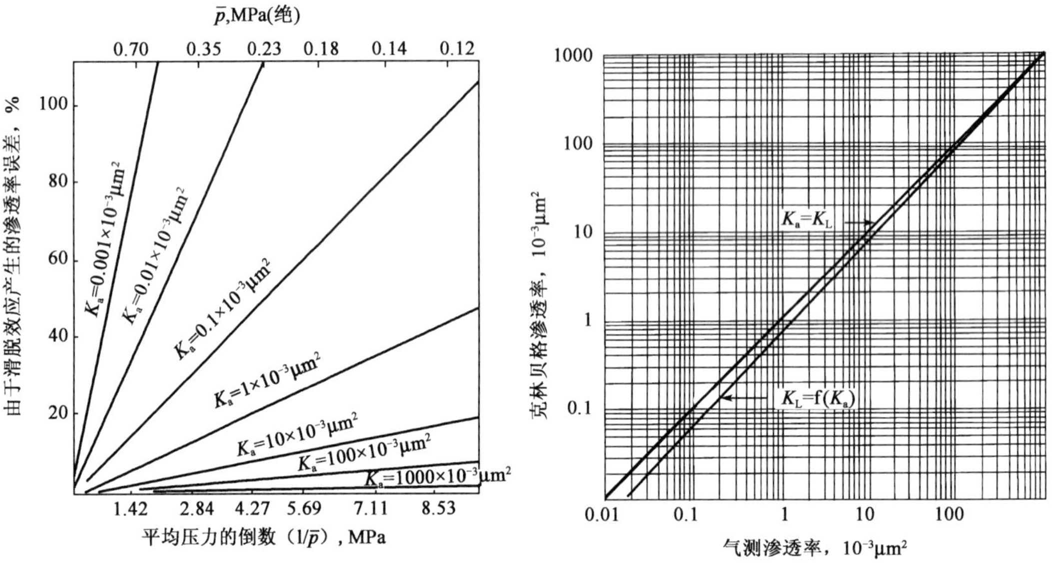

图 1－51　Core Lab 公司的克氏渗透率校正图版

经验公式和图版校正的渗透率带有经验统计性。在实际应用时，应根据我国的实际情况，并针对所研究的油气田的储层特点，建立符合所研究储层的经验统计式。

鉴于压力对气体渗透率数值的影响，常以实验校正的气体渗透率作为储层渗透性高低的评价标准。但必须说明：(1) 未经克林贝格校正的气体渗透率资料，不能作为油气田开发的基础资料。(2) 由于气藏通常的平均压力较高，一般为几十兆帕，用生产动态资料求得的地层渗透率就没有必要作克林贝格校正。

三、裂缝岩石的渗透率

无论碳酸盐岩还是碎屑岩（如致密砂岩）储层，均有可能存在裂缝。碳酸盐岩储层的裂缝或孔洞尤为发育，裂缝不仅是碳酸盐岩的油气储集空间，还是油气渗流的主要通道，这也是为什么世界油气储量和产量的一半来自碳酸盐岩的主要原因。因此，有必要对裂缝渗透率进行初步探讨。

对于裂缝性储集层，由于裂缝网络本身的极不均匀性和发育的复杂性，用岩心所测得的结果具有一定的局限。如裂缝规模较大，则小直径岩心物性分析及薄片研究代表性都很差，比较有代表性的资料则需要从全直径岩心分析中得到。在某种情况，采用井下电视，可窥见局部储集层裂缝分布及规模。但即使如此，目前直接测量裂缝渗透率的方法还很不完善，以致研究裂缝岩石渗透率多数只能在简化条件下进行。

这里，首先研究最简单的纯裂缝岩石渗透率，然后转入岩石基质孔隙和裂缝均参与渗流时的岩石渗透率，即所谓双重孔隙介质岩石的渗透率。

1. 纯裂缝岩石的渗透率

1）裂缝孔隙度

要研究裂缝渗透率，首先要懂得用怎样的特征量来描述裂缝的性质，一般而言，多采用裂缝的密度 n 与宽度 b 来表示裂缝的特征，如图 1-52 所示。

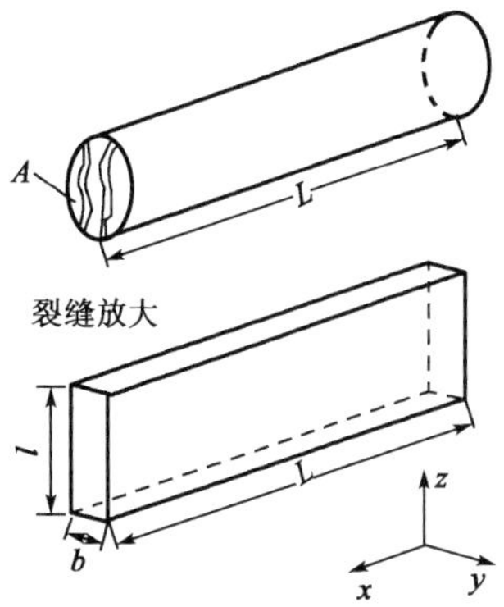

图 1-52 裂缝的描述

裂缝的密度 n 定义为：渗滤面内裂缝的总长度与渗滤面积的比，即：

$$n = \frac{l}{A} \tag{1-95}$$

式中 n——裂缝的密度，cm^{-1}；

l——裂缝总长度，cm；

A——裂缝岩样的渗滤面积，cm^2。

裂缝的孔隙度 ϕ_f 可表示为：

$$\phi_f = \frac{l\,b}{A} = n \cdot b \tag{1-96}$$

式中 ϕ_f——裂缝孔隙度，小数；

b——裂缝宽度，cm。

2）纯裂缝岩石的渗透率

裂缝内的流动视为平行平板间的流动，由布辛列克方程可知，渗滤端面上单位长度裂缝的液体流量：

$$q = \frac{b^3}{12\mu}\frac{dp}{dx} \tag{1-97}$$

式中 q——z 方向上单位长度裂缝内液体流量，cm^3/s；

μ——液体的动力粘度，mPa·s；

b——裂缝宽度，cm；

dp/dx——压力梯度，MPa/cm。

若端面上裂缝总长度为 l，则岩石端面上流过全部裂缝的液体流量为：

$$Q = l \cdot q = \frac{l\,b^3}{12\mu}\frac{dp}{dx} \tag{1-98}$$

由裂缝的孔隙度 ϕ_f 定义得式 $lb=\phi_f A$，代入式（1-98）中可得：

$$Q = \frac{A \cdot \phi_f \cdot b^2}{12\mu}\frac{dp}{dx} \tag{1-99}$$

另一方面，假设该裂缝岩石的等效渗透率为 K_f，按达西定律可知：

$$Q = \frac{K_f A}{\mu}\frac{dp}{dx} \tag{1-100}$$

根据等效渗流阻力原理：当两块岩石外部几何尺寸相同，其他渗流条件（如压差、流体粘度等）也相同时，若两块岩石的渗流阻力相等，则表现为流量也应相等，故式（1-99）与式（1-100）应相等，则：

$$\frac{A\phi_f b^2}{12\mu}\frac{dp}{dx} = \frac{K_f A}{\mu}\frac{dp}{dx}$$

即
$$K_f = \frac{\phi_f \cdot b^2}{12} \tag{1-101}$$

式中 b——裂缝宽度，cm；

ϕ_f——裂缝孔隙度（又称裂缝性系数），小数；

K_f——裂缝渗透率，cm^2。

上述各式中的参数若由 CGS 制改为 SI 制，则裂缝渗透率表达式为：

$$K_f = \phi_f b^2 \cdot \frac{10^8}{12} = 8.33 \times 10^6 b^2 \phi_f \tag{1-102}$$

式中 b——裂缝宽度，cm；

ϕ_f——裂缝孔隙度，小数；

K_f——裂缝渗透率，μm^2。

式（1－101）为计算纯裂缝渗透率的常用公式。

2. 裂缝—基质双重介质的渗透率

大多数油层在不同程度上发育有一定的裂缝或经过后期地层改造形成一些人工裂缝，储层表现出既有基质孔隙，又有裂缝系统。对于裂缝—孔隙双重介质岩石，基质孔隙和裂缝两者都同时有储集和渗透的作用，但基质孔隙是油气的主要储集空间，而裂缝则是油气渗流的主要通道。

裂缝—孔隙岩石的总渗透率一般可用基质渗透率 K_m 和裂缝渗透率 K_f 的简单叠加，即：

$$K_t = K_m + K_f \tag{1-103}$$

式中 K_t——岩石的渗透率或称总渗透率，μm^2；

K_m——岩石基质的渗透率，μm^2；

K_f——岩石裂缝的渗透率，μm^2。

若岩石中具有多组裂缝，如图 1－53 所示，且各组裂缝的孔隙度为 ϕ_{fi}，各组裂缝与流体渗流方向夹角为 α_i，则整个岩块渗透率为：

$$K_t = K_m + \sum_{i=1}^{n} K_{fi} \cos\alpha_i \tag{1-104}$$

$$K_{fi} = \frac{\phi_{fi} b^2}{12} \tag{1-105}$$

式中 K_{fi}——第 i 组裂缝沿渗流方向的渗透率，μm^2；

ϕ_{fi}——第 i 组裂缝孔隙度，小数；

α_i——第 i 组裂缝与渗流方向的夹角，(°)；

n——岩块中裂缝的组数，如图（1－53）中 $n=2$。

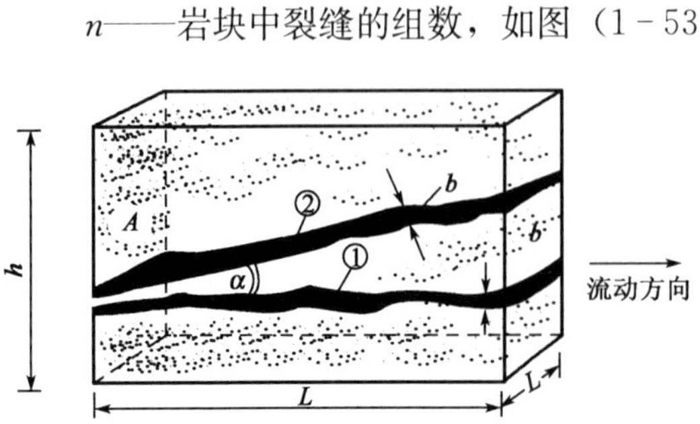

图 1－53 包含多个裂缝的基质块
裂缝①—$\alpha=0$；裂缝②—$\alpha\neq0$

式（1－104）即为双重介质多组裂缝时岩石总渗透率的计算公式，该式既考虑了岩石基质粒间的渗透率，又考虑了岩石裂缝部分的渗透率，其中还包括了裂缝组数 i 及裂缝与渗流方向的夹角 α 等。

例如，有一裂缝孔隙型灰岩地层，裂缝岩样的渗滤面积 $A=10\times10mm^2$，已测得其基质渗透率 $K_m=0.001\mu m^2$（1mD），存在一组裂缝，缝宽度 $b=0.01cm=100\mu m$，在渗

滤端面的缝长度 $L=10\text{mm}$，裂缝与流体渗流方向夹角 $\alpha=0$，则可按式（1－104）计算该岩石总渗透率 K_t。

$$K_t = K_m + K_f\cos\alpha$$

$$K_m = 0.001\mu\text{m}^2$$

按
$$K_f = \phi_{fi} b^2 \cdot \frac{10^8}{12} = 8.33\times10^6 b^2 \phi_{fi}$$

$$= 8.33\times10^6\times(0.01)^2\times\frac{10\times(0.01\times10)}{10\times10} = 8.33\mu\text{m}^2$$

所以
$$K_t = 0.001 + 8.33 = 8.331\mu\text{m}^2$$

对比 K_m 与 K_t 可以看出，虽然裂缝宽度仅 0.01cm，裂缝孔隙度 1%，但裂缝渗透率 K_f 则比基质渗透率 K_m 大 8330 倍。可见，裂缝的存在对岩石渗透能力起着主导作用。

3. 溶孔的渗透率

岩石中的溶孔可以用等效的管道半径来描述，如图 1－54 所示。

与裂缝的渗透率相似，溶孔的孔隙度为：

$$\phi_h = \frac{N\pi r^2 L}{AL} = \frac{N\pi r^2}{A} \tag{1-106}$$

式中 ϕ_h——溶孔性岩石的孔隙度，小数；

r——溶孔的半径，cm；

L——长度，cm；

N——断面上溶孔的根数；

A——溶孔型岩样的断面面积，cm^2。

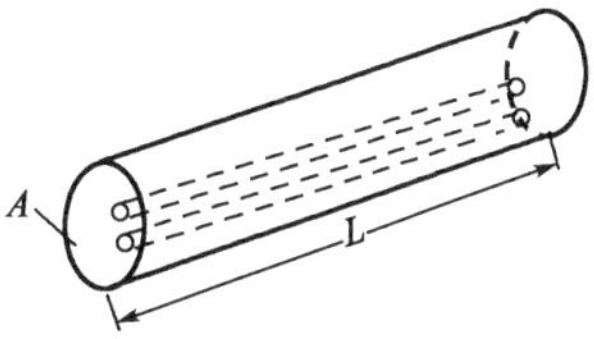

图 1－54 溶孔的描述

另外，根据泊稷叶定律，单根溶孔内的流量为：

$$q = \frac{\pi r^4}{8\mu}\frac{\Delta p}{L} \tag{1-107}$$

式中 q——单根溶孔的流量，cm^3/s；

μ——液体的动力粘度，$\text{dyn}\cdot\text{s}/\text{cm}^2$；

$\Delta p/L$——压力梯度，$\text{dyn}/\text{cm}^2/\text{m}$。

渗滤端面 A 上 N 根溶孔的总流量为：

$$Q = Nq = \frac{N\pi r^4}{8\mu}\frac{\Delta p}{L} = \frac{\phi_h A r^2 \Delta p}{8\mu L} \tag{1-108}$$

设该孔洞岩石的等效渗透率为 K_h，按达西定律可知：

$$Q = \frac{K_h A}{\mu}\frac{\Delta p}{L} \tag{1-109}$$

根据等效渗流阻力原理，必然存在一个等效渗透率 K_h，它能使岩石外部几何尺寸相同、其他渗流条件（如压差、流体粘度等）也相同时，两块岩石的渗流阻力相等且流量也相等。即式（1－108）与式（1－109）应相等，整理简化后得：

$$K_h = \frac{\phi_h r^2}{8} \tag{1-110}$$

式中 r——溶孔半径，cm；

ϕ_h——溶孔岩石孔隙度，小数；

K_h——溶孔岩石的渗透率，cm^2。

采用达西单位制时，可用下式计算：

$$K_h = 12.5 \times 10^6 \phi_h r^2 \quad (1-111)$$

式中　r——溶孔的半径，cm；

K_h——溶孔岩石的渗透率，μm^2。

例如，在孔隙度为10%的溶孔岩石中，若等效溶孔半径为0.1mm，按式（1－111）计算则该溶洞的渗透率为125μm^2。

式（1－110）也是岩石渗透率与等效的平均孔喉半径的关系式。在孔隙度为15%的岩石中，若渗透率为0.1μm^2，则岩石的平均孔喉半径为2.31μm。

近20年来，国内外对裂缝储层性质的研究取得了很大的进展，不少学者发表了许多有关裂缝油藏工程的专著，可供有兴趣读者查阅。

四、影响岩石渗透率的因素

岩石渗透率、孔隙度都是岩石性质和结构特征的综合反映，但孔隙度与方向无关，而渗透率与方向关系密切。孔隙度相同的同一块岩心，不同方向的渗透率是不同的。影响渗透率大小的因素很多，主要包括储层形成的沉积条件、成岩作用与后生作用等，影响孔隙度大小的因素同样也要影响渗透率大小，但这些因素对渗透率的影响比对孔隙度的影响更为复杂。

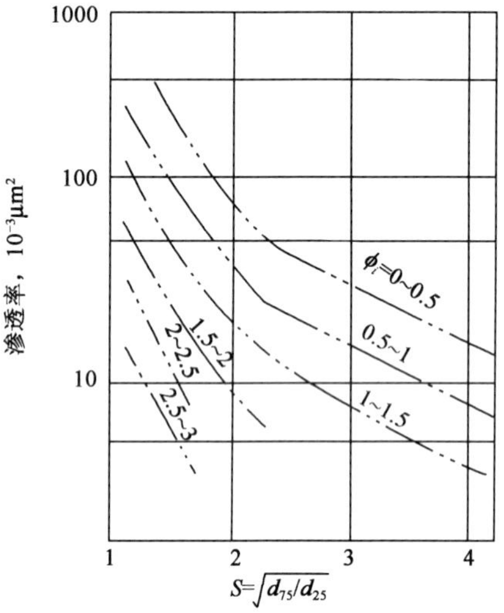

图1－55　粒度中值一定时，分选系数和渗透率的关系

（据Bear D. C. 和Weyl P. K.，1973）

1. 沉积与构造作用

1）*岩石骨架构成与岩石构造的影响*

岩石颗粒的堆积方式与碎屑成分、粒度大小以及沉积过程有关。岩石的颗粒粒度、颗粒分选性、胶结物和层理等特性对渗透率均有影响。（1）不同粒度大小的碎屑沉积时，小颗粒充填在大颗粒形成的孔隙中，使孔隙和喉道变小，尤其是片状结构的云母及杂基充填在孔隙和喉道中，使岩石渗透率明显降低。（2）实验室研究发现，疏松砂岩的粒度越细，分选性越差，其渗透率越低，如图1－55所示。（3）在递变沉积岩层理中（正韵律沉积岩层），粒度向上逐渐变细，渗透率也相应降低，以致在注水时，油层下部会出现过早水淹的情况。

2）*岩石构造*

在陆相沉积的碎屑岩中，岩石构造的多样化，对渗透率影响也很大。如斜层理中的交错层理、不规则斜层理、微细层理和微细的交错层理、波状层理（交错波状层理和透镜体层理），它们在空间展布、方向和形态上的改变十分频繁，对渗透率影响较大。砂岩中常见的团块、斑状、条带、搅和、掀动与搅混等构造，是在不同的水动力条件下形成的。因此，岩性的非均质性很显著。

3）*裂缝的作用*

碎屑岩和碳酸盐岩中均有裂缝存在，在影响渗透率的诸多地质因素中，裂缝起了重要作用。在大多数地层中，裂缝对总孔隙体积几乎没有实质增加，但裂缝能够连接原来孤立的孔隙空间，对渗透率影响明显。

微细构造裂缝的发育状况与构造、岩性有比较重要的关系。在不同类型的构造上，裂缝具有不同的情况，在倾斜变化率最大的部位，裂缝最发育。岩性越脆，裂缝越发育。

4）颗粒排列方式

沉积时颗粒排列方式对渗透率也有影响。同一砂岩层中，平行层面的渗透率一般明显高于垂直层面方向的渗透率。对于碳酸盐岩，只具有原生孔隙的碳酸盐岩，其水平渗透率大于垂向渗透率；而具有次生裂缝的碳酸盐岩，其垂向渗透率可能会大于水平渗透率。即渗透率大小具有方向特性。因此，钻取岩心测定岩石的渗透率时，必须注意它所代表的是水平渗透率还是垂向渗透率。

2. 岩石孔隙结构

根据式（1-110），岩石的渗透率不仅与孔隙度有关，主要还取决于孔隙结构。凡影响岩石孔隙结构的因素都影响渗透率。高才尼与卡尔曼导出下述公式：

$$K=\frac{\phi^3}{2\tau^2 S_s^2(1-\phi)^2} \tag{1-112}$$

$$K=\frac{\phi\times r^2}{8\tau^2} \tag{1-113}$$

式中　S_s——以岩石骨架为基础的比面；

τ——孔道迂曲度。

从式（1-112）可以看出：渗透率 K 与孔隙度 ϕ 成一次方关系，与岩石孔隙半径 r 及比面 S 成二次方的关系。说明岩石渗透率不仅与孔隙度有关，主要还取决于孔隙结构的特性，如孔隙半径和比面。粒度细、孔隙半径小，则岩石比面大，渗透率低，束缚水饱和度高。

孔隙的连通性、迂曲度、内壁粗糙度等对岩石的渗透性也有影响。

Füchtbauer（1967）对砂岩储集层做了大量统计，证明了渗透率与孔隙度有较好的相关性（图 1-56）。

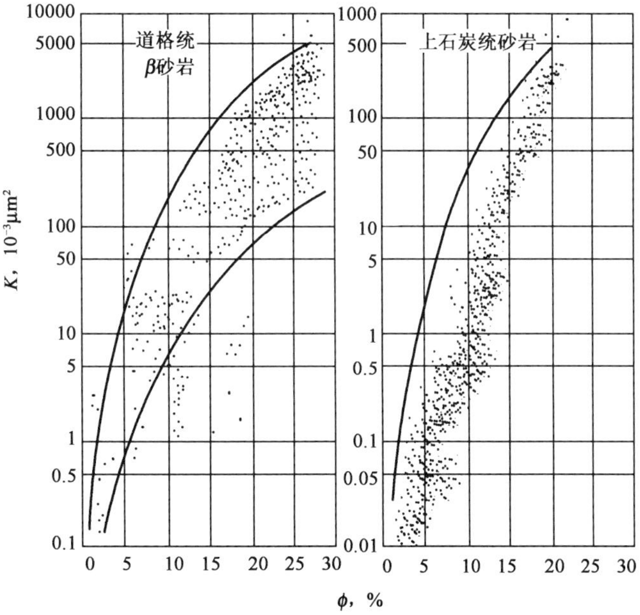

图 1-56　渗透率对孔隙度的交会图（据 Füchtbauer，1963）

图 1-57 是粒度及其分选性对渗透率与孔隙度关系的影响，粒度分选性的影响明显。

Chilingarian 和 Wolf（1964）得出了各种不同颗粒直径砂子的渗透率与孔隙度之间的关系各不相同（图 1-58）。图中表明：随着粒径变小，在同样的孔隙度下，渗透率减小。对于每一种粒径的砂子，随着孔隙度增大，渗透率也相应的增大。

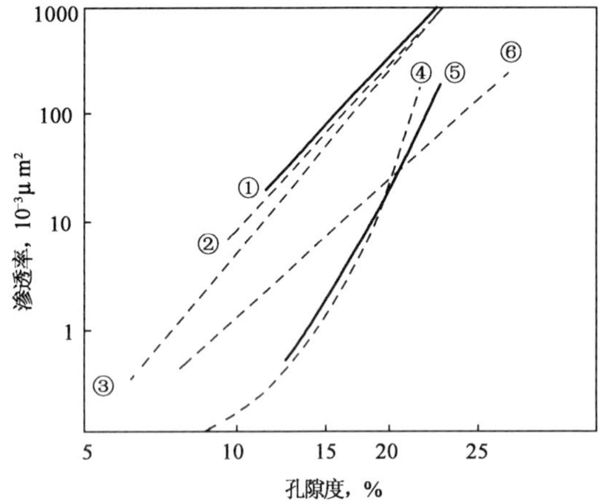

图 1－57　孔隙度和渗透率的关系

（据 Timmerman，1982）

①清洁砂；②分选好的细砂；③分选极好的细砂；

④分选好很细的砂；⑤中等分选的很细的砂；

⑥分选差的细砂

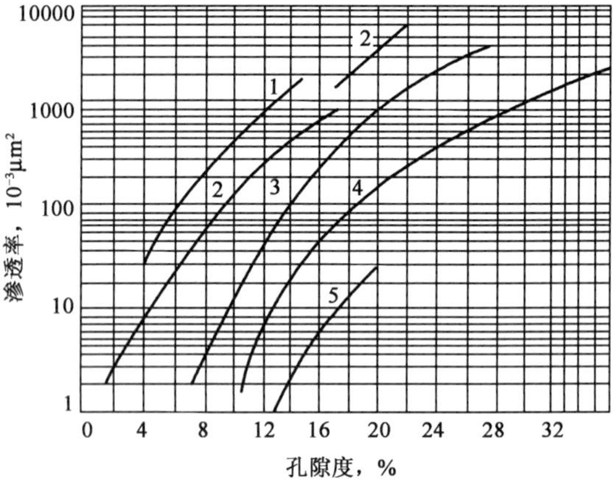

图 1－58　不同粒径的孔隙度与渗透率的关系图

（据 Chilingarian C. V. 和 Wolf K. N.，1964）

1—粗的和很粗的颗粒；2—粗的和中等粗的颗粒；

3—细颗粒；4—淤泥；5—粘土

许多碳酸盐岩油藏中，也发现孔隙度与渗透率之间存在着某种对比关系，而孔隙度与渗透率的关系曲线的形状和位置，主要决定于岩性。例如，在图 1－59 中表示出藻类碳酸盐岩及贝壳泥屑灰岩的孔隙度和渗透率之间的关系。资料由全直径岩心分析得到，渗透率是平行于层面方向测得的。另一个岩性影响碳酸盐岩渗透率和孔隙度关系的例子如图 1－60 所示，图中显示出晶间孔隙的白垩系爱德华兹灰岩，在一定的孔隙度下，当结晶从微粒到粗粒变化时，渗透率也随之增加。

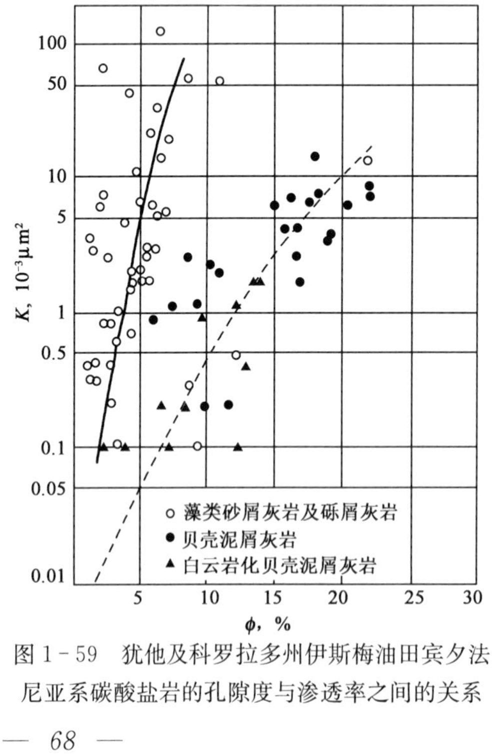

图 1－59　犹他及科罗拉多州伊斯梅油田宾夕法尼亚系碳酸盐岩的孔隙度与渗透率之间的关系

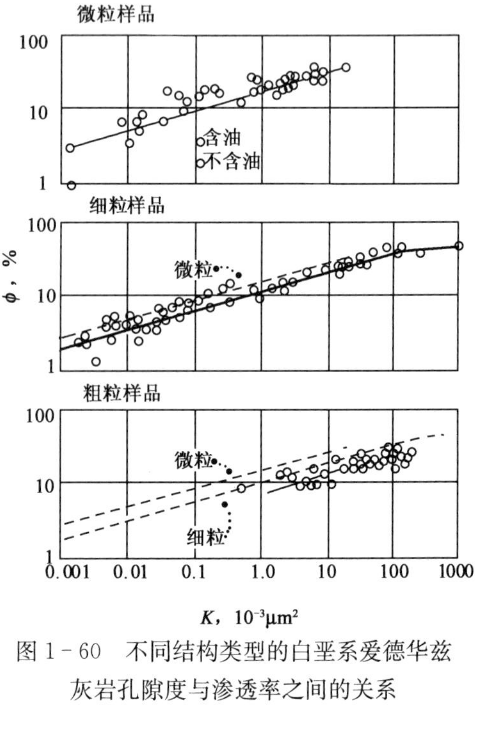

图 1－60　不同结构类型的白垩系爱德华兹灰岩孔隙度与渗透率之间的关系

3. 成岩作用

1）地层压力的影响

弗特等人用纯净干燥砂岩样品做压实实验，测得 K_i/K（K_i 为目前压力下的渗透率，K 为起点压力下的渗透率）与压实压力 p 的关系（图 1－61），近年来，国内外研究地层压力对渗透率的影响也做了大量的工作，表 1－19 是 LeRoy（1977）的实验数据，由实验结果不难看出：（1）作用于岩样上的压力越大时，渗透率就相应减小。（2）不同的岩石性质，其渗透率随围限压力增加而下降的幅度各不相同。纯石英砂岩（图 1－61 中的 1 号样品），在 30MPa 围限应力下，渗透率下降了大约 17%；而泥质砂岩（图 1－61 中的 5 号样品），在 30MPa 围限压力下，渗透率可下降 78%～86%；长石砂岩或石英－长石砂岩则居中间位置。（3）在 10MPa 以内的围限应力下，渗透率下降幅度很陡，而在 10MPa 以后，趋于平缓。

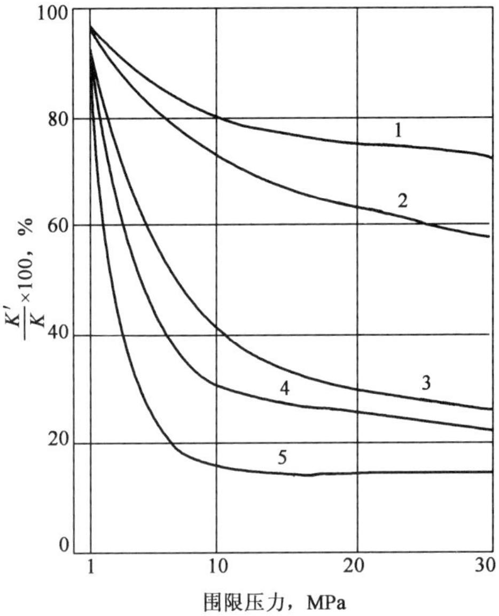

图 1－61　渗透率随围限压力增加而降低

1—纯石英砂岩；2—长石岩屑砂岩；3—含泥长石砂岩；4—泥质长石砂岩；5—泥质长石砂岩

需要指出的是，各个地区的岩石有不同的成分和结构，很难用统一的标准来衡量渗透率下降的数值。不同地区应有必要数量的样品进行实验分析后，才能找出其渗透率降低的规律性。

表 1－19　样品随围限压力增大渗透率下降（LeRoy，1977）

		渗透率，$10^{-3}\mu m^2$			
深度，m		2600	2602	3018	3020
孔隙度，%		7.7	7.8	4.7	7.3
围压，MPa	3.4	0.0159	0.019	0.0187	0.0316
	6.8	0.0128	0.014	0.0151	0.0246
	13.6	0.0083	0.0089	0.0094	0.0141
	20.4	0.0054	0.0051	0.0064	0.01
	34	0.003	0.0025	0.0038	0.0048
渗透率减幅，%		81.13	86.84	79.68	84.81

注：渗透率减幅＝（$K_{3.4}-K_{34}$）/$K_{3.4}$。

2）胶结作用

无论早期成岩阶段，还是晚期成岩阶段，胶结物质的沉淀和胶结作用都使孔隙通道变小，孔喉比增加，粗糙度增大，因而使渗透率降低（图 1－62、图 1－63）。

3）溶蚀作用

溶蚀作用使孔隙度增大，但对于渗透率，有的可能增大，有的增加不显著。这是因为溶蚀作用的次生孔隙一般很不规则，孔喉比和曲折度大。

4. 其他作用

Byplakof H. A.（乌尔拉柯夫）等人发现：实验温度升高，上覆压力对渗透率的影响将减小，在压力较小的情况下尤为明显。这是因为实验温度升高，引起岩石骨架和孔隙中流体的膨胀，阻碍了压实作用，这样岩石渗透率随着压力升高而降低的程度自然会减弱。

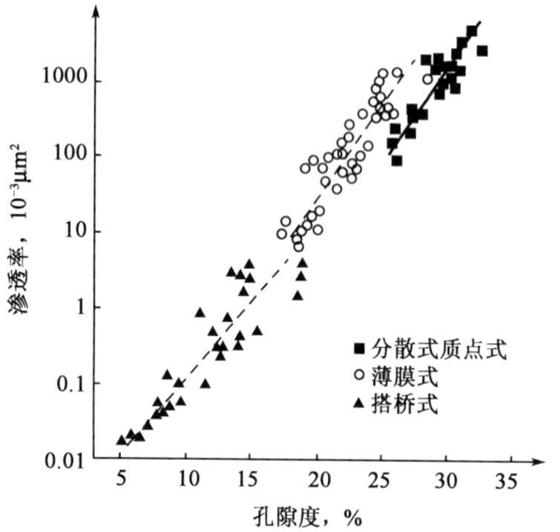

图 1－62　渗透率、孔隙度、胶结形式的关系图

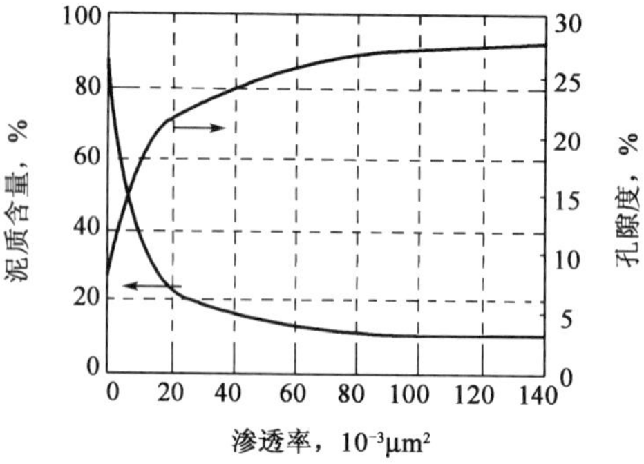

图 1－63　渗透率、孔隙度、胶结形式的关系图

流体或多或少地会与岩石发生物理和化学作用，流体的性质影响渗透率，例如，粘土矿物遇到不配伍的地层水会发生膨胀作用，堵塞孔道，使渗透率降低。高粘度原油流动引起泥质运移，或在孔隙表面吸附沥青质、石蜡、胶质等，从而引起渗透率下降。

由于外来工作液与岩石不配伍而产生的物化反应，以及由于不恰当的施工措施和不合理的开采速度都会引起地层渗透率的改变。

总之，储层岩石的渗透率并非固定不变的。

五、岩石渗透率的确定

确定储层岩石渗透率的方法可分为直接法（实验室直接测定）和间接法两类。室内测定岩石渗透率的仪器很多，其基本的原理均基于达西定律。

1. 直接法

在实验室中直接测定岩石渗透率的方法有以下几种。

1）常规小岩心的液体渗透率测定

该方法是对经过抽提、洗净、烘干的岩石样品，预制成直径 2.5cm 或 3.8cm，长 4～6cm 的岩心圆柱体。先对岩心进行抽空并饱和一种不与岩心发生物理、化学反应的液体（一般为煤油或地层水），在一定的温度和压力下，让流体通过岩心，待其流动状态稳定后，测定岩心两端的进、出口压力 p_1、p_2 或压差 Δp 和此压差下的流量 Q；用实测或经验法得到流体的粘度，按式（1－77）便可计算出岩心的液体渗透率。

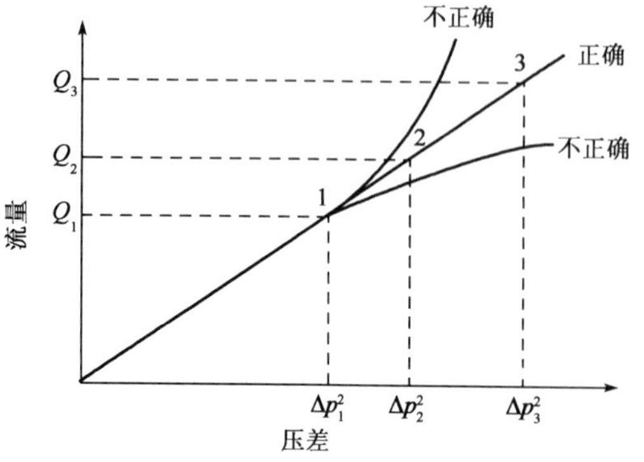

图 1－64　流体渗透率是否是线性流状态的检验

试验测试中要注意两点：（1）岩心夹持器的环压应高于测试工作压力 1.0MPa 以上；（2）应测定 3～4 个不同压差下的流量，确保用于计算液体渗透率的试验点满足线性渗流条件，如图 1－64 所示（图 1－64 横坐标为压差）。

2）常规小岩心的气体渗透率测定

常规小岩心的气体渗透率测定装置原理如图 1－47 所示，基本测试方法与常规小岩心的液体渗透率测定方法相同，但无需抽空饱和，这是因为烘干后的岩石样品本身就已饱和了不会与岩心发生物理、化学反应的气体。

气体渗透率测定中要注意四点：（1）选择与岩心气体渗透率相适应的气体流量计（包括微毛细管流量计，皂膜流量计或转子流量计等）；（2）检验渗流满足线性渗流条件（图1－64横坐标为压力平方差）；（3）按式（1－88）计算气体渗透率，绘出如图 1－49 所示的气体渗透率与平均压力 $\bar{p}=\frac{(p_1+p_2)}{2}$ 关系曲线，并外推曲线求取岩心的克氏渗透率；（4）严格讲，平均压力的改变应该以保持驱替压差恒定（保持流态不变，同时改变进出口压力）。

气体渗透率测定仪器设备简单，测量速度快，是目前应用广泛的方法。

3）常规小岩心的空气渗透率测定

我国目前广泛使用的是“流量管气体渗透率法”（或称空气压水法测渗透率）测定常规小岩心的空气渗透率，测定仪器（图 1－65）主要由两部分组成：夹紧岩心用的岩心夹持器（1）；插于水池内的流量管（2）。

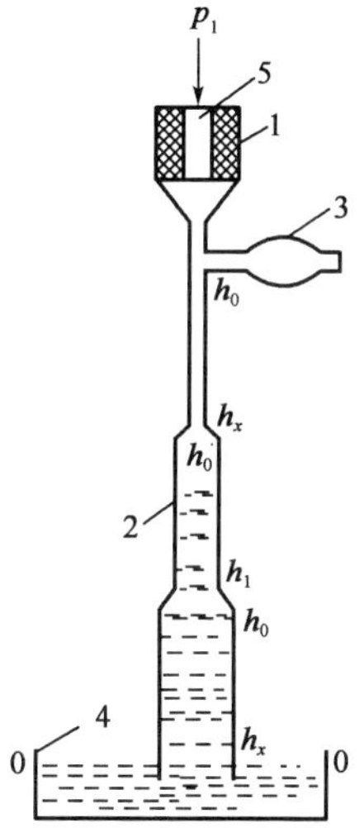

图 1－65　流量管气体渗透率

1—岩心夹持器；2—流量管；3—抽气球；4—水池；5—岩心

岩心顶端通大气，即 p_1 恒等于大气压力；当用抽气球（3）抽空时，迅速将水池（4）水面吸升至流量管某一高度；待抽空停止，流量管内水面则在静水压头作用下下落，水面下降造成负压在岩心两端建立起压差，则外界的空气通过岩心进入流量管；显然，岩心出口气体压力是一个变量，它决定于流量管内水柱静水压头 h。水面下降的快慢则与岩心的渗透率有关，即渗透率越大，水面下降的越快，反之越慢。只要测出水面在流量管内下降某一段距离（h_0-h_x）的时间 T，便可用式（1－114）求出 K。

$$K=\frac{B\mu L}{TA}\times 10^6 \tag{1-114}$$

式中　B——流量管常数，cm^3/atm；

L——岩心长度，cm；

μ——空气粘度，cP；

A——岩心截面积，cm^2；

T——水面从 h_0 下降到 h_x 所需时间，s。

流量管常数 B 主要与仪器结构有关，也与当地气压条件有关，可实测或按下式计算：

$$B=C\{-2F[\ln(Cp_0-h_x)-\ln(Cp_0-h_0)] + \frac{V^*+1033.6p_0F+h_0F}{Cp_0}[\ln\frac{Cp_0-h_x}{h_x}-\ln\frac{Cp_0-h_0}{h_0}]\} \tag{1-115}$$

式中　F——流量管截面积，cm^2；

p_0——当地大气压力，atm；

V^*——流量管 h_0 以上的剩余体积，cm^3；

h_0——由水池水面 0～0 线到 h_0 标线的高度，cm；

h_x——由水池水面 0～0 线到 h_x 标线的高度，cm；

C——常数，C=2067.2。

流量管有 3 段不同直径的管段，各段有对应的 h_0—h_x 值，故不同管段的 B 值不同。根据岩石渗透性好坏，可以选用不同管段进行测量和计算。

这一方法的优点是，仪器设备简单，测量快，适用于野外勘探时现场测定。

4）全直径岩心渗透率的测定

对含裂缝溶洞或砾岩等的非均质储层，小岩心样品体积可能小于储层岩石的"表征体积单元"体积，即小岩心样品已不具备代表性，应选用全直径岩心，用 Hassler 型岩心夹持器（图 1-66）分别测出同一全直径岩样的水平渗透率（实际地层的水平渗透率）和垂向渗透率（实际地层的垂向渗透率）。所谓全径岩心，是指钻井取出的整个岩心，仅在长度上切取一段。

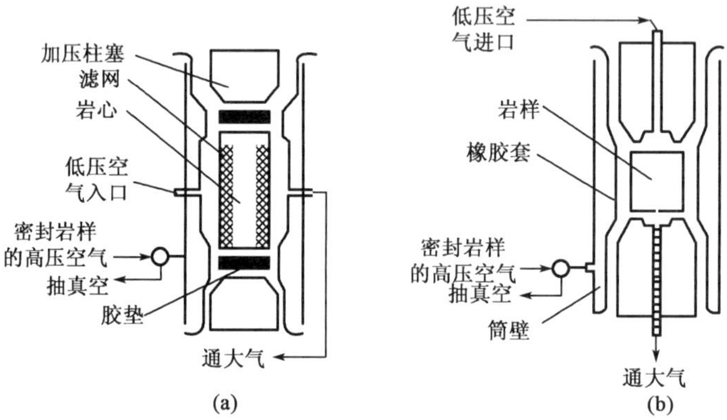

图 1-66　Hassler 型全径岩心夹持器

（a）水平流动；（b）垂直流动

（1）垂直渗透率的测定。

Hassler 型岩心夹持器的外壳是一根长钢管，内部装有胶皮筒，钢管与胶皮筒之间的环形空间用液体向环形空间加压，可以密封岩心并向岩心加围压。岩心上、下端有加压柱塞。侧面有连接气体进入、出的端口。

应用上述 Hassler 夹持器测定垂向渗透率时，需将岩样侧表面的滤网除去而在岩样两端加上滤网，使气体由岩样的两端通过，测定其垂向渗透率。其过程和计算公式与常规小岩心测渗透率完全相同。

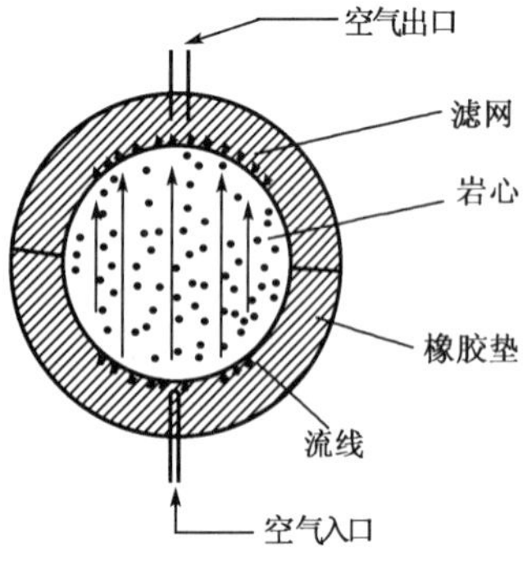

图 1-67　测量过程中岩样内空气的流道

（2）水平渗透率的测定。

当测定水平渗透率时，借助液压泵使加压柱塞上移，直至胶垫与岩样两端密封起来。加环压使胶皮筒密封住岩样侧表面（除有滤网处以外的表面），测定两滤网水平方向的渗透率。此时流体流动方向如图 1-67 所示。

水平方向渗透率的计算方法是在达西公式中引进一附加的形状系数 E，该形状系数可从电模型、驱替实验等方法求得，它与岩样的直径以及用来分配气体的多孔滤网的弓形角度有关。此时，达西公式修正为：

$$K = E \cdot \frac{2Q_0 p_0 \mu}{L(p_1^2 - p_2^2)} \times 10^{-1} \qquad (1-116)$$

式中 K——水平渗透率，μm^2；

Q_0——大气压 p_0 下通过岩样空气流量，cm^3/s；

μ——气体的粘度，mPa·s；

L——岩样长度，cm；

p_1、p_2——岩样两端入口及出口压力，MPa；

E——几何形状系数，它取决于弓形滤网所遮挡的角度及岩样的直径，可查曲线（图1－68）获得，例如，当弓形滤网的角 $\theta=90°$时，$E=1$。

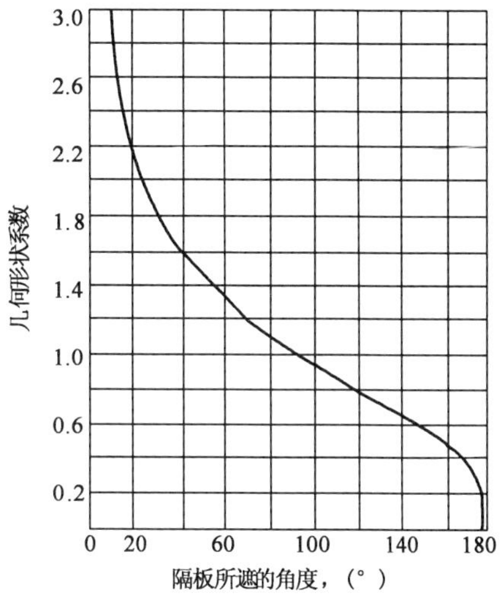

图1－68 几何形状系数与多孔橡胶隔版宽度关系曲线

（3）径向渗透率的测定。

①径向渗透率测定原理。

流体在岩石中呈径向流动时，类似于地层中流体从一个圆柱体的排液范围流向中心一口井的生产情况，如图1－69（a）所示。水平径向流动与线性流动的主要不同点是，流体在圆柱体中作水平径向流动时，其横截面在不断改变，由外围向内部断面逐渐变小，相应的流速也由外围向内部逐渐增加。

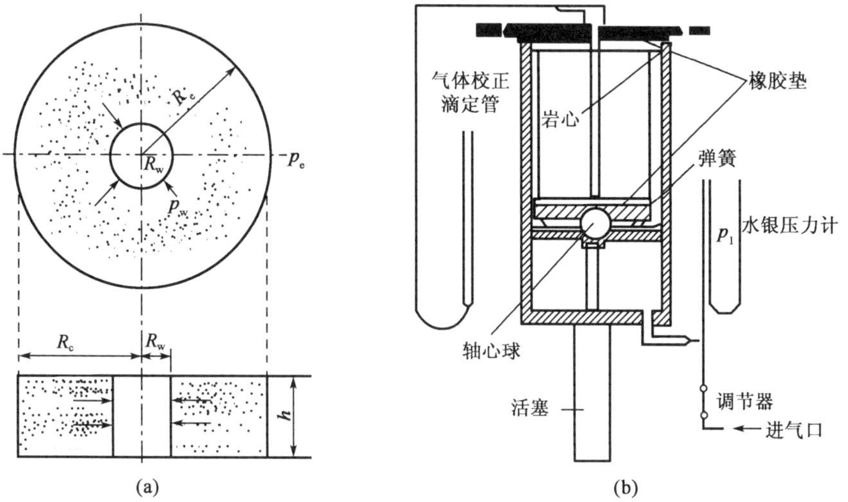

图1－69 平面径向流及径向渗透率的测定（据Core Lab公司）

（a）平面径向流流线分布示意图；（b）全直径岩心径向渗透率测定仪

如果圆柱体的外部半径为 R_e，内孔半径为 R_w，则不可压缩流体作稳定状态的径向流动时，其流动方程为：

$$\frac{Q}{A}=\frac{Q}{2\pi Rh}=\frac{K}{\mu}\cdot\frac{dp}{dR} \tag{1-117}$$

分离变量并积分

$$\frac{Q}{2\pi h}\int_{R_w}^{R_e}\frac{dR}{R}=\frac{K}{\mu}\int_{p_w}^{p_e}dp \tag{1-118}$$

$$\frac{Q}{2\pi h}(\ln R_e-\ln R_w)=\frac{K}{\mu}(p_e-p_w)$$

$$Q=\frac{2\pi Kh(p_e-p_w)}{\mu\ln(\frac{R_e}{R_w})} \qquad 或 \qquad K=\frac{Q\mu\ln\left(\frac{R_e}{R_w}\right)}{2\pi h(p_e-p_w)} \tag{1-119}$$

同理，用气体测定径向渗透率的计算公式为：

$$K=\frac{Qp_o\mu\ln(\frac{R_e}{R_w})}{\pi h(p_1^2-p_2^2)}\times 10^{-1} \tag{1-120}$$

式中 Q——流量，cm^3/s；

K——渗透率，μm^2；

h——厚度，cm；

μ——粘度，mPa·s；

p_e——排液外边界的压力，MPa；

p_w——排液内边界的压力，MPa；

R_e——外边界半径，cm；

R_w——内边界半径，cm；

p_0、p_e、p_w——大气压力、入口压力、出口压力，MPa。

式（1-119）即是径向渗透率测定基本理论。

②径向渗透率测定方法。

将全径岩心中心钻孔，即可测定其径向渗透率。全径岩心径向渗透率测定仪如图1-69（b）所示，主要由三部分组成：一个能使进口压力保持均匀、容积较大的岩心室，能密封岩心两端头的柱塞以及一个可以上下移动的平板部件。在部件中还包括下端固定板、相隔120°排列的三个弹簧、支点球和上端活动板。

测试前，将中心已钻有孔的岩样放在可移动的平板上（此孔一定要钻在中心），岩样的下端垫有厚胶垫，然后用柱塞将岩样顶起，使其贴紧在上下端胶垫上，严防岩心与胶垫之间漏气。

测试时，由加压柱塞夹紧岩心，连接气源，气体从环形空间流入岩心，并从岩心中心孔产出。待气体流动状态稳定后，测定进出口压力 p_1 和 p_2 以及经过岩心的流量（大气压下的流量 Q_0），根据径向达西流公式(1-120)计算其渗透率。

5）油砂渗透率的测定方法

对于未固结的岩石样品，要测定其渗透率是十分困难的。图1-70是一种由法国石油研究所提出的IFP型砂子渗透率测定仪。为了简单起见，直接用水进行测定，测定原

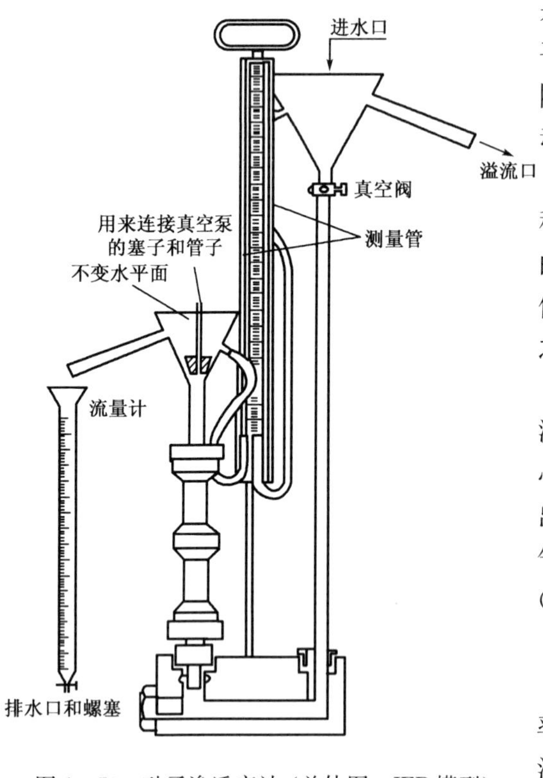

图1-70　砂子渗透率计（总体图，IFP模型）

理与线性流相同。

试验测试中要注意两点：（1）用空气或水将油砂充填在管子中，要做到象压实那样，使砂子形成“似固结状态”，然后进行测定；（2）由于松散砂子即使使用水力压实后其渗透率仍然很高，而且由于水或气体的流动，砂子的填集会有变化，因此，开始测定时，渗透率很不稳定，在水流过一段时间后，砂子的填集趋于固定，其渗透率值也才具有代表性。

2. 间接法

1）用测井资料估算渗透率

在矿场生产中，用钻取储层天然岩心分析储层物性的费用很高，且并非所有的井都有条件进行取心，因而也就不可能用岩心分析测定方法得到每口井的渗透率资料。但井完钻后进行测井则是普遍的，因此，利用测井曲线间接获取储层渗透率成为必然。其测定原理为：束缚水饱和度 S_{wi} 与岩心渗透率有关，一般岩石孔径越小，渗透率 K 越低，S_{wi} 越高；同时，对砂岩来说，孔隙度高的岩层，渗透率一般也好。因此可由测井得到的孔隙度 ϕ 和束缚水饱和度 S_{wi} 的资料估算出储层的渗透率，如图 1－71 所示。在测井解释中，常用下列形式关系式估算渗透率。

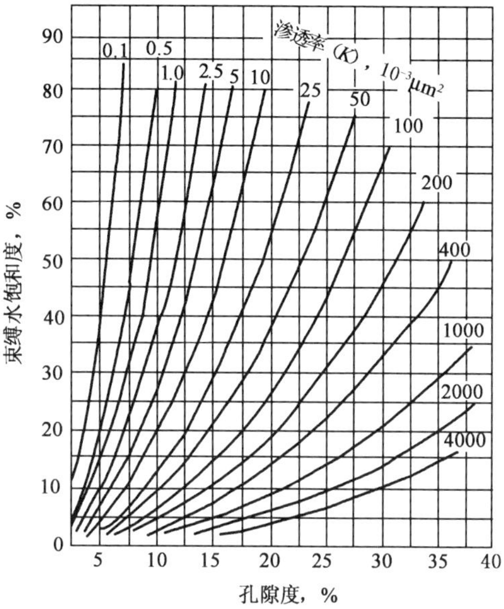

图 1－71　根据孔隙度和束缚水饱和度确定渗透率

$$K=\frac{c\phi^{a}}{S_{wi}^{b}} \tag{1-121}$$

式中，a、b、c 是与岩石孔隙结构及流体性质有关的常数，可以通过储层岩石的岩电实验数据分析测定。例如，蒂莫（Timur）分析得 $a=4.4$，$b=2.0$，$c=0.136$，即：

$$K=\frac{0.136\phi^{4.4}}{S_{wi}^{2}} \tag{1-122}$$

式中　K——渗透率，D。

需要指出的是，应用测井方法所求得的地层岩石渗透率，其误差通常可达到 50%，因此应当与室内岩心测定方法相对照，作出测井解释结果与室内岩心分析结果的相关性校正曲线，以提高测井解释结果的可靠性，确定地层的渗透率剖面。

2）按平均孔隙半径、孔隙度计算岩石渗透率

（1）孔隙结构的毛管束理想渗流模型。

砂岩的孔隙空间结构十分复杂，为了从理论上导出孔隙度、渗透率的表达式以及岩石物性之间的定量关系，人们建立了毛管束渗流模型，把实际岩石中的不规则孔隙空间简化为由等直径的平行毛管束所组成的理想渗流模型，如图 1－72 所示。

（2）毛管半径与孔隙度和比面的关系。

设在渗流端面 A 内单位面积的毛细管根数为 n，在长度为 L 的毛管束渗流模型中，每根毛细管的内表面积为 $2\pi rL$，每根毛细管的体积为 πr^2L，则：

岩石孔隙度 ϕ 为：

$$\phi=\frac{V_p}{V_b}=\frac{nA(\pi r^2)L}{AL}=n\pi r^2 \tag{1-123}$$

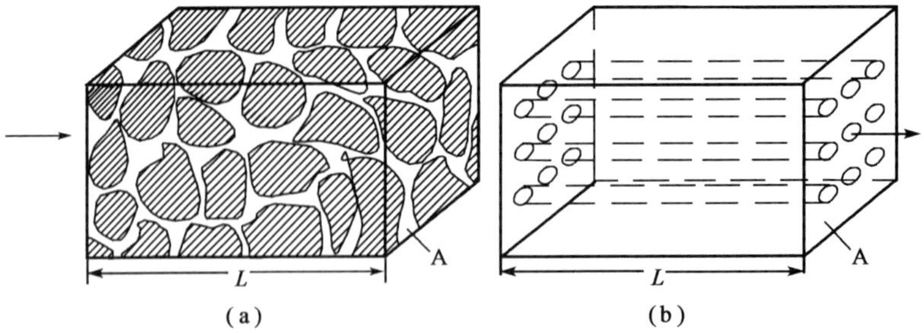

图 1-72 平行毛管束模型

(a) 岩石孔隙；(b) 毛管束

岩石的比面 S 为：

$$S=\frac{a}{V_b}=\frac{nA(2\pi r)L}{AL}=n(2\pi r)=n\pi r^2\cdot\frac{2}{r} \tag{1-124}$$

由式（1-123）和式（1-124）可得平均半径为：

$$r=\frac{2\phi}{S} \tag{1-125}$$

以骨架体积为基础的比面：

$$S_s=\frac{a}{V_s}=\frac{a}{(1-\phi)V_b}=\frac{S}{1-\phi}=\frac{2n\pi r}{1-\phi} \tag{1-126}$$

以孔隙体积为基础的比面：

$$S_p=\frac{a}{V_p}=\frac{a}{\phi V_b}=\frac{S}{\phi}=\frac{2n\pi r}{\phi} \tag{1-127}$$

由式（1-27）得三种比面关系为： $S=S_s(1-\phi)=S_p\phi$ （1-128）

（3）毛管渗流定律及渗透率与毛管半径、孔隙度关系。

借助于粘性流体管道流动力学理论，泊稷叶（poiseuille）导出了粘度为 μ 的液体在半径为 r、长为 L 的单根管道中，流量 q 与驱动压差 Δp 的关系为：

$$q=\frac{\pi r^4\Delta p}{8\mu L} \tag{1-129}$$

式（1-129）就是液体在毛管中作粘滞性渗流时的流量公式——“泊稷叶（Posenille）”定律。

考虑实际岩石孔隙是弯曲的，而不是如图 1-72 所示直管，为了修正毛管束模型，1932 年高才尼—卡尔曼（Kozeny-Carman）引入了孔道的曲折度或迂曲度 τ，定义为流体通过岩石孔道实际走过的长度与岩石外表长度之比。对于其单位截面积中有 n 根半径为 r 的毛细管，其他的几何尺寸、流体性质、压差均与真实岩石相同，按照泊稷叶定律（对理想岩石）可导出总流量 Q 公式（具体推导见附录Ⅱ）为：

$$Q=\frac{nA\pi r^4\Delta p}{8\mu L\tau} \tag{1-130}$$

另外，按照达西公式，真实岩石的流量 Q 为：

$$Q=\frac{KA\Delta p}{\mu L} \tag{1-131}$$

根据等效渗流阻力原理：两种岩石之间在其他条件相同时，若渗流阻力相等，则表现为流量也应相等，则：

$$\frac{KA\Delta p}{\mu L}=\frac{nA\pi r^4\Delta p}{8\mu L\tau} \tag{1-132}$$

其中，孔隙度 ϕ 为：

$$\phi=\frac{nA\pi r^2 L\tau}{AL}=n\pi r^2\tau \tag{1-133}$$

则

$$K=\frac{\phi r^2}{8\tau^2} \tag{1-134}$$

或

$$r=\sqrt{\frac{8K\tau^2}{\phi}} \tag{1-135}$$

式中 K——渗透率，μm^2；

r——真实岩石的平均毛管半径，μm；

ϕ——孔隙度，小数；

τ——孔隙曲折度，一般 $\tau=1\sim1.4$。

实际储油岩石孔隙度为5%～25%，而储油岩石平均毛管半径 r 多介于 $1\sim10\mu m$ 之间，K 与 r 成平方关系，因此毛管半径是决定岩石渗透率的主要因素。

(4) 渗透率和比面的关系。

将式（1-135）代入式（1-125），并取 $\tau=1$，可得：

$$K=\frac{\phi\cdot r^2}{8}=\frac{\phi}{8}\times\frac{4\phi^2}{S^2}=\frac{\phi^3}{2S^2} \tag{1-136}$$

将式（1-127）代入式（1-136），有：

$$K=\frac{\phi^3}{2S^2}=\frac{\phi^3}{2S_s^2(1-\phi)^2}=\frac{\phi}{2S_\phi^2} \tag{1-137}$$

考虑到真实岩石与理想模型之间的差别，引入修正系数。用 ζ 来代替式（1-137）中的常数2，则得到高才尼方程的普遍表达式［见式（1-13）］，该式表征渗透率和比面的关系：

$$K=\frac{\phi^3}{\xi S^2}=\frac{\phi^3}{\xi S_s^2(1-\phi)^2}=\frac{\phi}{\xi S_p^2} \tag{1-138}$$

式中 ζ 称为高才尼常数，1927年最初推导时，高才尼取 $\zeta=5$。

由式（1-138）可以看出：岩石的渗透率与比面成反比关系。泥质岩层的孔隙较小、比面较大，因此，泥质岩层的渗透率一般较低。

1932年高才尼—卡尔曼（Kozeny-Carman）引入孔道的曲折度 τ，则获得所谓的高—卡方程：

$$K=\frac{\phi\cdot r^2}{8\tau^2}=\frac{\phi}{8}\times\frac{4\phi^2}{\tau^2 S^2}=\frac{\phi^3}{2\tau^2 S^2}=\frac{\phi^3}{2\tau^2 S_s(1-\phi)} \tag{1-139}$$

当渗透率用达西单位制，取 $\tau=1.0$ 和 $\tau=1.4$ 时，式（1-139）变为：

$$\begin{cases}K=\dfrac{\phi^3}{2S^2}\times10^8\\ S=7000\phi\sqrt{\dfrac{\phi}{K}}\end{cases}\qquad \tau=1.0 \tag{1-140}$$

$$\begin{cases}K=\dfrac{\phi^3}{2\times1.4^2 S^2}\times10^8\\ S\approx3600\phi\sqrt{\dfrac{\phi}{K}}\end{cases}\qquad \tau=1.4 \tag{1-141}$$

式中　S——以岩石外表几何体积为基准的比面，cm^2/cm^3；

ϕ——岩石孔隙度，小数；

K——岩石渗透率，μm^2。

一般岩石渗透率和孔隙度之间存在一定的统计规律：①岩石渗透率随孔隙度的增加而有所增加，高才尼方程也验证了这一点。②渗透率随颗粒的变细而急剧降低，这与颗粒变细致使孔隙半径变小有关，如图1-58所示。

3）毛管压力曲线计算法

这里直接给出由压汞法毛管压力曲线计算绝对渗透率的公式，其原理及推导过程详见第三章。岩石绝对渗透率为：

$$K=\frac{\lambda(\sigma\cos\theta)^2\phi}{2\times10^4}\int_{S=0}^{S=100}\frac{dS_{Hg}}{p_c^2}=0.66\lambda\phi\int_{S=0}^{S=100}\frac{dS_{Hg}}{(p_c^2)}\qquad(1-142)$$

式中　K——计算的渗透率，μm^2；

ϕ——孔隙度，%；

S_{Hg}——水银饱和度，%；

p_c——毛细管压力，MPa；

λ——岩性系数或岩性因子，无量纲。

应用式（1-142）时关键在于确定岩性因子。如果通过大量的工作，能确定地层岩石的岩性因子并得到可靠的数值，则这个方法计算出的渗透率有一定的参考价值。特别是用这个方法确定岩屑的渗透率更富有意义，因为岩屑是难以用常规方法测定其渗透率的。

4）经验公式法

影响孔隙度的地质因素也直接影响孔隙系统的绝对渗透率，早期的研究就发现储层渗透率与孔隙度、颗粒粒径、颗粒的排列方式等关系密切。许多地质家在这方面做了大量工作，包括小松直幹（1978）概括了用岩石学参数和孔隙度间接确定渗透率的经验式，Krumbein和Monk（1942）提出用颗粒直径资料计算渗透率，Beard和Weyl（1973）研究得出："渗透率的对数同粒径中值（Md_ϕ）成直线关系"，Hsü（1977）对美国加利福尼亚文吐拉油田的研究得出"在岩石学中影响渗透率的主要因素是粒径和分选系数"，井和波夫（1977）对某些孔隙性的碳酸盐岩总结出"当粒径大于0.5mm时，渗透率和颗粒大小成指数关系"等。

需要指出的是，经验公式法大都是根据砂岩储集岩的粒度分析或者薄片鉴定资料来建立经验统计式，受到地区资料的局限较大，不能广泛推广使用。因此，各个地区都必须建立适合本地区的经验式，否则会导致很大的误差。

第六节　储层物性参数平均值计算方法

国内外有关岩心分析标准规定，要求在储层部位每1ft取一岩心（即1m取3个）以供测定岩石孔、渗、饱等参数。这样，由实验室所测得的储层岩石特性参数数据就会有成千上万，而这些数据间又可能有很大的变化范围，尤其是渗透率数值的变化更广。如何得出具有代表性的平均值来表述一个储集层岩石的储渗特性，并以此作为储层评价和储量计算的依据，这是一个很重要而又必须回答的问题。

另一方面，在测定了大量岩心的孔、渗、饱等常规物性参数后，需要在已测定的大量岩心中选出能够代表该储层特性的典型岩心进行储层敏感性评价流动实验、毛细管压力曲线测定、多相渗流相对渗透率测定等专项岩心分析实验。如何选择最典型、最有代表性的岩心呢？这就必须以油层平均有效孔隙度、平均渗透率及原始含油饱和度等为依据，而怎样求得储层孔、渗、饱等参数的平均值，这就是本节要讨论的内容。

目前，常用于计算储层平均参数值的方法有：算术平均、加权平均（Weighted average）和按物理过程求平均等几种方法。

一、几种求平均值的方法

1. 算术平均

假设每个取样点的渗透率 K_i、孔隙度 ϕ_i 和饱和度 S_{ji}（j=o，w，g）数值已测出，取样数为 n，则算术平均值为：

$$\overline{K}=\frac{\sum_{i=1}^{n}K_i}{n} \tag{1-143}$$

$$\overline{\phi}=\frac{\sum_{i=1}^{n}\phi_i}{n} \tag{1-144}$$

$$\overline{S_j}=\frac{\sum_{i=1}^{n}S_{ji}}{n}\qquad (j=\mathrm{o,w,g}) \tag{1-145}$$

算术平均可用于单井或单层的平均值处理。得到的处理结果分别代表单井或单层的平均物性参数值。

算术平均方法简单、易算，但要求选取的样品均匀分布在研究区域内，否则代表性差。其原因是上述计算中，每块样品测得的孔、渗、饱物性参数只能代表油藏范围内一个点的情况，而不能反映出所代表的储层范围内的平均孔、渗、饱物性参数的情况。

如果 K_i、ϕ_i 和 S_{ji} 是砂层的物性参数值，则其平均值为单井或单层范围内砂层的平均物性；如果 K_i、ϕ_i 和 S_{ji} 是储层或油层的物性参数值，则其平均值为单井或单层范围内储层或油层的平均物性。

2. 加权平均

获得每一口单井或单层的平均孔（ϕ_i）、渗（K_i）、饱（S_{ji}）物性参数及所代表的油层有效厚度 h_i 或含油面积 A_i 后，则可按以下加权平均方法求取整个油层的平均物性参数值。这里以渗透率为例，给出加权平均方法求取整个储层的平均物性参数值的计算公式。

按油层厚度加权的平均渗透率为：

$$\overline{K}_h=\frac{\sum K_i h_i}{\sum h_i} \tag{1-146}$$

按油层面积加权的平均渗透率为：

$$\overline{K}_A=\frac{\sum K_i A_i}{\sum A_i} \tag{1-147}$$

按油层体积加权的平均渗透率为：

$$\overline{K}_V=\frac{\sum K_i A_i h_i}{\sum A_i h_i} \tag{1-148}$$

加权平均值考虑了各单井或单层 K_i 所代表的油层厚度、面积或体积，因此它比算术平均法更接近实际情况。孔隙度、原始含油饱和度等岩石物性参数同样可用上述原理求其平均值。

3. 几何平均

对于每个取样点的渗透率 K_i 满足对数正态分布时，可用几何平均方法。

$$\lg \overline{K} = (\lg K_1 + \lg K_2 + \cdots + \lg K_n)/n \tag{1-149}$$

或写成：

$$\overline{K} = \sqrt[n]{K_1 \times K_2 \times \cdots \times K_n} \tag{1-150}$$

已知每个取样点的渗透率 K_i 所代表的油层有效厚度 h_i 或含油面积 A_i 后，也可进行厚度、面积和体积加权平均处理。

4. 调和平均

对于每个取样点的渗透率 K_i 满足其他分布时，可用调和平均方法。

$$\frac{n}{\overline{K}} = \frac{1}{K_1} + \frac{1}{K_2} + \cdots + \frac{1}{K_n} \tag{1-151}$$

5. 概率平均

储层渗透率数值变化范围很大，一般满足对数正态分布规律，因此，可以在渗透率对数分布图中，取渗透率累积频率等于 50% 对应的渗透率数值作为储层概率平均渗透率（图1-73）。

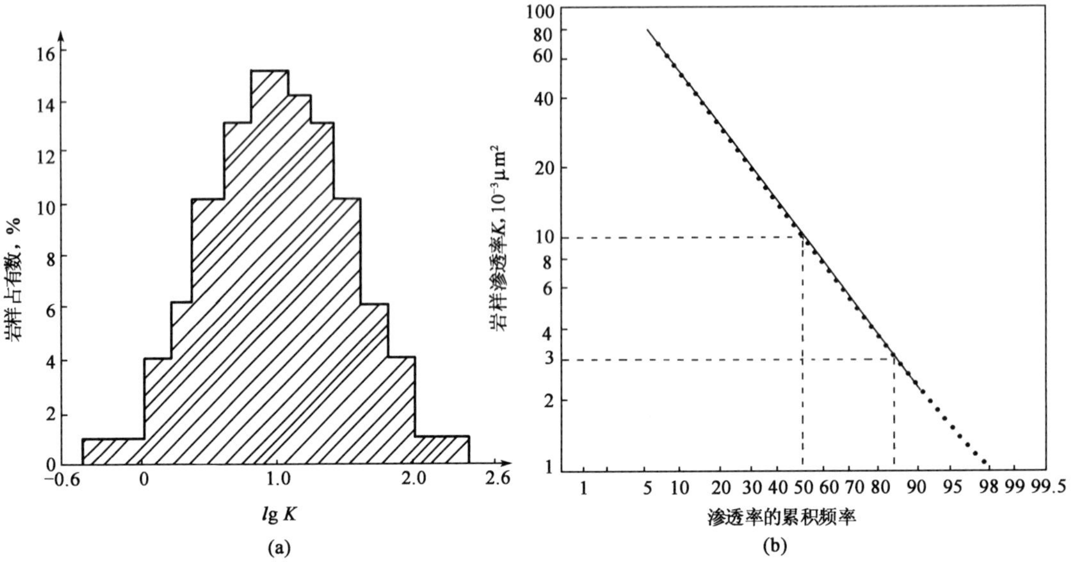

图 1-73 渗透率的对数正态分布

(a) 储层渗透率数对数正态分布特点；(b) 渗透率数与渗透率累积频率关系

6. 按物理过程的要求进行渗透率平均

由于实际地层情况复杂，简单依靠一些测点和上述各种平均值处理方法确定的油气层物性平均值，其准确性和可靠性总是存在某些缺陷。按等效渗流阻力原理或等效储集能力原理进行平均处理更为有效。

根据实际地层的多层特点、储层的非均质特点和油气井生产及作业对井底储层物性的影响特点，我们主要讨论以下几种情况。

1) 并联（多层纵向不均一）地层的总平均渗透率

(1) 直线渗流。

设有长 L、宽 W、厚度分别为 h_1、h_2、h_3 的三个平行小层，三层的渗透率分别为 K_1、

K_2、K_3，粘度为 μ 的流体平面线性渗流（图 1－74），求地层总平均渗透率 K。

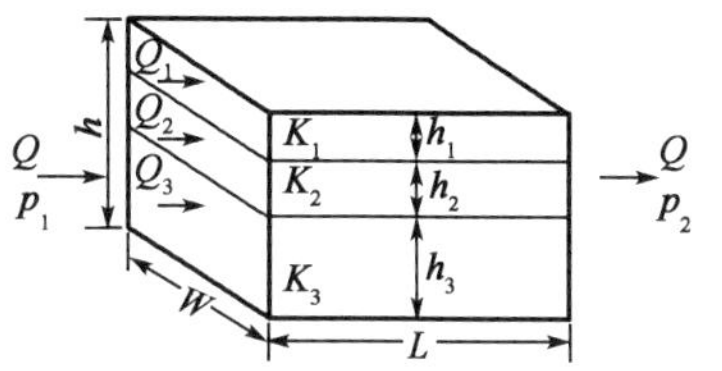

图 1－74　多层并联（直线渗流）

该实例等效于油藏多层单度（向）流合采情况，各层之间相当于并联关系，即各层的驱替压差（p_1-p_2）相等，地层流体总流量 Q 为各层流量之和，即：

$$Q=Q_1+Q_2+Q_3 \tag{1-152}$$

根据达西公式分别写出各层通过的流量为：

$$Q_1=\frac{K_1Wh_1(p_1-p_2)}{\mu L}$$
$$Q_2=\frac{K_2Wh_2(p_1-p_2)}{\mu L} \tag{1-153}$$
$$Q_3=\frac{K_3Wh_3(p_1-p_2)}{\mu L}$$

设 K 为总平均等效渗透率，则总流量为：

$$Q=\frac{KWh(p_1-p_2)}{\mu L} \tag{1-154}$$

按等效渗流阻力原理，将式（1－153）、式（1－154）代入式（1－152），并考虑到地层总厚度 h 等于各层厚度之和，即 $h=h_1+h_2+h_3$ 。

得：

$$Kh=K_1h_1+K_2h_2+K_3h_3$$

$$K=\frac{K_1h_1+K_2h_2+K_3h_3}{h_1+h_2+h_3}=\frac{\sum_{i=1}^{n}K_ih_i}{\sum_{i=1}^{n}h_i} \tag{1-155}$$

（2）平面径向渗流。

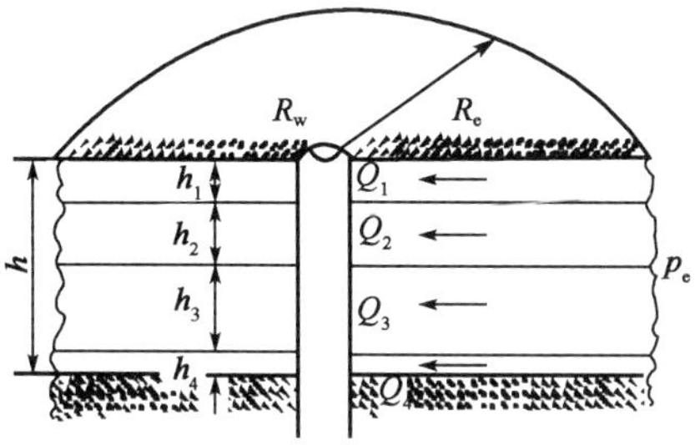

图 1－75　多层并联（平面径向渗流）

设井半径为 R_w、供给半径为 R_e、厚度分别为 h_1、h_2、h_3 的三个平行小层，三层的渗透率分别为 K_1、K_2、K_3，粘度为 μ 的流体在驱替压差（p_1-p_2）作用下作平面径向渗流（图1－75），求地层总平均渗透率 K。

该实例等效于油藏多层径向流合采情况，各层之间相当并联关系，即各层的驱替压差（p_1-p_2）相等，地层总厚度 h 为各层厚度之和（即 $h=h_1+h_2+h_3$），地层流体总流量 Q 为各层流量之和（即 $Q=Q_1+Q_2+Q_3$）。

根据平面径向稳定渗流达西定律公式（1－119），地层总流量：

$$Q=\frac{K\cdot 2\pi h(p_e-p_w)}{\mu\ln R_e/R_w} \tag{1-156}$$

各小层流量分别为：

$$Q_1=\frac{K_1\cdot 2\pi h_1(p_e-p_w)}{\mu\ln R_e/R_w}$$
$$Q_2=\frac{K_2\cdot 2\pi h_2(p_e-p_w)}{\mu\ln R_e/R_w} \tag{1-157}$$
$$Q_3=\frac{K_3\cdot 2\pi h_3(p_e-p_w)}{\mu\ln R_e/R_w}$$

按等效渗流阻力原理，得：

$$\frac{K\cdot 2\pi h(p_e-p_w)}{\mu\ln R_e/R_w}=\frac{K_1\cdot 2\pi h_1(p_e-p_w)}{\mu\ln R_e/R_w}+\frac{K_2\cdot 2\pi h_2(p_e-p_w)}{\mu\ln R_e/R_w}+\frac{K_3\cdot 2\pi h_3(p_e-p_w)}{\mu\ln R_e/R_w}$$

整理得：

$$Kh=K_1h_1+K_2h_2+K_3h_3$$

移项得平均渗透率计算公式：

$$K=\frac{K_1h_1+K_2h_2+K_3h_3}{h_1+h_2+h_3}=\frac{\sum_{i=1}^{n}K_ih_i}{\sum_{i=1}^{n}h_i} \tag{1-158}$$

可见，并联时直线渗流与平面径向流计算公式相同。式（1－155）与式（1－158）说明，当 K_1、K_2、K_3 能够代表对应 h_1、h_2、h_3 的渗透率时，就可以按厚度加权进行平均值处理。

2）串联地层的总渗透率

（1）直线渗流。

设有宽为 W、长度分别为 L_1、L_2、L_3，水平渗透率分别为 K_1、K_2、K_3 的三个不同储层带（图 1－76），在驱替压差（p_1-p_2）作用下，粘度为 μ 的流体线性渗流，求地层的总平均渗透率。

该实例等效于一维油藏储层非均质性、油气井生产及作业对井底储层物性的影响以及实验室一维岩心伤害评价试验情况。

这种流动相当于各储层段串联，即通过各层的流量相等，总压差 Δp 为各层压差之和：$\Delta p_{总}=\Delta p_1+\Delta p_2+\Delta p_3$。地层总的延伸长度 L 为各层长度之和为：$L=L_1+L_2+L_3$。

根据达西定律及总压差等各层压差之和关系，得：

$$\Delta p_{总}=\frac{Q\mu L}{KWh}=\Delta p_{总}=\Delta p_1+\Delta p_2+\Delta p_3=\frac{Q_1\mu L_1}{K_1Wh_1}+\frac{Q_2\mu L_2}{K_2Wh_2}+\frac{Q_3\mu L_3}{K_3Wh_3}$$

即：

$$\frac{Q\mu L}{KWh}=\frac{Q_1\mu L_1}{K_1Wh_1}+\frac{Q_2\mu L_2}{K_2Wh_2}+\frac{Q_3\mu L_3}{K_3Wh_3}$$

将 $Q=Q_1=Q_2=Q_3, L=L_1+L_2+L_3$ 代入上式，得：

$$\frac{K(p_1-p_2)}{L_1+L_2+L_3}=\frac{(p_1-p'_1)+(p'_1-p'_2)+(p'_2-p_2)}{(L_1/K_1)+(L_2/K_2)+(L_3/K_3)}$$

$$=\frac{p_1-p_2}{(L_1/K_1)+(L_2/K_2)+(L_3/K_3)}$$

移项，得：

$$K=\frac{L_1+L_2+L_3}{\frac{L_1}{K_1}+\frac{L_2}{K_2}+\frac{L_3}{K_3}} \tag{1-159}$$

（2）径向渗流。

设有井半径为 R_w、供给半径为 R_e，井眼周围存在半径为 R_1 的重污染带，重污染带内渗透率为 K_1。存在半径为 R_2 的轻污染带，轻污染带渗透率为 K_2。未污染带的渗透率为 K_3。粘度为 μ 的流体在驱替压差（p_1-p_2）作用下以流量 Q 作平面径向渗流（图 1－77），求地层总平均渗透率 $\overline{K}$。

该实例等效于平面径向流油藏储层非均质性、油气井生产及作业对井底储层物性的影响情况，按径向流达西公式，可得各区段的压降。

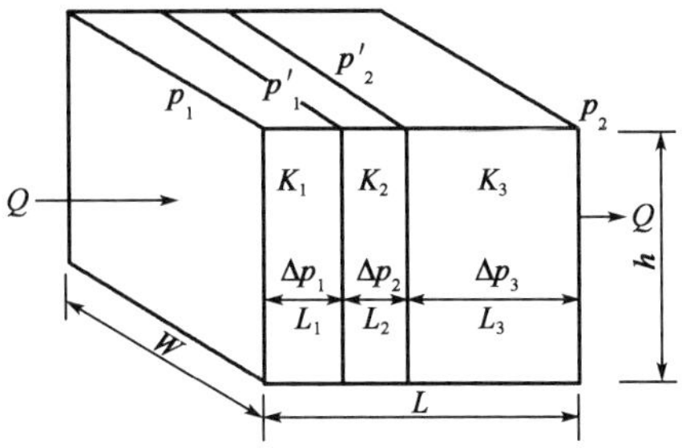

图1－76　多层串联的总渗透率（直线渗流）

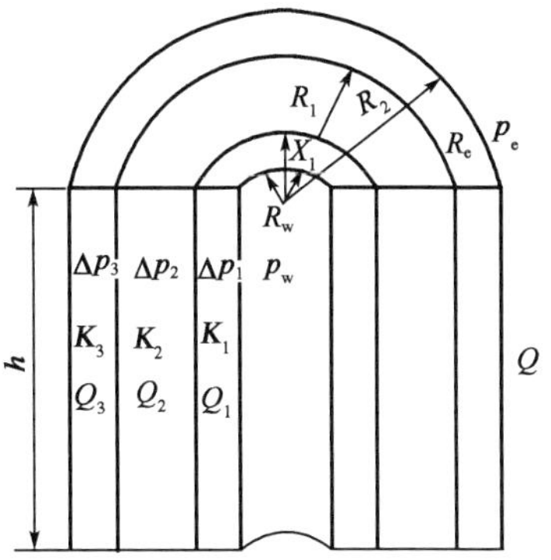

图1－77　多层串联（平面径向渗流）

重污染带（$R_w \to R_1$）的压降：

$$\Delta p_1 = \frac{Q\mu \ln(R_1/R_w)}{K_1 2\pi h}$$

轻污染带（$R_1 \to R_2$）的压降：

$$\Delta p_2 = \frac{Q\mu \ln(R_2/R_1)}{K_2 2\pi h}$$

未污染带（$R_2 \to R_e$）的压降：

$$\Delta p_3 = \frac{Q\mu \ln(R_e/R_2)}{K_3 2\pi h}$$

地层（$R_w \to R_e$）的总压差为：

$$\Delta p = \frac{Q\mu \ln(R_e/R_w)}{\overline{K} 2\pi h}$$

由于三个带是串联的，故 $\Delta p = \Delta p_1 + \Delta p_2 + \Delta p_3$，代入各段的压差，得：

$$\Delta p = \frac{Q\mu \ln(R_e/R_w)}{\overline{K} 2\pi h} = \frac{Q\mu \ln(R_1/R_w)}{K_1 2\pi h} + \frac{Q\mu \ln(R_2/R_1)}{K_2 2\pi h} + \frac{Q\mu \ln(R_e/R_2)}{K_3 2\pi h}$$

考虑到连续流动，各段流量 Q 相等，且流体粘度相等，简化得平均渗透率为：

$$\overline{K} = \frac{\ln \frac{R_e}{R_w}}{\frac{1}{K_1}\ln\frac{R_1}{R_w} + \frac{1}{K_2}\ln\frac{R_2}{R_1} + \frac{1}{K_3}\ln\frac{R_e}{R_2}} = \frac{\ln\frac{R_e}{R_w}}{\sum\limits_{i=1}^{n}\frac{1}{K_i}\ln\frac{R_i}{R_{i-1}}} \tag{1-160}$$

7. 利用动态测试资料试井解释方法求取地层平均有效渗透率

利用试井资料确定井眼周围地层平均有效渗透率（不是单个岩心渗透率），是现场应用最普遍的求取整个地层平均有效渗透率的方法，其基本原理是流体在储层中渗流表现出的渗流规律。现场试井方法分为稳定试井（也称产能试井）和不稳定试井两类，其中，不稳定试井包括压力降试井、压力恢复试井、井间干扰试井等，这些将在渗流力学和试井课程中作专门介绍。

以油井投产初期不稳定渗流阶段为例，井底流压满足式（1－161）并有图1－78特征曲线。

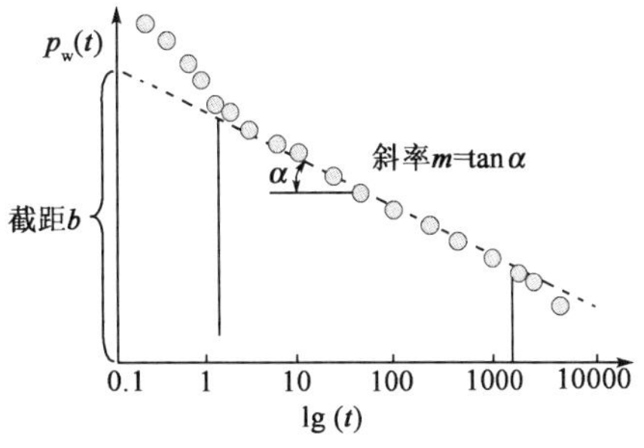

图1－78　井底压降特征曲线

$$p_w(t) = p_i - \frac{0.00212 q\mu B}{Kh}\lg\left(\frac{8.0853\eta t}{r_w^2} + 0.87S\right) \tag{1-161}$$

式中 $p_w(t)$——井底流动压力，MPa；

p_i——原始地层压力，MPa；

K——地层渗透率，μm^2；

h——地层厚度，m；

q——油井产量，m^3/d；

r_w——油井半径，m；

t——油井生产时间，h；

B——原油体积系数，小数；

S——油井表皮系数，小数；

η——压力传导系数，L^2/t。

利用特征曲线直线段的斜率（m），地层渗透率可由下式计算：

$$K = \frac{2.121 \times 10^{-3} q\mu B}{mh} \tag{1-162}$$

动态测试资料试井解释方法获得的地层渗透率是最准确的。

二、以孔隙度、渗透率数值大小的主要范围表征储层

并非所有的情况都需要准确确定出孔、渗的平均数值，更普遍的实际情况是需要知道储层孔、渗的主要范围。例如，需要选择能代表储层的岩心进行专项岩心分析实验［如测定毛管压力曲线、相对渗透率曲线等以及敏感性评价实验（详见本章第七节）］时，选择与储层孔、渗完全相同的储层岩心（也称天然岩心）是困难的，这时只需要根据该储层孔、渗的主要范围，选择能够代表储层特性的岩心即可。

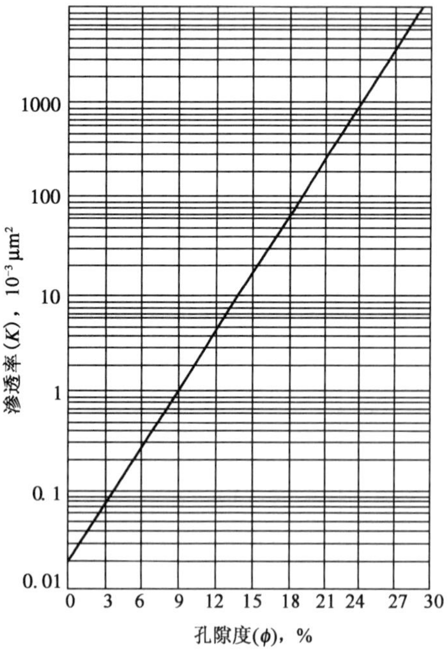

图 1-79 孔隙度—渗透率图

那么，在有了大量的岩心分析数据之后，怎样确定油层主要孔、渗范围呢？下面是一种常用的作图法，其步骤如下：

（1）首先找出一系列已经初选过的岩样的 ϕ、K 值。

（2）再将这些岩样测得的 ϕ、K 值标注在 $\lg K-\phi$ 图中，如图 1-79 所示。

（3）利用最小二乘法画出 $\lg K-\phi$ 回归曲线（一般为直线），写出方程 $\lg K = a + b\phi$。

（4）根据数据点子的密集情况，在此直线的两侧画出一个带，标出 ϕ、K 值的主要变化范围。凡 ϕ、K 值落在此主要变化范围的岩心都能代表该油藏层段的情况。在现场很多地质报告中，就是给出储层渗透率及孔隙度值的某一范围大小来评价和描述该储层。

在开展毛管压力曲线、相对渗透率曲线、敏感性评价等储层专项岩心分析实验中，应该选择 ϕ、K 物性值在主要变化范围的岩心进行评价实验。

第七节　储层岩石的敏感性

储层岩石骨架中，除了构成岩石骨架主体的颗粒外，还有使骨架成岩的各种胶结物以及孔隙里的充填物，其中一些胶结物和充填物属于敏感性矿物。油气田开发过程中某些地下条件变化时，可能导致地层渗透率降低，即造成储层伤害。为了防止这种现象的发生，在我国“油田开发管理纲要”及保护储层技术研究中，提出了要对储层的各种敏感性进行评价。因此，一个油气田从打第一口探井开始，除了通过取心进行常规的孔、渗、饱、孔隙结构等研究外，还必须对岩心进行各种敏感性评价实验，掌握储层敏感性规律，以确定储层与外来流体接触时，对储层可能造成的伤害程度。为作业过程中防止储层伤害等（通过采取必要的措施）提供依据。

由于各种敏感性多是来自砂岩中的胶结物和孔隙充填物，它们的矿物组成、数量、分布及产状等直接影响着储层敏感性问题，所以我们先简单讨论岩石的胶结物和胶结类型，再讨论胶结物中的各种敏感矿物及储层敏感性的研究方法。

一、胶结物及胶结类型

储层岩石的胶结物是除碎屑颗粒以外的化学沉淀物质，一般是结晶的或非结晶的自生矿物，在砂岩中含量不大于 50%，它对颗粒起胶结作用，使之变成坚硬的岩石。砂岩中存在的胶结物质总是使岩石的储油能力和渗透能力变差，其影响程度直接与胶结物的成分、数量和胶结类型有关。

影响碎屑岩胶结致密程度的是胶结物的成分。胶结物的成分可分为泥质、钙质（灰质）、硫酸盐、硅质和铁质，但最常见的是泥质和灰质，其次为硫酸盐和硅质。

胶结物在岩石中的分布状况以及与碎屑颗粒的接触关系称为胶结类型。胶结类型取决于胶结物的含量。随胶结物含量的逐渐增加，胶结类型可由接触式胶结逐渐向薄膜式胶结、孔隙式胶结和基底式胶结转变，储集物性也随之逐渐变差（图 1－80）。

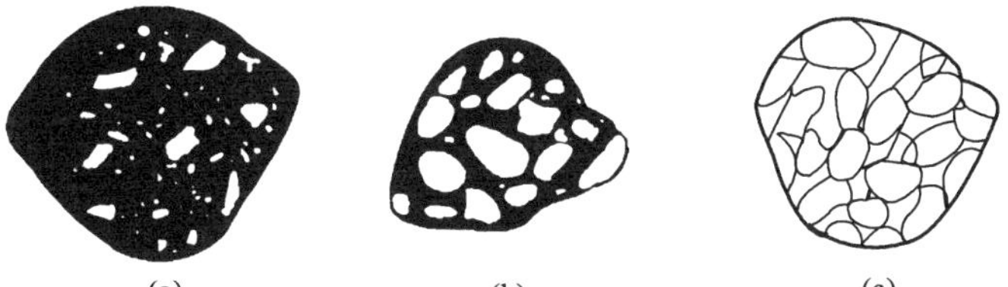

图 1－80　碎屑岩胶结类型示意图（据刘宝郡，1980）

（a）基底胶结；（b）孔隙胶结；（c）接触胶结

1. 基底胶结

胶结物含量最高，一般大于 10%。碎屑颗粒孤立地分布于胶结物中，彼此不接触或很少有颗粒接触。由于胶结物与碎屑颗粒同时沉积，故称为原生胶结，胶结强度很高。孔隙类型全为胶结物内的微孔，其储油、气物性很差。

2. 孔隙胶结

胶结物含量不多，一般为 5%～10%。充填于颗粒之间的孔隙中，颗粒呈支架状接触。胶结物多是次生的，分布不均匀，多充填于大的孔隙中，胶结强度次于基底胶结。

3. 接触胶结

胶结物含量很少，一般小于 5%，仅分布于颗粒互相接触的地方，呈点状或线状接触，胶结物多为原生或碎屑风化物质，常见的为泥质。此种胶结的储油物性最好。大庆油田属于这种胶结的岩石孔隙度大于 25%，渗透率从几十毫达西到几个达西。

胶结类型对油层物性参数影响很大。例如，我国华北坳陷第三系储油岩接触胶结孔隙度约为 23%～30%，渗透率（50～1000）$\times 10^{-3}\mu m^2$，孔隙胶结孔隙度为 18%～28%，渗透率为（1～150）$\times 10^{-3}\mu m^2$，基底胶结孔隙度为 8%～17%，渗透率小于 $1\times 10^{-3}\mu m^2$。

胶结类型在储层中往往不是单一出现，而是混合式胶结，在非均质的储层中还出现胶结物不均匀的凝块式胶结岩。

二、胶结物中的各种敏感矿物

胶结物的含量、胶结类型直接影响岩石的储集物性，但就储层敏感性而言，则是受胶结物中所含敏感矿物的类型、含量以及在孔隙中的产状影响。而最常见的敏感矿物为粘土矿物。

1. 粘土矿物的结构及物化特征

1）粘土矿物的基本概念

粘土矿物是一个庞大的家族，是高度分散、含水的层状硅酸盐和含水的非晶质硅酸盐矿物的总称。它们或因结构类型的不同，或因结构的变异、晶格取代的位置与程度不同，从而表现出各自不同的物化特性。

粘土矿物颗粒通常很细小，大约 1～5μm，一般小于 2μm 且绝大多数是结晶质的，极少是非晶质的。结晶粘土矿物绝大多数为层状结构，所以它们常表现为片状、板状形态，少数层状结构的粘土矿物呈纤维状、棒状形态。加水后均具有可塑性，许多粘土矿物具有较强的吸附性和离子交换性等特点。

晶质含水层状硅酸盐矿物如高岭石、蒙脱石、伊利石、绿泥石等，是我们研究的主要矿物。

2）粘土矿物的结构特点*

由于粘土矿物结构不同，形成了不同的类型，它所表现出的遇水膨胀性及在外力作用下的破碎及运移性会有很大的不同。近年来，通过对粘土矿物内部结构的研究，可把粘土矿物的基本结构组成简单归纳为：

$$\text{晶体}\xrightarrow{\text{平面延伸}}\text{晶片}\xrightarrow{\text{纵向重叠}}\text{晶层}\xrightarrow{\text{延伸+重叠}}\text{粘土矿物}$$

晶体是粘土矿物的基本组成单元，晶层是粘土矿物的基本结构。粘土矿物的基本结构有：

（1）硅氧四面体——由 Si^{4+} 在中心，O^{2-} 在四周紧密结合起来构成的立体几何形，正好四个面，故称为四面体［图 1-81（a）］。

（2）硅氧四面体晶片——在一个平面上四面体以三个顶点相联结，此时第四个顶点都向同一个方向，这样形成一系列六边形网面，称为四面体片，简称晶片，用符号 T 表示［图 1-81（b）］。

（3）铝氧八面体——指 Al^{3+}（或 Mg^{2+}）在中心，周围有 O^{2-}（或 OH^{-}）构成的一个立体几何形，是八个面，故称为八面体［图 1-81（c）］。

（4）八面体晶片——由多个八面体沿一个平面互相连结而成，以符号（O）表示

[图1-81（d）]。

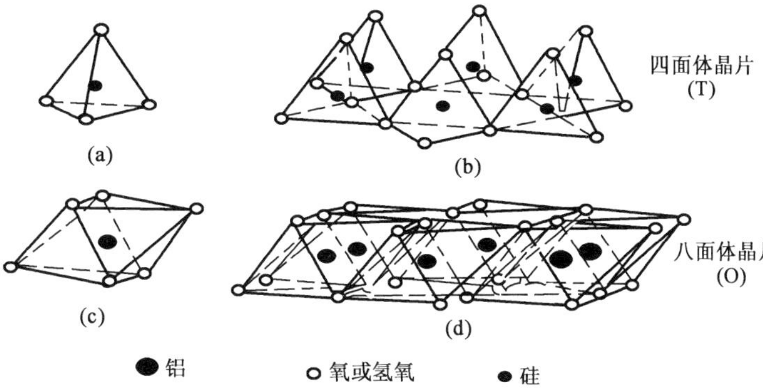

图1-81　粘土矿物的晶体结构

（a）单个硅氧四面体；（b）硅氧四面片；（c）铝氧（或氢氧）八面体；（d）铝氧（或氢氧）八面片

（5）晶层——由四面体晶片（T）和八面体晶片（O）按一定模式叠合成为一层称为晶层，是粘土矿物的基本结构单元。不同的四面体晶片（T）和八面体晶片（O）叠合模式构成不同的粘土矿物。

①TO型结构（或1∶1型）：高岭石属此类。

②TOT型结构（或2∶1型）：蒙脱石、伊利石属此类。

③TOT·O型结构（或2∶1+1型）：绿泥石属此类。

3）各类粘土矿物的物化特征

（1）高岭石类。

高岭石类晶层结构如图1-82（a）所示。相邻两层间除有范德华引力外，还有一定比例OH原子团形成的氢键力将相邻两晶层紧密结合起来，使水不易进入晶层之间。即使有表面水化能撑开晶层，也不足以克服其晶层间大的内聚力，所以高岭石是比较稳定的非膨胀性粘土矿物，一般不易水化。

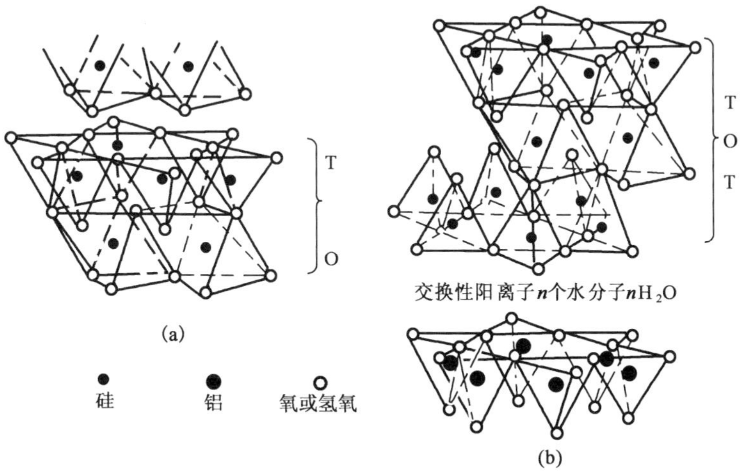

图1-82　高岭石和蒙脱石晶层结构示意图

（a）高岭石；（b）蒙脱石

但高岭石抗机械力的程度不高，因为高岭石晶层之间虽有一定比例的氢键力，但主要还是范德华的分子键力，因而晶层之间联系弱，硬度低，具有解理，在机械力的作用或高速流体的流动冲击作用下，便会导致解理裂开，分散成鳞片状的微粒，其分散运移的结果将会损害储层渗透率，表现为岩石的速度敏感性效应。

另有一种天然水化形成的高岭石（多水高岭石），它的晶层间有水分子片，使高岭石晶层间距增大，而且这些水分子不缔合层间阳离子（这点与蒙脱石不同）。当温度达60℃时或长期干燥，水分子极容易被除去，晶层间距又缩小，并不再出现水化（不可逆），这种矿物在水化前也易分散、运移。对含有这类粘土矿物的岩心，烘干温度要求保持在60℃，相对湿度保持45%～50%。

（2）蒙脱石、伊利石类。

蒙脱石、伊利石类晶层结构如图1-82（b）所示，它由两片四面体晶片夹一片Al-O-OH八面体晶片结合成一单元结构（TOT型）。其结构特点是单元结构层内的高价阳离子（Al^{3+}、Si^{4+}）能被低价阳离子（Mg^{2+}、Ca^{2+}、Na^{+}等）部分置换，如Al^{3+}被Mg^{2+}置换，Si^{4+}被Na^{+}置换。这种阳离子交换的结果：一是由于高价被低价置换后形成正电荷亏损，粘土带负电，需由吸附在晶体外表和晶层间的可交换阳离子（Mg^{2+}、Ca^{2+}、Na^{+}等）来中和平衡；二是阳离子交换后引起电荷不均匀，为阳离子交换提供了十分有利的条件。

此外，蒙脱石的两晶层间为O原子面相邻，仅有范德华力而无氢键力，联系力弱。所以允许这些阳离子带着大量水分子和其他极性分子进入晶层，一旦蒙脱石与水溶液接触，水溶液中的离子成分、浓度的变化都将极大地引起蒙脱石的物理化学性质的变化。主要变化为：当交换阳离子中有半径小的一价阳离子时，则晶层间水会继续进入，继续水化。此时，晶间距可增大13～20倍，如果蒙脱石水化作用导致晶层膨胀、裂开，那么在流体流动冲击下，仍然能沿着解理分开呈薄而弯曲的鳞片状。该形状抗凝聚作用不强，故多呈凝聚体伴随流体迁移，这无论在酸性或碱性介质条件下都会如此。蒙脱石的这种晶层膨胀、分散运移的结果将会损害储层渗透率，表现为岩石的水敏感性效应。

实验发现，如果在石英粗砂岩中加入2%蒙脱石，则它的渗透率将降低10倍；加入5%蒙脱石，它的渗透率将降低30倍；同样的石英砂岩，含15%高岭石时，却仍具有较好的渗透率。

伊利石虽和蒙脱石属同一类，但其不同点为层内的阳离子交换量比蒙脱石少得多，而且当结构中出现钾离子（K^{+}）时，形成一种强键，使水难以进入晶层间，所以伊利石是一种不膨胀的粘土矿物（图1-83）。

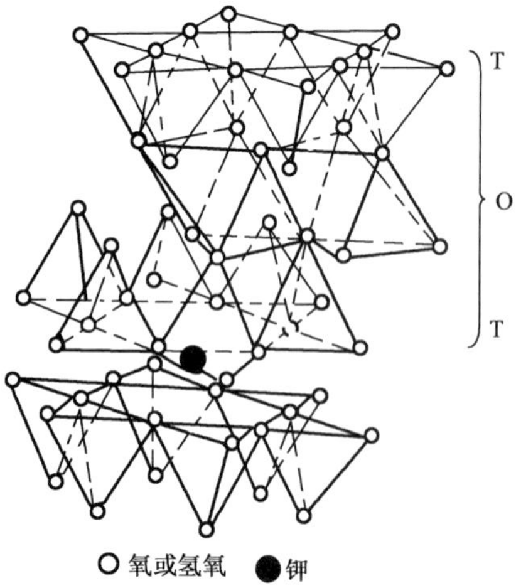

图1-83　伊利石结构示意图

（3）绿泥石。

绿泥石的层间联系力较强，一般不具膨胀性。但绿泥石的成分中经常含有Fe^{2+}、Fe^{3+}等阳离子，如鲕绿泥石｛$Fe_4Al[AlSi_3O_{10}](OH)_6 . nH_2O$｝含铁高，产于沉积铁矿中，与黄铁矿、菱铁矿共生，风化成褐铁矿。富含铁的绿泥石在遇酸时，会生成沉淀，损害地层渗透率，表现为岩石的酸敏感性效应。

此外，在粘土矿物中还存在常见的伊/蒙混层和绿/蒙混层两类混层粘土矿物，其化学组成分别介于伊利石、蒙脱石之间和绿泥石、蒙脱石之间。这两类混层粘土矿物均含有遇水膨胀的蒙脱石，其膨胀率随混层中蒙脱石层的含量不同而相应变化。绿泥石/蒙脱石混层也具有与绿泥石类似的酸敏性，敏感程度同样决定于绿泥石层的含量。

扫描电镜下，混层伊利石/蒙脱石呈不规则片状，略有卷曲，常作为碎屑颗粒的包膜和孔隙衬里产出，也可作为孔隙充填物的形式出现，也可形成桥塞。

4）粘土矿物不稳定性的机制

粘土矿物具有遇水后会产生膨胀、分散或絮凝等不稳定现象。

（1）粘土矿物的膨胀。

粘土矿物与水接触后，分两个阶段发生变化：

①表面水化（“结晶膨胀”或“层间膨胀”）：在这一过程中，主要推动力是粘土表面水层的吸附能。水的吸附量、定向水膜的厚度和定向性取决于层间阳离子的水化能及粘土结晶表面的电荷密度。研究表明，当蒙脱石的交换性阳离子是 Ca^{2+}、Mg^{2+} 和 H^+ 时，粘土晶片之间的吸引力增加，水化膜的厚度小，水分子定向排列规则；当交换性阳离子为 Na^+ 时，晶片间的吸引力减弱，水化膜的厚度大，水分子定向排列差。因此，钠蒙脱石的膨胀性比钙蒙脱石大。不同粘土矿物膨胀能力大小的一般顺序为：蒙脱石＞含膨胀层的混合层粘土＞伊利石＞高岭石。

粘土矿物表面的水化能力与粘土矿物组成之间的关系可用交换性阳离子概念解释，即：当粘土矿物与水接触时，吸附在粘土中的交换性阳离子趋向于从粘土中分离出来，只剩下一些带负电的结构单元，斥力将迫使粘土分开而使水分子进入层间。高岭石不存在层间吸附离子，所以它在水中分散时，一般不发生膨胀。同种粘土在相同环境条件下，层间阳离子的分离趋势受质量作用定律和离子价的支配，它取决于阳离子交换吸附能的大小。一般情况下，离子价数越高，则吸引力越强，与粘土结合后越不易水化，微粒之间相互斥力弱，就不易分散。层间阳离子分离趋势的顺序一般为：$Li^+ > Na^+ > K^+ > Rb^+ > Mg^{2+} = Ca^{2+} = Sr^{2+} = Ba^{2+} = Cs^{2+}$。因此，钠蒙脱石与钙蒙脱石膨胀性的差别可解释为 Ca^{2+} 比 Na^+ 的吸附能大，Ca^{2+} 从蒙脱石层间分离出去的趋势比 Na^+ 小，所以微粒之间的斥力和膨胀性较小。

②渗透水化（外表面水化）：当低于地层水矿化度的外来流体进入地层时，由于粘土表面的离子浓度高于外来流体中的离子浓度，这时外来流体中的水被吸向粘土表面，在粘土矿物的外部形成定向水膜，并增加双电层的斥力。由于各粘土颗粒表面间的双电层相斥，把粘土表面相互推开，使粘土继续膨胀。因此，粘土颗粒周围的半渗透膜的渗透平衡状态，是控制粘土外表面水化膜的主要因素。也就是说，渗透水化是导致粘土矿物膨胀的主要因素。

综上所述，储层粘土矿物类型、粘土矿物交换性阳离子组成、水介质的离子组成及浓度是影响粘土矿物表面水化和渗透水化的最主要原因。以蒙脱石为例，遇到低矿化度水时首先发生表面水化，晶层膨胀使其体积增加1倍，而渗透水化使膨胀过程继续进行，导致其体积又增加许多倍。因而蒙脱石是膨胀性最强的粘土矿物。

（2）絮凝和分散。

絮凝和分散是粘土—水体系的另一重要特征。当粘土颗粒在水介质中趋于聚集而形成团块时，称粘土处于聚集（或絮凝）状态。当这些团块分裂散开时，则称粘土处于分散状态。粘土的絮凝与分散现象可用双电层理论解释（图1-84）。在含有电介质的水溶液中，由于

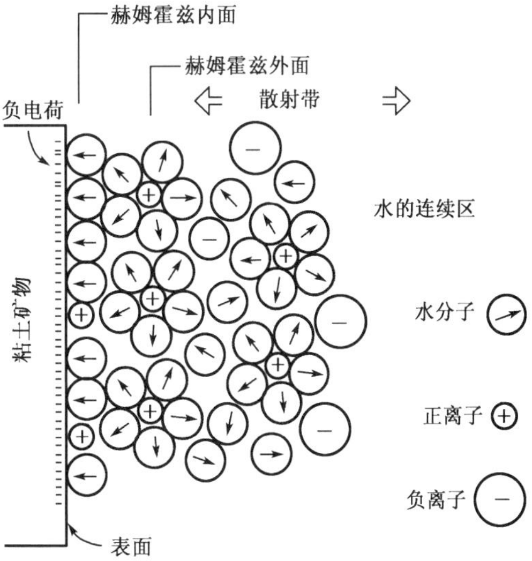

图1-84　离子双电层模型（据Fink，1981）

电离作用，一些离子带正电，一些离子带负电（OH^-）。当粘土加入这种水溶液时，那些带正电的离子与粘土矿物发生阳离子交换，而 OH^- 吸附在粘土晶体的阳离子点上（并包裹在粘土表面），在粘土表面形成一层带负电的 OH^- 层，使粘土表面带负电。在这些负电层的外面，又有一层电荷相当的带正电荷的阳离子层与之平衡。当平衡离子距粘土颗粒较远时，由于粘土颗粒受表面负电荷间的相互斥力的作用，粘土颗粒就发生分散。当带正电荷的平衡阳离子距粘土颗粒较近时，就抵消了粘土表面负电荷斥力的作用，反而使粘土颗粒相互吸引而产生絮凝。

研究表明：当电介质或粘土中的交换性阳离子是 Ca^{2+}、Mg^{2+} 或 H^+ 时，有利于粘土絮凝；而平衡阳离子是 Na^+ 时，则使粘土分散；另外，增加电介质的浓度，也有利于粘土稳定或絮凝。

通常储层中的粘土矿物与地层水处于一种平衡状态，即絮凝状态。如果外来流体的矿化度较低或含有分散性阳离子（如 Na^+），就可能引起储层中粘土发生分散和运移，造成地层伤害。

5）粘土矿物的产状

储层中粘土矿物的产状及分布特点与沉积物的母源、沉积环境、水动力条件有密切关系。产状不同，对流体流动的影响也不相同。自生粘土矿物的位置、形状及晶体大小等见表 1-20。

表 1-20 自生粘土矿物的位置、形状及晶体大小

矿物名称	位置	形状	晶体大小
高岭石	孔隙充填	书本堆集	书本长度有变化，可以是蠕虫状，通常为 1～20μm，也可更大
绿泥石	颗粒包膜	假六方晶片 相互交叉	每片直径为 1～10μm
伊利石	颗粒包膜 孔隙桥塞	粮秣状、板条状、针状	单独晶体，通常为长度<1μm 到 10～20μm，板条或针状
蒙脱石及 伊/蒙混层	颗粒包膜 孔隙桥塞	粮秣状、火焰状、蜂窝状、颗粒包膜	不易辨别的单独晶体

根据电镜扫描，按对渗流影响由小到大的顺序，可将粘土矿物产状分为以下几种类型（图 1-85）。

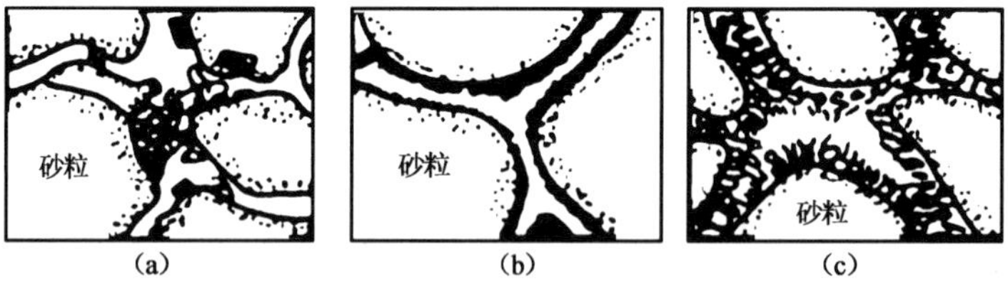

图 1-85 砂岩中粘土矿物的产状

（a）斑点式；（b）薄膜式；（c）桥式

（1）斑点式：一般多为高岭石和少量的针状云母、蒙脱石等。像“补丁”一样不连续地附在孔隙壁或充填在孔隙之间，使孔道变窄［图 1-85（a）］。

（2）薄膜式：这种粘土矿物主要为伊利石、绿泥石、蒙脱石等。颗粒较小，排列规则，围绕颗粒或孔隙边缘呈环带薄膜生长，使通道变窄，对流体流动有一定影响［图 1-85（b）］。

（3）桥式：这种粘土矿物多为绿泥石、伊利石（水云母）。呈纤维状、针状，在颗粒之间延伸，有时两边的粘土矿物还连接起来，像“桥”一样横跨孔隙空间。孔隙空间内又形成很多微孔隙，使流体在孔隙内迂回流动，因而严重影响流体的渗流［图 1-85（c）］。

除上述主要的产状外，其他的还有高岭石叠片状，伊/蒙混层的絮凝状等，而且几种粘土矿物的产状类型也不是单一出现的，有时是以某种类型为主，有时是几种类型共存。

不同产状对渗流的影响不同。例如，含斑点式与桥式粘土矿物的两块砂岩，其颗粒直径分别为146μm和150μm，分选系数分别为1.23和1.36。两块砂岩的特征数值均相近，但孔隙的平均大小却相差悬殊（分别为24.2μm和0.9μm），孔隙度分别为14.1%～24.9%和8.45%～19.1%、渗透率分别为（150～1173）$\times 10^{-3}\mu m^2$ 和（0.09～0.31）$\times 10^{-3}\mu m^2$，可见相差之大。

6）不同粘土矿物对储层的潜在影响与消除措施

从粘土的不稳定特征分析结果可以知道，不同类型粘土矿物的不稳定机制不同。不同粘土矿物引起的地层损害情况及消除措施见表1-21。

表1-21 不同粘土矿物引起的地层损害情况及消除措施简表（据Almon and Davics，1981）

粘土矿物	可能引起的问题	不配伍系统	配伍系统	消除措施
蒙脱石	膨胀	淡水	KCl，油基	酸化 HCl/HF
混层伊/蒙	膨胀	淡水	KCl，油基	酸化 HCl/HF
伊利石	微孔隙	淡水	KCl，油基	酸化 HCl/HF
高岭石	微粒运移	高流速	低流速	粘土稳定剂
绿泥石	铁的沉淀	富氧，pH高于3.5	HCl，加有机酸	用HCl/HF 有机酸酸化

（1）蒙脱石：蒙脱石粘土胶结物对储层的最大伤害是它对水有极强的敏感性，尤其是钠蒙脱石，遇水后体积可膨胀至原体积的600%～1000%，从而引起储层渗透率的明显降低。

（2）高岭石：高岭石是砂岩储层中最常见且含量较高的粘土胶矿物，常以书页状、蠕虫状等形态充填在砂岩空隙中。高岭石对储层的潜在影响有以下两个方面：

①充填粒间孔隙，使原来的粒间孔隙变成微细的晶间孔隙。由于晶间孔隙极细微，对渗透率的贡献很小，从而降低了岩石的渗透率。

②高岭石集合体对岩石颗粒的附着力很差，在流体剪切力的作用下，高岭石矿物颗粒极易从岩石颗粒上脱落和破碎，并随流体在孔隙中移动，造成高岭石微粒堵塞岩石孔隙喉道。

（3）伊利石：伊利石是形态最复杂的粘土矿物。根据成因可将其形态分成两大类：鳞片状和纤维毛发、条片状。前者一般分布于颗粒表面，主要通过减小孔隙的有效渗流半径而影响储层的渗透率；后者对储层的影响复杂得多，通常分为三个方面：

①纤维状、毛发状伊利石在孔隙中交错分布，使原始的粒间孔隙变成大量的微细孔隙，使孔隙结构变得复杂，储层渗透率显著降低。

②纤维状、毛发状伊利石具有很大的比表面积并强烈地吸附水，使岩石具有很高的束缚水饱和度。

③受流体剪切力作用，纤维状、毛发状伊利石易破碎，并被运移至孔隙喉道处形成堵塞，而导致储层渗透能力的下降。

（4）绿泥石：绿泥石常以柳叶状吸附在颗粒表面，或以绒球状集合体充填于孔隙中。在孔隙中也呈架桥式生长。储层中的绿泥石是一种富含铁的粘土矿物。绿泥石遇酸后溶解并释放出铁，当酸消耗尽时，会形成氢氧化铁的胶体沉淀。由于这种三价铁胶体颗粒较大，很容易堵塞孔隙喉道，从而伤害储层。

7）粘土的膨润度。

膨润度是指粘土膨胀的体积占原始体积的百分数，它是衡量粘土膨胀大小的指标。粘土的膨润度除与粘土本身的性质有关外，还与水的性质有关，通常淡水使粘土膨胀最厉害（图 1－86）。

常用粘土膨胀仪测定粘土膨胀大小。目前各油田所用仪器大同小异，尽管测量仪器不同、但其基本原理相同（图 1－87）。它由半渗透隔板漏斗和微量计量管组成，隔板下面装有所需测试的液体（例如水），上面垫有滤纸。测试时，取一定量的粘土（约 0.1g）放在滤纸上，其吸液程度可由计量管读出，而粘土膨胀体积可由带刻度的漏斗读出。

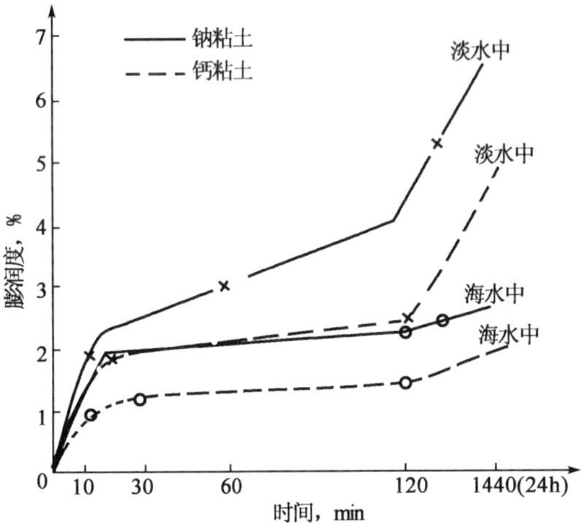

图1-86　粘土的膨润度与时间的关系

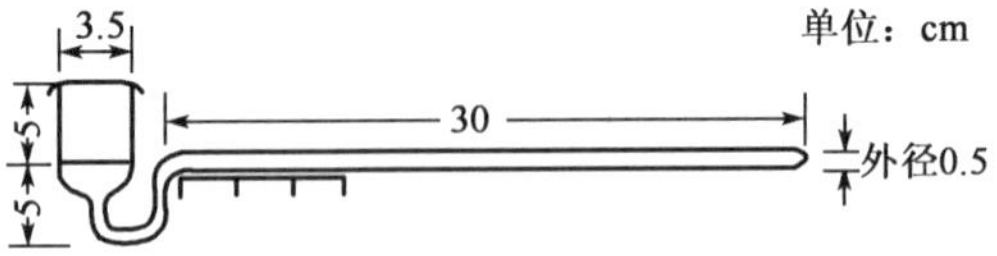

图 1－87　粘土膨胀仪

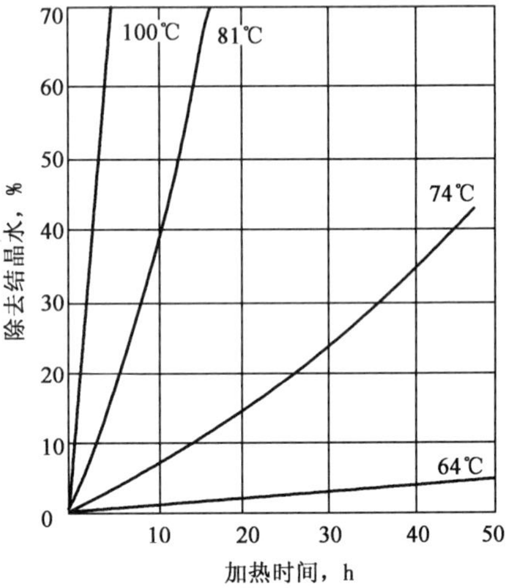

图1-88　石膏的脱水特性

2. 硫酸盐胶结物及其脱水特性

储层岩石中的硫酸盐矿物主要是石膏，石膏是带有结晶水的硫酸盐矿物（$CaSO_4\cdot nH_2O$）和硬石膏（$CaSO_4$）。

硫酸盐矿物的显著特点之一是高温脱水特性，当石膏被加热到一定程度后（如 64℃），石膏中的结晶水便开始析出，但速度很慢，温度超过 80～100℃后，结晶水析出速度成倍增加（图 1－88）。

硫酸盐胶结物这一特性对储层岩石物性分析的影响表现在两个方面：(1) 常规岩心分析和特殊岩心分析中，岩心洗油、烘干时必须考虑到石膏的脱水特性。(2) 在测定岩心含水饱和度时，储层岩石中硫酸盐含量超过 5%时，足以显著影响岩石束缚水饱和度的数值，甚至出现岩石中所有流体饱和度之和大于 100%的现象。我国玉门等油田所作出的含水饱和度值偏高，经查证原因之一是由于石膏脱水及粘土矿物脱水引起的。如采用沸点为 105℃甲苯抽提时，测出的岩心含水饱和度偏高。在岩心分析过程中，为防止石膏在高温下脱水所造成的实验误差，可采取下面两种方法：(1) 利用离心机高速旋转下所产生的离心力，将岩心中的油、水甩出；(2) 用氯仿和甲醇按质量比 13∶87 配制混合液溶剂，其沸点为 53.5℃，小于石膏的脱水温度，因此不会造成石膏脱水。

3. 灰质胶结物（酸敏矿物）及特点

1）岩石的碳酸盐含量

岩石的碳酸盐含量，就是指岩石中的碳酸岩、钠盐（Na_2CO_3）、钾盐（K_2CO_3）、石灰岩（$CaCO_3$）、白云岩（$CaCO_3 \cdot MgCO_3$）和菱铁矿（$FeCO_3$）等的总含量，其中，Na_2CO_3、K_2CO_3 是水溶性碳酸盐类。沉积岩中碳酸盐矿物分为原生和后生两种，砂岩中常见的碳酸盐矿物为方解石（$CaCO_3$）和白云石［$CaMg(CO_3)_2$］。

（1）各油田中的碳酸盐岩含量差别很大。例如，碳酸盐岩储层就是全由碳酸盐类所组成，而石英砂岩可能完全不含碳酸盐类或者含很小量的碳酸盐类。

（2）研究油藏岩石中的碳酸盐含量，特别是后生碳酸盐矿物的含量，能够了解地层中水动力场的活动规律，了解地层形成的时代特征。研究表明，地层岩石的碳酸盐含量与岩石的孔隙性有较好的关联。由于地下水活动剧烈，酸性水侵入地层，溶蚀了地层中的碳酸盐矿物，水流量大的部位溶蚀的碳酸盐矿物多，地层中剩余的碳酸盐矿物少，因而地层的孔隙相对较大；相反，地层中剩余的碳酸盐矿物多，孔隙度相对较小。

（3）研究油藏岩石中的碳酸盐含量，对于油层的酸处理增产措施也有着十分重要的意义。

（4）地层岩石中碳酸盐含量的测定是根据石油行业 SY 5336—2006《岩心分析方法》标准进行，一般计算均折算为 $CaCO_3$，化学反应式为：

$$CaCO_3 + 2HCl = CaCl_2 + H_2O + CO_2 \uparrow$$

表 1-22　不同温度和压力下，1cm³ CO_2 的重量（mg）

温度 ℃	气压计上的压力，mmHg													
	742	744.5	747	749	751	753.5	756	758	760	762.5	765	767	769	771
28	1.778	1.784	1.791	1.797	1.804	1.810	1.817	1.823	1.828	1.833	1.837	1.842	1.847	1.852
27	1.784	1.790	1.797	1.808	1.810	1.816	1.823	1.829	1.834	1.839	1.843	1.848	1.853	1.858
26	1.791	1.797	1.803	1.809	1.816	1.822	1.829	1.835	1.840	1.845	1.848	1.854	1.859	1.864
25	1.797	1.803	1.810	1.816	1.823	1.829	1.835	1.842	1.847	1.852	1.856	1.861	1.866	1.871
24	1.803	1.809	1.816	1.822	1.829	1.835	1.842	1.848	1.853	1.858	1.862	1.867	1.872	1.877
23	1.809	1.815	1.822	1.828	1.835	1.841	1.848	1.854	1.859	1.866	1.868	1.873	1.878	1.883
22	1.815	1.821	1.828	1.834	1.841	1.847	1.854	1.860	1.865	1.870	1.875	1.880	1.885	1.890
21	1.822	1.828	1.835	1.841	1.848	1.854	1.861	1.865	1.872	1.877	1.882	1.887	1.892	1.897
20	1.828	1.834	1.841	1.847	1.854	1.860	1.867	1.873	1.878	1.883	1.888	1.893	1.897	1.903
19	1.834	1.840	1.847	1.853	1.860	1.866	1.873	1.879	1.884	1.889	1.894	1.899	1.904	1.909
18	1.840	1.846	1.853	1.859	1.866	1.872	1.879	1.885	1.890	1.895	1.900	1.905	1.910	1.915
17	1.846	1.853	1.860	1.866	1.873	1.879	1.886	1.892	1.897	1.902	1.907	1.912	1.917	1.922
16	1.853	1.860	1.866	1.873	1.879	1.886	1.892	1.898	1.903	1.908	1.913	1.918	1.923	1.928
15	1.859	1.866	1.872	1.879	1.886	1.892	1.899	1.905	1.910	1.915	1.920	1.925	1.930	1.935
14	1.866	1.872	1.878	1.885	1.892	1.899	1.906	1.912	1.917	1.922	1.927	1.932	1.937	1.942
13	1.872	1.878	1.885	1.892	1.899	1.906	1.913	1.919	1.924	1.929	1.934	1.939	1.944	1.949
12	1.878	1.885	1.892	1.899	1.906	1.912	1.919	1.925	1.930	1.935	1.940	1.945	1.950	1.955
11	1.885	1.892	1.899	1.906	1.913	1.919	1.926	1.932	1.937	1.942	1.947	1.952	1.957	1.962
10	1.892	1.899	1.906	1.913	1.920	1.926	1.933	1.939	1.944	1.949	1.954	1.959	1.964	1.969

当含 $MgCO_3$ 或 $CaMg(CO_3)_2$ 时，化学反应为：

$$MgCO_3+2HCl=\!=\!=MgCl_2+H_2O+CO_2\uparrow$$

$$CaMg(CO_3)_2+4HCl=\!=\!=CaCl_2+MgCl_2+2H_2O+2CO_2\uparrow$$

显然，碳酸盐含量与反应后放出的二氧化碳气体量呈线性关系，地层岩石中碳酸盐含量的测定主要采用计量各种碳酸盐与酸反应后放出的二氧化碳气体量的方法来测量岩石中的碳酸盐含量。

岩石中的碳酸盐含量按下式求出：

$$C=\frac{VG'}{G\times 4.4} \tag{1-163}$$

式中 C——岩石中 $CaCO_3$ 的含量，%；

V——实验测得的 CO_2 的体积，cm^3；

G——岩样重量，g；

G'——在实验温度及大气压下 CO_2 的密度，可利用表 1-22 求取，g/cm^3。

不同砂岩地层中的碳酸盐矿物含量差异较大，有的根本不含碳酸盐，有的则高达 20% 以上。

2）*灰质胶结物的酸敏特点与储层保护*

灰质胶结物主要由碳酸盐类矿物组成。砂岩中常见的灰质胶结物矿物为方解石（$CaCO_3$）和白云石［$CaMg(CO_3)_2$］，灰质胶结物含量一般占总胶结物含量的 9.5%～21%。

碳酸盐矿物可细分解为酸反应矿物和酸敏矿物。酸反应矿物有 Na_2CO_3、K_2CO_3、$CaCO_3$、$CaCO_3\cdot MgCO_3$，其特点是与酸反应后，不生成沉淀物质，可使地层渗透率提高。采油工程中，为提高油井产能和水井的注入能力，往往采用向采油地层中挤注酸液的工艺方法来改造地层。这种工艺方法的本质就是利用酸和盐的反应，溶蚀碳酸盐矿物，提高地层岩石的孔隙性和渗透性。现场采用酸化地层的工艺措施后是否能提高产能，主要取决于地层岩石中与酸反应的碳酸盐含量。对于常规的砂岩地层，与酸反应的碳酸盐含量大于 3%时才能采用酸化工艺改造地层。

酸敏矿物有富铁绿泥石、黄铁矿（FeS_2）和菱铁矿（$FeCO_3$）等，其特点是与酸反应后，生成沉淀导致孔道堵塞进而引起渗透率降低。

菱铁矿与酸反应生成沉淀物，其反应式为：

$$FeCO_3+2HCl=\!=\!=FeCl_2+H_2O+CO_2\uparrow$$

$$2FeCl_2+3H_2O+3O=\!=\!=2Fe(OH)_3+2Cl_2\uparrow$$

富铁绿泥石与酸反应后，粘土将膨胀，此外富铁绿泥石溶于酸液后，当 pH 值介于 5～6 时，Fe^{2+} 呈胶体沉淀，会伤害油层，$Fe(OH)_3$ 是一种片状结晶，其体积比较大，可以堵塞孔喉，Fe^{2+} 呈胶体沉淀，其反应式为：

$$3FeO\cdot Al_2O_3\cdot 2SiO_2\cdot 3H_2O+6HCl=\!=\!=3FeCl_2+2Al(OH)_3+2SiO_2\cdot 3H_2O$$

$$2FeCl_2+3H_2O+3O=\!=\!=Fe(OH)_3+2Cl_2\uparrow$$

为了防止地层中 Fe^{2+} 和 Fe^{3+} 的沉淀，可在酸化液体中加入铁的整合剂和净氧剂等添加剂，以减少 $Fe(OH)_3$ 生成，保护油气层。

三、储层敏感性的评价方法

1. 储层敏感性评价的意义

在油井钻井、固井、完井、射孔、增产措施、修井及注水作业等勘探、开发各个环节中，储层总会与不同入井液流体以及它所携带的固体微粒接触，当入井液流体与储层不匹配时，会伤害储层，导致储层渗流能力下降，损害储层生产能力。为了保护油气储层，充分发挥其潜力，应该从岩石学分析、常规岩心分析、专项岩心分析以及岩心流动试验分析等角度对储层的速敏性、水敏性、酸敏性、盐敏性等各种敏感性进行系统评价。这里简要介绍碎屑岩储层的敏感性评价技术，推荐的敏感性评价流程如图 1-89 所示。

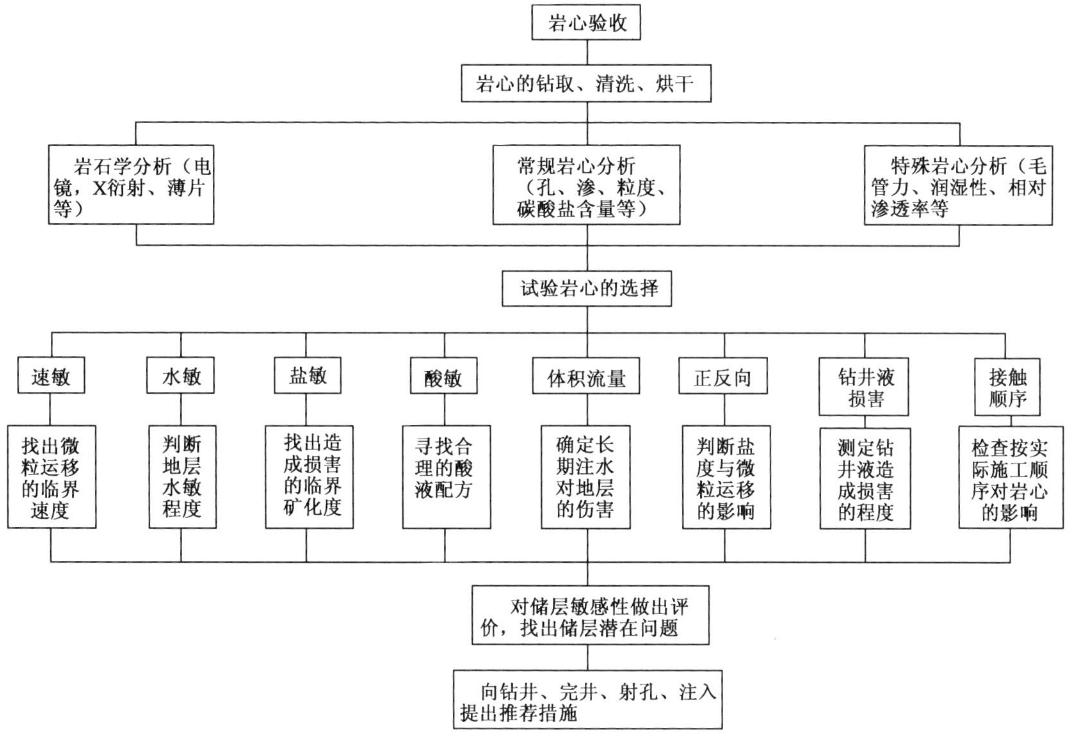

图 1-89　敏感性评价流程图

首先应进行储层的岩相分析和常规岩心分析，以便认清储层的岩性、矿物组成、孔隙分布、岩心渗透率、胶结物成分、粘土含量、类型等原始参数，了解储层可能潜在的损害因素，给出损害程度大小的定性判断。各种储层矿物潜在的伤害与敏感性见表 1-23。

在岩相分析和常规岩心分析基础上，通过岩心流动试验（试验流程见图 1-90），找出储层与不同外来流体接触时产生速敏、水敏、盐敏、酸敏等的敏感程度。通过系统流体的敏感性评价与综合研究，为找出与该地层相配伍的流体提供依据，提出钻井、完井、增产措施设计建议。

在开展系统流体的敏感性评价实验过程中，为避免实验条件对敏感性评价结果的影响，首先应开展速敏性评价，以确定出临界渗流速度。然后在低于 0.8 倍临界渗流速度条件下，开展其他敏感性评价实验。

表 1-23　储层矿物及其敏感性（据沈平平，1995）

敏感性矿物	敏感性程度	潜在的敏感性	产生敏感性的条件	抑制敏感性的方法
蒙脱石	最大 中等 中等 中等	水敏性 速敏性 酸敏性 碱敏性	淡水系统 淡水系统，较高流速 酸化作业 化学驱	高盐度流体，防膨剂 酸处理 酸敏抑制剂 加抑制剂
伊利石	最大 中等 最小	速敏性 显微孔隙被堵塞 K_2SiF_6 沉淀	高流速 淡水系统 氢氟酸酸化	低流速 高盐度流体、防膨剂 酸敏抑制剂
高岭石	中等 中等 中等	速敏性 Al $(OH)_3$ 沉淀 碱敏性	高流速，高 pH 值，高瞬变压力 酸化作业 化学驱	用微粒稳定剂，低流速，低的瞬变压力 酸敏抑制剂 抑制剂
绿泥石	最大 中等 最小	Fe $(OH)_3$ 沉淀 MgF_2 沉淀 速敏性	富氧系统，酸化后 高 pH 值氢氟酸酸化 高流速，高 pH 值	除氧剂 酸敏抑制剂 低流速
碳酸盐	中等	CaF_2 或 MgF_2 沉淀	氢氟酸酸化	在氢氟酸处理前使用酸进行预冲洗，酸敏抑制剂
铁白云石 黄铁矿 菱铁矿	中等 中等 最小	Fe $(OH)_3$ 沉淀 硫化物沉淀 Fe $(OH)_3$ 沉淀	高 pH 值，富氧系统 流体含 Ca^{2+}，Sr^{2+}，Ba^{2+} 高 pH 值，富氧系统	酸敏抑制剂，除氧剂 防垢剂 酸敏抑制剂，除氧利
混层粘土	中等 中等 最小	速敏性 水敏性 酸敏性	高流速 淡水系统 酸化作业	低流速 高盐度流体，防膨剂 酸敏抑制剂
长石	最小	氟硅酸盐沉淀	氢氟酸酸化	酸敏抑制剂
非胶结的石英颗粒	中等	速敏性	高流速，高的瞬变压力	低流速，低的瞬变压力

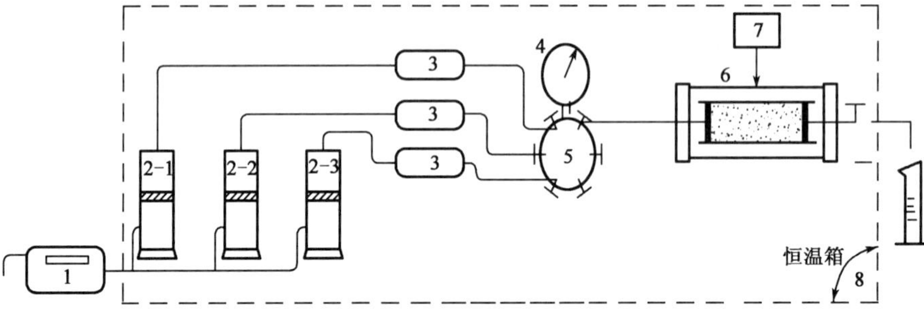

图 1-90　储层敏感性评价实验流程

1—泵；2-1—地层水；2-2—次地层水；2-3—无离子水；3—过滤器；4—压力表；5—六通阀；6—岩心夹持器；7—围压泵；8—恒温箱；9—流量计

2. 储层各种敏感性评价方法

1）流速敏感性评价实验

在地层中，总是不同程度地存在非常细小的微粒（直径小于 40μm，且能通过 325 目筛子的颗粒称为微粒）。它们通常未被岩石中的天然胶结物胶结在固定的位置上，而是以松散的颗粒形式处于孔壁或基岩颗粒的内表面上，它们可随着流体在孔隙中运移而在孔隙变窄（喉道）处堆集，形成“桥堵”，使地层渗透率大大降低。

速敏性评价实验的目的在于了解储层渗透率的变化与渗流速度的关系，如果储层有速敏性则要找出其开始发生速敏现象的临界流速（Q_c）。所谓“临界流速”（Critical Velocity）是指当注入（或产出）流体的流速逐渐增大到某一数值而引起渗透率下降时的流动速度，我们就称为该岩石的临界速度。根据临界速度大小可确定油井合理产能及注入速度，以及岩心流动实验评价中的合理流动速度（不超过临界流速的 80%）。

速敏实验步骤如下：

（1）选择不与岩石发生任何物理化学反应的测试流体（一般选择地层水或煤油）。

（2）根据 $v_c = \frac{3.5\mu\phi^{3/2}}{\rho\sqrt{K}}$ 分析计算流体满足线性渗流的临界渗流速度。

（3）按由低到高原则，以不同的流量等级，依次向岩心中注入地层水，分别测定稳定状态下岩心的渗透率，做出注入流速与渗透率的关系曲线。当注入流速大于或等于某流速时，若曲线出现突变（图1-91），表现为渗透率急剧下降，说明该岩石对流速具有敏感性。

但储层岩石的流速敏感性与速度超过临界线性渗流速度后的视渗透率降低具有本质的不同。

（1）流速敏感性是因为地层微粒运移堵塞或“桥堵”降低了岩石的渗透率，渗透率具有不可逆特点，且“桥堵”的形成不仅与地层微粒的大小和数量有关，还与储层的喉道尺寸有关。流量较大时，一部分微粒还可能从岩样出口被流体带出，因而在实验后期岩样的渗透率可能会逐步上升（图1-91）。

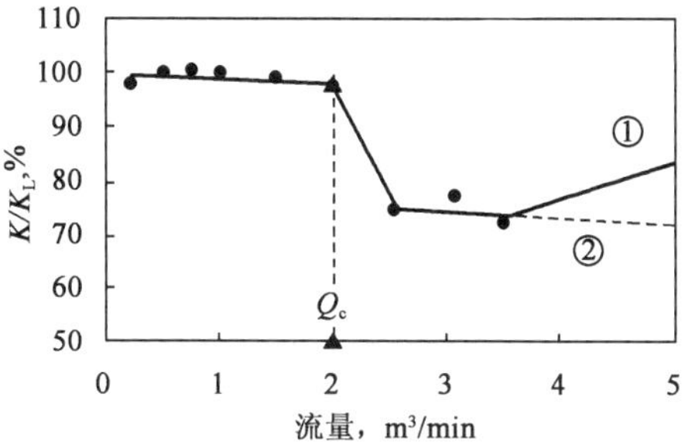

图 1-91　速敏评价实验曲线（据沈平平．1995）
①有微粒冲出；②无微粒冲出

（2）速度超过临界线性渗流速度后的视渗透率降低是因为流体渗流惯性阻力增大到不可忽视，渗透率具有可逆特点。

因此，储层是否存在速敏，应该结合临界线性渗流速度和微粒从岩样出口被流体带出情况综合分析。当储层存在速敏时，可以用渗透率伤害率或速敏指数定量评价储层岩石的流速敏感性。

（1）渗透率伤害率。

由速敏性引起的渗透率伤害率 D_{KV} 定义为：

$$D_{KV} = \frac{K_L - K_{Lmin}}{K_L} \tag{1-164}$$

式中　D_{KV}——速敏性导致的渗透率伤害率，无量纲；

K_L——小于临界流速和临界渗流速度时，测得的岩心原始渗透率，$10^{-3}\mu m^2$；

K_{Lmin}——大于临界流速、小于临界渗流速度时，测得的岩心最小渗透率值，$10^{-3}\mu m^2$。

速敏性引起的渗透率伤害程度评价标准见表 1-24。

表 1-24　速敏性引起的渗透率伤害程度评价标准

渗透率伤害强度	伤　害　率	渗透率伤害强度	伤　害　率
强	$D_{KV} \geqslant 0.70$	弱	$0.30 \geqslant D_{KV} > 0.05$
中等偏强	$0.70 > D_{KV} \geqslant 0.50$	无	$D_{KV} \leqslant 0.05$
中等偏弱	$0.50 > D_{KV} > 0.30$		

（2）速敏指数。

速敏指数 I_V 定义为：

$$I_V = \frac{D_{KV}}{V_c} \tag{1-165}$$

式中　I_V——速敏指数，d/m；

V_c——临界流速，m/d。

速敏指数评价标准见表1-25。

表1-25　速敏指数评价标准

速敏性强度	速敏指数	速敏性强度	速敏指数
强速敏	$I_V \geqslant 0.70$	弱速敏	$I_V \leqslant 0.10$
中等偏强速敏	$0.70 > I_V \geqslant 0.40$	无速敏	$I_V \leqslant 0.05$
中等偏弱速敏	$0.40 > I_V > 0.10$		

2）水敏性评价实验

水敏现象是指储层岩石与不配伍的外来流体接触后，引起储层岩石内的粘土膨胀、分散、运移而导致渗透率下降的现象。粘土矿物与地层水（一般具有高矿化度特点）在原始地层条件下处于相对平衡状态，当储层岩石与外来流体接触时（如与注入水接触时），较小矿化度的外来流体可能造成储层岩石内的粘土膨胀，降低岩石渗透率。美国学者摩尔研究表明，油层中粘土含量低于1%～5%时，储层物性最好，若粘土含量达到5%～20%时，则储层物性较差，尤其对含水敏性粘土的地层，有可能把油层孔道堵死。我国新疆北80油藏粘土含量达到12%～17%，目前还没有有效的注水开发方法。

储层岩石水敏性实验评价时，在低于80%临界流速条件下，先用地层水流过岩心，再用矿化度为地层水的一半的盐水（称次地层水）流过岩心，最后用蒸馏水通过，测定在这三种矿化度下岩心渗透率的数值大小，由此分析岩心的水敏程度。

可以用水敏指数评价岩样的水敏性。水敏指数定义如下：

$$I_W = \frac{K_L - K_W}{K_L} \tag{1-166}$$

式中　I_W——水敏指数，无量纲；

K_W——去离子水（蒸馏水）的渗透率，$10^{-3}\mu m^2$；

K_L——岩样没有发生水化膨胀等物理化学作用时的液体渗透率，通常为标准盐水渗透率或地层水渗透率，$10^{-3}\mu m^2$。

参照美国Marathon石油公司对水敏性强度的分级标准，水敏性强度评价标准见表1-26。

表1-26　水敏性强度评价标准

水敏性强度	水敏指数
无水敏	$I_W \leqslant 0.05$
弱水敏	$0.05 < I_W \leqslant 0.30$
中等偏弱水敏	$0.30 < I_W \leqslant 0.50$
中等偏强水敏	$0.50 < I_W < 0.70$
强水敏	$0.70 \leqslant I_W < 0.90$
极强水敏	$I_W \geqslant 0.90$

3）盐敏性评价实验

储层岩石水敏性评价是基于三个含盐度等级下的液体渗透率实验测试结果，然而，对于水敏性地层，含盐度下降会导致粘土矿物晶层扩张增大、膨胀增加，地层渗透率下降。因此，对于存在有水敏性的地层，必须进一步进行盐度评价实验，以了解地层岩石在水矿化度不断下降或外来低矿化度流体侵入时，其渗透率变化情况，从而确定地层的临界矿化度（或称临界盐度）。

储层岩石盐敏性实验评价时，在低于80%临界流速条件下，让不同矿化度的盐水依次由高矿化度向低矿化度的顺序注入岩心，测定不同矿化度盐水通过时的渗透率 K，做出矿化度与渗透率比 K/K_{ws} 的关系图（图1-92），K_{ws} 为最高矿化度盐水（地层水）下的渗透率。曲线上渗透率发生突变处所对应的矿化度即为临界盐度，用 C 表示。临界矿化度的确定可为施工作业配制流体提供参考，显然，盐敏性是地层耐受低盐度流体的能力的量度。

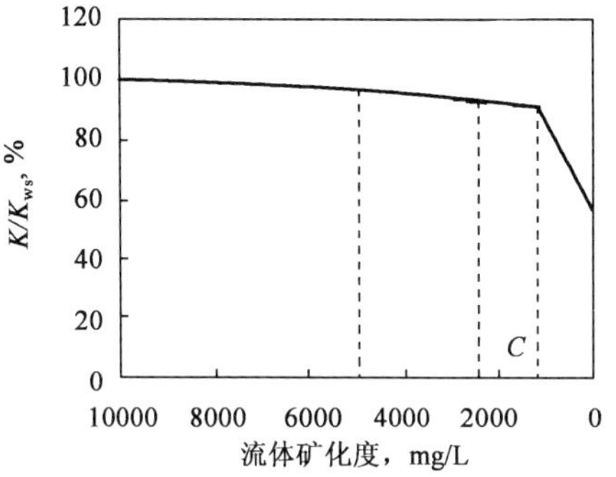

图1-92 盐敏评价试验曲线
（据沈平平，1995）

储层岩石盐敏性可用临界盐度 C（单位为mg/L）来表征。盐敏性程度评价标准见表1-27。

表1-27 盐敏性程度评价标准

用标准盐水（复合盐）评价盐敏性		用NaCl盐水（单盐）评价盐敏性	
盐敏强度	临界盐度，mg/L	盐敏强度	临界盐度，mg/L
弱盐敏	$C\leqslant1000$	弱盐敏	$C\leqslant1000$
中等偏弱盐敏	$1000<C<2500$	中等偏弱盐敏	$1000<C<3000$
中等盐敏	$2500\leqslant C\leqslant5500$	中等盐敏	$3000\leqslant C\leqslant7000$
中等偏强盐敏	$5500<C<8000$	中等偏强盐敏	$7000<C<10000$
强盐敏	$8000\leqslant C<25000$	强盐敏	$10000\leqslant C<30000$
极强盐敏	$C\geqslant25000$	极强盐敏	$C\geqslant30000$

可见，同一地层对应复合盐（如标准盐水）的临界盐度往往低于单盐（如NaCl）的临界盐度。所谓标准盐水是用蒸馏水按质量浓度加入一定盐类（7.0%NaCl、0.6%$CaCl_2$、0.4$MgCl_2\cdot6H_2O$以及92%H_2O）配制的盐水。

4）酸敏性评价实验

酸敏性是指酸化液进入地层后与地层中的酸敏性矿物发生反应，产生凝胶、沉淀或释放出微粒，使地层渗透率下降的现象。因此，在进行酸化作业时，应针对不同的地层，采用不同的酸液配方。配方不合适或措施不当，不但不会改善地层渗透率状况，反而会伤害地层，影响措施效果，起不到改善地层状况的作用。

地层酸化前必须对地层进行酸敏性评价实验，目的在于了解拟用酸液是否会对地层产生伤害及伤害的程度，以便优选酸液配方，寻求有效的酸化处理方法，提高酸化处理效果。

酸敏与酸化概念有着本质的不同，酸敏评价实验的目的是对容易产生损害的部分进行模拟，以找出地层对酸液敏感的程度，实验要求注入的酸量小（0.5～1.0倍孔隙体积），因为此剂量下酸液进入岩心后，由于化学反应消耗pH值迅速上升，酸液变成残酸，此时最容易产生沉淀并堵塞孔道。而酸化效果评价实验的目的是认清注酸前后的地层渗透率变化情况，实验要求酸液注入量大于5倍孔隙体积。

储层岩石酸敏性实验评价时，向岩心中注入0.5～1.0倍孔隙体积的酸液，停注并等待酸液与岩心中的酸敏矿物反应，然后排出残酸，测定岩心渗透率在注酸前后的变化情况。

5）其他敏感性评价实验与测试手段

在敏感性评价实验中，还有为了解岩心是以膨胀为主还是以微粒运移为主的正反向流动实验；为了解地层长期注水（如注入 80～100PV）时对地层带来伤害的体积敏感性评价试验；为了解复合驱提高原油采收率中，碱对地层带来伤害的碱敏感性评价试验；为评价钻井液在动态、静态条件下对储层岩心伤害的滤失评价实验；以及按实际作业施工顺序为评价各种工作液（如钻井液、固井液、射孔液、…）综合对地层产生影响的系列流体评价实验等，在此不一一叙述。

除了上述常规的岩心测试手段之外，近年来引进了 CT 技术（X Ray Computerized Tomograph 计算机处理分析 X-射线成像法）和 NMR 影像技术（Nuclear Magnetic Resonance 核磁共振影像技术），成为无损害检测岩石性质和跟踪地层流体的先进手段。两种技术的最大特点是不损伤岩心，观测的面积或体积单元小，一般尺寸在 1mm 左右。

X-射线 CT 与常规 X-光透视技术的区别在于，它使用能围绕岩心旋转的一支 X 射线管，可从不同角度取得 X-射线衰减的一维投影，图 1-93 是 CT 装置示意图。这些投影通过对岩心截面切片的扫描，可由计算机的重现算法复制成二维截面。通常还可将截面转换成可见的影像，根据需要可制成图片。图 1-94 为硅藻石岩心 CT 截面原子数图像，薄而亮的周边为泥饼，距周边 1.1cm 左右的同心亮环为泥浆侵入所致。

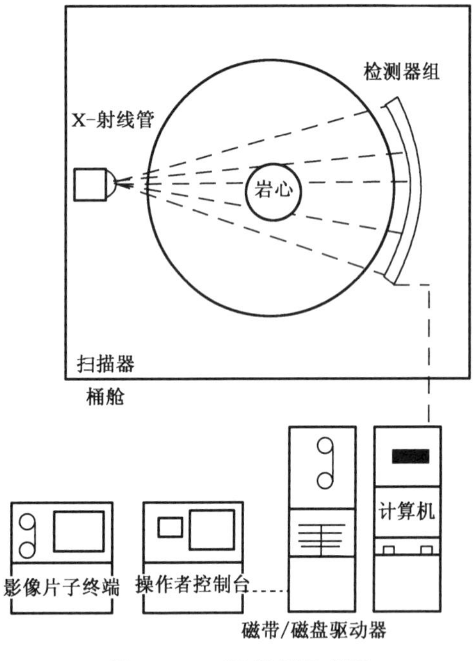

图 1-93　CT 装置示意图

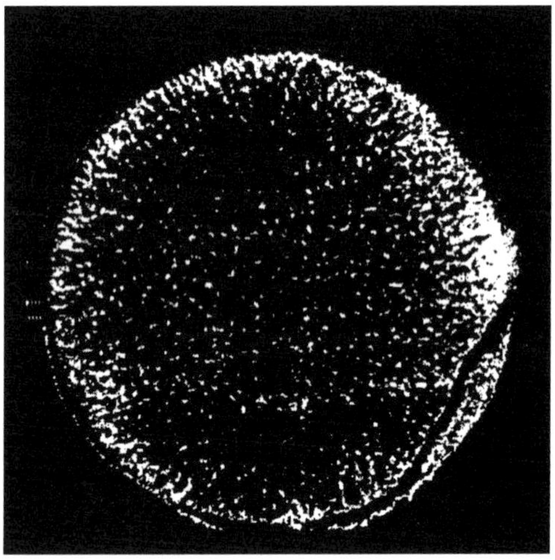

图 1-94　岩心截面的 CT 原子数图像

CT 的优越性在于能在岩心内部（$1mm^2$ 或更小的范围内）精确测出小于 0.1％的衰减差异。第四代 CT 扫描仪配有 360～2400 个固定检测器，完成扫描时间少于 1s。通过扫描器取得的连续截面切片，可以重现岩心的三维 CT 影像。一旦得到三维数据组，便可观察到岩心的任何平面。

在实验中，常用经过碘处理的油加入油相中，用高原子数的碘化钠加入盐水相中，可使影像中的油和水区分更清楚。重晶石加重泥浆中的钡，会使岩心的泥浆固相侵入带在影像中更加明显。

与 CT 技术一样，核磁共振影像技术亦可以获得 X、Y、Z 任何截面切片及岩心内部任一点的三维影像，它既可在屏幕上观测，也可根据氢质子浓度和松弛时间进行计算。

NMR 影像技术的原理：一些原子核的质子自旋产生瞬间磁场，即核磁特性。在外界磁场作用下，自旋质子趋于沿外界磁场方向排成一条线，随外磁场的变化，它们重新调整排列，这种现象称为核松弛，调整所需时间称为松弛时间。NMR 影像技术就是在改变磁场后，通过多数质子同相运动过程形成的电磁信号，观测它们的松弛过程。NMR 装置如图 1－95所示。

泥浆滤液的 NMR 图像如图 1－95 所示。图中亮的部分是水，黑的部分是岩心基质和粘滞原油。岩心基质不含氢质子，原油不能给出实质性的信号，所以两者在图像中均呈黑暗色。由图 1－96 可清晰看出滤液的分布特征及侵入深度。

由上述的简介可知，CT 和 NMR 影像技术是一种研究储层的有力手段，它与岩心流动试验相结合，可以在不中止实验、不切片（即不损害岩心）的情况下，检测岩心的情况，如岩石孔隙结构、岩心密度、油水分布、滤液侵入、裂缝被固相堵塞等。目前国内外在 CT 及 NMR 的应用上正在开展大量的研究工作，相信该技术不久的将来会在岩心测试、保护储层免受损害等方面在国内得到较为广泛的应用。

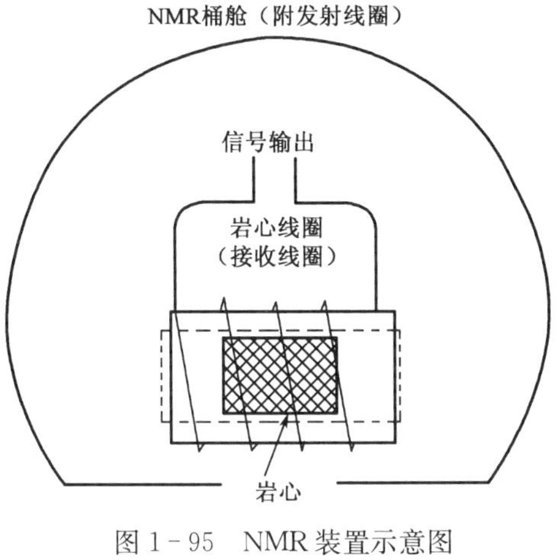

图 1－95　NMR 装置示意图

图 1－96　泥浆滤液的 NMR 图像

储层敏感性评价问题的研究进一步揭示了地层渗滤性质的变化及其产生的原因，也是近年来我国正在开展的科研课题。由于它对生产的重要性，有关储层敏感性评价的实验已在全国各油田广泛开展。可以预期，随着研究工作的向前发展，人们对储层的敏感性将会有更深的认识。

第八节　储层岩石的其他物理性质

储层岩石物性除了有粒度组成、比面、孔隙度、压缩性、饱和度、渗透率、敏感性等以外，还有储层岩石的热学性质、声学特性、导电性及放射性、力学性质、磁性、光学性质及其他性质等，本节主要介绍与油气藏勘探开发密切相关的储层岩石热学性质、声学特性、导电性和放射性、力学性质等，有关储层岩石的其他性质不再赘述。

一、储层岩石的热学性质

储层岩石的热学性质主要指岩石的比热、热容量、导热系数、热扩散系数等。研究地面原油管道输送、生产井筒及地层中的传热过程、采油措施优化和提高采收率方法（尤其稠油热力采油工程），都要涉及热力学计算问题，而岩石和流体的热学性质是热力学计算的必要参数。

1. 热容量

物质的热容量是指将单位体积物质的温度升高1℃所需的热量，单位为kJ/（m^3·℃）。储层岩石的热容量则是指将单位体积储层岩石的温度升高1℃所需的热量。考虑到储层岩石中饱和有流体，以饱和油、水流体为例，储层岩石的热容量计算式为：

$$M=\phi(\rho_o S_o c_o+\rho_w S_w c_w)+(1-\phi)(\rho c_p)_R \tag{1-167}$$

式中 M——储层岩石的热容量，kJ/（m^3·K）或kJ/（m^3·℃）；

ρ_o——油层条件下的原油密度，kg/m^3；

ρ_w——油层条件下的地层水密度，kg/m^3；

S_o、S_w——含油、水饱和度，%；

ϕ——油层孔隙度，%；

c_o、c_w——油层条件下的原油、地层水的比热容，kJ/（kg·℃）或kJ/（kg·K）；

$(\rho c_p)_R$——干岩石的热容量，kJ/（m^3·K）或kJ/（m^3·℃）。

2. 比热容

将单位质量的某种物质温度升高1℃所需要的热量称为该物质的比热容，简称比热，单位kJ/（kg·℃）或kcal/（kg·℃），（英制）Btu/（1bm·℉）。其公式为：

$$c=\frac{Q_h}{m(t-t_0)} \tag{1-68}$$

式中 c——比热容，J/（kg·K）；

Q_h——温度从t_0提高到t时所需热量，J；

t_0——起始温度，K；

t——最终温度，K；

m——物质的质量，kg。

表1-28是常用的不同岩石和油、水流体等的热力学参数，水具有最大的比热容，一般砂岩的比热容为0.837～1.315kJ/（kg·℃）或kJ/（kg·K）。干岩样的比热容0.766～0.846kJ/（kg·℃），饱和水的岩样的比热容为0.888～1.419kJ/（kg·℃），泥岩的比热容大于灰质砂岩的比热容。在压力不变的条件下，岩石的比热容与温度有关，比热随温度增加略有上升。由于不同物质的比热容不同，因此，真实储层岩石的比热容受岩石中所含的矿物成分、孔隙度大小、孔隙中流体类型与流体饱和度、地层水矿化度以及地层温度等的影响。岩石的孔隙度越大、含水饱和度越大、温度越高，比热容越高，在水的矿化度较小时更加明显。

3. 导热系数

热量可以从岩石较热部分传播至较冷部分，热量传播速度可以用导热系数描述。所谓导热系数是指在垂直热流方向的单位长度间，当两端温度差为1℃时，热量在单位时间内通过单位面积上的热量，单位 kJ/（h • m • ℃）或 W/（m • ℃）。其表达式如下：

$$\lambda = \frac{Q_h L}{\Delta t \cdot A \cdot \Delta T} \qquad (1-169)$$

式中 λ——导热系数，W/（m • K）；

Δt——热传导时间，s；

A——岩样的截面积，m^2；

ΔT——岩样两端的温度差，K；

Q_h——在 Δt 时间内通过岩样的热量，J；

L——岩样长度，m。

真实储层岩石的导热系数在相当大的程度上取决于岩石本身的矿物组成、孔隙度及含水饱和度。实验测出，水的导热性大约为空气的30倍，而矿物颗粒导热性比水的导热性大，油层导热系数 λ=1.3～1.6kcal/（m • h • ℃）＝130.4～160.5 kJ/（d • m • ℃）。常见的岩石的热传导系数见表1－28。

表1－28 岩石饱和水的比热容、导热系数和热扩散系数

岩石类型		密度 g/cm³	比热容 kJ/（kg • K）	导热系数 W/（m • K）	热扩散系数 $10^{-4}m^2/s$
干岩样	花岗岩	2.72	0.9169	2.219	—
	粘土	2.43	0.9755	1.047	—
	白云岩	2.67	0.9295	1.717	—
	致密结晶灰岩	2.48	0.8876	0.963	—
	多孔灰岩	—	0.6699	0.837	—
	砂岩	2.08	0.766	0.877	1.97
	粉砂岩	1.92	0.854	0.685	1.5
	页岩	2.32	0.804	1.043	2
	灰岩	2.19	0.846	1.701	3.29
	细砂岩	1.63	0.766	0.626	1.8
	粗砂岩	1.75	0.766	0.557	5.66
流体	水	0.998	4.1826	0.586	—
	空气	—	—	0.021	—
	油	0.790	2.0934	0.142	—
饱和水岩样	砂岩	2.27	1.055	2.754	4.13
	粉砂岩	2.11	1.156	2.612	3.84
	页岩	2.39	0.888	1.687	2.85
	灰岩	2.39	1.114	3.547	4.79
	细砂岩	2.02	1.419	2.751	3.45
	粗砂岩	2.08	1.319	3.071	4.01

4. 热扩散率

热量的传播会导致热传导方向的温度变化，可以用热扩散率或温度传导系数 α 描述温度随时间的变化速度。温度传导系数与比热容 c 和导热系数 λ 之间的关系为：

$$\alpha = \frac{\lambda}{c\rho} \tag{1-170}$$

式中 α——温度传导系数，m^2/s；

λ——导热系数，W/（m·K）；

c——比热容，J/（kg·K）；

ρ——岩石密度，kg/m^3。

式（1-170）说明，(1)热扩散系数 α 越大，即 λ 值大或 $c\rho$ 小，说明岩石的某一部分一旦获得热，该热量能在整个岩层中很快扩散，也即岩层内部温度具有趋于一致特性；(2)流体的比热容远大于岩层的比热容，而流体的热传导系数又小于岩层的热传导系数，因此，相对于干岩石而言，饱和了油水的岩石保温特性更好。常见岩石的温度传导系数 α 见表1-28。

二、储层岩石的导电性

岩石具有传导电流的特性称为岩石的导电性，各种岩石具有不同程度的导电能力。岩石的导电特性与储层岩性、储油物性和含油饱和度有着密切的关系。研究储层岩石导电特性的目的是根据测量的岩层电阻率判断岩性，划分油气水层，研究储集层的含油性、渗透性和孔隙性等。该方法和原理既可用于实验室内测定岩心的流体饱和度，也可用于电阻率测井。

1. 物质的导电机理

任何物质都具有导电性，其导电机理分为电子导电和离子导电。金属导电是典型的电子导电机理，而盐溶液导电是典型的离子导电机理。按导电机理不同，可把岩石大致分为两大类：离子导电的岩石和电子导电的岩石。

离子导电的岩石，主要靠岩石连通孔隙中所含溶液的正负离子导电，如沉积岩属于这种类型的岩石。它的电阻率的大小，主要决定于岩石孔隙中所含溶液的性质和浓度等。

电子导电的岩石靠组成岩石颗粒本身的自由电子导电，大部分火成岩属于这一类岩石，其电阻率主要由所含导电矿物的性质和含量来决定。

石油勘探开发所涉及的岩层主要是前者，即离子导电的沉积岩。沉积岩由造岩矿物的固体颗粒组成，这些固体颗粒称为岩石的骨架。砂岩固相物质除个别粘土矿物外，其导电性弱，因此电阻率很高。所以，孔隙性岩石的导电性取决于其孔隙的几何形态和其中的流体特性。油、气不导电，而溶有盐类的地层水具有导电性。水中盐离子的运动起导电作用，这是电解质导电。所以沉积岩的导电能力，主要取决于岩石孔隙中地层水的导电能力。

表1-29列出了一些主要岩石和矿物的电阻率。可以看出，不同岩石及矿物的电阻率变化范围很大；除金属矿物电阻率极低外，主要造岩矿物（如石英、长石、云母、方解石等）电阻率都很高。按岩石成因分析，大部分火成岩（如玄武岩、花岗岩等）电阻率都很高，而沉积岩的电阻率则比较低。

2. 物质的导电性与电阻率

纯物质的导电能力可用比电阻（又称电阻率）特性参数描述，由物理学已知，均质材料的电阻率定义为：横截面积为 $1cm^2$，长度为1cm的岩样，其电阻的欧姆数即为岩样的比电阻量值。它可用下式表示：

$$\rho = \frac{RA}{L} \tag{1-171}$$

式中 ρ ——岩样的比电阻，Ω·m；

R——岩样的阻抗，Ω；

A——岩样横截面积，cm^2；

L——岩样长度，cm。

纯物质的比电阻与其几何尺寸、形状无关。电导率是比电阻的倒数，单位为1/（Ω·m）。

纯矿物的导电性是由于其中存在游离的电子和离子所引起。除某些粘土矿物、氧化物、硫化物外（氧化物、石墨和煤等的电导率较大），大多数矿物的离子电导性和电子导电性都很小，并无多大实际意义，即大多数矿物的电导率一般很小，而比电阻则可达几千到几百万欧姆·米。

表1-29 主要岩石矿物的电阻率

名　称	电阻率，Ω·m	名　称	电阻率，Ω·m
粘土	$(1\sim2)\times10^2$	硬石膏	$10\sim10^6$
泥岩	5～60	石英	$10^{12}\sim10^{14}$
页岩	10～100	白云母	4×10^{11}
疏松砂岩	2～50	长石	4×10^{11}
致密砂岩	20～1000	石油	$10\sim10^{16}$
含油气砂岩	2～1000	方解石	$5\times10^3\sim5\times10^{12}$
贝壳石灰岩	20～2000	石墨	$10^{-6}\sim3\times10^{-4}$
石灰岩	50～5000	磁铁矿	$10^{-4}\sim6\times10^{-2}$
白云岩	50～5000	黄铁矿	10^{-4}
玄武岩	$500\sim10^5$	黄铜矿	10^{-3}
花岗岩	$500\sim10^5$		

真实储层岩石的骨架成分复杂，其电阻率由岩石矿物组成、孔隙度以及岩石的温度决定。岩石骨架中某些粘土矿物、氧化物、硫化物的存在可以改变岩石的导电性，这是由于粘土颗粒与溶液间易发生离子交换，从而改变电流的缘故。

实验室可以通过岩石的岩电实验测定真实储层岩石骨架的电导率和比电阻。各种岩石的比电阻范围如下：粘土约为0.16～30Ω·m；砂层为0.5～1000Ω·m；砂岩为$20\sim10^9$ Ω·m;石灰岩为$200\sim10^9$Ω·m，方解石为$5\times10^7\sim5\times10^{12}$Ω·m，石英为$1.2\times10^{12}\sim3.2\times10^{14}$Ω·m；砾岩为$52\sim4.4\times10^3$Ω·m；页岩为10～1000Ω·m。油层中粘土含量越高，则其电导性越大。

3. 含流体岩石的导电特性

地下油气储层岩石不仅由各种矿物组成，而且其孔隙中还饱和了油、气、水流体。地下真实储层的导电特性取决于岩石骨架矿物成分、孔隙度、含油和含水饱和度、水的化学组成以及岩石的温度。

1）地层水电阻率与盐类化学成分的关系

地层水的电阻率，取决于其溶解盐的化学成分、溶液含盐浓度和地层水的温度。

油气储层地层水中，主要含有NaCl、KCl、Na_2SO_4、$MgSO_4$、$CaSO_4$等盐类，这些盐

类具有不同的电离度，它们的离子具有不同的离子价和不同的迁移率，使得地层水电阻率也不同。电离度大，盐分子离解为离子的百分比高，离子数目多，地层水电阻率小；离子价高，离子携带的电荷多，地层水电阻率小；离子迁移率大，运动速度快，地层水电阻率小。表 1－30 为几种盐类溶液在温度 18℃、浓度为 10g/L 时的电阻率。

表 1－30　几种盐类溶液的电阻率（t＝18℃）

盐　溶　液	NaCl	KCl	$CaCO_3$	Na_2SO_4	$MgSO_4$
电阻率，Ω·M	0.55	0.7	0.47	0.95	1.4

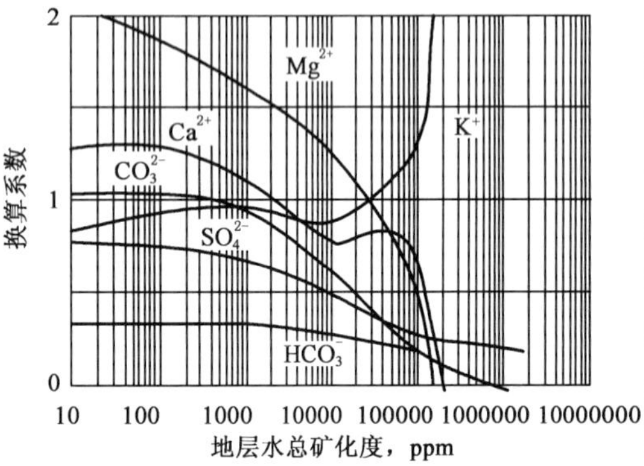

图 1－97　等效 NaCl 含量的换算系数图版

实际地层水含的盐类主要为 NaCl，因此可把地层水近似地处理为氯化钠溶液。如果地层水含有较多的除 NaCl 以外的其他盐类，则可把每一种离子的含量乘以适当的系数，将其转化为等效的 NaCl 含盐量，然后根据等效的 NaCl 含盐量求地层水电阻率。其换算系数如图 1－97 所示。图版的横坐标为水样的总矿化度（表示含盐量，单位为 ppm，即 mg/L），纵坐标表示各种离子的换算系数。求等效 NaCl 含盐量时，根据水样的总矿化度，从图版相应曲线上查出各种离子的换算系数，然后分别乘上每种离子的矿化度（ppm），把各种离子换算后的矿化度加起来，就得到等效的氯化钠矿化度。

［**例 1－1**］　已知地层水样品分析结果为：Ca^{2+} 的矿化度为 460ppm，SO_4^{2-} 的矿化度为 1400ppm，Na^+ 和 Cl^- 离子的矿化度为 19000ppm，求总矿化度和等效的氯化钠矿化度。

解：（1）总矿化度为：460＋1400＋19000＝20860（ppm）

（2）从图版横坐标 20860 处，求得 Ca^{2+} 的系数为 0.81，SO_4^{2-} 的系数为 0.45，用相应的系数乘上其矿化度的数值，则等效氯化钠的矿化度为：

$$460\times0.81+1400\times0.45+19000=20000\ (\text{ppm})$$

2）地层水电阻率与溶液浓度及温度的关系

地层水含盐浓度增加，使离子数目增多，溶液导电性增强，电阻率降低。当溶液的温度升高时，使离子的迁移率增大，溶液的导电性增加，电阻率降低。岩层中的某些盐类由于温度升高，溶解度增大，使溶液的离子浓度增加，电阻率降低。

实验室测量的 NaCl 溶液电阻率与其浓度和温度之间的关系如图 1－98 所示。

［**例 1－2**］　已知 NaCl 溶液矿化度为 20000ppm，求在 100℃时电阻率。

解：在图版（图 1－98）上找到矿化度为 20000ppm 的曲线，即曲线 8。由该点沿斜线往下与温度为 100℃的水平线相交于 D，交点的横坐标为 0.11Ω·m，即溶液在 100℃的电阻率为 0.11Ω·m。

根据以上讨论可以看出：地层水电阻率与含盐浓度成反比，随温度增加而减小，温度每升高 1℃，地层水电阻率约减小 2%；不同盐类的地层水的电阻率也不同。

因为岩石电阻率与岩石内地层水电阻率成正比，所以岩石电阻率与孔隙中所含地层水溶液的性质、矿化度及温度之间的关系，就相当于地层水电阻率与溶液成分、矿化度及温度之间的关系。也就是说岩石电阻率与地层水矿化度、温度之间存在反比关系。

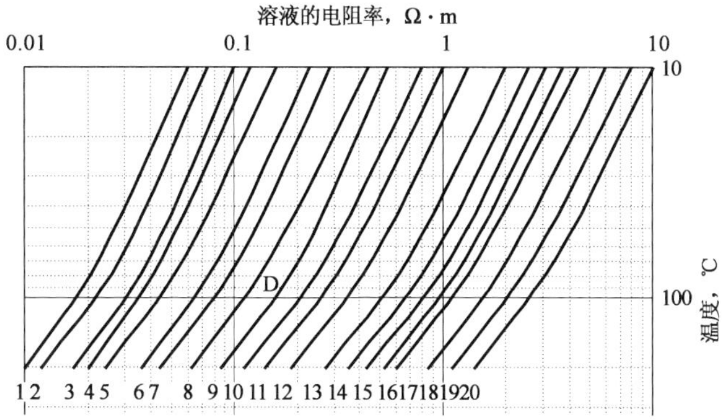

曲线	1	2	3	4	5	6	7	8	9	10
矿化度，ppm	200000	1600000	100000	80000	60000	40000	30000	20000	14000	10000
曲线	11	12	13	14	15	16	17	18	19	20
矿化度，ppm	8000	6000	4000	3000	2800	2000	1700	1200	900	700

图 1－98　NaCl 溶液的电阻率与其浓度和温度之间的关系

3）含水岩石电阻率与孔隙度的关系

沉积岩的导电能力，主要取决于单位体积岩石中孔隙体积（即孔隙度）和地层水电阻率。岩石孔隙度越大，地层水电阻率越低，岩石的导电能力就越强，电阻率就越低；反之，岩石孔隙度越小，地层水电阻率越高，岩石导电能力就越差，电阻率就越高。

当砂岩的颗粒之间有胶结物存在时，因为胶结物电阻率一般比较高，对电流起阻碍作用，使电流经过的路径变得更曲折，相当于导体的长度增加，导体横截面积变小。因而胶结砂岩的导电能力比未胶结砂岩差，胶结砂岩的电阻率高。

从以上分析可以看出，含水砂岩电阻率取决于地层水电阻率、孔隙度、胶结情况及孔隙形状。而胶结情况及孔隙形状决定于岩性。

为了找出岩石电阻率与孔隙度的关系，可先固定岩性这一因素（即采用相同岩性岩石），以便研究含水岩石电阻率与地层水电阻率、岩石孔隙度之间的关系。实验证明：对于给定的岩样，孔隙中完全含水岩石电阻率 R_o 与地层水电阻率 R_w 呈正比关系，即 R_o/R_w 为一常数。这个比值只与岩石的孔隙度和胶结情况、孔隙形状有关，而与饱和在岩样中的地层水电阻率无关，通常称 R_o/R_w 比值为岩石的地层因子或相对电阻，用 F 表示，即：

$$F=\frac{R_o}{R_w} \tag{1-172}$$

式中　F——地层因子或相对电阻，无量纲；

R_o——100％饱和电阻率为 R_w 的地层水时的岩层电阻率，Ω·m；

R_w——地层水电阻率，Ω·m。

下面推导岩石的电性参数与其他物性参数之间的关系。如图 1－99 所示，方块 a 为 100％盐水，截面积为 A，长为 L，电阻率为 R_w。电流从 A 面流入，沿 L 方向流动，其电阻为：

$$r_1=\frac{R_w L}{A} \tag{1-173}$$

方块 b 是 100％饱和电阻率为 R_w 的盐水的多孔介质，其尺寸与方块 a 相同。考虑到其中的固体骨架不导电，电流是从充满孔隙的盐水中通过的，假设这部分有效的导电截面积为 A_a。这时电流流过的路程是沿孔隙通道 L_a 完成的，其实际路程 L_a 比孔隙边长 L 长。方块 b

的电阻 r_2 可由下式求出：

$$r_2 = \frac{R_w L_a}{A_a} \tag{1-174}$$

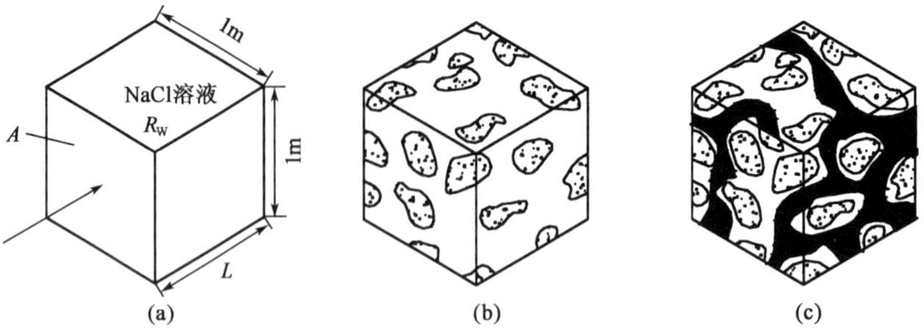

图 1-99　三种导电单元体

(a) 盐水单元体；(b) 孔隙介质（100%盐水）；(c) 孔隙介质（饱和油和盐水）；白色为盐水、图及圈为岩石、黑色为油

用 R_o 表示 100%饱和电阻率为 R_w 的地层水时的岩层电阻率，根据电阻率的定义，得：

$$R_o = \frac{r_2 A}{L}$$

将式（1-174）代入，得：

$$R_o = \frac{R_w L_a A}{L A_a}$$

将上式代入式（1-172），得：

$$F = \frac{R_o}{R_w} = \frac{L_a/L}{A_a/A} = \frac{\sqrt{\tau}}{A_a/A} \tag{1-175}$$

式中　τ——迂曲度。

可见，孔隙介质的导电特性和岩石本身的物性参数之间存在一定关系。地层因子 F 是岩石孔隙度和孔隙几何形状的参数。不同的研究者建立不同的孔隙结构模型，得到不同的公式，但可概括为下面的一般形式：

$$F = C\phi^{-m} \tag{1-176}$$

常数 C 受迂曲度影响，由于 $C=L_a/L$，所以其值等于 1 或大于 1。理论上讲应在 1 到 2 之间。m 与孔隙空间减少或电流通道减少有关。

Winsaner 利用测量离子在孔隙介质中的迁移时间来确定其迂曲度，其关系如下：

$$\left(\frac{L_a}{L}\right)^{1.67} = F\phi \tag{1-177}$$

1942 年，Archie 提出下面的关系式

$$F = \phi^{-m} \tag{1-178}$$

式中　ϕ——孔隙度，小数；

m——胶结系数，对胶结岩石来讲，m 在 1.8～2.0 之间，非胶结介质大约为 1.3。

各种地层因子关系式的比较如图 1-100 所示。

在双对数坐标系中，纵坐标表示地层因素 F，横坐标表示孔隙度 ϕ，F 与 ϕ 有近似直线关系，根据这条曲线的直线段，可将 F 与 ϕ 的关系式写为如下形式：

$$F = \frac{R_o}{R_w} = \frac{a}{\phi^m} \tag{1-179}$$

式中　R_o——孔隙中 100%充满地层水时的岩石电阻率，Ω·m；

m——胶结指数，随岩石胶结程度而变化；

R_w——地层水电阻率，Ω·m；

a——比例系数，不同岩性有不同的数值；

ϕ——岩石连通孔隙度，%。

图1-101是我国某些油田的F和ϕ的关系曲线图，从图上可以看出：在双对数坐标纸上，F与ϕ为线性关系。

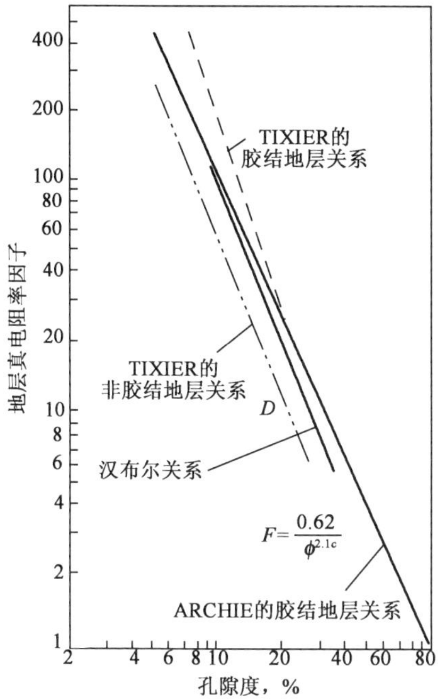

图1-100 各种地层因子关系式的比较

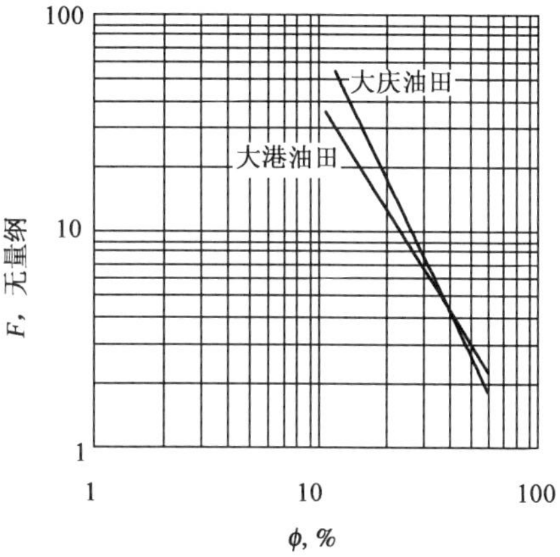

图1-101 某些油田F与ϕ的关系

4）含油岩石电阻率与含油气饱和度的关系

当砂岩的孔隙中不仅含水，而且含有油时，在连通的条件下，水处于颗粒表面（亲水砂岩），油处于孔隙的中央部位，四周被水包围着。由于石油电阻率很高（10^9～10^{16}Ω·m），所以岩性相同的含油岩石与含水岩石相比，电流的路径变得更曲折，相当于导体长度增加，导体横截面积变小，因而含油岩石电阻率比含水岩石大，岩石含油越多（即含油饱和度越高），岩石电阻率就越高。因此，含油岩石电阻率除了与岩石的孔隙度、胶结情况及孔隙形状有关外，还与油水在孔隙中的分布状况及含油饱和度和含水饱和度有关。

岩石电阻率与含油饱和度之间的关系，可以通过简化的孔隙模型推导或通过实验资料整理计算出来。既含有水又含有烃类的孔隙介质如图1-99（c）所示，其有效导电面积减少为A'_a，路径长度是L'_a，与前面的推导类似，图1-99（c）的电阻为：

$$r_3=\frac{R_w L'_a}{A'_a} \tag{1-180}$$

将饱和流体（水和油）的孔隙介质的电阻率定义为：

$$R_t=\frac{r_3 A}{L}$$

代入式（1-180），得：

$$R_t=\frac{R_w L'_a}{L A'_a} \tag{1-181}$$

岩石导电性的另一个基本概念是电阻率指数（Resistivity Index），也称电阻指数 I。它表示含油岩石的电阻率 R_t 与该岩石完全充满地层水时的电阻率 R_w 的比值，即：

$$I=\frac{R_t}{R_w} \tag{1-182}$$

也可表示为：

$$I=\frac{A_a/A'_a}{L_a/L'_a} \tag{1-183}$$

式（1-183）表明，电阻指数是电流流经的有效路径和有效截面积的函数，它既取决于孔隙结构参数，又与饱和度有关。因为采用比值的方法，电阻指数消除了地层水电阻率、岩石孔隙度和孔隙形状等因素的影响，当岩性一定时，它只与岩石含油饱和度有关。

实验方法通常选取一个有代表性的岩样，在实验室内先测出其完全含水时的电阻率 R_o，然后向完全含水岩样逐步挤入石油，同时不断测出在不同含油饱和度 S_o 时相应的含油岩样电阻率 R_t，即可得到电阻指数。

不同岩性的岩石研究结果，都可得到规律相同的实验公式，表示如下：

$$I=\frac{R_t}{R_o}=\frac{b}{S_w^n}=\frac{b}{(1-S_o)^n} \tag{1-184}$$

式中 S_o——含油饱和度，小数；

n——饱和度指数；

S_w——含水饱和度，小数；

b——系数。

指数 n 和系数 b 与岩性有关，不同地区地层的 n 和 b 值不同，可用实验方法确定。当知道 n 和 b 之后，可利用建立的公式或 I 与 S_o 的关系曲线，求出地层的含油气饱和度。

烃类是不导电的，所以，储层中烃类的饱和度越大，其电阻率也越大。

电阻指数公式［式（1-184）］是电测井方法中一个十分有用的公式，是一个表示岩石电阻率与含水饱和度关系的经验公式。公式表明，电阻指数是含水饱和度及电流路径的函数，即：

$$I=C'S_w^{-n} \tag{1-185}$$

$$I=R_t/R_o$$

式中 C'——迂曲度函数。

Archie（阿尔奇）总结分析了大量实验数据，建议用下面的形式表示电阻指数：

$$I=S_w^{-2} \tag{1-186}$$

William 由胶结岩石的测试结果，得出：

$$I=S_w^{-2.7} \tag{1-187}$$

图 1-102 是 Archie’s 公式与其他数据的比较，表明了电阻率与含水饱和度的关系。

根据实验结果，在双对数坐标中，纵坐标表示电阻指数 I，横坐标表示含油饱和度 S_o，I 与 S_o 有近似直线关系。图 1-103 是我国某些油田 I 与 S_o 的实例，图中三条曲线是分别来自三个不同油田的数据。

4. 电阻率的测定

图 1-104 是四电极测试电阻率的流程及电路示意图。用稳态驱替法可改变岩心中的油水饱和度，从而测得不同 S_w 时岩心中相应的电阻率 R_t。

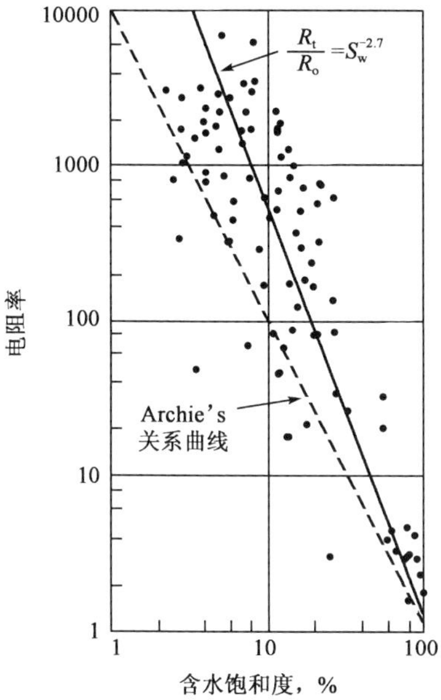

图 1-102 电阻率与含水饱和度的关系

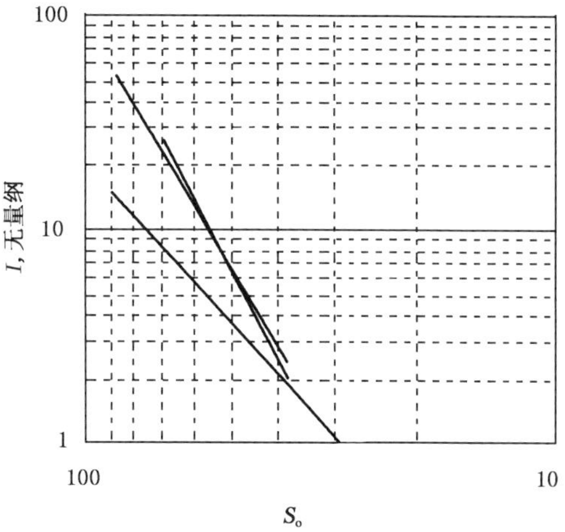

图 1-103 含油饱和度 S_o 与 I 的关系

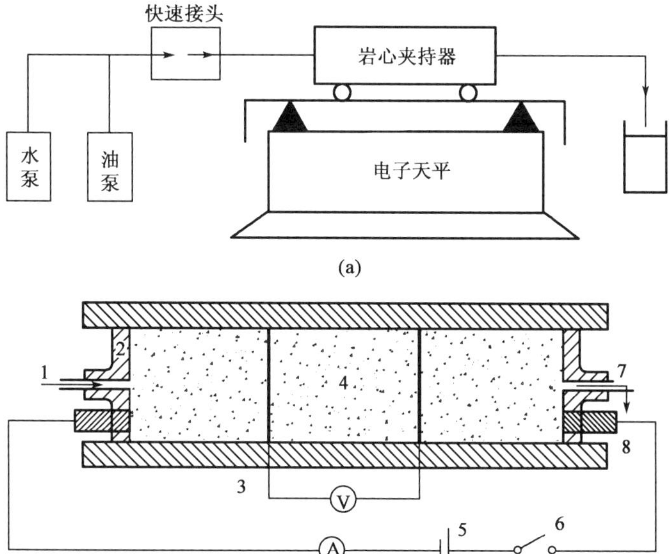

图 1-104 四电极测试电阻率的流程及电路示意图

(a) 流程图；(b) 电路图

1—流体入口；2—岩心端头压差；3—胶皮筒；4—岩心；5—电源；6—开关；7—流体出口；8—电极

三、储层岩石的声学特性

声波是由物质的机械振动引起的，它通过质点间的相互作用，在介质中将振动由振源向四周传播。声波在介质中按纵波和横波两种方式传播。在大多数岩石中纵波与横波的速度比约为 1.73。因为纵波速度快，研究方便，故在应用上多以研究纵波在岩石中的传播规律为主，如声波测井就是如此。

岩石密度是决定地层声速大小的重要因素，岩石密度越大，则声波速度也越大。由于不同岩石的弹性和密度不同，因此当声波在岩石中传播时，各类岩石中声波的传播速度也不同。一些常见的介质和沉积岩石的纵波速度见表1-31。岩石密度又与岩石孔隙度有密切关系：岩石孔隙度越大，则密度越小，声波的传播速度也就越小。声波测井的原理便是根据这一特性而来，它是利用井下声波源发射声波，声波在岩层中传播，由两个相距一定距离的接收器接收所得的时间差就可反映地层声速的大小，即可通过经验公式计算出地层的孔隙度。

表1-31 油气田常见介质及沉积岩的纵波速度（据张守谦，1997）

介　质	声速，m/s
空气	330
甲烷	442
石油	1070～1320
水、一般泥浆	1530～1620
疏松粘土	1830～2440
泥岩	1830～3962
渗透性砂岩	2500～4500
盐岩	4600～5200
致密石灰岩	7000

近年来，利用声波传播原理，发展起来物理法增产技术，如油藏人工地震增产技术、井下超声波增产技术等。

四、储层岩石的放射性

自然界的岩石和矿物均不同程度的具有一定的放射性，因此，储层岩石的自然放射性也是其基本物理特性之一，由此而发展起来的自然放射性测井在油田和实验室均得到广泛应用。

自然界存在着许多天然放射性同位素，岩石中主要含放射性元素有铀、钍、锕以及放射性同位素钾。这些放射性元素的原子在衰变过程中放出α、β、γ射线而形成岩石的自然放射性。由于岩石中含放射性元素的多少不同，故不同的岩石自然放射性强度也不相同。一般来说，三大岩石中，岩浆岩的自然放射性最强，变质岩次之。在沉积岩中，放射性强度最高的岩石有膨土岩，火山灰放射性软泥等；最低的岩石有硬石膏、石膏、不含钾的盐岩等。

一般情况下，在不含放射性矿物的地层中，地层自然放射性的强度主要取决于其泥质含量的多少。通过对岩石放射性的研究，可以确定储层岩石的类型，以及有效的生、储、盖层，从而为勘探开发提供依据。

在实验室，若要判断钻井所取岩心的准确深度，就需将所取岩心柱在室内由自然伽马仪进行检测，得出γ曲线，然后与井下所测得的自然γ曲线相对比，即可准确判断出岩心在地层中的位置深度。

五、储层岩石的力学性质

对于裂缝性储集层以及对油气层进行压裂改造，岩石的力学性质将起重要作用，关于这方面内容是一门专门的学科，这里仅讨论沉积岩石力学性质的一般概念及常用参数。

岩石在力的作用下所表现的性质，称为岩石的力学性质。岩体同其他固体材料一样，在不大的力的作用下，首先发生变形；增大作用力，变形量随之增加；当力和（或）变形量超过一定的限度以后，即发生破坏。在这一过程中，可将岩体的力学性质分为其承受力的作用而发生变形的性能（即变形性）和抵抗力的作用而保持其自身完整的抗破坏性性能（即抗破坏性）进行研究。总之，在作用力不断增大的过程中，岩体的变形和破坏是一个统一的连续的过程，破坏是累进性的。

描述岩石力学性质的有关参数介绍如下：

（1）静弹性模量：它定义为岩石承受应力后所形成的应力——应变曲线的斜率。在许多砂岩储层中，静弹性模量与岩石孔隙度常有密切关系，可以建立两者之间的统计公式，或者根据静弹性模量来预测孔隙度，或者是用孔隙度来预测静弹性模量。

（2）泊松比：定义为岩石受力后的水平应变（径向应变）和垂直应变（轴向应变）之比。泊松比是反映岩石强度的重要参数，泊松比也与岩石物性有间接关系，凡是岩石孔隙度高，则其强度一般较弱。目前在用地震资料求取岩层孔隙度时，常用泊松比作为中介值。

（3）抗张强度：定义为岩石受力后发生裂开时的强度。它与岩石的岩性、胶结程度、物性等有密切的关系，抗张强度直接反应了岩层形成断裂或裂缝的难易，它也是人工制造地层裂缝时所必需的基础资料。

（4）抗压强度：它定义为岩石承受应力而被压碎时的强度，这一强度数值在建筑业上特别重要，在油藏工程中用得较少。

为了对上述四个参数有概括的了解，表 1－32 列出了某些沉积岩的力学性质。

表 1－32　某些沉积岩的力学性质（据水力压裂手册，1972）

岩石性质	杨氏模量，MPa	泊松比	抗压强度，MPa	抗张强度，MPa
Hassi-Messaoud 砂岩	(3～5) ×10^4	0.14～0.21	110～125	2～9
EIAgreb 砂岩	(4～5.5) ×10^4	0.20	135～155	—
Zarxaitine 砂岩	4.5×10^4	—	—	—
Vosges 砂岩	(1.25～2.35) ×10^4	—	30～40	3～5
Fontainebleau 砂岩	(3～4) ×10^4	—	70～74	—
粘土质砂岩（35%粘土）	(0.5～0.9) ×10^4	—	70～74	—
Bituminous 砂岩	(3～6) ×10^4	0.25～0.30	16～26	—
Saint-Maximin 石灰岩	(6.6～8.2) ×10^4	0.19～0.25	9～12	1～1.2
Rouffach	—	—	45～70	—
泥灰岩	(8～10) ×10^4	0.41	—	—
Tersanne 盐岩	5×10^4	0.39	15～20	—

六、储层岩石的铸体技术

1. 岩石铸体技术概述

油、气储集岩的性质与特征的研究，可以从宏观与微观两方面着手。现代石油技术的发展，为这两方面的研究提供了极为有利的条件。例如，电子显微镜、高速离心机、压汞技术、岩石的铸体技术以及计算机的利用与发展，已将储集岩的微观孔隙空间形态、微观孔隙结构特征以及微观排驱效率的探索与研究等推进到一个新的阶段。

从 20 世纪 60 年代中期开始，国外从方法理论、测定技术以及矿场应用方面对岩石的铸体技术作过广泛的探索和研究，并已取得一定的进展。七十年代初以来，国内也开展了大量的岩石铸体技术研究，并取得了大量的资料与数据。初期是利用岩石铸体或铸体薄片研究孔隙形态和岩性结构特征为主，近年来提出了应用岩石铸体技术，研究非均质砂岩储层的微观孔隙空间形态，以及定量研究非均质储层的孔隙结构等，进一步扩大了铸体技术的理论和应用研究范围。

2. 铸体技术

岩石的铸体技术又称体视技术，就是在真空或一定的压力下，把带色物质，例如，染色的环氧树脂或有机玻璃单体以及伍德合金等灌注入事先经抽提、洗净、烘干的岩样孔隙内，待灌注物质在孔隙内固化后，在岩样上定向切制薄片及扫描方块。对于均质岩石，利用这种薄片就可进行岩石薄片的二维平面研究，成为三维岩样研究的基础。物质染色，是便于把岩石颗粒和孔隙空间区别开来。利用这种薄片可以用来研究岩石的孔隙形状、岩性特征、结构特征以及孔隙大小的分布。同时，把一个正方网格（由等分的横线与垂直线组成）重叠于已预制好的岩石薄片表面的显微照片之上，统计出所需要的参数，就可根据公式算出各项物性参数，如孔隙度、渗透率、比面、平均孔隙宽度、平均颗粒直径、颗粒的球度等。扫描方块用酸溶蚀（碳酸盐岩用盐酸，砂岩用氢氟酸）制成铸体骨架，然后洗净、镀膜，用电子扫描显微镜观察并拍摄照片。

根据储层岩石的孔隙铸体薄片以及电子扫描显微照片所反映出的孔隙及喉道的形态特征及大小，并与孔隙度、渗透率、比面、以及与不同大小孔隙分布的概率图（孔隙大小分布的频率图）等相结合，就可揭示出储层岩石的孔隙结构特征。

这种方法具有直观、形象、真实的优点。它既可应用于均质储层，也可应用于非均质的砂岩储层。

习　题

一、掌握下述基本概念及基本定律

1. 粒度组成
2. 均匀系数
3. 分选系数
4. 岩石的比面（S、S_p、S_s）
5. 岩石孔隙度（ϕ_a、ϕ_e、ϕ_f）
6. 储层岩石的压缩系数
7. 地层综合弹性压缩系数
8. 储层岩石的饱和度（S_o、S_w、S_g）
9. 原始含油、含水饱和度（束缚水饱和度）S_{oi}、S_{wi}
10. 残余油饱和度
11. 岩石的绝对渗透率
12. 气体滑脱效应

13. 克氏渗透率

14. 达西定律

15. 等效渗流阻力原理

16. 粘土矿物

17. 速敏

18. 水敏

19. 盐敏

20. 酸敏

二、分析及简答

21. 粒度组成测定的方法有哪些？其基本原理是什么？

22. 粒度组成的表示方法有哪些？其定量分析可用哪些参数？

23. 粒度组成分布规律有哪些？

24. 图1为两岩样的粒度组成累积分布曲线，请定性画出与之对应的粒度组成分布曲线，标明坐标并对曲线加以定性分析。

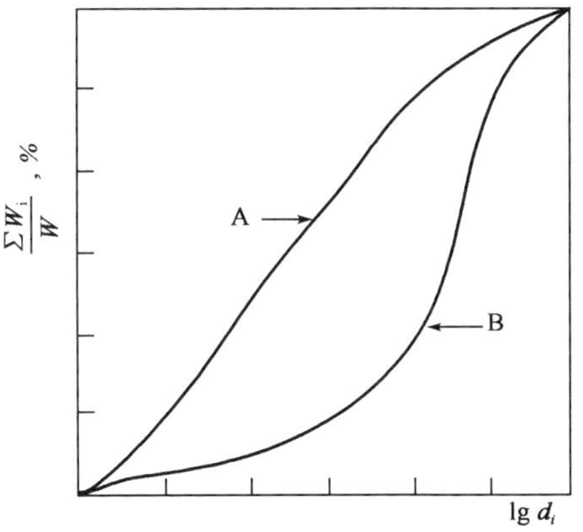

图1

25. 比面测算的方法有哪些？

26. 在用马略特瓶测定比面的实验中，为什么压差稳定在某一高度 H 值后，用量筒计量流出的水量 Q_0 与通过岩心的空气量相等。

27. 当岩心饱和有一定液体时，能否用马略特瓶测定岩心的比面，为什么？

28. 研究比面的意义是什么？

29. 表示孔隙大小分布的方法有哪些？实际岩石中的孔隙一般按大小可分为哪几类？

30. 岩石孔隙度的一般变化范围是多少？ϕ_a、ϕ_e、ϕ_f 的关系怎样？常用测定孔隙度的方法有哪些？影响孔隙度大小的因素有哪些？

31. “1达西”的物理意义是什么？渗透率 K 常用单位是什么？写出其相互换算关系。

32. 利用达西公式测定岩石绝对渗透率必须满足的条件是什么？其岩石绝对渗透率值的大小仅取决于什么参数？与通过岩心的流体性质是否有关？

33. 储层岩石渗透率的一般变化范围是多少？

34. 分别用液体和气体测定低渗透性岩石渗透率，其测定值谁大？为什么？如何消除其影响？

35. “岩石的孔隙度越大，其渗透率也越大”，这种说法对吗？为什么？

36. 影响饱和度的因素有哪些？常用测定饱和度的方法有哪些？对于含有结晶水矿物的岩心测定其饱和度时应采用什么方法，为什么？

37. 胶结物的成分有哪些？胶结类型可分为哪几类？

38. 胶结物中常见的敏感矿物有哪些？其各自的敏感特性是什么？

39. 储层敏感性评价的目的意义何在？你认为造成地层损害的原因有哪些？

40. 储层敏感性评价试验包括哪几方面？

41. 简述实验室测定岩石孔隙度的基本原理。

42. 简述实验室测定岩石渗透率的基本原理及数据处理方法，并画出实验仪器的流程图，指出各仪器部件的名称。

43. 测定岩石碳酸盐含量的目的是什么？

三、计算及推导

44. 试推导含有束缚水的油藏的综合弹性压缩系数计算式：

$$C^* = C_f + \phi(S_o C_o + S_w C_w)$$

式中 C^*——地层综合弹性压缩系数；

C_f——岩石的压缩系效；

C_o——原油压缩系效；

C_w——地层水压缩系效；

S_o、S_{wi}——含油饱和度和束缚水饱和度。

45. 试推导下关系式：

$$S = \phi S_p = (1-\phi) S_s$$

式中 S、S_p、S_s——以岩石外表体积、孔隙体积、骨架体积为基准的比面；

ϕ——岩石孔隙度。

46. 试推导由粒度组成资料估算比面的公式：

$$S = C\frac{6(1-\phi)}{100}\sum_{i=1}^{n} G_i/d_i$$

式中 S——以岩石外表体积为基准的比面；

ϕ——岩石孔隙度；

G_i——颗粒平均直径为 d_i 的含量；

d_i——i 种颗粒的平均直径。

47. 从达西公式出发推导气体岩石渗透率的计算公式，并指出各符号的含义。

$$K_a = \frac{2Q_o p_o \mu L}{A(p_1^2 - p_2^2)}$$

48. 由实验测得某一砂岩的孔隙度为 23% 和以岩石外表体积为基准的比面为 950cm²/cm³，试估算该砂岩岩样的渗透率（τ 分别取 1 和 1.4）。

49. 两岩样的粒度分析数据（不同筛选直径的质量分数）如下表：

岩样号	孔隙度,%	筛选直径，mm					
		1～0.5	0.5～0.25	0.25～0.1	0.1～0.05	0.05～0.01	<0.01
1	27.0	5.05	53.35	24.70	7.95	5.75	3.05
2	28.3	0	2.95	76.15	10.5	5.4	4.7

设校正系数 C=1.3。

(1) 绘出粒度组成分布曲线和粒度组成累积分布曲线；

(2) 计算出两样品的不均匀系数和分选系数；

(3) 求各岩样的比面；

(4) 从上述计算结果分析对比，你能得出怎样的结论。

50. 已知一干岩样质量为 32.0038g，饱和煤油后在煤油中称得质量为 22.2946g。饱和煤油的岩样在空气中称得质量为 33.8973g，求该岩样的孔隙体积、孔隙度和岩样视密度（煤油的密度为 $0.8045g/cm^3$）。

51. 某一岩样含油水时质量为 8.1169g，经抽提后得到 $0.3cm^3$ 的水。该岩样烘干后质量为 7.2221g，饱和煤油后在空气中称得质量为 8.0535g，饱和煤油的岩样在煤油中称得质量为 5.7561g，求该岩样的含水饱和度和含油饱和度及岩石的孔隙度。油密度取 $0.8760g/cm^3$，水密度取 $1g/cm^3$，煤油密度取 $0.8g/cm^3$。

52. 已知一岩样含油、水时总质量为 6.5540g，经抽提烘干后质量为 6.0370g，抽提时所得水体积为 $0.3cm^3$，由煤油法测得岩样的孔隙度为 0.25，设岩样的视密度为 $2.0g/cm^3$，原油密度为 $0.8750g/cm^3$，水的密度为 $1g/cm^3$，试求此岩样的含油、含气、含水饱和度各为多少？

53. 某岩样长 10cm，截面积为 $2cm^2$，在 1.5atm 的压差下，通过粘度为 2.5cP 的油，其流量为 $0.0080cm^3/s$，若岩样为油 100%饱和，试问其绝对渗透率为多少？在同一岩样中，若岩样 100%为粘度等于 0.75cP 的盐水所饱和，试问在 2.5atm 的压差下其流量为多少？

54. 有一岩样长 2.77cm，直径为 3.35cm，在 20℃时用盐水 100%饱和并通过它，盐水的粘度为 1cP，岩样两端的压差为 251mmHg，出口压力为 1atm，其流量为 $0.02cm^3/s$，求用该盐水通过时岩样的渗透率为多少？若改用粘度为 0.0175cP 的气体 100%饱和并通过上述岩样，在压差为 25mmHg，出口压力为一个大气压时，得气体流量为 $0.12cm^3/s$。求气测岩样的渗透率，并对比气测和盐水测的结果。

55. 有一岩样在满足“达西渗流条件下”，用纯油测得的渗透率为 300mD，若改用纯气体在进口压力为 10atm，出口压力为 5atm 时，测得的渗透率为 420mD，求用该气体作气源，在进口压力为 14atm、出口压力为 1atm 时所测得的渗透率为多少？

56. 已知某一低饱和油藏中含束缚水 24%，并分析得油、水和岩石压缩系数 $C_o=70\times10^{-5}$ 1/atm，$C_w=4.5\times10^{-5}$ 1/atm，$C_f=1.4\times10^{-5}$ 1/atm，并测得油藏孔隙度为 27%，试求该油藏的综合弹性压缩系数。若油藏含油体积为 $1500\times10^4m^3$，原始地层压力为 270atm，原油的饱和压力为 200atm，试估算该油藏的弹性可采储量。

57. 某井取心分析得孔隙度和渗透率数据如下表：

编　号	取心深度，m	取心层段厚度，m	孔隙度，%	渗透率，mD
1	2280.22～2280.96	0.76	12.5	0.80
2	2280.98～2286.22	5.24	3.82	0.25
3	2286.22～2289.20	2.98	28.1	0.21
4	2289.20～2290.00	0.80	29.5	0.20
5	2290.00～2290.85	0.85	16.8	0.15

试求：（1）孔隙度和渗透率的算数平均值；

（2）孔隙度和渗透率的加权平均值（按厚度加权）；

（3）以储集能力相等（即孔隙体积相等）计算等效孔隙度（即 $\bar{\phi}$）；

（4）以渗流阻力相等计算等效渗透率值（即 $\overline{K}$）。

注：假设各取心层段的含油面积均为 A，且考虑孔隙度和渗透率在平面上均相等。

58. 有一横向非均质岩石如下图，由实验测得各区域内的孔隙度和渗透率值分别为：ϕ_1

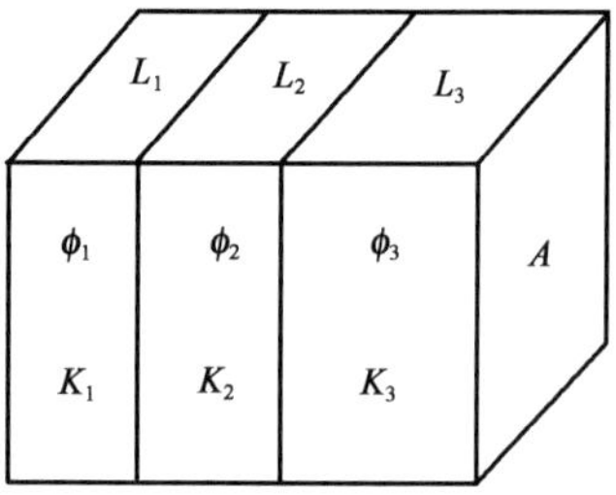

$=18\%$，$\phi_2=22\%$；$\phi_3=24\%$；$K_1=160\text{mD}$，$K_2=320\text{mD}$，$K_3=350\text{mD}$；$L_1=3\text{cm}$，$L_2=14\text{cm}$，$L_3=11\text{cm}$。

（1）用算术平均法计算该岩石的平均孔隙度和平均渗透率；

（2）以储集能力相等计算岩石的平均孔隙度；

（3）以渗流能力为等效依据计算岩石的平均渗透率。

59. 某油层岩石按孔隙度大小分布曲线求出平均孔隙半径 $r=1\times10^{-4}$ cm，孔隙度 10%，试计算它的渗透率（$\tau=1$）。

60. 某油田深层系地层中含有一定量的伊/蒙混层，绿/蒙混层、膨胀性绿泥石和伊利石，因此存在发生水敏损害的可能，为此对三块油层岩心进行水敏试验。首先用地层水测出岩心的渗透率 K_f，然后用次地层水（降低一半浓度的地层水）测出岩心渗透率 K_{af}，最后纯水测得岩心渗透率为 K_w：测试数据见下表：

岩　心　号	K_f，mD	K_{af}，mD	K_w，mD
1	251.0	188.3	191.0
2	100.0	85.3	55.5
3	3.79	2.36	1.01

试求：（1）各岩心的水敏指数为多少？

（2）各岩心水敏程度评价如何？

61. 某地层岩心用煤油作为流体做速敏试验，整理实验数据并绘制 $K/K_\infty \sim Q$ 关系曲线（如下图）。

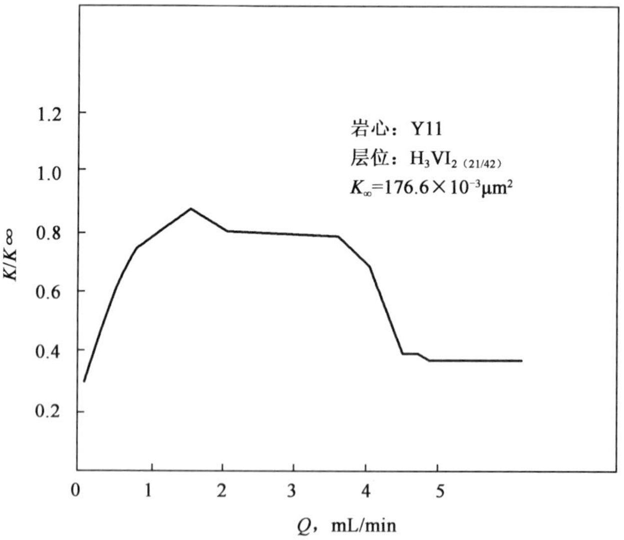

（1）试确定其临界流速大小；

（2）从此速敏试验结果分析，你有何结论和建议。

参考文献

[1] 何更生．油层物理．北京：石油工业出版社，1994.
[2] 洪世铎．油藏物理基础．北京：石油工业出版社，1985.
[3] Ф.И. 卡佳霍夫．油层物理基础．张朝琛译．北京：石油工业出版社，1958.
[4] 秦积舜．油层物理学．东营：石油大学出版社，2001.
[5] 罗蛰潭．油层物理．北京：地质出版社，1985.
[6] 张博全．油（气）层物理学．武汉：中国地质大学出版社，1989.
[7] 沈平平．油层物理实验技术．北京：石油工业出版社，1995.
[8] 杨胜来，等．油层物理学．北京：石油工业出版社，2003.
[9] 王允诚，等．油层物理学．成都：四川科学出版社，2006.
[10] （美）D. 佳布，E.C. 唐纳森．油层物理．沈平平，秦积舜，等译．北京：石油工业出版社，2007.
[11] 唐洪俊．油层物理．北京：石油工业出版社，2007.
[12] 王仰之．中国石油编年史．北京：石油工业出版社，1996.
[13] 白执松，罗光熹．石油与天然气物性预测．北京：石油工业出版社，1995.
[14] 沈维道，童均耕．工程热力学．北京：高等教育出版社，2001.
[15] （奥）A. E. 薛定谔．多孔介质中的渗流物理．王鸿勋译．北京：石油工业出版社，1982.
[16] 李国玉，周文锦，等．中国油田图集．北京：石油工业出版社，1990.
[17] 张守廉，李占诚．石油地球物理测井．北京：石油工业出版社，1981.
[18] 傅诚德．在井下看油气藏：石油地球物理测井．北京：石油工业出版社，2006.
[19] 罗蛰潭，王允诚．油气储集层的孔隙结构．北京：科学出版社，1986.
[20] D.C. 邦德，等．残余油饱和度确定方法．王平，等译．北京：石油工业出版社，1982.
[21] A. 班思，等．岩石性质对地下流体渗流的影响．张朝琛译．北京：石油工业出版社，1981.
[22] R.E. 科林斯．流体通过多孔材料的流动．陈钟祥，等译．北京：石油工业出版社，1984.
[23] 马尔哈辛．油层物理化学机理．李殿文，译．北京：石油工业出版社，1987.
[24] 马尔哈辛．多孔介质——流体渗流与孔隙结构．杨富民，等译．北京：石油工业出版社，1990.
[25] 黄福堂．石油化学．北京：石油工业出版社，2000.
[26] 葛华才，袁高清，彭程，等．物理化学．北京：高等教育出版社，2008.
[27] M. 霍纳波，等．油水相对渗透率．成克元，等译．北京：石油工业出版社，1989.
[28] （美）布赖恩．F. 托勒尔．油藏工程基本原理．闫建华，等译．北京：石油工业出版社，2006.
[29] 陈元千．油气藏工程实用方法．北京：石油工业出版社，1999.
[30] 陈碧钰．油矿地质学．北京：石油工业出版社，1987.

[31] 张卫海，王纪祥．石油地质勘探概论．东营：中国石油大学出版社，2006.
[32] 陈永生．油藏流场．北京：石油工业出版社，1998.
[33] 叶仲斌．提高采收率原理．北京：石油工业出版社，2007.
[34] 李颖川．采油工程．2 版．北京：石油工业出版社，2010.
[35] 黄延章，等．低渗透油层渗流机理．北京：石油工业出版社，1998.
[36] 李道品，等．低渗透砂岩油田开发．北京：石油工业出版社，1997.
[37] R. P. 莫尼卡德．测定储集岩性质的岩心分析．北京：石油工业出版社，1987.
[38]（美）G. 安德森．取心和岩心分析手册．北京：石油工业出版社，1986.
[39] Morris Musket. Physical Principles of Oil Production. New York：MCGRAW-HILL Book Company INC，1949.
[40] 岳清山．凝析气藏流体取样、配样和分析推荐作法．北京：石油工业出版社，1991.
[41] 段勇．特殊岩心分析技术．北京：石油工业出版社，1992.
[42] 孙良田．油层物理实验．北京：石油工业出版社，1992.
[43] 李琪．常规岩心分析技术．北京：石油工业出版社，1993.
[44] 吴肇亮．物理化学实验．东营：石油大学出版社，1990.
[45] 王爱荣．物理化学实验．北京：化学工业出版社，2008.
[46] SY/T 6169—1995，油藏分类．
[47] SY/T 5336—2006，常规岩心推荐作法．
[48] SY/T 5163—2010，用 X 射线衍射仪测定沉积岩粘土矿物的定量分析方法．
[49] SY/T 5162—1997，岩石样品扫描电子显微镜分析方法．
[50] SY/T 5338—2000，砂岩储层敏感性评价的流动实验程序．
[51] 郭天民，等．多元汽—液平衡和精馏．北京：化学工业出版社，1983.
[52] G. V．奇林加．碳酸盐岩石油与天然气开采．北京：科学出版社，1978.
[53] E. V. 斯麦霍夫．裂缝性油气储集层勘探的基本理论与方法．陈定宝，等译．北京：石油工业出版社，1985.
[54] Choquette P W，Pary L C. Geologic Nomenclature and Classification of Porosity in Sedimentary Carbonates. Bull，AAPG，1970，54：207-250.
[55] Edmondson T A. Effect of temperature on waterflooding. Can J P T，1965，10：23.
[56] 同济大学数学系．高等数学（下册）．北京：高等教育出版社，2007.
[57] 吕同富．数值计算方法．北京：清华大学出版社，2008.
[58] White R，Brown G G. Phase Equilibria of Complex Hydrocarbon Systems at Elevated Temperature and Pressures. Ind Eng Chem，1942（37）：1162.
[59] 刘宝珺．沉积岩石学．北京：地质出版社，1980.
[60] 杨通佑，范尚炯．石油及天然气储量计算方法．北京：石油工业出版社．1998.

第二章　油气藏流体的物理特性

本章所讨论的油气藏流体包括油藏、气藏和油气藏（气顶油环共存）流体，油气藏流体是它们的统称。油气藏流体是指储存于地下油藏和气藏中的石油、天然气和地层水，也称为储层流体。其特点是处于高温、高压地层状态下，三者之间有着相互依存的关系，特别是其中的石油溶解有大量的天然气，从而使处于地下的油气藏流体的物理性质与其在地面的性质有着很大的差别。

例如，当油气藏流体从储层流至井底，再从井底流至地面的过程中，流体压力、温度都会不断降低，此时会引起一系列的变化：原油脱气、体积收缩、原油析蜡；气体体积膨胀、气体凝析出油；油田水析盐等。即产生离析现象和相态转化现象，而这一系列变化过程对于油、气藏动态分析，油、气井管理，提高油、气采收率等都有重要的影响。

又如，进行油、气藏开发设计和数值模拟时，必须掌握有关地下流体的动、静态物理参数，如石油和天然气的体积系数、溶解系数、压缩系数、粘度等；在进行油、气藏开发科学预测方面，如在开采初期及开采过程中，油藏有无气顶、气体是否会在地层中凝析出油等，都需要对油、气的物理化学特性及相态变化有较深刻的认识，才能作出正确的判断。

因此，若不了解石油、天然气和地层水的性质及其相互关系，不掌握它们的高压物性参数，那么，科学地进行油、气藏的开发便无从谈起。

第一节　油气藏烃类的相态特征

石油和天然气是多种烃类和非烃类物质所组成的混合物。在实际油藏开发过程中，常常可以发现：在同一油气藏构造的不同部位或不同油气藏构造上同一高度打井时，其产出物各不相同，有的只产纯气，有的则油气同产。在油气藏条件下，有的烃是气相，而成为纯气藏；有的是单一液相的纯油藏；也有的油气两相共存，以带气顶的油藏或带油环的气藏等形式出现。在原油从地下到地面的采出过程中，还伴随有气体从原油中分离和溶解的相态变化等现象。

那么，油气藏开采前烃类究竟处于什么状态，为什么会发生一系列相态的变化，其主要原因是什么，它的相态变化用什么方式方法来描述呢？这是我们首先需要弄清楚的问题。

按照内因是事物变化的本质，外因是事物变化的条件的认识过程，可以发现油气藏烃类体系的化学组成是引起相态变化的内因，压力和温度是产生相态变化的外部条件。因此，我们先从研究油气藏烃类体系的化学组成入手，然后再进一步研究温度和压力变化时对油气藏流体相态变化的影响。

一、油气藏烃类的化学组成和分类

天然气通常主要是由相对分子质量较低的烷烃和 CO_2、N_2、H_2S、CO、COS 等非烃气体组成。原油也主要是由各种烃类组成，其中也包括氧、硫、氮、微量金属元素。一些重质组分以半固体或固体状态出现于原油中，如石蜡、沥青、胶质等。这些相对分子质量较大的组分会呈现出非牛顿流体性质。

尽管组成石油和天然气的元素主要是碳和氢，但由它们化合而形成的烃类却种类繁多，再加上烃类与氧、硫、氮所形成的各种化合物，从而决定了地层中烃类组成和性质的复杂性。

就油气藏烃类而言，主要是烷烃、环烷烃和芳香烃。在天然油气藏中，以烷烃最为多见。烷烃又称石蜡族烃，其化学通式为 C_nH_{2n+2}。

在常温常压下，CH_4～C_4H_{10} 的烷烃为气态（以下简称 C_1～C_4），它们是构成天然气的主要组分；C_5～C_{16} 的烷烃是液态，它们是石油的主要组分；而 C_{16} 以上的烷烃为固态，它们是石蜡、沥青和胶质的主要组成部分。随着烃分子中碳的数目增加，则其相对分子质量和相对密度增大。

根据烃类分子大小对油气藏流体相态的影响，通常把 CH_4+N_2 称为“轻组分”，把 C_2～C_6+CO_2 称为“中间组分”，把 C_7 以上的烃组分称为“重质组分”，简记为 C_{7^+}。

按油气藏内流体的组成、相态特征及相对密度，我们可依次把油气藏分为以下几类：

（1）干气气藏：以 CH_4 为主，还含有少量乙烷、丙烷和丁烷。在开采过程中，从地层到分离器，气体始终保持为气相状态。但值得注意的是，随着采出天然气的冷却，在地面条件下，天然气中的气态地层水可能会凝析出来。

（2）湿气气藏：也主要以 CH_4 为主，除含少量乙烷、丙烷和丁烷外，还含有少量戊烷、己烷等组分。在地层中始终保持气态，但在开采到地面分离器条件下会析出一些凝析油。凝析油相对密度在 0.6 左右，颜色透明。

（3）凝析气藏：含有甲烷到已烷（C_6）以及一定量庚烷以上（C_{7^+}）的重质烃类组分，它们在地下原始条件是气态，开采过程中随着地层压力下降，在地层中和到地面分离器后均会凝析出液态烃。液态烃相对密度为 0.6 ～ 0.7，颜色浅，称为凝析油。

（4）临界油气藏：有时也称为挥发性油藏。其特点是含有的中间烃类和重质烃类处于一个特殊的比例范围内，在构造纵向上常有重力分异现象，上部气态烃与下部液态烃的组成接近，但油气无明显分界面，相对密度为 0.7 ～ 0.8。这类油气藏世界上并不多见，如英国北海、美国东部及我国吉林等已有发现，具有高挥发性的原油油藏，也属特殊油气藏之列。

（5）油藏：常分为带有气顶和无气顶的油藏，油藏中以液相烃为主。不管有无气顶，油中都溶有一定量的气态烃，相对密度为 0.8 ～ 0.94。0.94 为常规油藏原油相对密度的上限。在油藏数值模拟中常将这类油藏中的原油称为黑油（Black Oil）。

（6）重质油藏：又称稠油油藏，按 1983 年在伦敦召开的第 11 届世界石油大会所订标准，是指其地面脱气原油相对密度为 0.934 ～ 1.00，地层温度条件下测得脱气原油粘度为 100 ～10000 mPa・s 的油藏。原油粘度高，相对密度大是该类油藏的特点。

（7）沥青油砂矿：相对密度大于 1.00，原油粘度大于 10000mPa・s 的油藏。

不同学者根据不同的标准及划分界限对油气藏的分类也不尽相同，表 2－1 是一种常用的分类方法。

一般所讲的油气田开发，不包括天然沥青矿的开发。而本章中讨论的流体性质、相态变化等也主要是以上述四类油气藏中的流体作为研究对象。

表 2－1　按地层流体性质划分油气藏（据陈元千，1987）

类　别	气油比，m^3/m^3	甲烷含量，%	凝析油含量，cm^3/m^3	地面液体密度，g/cm^3
天然气	＞18000	＞85	＜55	0.70～0.80
凝析气	550～18000	75～90	55～1800	0.72～0.82
轻质油	250～550	55～75	—	0.76～0.83
原油	＜250	＜60	—	0.83～1.0

二、油藏烃类的相态表示方法

为了便于以下各章节的讨论，首先简要回顾一下体系、相、组分、组成、相图等常用的名词，这些概念在物理化学等基础教科书中有详细的论述。

1. 体系、相、组分、组成

体系（System）：也称为系统，是指与周围其他物质相分离的某一物质本身。例如，所谓单组分体系，是指与外界物质相分隔而由单一种纯物质所组成的系统。

相（Phase）：某一体系中的均质部分。该部分与体系的其他部分具有明显的界面，当把该均匀部分内的任意点移动至另一点时，性质上不会发生变化。一个相中可以含有多种组分，如气相中可含甲烷、乙烷等组分而构成气相，含有丙烷、戊烷等构成液相。同一相的物质可以成片的出现，也可以呈孤立的分隔状（如气泡、液滴）出现。

组分（Component）：某物质中所有相同类的分子，即称为该物质中的某组分。例如，假设天然气由甲烷、乙烷、氮组成，则称甲烷、乙烷、氮为天然气的组分。

有时，为了便于研究和计算，常把几种结构相似极性相近的化学成分合并为一个假组分，也称拟组分（Pseudo-component）。例如：将 C_2H_6 至 C_6H_{14} 视为轻烃组分或中间组分 C_{2-6}，而将 C_7H_{16}以上的所有组分视为液烃组分或重质组分 C_{7^+} 而表示在相图中。

组成（Composition）：指组成某物质的组分及各组分所占的比例分数。因此，由物质的组成，可以定量表示体系或某相中的构成情况。

2. 相图

1）立体相图（三维相图）

一个体系中，相态不仅与物质组成有关，而且还取决于该体系所处的压力和温度。这就是说，对于一个组成固定的体系，压力、温度和比容（p、T、V）都是该体系组成中相状态的函数。因此，对特定体系其状态方程可写成：

$$F(p,V,T)=0$$

将体系的相态或状态方程以图示法表示就是相图。如以 p、V、T 三个变量为坐标作图，则可得出如图 2－1 所示的 p—V—T 立体相图。

利用立体相图，可以很详尽地表示出各参数间的变化关系，但这类相图制作困难和使用不方便。因此，通常是固定某一参变量，只改变其他两个参数，这样只需要一个平面相图来表示相态变化即可，这就是通常采用的二维平面相图。

2）平面相图（二维相图）

平面相图包括 p—V 图（压力—比容图）和 p—T 图（压力—温度图）。

研究油气藏生产过程中的烃类相态变化特征，主要是研究随着地层油气的采出，即油气由地下采至地面后，由于压力、温度不断变化所引起的油气相态的改变情况，故通常用 p—

T 图来研究油气藏烃类的相态。在石油工业中，也常将 p—T 图简称为相图。

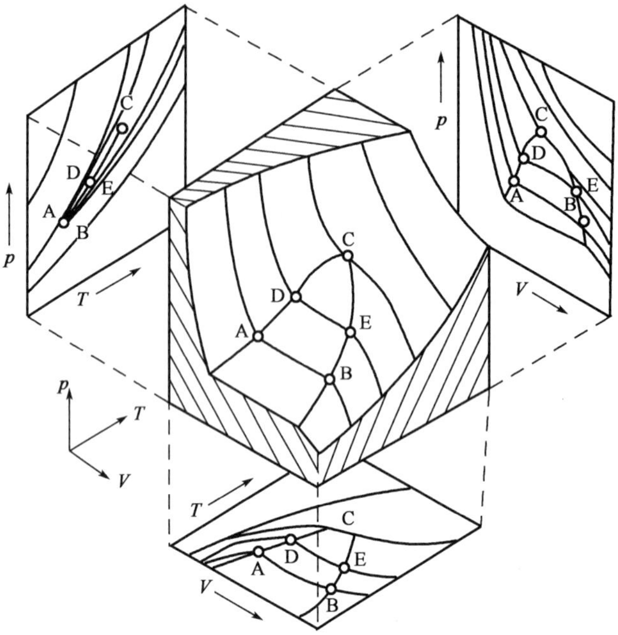

图 2-1　单组分立体相图（据 Zollan Gyuiay，1977）

3）三角相图

p—T 相图对于研究组成一定的体系的相态变化最为方便。但对于压力、温度一定，而组成变化的情况，如对于研究地层条件下注入工作介质的混相驱来说，则需要采用另外形式的相图，这就是人们常用的三角相图，如图 2-2 和图 2-3 所示。

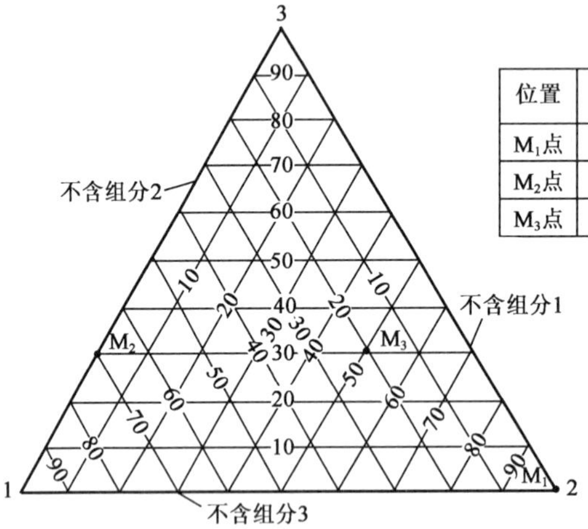

位置	组分1，%	组分2，%	组分3，%
M_1点	0	100	0
M_2点	70	0	30
M_3点	20	50	30

图 2-2　三角相图（拟三元相图）坐标

三角相图的三个顶点分别代表某组分（或拟组分）物质的组成含量为 100%；所有可能的由三个组分（或拟组分）所组成的混合物，都会落在等边三边形相图内；三角形相图的三个边分别代表各边顶点相邻两种组分构成的混合物，而不包括该边相对顶点的那种组分。因此，图 2-2 中的 M_1 点代表组分 2 为 100% 的物质。点 M_2 代表组分 1、3 各占 70% 和 30% 的两组分混合物。点 M_3 代表组分 1、2、3 各占 20%、50% 和 30% 的一种混合物。按这种方式可以表示任何浓度组成的混合物，其浓度之和均为 100%。

下面我们以常用的 C_1、C_{2-6}、C_{7+} 这一拟三元组分为例进一步说明拟三元相图的构成。将 C_1、C_{2-6}、C_{7+} 分别视为三个“独立组分”，即拟组分，由它们构成的三元相图称为拟三元相图或似三元相图，如图 2-3 所示。图上三个顶点分别代表组成为 100% 的 C_1、C_{2-6}、C_{7+} 三个体系，三个顶点的对边分别代表相对应于顶点的组分为零的三个二元体系。图中的曲线称为双结点曲线或相包络线，曲线所包围的区域为两相区，其余部分为单相区。包络线内的直线称为系线，系线上任一点代表体系的总组成，由该点所在三元相图中的坐标确定。

当考虑油层条件下（p、T 一定）注气混相驱和注表面活性剂微乳液体系驱油时，拟三元相图是最有用的。有关此类相图的应用，我们将在提高原油采收率一章中讨论。

当然，表示相态变化的相图除常用的 p—T 图和拟三元相图外还有其他形式，具体采用哪种形式，应该根据使用相图的目的及实际情况而定。

三、单、双、多组分体系的相态特征

1. 单组分体系的相态特征

最简单的情况是单组分体系（即纯物质）的相图，如图 2-4 所示。它表征了乙烷在 p—T 图上的相态变化，并以此为例，对于单组分相图加以研究。对于单组分乙烷，图中曲线即为乙烷的饱和蒸气压线，曲线上方为液相，下方为气相，曲线上的各点即为不同温度下乙烷的饱和蒸气压，它表示气、液两相平衡共存的温度和压力条件。

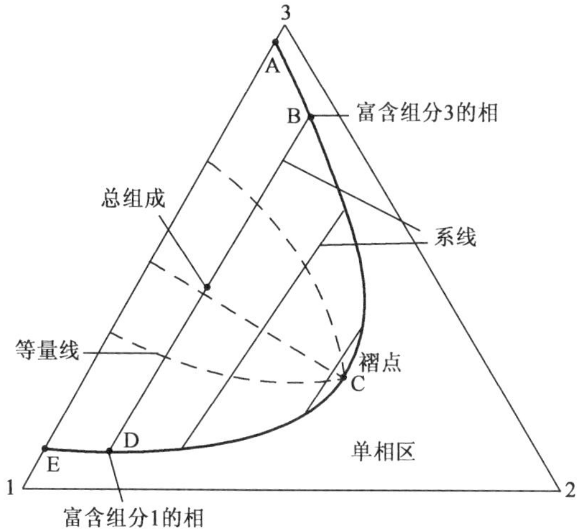

图 2-3　三角相图（1-C_1；2-C_{2-6}；3-C_{7+}）

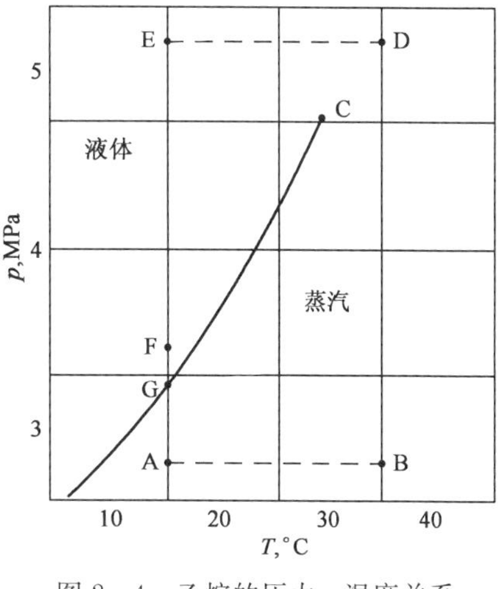

图 2-4　乙烷的压力—温度关系
（据 Standing，1952）

当温度一定，压力稍低于该温度下的饱和蒸气压时，组分中便有气泡分离出来；反之，当压力稍高于该点的饱和蒸气压时，组分中便有液滴凝结出来，故对任何单组分来说，饱和蒸气压线实际就是该组分的泡点和露点的共同轨迹线。所谓泡点，是在温度一定的情况下，开始从液相中分离出第一批气泡的压力，或在压力一定的情况下，开始从液相中分离出第一批气泡的温度；而露点则是开始从气相中凝结出第一批液滴的压力（温度一定时）。

由上述分析可以看出，对于单组分体系，其液、气两相能够共存的区域只是一条线，即饱和蒸气压线，该曲线的终点 C 为临界点，它所对应的温度为临界温度（T_c），它所对应的压力为临界压力（p_c）。从该相图中可以明显看出，临界点就是两相能够共存的最高温度点和最高压力点，即高于此温度，无论对单组分体系施加多大的压力都不会有两相出现。此时，物质处于流体状态，即不是一般的液体，也不是一般的气体，而称为流体（fluid）。若要判断温度高于临界点（如图2-4中的D点）的相态，则可借助于压力—比容图（图2-5）。若任意一点D点（图2-4）的体积V_D大于临界体积V_c，则D点为气态；反之，若$V_D<V_c$，则为液态。

现在来分析处于不同温度、压力点的相态变化，如图2-4中的A点，此时乙烷为气态；当温度不变，压力增高到3.4MPa时（即相应于饱和蒸气压曲线上的G点），乙烷开始凝聚为液体，整个体系呈现气、液两相；当压力继续增大而穿越饱和蒸气压曲线到F点时，乙烷又全部处于液态。

在油气藏中常见的几种纯物质的蒸气压曲线如图2-6所示。图中两条点画线区表示我国及世界其他地区的油藏压力、温度范围。由图可见，CO_2和C_3H_8（丙烷）的临界点落在两条点画线区内，而N_2和CH_4的临界点远离点画线区，其临界温度远远低于油藏温度范围，这就是为什么在混相驱提高采收率时，要选CO_2和C_3H_8作为混相剂使其与原油混相，而很少采用N_2和CH_4作混相剂的主要原因。

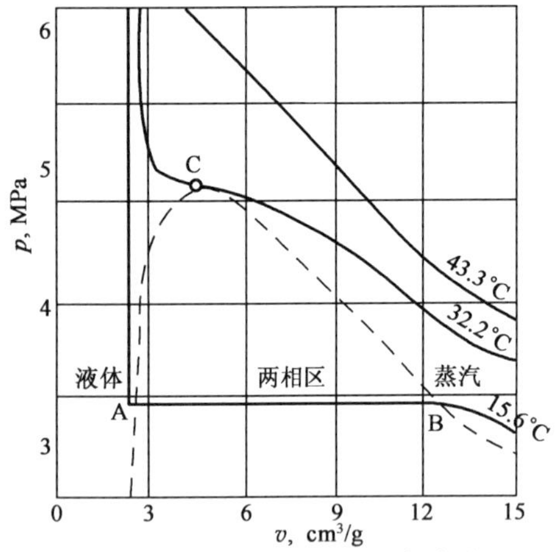

图2-5　乙烷的压力—比容关系

（据Brown，1948）

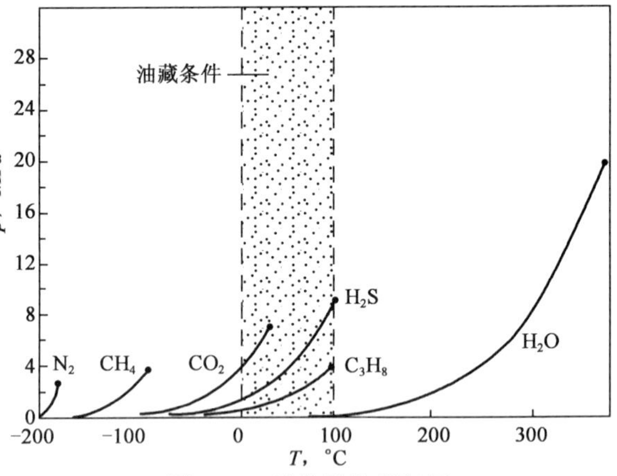

图2-6　纯物质的蒸气压

（据L. W. Lake，1985）

2. 双组分体系的相态特征

在实际地层中，几乎不存在两组分体系，但为了与单组分体系对比和更好地理解多组分体系，我们先讨论两组分的情况。

两组分混合物的相态特征不像纯物质那样简单。图2-7是Ⅰ、Ⅱ两组分组成的烃类混合物的相图，图中央的狭长环形曲线为这两组分体系相图的包络线，包络线两侧分别是Ⅰ、Ⅱ组分的饱和蒸气压线。可以看出，两组分体系的相图与单组分相图相比较有两个明显的特点：

（1）两组分体系的相图不再是一条曲线，而是一开口的环形曲线，CE为露点线；CAF为泡点线；泡点线与露点线的汇合点为系统的临界点C。泡点线的左上方为液相区；露点线的右下侧为气相区，泡点线和露点线所包围的区域为两相区；两相区内的虚线代表液相所占的体积百分数，又称为等液量线。

（2）两组分体系相图包络线上还有最高温度点C_T和最高压力点C_p。此时，临界点所对应的温度和压力已不再是两相共存的最高温度和最高压力，高于此点的温度和压力两组分混合物仍可两相共存。此时，限制两相共存的最高温度和最高压力分别为 C_T 和 C_p 所对应的温度和压力。体系温度高于最高温度 C_T 时，无论加多大的压力，体系也不能液化，故又将此温度称为临界凝析温度；同理，当体系压力高于 C_p 时，无论温度如何，体系不会出现两相共存状态，而以单相存在，故又将此压力称为临界凝析压力。两组分体系的临界点可认为是泡点和露点线的交会点，在该点处，液相和气相的所有内涵性质（指与数量无关的性质）诸如密度、粘度等都相同。

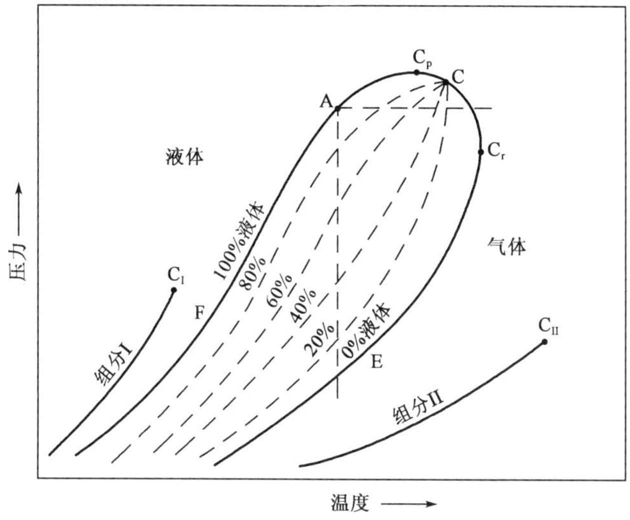

图 2－7　双组分体系的压力—温度相图（据 Exxon Comp）

下面我们给出几种不同烃类组合的两组分相图。图 2－8 表示两种性质差别较小的烃类——甲烷—乙烷（C_1-C_2）的相图；图 2－9 表示两种性质差别逐渐增大的烃类——甲烷～乙烷、…、甲烷～癸烷、…（C_1～C_2、…、C_1～C_{10}、…）的相图，由上面两图可以看出有以下的特点：

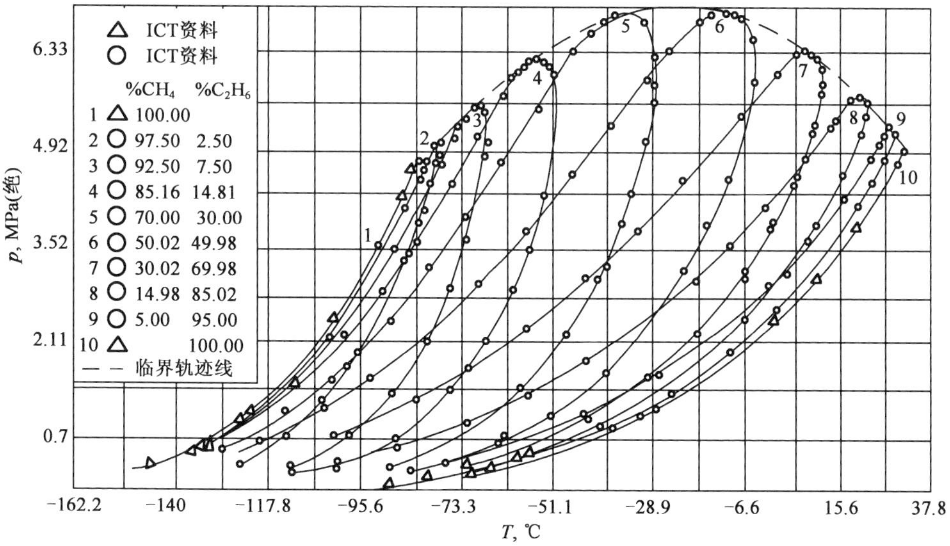

图 2－8　甲烷—乙烷二元混合物的压力—温度相图

（1）临界点：混合物的临界压力都高于各组分的临界压力，混合物的临界温度则居于两纯组分的临界温度之间；两组分的性质（如相对分子质量、挥发性）差别越大，则临界点轨迹所包围的面积也越大；随着混合物中较重组分比例的增加，临界点向右迁移（即向重组分饱和蒸气压线方向偏移）。

（2）两相区：所有混合物的两相区都位于两纯组分的蒸气压线（1与10）之间；两组分的分配比例越接近，两相区的面积就越大；两组分中只要有一个组分占绝对优势，相图的面积就变得越窄；混合物中哪一组分的含量占优势，露点线或泡点线就靠近哪一组分的蒸气压线；两组分性质差别越大，则两相区越大。

为了提高原油采收率，实际油田往往是向油层中注入非烃气体（如 CO_2），那么当在原油烃类体系中混入 CO_2 比例越来越大时，此时原有的原油相图又会怎样变化呢？图 2－10 表示了相包络线、两相区及临界点的轨迹。由图可看出，随着原油中混入 CO_2 比例的增加，原有的相图向左偏移，体系变轻，临界点轨迹先是临界压力增加，达到一最大值后又开始逐渐减少，但均高于原始原油体系的临界压力。

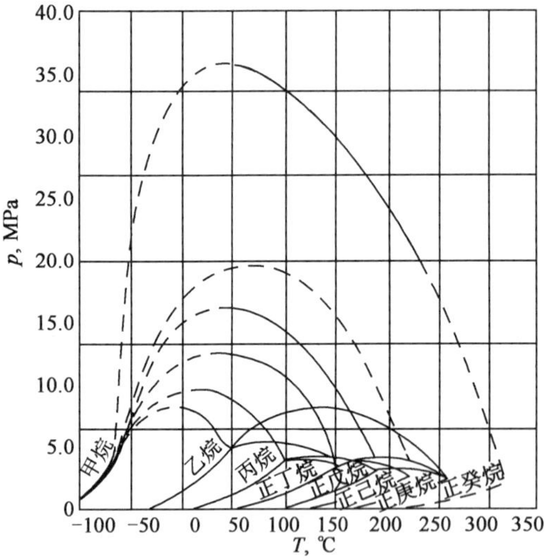

图 2－9　双组分烷烃的临界点轨迹

（据 Brown，1948）

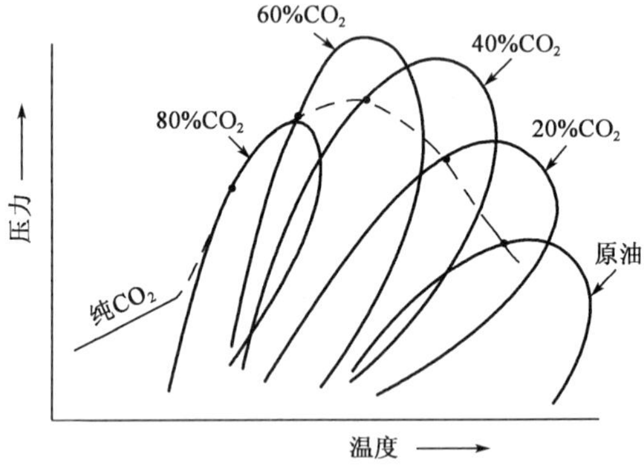

图 2－10　CO_2 含量对不同原油 $p-T$ 相图的影响

（据 L. W. Lake，1985）

3. 多组分系统的相态特征

实际地下油气藏流体是复杂的多组分烃类体系，在压力、温度一定时，它的相态特征取决于体系的组成和每一组分的性质。因此，对不同油气藏不同烃类体系，其相图也各不相同。尽管如此，它们也有许多共同的特征，尤其是当采用拟组分的概念而将实际油藏的烃类视为“轻烃”和“重烃”两组分时，多组分体系相图与两组分相图有不少相似之处，因此，由两组分相图所得到的结论也可用于多组分烃类相图。

1）多组分烃类相图

典型的多组分烃类体系的相图如图 2－11 所示，图中相包络线 aCC_pC_Tb 把两相区和单相区分开。包络线内是两相区，其中的线为等液量线。包络线外的所有流体都以单相存在。aC 线为泡点线，它是液相区和两相区分界线，线上的液相体积分数为 100%。当压力降低到泡点线上压力值时，体系将出现第一批气泡，此压力又称为该烃类体系的饱和压力，所以泡点线又称为饱和压力线，其压力值与油藏的原始饱和压力值相当。CC_Tb 为露点线，它是气相区和两相区的分界线，线上气相摩尔分数为 100%，当压力升高到露点线上压力值时，体系会出现第一批液滴。C 点为临界点，与两组分时的定义相同，它是泡点线和露点线的汇合点。相包络线上的 C_p 和 C_T 点，分别为体系中两相共存的最高压力点和最高温度点。

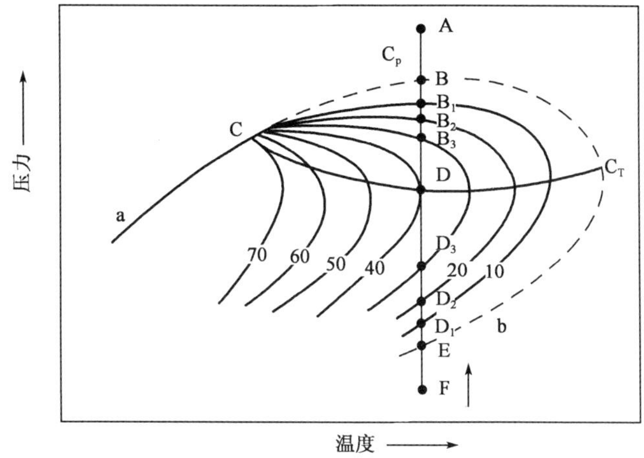

图 2-11　多组分体系的 p—T 相图

2）等温逆行区（等温反凝析区）

图 2-12 中的两个阴影区——CBC_TDC 和 CGC_pHC 分别被称为等温逆行区和等压逆行区。由于在油气藏开发过程中，很难维持储层中的地层压力恒定（等压），故一般不研究等压逆行区。实际油气田开发中普遍的情况为：地层温度保持不变（等温），随着地层流体的采出而压力不断降低，故主要研究等温逆行区（又称等温反凝析区）更具有现实意义。

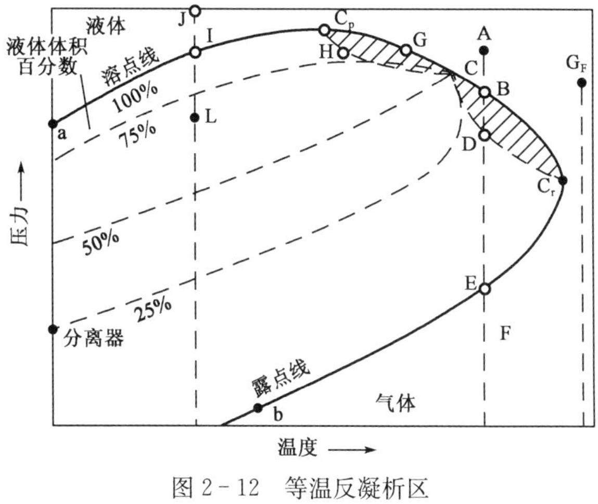

图 2-12　等温反凝析区

我们假设原始气藏位于图 2-11 中的 A 点，当压力从 A→B→D→E→F 逐渐降低时要经历两种情况：从 A→B 和从 E→F 均为气相而无相态变化；从 B→D 和 D→E 是两个完全相反的过程。从 B→B_1→B_2→B_3→D，随压力降低，体系中液相含量会逐渐由 0%→10%→20%→30%→40%即逐渐增加；但从 D→D_3→D_2→D_1→E，随压力的降低，体系中液相含量会逐渐由最大的 40%→30%→20%→10%→0%，逐渐降低。由 D 至 E 随压力降低而蒸发是正常现象，由 B→D 随压力降低而凝析则为反常现象（即逆行现象）。同理，可得出不同温度下的最大凝析液量点 D，将此连接为 CBC_TDC 区即为反凝析区。

怎样解释这种反凝析现象呢？目前有一种解释方法是从分子运动学的观点来考虑的。如当体系处于 A 点时，体系为单一气相；当压力降至 B 点时，由于压力下降，烃分子距离加大，因而分子引力下降，这时被气态轻烃分子吸引的（或分散到轻烃分子中的）液态重烃分子离析出来，因而产生了第一批液滴。而当压力进一步下降到 D 点时，由于气态轻烃分子的距离进一步增大，分子引力进一步减弱，因而就把液态重烃分子全部离析出来，这时在体系中就凝析出最多的液态烃而形成凝析油。但是值得注意的是，这种反凝析现象只发生在相图中靠近临界点附近区域的特定温度、压力的条件下，气液分子的性质相近。在远离临界点处，这种情况不会发生，因此，也可认为这是体系接近于临界状态时才出现的反常现象。

反之，随着压力增大，气态轻烃分子引力增大而吸引重烃分子，直到液态重烃分子全部被吸引过去（或认为是液态重烃分子分散到气态轻烃分子中去），利用这一现象也可解释逆行蒸发过程。

4. 相图的应用

当已经作出某油气藏的相图，并已知该油气藏温度及压力时，就可运用相图（图 2－12）来判断该油气藏属于哪种类型的油、气藏了。例如，若油藏温度、压力处于 J 点，则从相图中可知：在这一压力和温度下，该烃类体系是单一液相，即单相原油。因此，J 点表述的是纯油藏，或称未饱和油藏（Undersaturated reservoir）。此类油藏随着流体的采出，油藏压力下降，而油藏温度基本保持不变，当压力降至 I 点以下时，会有气泡从原油中分离出来而使油藏变为油、气两相。I 点所对应的压力即为油藏原始饱和压力，它是原油从单相转变为油气两相的压力界限，是原油开始脱气的最高压力。油藏饱和压力越高，出现气泡越早，继续降压，则会有越来越多的气从原油中分离出来。

图 2－12 中的 L 点代表了一个有气顶的油藏，此时原油为气体所饱和，只要压力稍有降低，就会导致气体从原油中进一步分离出来，这类油藏称为带气顶的油藏或已脱气油藏，或饱和油藏（Saturated reservoir）。

相图中 G_F 点代表纯气藏，在气藏温度和压力下，全为单一气相，即使在等温降压采气过程中，它也始终保持其单一气态（因为压降线并不穿过两相区）。

实际上，人们最关心的是图中 A 点所代表的油气藏类型，它的特点为：原始压力高于临界压力，而地层温度介于临界温度与临界凝析温度之间，即位于等温反凝析区的上方。因此可以判定储层中的烃类体系在原始条件下是以气态存在，但又与纯气藏（或普通气藏）不同。该气藏开始投产后，当压力降至 B 以下时（即压力低于上露点压力时），气相中会有液相析出；同时，随着气体的采出，压力的降低，会有更多的液相凝析出来，在地层中形成凝析油。

因此，如何合理地开发凝析气藏是值得我们研究的课题。在凝析过程中，由于较重组分倾向于先凝析，也就意味着会在地层中损失掉烃类中最有价值的部分，同时，在气藏中凝析出来的这部分液烃（凝析油）是难以采出的。这是因为：（1）气藏中沉积下来的最大凝析油饱和度一般比较小，它们往往小于液烃能够开始流动的饱和度（临界流动饱和度），使凝析油粘附在气层岩石颗粒表面或成油膜，或成油滴滞留于孔隙中而不能流动；（2）人们通常想象，在压力继续下降到下露点 E（或称第一露点）以下时，将导致凝析油的再蒸发，成为气相而被采出，但实际上这种现象并不易发生。因为当气藏总压力降到下露点 E 以下时，气藏中剩余烃类的组成与原始条件下气藏中烃类的组成已发生改变，一方面轻烃已采出不少，另一方面由于反凝析使得某些较重的石蜡族烃留在气藏中而为凝析油，其结果是随着压力的降低，剩在气藏中的烃类总相对分子质量增大了，使得油藏流体混合物相包络线位置、形状也相应要改变，倾向于向下、向右移动，从而阻止了再蒸发作用的进行；(3) 即使凝析油饱和度达到可流动的饱和度，但由于凝析油的有效（或相对）渗透率太低（参见第三章第五节），也很难有效采出凝析油。为了防止轻质油从天然气中凝析出来、增加气流阻力及部分轻质油吸附在岩石表面上而采不出而损失掉，常采用循环注气等方法，使地层压力高于上露点压力条件下进行开采。

很多凝析气藏常常与油藏共生，即上部气顶为凝析气，下部为油。此时，该油气藏压力常常就在露点线上，即油藏压力为露点压力。这时如何进行循环注气，使气藏压力保持在什么水平上开采，则需要经过复杂的计算和技术经济评价。

随着钻井深度的不断增加，地层温度和压力也不断增高，人们将会找到越来越多的凝析气藏。在我国中原、辽河、华北、四川、大港、新疆、海南岛和海上已相继发现了不少凝析油气藏，其重要性也将日益显示出来。

此外，还可以利用多组分系统的 p—T 图的相环曲线或称相包络线判断油藏类型（图 2-13）。随着体系中重烃含量的增加，相包络线位置向右下方偏移，相包络线上临界点的位置及油藏的温度决定了油藏流体类型，即油气藏类型。图中所示的油藏烃类体系有气藏、凝析气藏、挥发性油藏和油藏。由气藏到油藏，这些体系的平均相对分子质量在逐渐增加。下面就进一步分析这几类典型油气藏的相态特征。

四、几种典型的油气藏相图

不同油气藏，在相图上到底有什么不同？对比分析时需要注意以下两方面所表现的差别：一是两相区的宽窄、大小、区内等液量线的分布间隔；二是相包络线上临界点的位置。（p—T 图上临界点的位置靠左或靠右）。

1. 干气气藏相图

干气气藏是指由地层条件到地面条件均无液相烃析出的气藏，这类气藏相图如图2-14所示。其特点为：露点线右侧的气相区很大，地层温度和油气分离器温度均在露点线外侧，地层条件（点 1）和分离器条件（点 3）的连线不穿过两相区，故干气不产液烃，理论上讲，气油比为无穷大。

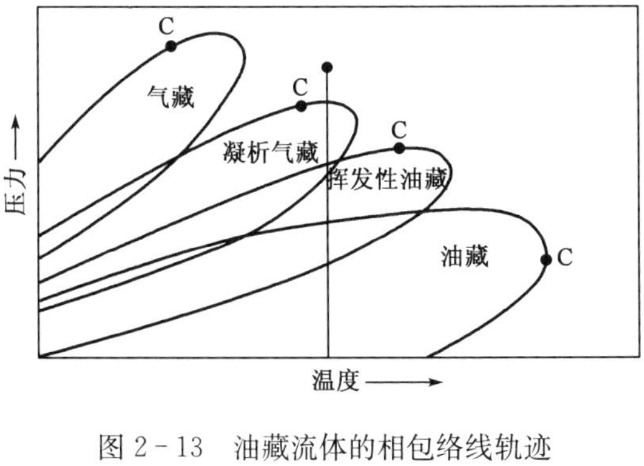

图 2-13　油藏流体的相包络线轨迹
（据 Exxon Comp，1987）

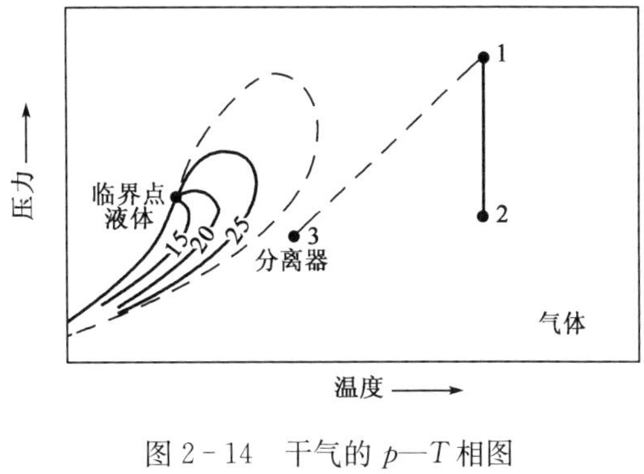

图 2-14　干气的 p—T 相图
垂线表示在恒定储层温度下储层压力下降过程，虚线表示流体采出时从储层条件到分离器条件的变化过程

2. 湿气气藏相图

湿气气藏相图如图 2-15 所示。从图中看出，与干气气藏相同的是其油藏温度远高于临界温度。当油藏压力降低时，例如从点 1 降至点 2，流体始终处于气相。但在分离器条件下，即降压降温过程中，体系则处于两相区内，因此在分离器内会有一些液烃析出，它是透明色浅的轻质油，相对密度小于 0.78。其地面气油比比干气要小，但高于 $26700m^3/m^3$。

3. 凝析气藏相图

凝析气藏（即为反凝析气藏）的相图如图 2-16 所示。该气藏条件所处位置（点 1）应在包络线之外，温度界于临界温度与临界凝析温度之间。此时，气藏为单相气体存在，随着气体的不断采出，气藏压力会降低，当压力降至上露点（点 2）时，液烃便开始凝析出。随着压力的继续下降直到点 3，液烃析出量增大直到最大凝析量，此过程为反凝析过程，故称为反凝析气藏。在降压降温过程（从地层条件到分离器条件）中，先有反凝析过程，后有正常凝析过程。

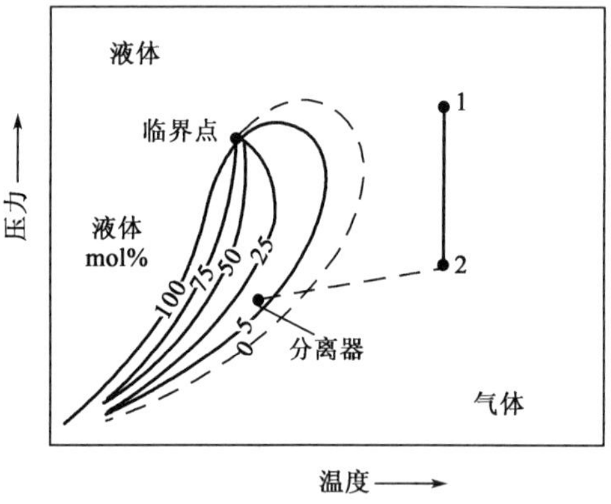

图 2-15 湿气的 p—T 相图

垂线表示恒定储层温度下储层压力下降过程，虚线模拟流体采出时从储层条件到分离器条件的变化过程

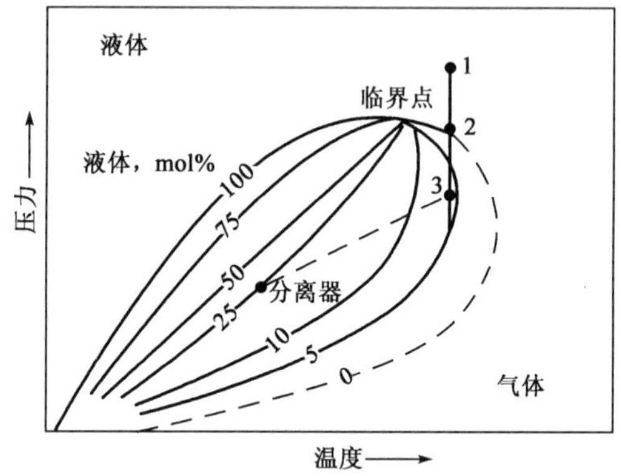

图 2-16 凝析气的 p—T 相图

垂线表示恒定储层温度下储层压力下降过程，虚线模拟流体采出时从储层条件到分离器条件的变化

凝析气藏的气油比可达 $534 \sim 26700m^3/m^3$，凝析油相对密度为 0.74 左右，色浅且透明或稻黄色。在凝析气藏的开采过程中，气油比会趋于增加，这是由于某些较重组分在气藏中产生反凝析的结果。

4. 轻质油藏相图

轻质油藏有时也称为高收缩油藏，其相图如图 2-17 所示。油藏条件（点 1）常位于泡点线上方、临界点的左侧。此时，油藏中烃类以单相液态存在。随着油气的采出，油层压力逐渐降低，当降至泡点（点 2）时，开始分离出第一批气泡而成两相。随着油层压力的继续降低，如降至点 3，分出的气会越来越多（气约占 60%，油约占 40%）。

轻质油藏相图的另一特点为：在两相区内，等液量线比较稀疏，在分离器条件下，约有 65%的液相原油，其相对密度小于 0.78，但呈深色，气油比为 $360 \sim 530m^3/m^3$。

5. 重质油藏相图

普通重质油藏相图如图 2-18 所示。其特点与轻质油藏相图基本一致，只是两相区内的等液量线较密集地靠近露点线一侧。这表明：当油藏压力降低至泡点压力之后，虽有气体从油中分离出来，但气量不大，而回收的油量更多。因此，这类油藏的气油比为上述几种油气藏中最低者，一般气油比小于 $360m^3/m^3$。原油相对密度最高为 0.876 以上，产出的地面油常为黑色和深褐色。显然，这种油藏所含重烃也比上述几种油气藏高。

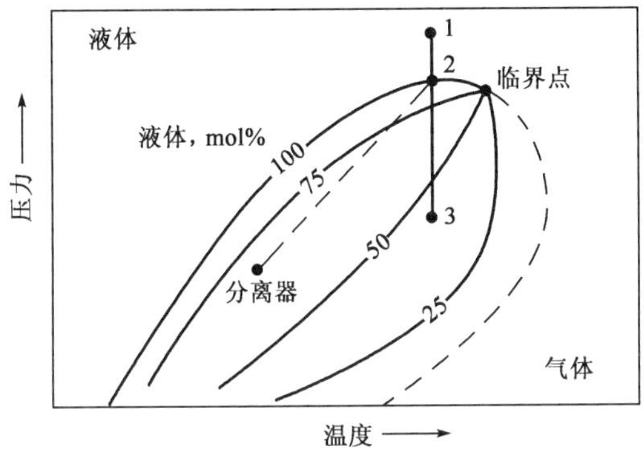

图 2-17　轻质油的 p—T 相图

垂线表示恒定储层温度下储层压力下降过程，虚线模拟流体采出时从储层条件到分离器条件的变化

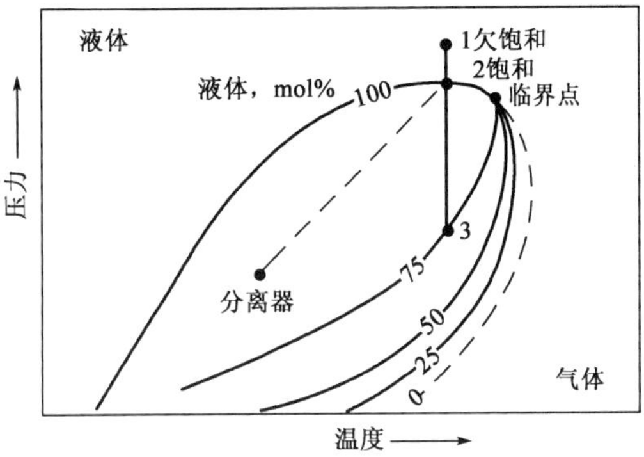

图 2-18　重质油的 p—T 相图

垂线表示恒定储层温度下储层压力下降过程，虚线模拟流体采出时从储层条件到分离器条件的变化

第二节　天然气的高压物性

什么是天然气？从不同角度出发就有不同的定义。广义而言，天然气是指自然界中所有天然生成的气体，如上一节所讲的干气、湿气、凝析气等气田气、油田伴生气和煤成气。也有人认为凡从地下采出的可燃气体，统称为天然气。本书所讲的天然气是指从地下采出的、在常温常压下其相态为气态的烃类和少量非烃类气体组成的混合物，主要包括气田气和油田伴生气。

若要认识气田的勘探开发规律，了解其开发动态特征，就需要掌握气藏工程分析方法，而气体的物理化学性质及其 pVT 关系是解决气藏工程问题的基本知识。处于地层压力、温度条件下的天然气，由于高压而呈压缩状态，当其采到地面条件时，其体积会发生膨胀，随之其高压物性也会不同。通常可用表征天然气压力、体积、温度（p，V，T）间关系的状态方程、天然气体积系数、压缩率等来描述地下与地面条件改变时，天然气体积所发生的变化。这些也是开发计算中常用和必需的参数，是本节讨论的重点。天然气的高压物性参数可以通过实验测定的方法得到，也可以根据天然气的化学组成通过计算得到。

一、常温常压下天然气的主要物性参数

1. 天然气的组成

天然气所包括的烷烃主要是 CH_4～C_5H_{12}（甲烷～戊烷），其中 CH_4（甲烷）可高达 70%～98%，C_2H_6（乙烷）含量小于 10%，以及少量的 C_3H_8（丙烷）、C_4H_{10}（丁烷）、C_5H_{12}（戊烷）等（一般仅占百分之几）。非烃类气体有：CO_2、N_2、H_2S、O_2、H_2、CO；稀有气体有 He（氦）、Ar（氩）等。还可能含有毒的有机硫化物，如 RSH（硫醇）、RSR（硫醚）等。

由于天然气形成过程存在着多样性，决定了它的组成和在自然界存在的形式不同，这是天然气的一个特点。例如，在俄罗斯、美国和我国一些气田，天然气中 CO_2 含量就远超过一般的百分之几而达到 10%～15%，如俄罗斯西伯利亚含油气盆地某油田含 CO_2 高达 70%，

我国山东滨南气田产出气中 CO_2 含量高达 50%以上（它们为二次采油提供了大量的 CO_2 气源）。天然气中有时伴有 H_2S，其含量一般不超过 5%～6%，但也有高达 17%（如法国拉克大气田、四川卧龙河气田），甚至 20% 以上（如加拿大某气田）。H_2S 对金属设备易造成氢脆腐蚀而断裂，为剧毒气体，对人体有害，少量吸入即可致死，要十分小心。目前已有防止和处理 H_2S 的办法，并能由此生产大量硫黄，变害为利。

为了了解天然气的组成，可以对天然气组分进行全面分析，目前世界上和我国采用的分析仪器为气相色谱仪。表示天然气组成的方法有以下三种。

1）摩尔组成

这是目前最常用的一种表示方法，常用符号 y_i 表示气中组分 i 的摩尔组成，其表达式为：

$$y_i = \frac{N_i}{\sum_{i=1}^{n} N_i} \tag{2-1}$$

式中 N_i——气组分 i 的摩尔数；

$\sum_{i=1}^{n} N_i$——气体总摩尔数。

摩尔组成可用百分数表示，也可用小数表示，故也称摩尔分数。

2）体积组成

体积组成也常用符号 y_i 表示：

$$y_i = \frac{V_i}{\sum_{i=1}^{n} V_i} \tag{2-2}$$

式中 V_i——气组分 i 的体积；

$\sum_{i=1}^{n} V_i$——气体总体积。

当考虑天然气为遵循阿伏伽德罗定律的混合气体（即在标准状态下 1mol 的气体体积为 22.4L），此时天然气中任何组分的体积组成在数值上就等于该组分的摩尔组成。如 1mol 的天然气中，甲烷含量为 0.8mol，则甲烷的摩尔分数为 $y_{c1}=0.8\text{mol}/1\text{mol}=0.8$，而此时体积组成 $y_{c1}=0.8\times22.4\text{L}/22.4\text{L}=0.8$。

3）质量组成

质量组成即为各组分的质量百分数。

$$G_i = \frac{w_i}{\sum_{i=1}^{n} w_i} \tag{2-3}$$

式中 w_i——气组分 i 的质量；

G_i——气组分 i 的质量组成。

因为 $G_i/M_i = n_i$，故可利用下式将质量组成换算为摩尔组成：

$$y_i = \frac{G_i/M_i}{\sum_{i=1}^{n} G_i/M_i} = \frac{n_i}{n} \tag{2-4}$$

式中　M_i——气组分 i 的相对分子质量。

除天然气可用摩尔组成等三种方式表示其组成关系外，原油的组成也同样可用上述方式表示。

2. 天然气的相对分子质量、密度和相对密度

1）相对分子质量

对于已知化学分子式的纯物质，可根据分子式得到相对分子质量。但天然气是多组分烃类和少量非烃类组分组成的混合气体，不可能写出一个分子式，也就不能象纯物质那样由分子式算出其恒定的相对分子质量。那么，怎样表示和得到天然气的相对分子质量呢？人们引用了“视相对分子质量”的概念来解决混合物的相对分子质量问题。所谓视相对分子质量是工程上为了计算方便，把 20℃时，在 0.101MPa 压力下，体积为 22.4L 天然气所具有的质量认为是天然气相对分子质量。换言之，天然气的相对分子质量在数值上等于在标准状态下 1mol 天然气的质量。显然，天然气的相对分子质量是一种人们假想的相对分子质量，故称为视相对分子质量。同时，由于天然气的相对分子质量随组成的不同而变化，没有一个恒定的数值，因此又称为“平均相对分子质量”。通常，多将上述数值简称为天然气的相对分子质量。

如何计算天然气的相对分子质量呢？常用的方法是已知天然气中各组分 i 的摩尔组成 y_i 和相对分子质量 M_i 后，天然气的相对分子质量可由下式求得：

$$M = \sum_{i=1}^{n}(y_i M_i) \tag{2-5}$$

式中　M——天然气相对分子质量；

y_i——天然气各组分 i 的摩尔组成；

M_i——天然气组分 i 的相对分子质量。

2）密度

天然气的密度是指单位体积天然气的质量，用符号 ρ_g 表示：

$$\rho_g = m/V \tag{2-6}$$

式中　ρ_g——天然气的密度，g/cm^3 或 kg/m^3；

m——天然气的质量，g 或 kg；

V——天然气的体积，cm^3 或 m^3。

天然气的密度通常在实验室测定。

3）相对密度

天然气相对密度定义为：在标准温度（293K）和标准压力（0.101MPa）条件下，天然气的密度与干燥空气密度之比。相对密度是无量纲量，常用符号 γ 表示，即：

$$\gamma = \frac{\rho_g}{\rho_a} \tag{2-7}$$

式中　ρ_g——天然气密度；

ρ_a——空气密度。

因为空气的相对分子质量为 28.96≈29，故：

$$\gamma = \frac{M}{29} \tag{2-8}$$

在已知天然气相对密度时，可用上式求得天然气的相对分子质量：

$$M = 29\gamma \tag{2-9}$$

一般天然气的相对密度在 0.5～0.7 之间（即天然气比空气轻），个别含重烃多或其他非烃类组分多的天然气的相对密度可能大于 1（即比空气重）。

二、天然气的状态方程和对应状态原理

描述流体 p—V—T 关系的数学式：

$$f(p, V, T) = 0 \tag{2-10}$$

被称为流体的状态方程。那么，理想气体和真实气体的状态方程有哪些形式？应该怎样应用它们呢？

1. 理想气体的状态方程

理想气体是指这样一种假想气体，该气体分子无体积，且气体分子之间无相互作用力。

理想气体状态方程是最简单的状态方程，即：

$$pV = nRT \tag{2-11}$$

式中 p——气体的压力；

V——在压力 p 下的气体体积；

T——绝对温度；

n——气体的摩尔数；

R——通用气体常数。

天然气是真实气体，它的分子有一定的体积，而且分子之间有作用力存在。无疑，真实气体与理想气体间存在着较大的差异。为此，人们提出了描述真实气体的各种状态方程。

2. 真实气体状态方程——天然气压缩状态方程

最早的真实气体状态方程是 1873 年 Van der Waals（范德华）提出的范德华方程和 1901 年 Virial（维里）提出的 Virial 方程。VDW 方程：

$$p = \frac{RT}{V-b} - \frac{a}{V^2} \tag{2-12}$$

Virial 方程（维里方程）：

$$p = \frac{RT}{V}\left(1 + \frac{B}{V} + \frac{C}{V^2} + \cdots\right) \tag{2-13}$$

VDW 方程实际上是一个考虑分子间相互作用力的硬球分子模型的状态方程，式中 $\frac{RT}{V-b}$ 和 $-\frac{a}{V^2}$ 分别表示硬球分子间的斥力和引力，体系压力则为两者之和。因此，VDW 方程中的参数 a 和 b 均具有一定的物理意义，分别称为硬球分子的引力系数和斥力系数。该方程可定性描述实际气体的 p—V—T 关系。Virial 方程中的参数 B、C …分别为两个、三个

…分子间的相互作用位能，它们可由统计热力学方法计算出来。Virial 方程的理论基础比较严格，但计算复杂。

为了提高计算精度和扩大适用范围，目前已提出近千个状态方程。这些方程的复杂性和通用性可以有很大的不同，但他们基本上均可视为硬球分子状态方程和 Virial 状态方程的经验修正式。

对于低压情况，天然气可视为理想气体而采用 $pV=nRT$。但当天然气处于高压、高温时，就需要对该方程进行修正。油藏工程中应用最广的天然气状态方程是压缩型状态方程，即引入一个系数 Z，从而得到天然气的压缩状态方程，即：

$$pV = ZnRT \tag{2-14}$$

式中 Z 通常称为压缩因子，或称偏差因子、偏差系数。其物理意义为：给定压力和温度下，实际气体体积与同温同压下理想气体体积之比。实际气体由于分子本身具有体积，故较理想气体难于压缩；而分子间的相互引力又使实际气体较理想气体易于压缩，压缩因子 Z 的大小恰恰反映了这两个相反作用的综合结果。

当 Z 值等于 1 时，实际气体则相当于理想气体；当 Z 值大于 1 时，该气体较理想气体难以压缩，体积更大；反之，当 Z 值小于 1 时，则该气体较理想气体更易于压缩，体积较理想气体为小。

如何求得气体的 Z 值，是应用压缩状态方程的关键和难点。

Z 值的大小与气体的性质、温度和压力有关。通常需要首先通过实验测出气体的 Z 值，再作成 Z 值与 T、p 间的关系图版，即 Z 值图版，以备查用。图 2-19、图 2-20、图 2-21 分别给出了甲烷、乙烷和丙烷的压缩因子图版。

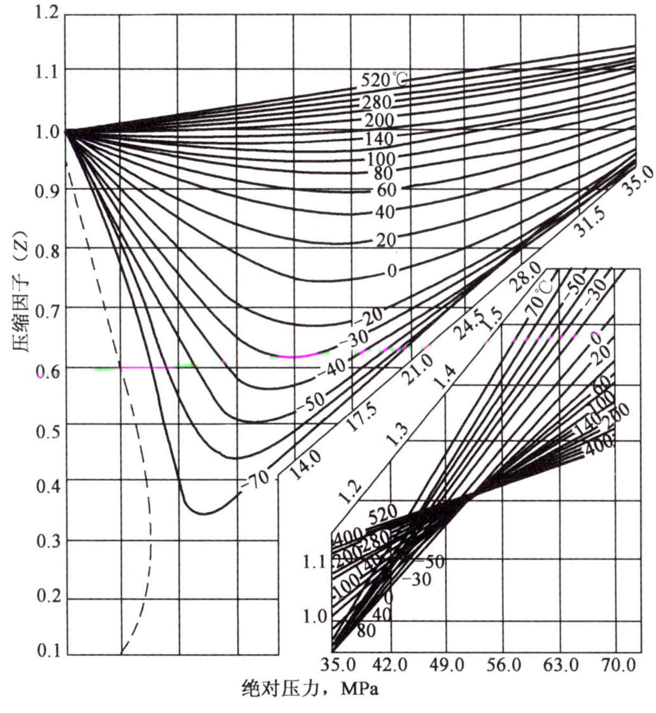

图 2-19 甲烷的压缩因子图版

3. 对应状态原理

对于各气田产出的不同组成的天然气，是否都需要分别由实验做出各自的 Z 值图版，才能求出它们在不同 p、T 下的 Z 值呢？能实际测定固然很好，但工作量很大，工程实用性差，实际上常借用典型图版来解决，下面就来讨论解决这一问题的方法及理论基础。

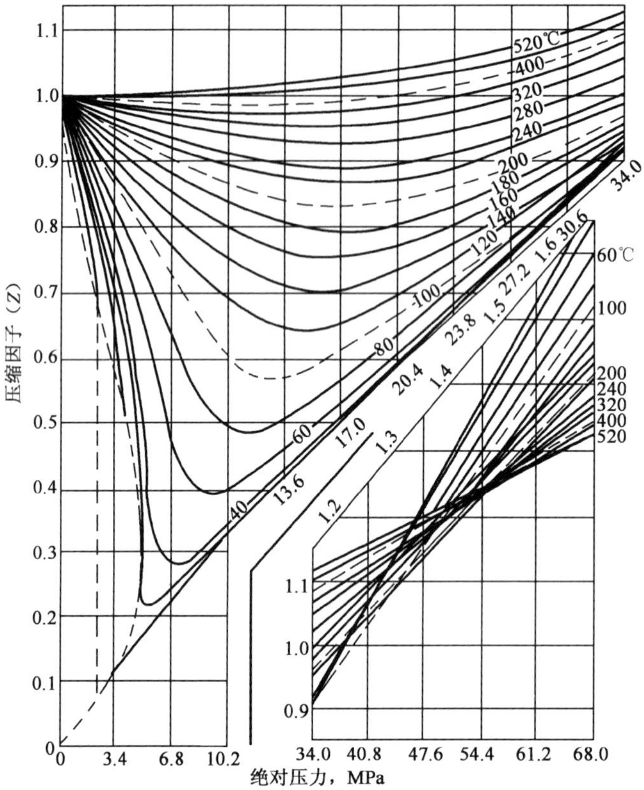

图 2-20　乙烷的压缩因子图版

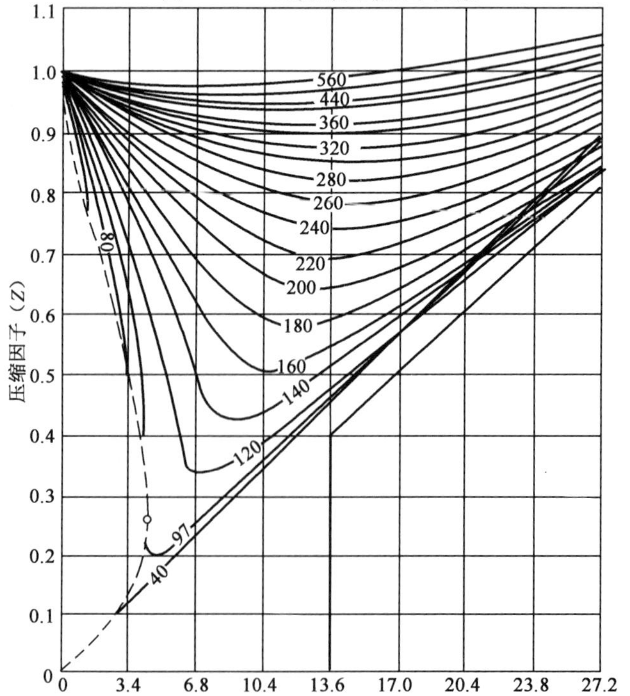

图 2-21　丙烷的压缩因子图版

目前广泛采用两参数压缩因子法来考虑实际气体的状态变化，即认为 Z 值是 p_r（对比压力）和 T_r（对比温度）两个对比参数的函数，即 $Z = Z(p_r, T_r)$。其中：

$$p_r = \frac{p}{p_c} \qquad T_r = \frac{T}{T_c} \tag{2-15}$$

式中 p、T——气体的压力和温度；

p_c、T_c——该气体的临界压力和临界温度。

两参数压缩因子法的理论根据是对应状态原理。

范德华早已指出，可以根据临界点的性质 $\left(\frac{\partial p}{\partial V}\right)_{T_c} = 0$、$\left(\frac{\partial^2 p}{\partial V^2}\right)_{T_c} = 0$ 来确定范德华状态方程［式（2-12）］的分子引力系数和斥力系数，即：

$$a = \frac{27}{64}\frac{R^2 T_c^2}{p_c}, \quad b = \frac{RT_c}{8p_c} \tag{2-16}$$

并可进一步用对比温度 T_r、对比压力 p_r 和对比体积 V_r（$V_r = \frac{V}{V_c}$）来表示范氏状态方程：

$$p_r = \frac{8}{3}\frac{T_r}{V_r - \frac{1}{3}} - \frac{3}{V_r^2} \tag{2-17}$$

由于上式已不含任何与物质有关的特性参数，故称此种方程为普遍化的状态方程。

范德华由此引申出对应状态原理，即对处于相同对比状态即对比压力 p_r、对比温度 T_r 相同的两种气体，它们的 V_r 也近似相同，则称这两种气体处于对应状态。当两种气体处于对应状态时，气体的许多内涵性质（即与体积大小无关的性质）如压缩因子 Z、粘度 μ 也近似相同——这即为“对应状态原理”。对于化学性质相似而临界温度相差不大的物质，该原理具有很高的精度。表 2-2 给出某些纯烃和非烃气体的物性常数值。

表 2-2　烃类及非烃类气体的物性常数表

组分名称	代　号	分子式	相对分子质量	在 0.101325 MPa 下的沸点，℃	临界压力 p_c，MPa	临界温度 T_c，K	在标准条件下液体密度 g/cm³
甲烷	C_1	CH_4	16.043	−161.50	4.6408	190.67	0.3
乙烷	C_2	C_2H_6	30.070	−88.61	4.8835	305.50	0.3564
丙烷	C_3	C_3H_8	44.097	−42.06	4.2568	370.00	0.5077
异丁烷	$i-C_4$	$i-C_4H_{10}$	58.124	−11.72	3.6480	408.11	0.5631
正丁烷	$n-C_4$	$n-C_4H_{10}$	58.124	−0.50	3.7928	425.39	0.5844
异戊烷	$i-C_5$	$i-C_5H_{12}$	72.151	27.83	3.3336	460.89	0.6247
正戊烷	$n-C_5$	$n-C_5H_{12}$	72.151	36.06	3.3380	470.11	0.6310
正己烷	$n-C_6$	$n-C_6H_{14}$	86.178	68.72	3.0344	507.89	0.6640
正庚烷	$n-C_7$	$n-C_7H_{16}$	100.205	98.44	2.7296	540.22	0.6882
正辛烷	$n-C_8$	$n-C_8H_{18}$	114.232	125.67	2.4973	569.39	0.7068
正壬烷	$n-C_9$	$n-C_9H_{20}$	128.259	150.78	2.3028	596.11	0.7217
正癸烷	$n-C_{10}$	$n-C_{10}H_{22}$	142.286	174.11	2.1511	619.44	0.7342
空气	Air	N_2，O_2	28.964	−194.28	3.7714	132.78	0.856
二氧化碳	CO_2	CO_2	44.010	−186.43	7.3787	304.17	0.827
氦气	He	He	4.003	−372.52	0.2289	5.278	—
氢气	H_2	H_2	2.016	−459.73	1.3031	33.22	0.07
硫化氢气	H_2S	H_2S	34.076	−315.74	9.0080	373.56	0.79

续表

组分名称	代　　号	分子式	相对分子质量	在0.101325 MPa下的沸点,℃	临界压力 p_c，MPa	临界温度 T_c，K	在标准条件下液体密度 g/cm^3
氮气	N_2	N_2	28.013	−371.19	3.3936	126.11	0.808
氧气	O_2	O_2	31.999	−389.22	5.0807	154.78	1.14
水	H_2O	H_2O	18.015	100	22.1286	647.33	1.0

能否将上述对应状态原理同样用于多组分烃类混合物的天然气呢？由于天然气中大多数组分属于烷烃，化学结构相似，因此，采用对应状态原理完全能满足工程要求，因而被广泛采用。

此时需要引入一个“视”或“拟”（Pseudo）的概念。由于天然气的临界参数值很难获得，故首先的作法是将天然气的临界参数处理为“视临界参数”，其定义为：

$$p_{pc}=\sum y_i p_{ci}$$

$$T_{pc}=\sum y_i T_{ci} \tag{2-18}$$

式中　p_{pc}、T_{pc}——天然气的视临界压力和视临界温度；

p_{ci}、T_{ci}——组分 i 的临界压力和临界温度；

y_i——组分 i 的摩尔分数。

有了天然气的视临界参数后，便可算出天然气的视对比压力 p_{pr}和视对比温度 T_{pr}，即：

$$p_{pr}=\frac{p}{p_{pc}}=\frac{p}{\sum y_i p_{ci}}$$

$$T_{pr}=\frac{T}{T_{pc}}=\frac{T}{\sum y_i T_{ci}} \tag{2-19}$$

由于引入“视对比参数”p_{pr}、T_{pr}，这样就把混合气体视为像纯气体一样，只要作出某一天然气的压缩因子 Z 值图版，即可查出另一天然气的 Z 值。目前国内外普遍采用如图2－22所示的两参数对比态 Z 值图版。当非烃的含量很少（$N_2<2\%$，$CO_2<1\%$）时，由该图版所求出的 Z 值具有相当的精度（误差小于3%）。但若天然气中非烃或重烃（C_5 以上，如凝析气藏气）含量较高时，应用该图版其误差就较大，此时需要采用另外的图版进行校正，或用其他的状态方程进行计算。

在实际工作中，测定天然气的相对密度（γ）比测定天然气的组成（y_i）要容易得多，故在已知天然气相对密度时，可利用图 2－23 由已知相对密度查出该天然气的视临界参数，计算出视对比参数（p_{pr}、T_{pr}），最后由图 2－22 查得天然气的 Z 值。

当天然气中非烃含量不太高（$N_2<5\%$）时，也可根据气体相对密度（γ），按以下经验关系式估算出视临界压力（p_{pc}，MPa）和视临界温度（T_{pc}，K）。

$$T_{pc}=171(\gamma-0.5)+182 \tag{2-20}$$

$$p_{pc}=[46.7-32.1(\gamma-0.5)]\times 0.09869 \tag{2-21}$$

然后，根据气体所具有的 p、T 条件，算出 p_{pr}、T_{pr}，再根据得出的 p_{pr}、T_{pr}值查图求得 Z 值。

下面举例来说明求 Z 值的方法。

［例 2－1］ 已知天然气的组成（表 2－3），求它在49℃、10.2MPa下的 Z 值，并计算出 lmol 天然气所占之体积。

解：（1）列表计算视临界参数：p_{pc}和 T_{pc}。

（2）计算视对比参数：p_{pr}和 T_{pr}。

视对比温度

$$T_{pr} = \frac{T}{T_{pc}} = \frac{273 + 49}{212.8} = 1.51$$

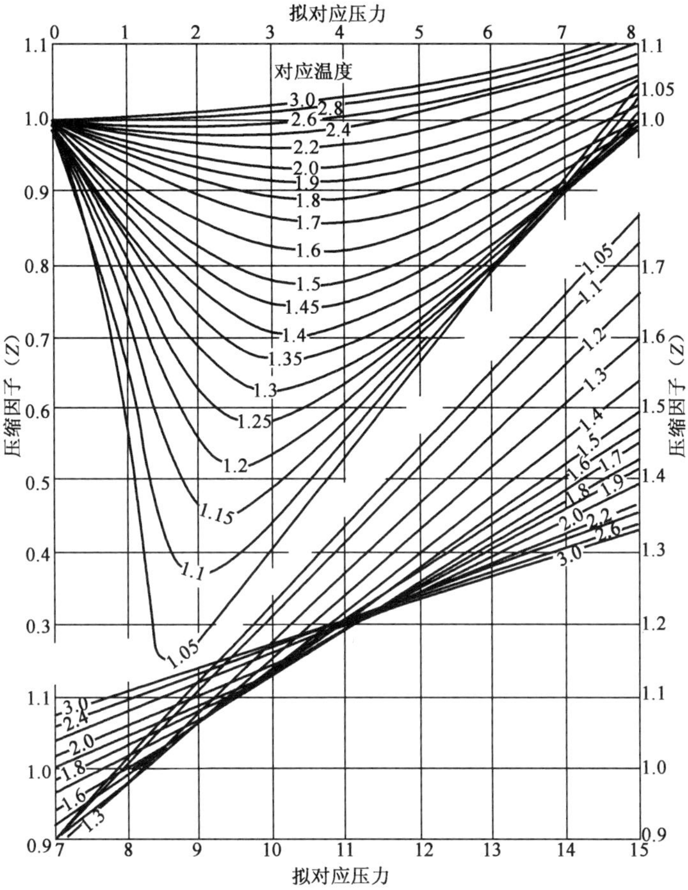

图 2-22　天然气的压缩因子图版

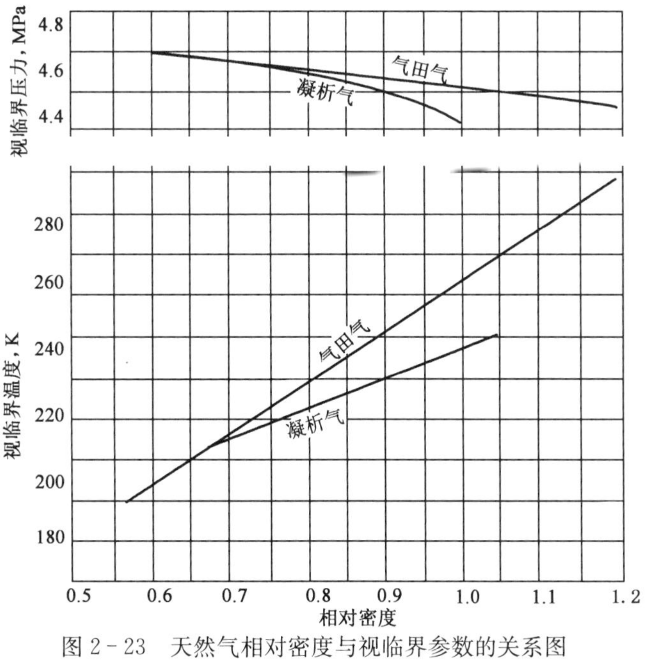

图 2-23　天然气相对密度与视临界参数的关系图

视对比压力

$$p_{pr}=\frac{p}{p_{pc}}=\frac{10.2}{4.54}=2.25$$

表 2-3 视临界参数计算结果

组分	摩尔分数	临界温度，K	y_iT_{ci}	临界压力（p_c）	y_ip_{ci}
CH_4	0.85	190.58	161.99	4.544	3.86
C_2H_6	0.09	305.42	27.49	4.816	0.43
C_3H_8	0.04	369.82	14.79	4.194	0.17
$n-C_4H_{10}$	0.02	425.18	8.50	3.747	0.07
	$\sum y_i=1.00$	$\sum y_iT_{ci}=T_{pc}=212.8$		$\sum y_ip_{ci}=p_{pc}=4.54$	

（3）根据算得的 p_{pr}和 T_{pr}，在图 2-22 上查得 Z=0.813。

（4）按天然气压缩状态方程，计算出在 49℃、10.2MPa 下，1mol 天然气所占体积。

$$V=\frac{ZnRT}{p}=\frac{0.813\times0.008205\times(273+49)}{10.2}=0.2(\mathrm{L})$$

［**例 2-2**］已知天然气相对密度 γ=0.76，试确定在 49℃、10.2MPa 下，该天然气的压缩因子 Z 值。

解：（1）根据天然气 γ=0.76，在图 2-23 上查出视临界温度 T_{pc}=227K，视临界压力 p_{pc}=4.59MPa。

（2）计算出视对比参数：

$$T_{pr}=T/T_{pc}=(273+49)/227=1.42$$

$$p_{pr}=p/p_{pc}=10.2/4.59=2.22$$

（3）最后根据 T_{pr}和 p_{pr}，在图 2-22 上查得 Z=0.758。

需要说明的是，当天然气中非烃组分的摩尔含量大于 5%时，上述 Z 值图版（图 2-22）将会产生较大的误差。威廉.D. 麦凯恩等认为，如天然气中 N_2 的含量为 20% 时，其 Z 值误差仅为 4%，但 CO_2 的存在会给压缩因子 Z 值带来较大的误差。已经发现，CO_2 含量越高，查图所得 Z 值误差越大，所产生误差的百分数近似地等于 CO_2 占天然气的百分组成。

一般对非烃含量的修正方法，是根据非烃的含量，采用经验公式或校正曲线图版来修正天然气的视临界参数，从而修正视对比参数，达到修正 Z 值的目的。这里我们以威斯特等人提出的方法为例加以说明。该方法首先引进一个以 CO_2 和 H_2S 浓度为函数的视临界温度 T_{pc}的校正系数 ξ；然后再校正视临界压力 p_{pc}；按已经校正过的 T'_{pc}和 p'_{pc}计算出 T_{pr}、p_{pr}，由 T_{pr}、p_{pr}按原来的 Z 值图版（图 2-22）查出 Z 值，即可得到当天然气中含 CO_2和 H_2S 成分时的天然气压缩因子。所用到的校正公式为：

$$T'_{pc}=T_{pc}-\xi \tag{2-22}$$

$$p'_{pc}=\frac{p_{pc}T'_{pc}}{T_{pc}+n(1-n)\xi} \tag{2-23}$$

式中 T_{pc}、p_{pc}——用摩尔分数计算的视临界温度和视临界压力；

T'_{pc}、p'_{pc}——经校正过的视临界温度和视临界压力；

n——天然气中所含 H_2S 的摩尔分数；

ξ——视临界温度的校正系数，它决定于 H_2S 和 CO_2 的含量百分数，可由图 2-24 直接查出。

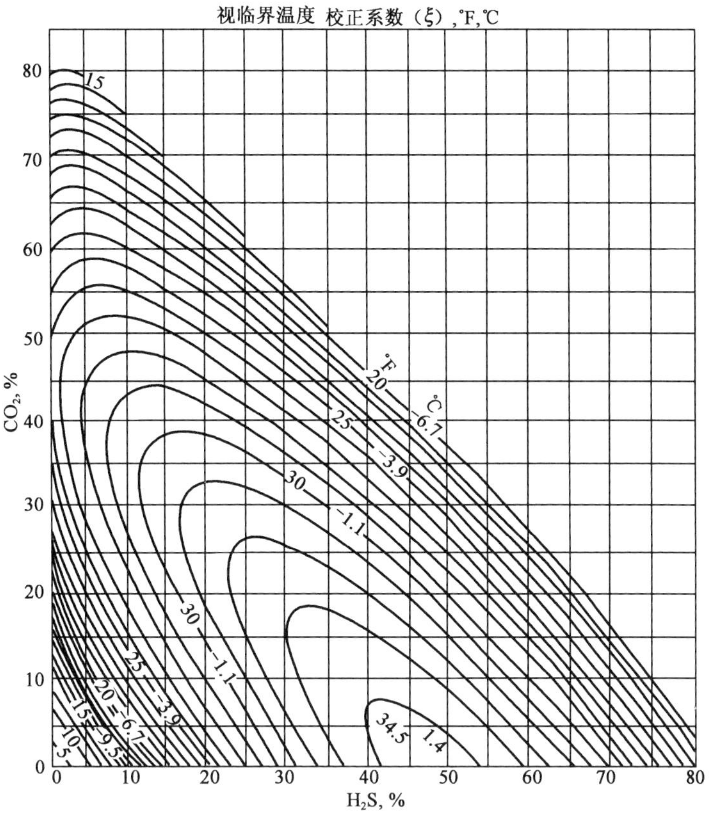

图 2-24　视临界温度的校正系数 ξ 与 H_2S、CO_2 的含量关系曲线

［**例 2-3**］已知含 CO_2 和 H_2S 的天然气组成（表 2-4），求在温度为 60℃，压力为 10MPa 时天然气的压缩因子 Z。

解：（1）首先根据天然气的摩尔组成，算出视临界参数。

表 2-4　视临界参数计算结果

组　成	y_i	p_{ci}	$y_i p_{ci}$	T_{ci}	$y_i T_{ci}$
CO_2	0.10	7.290	0.73	304.25	30.43
H_2S	0.20	8.890	1.78	373.55	74.71
CH_4	0.60	4.544	2.73	190.58	114.35
C_2H_6	0.10	4.816	0.48	305.42	30.54
		$p_{pc}=\sum y_i p_{ci}=5.72$		$T_{pc}=\sum y_i T_{ci}=250.03$	

（2）由 CO_2 浓度和 H_2S 浓度，查图 2-24 得到 $\xi=-1.2$。则：

$$T'_{pc}=T_{pc}-\xi=250.03-(-1.2)=251.23$$

$$p'_{pc}=\frac{p_{pc}T'_{pc}}{T_{pc}+n(1-n)\xi}=\frac{5.927\times 251.23}{250.03+0.2\times(1-0.2)\times(-1.2)}=5.75$$

（3）计算视对比参数：

$$T'_{pr}=T/T'_{pc}=333/251.23=1.32$$

$$p'_{pr}=p/p'_{pc}=10/5.75=1.74$$

（4）由图 2－22 查得 $Z=0.73$。

4. 天然气的其他状态方程

在使用上述天然气压缩状态方程时，人们发现，如天然气中含轻烃（C_5）较多时（如凝析气藏气），查图得出的 Z 值误差很大，很难采用上述压缩状态方程来描述其 $p—V—T$ 关系。近年来，在气藏数值模拟中，尤其是在凝析气藏的相平衡计算中，还采用了其他状态方程。这是因为对于凝析气田来说，气体组成因时、因地而发生变化，一般天然气的压缩因子（Z 值）图版对凝析油气体系不一定适用，加上近年来，计算机技术的发展，又促进了这些状态方程的应用。

1）RK（Redlich-kwong）状态方程

RK 状态方程由范德华（VDW）状态方程改进而得，最初的 RK 状态方程形式如下：

$$p=\frac{RT}{V-b}-\frac{\dfrac{a}{T^{0.5}}}{V(V+b)} \tag{2-24}$$

其中
$$a=\frac{C_aR_2T_c^{2.5}}{p_c}\qquad b=\frac{C_bRT_c}{p_c}$$

式中 p——压力，atm（1atm=0.1MPa）；

p_c——临界压力，atm（1atm=0.1MPa）；

T_c——临界温度，K；

T——温度，K；

V——摩尔体积，cm^3/mol；

R——气体通用常数，$82.057atm\cdot cm^3/(g\cdot mol\cdot K)$。

若温度用 K，压力用 psia❶，则：

$$C_a=0.42741,C_b=0.08664$$

式（2－24）中，仅包括 a、b 两个经验常数，较为简单，它对一般气体有合理的精度。

2）SRK（Soave-Redlich-kwong）状态方程

Soave 将纯物质的偏心因子作为第三个参数引入 RK 状态方程，使三次方型状态方程的改进、实用化有了明显的进步，并被引入油、气藏流体相平衡计算。SRK 方程的形式为：

$$p=\frac{RT}{V-b}-\frac{a\alpha(T_r,\omega)}{V(V+b)} \tag{2-25}$$

与 RK 方程相比，Soave 状态方程中引入了一个有一般化意义的温度函数 $\alpha(T_r,\omega)$，用于改善烃类等实际复杂分子体系对 $p—V—T$ 相态特征的影响。

在临界条件下：

$$\alpha(T_c)=0.42748\frac{R_2T_c^2}{p_c}$$

$$b(T_c)=0.08664\frac{RT_c}{p_c}$$

$$\alpha(T_r,\omega)=1$$

❶psia——磅力/英寸²（绝对），1psia=6894.76Pa。

即 SRK 方程仍满足 Van der Waals 状态方程的临界点条件，仍可由烃类纯组分物质的临界参数计算 a、b 参数。

在其他温度下，Soave 用式（2－25）拟合不同物质实测蒸汽压数据，得到不同的纯组分物质的 α 与温度的函数形式：$\alpha(T,\omega)=[1+m(1-T_r^{0.5})]^2$。其中 m 对不同偏心程度的纯物质具有不同的数值，Soave 进一步把 m 关联为物质偏心因子的函数，得到的关联式为：

$$m=0.480+1.574\omega-0.176\omega^2$$

从而在其他温度下得到：

$$a(T)=a(T_c)\cdot\alpha(T_r,\omega)$$

$$b(T)=b(T_c)$$

$$\alpha(T_r,\omega)=[1+m(1-T_c^{0.5})]^2$$

$$m=0.480+1.574\omega-0.176\omega^2$$

式中　ω——偏心因子，参见郭天民等编著《多元气—液平衡和精馏》中附录 C。

引入温度函数，特别是引入偏心因子，可使状态方程中引力项随不同分子偏心力场变化加以调整，从而使 SRK 方程用于非极性分子及其混合物气液平衡计算取得较为满意的结果。SRK 方程用于含弱极性组分的非烃—烃混合体系相平衡计算也有改善，能较好地预测气相容积特性和逸度。在非极性、弱极性球性分子体系中广泛应用。因此 SRK 方程已广泛用于天然气和凝析油气体系的 p—V—T 相态计算。但对含 H_2S 较高的油气体系相平衡特性预测及液相容积特性的计算可能会产生较大误差。

3）PR（Peng-Robinson）状态方程

PR 方程是 1975 年，由 Peng 和 Robinson 两人在 RK 方程基础上提出的修正形式：

$$p=\frac{RT}{V-b}-\frac{a(T)}{V(V+b)+b(V-b)} \tag{2-26}$$

在临界条件下：

$$a(T_c)=0.45724R^2T_c^2/p_c$$

$$b(T_c)=0.07780RT_c/p_c$$

在其他温度下：

$$a(T)=a(T_c)\cdot\alpha(T_r,\omega)$$

$$b(T)=b(T_c)$$

$$\alpha(T_r,\omega)=[1+m(1-T_c^{0.5})]^2$$

$$m=0.37464+1.54226\omega-0.26992\omega^2$$

自 PR 方程发表之后，首先被广泛用于各种纯物质及其混合物热力学性质的计算，继而又用于气液相平衡计算，并对它作了较全面的检验，与 SRK 方程相比有以下进步：

（1）对纯物质蒸气压的预测有明显的改进，对焓差计算则两者相当；

（2）对液相密度及容积特性计算，PR 方程有明显的改善，而气相密度及容积特性的测定相当；

（3）用于气液相平衡计算，一般优于 SRK 方程；

（4）用于含 CO_2、H_2S 等较强极性组分体系的气液相平衡计算，能取得较为满意的结果。

因此 PR 方程是目前在油气藏烃类体系相态模拟计算中使用最为普遍，公认为最好的状态方程之一。

三、天然气的体积系数

在探明了储气层的储气面积（A）、厚度（h）、孔隙度（ϕ）、含气饱和度（S_g）之后，能否直接由地下储气体积（$V_g = Ah\phi S_g$）算出在地面标准条件的气体体积呢？也就是说，处于高温、高压下的地下体积和标准状态下的地面体积之间有什么关系呢？联系这两者体积间的关系是“体积系数”这一概念。

现以地面标准状态［20℃、1 atm（0.1MPa）］下天然气的体积 V_{sc} 为基准作为标准量（分母），以它在地下（某一 p、T 条件下）的体积 V 为比较量来定义天然气的体积系数，天然气的地下体积系数 B_g 可定义为：

$$B_g = \frac{V}{V_{sc}} \tag{2-27}$$

式中　B_g——天然气体积系数；

V_{sc}——天然气在地面标准状态下的体积；

V——等量天然气在地下的体积。

在地面标准状况下，气体体积通常可按理想气体状态方程表述（即认为压缩因子 $Z=1$），即：

$$V_{sc} = \frac{nRT_{sc}}{p_{sc}} \tag{2-28}$$

式（2－28）中，p_{sc}、V_{sc}、T_{sc} 分别代表标准状况下天然气的压力、体积和温度。关于标准状态，不同国家和不同情况对 V_{sc} 有不同的规定。例如，实验室标准状态一般是指 0℃、1 个大气压（0.1MPa）；矿场条件下，我国和苏联相同，定为 20℃，1 个大气压（0.1MPa）；美国定为 15.6℃（60 ℉）、1 个大气压（0.1MPa）。在油藏压力为 p、温度为 T 的条件下，则同样数量的天然气所占的体积 V 可按压缩状态方程求出，即：

$$V = \frac{ZnRT}{p} \tag{2-29}$$

式中 $$T = 273 + t$$

将式（2－28）和式（2－29）代入式（2－27），可得：

$$B_g = \frac{V}{V_{sc}} = \frac{ZTp_{sc}}{T_{sc}p} = Z\frac{273+t}{293}\frac{p_{sc}}{p} \tag{2-30}$$

式中，B_g 的单位是 m^3/m^3，即可视为无量纲量。

天然气体积系数 B_g 实质上表示了天然气在油藏条件下所占的体积与同等数量的气体在标准状况下所占的体积之比。因此，B_g 描述了当其气体质量不变时，由于从地下到地面压力、温度的改变所引起的体积膨胀大小。

在实际气藏中，由于地面压力远远低于地层压力（相差几十倍、几百倍），而地面与地下温度相差不大（一般为几倍），故天然气由地下采到地面后会发生几十倍、几百倍的膨胀，致使 B_g 远小于 1。为计算方便，常用它的倒数 $1/B_g = B'_g$ 来进行计算。

另一方面，油气藏中随着气体的不断采出，压力在不断降低，而地下气藏温度可视为常数，此时，可将 B_g 视为仅是油气藏压力的函数，即：

$$B_g = C \cdot Z/p \tag{2-31}$$

根据不同的压力值，可作出 B_g—p 关系曲线（图 2－25）。有了这样的关系曲线后，当进行有关气藏储量计算时，就可按实际油藏压力变化值的大小，由图中曲线上求得相应的 B_g 值，应用起来也十分方便。

四、天然气的压缩系数

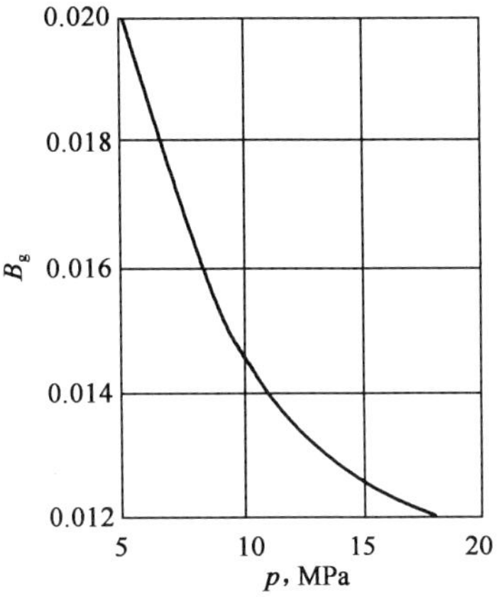

图 2-25　B_g—p 关系曲线

在油藏工程计算中，特别是考虑油气藏弹性储量大小时，随着压力的改变，气体体积变化的大小也是必要的参数，为此引入了在地层等温条件下，气体等温压缩系数的概念。

天然气等温压缩系数（一般简称为压缩系数、弹性系数或压缩率）是指在等温条件下，天然气体积随压力变化的变化率，其数学表达式为：

$$C_g = -\frac{1}{V}\left(\frac{\partial V}{\partial p}\right)_T \tag{2-32}$$

因为随着压力的增加，气体体积减小，$\frac{\partial V}{\partial p}$ 为负值，为使 C_g 为正值，故在式（2-32）右边加一负号。

根据定义，只要能找出天然气的 p—V 关系，即可求出 C_g 值，气体体积与压力的关系可按真实气体状态方程来表示：

$$V = nRT\frac{Z}{p} \tag{2-33}$$

$$\left(\frac{\partial V}{\partial p}\right)_T = nRT\frac{p\frac{\partial z}{\partial p} - Z}{p^2} \tag{2-34}$$

将式（2-33）和式（2-34）代入式（2-32）则可得 C_g—p 关系式：

$$C_g = -\frac{1}{V}\left(\frac{\partial V}{\partial p}\right)_T = -\frac{p}{ZnRT}\left[\frac{nRT}{p^2}\left(p\frac{\partial z}{\partial p} - Z\right)\right]$$

$$= \frac{1}{p} - \frac{1}{Z}\frac{\partial Z}{\partial p} \tag{2-35}$$

式中，$\frac{\partial Z}{\partial p}$ 可由相应温度下的 Z—p 图，在相应的压力 Z—p 曲线上求出该点的 Z 值和相应的斜率 $\frac{\Delta Z}{\Delta p}$，代入式（2-35）即可求出压力 p 下的 C_g 值。

对理想气体特定的情况，因式（2-35）中的 $Z=1.00$，而 $\frac{\partial Z}{\partial p}=0$，因此 C_g 仅与压力倒数成正比；对烃类气体，由于 $Z\neq1$，使 $\frac{1}{Z}\frac{\partial Z}{\partial p}$ 仍具有一定数值，不可忽略。在不同压力下，$\frac{\partial Z}{\partial p}$ 值很不相同，可为正值，也可为负值。如低压时，压缩系数 Z 随压力的增加而减少，故 $\frac{\partial Z}{\partial p}$ 为负，因而 C_g 值比理想气体时大；在高压时，Z 随 p 的增加而增加，故 $\frac{\partial Z}{\partial p}$ 为正，因而 C_g 较理想气体时小。

下面举例说明，如何由已知温度、压力，求出等温压缩系数 C_g。

［例 2-4］ 试计算在 20℃、6.8MPa 下甲烷的等温压缩系数 C_g 值。

解： 首先从甲烷的 Z—p 图版（图 2-19）中查出 $Z=0.89$，并求出该点的斜率 $\frac{\partial Z}{\partial p}=$

-0.01551MPa^{-1}，然后用式（2－35）算得 C_g，即：

$$C_g=\frac{1}{p}-\frac{1}{Z}\frac{\partial Z}{\partial p}=\frac{1}{6.8}-\frac{1}{0.89}(-0.0155)=1645\times10^{-4}\text{MPa}^{-1}$$

对于多组分的天然气，直接用压力值按式（2－35）计算 C_g 很不方便，仍需采用对应状态原理，将压力 p 改换为视对比压力 p_{pr}，其公式推导如下：

由视对比压力公式（2－19）：

$$p_{pr}=p/p_{pc}$$

可得：

$$p=p_{pr}\cdot p_{pc} \tag{2-36}$$

式中　p_{pc}、p_{pr}——天然气的视临界压力和视对比压力。

因为

$$\frac{\partial Z}{\partial p}=\frac{\partial Z}{\partial p_{pr}}\frac{\partial p_{pr}}{\partial p} \tag{2-37}$$

由式（2－19）可得：

$$\frac{\partial p_{pr}}{\partial p}=\frac{1}{p_{pc}} \tag{2-38}$$

将式（2－38）代入式（2－37），得：

$$\frac{\partial Z}{\partial p}=\frac{1}{p_{pc}}\frac{\partial Z}{\partial p_{pr}} \tag{2-39}$$

将式（2－36）和式（2－39）代入式（2－35），得：

$$\begin{aligned}C_g&=\frac{1}{p}-\frac{1}{Z}\frac{\partial Z}{\partial p}=\frac{1}{p_{pc}\cdot p_{pr}}-\frac{1}{Z\cdot p_{pc}}\frac{\partial Z}{\partial p_{pr}}\\&=\frac{1}{p_{pc}}\left(\frac{1}{p_{pr}}-\frac{1}{Z}\frac{\partial Z}{\partial p_{pr}}\right)\end{aligned} \tag{2-40}$$

式（2－40）为计算天然气压缩系数 C_g 的常用公式。若已知天然气的组成，便可算出天然气视临界参数（p_{pc}），还可算出视对比参数（p_{pr}），再利用 Z 值图版（图 2－22）查出 Z 值和 $\frac{\partial Z}{\partial p}$ 值，最后按式（2－40）计算出 C_g。

［例 2－5］ 利用例题［2－1］所给出的天然气组成，求其在 49℃和 10.2MPa 下的等温压缩系数。

解：（1）首先计算视临界参数和视对比参数。由［例 2－1］已算出：

$$p_{pc}=4.54\text{MPa}\qquad T_{pc}=212.8\text{K}$$
$$p_{pr}=2.25\qquad T_{pr}=1.51$$

（2）从 Z 值图版（图 2－22）中查出 $Z=0.813$，算出 $\frac{\partial Z}{\partial p}=-0.053$。

（3）最后按式（2－40）计算出 C_g：

$$\begin{aligned}C_g&=\frac{1}{p_{pc}}\left(\frac{1}{p_{pr}}-\frac{1}{Z}\frac{\partial Z}{\partial p_{pr}}\right)\\&=\frac{1}{4.54}\left[\frac{1}{2.25}-\frac{1}{0.813}(-0.053)\right]\\&=\frac{1}{4.54}\times0.5096=1124\times10^{-4}\text{MPa}^{-1}\end{aligned}$$

有时，人们将 C_g 无量纲化，定义天然气的视对比压缩系数为：

$$C_{pr}=C_g\times p_{pc} \tag{2-41}$$

式中　C_{pr}——视对比压缩系数，无量纲；

C_g——天然气压缩系数，1/atm（0.1MPa^{-1}）。

由式（2-40）可得：

$$C_{pr}=p_{pc}\cdot\left[\frac{1}{p_{pc}}\left(\frac{1}{p_{pr}}-\frac{1}{Z}\frac{\partial Z}{\partial p_{pr}}\right)\right]$$

$$=\frac{1}{p_{pr}}-\frac{1}{Z}\frac{\partial Z}{\partial p_{pr}} \tag{2-42}$$

天然气视对比压缩系数 C_{pr}，可由已知的视对比参数（p_{pr}、T_{pr}）由图2-26查出。

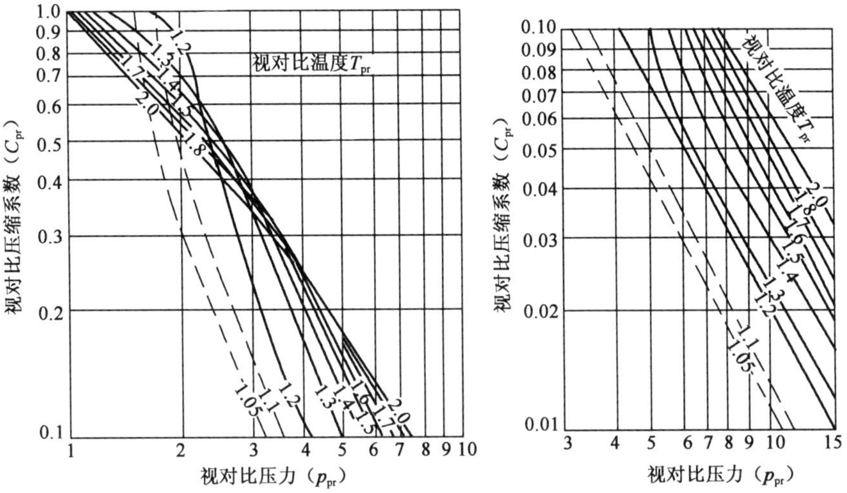

图2-26 天然气的对比等温压缩因子

［例2-6］ 根据［例2-5］给出的天然气组成，利用图2-26计算天然气在49℃和10.2MPa（102atm）下的 C_g 值。

解： 首先算出：

$$p_{pc}=4.54\text{MPa} \qquad T_{pc}=212.8\text{K}$$

$$p_{pr}=2.25 \qquad T_{pr}=1.51$$

由图2-26确定出 $p_{pr}=2.25$ 和 $T_{pr}=1.51$ 下的 $C_{pr}=0.51$，最后按式（2-41）计算出 C_g：

$$C_g=\frac{C_{pr}}{p_{pc}}=\frac{0.51}{4.54}=1123\times10^{-4}\text{MPa}^{-1}$$

五、天然气的粘度

流体的粘度被定义为流体中任一点上单位面积的剪应力与速度梯度的比值，它是流体（气体或液体）内摩擦而引起的阻力。因此，流体的粘度即为流体内部某一部分相对于另一部分流动时摩擦阻力的量度。流体粘度的大小对于它在地层中或管路中的流动计算是很重要的参数。粘度的高低表明流体流动的难易，粘度越大，流动阻力越大，越难流动。

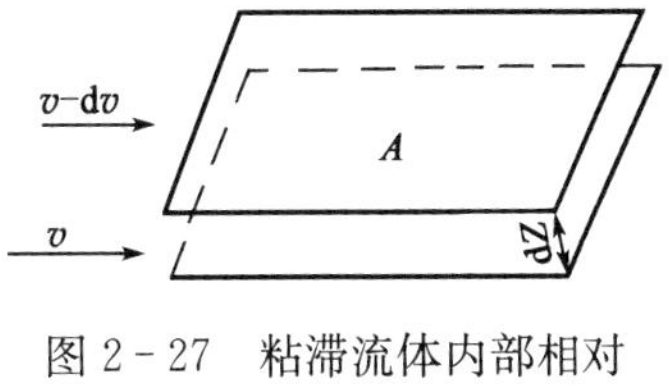

图2-27 粘滞流体内部相对运动示意图

设两层流体，其层面面积为 A，层间间距为 dZ，如图2-27所示。如果下层流动速度为 v，上层由于流体分子的摩擦阻力速度为 $v-dv$，其层间内摩擦阻力为 F，根据牛顿内摩擦定律，则：

$$\frac{F}{A} \propto \frac{\mathrm{d}v}{\mathrm{d}Z} \tag{2-43}$$

写成等式则为：

$$\mu = \frac{F/A}{\mathrm{d}v/\mathrm{d}Z} \tag{2-44}$$

式中 μ——流体粘度，又称动力粘度或绝对粘度；

F/A——单位面积上的剪应力或内摩擦阻力；

$\mathrm{d}v/\mathrm{d}Z$——速度梯度。

根据式（2-44），粘度的单位是力·时间/长度^{2}或质量/（长度·时间）。工程实际中，常使用P（泊），cP（厘泊）、μP（微泊）；SI制采用毫帕斯卡·秒，简称毫帕秒、符号为mPa·s，它与厘泊（cP）的关系为：

$$1\text{mPa}\cdot\text{s}=1\ \text{cP} \tag{2-45}$$

气体的粘度取决于气体的组成、压力和温度。在高压和低压下，其变化规律不同。在什么情况下可以考虑为低压，在什么情况需要按高压考虑而进行压力影响的修正呢？图2-28提供了一个简便的方法，在图中分界线以下（即稀气体），可按低压下气体粘度考虑；对稠气体，则需按高压考虑其粘度。

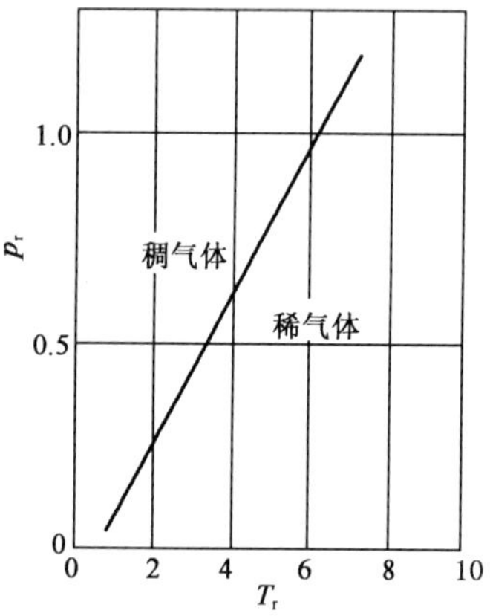

图2-28 修正粘度的分界线

1. 低压下的气体粘度

在接近大气压时，气体的粘度几乎与压力无关，它随温度的升高而增大。

根据气体分子动力学，气体粘度为：

$$\mu = \frac{1}{3}\rho\bar{v}\bar{\lambda} \tag{2-46}$$

式中 ρ——气体密度；

$\bar{v}$——气体分子平均运动速度；

$\bar{\lambda}$——气体分子平均自由行程。

式（2-46）表明，气体粘度大小与ρ、$\bar{v}$、$\bar{\lambda}$有关。而在这三个量中，分子运动速度$\bar{v}$与压力无关，气体密度ρ与压力成正比，而分子平均自由程$\bar{\lambda}$却与压力成反比。可以认为，ρ、$\bar{v}$、$\bar{\lambda}$三者的乘积几乎与压力无关。

当温度增高时，气体分子的热运动加剧，平均速度增加，分子间碰撞增多，内摩擦阻力增加，使粘度也增大。

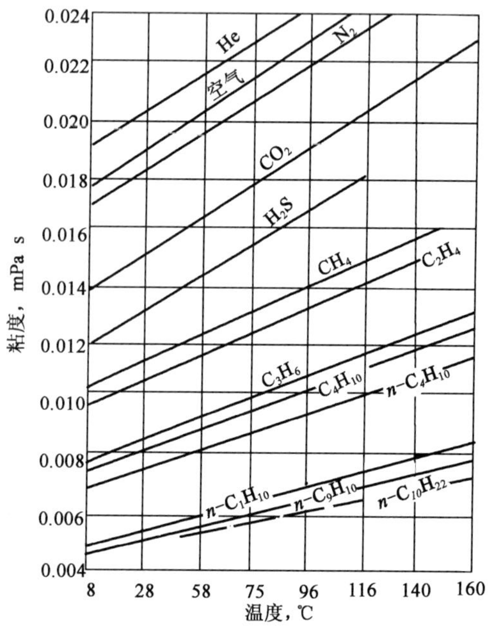

图2-29 大气压下单组分烃的绝对粘度

图2-29和图2-30分别给出了大气压下单组分烃和天然气的粘度图版。从图中可看出，非烃类气体的粘度比烃类气体粘度都大，而烃类气体的粘度是随相对分子质量的增加而

减少。因此，当天然气中非烃组分含质量较高时，必须对图版上所查得的粘度值进行修正。图 2－30 右上角和左下角是关于 N_2、CO_2 和 H_2S 的粘度修正图。常用的修正办法为：把根据非烃组分摩尔百分数在角图上查得的修正值，附加到根据粘度图版查得的粘度值上，即可得天然气的粘度。

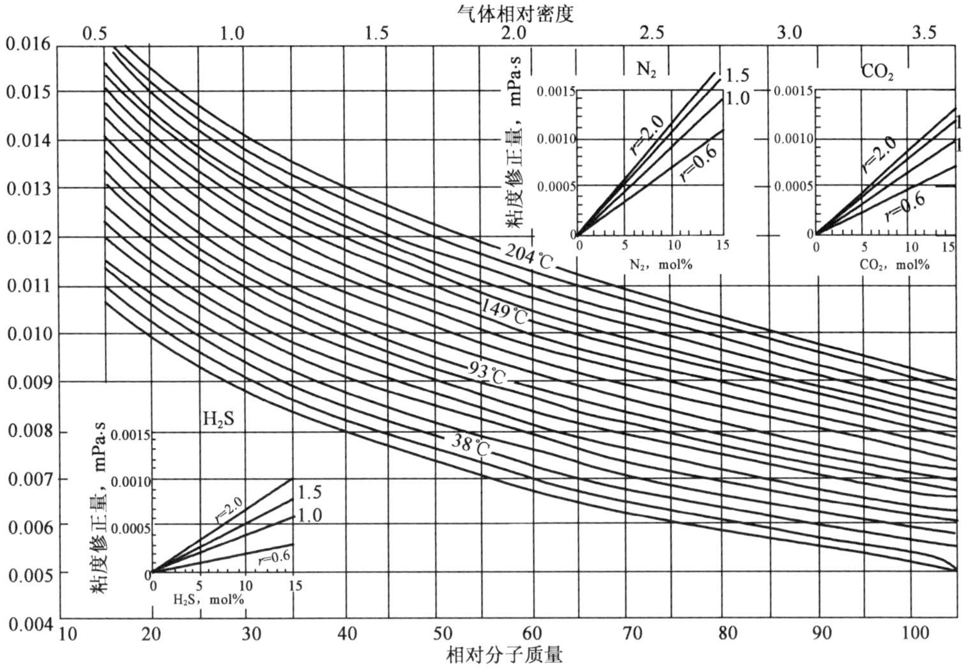

图 2－30 大气压下天然气的粘度（μ_{g1}）

下面举例说明如何利用这些图版求得天然气的粘度。

［例 2－7］ 设天然气含 10%（摩尔百分数）的 H_2S，相对密度为 0.6，试确定该天然气在 1atm（0.1MPa）下和 43.3℃的粘度值。

解：（1）首先根据天然气相对密度为 0.6 和温度 43.3℃，在图 2－30 上查出天然气的粘度 $\mu_{g1}=0.0113\ \mathrm{mPa\cdot s}$。

（2）根据 H_2S 含量为 10% 和相对密度为 0.6，在图 2－30 的左下角查得修正值为 0.0002 mPa·s。

（3）计算该天然气在 1atm（0.1MPa）下的粘度。

$$\mu_g = 0.0113 + 0.0002 = 0.0115\ (\mathrm{mPa\cdot s})$$

除了由图版查得天然气的粘度外，也可用计算方法来求得天然气的粘度。例如，当已知天然气的组成时，在 1atm（0.1MPa）、不同温度下的天然气粘度 μ_g 也可以按下式进行计算：

$$\mu_g = \frac{\sum y_i \mu_{gi} M_i^{0.5}}{\sum y_i M_i^{0.5}} \tag{2-47}$$

式中 μ_{gi} ——组分 i 的粘度，它可以由图 2－29 中查得；

M_i ——组分 i 的相对分子质量。

［例 2－8］ 试计算已知摩尔组成的天然气（组成列于下表 2－5 中）在 93.3℃和 1atm（0.1MPa）下的粘度。

解：(1) 首先将各组分的相对分子质量 M_i 和由图 2－29 查得在 93.3℃下各组分气体的粘度 μ_i 列于表 2－5 中。

表 2－5 ［例 2－8］各组分气体粘度

组　分	y_i	M_i	μ_{gi}	$M_i^{0.5}$	$y_iM_i^{0.5}$	$\mu_{gi}y_iM_i^{0.5}$
CH_4	0.85	16.0	0.0130	4.00	3.40	0.0442
C_2H_6	0.09	30.1	0.0112	5.48	0.493	0.0055
C_3H_8	0.04	44.1	0.0098	6.64	0.266	0.0026
$n-C_4H_{10}$	0.02	58.1	0.0091	7.62	0.152	0.0014
					$\sum = 4.311$	$\sum = 0.0537$

(2) 由表中所列结果，计算天然气在 93.3℃和 0.101MPa 下的粘度 μ_g：

$$\mu_g = \frac{\sum y_i\mu_{gi}M_i^{0.5}}{\sum y_iM_i^{0.5}} = \frac{0.0537}{4.311} = 0.0125\ (\mathrm{mPa \cdot s})$$

对数值模拟而言，采用相关公式计算获得物性参数的方法更为适用和方便，也更受欢迎。利用对应状态原理的"对比状态关联法"计算低压下天然气混合物的粘度，常用的计算公式为：

$$\mu = \begin{cases} (3.40)T_{pr}^{8/9}/\xi & T_{pr} < 1.5 \\ (16.68)(0.1338T_{pr} - 0.0932)^{5/9} & T_{pr} > 1.5 \end{cases} \tag{2-48}$$

$$T_{pr} = T/T_{pc}$$

$$\xi = \frac{T_{pc}^{1/6}}{p_{pc}^{2/3}\left(\sum y_iM_i\right)^{0.5}}$$

$$T_{pc} = \sum y_iT_{ci}$$

$$p_{pc} = \frac{R\left(\sum y_iZ_{ci}\right)T_{pc}}{\sum y_iV_{ci}}$$

式中 μ——天然气粘度，10^2mPa·s；
T_{pr}——天然气视对比温度；
T_{pc}——天然气视临界温度；
p_{pc}——天然气视临界压力；
V_i——天然气中 i 组分的临界比容；
Z_{ci}——天然气中 i 组分的临界压缩因子。

2. 高压下确定天然气粘度的方法

气体在高压下的粘度不同于在低压下的粘度，它将随压力的增加而增加，随温度的增加而减少，同时随相对分子质量的增加而增加，即具有类似于液体粘度的特性。这是因为：在高压下，气体分子间的相互作用力起主要作用，气体层间产生单位速度梯度所需的层面剪切应力很大，因而粘度很大。

与低压下确定天然气粘度的方法类似，同样可采用图版法和计算法确定高压下天然气的粘度。

高压下天然气的粘度可以采用图 2－31 查得，其步骤如下：

(1) 根据已知的相对密度或视相对分子质量及温度，从图 2－30 查出在大气压下的粘度 μ_{g1}；

(2) 求视临界参数（p_{pc}，T_{pc}）和视对比参数（p_{pr}，T_{pr}）；

（3）从图 2－31 中查出 μ_g/μ_{g1}，最后按式（2－49）计算天然气在给定温度、压力下的粘度 μ_g：

$$\mu_g = \frac{\mu_g}{\mu_{g1}} \times \mu_{g1} \tag{2-49}$$

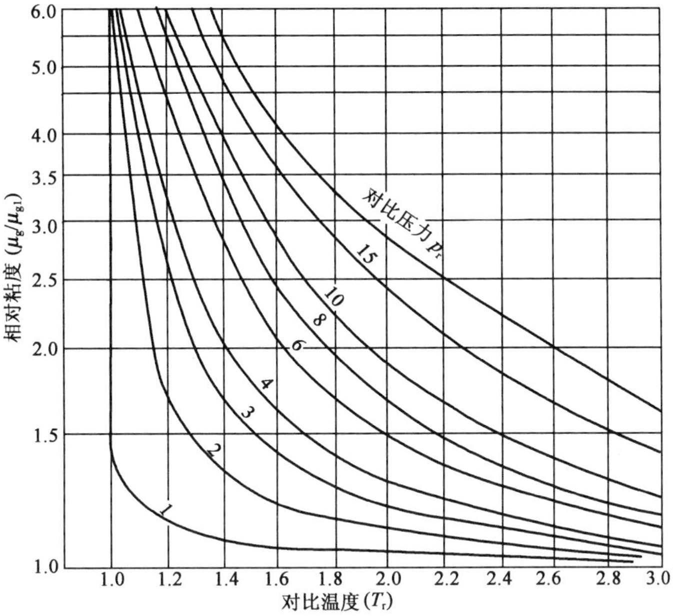

图 2－31　在不同的 T_r 下，μ_g/μ_{g1} 与 p_r 的关系图

凝析气藏由于天然气的组成随压力的降低会不断发生变化（因有液相凝析油析出），气相组成 y_i 的变化会引起气相临界参数、对比参数的变化。因此，当需要确定不同驱动压力下的气体粘度时，一般可采用公式计算方法来确定天然气的粘度，计算方法很多，其中常用的是剩余粘度法：

$$(\mu - \mu_0)\eta = 1.08[\exp(1.439\rho_{pr}) - \exp(-1.111\rho_{pr}^{1.858})] \tag{2-50}$$

$$\eta = T_{pc}^{1/6}/(M^{1/2} p_{pc}^{2/3})$$

$$\rho_{pr} = \rho/\rho_{pc}$$

$$\rho_{pc} = p_{pc}/(ZRT_{pc})$$

$$M = \sum y_i M_i$$

$$Z = \sum y_i Z_i$$

式中　μ——高压天然气粘度，10^2mPa·s；

μ_0——低压天然气粘度；

η——系数；

ρ_{pr}——天然气视对比密度；

ρ_{pc}——天然气视临界密度；

M——天然气相对分子质量；

Z——压缩因子。

六、天然气在原油中的溶解度

天然气除了以游离态存在于油气藏中，还常以溶解状态存在于油藏原油中。讨论天然气的溶解，实际上是研究在 p—T 相图中两相区内随压力变化所发生的气—液转换关系。因此，研究天然气在原油中的溶解，一方面可加深对原油高压物性和相态特征的认识（将在后面一节中讨论），另一方面，在矿场生产实际中，为了保持地层能量及提高原油的采收率而采取的注气过程（如注干气、富气、CO_2 等），也主要伴随有气体向原油中的溶解问题。

1. 溶解度和溶解系数

地层油与地面油相比，一个极其重要的特点就是溶解有天然气。天然气在组成及相态意义上又属于石油烃类体系的一种特定状态。换句话说，天然气是指在常温常压下为气态的烃类。因此，天然气在石油中的溶解与一般的单质气体在液体中的溶解有很大的不同。这种不同主要表现在天然气在石油中的溶解不完全符合亨利定律。

单组分气体在液体中的溶解服从亨利定律，即在温度一定时，溶解度和压力成正比，这可表示为：

$$R_s = \alpha \cdot p \qquad (2-51)$$

式中 R_s——溶解度，表示当压力为 p 时，单位体积液体（地面油）中溶解的气量，m^3/m^3；

p ——溶解时的体系压力，MPa；

α ——溶解系数，$m^3/(m^3 \cdot MPa)$。

2. 溶解度（溶解系数）和压力的关系

溶解度反应了液体中溶解气量的多少，而溶解系数则反应液体溶解某种气体的能力。如果溶解系数为常数，则溶解度与压力呈直线关系。但对于天然气在原油中的溶解，特别是对"重烃气体"在石油中的溶解，则与亨利定律有很大的偏差，表现为不同压力下的溶解系数不同。产生这种偏差的原因在于亨利定律对稀溶液（即气体与液体间分子作用力不大的体系）才适用。

例如，甲烷在原油中的溶解就比乙烷、丙烷等更符合亨利定律，如图 2-32 所示，当压力 $p<p_A$ 时，溶解系数 α 较大，这是因为首先是乙烷、丙烷等容易溶解的烃类先溶于油中；当压力 $p>p_A$ 后，可溶解的只有体系中的甲烷，此时随压力的增加仅是甲烷向油中溶解，溶解系数接近于常数。由于此时体系中仍然存在有气体（为两相），所以，随着压力的增加，气体在油中的溶解度还会继续增大。

但对于一个给定油藏的原油体系，其溶解度与压力的关系则应为如图 2-33 所示情况。压力高于饱和压力后，体系已为单相油，故随着压力增加，溶解度几乎不再变化。当压力低于饱和压力时，溶解度与压力关系为斜率不断变化的曲线，这表明天然气在不同压力下的溶解系数不是常数。此时，我们只能分段（不同压力区间段）来求出各段的平均溶解系数，其计算公式为：

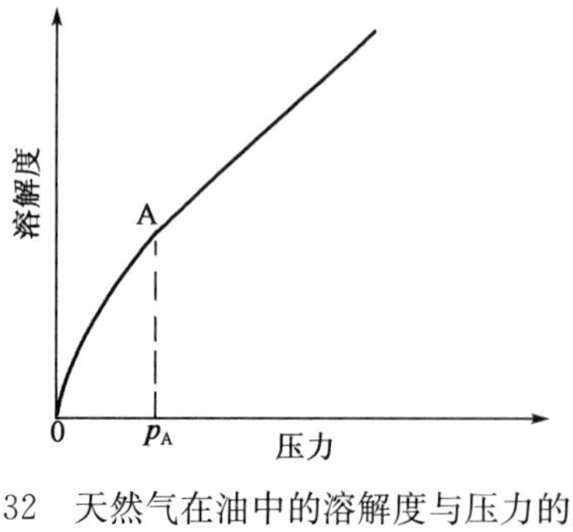

图 2-32 天然气在油中的溶解度与压力的关系

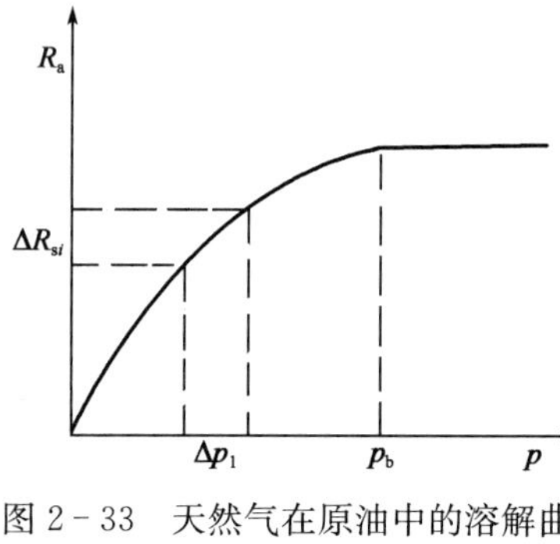

图 2-33 天然气在原油中的溶解曲线

$$\overline{\alpha_i} = \frac{\Delta R_{si}}{\Delta p_i} \tag{2-52}$$

式中 Δp_i ——压力变化区间值；

$\overline{\alpha_i}$ ——压力变化为 Δp_i 值时的平均溶解系数；

ΔR_{si} —— 压力变化 Δp_i 时，相应的溶解度变化值。

表 2-6 中给出了天然气在相对密度为 0.873 的原油中的平均溶解系数变化情况。由该表可以看出：在 0～0.7MPa 的压力区间段，溶解系数为 34.0m³/（m³·MPa）。而当压力增至 3.8～5.4MPa 的区间时，溶解系数已经减小至 3.33m³/（m³·MPa），已接近单组分甲烷在该原油中的溶解系数 3.8 m³/（m³·MPa），这说明当压力达到这一区间时，多组分的天然气已经开始接近于单组分甲烷。但天然气组分中也可能含有一定量的氮，所以当压力继续增加至 7.2～9.0MPa 时或者比这一压力区间更高时，天然气的溶解系数就更小，更接近氮的溶解系数。这说明当压力增加至相当大的程度时，天然气的组成实质上已经完全接近于单一组成的氮。上述过程表明，随着压力增大，在天然气中难溶于石油的甲烷及氮等所占的比例越来越高，因此天然气在石油中的溶解系数随压力的增加而减少，并且在高压下，溶解系数减少的程度将加剧。

表 2-6 天然气在相对密度为 0.873 的原油中的溶解系数

压力区间，MPa	平均溶解系数，m³/（m³·MPa）
0～0.7	34.00
0.7～2.0	4.95
2.0～3.8	4.46
3.8～5.4	3.33
5.4～7.2	2.13
7.2～9.0	1.73

不同烃类和非烃类气体在原油中的溶解度相差很大，如果 CH_4 的溶解度为 1，则 C_2H_6、C_3H_8、CO_2、N_2 等的溶解度为 CH_4 的倍数见表 2-7，此结论也可由图 2-34 看出。

由表 2-7 可以看出，如要选择易溶于原油中的气体，其溶解度大小的次序自然是$C_3H_8 > C_2H_6 > CO_2 > CH_4 > N_2$。

表 2-7 不同气体的溶解度与甲烷溶解度对比关系

气 体 种 类	与甲烷溶解度的倍数关系
甲烷	1
乙烷	5
丙烷	20
CO_2	3.5
N_2	0.25

3. 其他影响天然气在原油中溶解度大小的因素

天然气在原油中的溶解度大小，除取决于天然气本身的组成性质外，还与原油本身的性质有关。如对于低相对密度的原油，则同样的天然气溶解度会增加；同样的烃类气体，在相同的压力、温度下，在轻质石油中的溶解度比在重质油（即高密度原油）中的溶解度要大，这一点可从图 2-35 上间接看出。

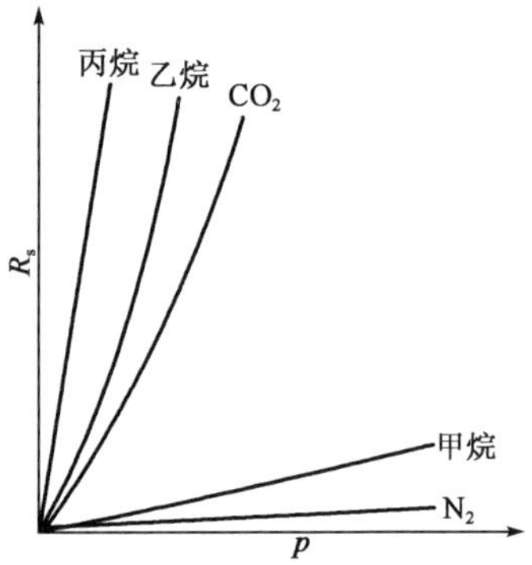

图 2-34　单组分的溶解度曲线

由此可知，若天然气的密度越大，它在石油中的溶解度也越大；石油的密度越小，它越容易溶解更多的天然气，这是因为石油密度越小，天然气密度越大，则油、气组分的性质越接近，就越容易互相溶解。

气体在油中的溶解度大小除与上述分析的油气本身的组成和压力有关之外，还与溶解的温度有关（图 2-36）。由图可见，随温度的增加，溶解系数稍有降低；高压时这种溶解系数降低更大些，这种现象可解释为：由于温度的增加而使烃类气体的饱和蒸气压也随之增加的结果。

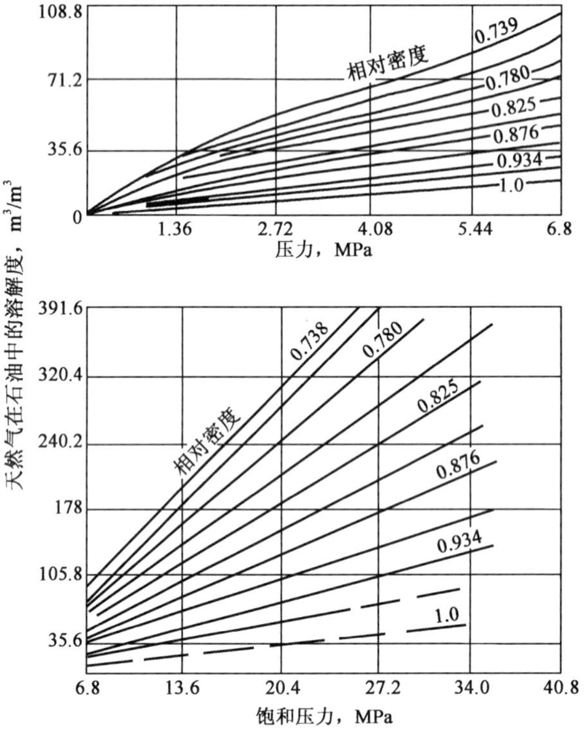

图 2-35　溶解度与原油相对密度的关系

除上述外，在溶解过程中，天然气和石油的接触时间和接触面的大小都将影响气体的溶解度。当地层油样进行脱气后，再将分离出来的全部气体在与脱气时完全相同的条件下，使其全部再溶回到石油中去，所得到的溶解曲线和脱气曲线不一定相同，图 2-37 表明了这种差别。图中曲线①为闪蒸脱气时的脱气曲线和溶解曲线，两者在理论上讲是完全重合的一条曲线，这是因为两个过程中系统的总组成并没有改变，气液相达到平衡所致。曲线②、③分别为微分脱气时所得到的溶解曲线②和脱气曲线③，可以看出，二者不相重合。这是因为微分脱气时（曲线③），系统组成不断变化，分离出的气少，即溶解的气多，故溶解度大。但在实用上，由于一般多为脱气过程，且为了方便起见，天然气的溶解曲线一般就采用实验室条件下地层油脱气时所得的脱气曲线。

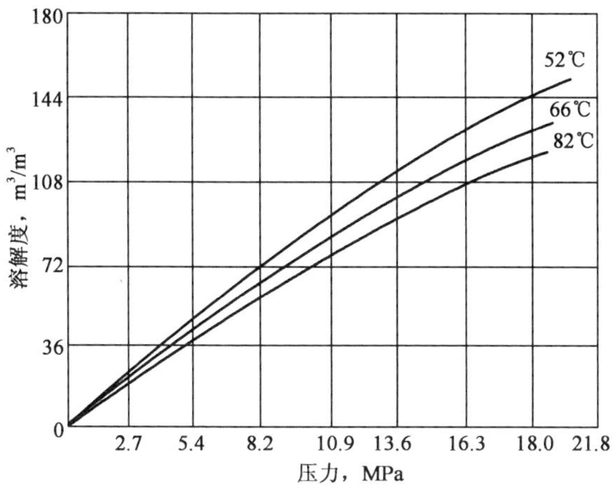

图 2-36　溶解度与温度的关系

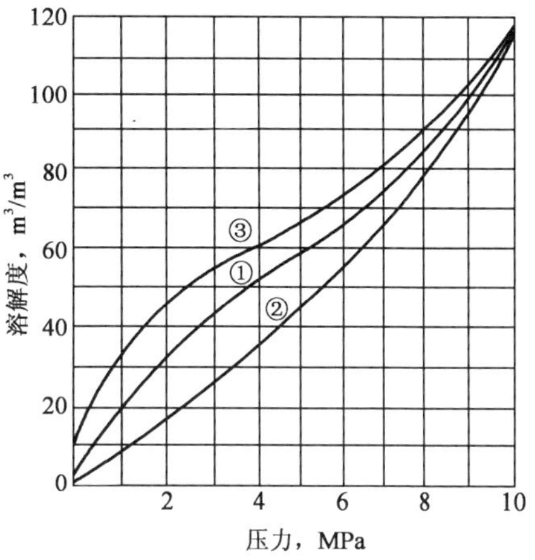

图 2-37　气体在原油中的理论溶解曲线

①闪蒸溶解；②微分溶解；③微分脱气

脱气曲线和溶解曲线的差异也与气体组分的性质有关。例如，饱和蒸气压较大的甲烷，脱气和溶解曲线较接近（图 2-38）。而饱和蒸气压较小的戊烷，两者却相差很大（图 2-39），这正好反映了图 2-37 曲线的低压部分溶解和分离曲线相差较大而高压部分相差较小的这一特征。同时，这种差别也可以解释为天然气中的“重烃”组分（例如戊烷），在相同的条件下由于其饱和蒸气压比较低，当压力增加时，它易于溶解；但当压力降低时，转变为气相却比较困难，比较慢。因此，其溶解曲线和脱气曲线很不一致。

综上所述可以清楚地看出，影响天然气在石油中的溶解和分离的因素很多，但主要还是油气组成性质的复杂性及溶解或分离时的压力、温度及脱气方式等。

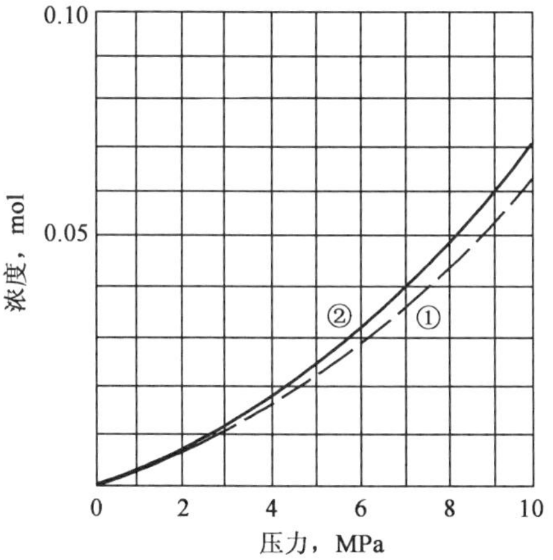

图 2-38　甲烷的溶解曲线

①微分溶解；②微分脱气

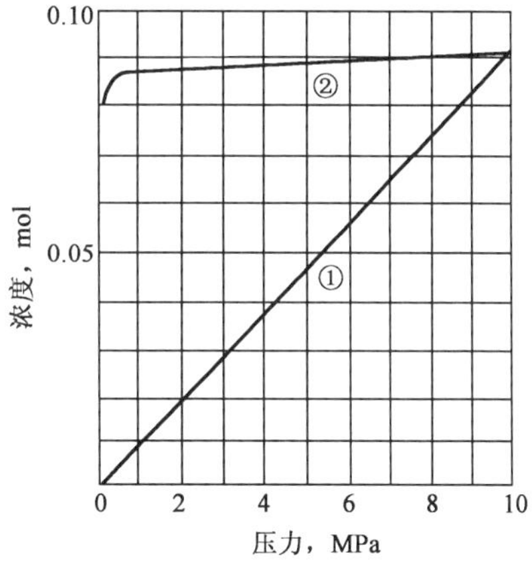

图 2-39　戊烷的溶解曲线

①微分溶解；②微分脱气

七、天然气水合物的形成*

在自然界的低温条件下，天然气（除氦、氖、氢外）能够与水结合，形成结晶水合物（或称水合物），这是天然气的重要性质之一，该性质对天然气流动有重要影响，因而具有重要的实际意义。

由于在整个储层内部含有束缚水，因而一般认为在地层条件下，处于气相的整个烃类气体混合物实际上是被水蒸气所饱和。地层中天然气所含的水量取决于该地层的温度和压力。例如，在压力 14.0MPa、温度为 60℃时，地层气体中水的含量为 1740g/1000m^3。在工程计算中，因水蒸气的含量很低，一般可以不考虑。

但在一定温度、压力下，天然气会与水相互作用而形成水合物。水合物为固体结晶物，像雪或冰，密度为 0.88～0.90g/cm^3，通式为 $M \cdot H_2O$，式中 M 为形成水合物的气体分子。一般而言，1m^3 气体水合物中含有 0.9m^3 的水和 70～240m^3 的气（标况），含气量的多少取决于气体的组成。

气体水合物可视为“固体溶液”，其中“溶剂”是由水分子组成的立方晶系的结晶骨架，其内分布着“溶解”气分子，故也有人认为气体水合物属于笼形包合物，由水分子靠氢键形成笼形晶格，气体分子靠范德华力被包围在晶格的空穴之中。气体水合物分子的大小，由参与形成水合物的气体成分如氮、甲烷、乙烷、丙烷、异丁烷、二氧化碳、硫化氢等决定。上述气体由于其分子直径小于 6.7Å[1]，它们均可形成水合物。对于分子直径大于 6.7Å 的气体（如正丁烷），则不能形成水合物。分子直径太小的气体（如氢），由于它同水分子的范德华力太小，不足以使水合物的晶格稳定，也不能形成水合物。但也发现，当存在大量甲烷时，氢和正丁烷等气体也可参与形成水合物。

天然气中除甲烷、氮和惰性气体以外的其他所有气体，都具有高于某一温度就不再形成水合物的临界温度。硫化氢形成水合物的温度最高，即在 29.5℃和 2.1MPa 时形成水合物，其他气体形成水合物的条件如图 2－40 所示。从图 2－40 可以看出，为了形成气水合物，必须低温、低压。在地层条件下，只有在深潜的“永久”冻结带发育才有可能。20 世纪 60 年代末，苏联西伯利亚首次发现了天然气水合物的矿藏，继后，美国人提出在阿拉斯加也有形成这种水合物的可能性，对此潜在的能源，该课题的研究也更为人们关注。

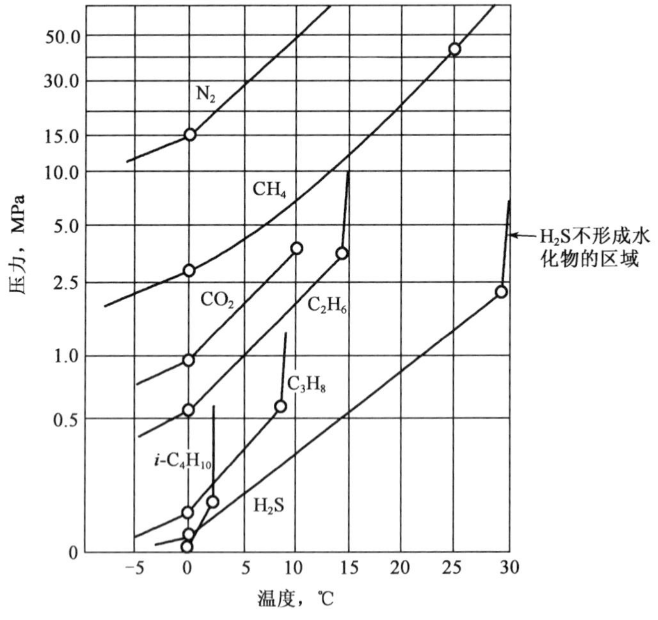

图 2－40　天然气各成分的水合物形成条件

[1] 1Å＝10^{-10}m。

但在地面情况就大不相同，当气体采到地表，压力和温度都会降低，特别当气体通过油嘴或针形阀时，因节流压力突降，气体发生膨胀，温度大大降低，为天然气中所含水蒸气形成水合物创造了条件。一旦水合物形成，就会堵塞管线，使气流受阻或中断（停产），影响正常生产。

天然气中含有水分是形成水合物的内在因素。因此，脱去天然气中的水分是杜绝水合物形成的根本途径。此外，提高节流前天然气的温度或在针形阀前注入防冻剂等都能有效地阻止管线中水合物的形成。

第三节　地层原油的高压物性

由于原油所处的地下条件和地面不同，致使地层原油在地下的高压和较高温度下具有某些特性，例如，地层原油一般溶有大量的气体；因溶有气体和高温，使地下原油体积比地面体积大；地下原油更容易压缩；地下原油粘度比地面油粘度低等。

因此，当原油由地下采到地面时，原油会脱气，体积缩小，原油变稠。那么，用哪些参数来描述原油中分离出气量的多少？原油地下体积与地面体积间有什么关系？地下原油随着压力降低其体积变化率如何？高温高压下原油粘度怎样？在超深地层，流体又有什么特点？

原油的化学组成不同是使原油性质不同和产生各种变化的内因，压力和温度则是引起各种变化的外部条件，考虑和研究问题时一定要注意这一点。

一、原油的化学组成和分类

1. 化学组成

原油是石蜡族烷烃、环烷烃和芳香烃等不同烃类以及各种氧、硫、氮的化合物所组成的复杂混合物。原油中的这些非烃类物对原油的很多性质都有着重大的影响，根据原油中某些物质的含量，可对原油进行分类。

2. 分类

1）按胶质—沥青质含量分类

胶质—沥青质在原油中形成胶体结构，它对原油流动性具有很重要的作用，可形成高粘度的原油等。下面是按胶质含量对原油分类：

（1）少胶原油——原油中胶质—沥青质含量在 8%以下；

（2）胶质原油——原油中胶质—沥青质含量在 8%～25%之间；

（3）多胶原油——原油中胶质—沥青质含量在 25%以上。

我国多数油田产出的原油属少胶原油或胶质原油。

2）按含蜡量分类

原油中的含蜡量常影响其凝固点，一般含蜡量越高，其凝固点越高，它对原油的开采和集输都会造成很多困难。下面是按含蜡量对原油的分类：

（1）少蜡原油——原油中含蜡量在 1%以下；

（2）含蜡原油——原油中含蜡量在 1%～2%之间；

（3）高含蜡原油——原油中含蜡量在 2%以上。

我国各油田生产的原油含蜡量相差很大，有的属少蜡原油，但多数属高含蜡原油。

3）按硫的含量分类

原油中若含有硫，则对人畜有害，腐蚀钢材，对炼油不利，经燃烧而生成的二氧化硫会污染环境，欧美国家规定石油产品必须清除硫以后才能出售。下面是按含硫量对原油的分类：

（1）少硫原油——原油中硫的含量在 0.5%以下；

（2）含硫原油——原油中硫的含量在 0.5%以上。

我国生产的原油，多数是少硫原油。

3. 原油性质

我国一些主要油田和部分世界油田的地面原油性质见表 2-8 和表 2-9。表中所列原油的相对密度（γ_o）是矿场和文献中常提到的参数。天然气的相对密度是指相同温度、压力条件下，天然气密度与空气密度的比值。而原油的相对密度是 20℃时原油的密度与 4℃时水的密度的比值，这点与天然气相对密度不同。

表 2-8 我国主要油田地面原油性质

原油 \ 性质	相对密度	粘度，mPa·s		凝固点，℃	含蜡量，%	胶质，%	沥青质，%	含硫量，%
		50℃	70℃					
大庆油田 S 区 P_s 层	0.8753	17.40	—	24	28.6	13.3	—	0.15
胜利油田 T 区 Es_3^2层	0.8845	37.69	17.69	33	17.9	18.3	3.10	0.47
孤岛油田 G 层	0.9547	427.50	157.50	−12	0	27.5	6.60	2.25
大港油田 M 层	0.9174	51.97	25.55	−12	6.2	14.0	6.27	0.13
克拉玛依油田	0.8699	19.23	—	−50	2.0	12.6	0.01	0.13
玉门油田 L 层	0.8580	12.90	—	−16	8.3	22.6	—	—
江汉油田 W 区 Es_3^1 中层	0.9744	—	62.20	21	3.8	51.0	9.60	11.80
辽河油田 C 区 Es_3^1 中层	0.9037	37.40	—	−7	4.7	17.6	0.15	0.26
川中油田	0.8394	12.30	—	30	18.1	3.4	—	—
任丘油田 P_s 层	0.8893	63.50	—	33	22.6	20.7	—	2.35

表 2-9 世界部分油田的地面原油性质

原油 \ 性质	相对密度	粘度，mPa·s	凝固点，℃	含蜡量，%	胶质，%	沥青质，%	含硫量，%
哈西—迈乌得油田（阿尔及利亚）	0.804	2.76（20℃）	−45.6	2.40	0	0.06	0.13
基尔库克油田（伊拉克）	0.844	4.16（20℃）	−36	3.9	—	1.5	1.95
欣塔油田（印度尼西亚）	0.855	23.7（50℃）	43.3	29.3	—	19.5	0.08
玻库油田（尼日利亚）	0.78～0.95	4.4（38℃）	17.8	5.1	—	—	0.16
阿加贾里油田（伊朗）	0.852	6.56（21℃）	—	中等	—	0.60	1.42
帕那油田（加拿大）	0.838	—	10.0	—	—	—	0.29
东得克萨斯油田（美国）	0.827～0.835	3.4（15.5℃）	—	—	—	—	0.21
罗马什金诺油田 AI 层（苏联）	0.868	7.5（50℃）	29.0	4.3	—	—	1.61

地下原油由于溶有大量的天然气，因而其密度与地面脱气原油相比有很大差别，通常要低百分之几至十几，有时还更大些。当压力高于饱和压力时，原油密度随压力的增加而增加，但增加量并不太明显；相反，当压力小于饱和压力时，原油密度随压力下降而明显增大，这是由于油中溶解的部分气体脱出所致。

不仅仅是原油的密度，原油的很多高压物性（如原油体积系数、压缩率等）都直接与原油中溶解气量有关。为表征原油中溶解气量多少，其物性参数常用地层原油的溶解气油比表示。

二、地层原油的溶解气油比

地层原油与地面原油相比最大的特点是在地层压力、温度下溶有大量气体。通常把在某一压力、温度下的地下含气原油，在地面进行脱气后，得到 $1m^3$ 原油时所分出的气量，就称为该压力、温度下的地层油溶解气油比。其脱气过程可由下面的简要示意图表示（图 2－41）。由图可见，原油的溶解气油比为：

$$R_s = V_g/V_s \tag{2-53}$$

式中 V_g——地层油在地面脱出的气量，m^3；

V_s——地面脱气原油或称储罐油体积，m^3；

R_s——在压力 p、温度 T 时原油的溶解气油比，m^3/m^3。

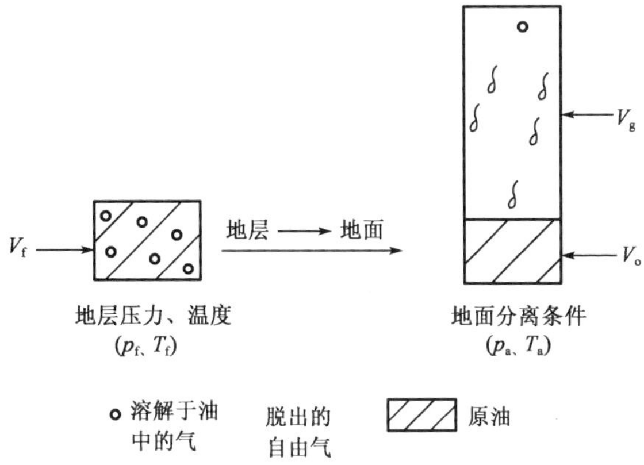

图 2－41　原油一次脱气（闪蒸分离）示意图

也可认为，溶解气油比 R_s，表示单位体积的地面原油，当其处于地下（p、T）条件时所溶解的天然气体积。因此，溶解气油比度量了地层油中溶解天然气量的多少。溶解气油比 R_s 越大，表明原油中溶解气越多。

然而，若脱气的方式不同，油中分离出的气量 V_g 不同。这使得同一压力、温度下原油的溶解气油比不同。为统一和便于对比，一般采用一次脱气测定的溶解气油比 R_s 为基准。此时，所得溶解气油比理论上应与同一地层油在同一压力、温度下的天然气在油中的溶解度一致，即数值上两者相同。

图 2－42 表示了某地层油在一次脱气后所得的溶解气油比与压力的关系（地层油温度不变，为 71℃）。由图可见：随着压力的增加，溶解气油比越来越大，当 $p=p_b$（饱和压力）时，溶解气油比为 R_{si}。压力继续增大直到原始地层压力，溶解气油比不再变化而始终保持为饱和压力下的溶解气油比 R_{si}。这是因为当地层压力高于饱和压力时，地层中原油无气体

脱出，地层油中所溶解的气量为最大（即 R_{si}），当地层压力降至小于饱和压力后，地层内原油便有气体逸出，溶解于原油中的气量减少，故溶解气油比减少。

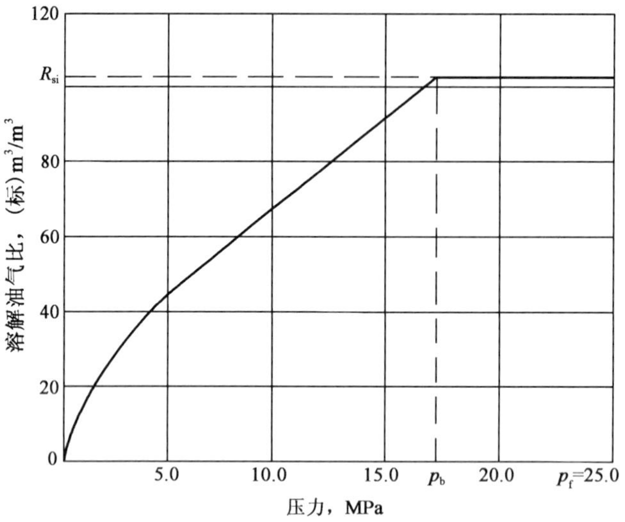

图 2-42　典型地层油一次脱气溶解气油比曲线

正是因为油藏原始压力（25.0MPa）下的原始溶解气油比与饱和压力下的溶解气油比相等，故可以将饱和压力下的溶解气油比 R_{si} 称为原始溶解气油比。表 2-10 给出了国内外一些油气田某些地层油的原始溶解气油比及其他一些高压物性参数值。

由表 2-10 所列 R_{si} 数值可看出：地层油内总是溶有天然气的，但含气的多少可相差很大。有的小至地面 1m³ 油当其处于地下条件时，仅溶有 1.1m³ 的天然气，即 $R_{si}=1.1m^3/m^3$。我国任丘油田，原始溶解气油比 $R_{si}=7.0m^3/m^3$，含气也很少；相反，挪威的北海油田，其 $R_{si}=580m^3/m^3$，为油中溶气较多的例子。油中溶气多，对于将油从井底喷至地面有利，油中溶气太少，会给原油的自喷造成困难。

表 2-10　我国和外国一些油田地层油的部分高压物性资料

油田名称	R_{si} m^3/m^3	B_o	C_o $10^{-4}MPa^{-1}$	油田名称	R_{si} m^3/m^3	B_o	C_o $10^{-4}MPa^{-1}$
大庆油田 P 层	48.2	1.13	7.7	格比尔—玛利（罗马尼亚）	1.1	1.05	
大港西区 44 井 M 层	37.3	1.09	7.3	米德兰·范姆斯诺斯（美国）	11.0	1.07	
胜利油田营-4 井	70.1	1.22	—	玻璃瓦油田（委内瑞拉）	85.1	1.26	
孤岛渤 26-18 井 G 层	27.5	1.10	7.3	帕宾拉油田狄姆砂层（加拿大）	89.0	1.25	
任丘油田 P_s 层	7.0	1.10	10.35	阿加贾里（伊朗）	190.0	1.42	
玉门油田 L 层	65.8	1.16	9.6	北海油田巴埃克菲斯克（挪威）	580.0	1.78	

三、原油中天然气的分离

在油藏衰竭开采过程中，伴随着压力降低而出现的原油脱气，是油气生产中最常见的油气分离现象，它既可在地面油气生产过程中出现，也可发生在油藏储层中。在实际油气生产中，由于降压的形式不同（逐级降压或一次降压）、生产工艺过程及条件不同，油气的分离通常有两种基本形式——闪蒸分离或微分分离。

1. 闪蒸分离

闪蒸分离又称接触分离或一次脱气。

在油田开发过程中，这种分离方式相当于井内产出的油气一次进入分离器或直接进入大罐进行脱气，油气瞬间达到平衡，即在油气分离过程中分离出的气体与油始终保持接触，体系的组成不变（图 2－41）。

在实验室，当采用计量泵和 pVT 试验装置的 pVT 筒（见后面第六节）进行油气体系的降压脱气试验时，首先是将压力由地层压力逐渐降至饱和压力 p_b，然后逐渐进一步降压脱气，其过程如图 2－43 所示。直至压力降至某一指定压力如图中 p_5（或大气压），并达到气液相平衡。从 $p_1 \rightarrow p_5$ 整个降压过程中，油气体系一直保持接触，在把气排出体系之前的全部脱气过程中，总组成始终不变——这即为闪蒸分离的特点，也就是所以称为接触脱气和一次脱气的原因。按照脱气时所测得的压力（p）—体积（V）关系，可得出如图 2－44 所示的曲线，由曲线可以看出：当压力降至 p_b 前，压力降低仅仅是使液相油体积膨胀，所以 $\Delta V/\Delta p$ 值较小（曲线斜率小）。而当压力低于 p_b 后，由于有气体分出，使得 $\Delta V/\Delta p$ 值（曲线斜率）比未脱气前的 $\Delta V/\Delta p$ 大得多，故两条斜率不同的直线的交点，即为气体开始脱出之点，它所对应的压力即为该油气体系的饱和压力 p_b。p—V 的这种线性关系主要出现在饱和压力点附近，当压力远离饱和压力时，p—V 的这种线性关系将不一定存在。所以，并不是所有地层原油在饱和压力点附近 p—V 都保持这种线性关系，对于溶解气油比很高的挥发性原油，p—V 关系会转化为曲线。

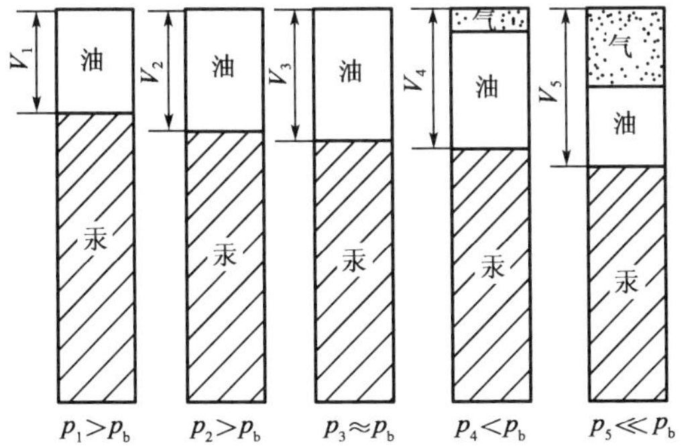

图 2－43　接触分离示意图

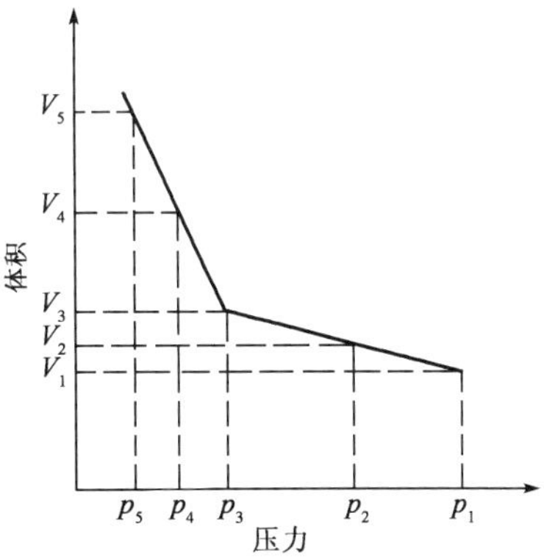

图 2－44　脱气过程的 p—V 图

目前，用于测定原油高压物性的 pVT 试验装置，均带有可视的观测窗，可直接用眼睛或图像观测装置观测到相态变化和泡点压力等（详见后面第六节）。

测量出某一指定压力下（如大气压力下）脱出的总自由气量 V_g 和地面油量 V_s，则一次脱气时的气油比 $R=V_g/V_s$ 即可求得（R 的单位为 m^3/m^3）。

从 pV 关系实验中，可得到的数据包括：(1) 饱和压力；(2) 原油在高于泡点压力时的压缩系数；(3) 压力低于泡点以后，两相体积与压力的关系。

在闪蒸分离（pV 关系）实验过程中，整个体系的组成不变，这种过程可以模拟实际油藏中溶解气的初期分离情况，因为在实际情况下，当气体饱和度低于临界流动饱和度时，分离出的溶解气在孔隙中并不流动，且和原油保持接触。只有在压力低于某一个值，析出气较多，气体饱和度高于其临界流动饱和度以后，才会打破这种平衡。

2. 微分分离和多级脱气

微分分离或称微分脱气，如图 2-45 所示。在微分脱气过程中，随着自由气体分出，不断地将气体放掉，使气液脱离接触，即脱气是在不断降压、不断排气、系统组成也不断变化的条件下进行的。在实验室中，要严格地进行微分脱气是难以做到的，因此，微分脱气常以多级脱气来代替。多级脱气又称级次脱气（图 2-46）。

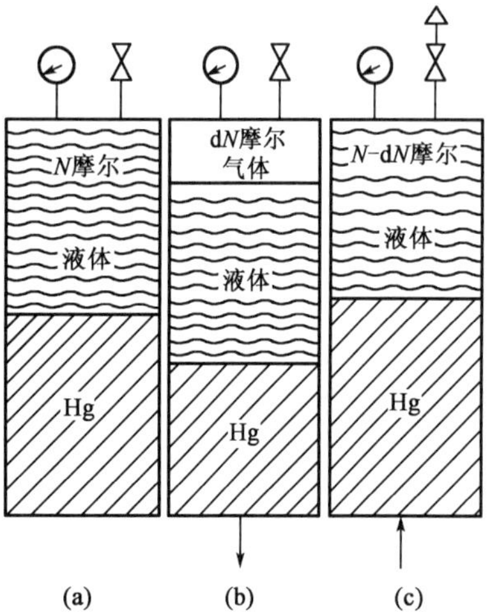

图 2-45 恒温微分脱气示意图

(a) 容器内充满液体处于其泡点压力之下；(b) 排出水银，气液共存压力降低；(c) 水银将气体替出，容器内充满液体处于其新的泡点压力之下

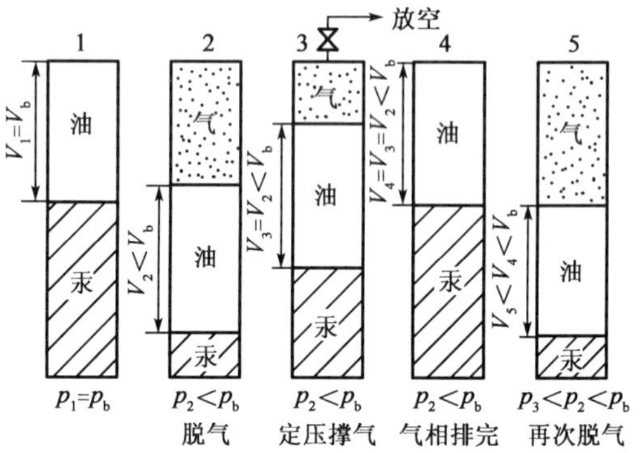

图 2-46 级次脱气示意图

多级脱气（级次脱气）就是在脱气过程中，分几次降低压力，直至降到最后的指定压力（如大气压）时为止。而每次降低压力所分离出来的气体都及时地从油气体系中放出，并测定其气量，最后将多次气量相加就得到多次脱气的总气量 V_g，并可测得在大气条件下的脱气原油体积 V_o，最后计算出多级脱气后所得气油比 $R=V_g/V_s$。

其实验步骤如下：

(1) 把原油样品转入 pVT 筒中，温度恒定在油藏温度下；

(2) 进泵升高压力使原油处于饱和状态，记录相应体积；

(3) 记录泡点压力下液相体积；

(4) 退泵降压；

(5) 通过筒上的阀门放出分离出来的气体，该步骤要求放气时压力保持恒定，且放气速度保持恒定；

(6) 记录放出气体在标准条件下的体积及放气后剩余原油体积；

(7) 重复第 (4) 和第 (6) 步直到 pVT 筒中压力降至大气压力。

(8) 记录最后一级压力（大气压）下剩余油的体积，并把它换算到 20℃下的体积。

通过多级脱气实验，可得到以下四类随压力变化的关系数据：

（1）溶解气油比与压力的关系；

（2）原油体积收缩率与压力的关系；

（3）放出气体的性质，包括组成、偏差因子（气体压缩因子）和气体比重；

（4）每级放气后剩余油的体积系数、密度、粘度等与压力的关系。

同样，多级脱气实验被认为是较好描述油藏中实际油气分离的整个过程，而且也是描述气相饱和度大于临界流动值时的烃类体系的流动性质的过程；当分离出的气相饱和度值达到临界流动饱和度以后，气相将开始超越油相流动，这是因为气相的流度大于液相的流度，从而这种情况可用多级脱气来体现。

3. 不同脱气方式脱出气量的差异

实验和理论表明：从油中分离出来气体的数量和其组成，除了与脱气温度、压力以及油气组成本身有关外，还与脱气方式有关。同一地层油，尽管在相同温度和压力下进行脱气实验，但由于其脱气方式不同，其所得结果也不相同（表 2－11）。一次脱气和多级脱气（差异脱气、级次脱气或微分脱气）的油、气相对密度的差别见表 2－12。

表 2－11　脱气方式对脱出气量的影响

井底油样	气油比，m^3/m^3		两种脱气方式所得气量之差，%
	一级脱气	多级脱气	
罗马什金	59.6	41.4	30.6
次布仁斯克	83.0	71.5	13.9
新季米特里耶夫斯克	175.4	144.5	17.6

表 2－12　闪蒸分离和多级脱气结果对比

压力（p_i）MPa	温度 ℃	气油比，m^3/m^3		脱气油相对密度（15.5℃）	气体相对密度（15.5℃）
		在 p_i 处闪蒸	从 p_i 到 0 闪蒸		
0	25	273	—	0.7807	0.9737
0.4	25	229	10.3	0.7711	0.8559

注：该原油饱和压力为 12.6MPa，地层温度为 82℃。

由表 2－11 和表 2－12 可以看出：通常一次脱气比多级脱气所分离出的气量多，而油量少，即测出的气油比高；而且一次脱气分出的气相对密度较高，说明气中含轻质油较多。为什么一次脱气会脱出气多、相对密度大呢？这是由一次脱气的分离条件决定的。分离时油气始终接触，达到相平衡，故不管重烃或轻烃均按各自的平衡常数 $K_i = y_i/x_i$ 的比例大小而进入气相中（y_i 和 x_i 分别为 i 组分在气相和液相中的摩尔分数），这样，较重的烃类由于热力学平衡也有进入气相的机会，故使得分出的气量多且相对密度大。

相反，当进行多级分离时，气液尚未达到平衡，每次都首先逸出像甲烷等容易逸出的气组分而排走，结果使得轻烃每次都先“跑掉”而留下较重烃（如丁烷、戊烷），因此，随着压力降低脱出的重质组分会越来越多，其分压就越大，保留在原油中的较重气组分的量也就越多。所以，多级脱气时分离出的气量小，相对密度低。上述只是定性理解分离方式不同所造成的差异，进一步的讨论将在后面有关油气体系相平衡计算一节给出。

两种不同方法得到的脱出气油比与压力的关系曲线对比情况如图 2－47 所示。

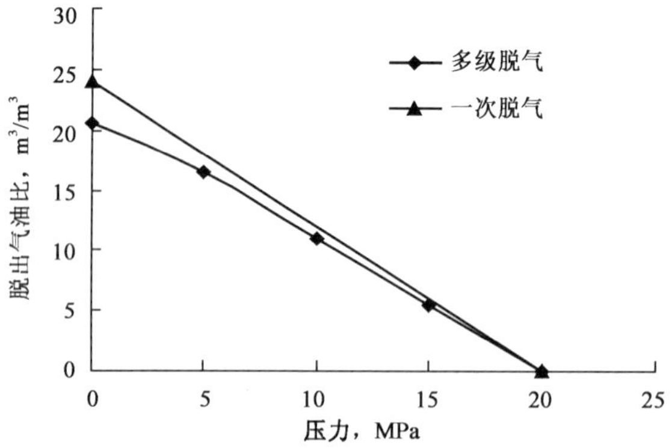

图 2-47　一次脱气和多次脱气过程脱出气油比的对比

4. 油田开发和生产过程中的脱气

1）地面分离器分离脱气

在很多情况下，人们对采出油量的多少比采出气量的多少更为关注。因此，为了回收更多的原油，减少轻烃的损失，矿场尽量采用多次脱气分离方式，如常用二级、三级分离等。但是分离级数太多，不仅需要增加投资，在设备和工艺管理上也就相应要复杂得多，故一般矿场上均不超过三级。在一些情况下，有些矿区则采用一级分离后的天然气通过天然气处理厂的低温轻烃回收装置，回收 C_{5+} 凝液和液化石油气（丙烷、丁烷）等“重烃气体”后，再外输天然气。矿场常规分离器实际脱气流程如图 2-48 所示。

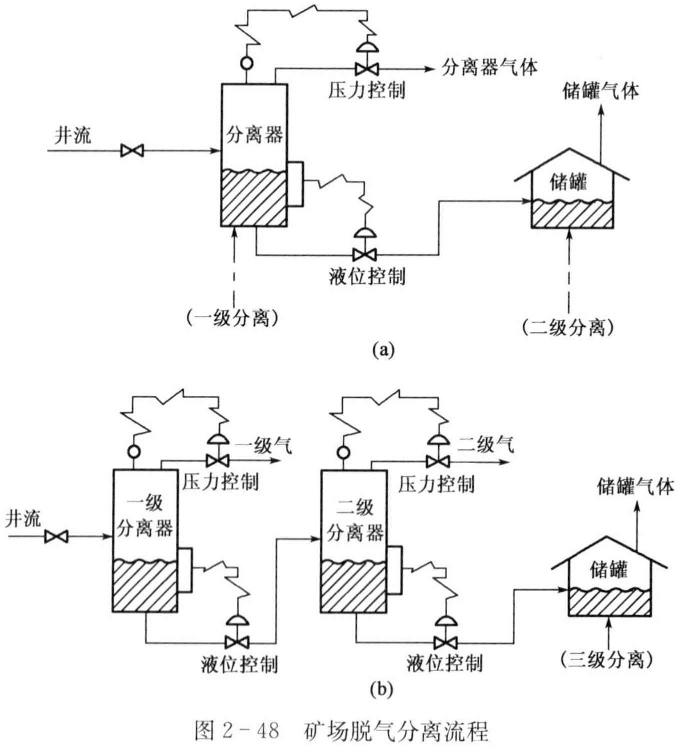

图 2-48　矿场脱气分离流程

（a）两级分离流程；（b）三级分离流程

2）地层和井筒中产生的油气分离

在地层及井筒中压力降低时，也会分出气体，那么此时属于哪种分离方式呢？在油藏压力低于饱和压力下进行开采时，一般认为在油层中的脱气过程接近于微分脱气。因为气从油中脱出后，由于气粘度低，气比油流得快，在流向井底的过程中会形成气体超越油的流动，这一过程接近于微分分离的情况，它相似于在实验室微分（级次）脱气时不断把分离出的气体排出的过程。但对于厚度较大或块状油藏，在垂向渗透性较好时，由于油气重力差异，此时的油气分离又接近于接触分离。在油井中的脱气过程，则和接触脱气过程较为接近。因为当地层油从井底喷至地面时，由于流向井口时压力越来越低，使气不断从油中分离出来，直至井口为止。这一脱气过程在井中不断进行着，同时在井筒中油气接触的时间也较长，这就足以建立起热力学平衡。

实际上，油田开发和生产过程所遇到的脱气常常是介于上述两种脱气方式之间。因为就地层中而言，虽然脱气接近于微分脱气，但气体却始终是和岩石孔隙中的原油接触，这一点又与接触分离的条件相似。在油井里，由于总是或多或少地存在着油气相对运动，也就是气体作超越原油而过的滑脱现象，所以脱气过程也不完全是接触脱气过程。因此可以说，在油田开发实践中，纯粹、单一的接触分离和微分分离是不存在的。

还需要注意的是，天然油藏中的脱气过程可能落后于压力降落的速度。在这种情况下，地层油在一段时间内将存在气体过饱和状态。而且在油层中，原油存在于储层多孔介质中，多孔介质也会对脱气过程有一定的影响，这些都使得实际的脱气过程远比实验室脱气过程更为复杂，造成室内测定与实际脱气的差异。

实际油藏中，当油藏压力低于饱和压力后，油藏压力的任何微小降低，气体都会再次不断地脱出，此时，油藏压力可视为原油目前的饱和压力。由于不同部位的开发时间不同，使得油藏压力是变化的。通常，在数值模拟中，采用黑油模型时（即密度较大、重质成分较多的原油模型），是将饱和压力作为一个随时间、位置而变化的参数来处理。即使在原始状态下，随着油藏深度的不同，距离油气界面远近的不同，在不同深度处原油的饱和压力也是不断变化的。因此，认为油藏饱和压力为一常数只是仅就其平均意义上而言的。

四、地层原油的体积系数

由于地层中总是溶有一定量的天然气，再加上地下温度比地面高，使得地面原油当其处于地下时，其体积就必然有所不同，用什么参数来描述原油在地下的体积与原油在地面脱气后的体积间的关系呢？这就是所谓的“地层原油体积系数”。

1. 地层原油体积系数

与天然气体积系数相同，地层原油体积系数也是油田开发计算中常用的参数，它同样用于原油地下体积和地面体积之间的换算。

地层原油体积系数 B_o，又称原油地下体积系数，或简称为原油体积系数，它是原油在地下的体积（即地层油体积）与其在地面脱气后的体积之比，即：

$$B_o = \frac{V_f}{V_s} \tag{2-54}$$

式中 V_f——在地层某一压力、温度（p、T）下原油的体积，m^3；

V_s——地层体积为 V_f 的原油在地面（0.1MPa，20℃下）脱气后的原油体积，m^3。

一般情况下，由于地下溶解气和热膨胀的影响远远超过由于压力而引起的弹性压缩的影响，地层油的体积总是大于它在地面脱气后的体积，故原油的地下体积系数 B_o 一般大于 1。显然，地层油的溶解气油比越大，其体积系数 B_o 也越大，该结论也可由表 2-10 得到证实。

表 2－10 中任丘油田的地层油尽管其溶解气油比很小（$R_{si}=7m^3/m^3$），但由于其油藏温度高达 110℃，使得地层原油地下体积系数仍大于 1（$B_o=1.1$）。

2. 原油收缩系数

由地层油体积系数 $B_o>1$ 可以看出，地层油由地下至地面脱气后，其体积必然变小，故也称为地层原油的收缩性。原油脱气后其体积收缩的大小可用收缩系数表示。有关原油收缩系数的概念，有不同的说法和定义：一是认为原油收缩系数为原油体积系数的倒数，即收缩系数为 $1/B_o=V_s/V_f$；采用收缩系数将地面油与地下油体积换算时，用收缩系数乘以储层条件下的体积，可求得地面脱气油体积；反之，采用体积系数乘以地面脱气油体积，也可求得地层油体积。但也有按 $[(B_o-1)/B_o]\times100\%$ 来定义收缩系数的情形，此时，收缩率即为 $(V_f-V_s)/V_f$。本书认为，从物理概念上讲，V_f-V_s 是真正反映了原油从地下至地面后体积收缩的大小。例如，苏联罗马什金油田原油体积系数为 1.15，则收缩系数为 $[(1.15-1.0)/1.15]\times100\%=13.0\%$。由于收缩系数的定义不同，其数值也不同。因此，在引用和使用收缩系数这一概念时，要特别注意其物理意义。

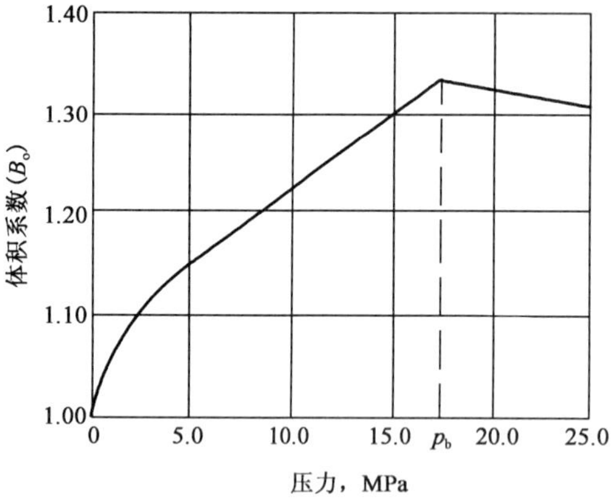

图 2－49　原油地下体积系数和压力的关系

3. 地层原油体积系数与压力的关系

地层原油体积系数除与溶解气油比和地层温度有关外，还随油层压力的改变而变化。原油地下体积系数和压力的关系如图 2－49 所示。

（1）当 $p>p_b$ 时，地层油以受压缩为主，随压力的增加，地层油体积 V_f 缩小，故 B_o 也减小；

（2）当 $p=p_b$ 时，油中具有最大的溶解气油比 R_{si}，体积系数 B_o 最大；

（3）当 $p<p_b$ 时，随地层压力的降低，溶解气量减小，地层油体积 V_f 减小，故 B_o 随压力降低而减小。

4. 地层油气两相体积系数

当地层压力降低至低于原油饱和压力后，由于原油脱气，地层内存在着油、气两相。此时，用什么参数来描述地层中油气两相的体积与地面脱气原油的关系呢？这就引入了地层油气两相体积系数的概念，其表达方式如图 2－50 所示。

地层油气两相体积系数的定义为：当油层压力低于原油饱和压力时，地层中原油和析出气体的总体积与它在地面脱气后原油体积之比，用符号 B_t 表示。

正如图 2－50 中符号所示，当 $p<p_b$ 时，从油中分离出的气量折算到地面条件下的体积 V_{gs} 为：

$$V_{gs}=(R_{si}-R_s)V_s$$

式中　R_{si}——地层油的原始溶解气油比；

R_s——压力 p 下的溶解气油比；

V_s——地面原油体积。

若设 B_g 为分离出的气体体积系数，则在压力 p 下从油中分离出的气体体积为 $(R_{si}-R_s)V_s\cdot B_g$。

用 V_f 和 V_s 分别表示地层油的体积（在地层压力为 p 时）和它在地面脱气后的体积，根

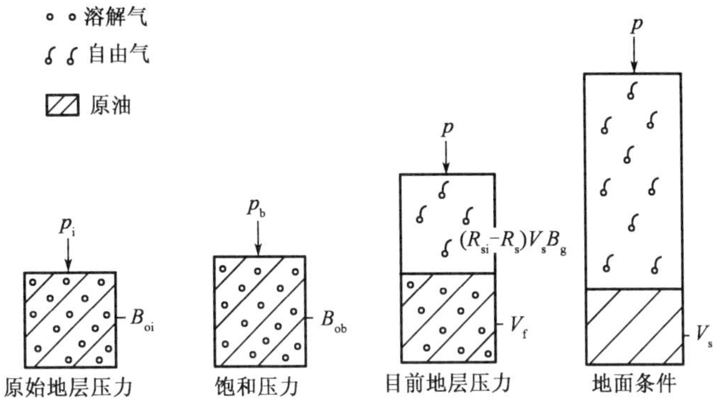

图 2-50 油气两相体积变化示意图

据上述油气两相体积系数的定义，则有：

$$B_t=\frac{V_f+(R_{si}-R_s)V_s\cdot B_g}{V_s}=\frac{V_f}{V_s}+(R_{si}-R_s)B_g$$
$$=B_o+(R_{si}-R_s)B_g \tag{2-55}$$

由 B_t的计算公式（2-55）可以看出：

（1）当地层压力等于饱和压力（即 $p=p_b$）时，$R_s=R_{si}$，使 $R_{si}-R_s=0$，则 $B_t=B_{ob}$，即两相体积系数与单相油体积系数相等（图 2-51）。

（2）当地层压力降低到 1atm 时，油中溶解气全部脱出，$R_s=0$；因为地下和地面均为 1atm，地下地面油气体积相同，$B_g=1$，$B_o=1$，故得出 $B_t=1+R_{si}$为最大值。

（3）由 $B_t=B_o+$（$R_{si}-R_s$）B_g 可知，由于 B_o、B_g、R_s 均为压力 p 的函数，最后作出的 B_t—p 关系曲线如图 2-51中虚线所示。通常，可将 B_t—p 曲线与 B_o—p 曲线相结合画在一起。B_t—p 曲线只在 $p<p_b$ 时才存在。当 $p>p_b$ 时，因为是单相油，故为 B_o—p 曲线。由 $p>p_b$ 的这一段 B_o 曲线可以看出，随着 p 的增加，原油体积受到压缩，地下体积 V_f 变小，故 B_o 变小。那么，地层原油在压力改变时，其体积弹性膨胀、压缩的大小用什么参数来描述呢？这就是地层油压缩系数。

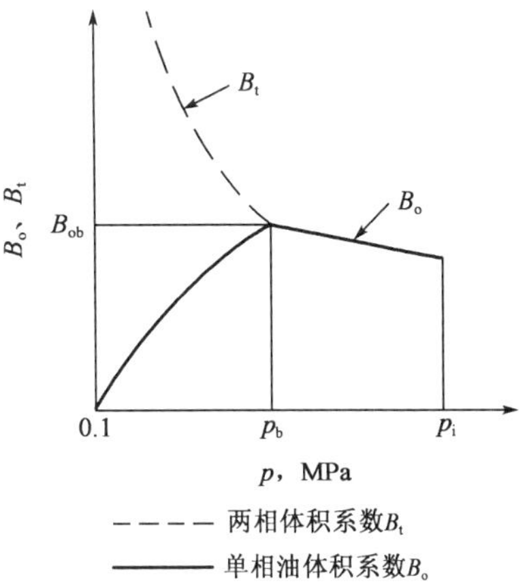

图 2-51 B_o、B_t 和 p 的关系曲线

五、地层原油的压缩系数

在油藏工程中，进行弹性储量计算时，随着地层压力的降低，除考虑岩石本身弹性膨胀系数外，原油的弹性膨胀也是必须予以考虑的。

地层油的弹性大小通常用压缩系数或弹性体积系数 C_o 表示。所谓压缩系数是指随压力的变化地层油体积的变化率。在等温条件下原油的压缩率为：

$$C_o=-\frac{1}{V_f}\left(\frac{\partial V_f}{\partial p}\right)_T\approx-\frac{1}{V_f}\cdot\frac{\Delta V_f}{\Delta p}=-\frac{1}{V_f}\cdot\frac{V_b-V_f}{p_b-p} \tag{2-56}$$

式中 C_o——原油等温压缩系数；

p_b、p ——原油的饱和压力和地层压力；

V_b、V_f——在压力 p_b 和 p 下的地层油体积。

因为 $p>p_b$，则 $V_b>V_f$，$(V_b-V_f)/(p_b-p)$ 为负值，为使 C_o 得正值，故在等式右端前面加上一个负号。

用地面脱气油体积 V_s 除式（2－56）右端，则得：

$$C_o=-\frac{1}{B_o}\frac{B_{ob}-B_o}{p_b-p} \tag{2-57}$$

式中　B_{ob} 和 B_o——p_b 和 p 下的地层油体积系数。

式（2－56）是实验测定 C_o 时的计算公式。在测定压力（p_b、p）以及相应这些压力下的原油体积后，则可由上式计算出 C_o 值；式（2－57）是当已知地层油体积系数（B_{ob}、B_o）时，用来计算压缩系数 C_o 值的。

地层油的压缩系数主要取决于油中溶解气量的大小以及原油所处的温度和压力。地层油溶解气油比大，说明单位体积地层油中溶解的气多，使原油密度减小更多而具有更大的弹性，所以它的压缩率也大。

地面脱气油的压缩系数一般为（4～7）$\times10^{-4}\text{MPa}^{-1}$；地层中原油的压缩系数一般为（10～140）$\times10^{-4}\text{MPa}^{-1}$。

地层温度越高，原油越轻，密度越小，弹性越大，则其弹性压缩系数也越大。压力增加，原油密度增大，则其弹性压缩系数越小。

值得注意的是，地层原油的压缩系数不是一个定值，在不同的压力区间，其数值有所不同，在靠近饱和压力的区段，压缩系数值比远离（远高于）饱和压力的区段更大。这是因为压力较低时，比压力较高时密度更低，更易于压缩的缘故。表 2－13 列出在不同压力区间的平均压缩系数值，其中饱和压力 p_b＝19.0MPa。

表 2－13　不同压力区间的平均压缩系数

压力区间，MPa	平均压缩系数（C_o），10^{-4}MPa
p_b＝19.0	
19.0～19.4	38.9
19.4～24.2	36.0
24.2～29.2	30.2
29.2～34.4	24.7

六、地层原油的相对密度

在评价油藏的容积相态特性时，需要准确知道原油在地层压力和温度下的物理性质，与容积特性相关的主要性质之一是原油的相对密度。

由于地层原油中总是溶有一定量的天然气，再加上地下温度比地面高，致使地面原油当其处于地下时，其相对密度就必然有所不同并随压力而变化。用什么参数或曲线来描述原油在地下的相对密度与原油在地面脱气后的相对密度之间的关系呢，首先分析原油相对密度的含义。

原油的密度定义是指在一定的温度和压力条件下单位体积原油的质量，单位通常用 kg/m^3。原油相对密度的定义为原油密度和 0.1MPa、4℃条件下纯水的密度的比值。

$$\gamma_o=\frac{\rho_o}{\rho_w} \tag{2-58}$$

式中　γ_o——原油相对密度；

ρ_o——原油密度，g/cm^3；

ρ_w——水密度，g/cm^3。

通常原油的相对密度的范围为轻油的 0.7927（47°API）到重质沥青油的 1.0000（10°API）。

地层原油的相对密度除了与溶解气油比和地层温度有关外，还直接随油层压力的改变而变化。图 2-52 表示了典型的地层原油密度与压力的关系，随着压力增大，气体不断溶于原油中，原油的密度也逐渐降低直到压力达到原油的泡点压力 p_b，当压力高于 p_b 以后，原油密度随着压力增高而增加。其特征为：

（1）当 $p>p_b$ 时，地层油以受压缩为主，随压力的增加，地层油体积缩小，密度增加，故 γ_o 也增加；

（2）当 $p=p_b$时，油中具有最大的溶解气油比 R_{si}，相对密度 γ_o 最小；

（3）当 $p<p_b$时，随地层压力的降低，溶解气量减小，地层油体积减小，重质含量增加，故 γ_o 随压力降低而增加。

图 2-52 给出的地层原油相对密度与压力的关系，可通过地层原有油样品的 pVT 高压物性试验测试得到。但为了油藏工程计算的便捷，在过去的 40 年中，人们提出了很多计算原油密度的经验关联方法和理论方法来获得原油的密度，这里不作详述，请参阅相关油藏工程教材和专著。

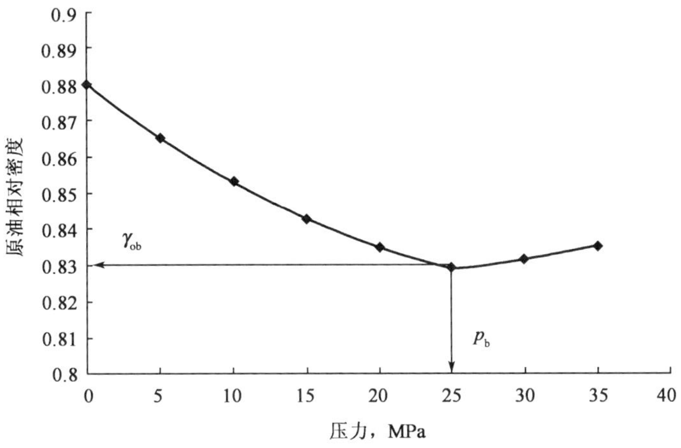

图 2-52　地层原油相对密度与压力的关系

七、地层原油的粘度

原油的粘度是影响油井产量的重要因素之一，有时，由于原油粘度过大，致使油井无法产油。了解地层油粘度对于动态预测、试井、提高原油采收率等都是必要的。

地面脱气油的粘度变化很大，从零点几到成千上万毫帕秒（厘泊）不等。从外表上看，有的可稀到无孔不入，而有的则可能稠到成半固态的塑性胶团，粘度达 6000mPa·s 以上。

原油的化学组成是决定粘度高低的内因，也是最重要的影响因素。原油中重烃含量，特别是非烃含量，也即通常所说的胶质—沥青含量的多少对原油粘度有着最重大的影响。沥青是具有短侧链的稠环芳烃，碳氢比大致为 10，相对分子质量为 $10^3 \sim 10^5$，胶质与沥青组分相似，仅相对分子质量比沥青小。两者均具有一定粘性，为黑色、半固体状的无定形物。

胶质、沥青含量多，也即是稠环和多侧链的氧、硫、氮化合物含量高，就会增大液层分子的内摩擦，使原油粘度增大。有时，胶质—沥青会在原油中形成胶体结构而表现出非牛顿溶液的粘滞性，如某些高粘原油所表现出的触变性，具有一定的静剪切应力（τ_0）及随剪切速率的增加而粘度降低等。因此，将所有的原油都视为牛顿流体是不恰当的，具体问题需要具体分析。

表 2-14 是胜利油田某些地面脱气原油粘度与胶质—沥青含量及原油相对密度间的对比关系。可以看出，辛-6 井所产原油胶质沥青含量高（64.5%），而原油粘度也特别高，达 6400mPa·s。

表 2-14　脱气油粘度与胶质沥青含量和原油相对密度的关系

井　　号	辛-1	坨-2	管-12	辛-2	辛-6
胶质沥青含量，%	27.6	36.7	41.9	49.5	64.5
原油相对密度	0.8876	0.9337	0.9414	0.9521	0.9534
原油粘度，mPa·s	58.5	490	885	5120	6400

无论是地面原油还是地下原油，其粘度对于温度的变化都是很敏感的。如从胜利油田某些原油所作出的粘度—温度关系曲线（简称粘温曲线）可粗略地得出：每当温度升高 10℃，则原油粘度会降低一半的结论，由此可见其温度对原油粘度的影响。

对地层中的原油，除原油组成和温度影响外，最主要影响原油粘度的则是油中溶解气量的多少。这一点可从表 2-15 清楚地看到：溶解气油比最大的胜利油田营 4 井，粘度最低为 1.88mPa·s。这是地层油溶解气以后，使液体分子间的引力部分地转变为气—液分子间的引力，而后者的引力却远比前者小得多，从而导致地层内溶气油内摩擦阻力减小，因而地层油的粘度也就随之相应的降低。

表 2-15　地层油溶解气油比与粘度的关系

油　　层	原始溶解气油比（R_{si}），m^3/m^3	地层原油粘度（μ_o），mPa·s
孤岛 G 层渤 26-18 井	27.5	14.2
大港 M 层西区 44 井	37.3	13.3
大庆油田 P 层	48.2	9.30
玉门油田 L 层	68.5	3.20
胜利油田营 4 井	70.1	1.88

压力对于地层原油粘度的影响可以从图 2-53 看出。以饱和压力 p_b 为界，在不同区间段压力对粘度的影响是不同的。

当压力高于饱和压力（即 $p>p_b$）时，随压力的增加，使地层油弹性压缩，油的密度增大，液层间摩擦阻力增大，原油的粘度相应增大，只是增大幅度不是很高。但当地层压力小于饱和压力时，随着地层压力的降低，油中溶解气不断分离出去，地层原油粘度急剧增加。因此，在压力低于饱和压力时，压力对原油粘度的影响可归结为压力使油中溶解气气量改变的缘故。

原油粘度与压力、温度间的关系可进一步由图 2-54 中看出，随着温度增高，原油粘度降低。

根据上述分析可以看出，在油田开发过程中，如不设法保持油层压力，则油层压力会逐渐降低到饱和压力以下，这时气体会从地层原油中分离出来导致地层原油粘度增加；注水会使地层温度降低，其结果也会使地下原油粘度不断增大。因此，在考虑地层原油的渗流问题时，不能将地层原油的粘度视为恒定的。

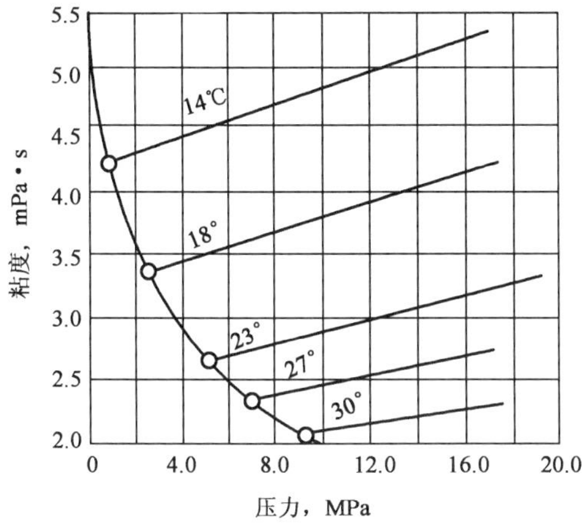

图 2-53 原油粘度与压力和温度的关系

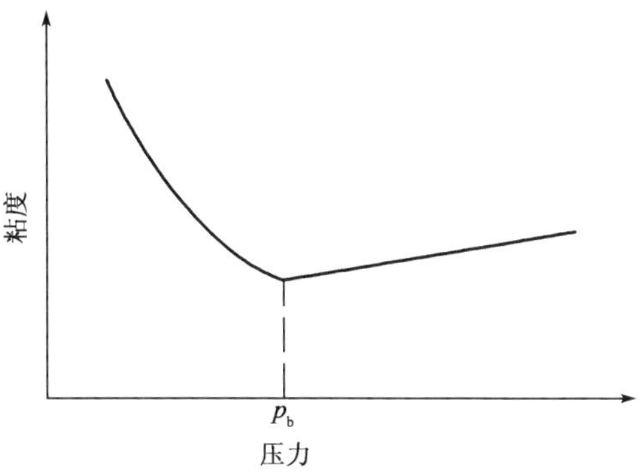

图 2-54 地层压力对原油粘度的影响

八、石蜡的性质和原油凝固点*

石蜡通常指的是 C_6H_{34}～$C_{64}H_{130}$ 的固态烷烃，其中以碳原子为 26～50 的长链饱和烃为主。但在采油上，通常说的石蜡是指在采油过程中原油中所含的固态或半固态的石蜡、胶质、沥青等的混合物，其中还常含有各种不同的杂质，例如原油、砂粒和水滴等。因此实际生产所得的石蜡性质和成分比精制的纯石蜡要复杂得多。

溶解在原油中的石蜡，当温度降低时，将呈结晶状态从原油中凝析出来。石蜡的析出会使原油凝固，引起油流阻力增加，降低产能。由于原油中所含的石蜡是各种高分子烷烃的混合物，而各种烷烃不仅化学组成不同，而且其化学结构、结晶温度和结晶状态也都不一样。因此，原油中所含的石蜡，由溶解状态到开始结晶，直至完全结晶所对应的温度不是一个单值，而是在“开始结晶”到“完全结晶”间经历一段温度间隔，这可以从图 2-55 的曲线看出。曲线表示一个小钢球在注有油样的小钢管中降落所需要的时间与油样温度之间的关系。

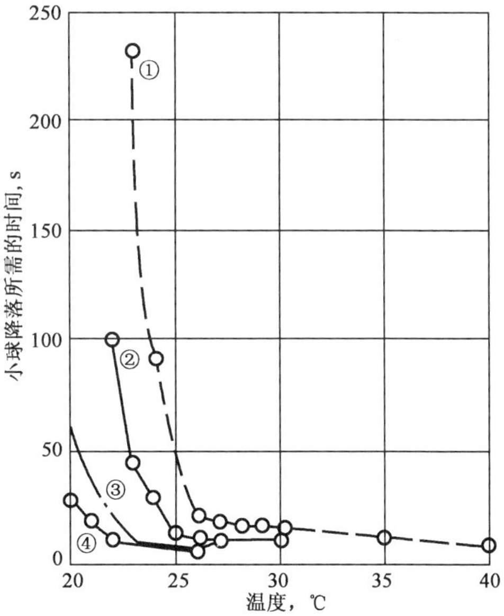

图 2-55 小球在油样中降落所需时间与油样温度的关系

①350～420℃杜马兹石油馏分；②萨拉托夫气所饱和的杜马兹石油；③饱和有丙烷和丙烯气体组分的杜马兹石油；④含 10%醚类的杜马兹石油

从图上可以看出，每条曲线都有一个显著的转折点。每条曲线显著转折点的温度，就是当温度降低时该油样中石蜡开始结晶的温度，即石蜡的初始结晶温度。下面以曲线①为例进行说明：当温度由 40℃开始逐渐降低至 26℃以前，由于温度的降低而引起小球降落时间的增加很小，这说明油样中尚无什么东西过于阻碍小球的降落；

但当温度开始降至26℃时，则小球降落的时间有了显著的增加。这说明从26℃开始，油样中开始有石蜡结晶析出，它阻碍了小球的正常下降。随着从26℃继续降低温度，石蜡结晶从油样中析出将更趋完全。石蜡的初始结晶温度是表示石蜡在石油中是否开始凝结的一个重要指标，它主要依靠专门的测定仪器直接测出。图中由虚线联结起来的转折点，对应温度点为有较大块石蜡结晶析出的温度，也就大致相当于该种油样的凝固温度点。

影响石蜡结晶的因素很多，如石蜡本身的组成、油气组成和性质、压力、温度和溶解气等。

一般来说，石蜡的初始结晶温度，随着溶解气量的增加而降低。易溶解的气体（如CO_2、“重烃”气体及天然气的湿气等）比不易溶解的气体（如N_2、CH_4及天然气的干气）更易使结晶温度降低。由此可得出这样推论：随着地层油中“轻质”烷烃含量的增加，石蜡初始结晶温度将会降低。

压力对于石蜡初始结晶温度影响不大，例如苏联罗马什金油田原油，压力从0.5MPa增大到20.0MPa时，石蜡初始结晶温度只增加2～3℃。

此外，油中含有胶质、沥青也会对结晶温度有影响。这两者相对分子质量高、结构庞杂，使原油粘度增大。由于它是一种胶体状，在低温下也是半固体状态，因此，它吸附在蜡晶核上，可影响蜡的聚结、长大。

原油中的砂粒和水滴都是结晶核聚集的良好晶核，在原油结蜡严重时，甚至会使原油凝固。

原油的凝固点是指原油由能流动到不能流动的转折点，它直接与原油中的含蜡量、沥青胶质含量及轻质油含量等有关，影响因素十分复杂，故一般采用直接测定。

我国长庆油田原油的凝固点为15～20℃，大庆原油由于含蜡量高达25%～30%，凝固点为25～30℃，辽河油田出现的某些高凝油凝固点高达40℃以上。对于高凝固点的原油，在开采中会带来很大困难，在生产中要特别注意防蜡问题。

九、超深地层油气的特点*

以上研究的是在一般深度情况下（3000m左右）油气藏流体的性质。近年来，随着钻探技术的进步，人们已能进行地层深部油气藏的钻探和开发。为此有必要进一步讨论超深情况下地层油气的性质。

所谓超深地层一般是指超过5000m或7000m的油气藏。此时，油气藏具有很高的温度和压力，所遇到的烃类具有高挥发性油和高含凝析油气类型的趋势。前者在地层中是液态油，后者在地层中是气体。在超深地层中，通常不会遇到常见的那种液体原油。那么，在超深地层下的高挥发性油藏流体和富含凝析油的凝析气藏流体又具有哪些非常规的物理特性呢？

高挥发性油的最大特点就在于它的高收缩性。例如，$5m^3$地层原油从井下流经油管到分离器，再进入储罐，经过多级分离后，却只能得到$1m^3$罐装原油，故该原油的体积系数B_o不是一般常见的小于1.5，而为5。可见，地层原油到地面储罐后体积大大缩小，收缩了80%。原油收缩系数如此之大，主要是由于原油含轻烃多，挥发性大，当压力降低时，轻质成分由液态转变为气态所致。原油体积收缩的另一个原因是由于从地层到地面温度降低所引起。由此可见，高挥发性油在高压物性上的一个特点主要表现为体积系数很大（如$B_o=5$），收缩率很高（如80%）。

在超深地层下含凝析油的富气和干气的特点是具有很高的偏差系数 Z 值。对于中等深度的气藏（3000m 左右），在估算天然气储量时，习惯上是将偏差系数 Z 值取为 1 或更小些。但对于超深气藏气，需取高的 Z 值，此时，Z 值可能取为 3 或更大，若所选用的 Z 值太低，则原始储量会估算偏高。

采用实验方法确定流体储集参数（如油、气的体积系数 B_o、B_g，天然气偏差系数 Z 及弹性压缩系数 C_o、C_g），对于确定油、气烃类储量及储层动态分析十分必要。而这一点，对挥发性油和富含凝析油的天然气在进行油藏工程计算时就更加重要。因为此时如仍采用一般的烃类图版（如 Z 值图版），则由图版所求得的参数会有很大的误差，只能采用实验测定或按其组成进行计算所得到的结果。为满足对超深流体的测定，在配制样技术、实验室设备及处理高温高压的方法上，均需要精心设计和进一步改进。

在超深地层，人们还会看到：在烃类流体中含有更多的不纯物。这些不纯物不仅浓度很高，还会污染油藏流体，给钻井和生产带来一些问题。如美国从东得克萨斯经密西西比至佛罗里达的地层沉积带上，H_2S 的含量大于 50%。通常，CO_2 会与 H_2S 共同存在，其浓度可达 70%～75%；近年来我国四川发现的罗家寨、普光等深层气藏也属于高含硫、特高含硫的天然气。当然，油藏流体中所含不纯物的多少和成分，还取决于油藏地理位置及岩石的地质年代。但在超深地层，不纯物含量的增高，值得引起人们的关注。

第四节　地层水的高压物性

地层水是指油气层边部、底部、层间和层内的各种边水、底水、层间水及束缚水的总称。

油层内的这种含水区一般远比气顶区大，甚至比含油区大，因而作为驱油能量来讲，底水或边水可能比气顶或溶解气的能量更大。地层水的压缩系数是其弹性能量大小的重要参数之一。地层水所具有的一些物理和化学性质，如粘度和洗油能力等，在一定程度上比气体作为驱油介质更好。因此，了解地层水的物理和化学性质，如压缩系数、粘度、相对密度、含盐量以及气体在水中的溶解度等是非常重要的。

油气层内总是存在有束缚水，它多以毛细管滞水和薄膜滞水存在于含油岩石的孔道中。一般认为，束缚水的存在是由于石油运移至储油构造时，将原来存在于岩石孔隙中的地层水"顶替"出来，在这一顶替、置换过程中原来存在于微毛细管孔道和部分毛细管孔道中的地层水以及部分附着在岩石颗粒表面上的地层水往往未被石油驱出，而仍然存在于油层中含油部位与油气共存，成为共存水或称束缚水。

当在油田边内或边外注水时，都必须事先了解地层水和束缚水的性质，正确选择注入的水质和水源，使注入水与地层水相配伍而不发生化学反应、产生沉淀而伤害油层。

油气层中含油部分还可能有含水的小夹层，即所谓"层间水"。分析层间水的性质（如含盐量等），可以帮助了解油井出水的原因。

一、地层水的矿化度和硬度

地层水与地面水的区别在于，地层水在地层中长期与岩石和石油接触，因而一般总含有相当多的金属盐类。地层水中含盐是地层水有别于地面水的最大特点。在这些金属盐类中，尤其以钾盐、钠盐最多，而钙、镁等碱土金属盐类则较少。

1. 矿化度

地层水中含盐量的多少常用矿化度表示。矿化度代表水中矿物盐的浓度，即用 mg/L 或 ppm 来表示。但当讨论离子间的相互作用时，由于阴阳离子间是按等当量反应的，即一定当量的阴离子和等当量的阳离子相化合，此时，最常用的是离子毫克当量浓度。离子毫克当量浓度等于某离子的浓度除以该离子的当量。例如，已知氯离子（Cl^-）的浓度为 7896mg/L，而氯离子的当量为 35，则氯离子的毫克当量浓度＝7896/35＝225.6 毫克当量/升。

地层水的总矿化度表示水中正、负离子的总和。由总矿化度的大小可以概括地了解地层水的性质。不同油田的地层水矿化度差别很大，有的只有几千 ppm，而有的甚至高达 2～3 万或几十万 ppm，如我国的江汉油田某些地层水就是如此。在地层中，水处于饱和溶液状态，当由地层流至地面时，会因为温度、压力降低，盐从地层水中析出，严重时还可在井筒中析出，导致近井地层和井筒中产生盐堵，给生产带来困难。

此外，当向油层注入各种化学工作剂时（如注入聚合物或活性剂等），除地层水总矿化度对其驱油效果发生影响外，水的硬度更是值得注意的重要物性参数。

2. 硬度

地层水的硬度是指地层水中钙、镁等二价阳离子的含量。水的硬度太高，会使注化学剂驱油过程中产生沉淀而影响驱替效果，甚至使措施完全失效。

除了需要了解地层水的总矿化度和硬度外，为了从本质上进一步认识水质，还必须对水中所含离子种类和离子含量有定量的了解，只有在上述基础上，才能确定出地层水属于何种水型以及该水型所代表的沉积环境。

二、地层水的分类

目前，关于地层水的分类方法有多种，各种分类法的目的都是力图达到既使水的化学成分系统化，又可使分类与成因联系起来，但至今还没有一个完全令人满意的方法。对油田水而言，常采用的是苏林分类法。

1. 苏林分类

苏林认为，地下水的化学成分取决于一定的自然环境条件，因而他把地下水按化学成分分成四个自然环境的水型：

（1）硫酸钠（Na_2SO_4）水型：代表大陆冲刷环境条件下形成的水，一般来说，此水型是环境封闭性差的反映，该环境不利于油气聚集和保存，为地面水。

（2）碳酸氢钠（$NaHCO_3$）水型：代表大陆环境条件下形成的水型，$NaHCO_3$ 型水在油田中分布很广，它的出现可作为含油良好的标志。

（3）氯化镁（$MgCl_2$）水型：代表海洋环境下形成的水，$MgCl_2$ 水型一般多存在于油、气田内部。

（4）氯化钙（$CaCl_2$）水型：代表深层封闭构造环境下形成的水，$CaCl_2$ 水型是地壳剖面上人们了解的唯一最深部水型，它所代表的环境封闭性好，很有利于油、气聚集和保存，是含油气良好的标志。

2. 水型划分

苏林根据 Na^+ 和 Cl^- 的当量比来判断水的成因类型，并用不同的水型表示不同的地质环境，从而划分出以上四种水型。

所谓某某水型，即以水中某种化合物的出现趋势而定名，不在于出现的数量多少而在于出现的趋势。如 $NaHCO_3$ 型水，即水中出现的趋势化合物为 $NaHCO_3$。具体的水型判断方法如下：

阴、阳离子的结合顺序，是按离子亲和能力的大小来组合的，如图 2-56 所示。

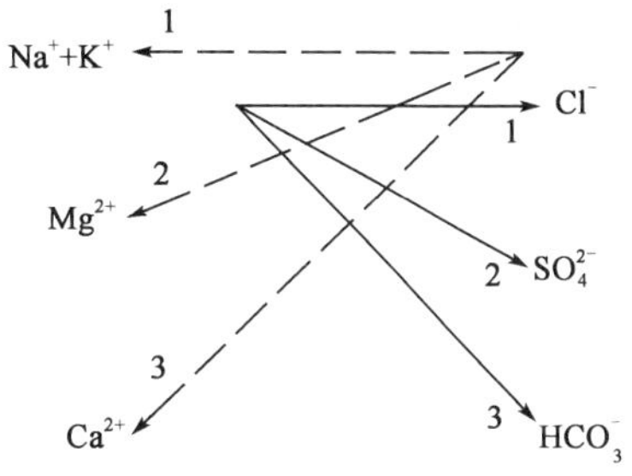

图 2-56　离子化合物顺序简图

当 $Na^+/Cl^- > 1$ 时，说明水中 Na^+ 离子当量数大于 Cl^-，多余的 Na^+ 将与 SO_4^{2-} 或 HCO_3^- 化合，形成 Na_2SO_4 水型或 $NaHCO_3$ 水型。

当 $Na^+/Cl^- < 1$ 时，则多余的 Cl^- 与 Ca^{2+} 或 Mg^{2+} 化合形成 $MgCl_2$ 或 $CaCl_2$ 水型。

由此看来，仅仅根据 Na^+/Cl^- 的比值还不能精确地判断是哪一种水型，因此，苏林进一步采用了成因系数，来将地层水划分为四种水型（表 2-16）。

表 2-16　苏林对水型的划分

当量比	成因系数	水型	环境
$\frac{Na^+}{Cl^-} > 1$	$\frac{Na^+ - Cl^-}{SO_4^{2-}} < 1$	硫酸钠型	大陆冲刷环境（地面水）
	$\frac{Na^+ - Cl^-}{SO_4^{2-}} > 1$	碳酸氢钠型	大陆环境（油、气田水）
$\frac{Na^+}{Cl^-} < 1$	$\frac{Cl^- - Na^+}{Mg^{2+}} < 1$	氯化镁型	海洋环境（海水）
	$\frac{Cl^- - Na^+}{Mg^{2+}} > 1$	氯化钙型	深层封闭环境（气田水）

对表 2-16 的进一步解释如下：

（1）当 $\frac{Na^+ - Cl^-}{SO_4^{2-}} < 1$ 时，表明 Na^+ 除了与 Cl^- 离子化合外，还有多余的 Na^+ 与 SO_4^{2-} 化合，由于此值小于 1，故没有多余的 Na^+ 与 HCO_3^- 化合了，所以 Na^+ 与全部阴离子化合后，最终形成 Na_2SO_4，故是 Na_2SO_4 水型。

（2）当 $\frac{Na^+ - Cl^-}{SO_4^{2-}} > 1$ 时，说明 Na^+ 除了与 Cl^- 和 SO_4^{2-} 离子化合外，还有多余的 Na^+ 可以和 HCO_3^- 化合，生成 $NaHCO_3$，故最终形成 $NaHCO_3$ 水型。

（3）当 $\frac{Cl^- - Na^+}{Mg^{2+}} < 1$ 时，说明 Cl^- 除了与 Na^+ 化合外，还有多余的 Cl^- 与 Mg^{2+} 化合形成 $MgCl_2$，由于比值小于 1，故没有多余的 Cl^- 与 Ca^{2+} 化合了，所以是 $MgCl_2$ 水型。

（4）当 $\frac{Cl^- - Na^+}{Mg^{2+}} > 1$ 时，说明 Cl^- 除了与 Na^+ 和 Mg^{2+} 化合外，还有多余的 Cl^- 和 Ca^{2+} 化合而生成 $CaCl_2$，故为 $CaCl_2$ 水型。

有关我国和外国油田地层水化学成分和水型见表 2-17。

在地层水中，除含盐外，还常溶解有某些有机物质，如环烷酸、脂肪酸、胺酸、腐殖酸和其他比较复杂的有机化合物等。因为这些有机酸直接关系到地层水洗油能力，所以，它们在油田注水的水质选择上经常为人们所注意，还可将此用于油气勘探中，帮助发现油气田。

在某些地层水中，还可能含有各种稀有元素，如溴、碘等。如果它们在水中的含量超过 20000～30000mg/L 时，便具有工业开采价值。

表 2-17 我国和外国油田地层水化学成分和水型

油田名称	总矿化度 mg/L	Na^+ (K^+)	Mg^{2+}	Ca^{2+}	Cl^-	SO_4^{2-}	HCO_3^-	CO_3^{2-}	水型
大港 S 层	16316	5917	11	95	7896	18	2334	45	$CaCl_2$
孤岛 M 层	3228	1038	13	25	1036	0	1116	0	$NaHCO_3$
胜利 M 层	17960	4952	836	620	10402	961	187	0	$CaCl_2$
任丘 Pz 层	178	21	9	20	43	18	67	0	$CaCl_2$
东得克萨斯油田（美国）	64725	23029	536	1360	39000	216	578	0	$CaCl_2$
加奇萨兰油田（伊朗）	95313	33600	30	1470	55000	4920	—	293	$CaCl_2$
风尔马斯油田	5643	1739	59	54	1780	—	2001	—	$MgCl_2$

此外，地层水中还经常有不同种类的微生物，其中最常见的就是非常顽固的厌氧硫酸还原菌，它们会导致井套管的腐蚀以及在流动过程中堵塞地层。

［**例 2-9**］已知某油田一口井地层水的化学组成，见表 2-18，试判断其水型。

表 2-18 某井地层水的化学组成

离子类型	$Na^+ + K^+$	Mg^{2+}	Ca^{2+}	Cl^-	SO_4^{2-}	HCO_3^-	CO_3^{2-}
mg/L	23029	536	1360	39000	216	518	0
离子当量	Na^+ 23.00 K^+ 39.10	12.15	20.04	35.45	48.03	61.01	30.00
当量数/升	1001.26	44.12	68.16	1100.14	4.50	8.49	0.00

解： 首先判断 1 价离子的当量比 $\frac{Na^+ + K^+}{Cl^-} = \frac{1001.26}{1100.14} < 1$，可先断定可能是 $MgCl_2$ 或 $CaCl_2$ 水型。

其次，再根据 $\frac{Cl^- - Na^+}{Mg^{2+}} = \frac{1100.14 - 1001.26}{44.12} = \frac{98.88}{44.12} > 1$，说明 Cl^- 除与 Mg^{2+} 离子化合物外，还有剩余的 Cl^- 离子将与 Ca^{2+} 化合，生成 $CaCl_2$，故可判断该油田水型为 $CaCl_2$ 水型。

三、地层水的高压物性

地层油中溶气，是影响原油高压物性的主要因素；而地层水中溶盐，则是考虑地层水高压物性参数的主要出发点。

地层水中溶有大量盐类，而溶解的天然气很少，一般 10.0MPa 地层水中所溶解的气量也不超过 $1 \sim 2m^3/m^3$，因而溶解气对地层水性质的影响就降为很次要的地位，真正影响和控制地层水高压物性的是其矿化度的高低。

由于地层水与油、气同样是处于高压、高温条件，这使得地层水在地下与在地面的溶解油气量、体积大小、弹性压缩性、粘度等均不相同，为此，也需要对地层水的体积系数、天然气的溶解度、水的压缩率、粘度等进行研究。这些参数，在油藏工程计算、数值模拟中同样是不可缺少的。

1. 天然气在地层水中的溶解度

天然气在地层水中的溶解度是指地面 $1m^3$ 水，在地层压力、温度条件下所溶解的天然气体积，单位仍为 m^3/m^3。天然气在水中的溶解度随着压力和温度的变化如图 2-57 所示。(a) 图表示天然气在纯水中的溶解度，由图可以看出，天然气的溶解度随着压力增加而增加，但温度对溶解度影响不太明显。(b) 图是当地层水含盐时，对天然气溶解度的校正关系图。由图可以看出，随着地层水矿化度的增加，溶解气量下降。总的结论为：与原油相比，天然气在水中的溶解度一般都很低。

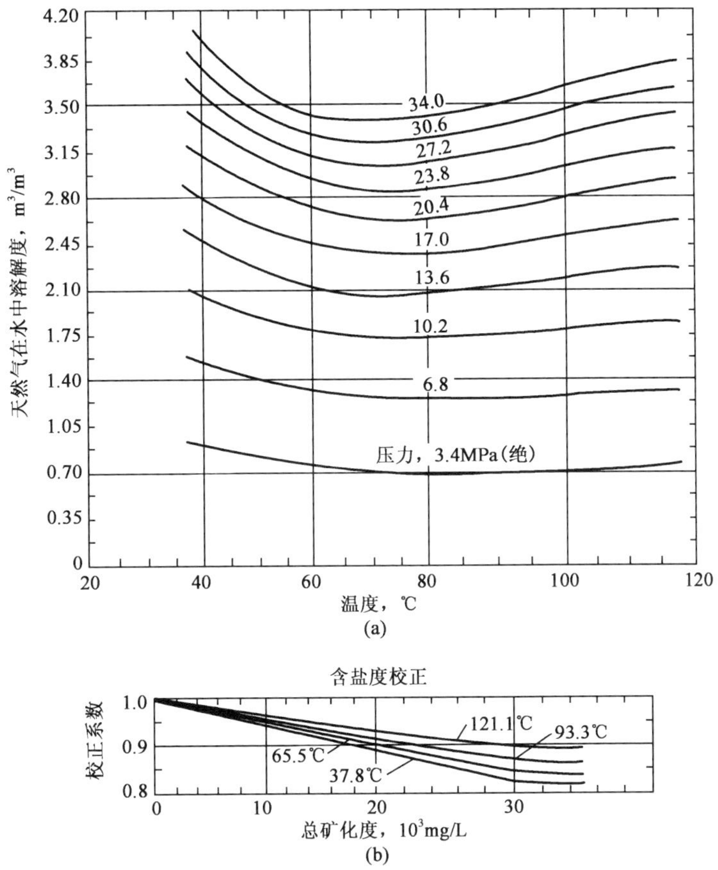

图 2-57 地层水中天然气的溶解度与压力、温度及矿化度的关系

通常认为，在较低温度时（如低于 70～80℃），天然气在水中的溶解度随着温度的上升而下降；在温度较高时，天然气在水中的溶解度可随温度的上升而上升。因此，在某些情况下，当地层中温度和压力很高时，地层水中可溶解大量的甲烷，如果水的体积又很大，则溶解于水中的天然气的储量就相当可观，由此可形成水溶性气藏而具有工业性开采的价值。

地层水除溶有天然气外，还可能含有其他非烃类气体，如二氧化碳、氧气及硫化氢等。

2. 地层水的体积系数

地层水的体积系数是指地层水在地下压力、温度条件下的体积与其在地面条件下的体积之比值，即：

$$B_w = \frac{V_w}{V_{ws}} \tag{2-59}$$

式中 B_w——地层水的体积系数；

V_w——地层条件下地层水的体积，m^3；

V_{ws}——地层水在地面条件下的体积，m^3。

地层水的体积系数和温度、压力以及溶解气的关系如图 2－58 所示。

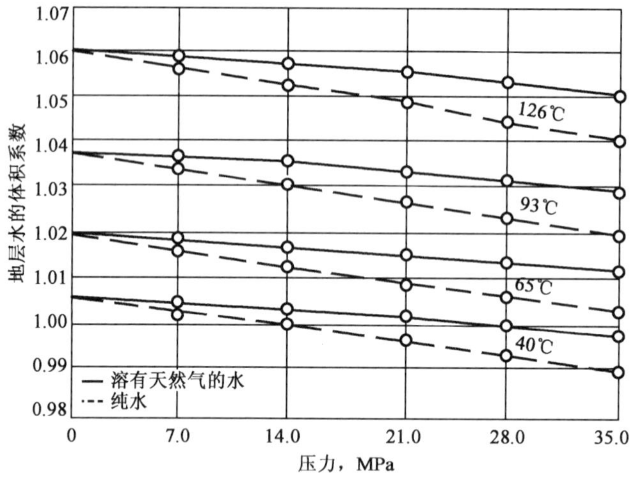

图 2－58 地层水体积系数与压力、温度的关系

由图 2－58 可以看出，地层水的体积系数随着温度的增加而增加，随着压力的增加而减小；溶解有天然气的水比纯水的体积系数更大。

由于地层水溶解的天然气不多，因此地层水的体积系数不大，一般为 1.01～1.02，有时也近似地取为 1。

3. 地层水的压缩系数

与油、气的压缩系数相同，地层水的压缩系数是指单位体积地层水在单位压力改变时的体积变化值，即：

$$C_w = -\frac{1}{V_w}\left(\frac{\partial V_w}{\partial p}\right)_T \qquad (2-60)$$

式中 C_w——地层水的压缩系数，MPa^{-1}；

V_w——地层水的体积，m^3；

$\left(\frac{\partial V_w}{\partial p}\right)_T$——恒温下地层水体积随着压力的变化值。

地层水的压缩系数 C_w 与压力、温度和溶解气量的关系如图 2－59 所示。

怎样利用图表求得地层水的压缩系数呢？一般是先确定无溶解气时地层水的压缩系数，这可由已知地层压力和温度从图 2－59（a）查得该值；然后利用图 2－57，求出地层温度、压力下的溶解气量；第三步根据溶解气量，由图 2－59（b）查出 C_w 的校正系数，对地层水的压缩系数进行修正，求得经校正后的压缩系数的大小。

［例 2－10］ 试计算油藏压力为 20.4MPa，油藏温度为 93℃，含盐量为 30000mg/L 的地层水的压缩系数。

解： 首先根据油藏压力 20.4MPa 和油藏温度 93℃，在图 2－57（a）中采用线性内插法查得天然气在纯水中的溶解度为 $2.7m^3/m^3$，再根据含盐量 30000mg/L，在图 2－57（b）中查得校正系数为 0.88。然后可以算出天然气在地层水中的溶解度为：

$$R_w = 2.7 \times 0.88 = 2.4m^3/m^3$$

其次，再根据 20.4MPa 和 93℃ 在图 2－59（a）中查得该水在未溶气时的压缩系数为

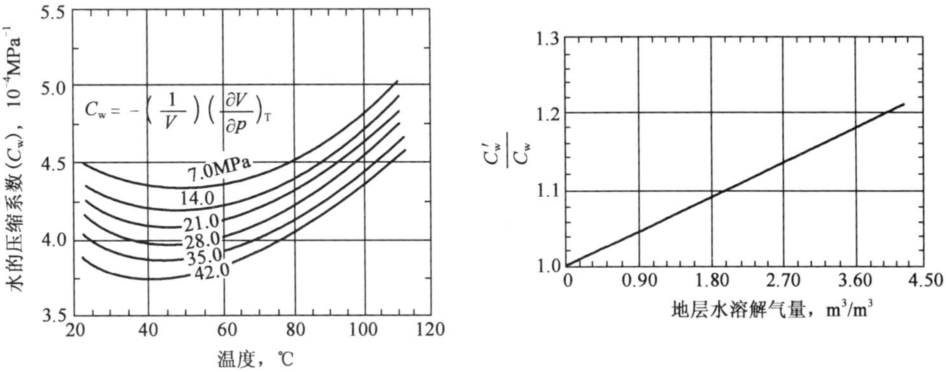

(a) (b)

图 2-59 地层水的压缩系数

4.53×10^{-4}MPa^{-1}；根据地层水的溶解气量 2.4m^3/m^3 在图 2-59（b）中查得校正系数为 1.12。最终，可以算出该地层水的压缩系数为：

$$C'_w = 4.53\times10^{-4}\times1.12 = 5.07\times10^{-4}\text{MPa}^{-1}$$

地层水的压缩系数一般在（3.7～5.0）$\times10^{-4}$MPa^{-1}之间，与原油的压缩系数类似，在不同的压力、温度区间，其值也不同。

4. 综合弹性压缩系数

有了油、气、水和岩石的压缩系数之后，当我们考虑整个储层的弹性能量时，就需要考虑地层中所有流体及岩石的弹性，此时，常采用综合弹性压缩系数或称总压缩系数 C_t 来表示整个储层的弹性大小，其数学关系式为：

$$C_t = C_L\phi + C_f = (C_oS_o + C_gS_g + C_wS_w)\phi + C_f \tag{2-61}$$

式中 C_t——储层总压缩系数（或称综合弹性压缩系数），MPa^{-1}；

C_o、C_g、C_w、C_L 和 C_f——油、气、水、液体和岩石的压缩系数，MPa^{-1}；

S_o、S_g、S_w——油、气、水的饱和度，小数；

ϕ——岩石孔隙度，小数。

计算出 C_t 之后，若已知储层体积及相应地层产生的压差，则可算出地层依靠弹性膨胀能量所能采出的总油气体积。当储层很大，或储层与广大的含水区相连时，则其弹性储量是相当可观的。此外，在渗流力学中，当研究地层中的弹性不稳定过程（如压力恢复）时，弹性压缩系数是一个很重要的计算参数。

5. 地层水的粘度

地层水的粘度在水驱油过程中具有十分重要的意义。地层油、水粘度比（μ_o/μ_w）越大，对驱油越不利，会引起油井过早见水而被水淹。因此，在某种意义上讲，希望水的粘度大一些更好（对原油，则希望其粘度越小越好）。

在物理概念上，地层水的粘度与油气一样，都表示了流体内摩擦阻力的大小。地层水的粘度与压力、温度和含盐量的关系如图 2-60 和图 2-61 所示。由图可以看出：地层水的粘度随着温度的增高而大大降低，但随着压力的增加却几乎不变。例如，在 0.1MPa 时与在 50MPa 时，水的粘—温曲线几乎完全一致，如图 2-60 中曲线①和②所示。

含盐量对地层水的粘度也影响不大，例如，含盐量为 60000mg/L 的水与纯水的粘—温曲线 A、B 也相差无几。

由于地层水中溶解气很少，故天然气在水中的溶解度对水的粘度影响不大，一般都不需要对此进行修正。

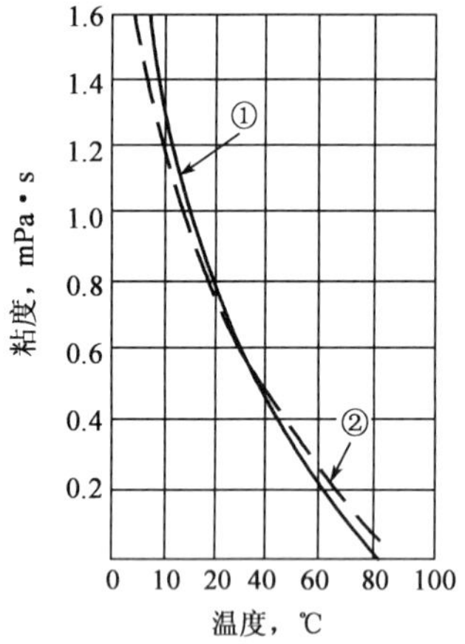

图 2-60 水的粘度与温度关系

①在 0.1MPa 压力下；②在 50MPa 压力下

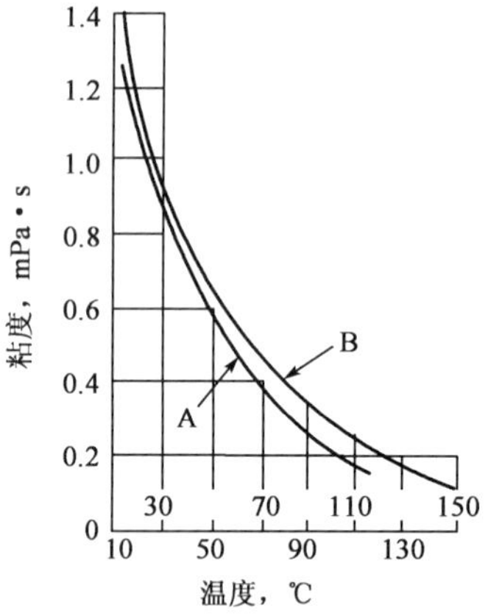

图 2-61 水的粘度与温度关系

A—纯水；B—含盐量为 60000mg/L 的水

综上所述，油气藏流体（油、气、水）的相态特性以及高压物性参数如饱和压力、溶解气油比、体积系数、压缩系数和粘度等对于一系列有关油气的计算（如露点压力和泡点压力、反凝析饱和度、油气储量、油气产量等）都是不可少的。那么，怎样才能获得这些参数？常用的方法有哪些？对于实验所获得的这些数据在应用时会有什么问题？在具体的油气藏，又怎样应用这些参数呢？所以，关于地层水的高压物性，就是本节要重点研究的问题。

获得油、气相态特征和高压物性参数的问题，在某种意义上讲可以归结为研究它们的 p—V—T（压力—体积—温度）间的关系问题。对于气体，研究 p—V—T 关系，经典的方法多是采用各种形式的状态方程，如压缩状态方程 $pV=ZnRT$、范德华三次方型状态方程等。那么，对于原油，如何研究在地层高温高压下的 p—V—T 关系（常称原油的 pVT 分析），即如何获取原油的高压物性参数呢？在 20 世纪 70 年代以前，由于人们还没有找到能较准确描述原油（即液体）pVT 高压物性的状态方程，在矿场油藏工程分析中，研究原油 p—V—T 关系，获得原油高压物性参数的主要途径是直接运用油气藏流体高温高压 pVT 试验装置直接测定，这是最直接、最精确的方法。此外，查阅相关的经验图版，也是工程上常采用的方法之一。但是，自 20 世纪 70 年代以后，随着 SRK 和 PR 等能够同时较准确表征气液平衡体系 pVT 高压物性的三次方型状态方程的提出，使得我们运用热力学相平衡模型化方法研究原油 p—V—T 关系成为可能。特别是随着计算机技术的发展，解决了计算复杂和计算量大的问题之后，运用多相流体相态理论获得原油高压物性参数的计算机仿真模拟技术得到迅速发展，目前已和油气藏地质建模、油气藏数值模拟技术并行发展为三项主要的油气田开发设计计算技术。在 20 世纪 80 年代所开发的加拿大 CMG 公司的 CMG、法国斯伦贝谢公司的 ECLIPSE 等著名的油气藏数值模拟软件中，均包含有以状态方程为基础的油气藏流体相态模拟软件包。

值得注意的是，虽然以状态方程为基础的油气藏流体相态模拟技术在计算油气藏流体高压物性参数方面已日臻成熟，但它必须以一定的油气藏流体的 pVT 高压物性实验数据为拟合基础。因此，获取天然气和原油高压物性参数的实验室测试方法和计算机相态模拟方法都是不可缺少的，都要了解和掌握。

第五节　油气藏流体高压物性的实验测定

目前，国内外对原油和天然气的分析，从取样开始直至最终完成实验分析报告都已形成了比较定型的分析流程，原油的分析流程之一如图 2－62 所示。

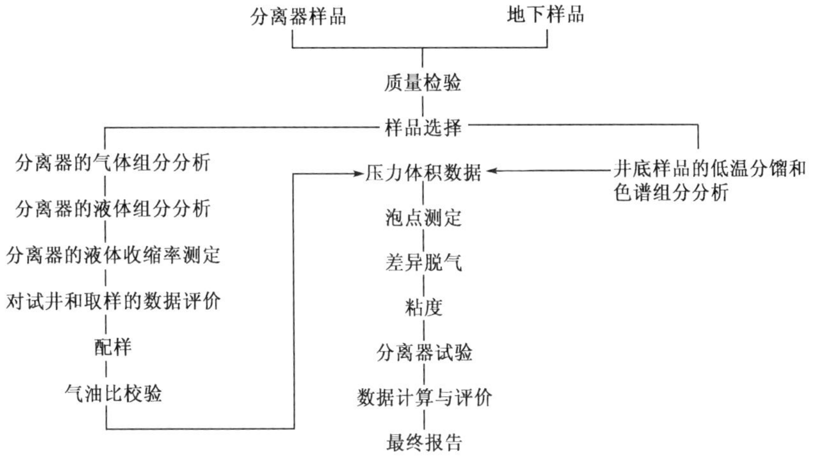

图 2－62　原油分析流程

一、测定油气高压物性的仪器、流程及样品准备

1. *pVT* 仪器和分析流程

用于研究油气高压物性的装置称为 *pVT* 高压物性分析仪。国内外所设计和使用的这类仪器在传压介质、承受高压高温的能力及测定仪器等方面虽有所不同，但基本上大同小异。20 世纪 90 年代以前，*pVT* 测试仪大多以汞作为传压介质。汞的密度大，几乎完全不溶于油，可填满除流体外的所有 *pVT* 筒的空间体积，测试过程“死体积”小，故被普遍采用。但汞在高温下具有蒸发性，汞蒸气有毒性，一旦泄露可使人体慢性中毒。因此，自 20 世纪 90 年代以后，美国 RUSKA 公司、加拿大 DBR 公司等率先研制成功活塞式无汞型油气藏流体 *pVT* 测试装置（图 2－63 至图 2－64）；我国海安石油仪器有限公司、扬州华宝石油仪器有限公司等也相继研制了国产活塞式油气藏流体 *pVT* 测试装置。图 2－65 给出的是我国设计和制造的高压物性测试仪的功能配置图，其主要部件如下：

（1）*pVT* 筒：充装油气及在高温、高压下油气体系达到相平衡的高压容器。

（2）高压计量泵：进行加压，并可计量高压下油气烃类体系的体积，其动力来自电动控制箱体内的电动传动系统或人工手动。

（3）其他附属设备：如高压粘度计、井下取样器、盛装传压介质的小缸等。

（4）恒温控制系统：实现对油气的加热和恒温，其中包括超级恒温水浴（或油浴），以及 *pVT* 筒、取样器和高压粘度计等的保温水套或电加热套。

国内外开发的新型 *pVT* 测试仪器，在仪器上进行了不少改进工作，如采用无级调速泵，在 *pVT* 筒体上安装高强度的玻璃观察窗，增加激光或超声波测量装置，增加图像采集系统，使得测试便于观察，更加直观、精确。它不仅可研究油气在 *pVT* 筒内的相态关系，而且能

图 2-63　美国 RUSKA-601 型 *pVT* 装置

图 2-64　加拿大 DBR-JEFRI 型 *pVT* 装置

在充满固体颗粒介质（不同粒度、不同渗透率的多孔介质）的细长管中研究油气体系的相态特征。

2. 油气样品准备

1）取样

所谓取样，是指取到能代表地层流体的样品，它是测试资料是否有代表性、是否可采用的前提。试想，如果所取油气样品无代表性，则测试结果又有何用呢？因此，必须根据取样要求，取到所需要的、有代表性的油气样品。

油气样品的代表性对一口井来说，就是所取样品要能尽量保持流体在地层中的状态（如相态及组成不变等）。对一个油气藏或一个区域来讲，尽量利用最少井数的资料，就足以说明整个油气藏或整个区域的流体变化规律。因此，在地面和地下取样时，都应按石油行业颁布的“取样标准”进行。

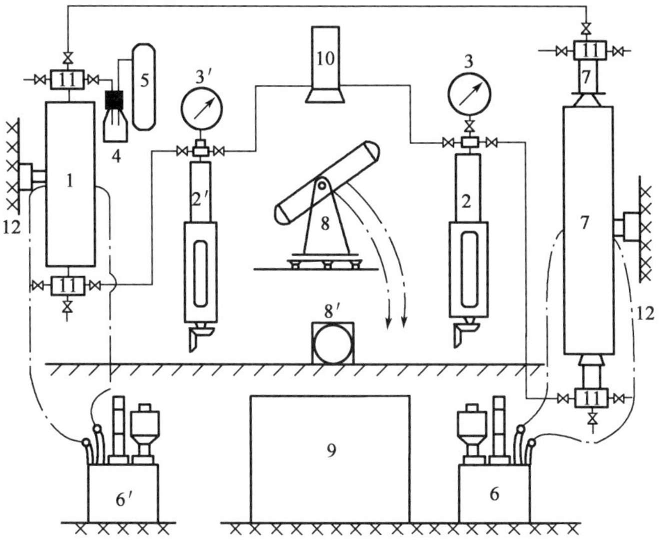

图 2－65　地层原油高压物性实验装置流程图

1—pVT 筒；2、2′—高压电动计量泵；3、3′—压力表；4—油气分离瓶；5—量气瓶；6、6′—恒温水浴；7—井下取样器及其水套；8—高压粘度计；8′—粘度计附带的电秒表；9—电动控制箱；10—盐水缸；11—挤样闸门；12—仪器装置实验台面

2）转样

所谓转样，是指把井下取样器所取得的油气样品，在保持取样时的地层压力、温度状况下转至 pVT 筒中的过程。只有当样品进入到 pVT 筒后，才可进行实验研究。转样开始前，首先将取样器 7 插入保温水套（图 2－65），并用临近的恒温水浴 6 和高压电动计量泵 2 使取样器中油样控制在油层压力和油层温度下，其次是利用另一台恒温水浴 6′和高压电动计量泵 2′使 pVT 筒 1 中的传压介质（如盐水）控制在同样的温度和压力下，最后则利用靠近取样器的高压计量泵 2 进泵，以利用泵内盐水将取样器中的油气样顶替出来。与此同时，靠近 pVT 筒的高压计量泵 2′退泵，要求在进、退泵的过程中始终保持泵上压力表 3 和 3′所指示的压力值不变。这样一进一退的结果，便把油样从取样器中转置于 pVT 筒。转入 pVT 筒内的油气样体积 V_f 可通过泵上的标尺刻度读得。待转样工作结束后，关上 pVT 筒的上部闸门，以保持筒内油气体系不变。准备工作到此结束。

二、实验研究油气相态及测定其高压物性参数

利用 pVT 仪，可以进行有关地层流体的相态及高压物性研究工作。

1. 油气体系的相态研究

正如前述，对于天然气，虽然可用状态方程来描述其 $p—V—T$ 关系，但这种状态方程对于各种不同组成的气体来说是否完全适用，或只在某一压力区段内部分正确，其误差会有多大等，都需要与实验所测得的 $p—V—T$ 关系相对比。若方程计算的结果与实验测定相一致，则可认为该方程适用于该类气体，否则，需要进行修正。

对油气体系而言，相图则是研究相态特征的重要工具。特别是相图中的露点线（凝析线）对凝析油气体系更为必要。但在确定 $p—T$ 相图中的露点线（即上、下露点压力）时，实验研究的重要性和必要性就显得更加突出。因为在露点时，体系中仅有开始凝析出的一个

或一批液滴，液相体积很小，在 $p—V$ 关系式中几乎反映不出来，而只能靠实验观测。此时，就需要在带玻璃窗及显微镜或反射放大镜的 pVT 筒内进行测定。英国帝国理工学院正采用电视录像放大系统，对如何测定极其微量的凝析液滴体积进行试验研究，以直接测量出凝析油的微小体积。并将直接观察得到的开始凝析出液滴时的压力，定为该温度下的露点压力或凝析压力。

2. 测定天然气压缩因子（Z）及进行溶解、脱气试验

利用 pVT 仪，还可进行天然气压缩因子 Z 的测定。例如，对于超深井的流体，Z 值可以达到 3 以上，对于甲烷含量不高，总组成中含重烃气及非烃气较多的气体等，用一般的 Z 值图版误差较大，此时可在实验室测定气体的 Z 值（要求测定仪表具有相应的精度）。

此外，还可进行油气间的溶解、脱气、混相等实验，确定油气分离器的最佳分离级数、研究溶解度的大小及原油注气最小混相压力等，这些对于确定合理的矿场工艺参数（如注气压力）和提高原油采收率等都有重要的实际意义。

3. 测定地层原油的各种高压物性

为便于说明测定过程，首先将高压物性仪流程示意图 2－65 简化为图 2－66。通过实验，可测定的参数很多，这里主要介绍有关地层原油饱和压力、气油比、体积系数、压缩系数和粘度等。

1）地层原油饱和压力和压缩系数的测定

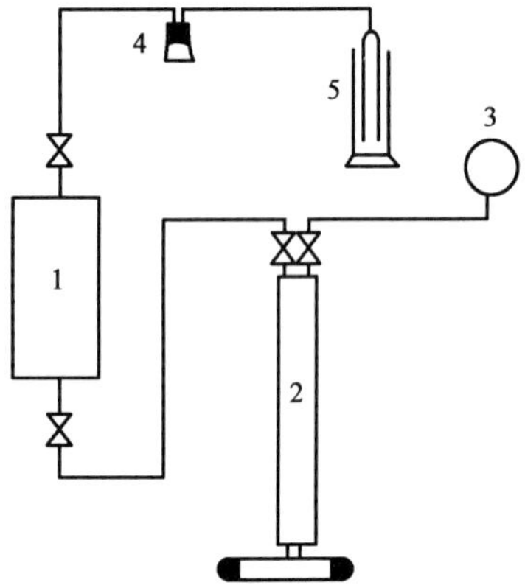

图 2－66　高压物性测试流程

1—pVT 筒；2—高压计量泵；3—压力表；4—油气分离瓶；5—量气瓶

测定地层原油饱和压力和压缩系数可采用同一流程，如图 2－66 所示。当油样在保持地层压力、温度下转至 pVT 筒 1 后，原油仍保持其地层条件而处于单相。开始测定时，让高压计量泵 2 逐级退泵、逐级降低压力（按压力表 3 所指示压力），分别读出表压力值为 p_1，p_2，…，p_5；与此同时，从泵的标尺刻度上读得相应压力下的油样体积为 V_1，V_2，…，V_5。根据对应的 p 和 V 值，便可绘出如图 2－44 所示的 $p—V$ 关系图，图中曲线拐点（或称两直线的交点）压力，为该地层油的脱气压力，即原油饱和压力。

上述确定地层饱和压力的方法，可同样用在转样器内，以供预测（或初测）饱和压力时参考。

根据上述过程所测得的饱和压力以上的 p、V 值，即可按下式计算出地层原油的压缩系数 C_o：

$$C_o=-\frac{1}{V_f}\frac{V-V_f}{p-p_f}=-\frac{1}{V_f}\frac{V_b-V_f}{p_b-p_f}=-\frac{1}{V_f}\frac{\Delta V_f}{\Delta p} \tag{2-62}$$

式中　C_o——地层油样在某一压力区间 Δp 内的压缩系数，MPa^{-1}；

p_f、p_b、p——地层压力、饱和压力和任一压力（$p>p_b$），MPa；

V_f、V_b、V——地层压力下、饱和压力下、任一压力下的油样体积，mL。

2）地层油溶解气油比和体积系数的测定

在测定地层原始溶解气油比和原始体积系数时，首先将 pVT 筒内的油样加温加压到油藏条件，并在加压过程中不断摇动 pVT 筒或靠筒内电磁搅拌器上下运动，使可能存在的气体全部溶于油中，而使原油处于单相。待压力、温度达到平衡后，在保持油藏温度、压力条

件下，将 pVT 筒内的油样放出一定数量于油气分离瓶中。记下放油前后计量泵上油样体积的读值，放出油的地下体积 ΔV_f 则为放油前后体积之差乘以校正系数；从量气瓶上测得放出油样所分离出的气体体积（V_g）；脱气后原油的体积即为脱气后原油质量 W_o 除以脱气原油密度 ρ_o（原油质量可用天平称出，ρ_o 由密度计测定）。

在取得了上述三类数据（地下油体积、脱气量、油重）后，可按下式分别计算出原油体积系数和原始溶解气油比：

$$B_{oi} = \frac{\Delta V_f \rho_o}{W_o} \tag{2-63}$$

$$R_{si} = \frac{V_g \rho_o}{W_o} \tag{2-64}$$

式中 B_{oi}、R_{si}——原油原始体积系数和原始溶解气油比；

ΔV_f——放出油的地下体积（已校正），m^3；

ρ_o——脱气原油在 20℃下的密度，kg/m^3；

W_o——脱气原油的质量，kg；

V_g——放出油样所分离出的气体在标准状况下的体积，m^3。

当 pVT 筒内油样压力低于饱和压力，原油开始脱气后，同样可按上述方法、步骤和计算公式，测定不同压力下的原油体积系数和溶解气油比，不同点仅为：在某一压力下油气达平衡后，在放出油样前，必须将 pVT 筒内已分离出的气体放净，然后才可放油至大气压下（分离瓶中）脱气。

3）地层油粘度的测定

首先必须将 pVT 筒内的油样在保持地层压力、温度及溶气情况下转至粘度计中。一般 pVT 仪附带的粘度计是落球式高压粘度计。落球粘度汁的测定原理为：钢球在原油中的下落时间与粘度存有下列关系，即：

$$\mu_o = k(\rho_b - \rho_o)t \tag{2-65}$$

式中 μ_o——地层油粘度，mPa·s；

k——粘度计常数，它与粘度计内管直径、倾斜角度以及钢球直径有关，需要用已知粘度的液体（标准油）进行测定；

ρ_b——钢球密度，g/cm^3；

ρ_o——原油密度，g/cm^3；

t——钢球下落时间，s。

通过实验测出钢球在油中下落的时间 t，代入式（2-65）即可计算出原油粘度 μ_o，也可根据时间 t，由已绘出的标准曲线（μ_o—t 关系曲线）中查得 μ_o。

4. 测定凝析油气体系的高压物性

对于凝析气藏，地层凝析气的定容衰竭测试是最主要的实验之一，是为模拟凝析气藏衰竭式开发过程中的生产动态而设的一项实验，目的是预测凝析气藏衰竭开发过程中地层凝析油饱和度变化、采出井流物组成变化以及井流物和凝析油采出程度的变化等动态参数。

1）测试流程及测试步骤

定容衰竭实验的测试流程如图 2-67 所示。

测试步骤包括：

（1）将约为配样容器容积 3/5 的配制好的地层凝析气转入可视 pVT 室中，在气层压力

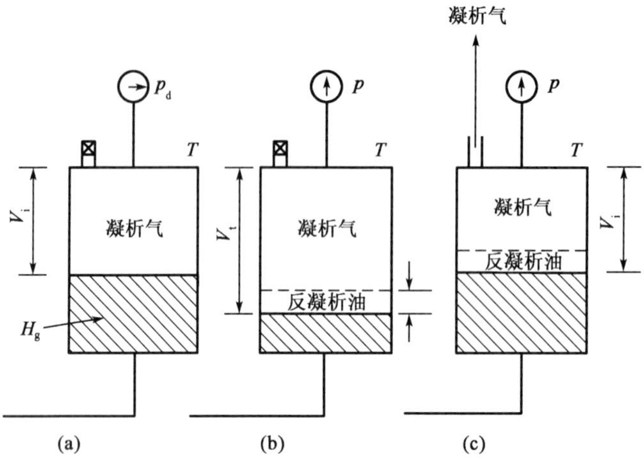

图 2-67 定容衰竭实验测试流程

下将流体样品搅拌均匀并恒温平衡至少 5h；

（2）在气层压力下恒压进泵排出 1/5 的气体，计量排出体积和分离的气、液量并取油、气样进行组成分析；

（3）将压力降至露点压力，平衡 2h 后，记下泵读数，此时容器中气体所占体积为定容体积 V_d；

（4）分级退泵降压，一般分 6～8 级，每级降压约 3MPa，降压后搅拌 2h 并恒压平衡 0.5h，记下压力和泵体积读数；

（5）慢慢打开容器顶阀排气，同时保持恒压进泵，一直排到定容泵体积读数到 V_d 为止；排气过程中，取分离的油、气样进行组成分析；排气结束后记录气量和油量；

（6）用测高仪测出该级压力下 pVT 室中反凝析液柱高度；

（7）重复步骤（4）～（6）的降压—排气过程，一直进行到压力为 3～4MPa 的最后一级压力为止；

（8）从最后一级压力到大气压力的测试过程为：泵读数保持在定容读数处，直接放气降压至零（表压），然后再进泵排出容器中的残留气和油，并取气样分析残余气组成；对残余油称重，测定其相对密度并进行组成分析。

2）定容衰竭实验计算

定容衰竭过程实验数据处理包括以下计算内容：

（1）原始地层压力下 $10^6 m^3$ 原始地层凝析气储量闪蒸分离参数计算。

油罐稳定油量（m^3）：

$$Q_{ot} = 10^6 \times \frac{W_{ot} M_{ot}}{\rho_{ot}(V_{gs} M_{ot} + 24.056 W_{ot})}$$

闪蒸分离气（m^3）：

$$Q_{gs} = 10^6 \times \frac{V_{gs} M_{ot}}{V_{gs} M_{ot} + 24.056 W_{ot}}$$

闪蒸分离器气和井流物中重质组分产量（kg）：

$$G_{sj} = 10^6 \times z_{sj} M_j \times 10^{-2} / 24.056$$

$$G_{wj}=10^6\times z_{wj}M_j\times10^{-2}/24.056$$

式中 V_{gs}——排出样所产闪蒸气的标准体积，m^3；

W_{ot}——排出样所产油罐油质量，kg；

M_{ot}——油罐油的平均相对分子质量；

ρ_{ot}——油罐油的密度，kg/m^3；

z_{sj}——排出样所产闪蒸气自 C_2 之后 j 组分的摩尔分数；

z_{wj}——排出样所产油罐油自 C_2 之后 j 组分的摩尔分数。

(2) 露点压力以下各级压力下流体参数计算。

第 j 级压力下气相偏差系数：

$$Z_{gj}=(p_j\Delta V_jT_s)/(p_sV_{sj}T_t)$$

第 j 级压力下的气液两相偏差系数：

$$Z_{tj}=(p_jV_dT_s)/[p_s(\sum_{k=1}^{n}V_{sk}-\sum_{k=1}^{j}V_{sk})T_t]$$

第 j 级压力下井流物累积采收率：

$$\eta_j=(\sum_{k=1}^{j}V_{sk}/\sum_{k=1}^{n}V_{sk})\times100\%$$

第 j 级压力下油罐油的累积采出量：

$$Q_{otj}=10^6\times\sum_{k=1}^{j}\frac{W_{otk}}{\rho_{otk}V_{sk}}$$

第 j 级压力下闪蒸气的累积采出量：

$$Q_{gsj}=10^6\times\sum_{k=1}^{j}(V_{gsk}/V_{sk})$$

第 j 级压力下闪蒸气中重质组分的累积采出量：

$$G_{sij}=10^6\times[\sum_{k=1}^{j}y_{sik}M_iV_{gsk}\times10^{-2}/(\sum_{k=1}^{j}V_{sk})]/24.056$$

第 j 级压力下井流物中重质组分的累积采出量：

$$G_{wij}=10^6\times[\sum_{k=1}^{j}z_{wik}M_iV_{sk}\times10^{-2}/(\sum_{k=1}^{j}V_{sk})]/24.056$$

第 j 级压力下反凝析液量占孔隙体积分数：

$$S_{Lj}=\frac{V_{Lj}}{V_d}\times100\%$$

式中 Z_{gj}——第 j 级压力下的气相偏差系数；

Z_{tj}——第 j 级压力下的两相偏差系数；

η_j——第 j 级压力时井流物的采收率,%；

Q_{osj}——第 j 级压力时的累积采油量，m^3；

Q_{gsj}——第 j 级压力时的累积闪蒸气量，m^3；

G_{sij}——第 j 级压力时累积采出的闪蒸气中 i 组分的质量，kg；

G_{wij}——第 j 级压力时累积采出井流物中 i 组分的质量，kg；

ΔV_j——第 j 级压力下排出样在 pVT 容器中所占体积，m^3；

V_{sj}——第 j 级压力下排出井流物的标准体积，m^3；

V_{gsj}——第 j 级压力下采出闪蒸气的标准体积，m^3；

ρ_{otk}——第 k 级油罐油密度，kg/m^3；

y_{sik}——第 k 级压力时闪蒸气中 i 组分的摩尔分数；

z_{wik}——第 k 级压力时井流物中 i 组分的摩尔分数；

W_{otk}——第 k 级压力下采出闪蒸油罐油重，kg；

S_{Lj}——第 j 级压力下反凝析液占孔隙体积分数；

V_{Lj}——第 j 级压力下反凝析液体积，m^3。

一方面，由于实验室进行凝析油气烃类体系的 pVT 实验耗时长，此外，实验内容受温度、压力范围和实验工作量的限制，很难在实验室条件下获得所需的全部 pVT 参数；另一方面，实验数据未经匀整和数值化处理很难用于连续的气藏模拟计算中。因此，发展相态数值仿真模拟技术，通过 pVT 实验过程的数值仿真模拟计算，获得实验过程难以完成的研究内容，也是目前发展的模拟技术之一。本部分详细内容可参照行业标准 SY/T 5542—2009《油气藏流体物性分析方法》。

三、实验数据的匀整*

为什么需要对实验数据进行匀整？怎样匀整？这里仅以天然气和原油的体积系数 B_g、B_o 为例来进行说明。

由高压物性仪测得的各种物性参数是否足够精确、能否满足要求，主要取决于整套实验装置的系统误差大小以及实验操作人员的技术素质；同时，在提供实验数据时，要根据计算所需数据的有效位数对实验数据进行匀整，以消除实验的随机误差。

在储量计算中，采用不同的计算方法，对体积系数的有效位数应有不同的要求就是很好的例子。例如，当按容积法进行储量计算时，采用公式 $N_o=Ah\phi s_o/B_o$，此时，要求 B_o 有三位有效数字就足够了。从目前高压物性仪精度和操作人为误差分析，保证体积系数三位有效数字是完全可以做到的，足以满足计算要求。但当用物质平衡方法计算储量时，对体积系数的精度就要求五位有效数字。例如，若天然气体积系数 B_g 有 0.00005 左右的误差，就会使储量值产生 5%～10%的误差。这时，如仍然直接引用实验所测得的数据（第四位有效数字是估计值），显然就不能满足计算要求，而需要对数据加以匀整来确定 B_g 值，或将 B_g—p 关系绘制在大比例图版上，以减少人为读数误差，或将实验结果用数字处理方法，使数据更加匀整规律化，以最终满足工程计算上对数据的要求。

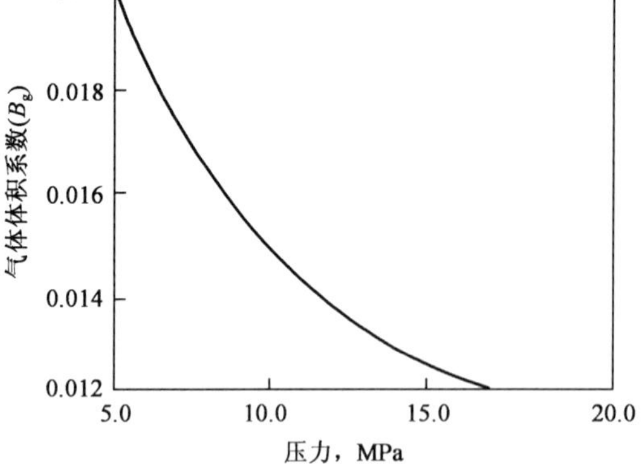

图 2-68　B_g—p 关系曲线

1. 天然气体积系数 B_g 的匀整

根据研究，在有限压力区间，例如，在 5.0～10.0、10.0～15.0MPa 之间，B_g—p 的关系曲线（图 2-68）可用一个二次多项式表示。数值上，由于 B_g 远远小于 1，故实际应用中，常采用 B_g 的倒数 B_g'($B_g'=1/B_g$) 行计算。此时，二项式可写为：

$$B_g' = a + bp + cp^2 \qquad (2-66)$$

式中，系数 a，b，c 是待求出的未知数，求解它们的最精确、最方便的方法是最小二乘法。

例如，在实验中，已测得 n 组不同压力 p_i

相对应的B'_g值：

$$p_1,\quad p_2,\quad \cdots,\quad p_n$$
$$B'_{g1},\quad B'_{g2},\quad \cdots,\quad B'_{gn}$$

按最小二乘法，可以分别列出如下三个方程式，即：

$$\begin{cases}\sum B'_g = na + b\sum p + c\sum p^2 \\ \sum pB'_g = a\sum p + b\sum p^2 + c\sum p^3 \\ \sum pB'_g = a\sum p^2 + b\sum p^3 + c\sum p^4\end{cases} \tag{2-67}$$

式中

$$\sum B'_g = B'_{g1} + B'_{g2} + \cdots + B'_{gn}$$

$$\sum p = p_1 + p_2 + \cdots + p_n$$

$$\sum pB'_g = pB'_{g1} + p^2 B'_{g2} + \cdots + p^n B'_{gn}$$

依此类推。

可以看出，n、$\sum B'_g$、$\sum p$、$\sum p^2$、$\sum p^3$、$\sum p^4$、$\sum pB'_g$、$\sum p^2 B'_g$等都是已知数，式(2－67)中的a、b、c三个未知数，就不难求出了。

求出系数a、b、c后，就可写出式（2－66）的B'_g—p方程，从而可求出不同压力值下经匀整的B'_g值。

［例2－11］已知气层压力p_i和相应p_i的天然气体积系数B'_g(表2－19)，试用最小二乘法匀整B'_g值。

将表2－19中相应的数据分别代入式（2－67)，得：

$$\begin{cases}946.8 = 5a + 1113.1b + 24925254c \\ 211815 = 1113.1a + 249254b + 56131.3 + 10^3 c \\ 476567 \times 10^3 = 249254a + 56131.3 \times 10^3 b + 12709.3 \times 10^6 c\end{cases}$$

解：联立方程，得：

$a = 190.56$

$b = -0.42$

$c = 1.845 \times 10^{-3}$

再将上述系数代入式（2－66)，则可得B'_g—p方程：

$$B'_g = 190.56 - 0.42p + 1.845 \times 10^{-3} p^2 \tag{2-68}$$

最后，将表2－19中相应的p和p^2值分别代入式（2－68）中，则可得经匀整后的B'_g值(见表2－19的最后一栏)。显然，匀整后的B'_g值较实测值更准确，有效数字由实验测定时的四位匀整为五位有效数字，从而满足了储量计算的要求。

表2－19　最小二乘法匀整体积系数B'_g值

p，0.1MPa	B'_g，m^3/m^3	pB'_g	$p^2 B'_g$
244.7	204.8	50114.6	12263.0×10^3
235.5	198.6	46770.3	11014.4×10^3
225.0	191.4	43065.0	9689.6×10^3
211.0	181.3	38254.3	8071.7×10^3
196.9	170.7	33610.8	6618.0×10^3
$\sum=1113.1$	$\sum=946.8$	$\sum=21815$	$\sum=47656.7\times10^3$

续表

p^2	$p^3\times10^3$	$p^4\times10^6$	按式（2－89）算出的 B_g'（经匀整的）
59878.1	14652.2×10^3	3585.4×10^3	204.87
55460.3	13030.9×10^3	3075.8×10^3	198.61
50625.0	11390.6×10^3	2562.9×10^3	191.30
44521.0	9393.9×10^3	1982.1×10^3	181.25
38769.6	7633.7×10^3	1503.1×10^3	170.78
$\sum=249254$	$\sum=56131.3\times10^3$	$\sum=12709.3\times10^3$	$\sum=946.81$

2. 高于饱和压力时原油体积系数 B_o 的匀整

当油藏压力高于饱和压力时，地层油体积系数与压力的关系是非线性的，它还与温度和原油组成有关。

匀整时，将地层油体积系数 B_o 改为相对体积系数$\overline{B}=B_o/B_{ob}$。式中，B_{ob}为饱和压力下的原油体积系数，因为 $B_o\leqslant B_{ob}$，所以$\overline{B}<1$。

例如，某油藏原油高压物性测出的$\overline{B}$—p 关系如图 2－69 所示。油藏原始压力为 34.0MPa，饱和压力为 18.3MPa，饱和压力下的原油体积系数为 1.391。为了用物质平衡方法进行计算，并使其计算结果有规律，需要将饱和压力至原始压力之间的数据进行匀整，获得五位有效数字，此时 B_o 按下述方法进行处理：

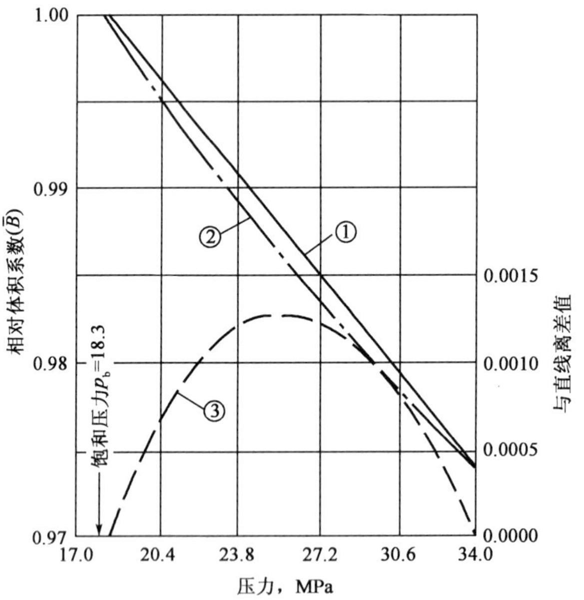

图 2－69　某地层油泡点压力以上相对体积系数

①直线；②实测数据；③实测数据与直线的离差值

（1）将曲线两端的实测点连成一直线；同时将实测的 p、相对体积系数$\overline{B}$值列于表2－20中的第 1、2 栏。

（2）根据该直线的斜率，列出直线方程：

$$\overline{B}_o = 1.0000 - \frac{1.0000 - 0.9739}{340.14 - 183.33}(p - 183)$$

$$= 1.0000 - 1.66443 \times 10^4 (p - 183) \tag{2-69}$$

（3）按式（2－69）计算出 $\overline{B}_o$，并列入表 2－20 第 3 栏内；

（4）将算出的 $\overline{B}_o$ 减去实测的$\overline{B}$，求出离差值列于表 2－20 第 4 栏；

（5）将第 4 栏的离差值分别标绘在图 2－68 上，并描绘出一条光滑的抛物线形离差曲线；

（6）从离差曲线上读取不同压力下的已匀整的离差值，列于表 2－20 第 5 栏；

（7）从按公式（2－69）算出的 $\overline{B}_o$，减去已匀整的离差值，求出已匀整的相对体积系数 $\overline{B}'$，列于表 2－20 中的第 6 栏；

（8）最后，按 $B_o = \overline{B}' \times B_{ob}$，便可算出任一压力下匀整后的地层油体积系数 B_o。

现以表 2－20 中 28.0MPa 时的 B_o 匀整为例，此时匀整后的相对体积系数 $\overline{B}' = 0.98294$（第 6 栏），又已知 $B_{ob} = 1.391$，则可算出此压力下 $B_o = 0.98294 \times 1.391 = 1.36727$，未加匀整前的 $B_o = 0.9829 \times 1.391 = 1.36721$，两者相差 0.00006。

表 2－20　某地层饱和压力以上 *B* 的匀整数据表

1	2	3	4	5	6
p，0.1MPa	实测的$\overline{B}$	算出的 $\overline{B}_o$	离差值（第 3 栏减第 2 栏）	匀整后的离差值	匀整后的 $\overline{B}'$（第 3 栏减第 5 栏）
340	0.9739	0.9739	0.0000	0.0000	0.98390
320	0.9768	0.97730	0.00050	0.00050	0.97680
300	0.9790	0.98069	0.00079	0.00090	0.97979
280	0.9829	0.98409	0.00119	0.00115	0.98294
258.5	0.9862	0.98749	0.00129	0.00125	0.98624
231	0.9909	0.99202	0.00112	0.00112	0.99090
204	0.9960	0.99655	0.00088	0.00090	0.99594
183	1.000	1.0000	0.00000	0.00000	1.00000

3. 低于饱和压力时两相体积系数的匀整

由于两相体积系数 B_t 与压力 p 的关系呈双曲线型，故不便于采用上述两种方法直接进行匀整。经研究发现，若将两相体积系数 B_t 仍然改为以饱和压力下的单相原油体积系数 B_{ob} 为基数，而采用两相相对体积系数 $\overline{B}_t = B_t / B_{ob}$（$\overline{B}_t$ 应为大于 1 的值），并且采用以下新函数，从而便于进行匀整。

$$Y = \frac{p_b - p}{p(\overline{B}_t - 1)} \tag{2-70}$$

仍沿用上例，对其低于饱和压力下的实测两相体积系数进行匀整。此油层饱和压力为 18.33MPa，饱和压力下的体积系数 $B_{ob} = 1.391$，其余有关数据列于表 2－21 中。

表 2-21　某油层 Y 函数匀整的数据表

1	2	3	4	5	6	7
p，0.1MPa	实测 $\overline{B}_t$	$\overline{B}_t-1$	p_b-p	$\frac{p_b-p}{p}$	Y	匀整后的 $\overline{B}_t$
183.33	1.0000	0.0000	0	—	—	1.0000
170.27	1.0233	0.0233	13.7	0.07671	3.2923	1.0233
136.05	1.1160	0.1160	48.9	0.34750	2.9957	1.2259
105.44	1.2691	0.2691	80.3	0.73871	2.7451	1.2700
67.48	1.7108	0.1708	119.8	1.71673	2.4152	1.7124
36.74	2.8606	2.8606	152.6	3.99074	2.1449	2.8600

Y 函数匀整步骤如下：

（1）将不同压力下实测所得的两相体积系数 B_t 换算成 $\overline{B}_t$、$\overline{B}_t-1$，并由相应的压力 p 计算出 p_b-p、$(p_b-p)/p$ 值，分别列于表 2-21 中的第 1～5 栏；

（2）按式（2-70）计算出相应 $p-\overline{B}_t$ 下的 Y 值，列于上表中的第 6 栏，并绘制 Y—p 关系曲线（图 2-70）。

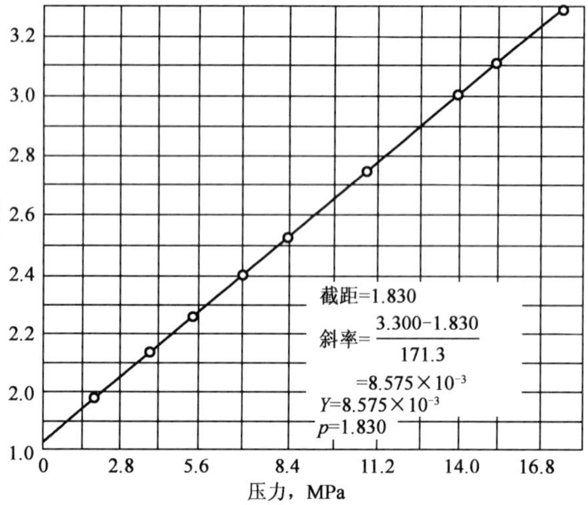

图 2-70　Y 函数与压力的关系曲线

（3）求出该直线的斜率为 8.575×10^{-3}、截距为 1.830，并写出直线方程：

$$Y = 8.575 \times 10^{-3} p + 1.830 \tag{2-71}$$

（4）将式（2-71）代入式（2-70），可得 $\frac{p_b-p}{p\ (B_t-1)}=8.575\times10^{-3}p+1.830$，再将已知的 $p_b=18.33$MPa（183.3atm）代入中，整理得出 $\overline{B}_t-p$ 的关系式为：

$$\overline{B}_t = 1.0000 + \frac{183.3 - p}{8.575 \times 10^{-3} p^2 + 1.830 p} \tag{2-72}$$

（5）利用式（2-72）计算出不同压力的已匀整的 $\overline{B}_t$ 值列于表 2-21 中第 7 栏；

（6）将已匀整过的 $\overline{B}_t$，由 $B_t=\overline{B}_t\times B_{ob}$，即可算出任何压力下已匀整的两相体积系数 B_t。经上述方法匀整后，消除了实验中的人为误差，使原油和天然气体积系数 B_o、B_g 得到了五位有效数字，从而满足了物质平衡方法对于该参数的要求。

四、图版法求地层原油的高压物性参数

工程上，由容易求得的已知参数，利用图版，求取难于获得的未知参数的方法，早已得到普遍使用。例如，前面天然气性质一节中的 Z 值图版、粘度图版等。

对于原油高压物性参数的获得也是如此。通常，在矿场生产过程中，通过对产出油气的分析和测定，较容易得到地面油气的物性参数：原油相对密度、天然气相对密度、溶解气油比、脱气原油粘度及地层温度等，怎样利用这些已得到的地面油气物性参数推测出地下原油的高压物性参数（如地层油饱和压力、体积系数及地层油粘度等）呢？目前常采用图版法，即对于没有实测资料而油气性质又不是异常的情况，在油田矿场中，可用图版法查得所需要的地层油高压物性参数值。

下面就以求地层油饱和压力、体积系数和地层原油粘度等为例说明如何查用有关的诺模图。

1. 查图版求地层原油的饱和压力

矿场上常用的查地层油饱和压力的图版如图 2-71 所示。由图可见，该图中与饱和压力相关的参数有溶解气油比、地面油相对密度、地面气相对密度（相对于空气）、地层温度等。由于考虑的相关因素多，故该图具有较高的精度，与实测值相比通常仅差 7%。

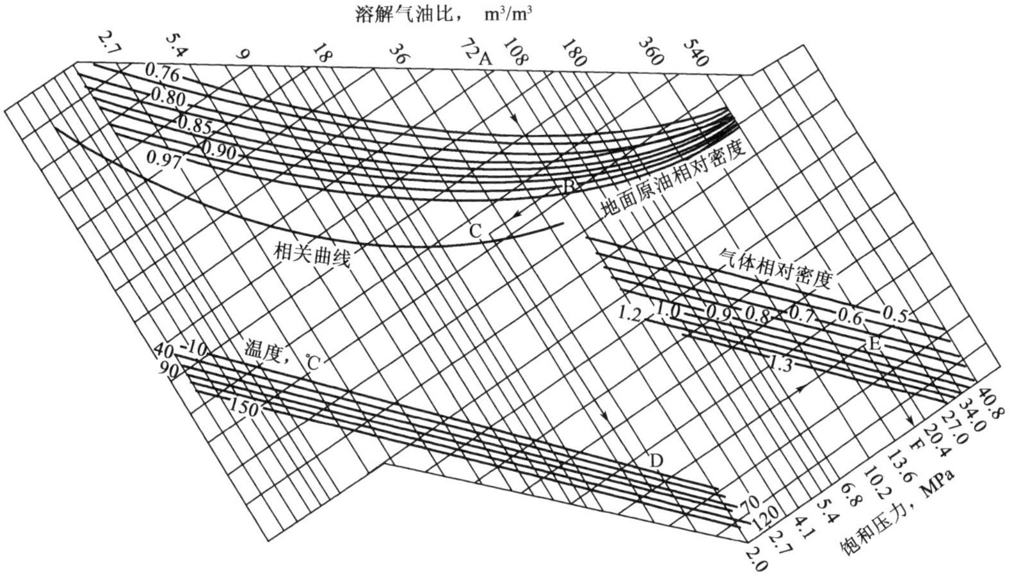

图 2-71　地层原油饱和压力图版

图 2-71 中箭头所示为一实例，已知目前溶解气油比 $R_s=72\text{m}^3/\text{m}^3$，油罐原油相对密度 $\gamma_o=0.88$，地层温度 $T=93.3$℃，天然气相对密度 $\gamma_g=0.8$，按图中折线 A→B→C→D→E→F 的箭头所指，查得目前地层油饱和压力为 16.6MPa。

采用该图版也可根据目前饱和压力反求溶解气油比，但此时压力必须等于或低于油藏原始压力下的饱和压力，因为，高于饱和压力的溶解气油比与饱和压力下的溶解气油比相等。

2. 查图版求地层油体积系数

常用的求地层原油体积系数的图版如图 2-72 所示。它表示出地层原油体积系数与溶解气油比、天然气相对密度、地面原油相对密度以及地层温度间的相关关系。若已知油藏流体

以下相关参数：地层溶解气油比 $R_s=72m^3/m^3$，天然气相对密度 $\gamma_g=0.8$，地面脱气油相对密度 $\gamma_o=0.88$，地层温度 $T=93.3℃$，则按图中箭头所指方向沿虚线 A→B→C→D→E 可查得该地层油体积系数 $B_o=1.245$。

除了上述给出的单相原油体积系数图版外，还有类似的油气两相体积系数图版，可在有关石油流体性质的书中或手册中找到。

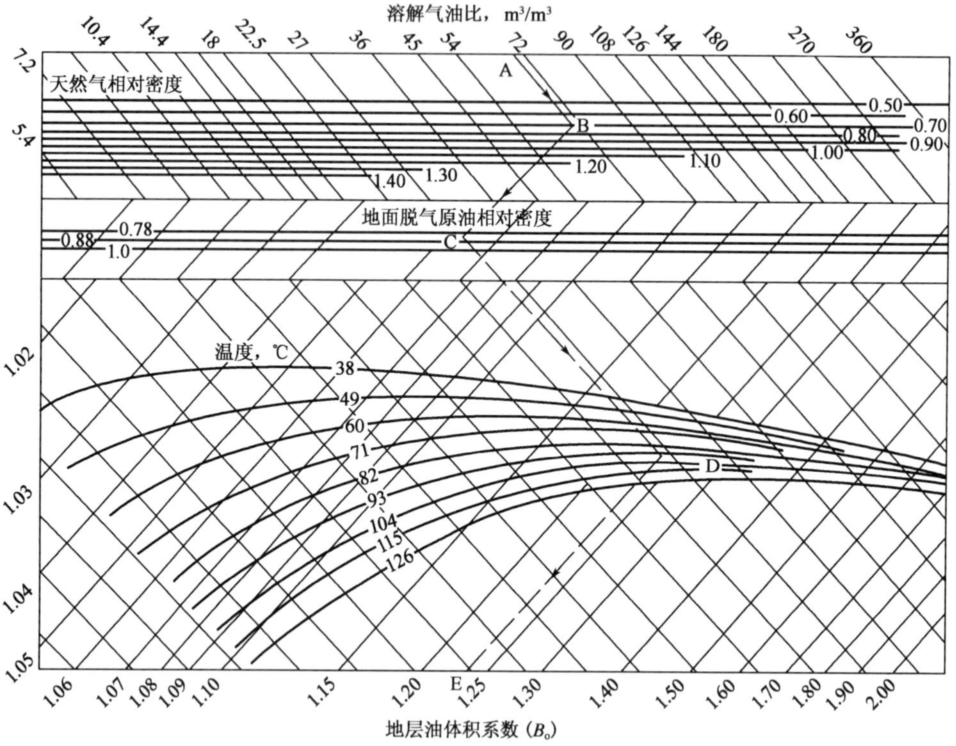

图 2-72 地层油体积系数图版

3. 利用图版求地层油粘度

结合图 2-73、图 2-74 可由已知的地面脱气原油相对密度、脱气原油粘度、地层温度、溶解气油比等，查出地下原油粘度。

如已知地面原油相对密度 $\gamma_o=0.850$，地层温度 $T=87.8℃$，溶解气油比 $R_s=72m^3/m^3$，可由图 2-73 和图 2-74 查得地层原油粘度为 0.5mPa·s。

由于地层原油的粘度与组成（特别是原油中的胶质、沥青含量）关系极为密切，使原油粘度变化范围很大，相差可达几十倍到几百倍，因此，使用一般的图版不够精确。对于组成特殊的原油，应尽量争取在实验室进行测定。

五、经验关系式法计算原油高压物性参数

关于原油及天然气高压物性参数除上述的实验测定和查图版求得外，在油藏数值模拟中，为了便于输入原油物性参数，不少人在大量统计资料的基础上，找出适合不同情况下的各参数间的相关关系式，从而提出各种计算公式。如对于稠油，仍采用上述图版求地下原油粘度会产生较大的误差。下面就以如何确定地层条件下的原油粘度为例进行说明。

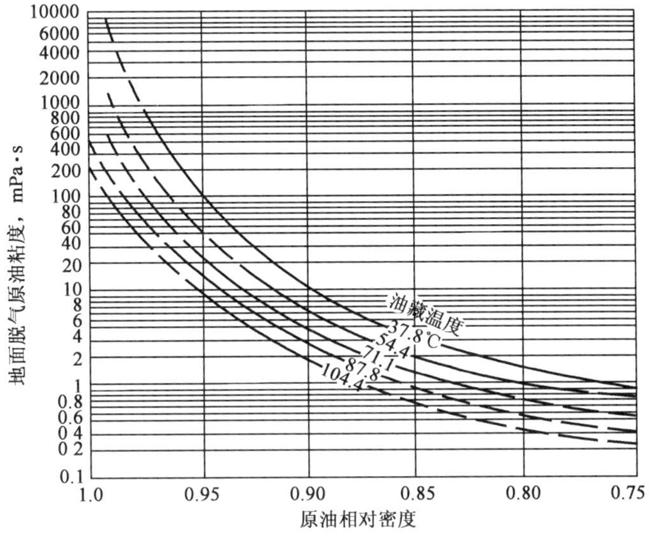

图 2-73　脱气原油粘度、温度及地面原油相对密度的关系

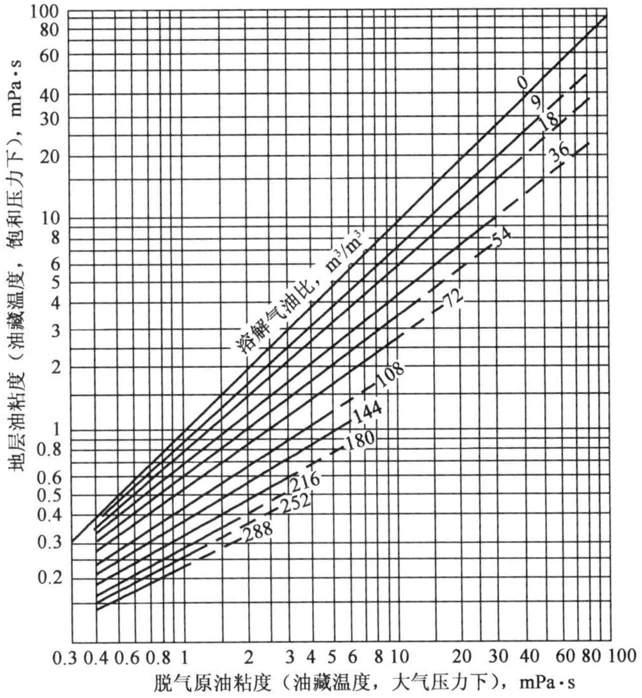

图 2-74　在油藏温度和饱和压力下的地层油粘度与溶解气油比关系

1. 计算地下原油粘度

贝格斯（Beggs）和诺宾森（Robinson）曾提出，由油层温度下脱气油粘度来确定油层条件下的原始粘度的相关公式为：

$$\mu_o = A\mu_{od}^{B} \tag{2-73}$$

$$\begin{cases} A = 4.4044(\rho_o R_s + 17.7935)^{-0.515} \\ B = 3.0352(\rho_o R_s + 26.6904)^{-0.338} \end{cases} \tag{2-74}$$

式中 μ_o——油层条件下原油粘度，mPa·s；

μ_{od}——油层温度下脱气原油粘度，mPa·s；

ρ_o——地面脱气油密度，g/cm^3；

R_s——溶解气油比，m^3/t。

利用式（2－73）和式（2－74），结合我国各稠油油藏测定的地面脱气原油粘度，经实际应用证明该公式既可适用于稀原油，也可适用于稠原油。

对于稠油，人们统计了辽河、胜利、新疆等主要稠油油藏的资料，把由高压物性所得到的单个气油比和密度按式（2－73）和式（2－74）求出相应的 A、B 值后，选择相应的粘—温曲线，求出在油藏温度下的脱气油粘度 μ_{od}（图 2－75），再由式（2－73）计算出油藏条件下的含气油粘度 μ_o（表 2－22）。将国内典型稠油区块对应的粘度数据点在对数坐标纸上，结果呈现出相当好的直线关系（图 2－74），其相关公式为：

$$\lg\mu_o = -0.9704 + 1.101911\lg\mu_{og} \tag{2-75}$$

式（2－75）的相关系数为 0.9650。

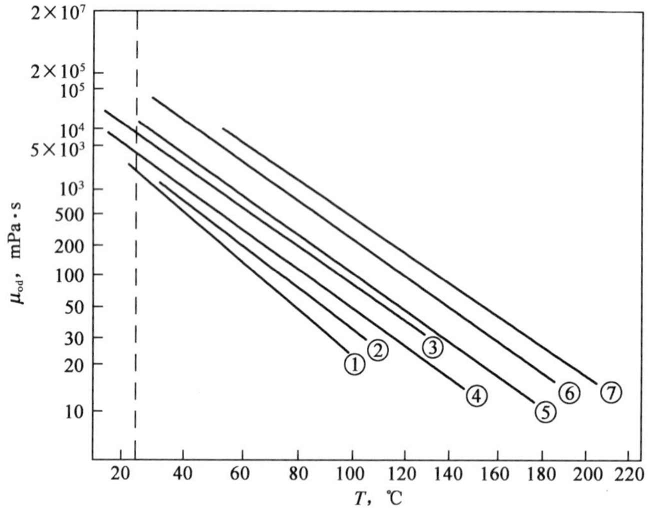

图 2－75 典型区块粘—温曲线

①锦 45 块（于 2）；②孤岛（中二块）；③羊三木油田（明化；馆陶）；
④新疆九区（齐古组）；⑤锦七块（兴隆台）；⑥杜 80 块（大凌河）；⑦单 2 块（沙一）

从表（2－22）可以看出，计算所得的油层条件下含气油粘度与实测值符合程度很好。其计算结果的算术平均误差为 1.17%，满足工程要求。油藏温度下脱气油粘度与地层原油粘度关系曲线图版如图 2－76 所示，该图版可用于计算油藏原油的体积系数。

表 2－22 部分稠油区块截距、斜率及原油粘度值

序号	油田	区块	层系	气油比 m^3/t	截距	斜率	油层温度下		实测地层油粘度 mPa·s
					A	B	脱气油粘度 mPa·s	含气油粘度 mPa·s	
0	孤岛	中二中	馆陶	30	0.6065	0.7791	620	90.09	87.5
1	曙一区	1－6－12 块	大凌河	31	0.6075	0.7799	268.2	46.9	37.9
2	港西	二区	明、馆	31	0.6069	0.7794	320	54.4	69.5
3	羊三木		馆Ⅱ下	31	0.6052	0.7782	260	45.8	37

续表

序号	油田	区块	层系	气油比 m^3/t	截距	斜率	油层温度下		实测地层油粘度 mPa·s
					A	B	脱气油粘度 mPa·s	含气油粘度 mPa·s	
4	港西	四区	明化镇	32	0.6016	0.7757	90	20	27
5	曙一区	1-6-12	大凌河	33	0.5914	0.7683	432	62.6	100
6	港西	一区三新块	明Ⅱ	35	0.5836	0.7627	160	28	38.1
7	曙一区	杜84块	杜家台	36	0.5791	0.7594	383	53	80
8	高升	高三区 (2-3-6)	莲花	39	0.5610	0.7460	300	39.5	74
9	曙一区	1-8-16块	杜家台	39	0.5673	0.7506	150	24.5	25
10	高升	高一区	高升	50	0.5200	0.7143	310	31.3	38.5

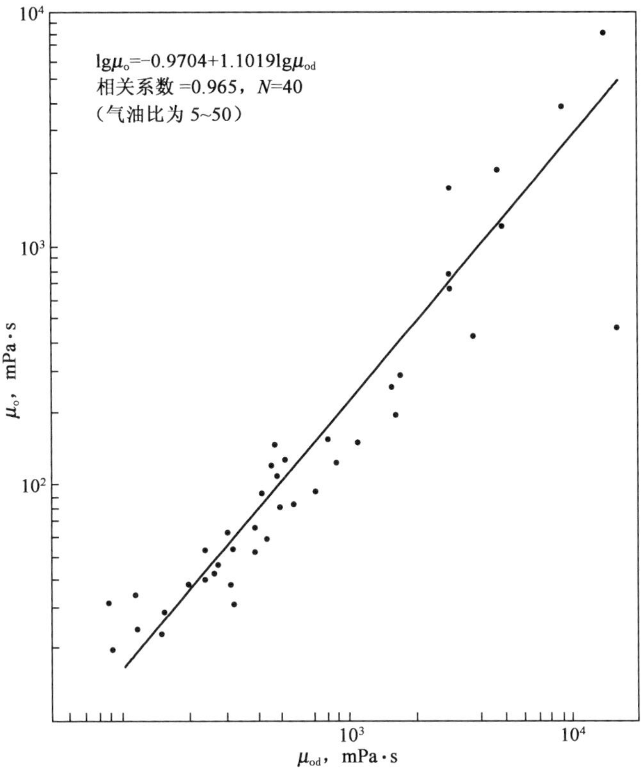

图2-76　油藏温度下脱气原油粘度与地层原油粘度关系曲线

2. 计算饱和压力下的原油体积系数

利用Standing（斯坦丁）经验关系式，计算饱和压力下的原油体积系数，若将它换算成SI单位，则关系式为：

$$B_{ob}=0.972+1.1175\times10^{-3}[7.1174+R_s(\gamma_o\gamma_g)^{0.5}+0.4003T]^{1.175} \tag{2-76}$$

式中　B_{ob}——饱和压力下的原油体积系数，m^3/m^3；

R_s——溶解气油比，m^3/t；

γ_o——地面原油相对密度；

γ_g——地面天然气相对密度；

T——油藏温度，℃。

［例 2-12］ 若已知某油藏溶解气油比 $R_s=77m^3/t$，地面原油相对密度 $\gamma_o=0.9213$，天然气相对密度 $\gamma_g=0.7592$，油藏温度 $T=54℃$，求在饱和压力下该油藏原油的体积系数。

解：将以上各参数代入式（2-76），得：

$$B_{ob}=0.972+1.175\times10^{-3}[7.1174+77(0.9213\times0.7592)^{0.5}+0.4003\times54]^{1.175}=1.20$$

实际上，原油及天然气的所有高压物性参数如 ρ_o、p_b、C_o、R_s、μ_o、B_o 等，几乎都可用各种统计公式计算得到。值得提及的是，上述这些目前广为人们采用的经验公式和图版，主要来自美国得克萨斯州很多油田原油的统计结果，而这些油品性质与我国的高含蜡油性质相差较远，因此在选择和使用这些相关公式和图版时，一定要根据本油田原油的性质，注意公式的适用范围和使用条件，从中进行选用。

第六节　油气藏流体高压物性的相平衡模拟计算

油气藏的开采总是伴随着油气藏流体的组成、压力和温度的变化，这不仅会导致流体性质发生改变，而且还会导致流体相态的变化，如新相的形成（如溶解气的蒸发或凝析油的析出）或原有相的减少。在有限量的油气藏流体 pVT 高压物性实验测试基础上，运用已建立的流体相平衡基本定律，研究高温高压条件下油气藏流体的相行为和 pVT 高压物性的计算，是油气田开采过程很多相应的油气藏工程应用计算的基础。

自 20 世纪 80 年代以来，人们一直研究用热力学方法研究多相流体相平衡在工程实际应用中的准则和定律，用于描述多相流体相态特性和物理化学特性。本节将简要地讨论如何运用热力学相平衡方法分析和获取油气藏流体相态特性和高压物性。

一、相态平衡方程的建立

在本章第一节中我们已经讨论了油气藏流体的相态特征及其表征方法。为了求得相图及相图两相区内在某一温度、压力下的油气数量，可以通过上一节所讨论的实验方法测定，即通过测出不同分离条件所得的气、液数量及气液组成，绘制相图；也可以根据油气体系组成，按一定的相态物质平衡关系式（也称相态物质平衡方程或相态方程）计算出相图，它包括计算出泡点线、露点线及两相区内液体等含量线。两种方法各有其优缺点，采用实验测定要求一定的仪器及测试精度，且实验工作量很大；对于计算机技术已大量使用的今天，即使是繁杂的公式及计算，也是较容易进行的。因此，目前国内外油气田开发软件公司，都已开展了基于油气体系相平衡理论来计算相图和 pVT 高压物性的研究工作和软件编制工作。例如，加拿大 CMG 公司开发的 CMG 数值模拟软件和法国斯伦贝谢公司开发的 ECLIPSE 数值模拟软件，均嵌有基于相态方程的流体相平衡计算模块。

在实际工作中，我们所关心的是地下一定组成的原油处于一定的温度、压力下，到底能分出多少气，多少油。具体说来，研究气液平衡计算就是要求能建立相态方程，利用相态方程求得不同压力、温度下气液相的数量及各组分在气、液相中的浓度（即气、液相的组成）；并根据已知油气体系的组成和数量，求得体系的泡点压力及露点压力；以及利用计算所得的结果判断油气藏类型。相态平衡方程对研究地下凝析气藏动态计算是十分重要的。

相态平衡方程又称为闪蒸平衡方程或闪蒸方程，它建立的条件是油、气烃类体系在一定的压力、温度下必须处于热力学物质平衡状态。

在油气样品分析中，通常都是用摩尔分数表示油气组成。为简化公式推导，我们取烃类混合物体系总量为 1mol 的单元质量为基础，并采用以下符号：

1——烃类系统的总摩尔数；

N_g——平衡条件下，体系中气相总摩尔分数；

N_L——平衡条件下，体系中液相的摩尔分数；

x_i——平衡条件下，任一组分 i 在液相中的浓度；

y_i——平衡条件下，任一组分 i 在气相中的浓度；

n_i——烃类体系中，任一组分 i 的摩尔浓度。

对于 1mol 的烃类体系，其物质平衡关系式为：

$$N_L + N_g = 1 \tag{2-77}$$

对于任一组分 i 的物质平衡式有：

$$n_i = x_i N_L + y_i N_g \tag{2-78}$$

将式（2-77）和式（2-78）联立，可解得：

$$n_i = x_i N_L + \frac{y_i}{x_i} \cdot x_i(1 - N_L) \tag{2-79}$$

令

$$K_i = \frac{y_i}{x_i} \tag{2-80}$$

K_i 即为某一压力、温度下，i 组分在气、液相中的分配比例，常称为平衡常数。

将式（2-80）代入式（2-79），便可得出 i 组分在液相中浓度：

$$x_i = \frac{n_i}{K_i - (K_i - 1)N_L} \tag{2-81}$$

同理，将式（2-77）改写成 $N_g = 1 - N_L$ 及 $y_i = K_i x_i$ 表示的公式，可得到 i 组分在气相中浓度：

$$y_i = \frac{n_i K_i}{1 + (K_i - 1)N_g} \tag{2-82}$$

在平衡条件下，烃类体系在气、液两相中摩尔分数浓度之和必然等于 1，则有：

$$\sum_{i=1}^{n} x_i = 1 \tag{2-83}$$

$$\sum_{i=1}^{n} y_i = 1 \tag{2-84}$$

即：

$$\sum_{i=1}^{n} x_i = \sum_{i=1}^{n} \frac{n_i}{K_i - (K_i - 1)N_L} = 1 \tag{2-85}$$

$$\sum_{i=1}^{n} y_i = \sum_{i=1}^{n} \frac{n_i K_i}{1 + (K_i - 1)N_g} = 1 \tag{2-86}$$

式（2-81）、式（2-82）、式（2-85）和式（2-86）即为气液体系的相态方程或称为闪蒸方程。利用这些方程，在已知体系的总组成（n_i）后，就可计算出在不同压力、温度下进行一次或多次脱气时所能分出的气、液数量 N_g 和 N_L，以及各组分（i）分别在气、液相中的浓度 y_i 和 x_i。

在特定条件下（如露点和泡点下），也可利用上述方程推导出体系的露点压力和泡点压力方程。

露点压力，即凝析压力。根据油气烃类体系“露点”的定义，在露点时，体系中有无限小量的液体（一个或一批液滴）与大量的气体共处于平衡状态，此时有：$N_L \approx 0$，$N_g \approx 1$，$N_L + N_g = 1$。虽然体系中此时只有一个（或一批）液滴，但该液滴各组分的摩尔分数之和应为1，则有：

$$\sum_{i=1}^{n} x_i = \sum_{i=1}^{n} \frac{n_i}{K_i - (K_i - 1)N_L} = \sum_{i=1}^{n} \frac{n_i}{K_i} = 1 \tag{2-87a}$$

式（2－87a）即为露点压力方程，由此可求得体系的露点压力。为什么我们不用 $\sum_{i=1}^{n} y_i = 1$ 来导出露点方程？留着读者自己去思考。

泡点压力，即饱和压力。根据油气烃类“泡点”的定义，在泡点时，体系中仅有无限小量的气体（一个或一批气泡）与大量的液体共处于平衡状态，此时有：$N_g \approx 0$，$N_L \approx 1$，$N_L + N_g = 1$。同理，虽然体系中仅有一个（或一批）气泡，但该气泡各组分的摩尔分数之和应为1，则：

$$\sum_{i=1}^{n} y_i = \sum_{i=1}^{n} \frac{n_i K_i}{1 + (K_i - 1)N_g} = \sum_{i=1}^{n} n_i K_i = 1 \tag{2-87b}$$

油气体系的相态变化处于部分汽化和液化的状态时，平衡气液相的摩尔分量分别在0和1之间变化，把式（2－85）和式（2－86）相减得到下式：

$$\sum_{i=1}^{n} \frac{n_i (K_i - 1)}{1 + (K_i - 1)N_g} = 0 \tag{2-88}$$

式（2－88）即为可同时进行露点、泡点、气液两相等温闪蒸的相态平衡条件方程。

到此为止，我们建立了一组计算油气分离的方程式（2－85）和式（2－86）以及用于计算凝析压力和饱和压力的方程式（2－87a）及式（2－87b）和等温闪蒸计算方程式（2－88）。

值得注意的是，在上述分析中，当满足式（2－87a），即 $\sum_{i=1}^{n} \frac{n_i}{K_i} = 1$ 时体系处于露点状态，此即露点计算的判据；而当满足式（2－87b），即 $\sum_{i=1}^{n} n_i K_i = 1$ 时体系处于泡点状态，这为泡点计算的判据；而进行两相共存相平衡计算的判据则应同时满足以下条件：

$$\sum_{i=1}^{n} \frac{n_i}{K_i} > 1 \text{ 和 } \sum_{i=1}^{n} n_i K_i > 1 \tag{2-89}$$

此时在式（2－88）的计算中产生的 N_g 为一个介于0和1之间的具有物理意义的正确根。

需要指出的是，在进行油气分离计算，而且当体系所含组分很多时，应用式（2－85）、式（2－86）所得方程的个数会很多，用联立方程求解的方法计算就相当繁杂，故通常采用试算法。试算时，首先任选一个 N_g 值代入式（2－82）可算出各组分的 y 值，如果满足 $\sum_{i=1}^{n} y_i = 1$ 则该 N_g 值即为所求；如果 $\sum_{i=1}^{n} y_i \neq 1$，可根据经验另选一个较大或较小的 N_g 值进行试算，直到有一个 N_g 值能满足 $\sum_{i=1}^{n} y_i = 1$ 即可。对于较有经验的人来说，一般试算3～4次即可满足要求。

二、常温常压下平衡常数（K_i）值的求取

在上述的所有计算公式中，都涉及平衡常数 K_i 的问题，怎样确定出不同体系、不同压

力、温度下的 K_i 值，是这些公式使用中的难点和关键。

所谓平衡常数是指体系中某组分在一定的压力和温度条件下，气液两相处于平衡时，该组分在气相和液相中的分配比例，故不少书上也把平衡常数称为分配系数、平衡比或分配比。在数值上，平衡常数等于该组分在气相和液相中摩尔分数的比值，即 $K_i=y_i/x_i$。

低压、低温下的理想溶液（指构成溶液的各组分分子之间无特殊作用力，混合时无热效应，混合前后的容积不变），可用拉乌尔和道尔顿定律计算：

$$K_i=\frac{y_i}{x_i}=\frac{p_i/p_T}{p_i/p_i^0}=\frac{p_i^0}{p_T} \tag{2-90}$$

式中 p_i——i 组分在体系中的分压；

p_i^0——i 组分的纯态蒸气压；

p_T——体系总压力。

式（2－90）表明混合物体系中任一组分 i 的平衡常数 K_i 等于该组分的纯态蒸气压 p_i^0除以体系总压力 p_T。显然，对于理想溶液，K_i 仅取决于体系的压力和温度，即 $K_i=f$（p，T）。

三、高温高压下平衡常数的计算

油气田开发和开采中有关气液平衡的计算，由于体系的组成比较复杂，所涉及的压力范围也比较广，此时不能再按理想溶液考虑，故用拉乌尔和道尔顿定律计算平衡常数的方法并不适用。

早期，石油工业中常采用经验平衡常数。它是对已知组成的体系，在各种不同的气液平衡条件下，分别测定液相、气相各组分的摩尔数，按公式 $K_i=y_i/x_i$ 算出平衡常数。所以，经验平衡常数也就是用实验方法实测所得的数值，代表了 20 世纪 80 年代以前的计算方法。自 20 世纪 80 年代后，应用热力学相平衡理论结合状态方程计算平衡常数的方法得到广泛应用，已成为现代油气藏数值模拟技术中的主要方法。

1. 平衡常数的经验公式和图版计算法

1）经验平衡常数计算方法

实验证明在较高的压力下，混合物的组成对平衡常数是有影响的。换言之，平衡常数不仅是压力和温度的函数，而且也是体系组成的函数。即 $K_i=f$（p，T，组成）。如何考虑体系的组成对平衡常数的影响呢？Wilson 经大量实验数据关联，给出了以下经验公式进行计算：

$$K_i=\frac{\exp[5.37(1+\omega_i)(1-1/T_{ri})]}{p_{ri}} \tag{2-91}$$

式（2－91）给出一个多组分气液平衡体系中各组分平衡常数与其对比温度 T_{ri}、对比压力 p_{ri}及偏心因子 ω_i 的近似关系，在油气体系相平衡计算中用于估计 K_i 的初值。纯物质的偏心因子 ω_i，在物理意义上表示实际复杂分子的空间位形能相对于简单分子（如惰性气体分子）空间位型能的偏离程度。物质偏心因子的概念是由 Pitzer 等人引入的，作为表征分子极性偏差程度的参数，与纯物质的相对分子质量、临界温度、临界压力等物理参数一同，可在流体相平衡专著中的物理化学数据表中查到。

2）经验平衡常数图版法

早期，人们广泛采用了“收敛压力（p_{cv}）”的概念来求取平衡常数。

在用实验方法确定平衡常数、整理实验资料时，是将体系组成中的每一组分都作成等温条件下的 $\lg K$—$\lg p$ 关系曲线，在双对数纸上，就是等温条件下的 K—p 关系曲线，如图 2-77 所示。这类曲线的共同特点：(1) 在低压情况下，每条曲线的斜率几乎都等于－1。每条曲线与 $K=1$ 相交处的压力就等于该曲线所代表组分在给定温度下的蒸气压。(2) 除甲烷外，每条曲线的变化趋势均为：最初，随压力增加平衡常数开始减小，但当压力增加到某一数值时，平衡常数有一最小值，然后随着压力增加平衡常数又增大；在较高的压力时，随着压力的增加每一条曲线都有收敛为平衡常数等于 1（即 $y_i=x_i$）的趋势，平衡常数收敛为 1 时的压力就称为收敛压力，记为 p_{cv}。

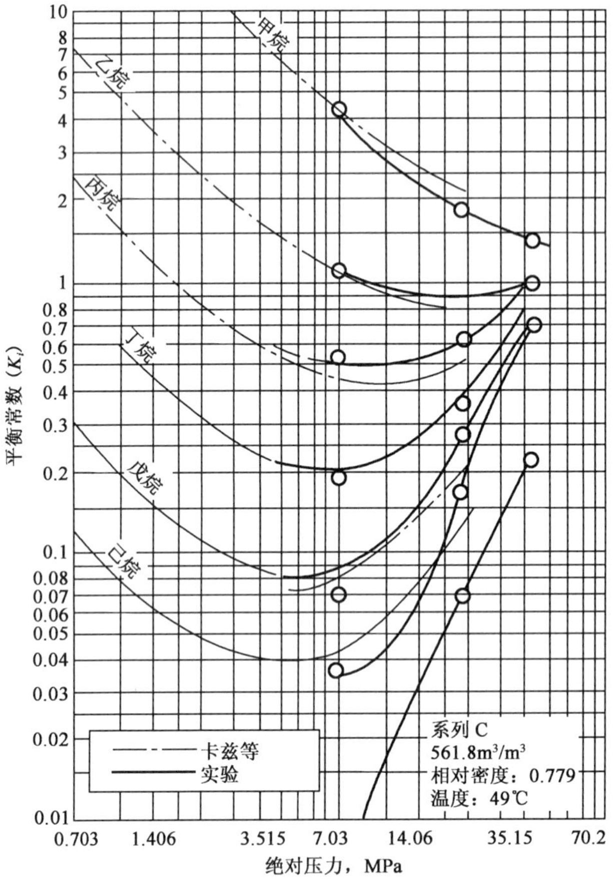

图 2-77　平衡常数随压力变化图

当给定温度是混合物体系的临界温度时，则收敛压力即为该体系的临界压力。但通常，一个体系的温度不等于它的临界温度。这时若压力增加，就可能出现露点或泡点，由实验测不出收敛压力。人们只能按这些曲线的变化趋势进行外推，直至到平衡常数为 1 这一点，该点的压力称为“视收敛压力”。实际上，在视收敛压力前的某一压力下（如泡点压力或露点压力），体系已出现单相状态，K 值已无意义。因此收敛压力和视收敛压力是不同的，但是在工程上将它们都统称为“收敛压力”。

引入收敛压力概念后，平衡常数与温度、压力和组成的关系 $K=f$（p，T，组成）就可表示为平衡常数与温度、压力和收敛压力的关系，即 $K=f$（p，T，p_{cv}）。

根据对应状态原理，即“在两个体系中，只要这两个体系的组成为同族物，并在相同温度下收敛压力相同，那么，在一个体系中某组分的平衡常数和该组分在另一个体系中同温、同压下的平衡常数也相同（不管该体系是否由同样的数目和种类的组分组成）”。可将收敛压力（p_{cv}）作为体系组成对 K 值影响的参数。

比较两个不同收敛压力下各组分平衡常数的差异就可理解和认识多组分体系组成对各组分平衡常数的影响。图 2－78 分别表示两个组分不同的体系，图中得出两组 $\lg K$—$\lg p$ 曲线，一个体系的收敛压力为 7.0MPa，另一体系收敛压力为 35.0MPa。比较这两组曲线可以看出：在压力小于 0.7MPa 时，不同体系的两组曲线中，组分 C_2 到 C_5 的曲线几乎重合，即两体系中相应组分的平衡常数相同，原因是低压时，体系接近于理想溶液，组成对组分的影响不大；在压力大于 0.7MPa 之后，两组曲线中，组分 C_2 到 C_5 的差异就大了。因此，可以得出这样的结论：在低压情况下（即操作压力＜0.7MPa），多组分体系的各组成对组分平衡常数的影响不大；在高压情况下（即操作压力＞0.7MPa），多组分体系的组成对各组分的平衡常数有显着的影响。

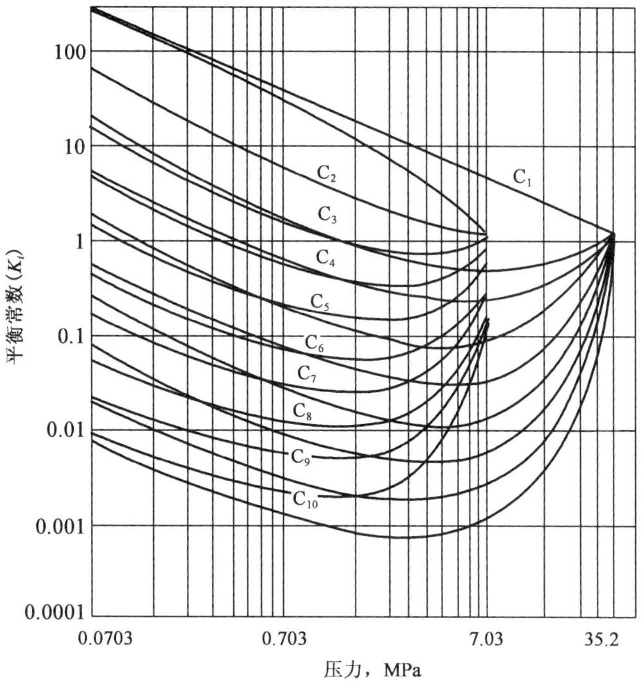

图 2－78　30℃时压力、组分、平衡常数关系图

美国天然气协会（NGAA）1957 年出版的一套 $\lg K$—$\lg p$ 图版，表示收敛压力、温度和平衡常数三者之间的关系。这些图版的收敛压力分别为 42、5.6、7.0、21.0、28.5、35.0、70.0 和 140.0MPa。为了节省篇幅，这里仅选取庚烷以上的组分 C_{7+} 的平衡常数图版如图 2－78所示；收敛压力为 35.0MPa 组分从 C_1～C_7 中的 C_3（丙烷）的 $\lg K$—$\lg p$ 关系如图 2－80 所示。

在具有成套的不同收敛压力、不同组分的 $\lg K$—$\lg p$ 图版后，应用它们来查平衡常数时，首先就会遇到应该选用哪个收敛压力图版的问题。为此，需要先确定体系的收敛压力。为了确定多元混合物的收敛压力，不少学者提出各种确定体系收敛压力的方法、计算公式和图版。

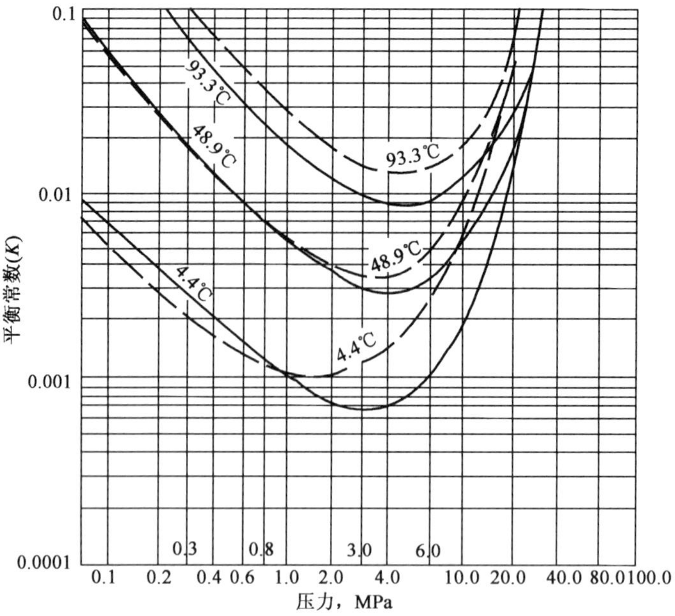

图 2－79　庚烷以上组分（C_{7+}）平衡常数

从实际矿场情况出发，在地面的油气分离、天然气液化等过程中，一般操作压力不高。此时，各种不同收敛压力下的平衡常数几乎都一样。所给收敛压力为 35.0MPa 的图版（图 2－80）完全可以满足计算精度要求，尽可以放心使用。对于在地层温度、压力条件下的相平衡计算，应该选用哪一个收敛压力就困难了，需要采用“试算法”或其他方法确定。有人认为，如果已知体系的泡点压力或露点压力，则收敛压力至少要比泡点压力或露点压力大 10%。对原油和凝析气，收敛压力通常都在 35.0MPa 左右。

这样，就需要首先根据地层温度、压力、油气体系组成和操作条件等，确定出收敛压力（p_{cv}）；由 p_{cv} 即可知道应该选用哪组 K 值图版；再从相应 K 值图版上查出 K 值，这是目前研究如何确定平衡常数 K 值的一个方向。另一个研究方向是从气、液相的状态方程（如 BWR 或 RK 方程）出发来求 K 值。近年来，国内外也在研究采用上述两种方法相结合的综合法。例如，对 C_2～C_6 组分，采用查图的方法，因为其平衡常数的误差仅为 5%～10%。但对图版中误差较大的 CH_4（误差超过 30%）和 C_{7+} 的平衡常数，则是根据压力、温度和收敛压力 p_{cv} 来计算确定 K 值。

解决了求 K 值的方法，就解决了应用相态方程的关键和难点，下面由所举示例可看出如何应用相态方程进行油气体系的相平衡计算。

3）相态平衡方程应用举例

利用相态方程式（2－85）和式（2－86），以及由此得出的露点方程式（2－87a）和泡点方程式（2－87b），可以进行各种相平衡计算。

（1）按油井产物组成，试算泡点压力。

［例 2－13］ 该地层温度为 103℃，油井产出物组成（n_i）已分析求得，根据泡点压力方程 $\sum_{i=1}^{n} n_i K_i = 1$，计算该油气体系的泡点压力，其方法是试算法。结果列于表 2－23。

根据内插法求得泡点压力为 23.06MPa（绝）。

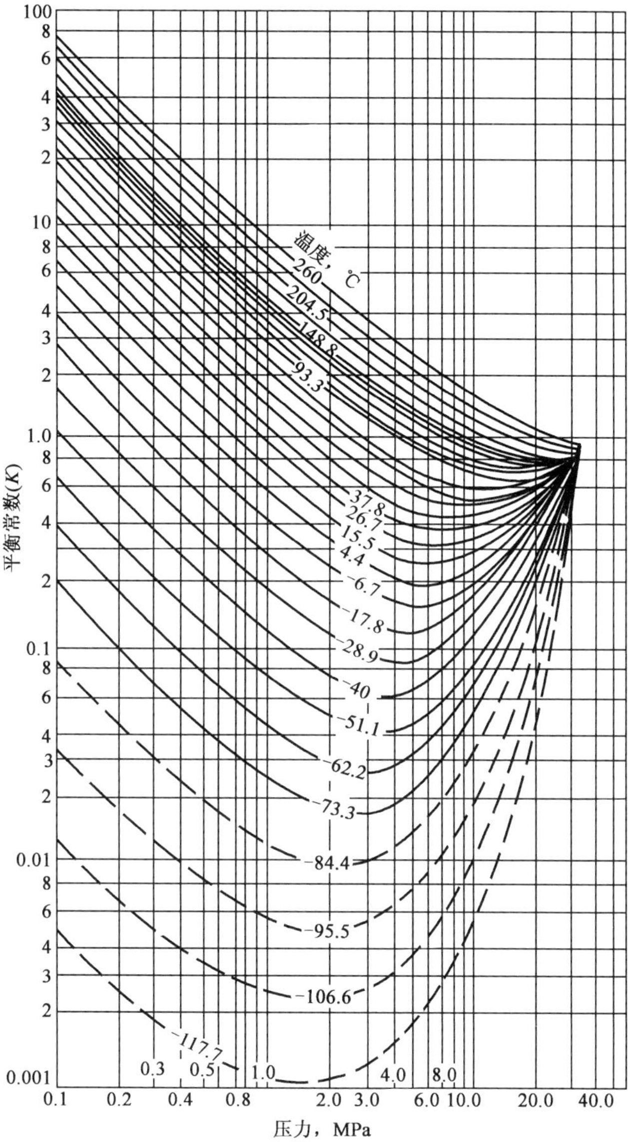

图 2-80　丙烷平衡常数（p_{cv}=35MPa）

表 2-23　［例 2-13］泡点压力试算结果

组分	油井产物的摩尔浓度	试算压力 p=21.0MPa（绝），平衡常数		试算压力 p=22.45MPa（绝），平衡常数		试算压力 p=23.2MPa（绝），平衡常数	
	(n_i)	(K_i)	(n_iK_i)	(K_i)	(n_iK_i)	(K_i)	(n_iK_i)
C_1	0.4404	2.150	0.9469	2.06	0.9072	2.020	0.8896
C_2	0.0432	1.030	0.0445	1.025	0.0443	1.020	0.0441
C_3	0.0405	0.672	0.0272	0.678	0.0274	0.680	0.0275
C_4	0.0284	0.440	0.0125	0.448	0.0127	0.450	0.0128
C_5	0.0174	0.300	0.0052	0.316	0.0055	0.323	0.0056
C_6	0.0290	0.215	0.0062	0.230	0.0067	0.239	0.0069
C_{7+}	0.4011	0.024	0.0096	0.025	0.0100	0.026	0.0104
$\sum$	1.0000		1.0521		1.0138		0.9969

(2) 进行一次脱气和多级脱气（如三级）的计算。

[例 2-14] 按下述给定的条件（p，T）进行脱气。

脱气时的温度……………49℃（绝）

一次脱气最后的脱气压力　0.1MPa（绝）

第一级脱气压力…………　3.5MPa（绝）

第二级脱气压力…………　0.46MPa（绝）

第三级脱气压力…………　0.1MPa（绝）

计算步骤如下：

①找出相应的计算公式。

应用公式（2-85），即：

$$\sum_{i=1}^{n} x_i = \sum_{i=1}^{n} \frac{n_i}{K_i - (K_i - 1) N_L} = 1$$

②查出平衡常数 K_i 值。

按油井产物的组成以及脱气压力均不高（3.5，0.46，0.1MPa），选用收敛压力为 35.0MPa 的 K 值图版，查得各组分相应的平衡常数值，见表 2-24。

表 2-24　[例 2-14] 各组分平衡常数

组　分	油井产物的摩尔浓度（n_i）	49℃不同压力下的平衡常数（K_i）		
		p=3.5MPa	p=0.46MPa	p=0.1MPa
C_1	0.4404	8.1	60.0	265
C_2	0.0432	1.65	10.6	46.5
C_3	0.0405	0.59	3.4	14.3
C_4	0.0284	0.23	1.25	5.35
C_5	0.0174	0.088	0.415	1.72
C_6	0.0290	0.039	0.17	0.70
C_{7+}	0.4011	0.003	0.013	0.052
$\sum$	1.000			

③进行一次脱气计算。

采用试算法，分别试算了 3 次 N_L 值，其计算结果见表 2-25。

由表 2-25 可以看出，一次脱气时，每一摩尔油井产物可分离出 N_L=0.3973mol 的地面脱气原油；同时脱出 N_g=0.6027mol 的气体；再由表 2-25 中最后一栏所得的 x_i，按 $y_i = K_i x_i$ 可计算得分离出的气相组成 y_i 见表 2-26（a）和表 2-26（b）。

④进行多级脱气计算。

(a) 第一级脱气（第一级分离）条件：3.5MPa（绝），49℃，计算结果见表 2-26。

表 2-25 ［例 2-14］一次脱气计算结果

组 分	油井产物的摩尔浓度 (n_i)	0.1MPa（绝），49℃下的平衡常数（K_i）	$N_L=0.398$	$N_L=0.397$	$N_L=0.3973$
			$\frac{n_i}{K_i-(K_i-1)N_L}=x_i$		
C_1	0.4404	265	0.0028	0.0028	0.0028
C_2	0.0432	46.5	0.0015	0.0015	0.0015
C_3	0.0405	14.3	0.0045	0.0045	0.0045
C_4	0.0284	5.35	0.0079	0.0079	0.0079
C_5	0.0174	1.72	0.0122	0.0122	0.0122
C_6	0.0290	0.70	0.0354	0.0354	0.0354
C_{7+}	0.4011	0.052	0.9350	0.9371	0.9357
$\sum$	1.000		0.9993	1.0014	1.0000

表 2-26（a）［例 2-14］第一级脱气计算结果

组 分	C_1	C_2	C_3	C_4	C_5	C_6	C_{7+}	$\sum$
摩尔浓度 $y_i=K_ix_i$	0.7287	0.0707	0.0642	0.0420	0.0209	0.0248	0.0487	1.00

表 2-26（b）［例 2-14］第一级脱气计算结果

组 分	油井产物的摩尔浓度 (n_i)	3.5MPa（绝），49℃下的平衡常数（K_i）	$N_L=0.582$	$N_g=0.418$
			$\frac{n_i}{K_i-(K_i-1)N_L}=x_i$	$y_i=K_ix_i$
C_1	0.4404	8.1	0.1110	0.8991
C_2	0.0432	1.65	0.0339	0.0560
C_3	0.0405	0.59	0.0489	0.0288
C_4	0.0284	0.23	0.0419	0.0096
C_5	0.0174	0.088	0.0281	0.0025
C_6	0.0290	0.039	0.0485	0.0019
C_{7+}	0.4011	0.003	0.6877	0.0021
$\sum$	1.000		1.0000	1.0000

（b）第二级脱气（第二级分离）条件：0.46MPa（绝），49℃。此时，计算公式与上面完全相同，只是由于脱气条件（压力）不同，所查出的平衡常数 K_i 值不同而已。其计算结果见表 2-27。由表 2-27 可见：

每摩尔的油井产物，经第二级分离器后，可得到原油的摩尔分数 $N_L=0.582\times0.844=0.491$；

每摩尔的油井产物，经第二级分离器后，可得到气体的摩尔分数 $N_g=0.582\times0.156=0.091$；

（c）第三级脱气。

在油罐中脱气：0.1MPa（绝），49℃，计算结果见表 2-28。

表 2-27 [例 2-14] 第二级脱气计算结果

组 分	油井产物的摩尔浓度 (n_i)	4.6MPa (绝), 49℃下的平衡常数 (K_i)	$N_L=0.844$	$N_g=0.156$
			$\frac{n_i}{K_i-(K_i-1)N_L}=x_i$	$y_i=K_ix_i$
C_1	0.1110	60.0	0.0109	0.6530
C_2	0.0339	10.6	0.0135	0.1430
C_3	0.0489	3.4	0.0355	0.1207
C_4	0.0419	1.25	0.0403	0.0504
C_5	0.0281	0.415	0.0309	0.0128
C_6	0.0485	0.170	0.0557	0.0095
C_{7+}	0.6877	0.013	0.8132	0.0106
$\sum$	1.000		1.0000	1.0000

表 2-28 [例 2-14] 第三级脱气计算结果

组 分	第二级分离器的液体摩尔分数 (n_i)	0.1MPa (绝), 49℃下的平衡常数 (K_i)	$N_L=0.9486$	$N_g=0.0514$
			$\frac{n_i}{K_i-(K_i-1)N_L}=x_i$	$y_i=K_ix_i$
C_1	0.0109	265	0.0007	0.1965
C_2	0.0135	46.5	0.0038	0.1885
C_3	0.0355	14.5	0.0210	0.3022
C_4	0.0403	5.35	0.0330	0.1775
C_5	0.0309	1.72	0.0299	0.0513
C_6	0.0557	0.70	0.0566	0.0396
C_{7+}	0.8132	0.052	0.8550	0.0444
$\sum$	1.000		1.0000	1.0000

经最后一级油罐中脱气后，每摩尔油井产物可得原油摩尔分数 $N_L=0.491\times0.9486=0.466$；每摩尔油井产物，在最后一级脱气中可脱出的气量为 $N_g=0.491\times0.0514=0.025$。

(d) 一次脱气和多级脱气的差异。

经一级脱气：每一摩尔油井产物可得到原油 0.397mol，气 0.603mol。

经多级脱气：每一摩尔油井产物可得到原油 0.466mol，气 0.534mol。

显然，由多级脱气，每 1mol 油井产物可多获得原油量为 0.466－0.397＝0.07mol，即多级脱气可比一次脱气多回收$\frac{0.07}{0.466}\times100\%=15\%$，这是一个相当可观的数字，这也是矿场生产中常采用多级脱气的原因。

(3) 微分脱气计算*。

正如前面所述，地面实际油气分离可采用一次或多次脱气方式。但在地层中，脱气过程更接近于微分分离，此时如何进行计算呢？在此，我们先导出其计算公式，然后举出计算实例。

在实验室条件下，微分脱气如图 2-45 所示。假设恒温压力容器内盛有 N 摩尔的液态混合物，该液体的压力正好调整为液体的饱和压力 [图 2-45 (a)]。当从容器中退出少量水银使压力稍有降低时，从液体中蒸发出 dN 摩尔的气 [图 2-45 (b)]。在保持恒定压力下，一边放掉气体，一边进泵回注水银，直到液体又重新充满容器［图 2－45（c）］。此时，体系的泡点压力等于容器内压力。由于已排出 dN 摩尔气体，故体系中液体只剩下（$N-$dN）摩尔。

相继地重复退泵、又进泵，使得体系微分脱气过程不断进行，由于每形成和排出一定量气体都会引起液体组成的改变，这时对混合物某一组分 i 物质平衡方程应如何求出呢？

设：N——开始时容器内液体的总摩尔数；

dN——微分脱气时，从 N 摩尔液体中分出的气体摩尔数；

（$N-$dN）——微分脱气结束后，容器中剩余的液体摩尔数；

x_i——微分脱气开始时，液体中组分 i 的摩尔分数；

dx_i——在放掉 dN 摩尔气后，组分 i 的摩尔分数变化；

（x_i-dx_i）——在下一级液体中，i 组分的摩尔分数；

x_iN——微分脱气开始后时，组分 i 在液体中的摩尔数；

（x_i-dx_i）（$N-$dN）——第一次脱气后，组分 i 在液体中的摩尔数；

y_idN——第一级脱出的气体中，组分 i 的摩尔数。

从图 2－45 可以看出，i 组分的物质平衡就是进入气体中组分 i 的摩尔分数应与液体中失掉组分 i 的摩尔数相等，故：

$$y_i\mathrm{d}N = x_iN - (x_i - \mathrm{d}x_i)(N - \mathrm{d}N) \qquad (2-92)$$

展开式（2－92），得：

$$y_i\mathrm{d}N = x_iN - x_iN + N\mathrm{d}x_i + x_i\mathrm{d}N - \mathrm{d}x_i\mathrm{d}N \qquad (2-93)$$

如果 dx_i 值很小，dx_idN 可忽略不计，而且 y_i 可用 K_ix_i 代替，则有：

$$K_ix_i\mathrm{d}N = N\mathrm{d}x_i + x_i\mathrm{d}N \qquad (2-94)$$

或

$$\frac{\mathrm{d}N}{N} = \frac{1}{K_i - 1}\left(\frac{\mathrm{d}x_i}{x_i}\right) \qquad (2-95)$$

假设在一定压力变化范围内，K_i 值保持不变；并采用角标 b 和 f 代表脱气开始和终止的状态，式（2－95）可积分如下：

$$\int_{N_\mathrm{b}}^{N_\mathrm{f}} \frac{\mathrm{d}N}{N} = \frac{1}{K_i - 1}\int_{x_{i\mathrm{b}}}^{x_{i\mathrm{f}}} \frac{\mathrm{d}x_i}{x_i} \qquad (2-96)$$

从而

$$\ln\frac{N_\mathrm{f}}{N_\mathrm{b}} = \frac{1}{K_i - 1}\ln\frac{x_{i\mathrm{f}}}{x_{i\mathrm{b}}} \qquad (2-97)$$

$$\frac{x_{i\mathrm{f}}}{x_{i\mathrm{b}}} = \left(\frac{N_\mathrm{f}}{N_\mathrm{b}}\right)^{K_i-1} \qquad (2-98)$$

又因

$$\sum x_{i\mathrm{f}} = 1 \qquad (2-99)$$

将式（2－98）和式（2－99）联立，便可解出两个未知数 N_f 和 $x_{i\mathrm{f}}$（即最终所剩下的液相摩尔数及最终的液相组成），有了上述微分脱气方程后，便可利用它们来进行计算。

有两类微分脱气计算是油藏工程中最为关心的：一类是已知系统组成和终点压力，求分出的气体摩尔数；一类是已知系统组成和分出的气体摩尔数，计算终点脱气压力。对上述两类问题，可视为恒温过程，并且都采用试算法求解。其计算公式和结果参见下面算例。

［**例 2－15**］已知烃类组成（x_{ib}），该体系从泡点压力 4.22MPa 在恒温 26.7℃下微分脱气到 2.81MPa，求分出气体的摩尔数（即 N_f/N_b），计算见表 2－29。

表 2－29　已知烃类组成和终点压力求分离出的气体摩尔数

组分	组成摩尔分数（x_{ib}）	26.7℃，3.5MPa 下的平衡常数（K_i）	取不同 N_f/N_b 试算，按 $x_{if}=x_{ib}\left(\frac{N_f}{N_b}\right)^{K_i-1}$ 算得 x_{if}		
			第一次试算	第二次试算	第三次试算
			$N_f/N_b=0.9$，算得 x_{if}	$N_f/N_b=0.95$，算得 x_{if}	$N_f/N_b=0.91$，算得 x_{if}
C_1	0.20	5.1	0.130	0.162	0.136
C_3	0.30	0.40	0.320	0.309	0.317
$n-C_5$	0.50	0.05	0.552	0.525	0.547
	1.00		1.003	0.996	1.000

K_i 由收敛压力为 35MPa 图版中查出。

由表 2－29 中最后一栏的试算结果看出，当 $N_f/N_b=0.91$ 时，能满足 $\sum x_{if}=1$。即在 26.7℃、35MPa 下进行微分脱气可得到 0.91mol 的油及 0.09mol 的天然气。

［**例 2－16**］在与上例同温、同组成的情况下，从泡点压力 4.22MPa 下开始微分脱气，试求当脱出 0.1mol 天然气时的最终压力（即 $N_f/N_b=0.9$ 时的最终压力），计算见表2－30。

表 2－30　已知烃类组成和分离出的气体摩尔数求终点脱气压力

组分	组成摩尔分数（x_{ib}）	第一次试算		第二次试算	
		26.7℃，3.5MPa 下的平衡常数（K_i）	设终点压力 2.81MPa 算得的 x_{if}	26.7℃，3.37MPa 下的平衡常数（K_i）	设终点压力 2.53MPa 算得的 x_{if}
C_1	0.20	5.1	0.130	5.2	0.128
C_3	0.30	0.40	0.320	0.41	0.319
$n-C_5$	0.50	0.050	0.552	0.0508	0.552
	1.00		1.003		1.000

由表 2－30 可看出，分出 0.1mol 气体所得的终点压力为 2.53MPa。

2. 平衡常数的相平衡热力学计算方法

近年来，随着实用相平衡热力学状态方程的发展和计算机技术的快速发展，人们开展广泛采用相平衡热力学计算方法来求取平衡常数。

1）相平衡的热力学平衡条件

分析式（2－85）和式（2－86）物质平衡方程中各变量间的关系可知，计算的关键在于能否准确确定气液相达到平衡后各组分的分配比例常数，即平衡常数 K_i。平衡常数 K_i 通常是温度、压力和组成的函数，确定平衡常数的方法除上面讨论的经验方法之外，目前广泛应用的方法首先是根据热力学相平衡理论确定出平衡气、液中各组分的逸度系数，进而再计算平衡常数。因而用热力学相平衡理论结合状态方程求解相平衡问题，首先需要把 K_i 的求解转化为热力学平衡条件的计算。

根据流体热力学相平衡理论，当油气烃类体系达到气液两相平衡时，体系中各组分在气液相中的逸度 f_{ig}和 f_{iL}应满足 $f_{ig}=f_{iL}$。根据热力学理论，体系中气液两相的逸度表达式分别可写为：

$$f_{ig} = y_i \phi_{ig} p \quad (2-100)$$

$$f_{iL} = x_i \phi_{iL} p \quad (2-101)$$

式中，ϕ_{ig}、ϕ_{iL}分别为平衡气液相中 i 组分的逸度系数。将式（2－100）和式（2－101）代入式（2－90）中，有：

$$K_i = \frac{y_i}{x_i} = \frac{\phi_{iL}}{\phi_{ig}} = \frac{\dfrac{f_{iL}}{x_i}}{\dfrac{f_{ig}}{y_i}} \quad (2-102)$$

式（2－102）即为用热力学理论求解相平衡问题的出发点。式中的 ϕ_{ig}、ϕ_{iL}与体系所处的温度、压力以及组分的热力学性质有关。在相平衡热力学理论中，根据状态方程，可导出求解平衡气液两相逸度系数 ϕ_{ig}、ϕ_{iL}的严格积分方程为：

$$RT\ln\left(\frac{f_{ig}}{y_i p}\right) = RT\ln\phi_{ig} = \int_{V_g}^{\infty}\left[\left(\frac{\partial p}{\partial n_{ig}}\right)_{V_g,T,n_{jg}} - \frac{RT}{V_g}\right]\mathrm{d}V_g - RT\ln Z_g \quad (2-103)$$

$$RT\ln\left(\frac{f_{iL}}{x_i p}\right) = RT\ln\phi_{iL} = \int_{V_L}^{\infty}\left[\left(\frac{\partial p}{\partial n_{iL}}\right)_{V_L,T,n_{jL}} - \frac{RT}{V_L}\right]\mathrm{d}V_L - RT\ln Z_L \quad (2-104)$$

依据范德华（Van der Waals）所提出的状态方程理论，任何多组分混合体系，只要能建立可同时精确描述平衡气、液两相 pVT 相态特征的状态方程，即可由式（2－103）和式（2－104）导出求解平衡气、液相逸度系数的计算公式。这里需要说明的是，式（2－103）和式（2－104）中的 Z_g、Z_L 分别为平衡气相和液相的压缩因子，可由状态方程（例如范德华状态方程的 Z 因子三次方型状态方程）求解；n_{ig}、n_{iL}则是指气、液相中 i 组分的摩尔分数；x_i，y_i 则是指气、液相中 i 组分的摩尔组成（含量）。

2）热力学平衡条件方程组

解决了逸度计算问题，就可构建用于相态计算的热力学平衡条件方程组：

$$\begin{cases} F_1 = f_{1L} - f_{1g} = 0 \\ F_2 = f_{2L} - f_{2g} = 0 \\ \quad\cdots\cdots \\ F_i = f_{iL} - f_{ig} = 0 \\ \quad\cdots\cdots \\ F_n = f_{nL} - f_{ng} = 0 \end{cases} \quad (2-105)$$

相平衡计算中满足热力学平衡条件方程组（2－105）的 f_{ig}和 f_{iL}即可用于准确求解式（2－102）中气液两相的平衡常数 K_i。

3）相平衡计算模型

基于上述讨论，任何多组分体系，当气液两相达到相平衡时，其逸度应满足热力学平衡条件方程组（2－105），而其物质平衡关系则应满足相态平衡条件方程式（2－85）和式（2－86）。由此，用于油气体系各类相态计算的相平衡统一数学模型应归结为由相态平衡条件方程和热力学平衡条件方程经过适当组合构成的完整相平衡计算数学模型。

（1）适合于露点计算的相平衡模型。

当体系相态变化处于露点状态时，其相平衡的物质量平衡关系表现为平衡液相的摩尔量 $N_L \to 0$；平衡气相的摩尔分量 $N_g \to 1$，根据式（2－81）：

$$x_i = \frac{n_i}{K_i - (K_i - 1)N_L} = \frac{n_i}{K_i}$$

可得露点状态的组成归一化条件：

$$\sum_{i=1}^{n} x_i = \sum_{i=1}^{n} \frac{n_i}{K_i} = 1 \tag{2-106}$$

把式（2-106）与式（2-105）组合在一起，即可得到露点计算目标函数方程组：

$$\begin{cases} F_1 = f_{1L} - f_{1g} = 0 \\ F_2 = f_{2L} - f_{2g} = 0 \\ \quad\cdots\cdots \\ F_i = f_{iL} - f_{ig} = 0 \\ \quad\cdots\cdots \\ F_n = f_{nL} - f_{ng} = 0 \\ F_{n+1} = \sum_{i=1}^{n} \frac{n_i}{K_i} = 1 \\ \quad\cdots\cdots \end{cases} \tag{2-107}$$

（2）适合于泡点计算的相平衡模型。

同理，当油气体系的相态变化处于泡点状态时，平衡气相的摩尔分量 $N_g \rightarrow 0$，而液相摩尔分量 $N_L \rightarrow 1$，这时根据式（2-82）：

$$y_i = \frac{n_i K_i}{1 - (K_i - 1)N_g} = n_i K_i$$

得到泡点状态的组成归一化条件：

$$\sum_{i=1}^{n} y_i = \sum_{i=1}^{n} n_i K_i = 1 \tag{2-108}$$

于是可得到泡点计算平衡条件目标方程为：

$$\begin{cases} F_1 = f_{1L} - f_{1g} = 0 \\ F_2 = f_{2L} - f_{2g} = 0 \\ \quad\cdots\cdots \\ F_i = f_{iL} - f_{ig} = 0 \\ \quad\cdots\cdots \\ F_n = f_{nL} - f_{ng} = 0 \\ F_{n+1} = \sum n_i K_i = 1 \end{cases} \tag{2-109}$$

（3）适合于等温闪蒸计算的相平衡模型。

油气体系的相态变化处于部分汽化和液化的状态时，平衡气液相的摩尔分量分别在 0 和 1 之间变化，把式（2-85）和式（2-86）相减得到下式：

$$F_{n+1} = \sum_{i=1}^{n} \frac{n_i (K_i - 1)}{1 + (K_i - 1)N_g} = 0 \tag{2-110}$$

把式（2-110）与式（2-105）组合即构造出等温闪蒸相平衡计算目标函数方程组：

$$
\begin{cases}
F_1 = f_{1L} - f_{1g} = 0 \\
F_2 = f_{2L} - f_{2g} = 0 \\
\cdots\cdots \\
F_i = f_{iL} - f_{ig} = 0 \\
\cdots\cdots \\
F_n = f_{nL} - f_{ng} = 0 \\
F_{n+1} = \sum_{i=1}^{n} \dfrac{n_i(K_i - 1)}{1 + (K_i - 1)V} = 0
\end{cases}
\tag{2-111}
$$

方程式（2－107）、式（2－109）和式（2－111）中均含有 $n+1$ 个方程，因此可分别求解所对应相态中的 $n+1$ 个变量。通常，露点计算（或露点线计算）是给定温度 T（或压力 p），由露点相平衡模型求解露点压力 p（或露点温度 T）和平衡液相组成 x_i（此时 $N_g \to 1$，$N_L \to 0$，$y_i \equiv n_i$）。

泡点计算（或泡点线计算）是给定温度 T（或压力 p），由泡点相态模型求解泡点压力 p（或泡点温度 T）和平衡气相组成 y_i（此时 $N_g \to 0$，$N_L \to 1$，$x_i \equiv n_i$）。

如果是进行等温闪蒸计算，则是已知温度和压力、由方程组（2－111）求解平衡气液相的摩尔分量 N_g 和 N_L（$N_L = 1 - N_g$）以及气液两相的摩尔组成 y_i 和 x_i。

建立起油气藏流体相平衡模型后，即可根据所要开发的油气藏的特点及生产实际需要确定地层流体或者井流物的相态模拟计算内容。对于储层中的流体，相态计算内容主要是模拟原始饱和压力和原始组成相图，并模拟开发过程进行等组成膨胀、多级脱气、以及定容衰竭实验等相态计算，目的是预测不同开采期地层油、气的组成分布，采出井流物的组成，油气采出程度，以及地层凝析油损失量等动态变化规律；对于井筒到地面分离器段，相态计算内容主要是根据井流物组成数据完成各开采期井筒、分离器及油罐内闪蒸分离计算，目的是为合理的工艺制度和分离条件选择提供流体物性数据。

相态计算的内容还可以根据开发及动态调整的需要进行扩充，如注气混相驱相态模拟计算等，都可以在上述所建立的流体相平衡模型的基础上加以设计。

四、常用状态方程的选择及其结构分析

根据上面的讨论，用相平衡数学模型求解油气藏烃类体系相态问题的关键，是准确求解油气体系中各组分的逸度系数，进而求解出平衡常数、油气相的摩尔分数和组成。根据式（2－103）和式（2－104）可知，只要能选择可同时描述平衡气液两相 pVT 相态特征的状态方程带入式（2－103）和式（2－104）进行积分，就可得到求解相平衡计算所需的逸度系数 φ_{ig}、φ_{iL} 的表达式，以及平衡气、液相的压缩因子 Z_g 和 Z_L。

这里所要强调和接受的观念是，我们能够选择并运用一个状态方程去同时求解油气体系中平衡气、液两相的逸度系数 φ_{ig}，φ_{iL} 和压缩因子 Z_g、Z_L。

近二十年来，随着描述流体 pVT 相态行为的半理论半经验状态方程的研究和发展，特别是 1976 年，发表了结构简单、精度较高的 PR 三次方型状态方程之后，利用流体热力学平衡理论结合精度较高的状态方程求解相平衡问题的方法很快被引入油气体系相态计算，并已取代了收敛压力求解平衡常数的经验图版方法，尤其是状态方程方法能较准确地描述和预测油气体系反常凝析的相态特征和临界点附近的相态变化，因而随着计算机技术的进步得到迅速发展和广泛应用。

三次方型半经验半理论状态方程是在范德华（Van der waals）状态方程基础上发展起来的，在本章第二节中已初步讨论过这类状态方程在天然气压缩因子计算中的应用。下面我们更为详尽地介绍在第二节中所提到的 RK、SRK 和 PR 状态方程，如何用于计算压缩因子和逸度。

1. RK（Redlich 和 Kwong）方程

三次方型状态方程的改进，首先取得突破性进展的是 1949 年 Redlich 和 Kwong 提出的 Van der waals 方程修正式，简称 RK 方程［见式（2－24）］。若将其用于多组分混合体系，则有：

$$p = \frac{RT}{V - b_m} - \frac{a_m T^{-0.5}}{V(V + b_m)} \tag{2-112}$$

式中，a_m、b_m 分别为多组分混合体系平均引力和斥力常数，可由下列范德华混合规则求得：

$$a_m = \sum_{i=1}^{n}\sum_{j=1}^{n} x_i x_j (a_i a_j)^{0.5}(1 - k_{ij}) \tag{2-113}$$

$$b_m = \sum_{i=1}^{n} x_i b_i \tag{2-114}$$

这里，n 为油气烃类体系的组分数；x 分别表示混合体系中平衡气相和平衡液相中各组分的组成；下标 i、j 分别表示某一组分；a_i，b_i 含义与式（2－24）中引力、斥力系数 a、b 的含义相同，仍可由临界点条件表示（参见物理化学）：$a_i = 0.42748\,\dfrac{R^2 T_{ci}^{2.5}}{p_{ci}}$、$b_i = 0.08664\,\dfrac{RT_{ci}}{p_{ci}}$；$k_{ij}$ 是人们引入的用以提高混合物预测精度的二元交互作用系数。k_{ij} 可通过式（2－111）对任意二元体系的相态实验数据的拟合得到，也可从有关专著中查阅。

与 Van der Waals 方程相比，RK 方程在表达纯物质的物性的精度上有明显提高，但从结构上看，其本质上并没有脱离范德华原来的思路，即仍采用 T_c 和 p_c 两个物性参数确定方程中 a、b 两个参数，即仍然遵循两参数对比态原理。我们已知道，两参数对比态原理的实用范围，从原理上讲，仅限于极简单的硬球性非极性对称分子。RK 方程的理论压缩因子 $Z_c = 0.333$，仍比大多数实际油气烃类物质分子的实测 Z_c 值 0.26～0.29 大的多，因此，其工程应用的误差仍然较大。

若把由实验得到的压缩因子方程 $pV = ZRT$ 代入式（2－112），可得到 RK 方程用于混合体系的压缩因子 Z 的三次方程：

$$Z_m^3 - Z_m^2 + (A - B^2 - B)Z_m - AB = 0 \tag{2-115}$$

其中

$$A = \frac{a_m p}{R^2 T^{2.5}} \quad B = \frac{b_m p}{RT}$$

由于 RK 方程用于油气藏烃类体系气液两相平衡计算精度不够理想，因此多用式（2－115）求解天然气（干气）的压缩因子。由于 RK 方程在油气藏烃类体系气液两相相平衡计算中较少应用，其逸度关系表达式这里不做详述。

2. SRK（Soave－Redlish－Kwong）方程

Soave 将纯物质的偏心因子作为第三个参数引入状态方程，使三次方型方程的改进、实用性有了显著的进步，并被引入油、气藏流体相平衡计算。SRK 方程用于多组分混合体系的形式为：

$$p=\frac{RT}{V-b_{\mathrm{m}}}-\frac{a_{\mathrm{m}}(T_{\mathrm{r}i},\omega_i)}{V(V+b_{\mathrm{m}})} \tag{2-116}$$

式中，a_{m}（T_{ji}，ω_{ij}）、b_{m} 分别为混合体系平均引力和斥力常数，由下列混合规则求得：

$$a_{\mathrm{m}}(T_{\mathrm{r}i},\omega_i)=\sum_{i=1}^{n}\sum_{j=1}^{n}x_ix_j(a_ia_j\alpha_i\alpha_j)^{0.5}(1-k_{ij}) \tag{2-117}$$

$$b_{\mathrm{m}}=\sum_{i=1}^{n}x_ib_i \tag{2-118}$$

式中，n 为油气烃类体系的组分数；x 分别表示平衡混合气相和混合液相中各组分的组成；a_i、b_i、σ_i 含义同式（2-25）中的含义；k_{ij} 为 Soave 引入的用以提高混合物预测精度的二元交互作用系数，可从有关专著中查阅。

在临界条件下：

$$a_i(T_{\mathrm{c}i})=0.42748\frac{R^2T_{\mathrm{c}i}^2}{p_{\mathrm{c}i}}$$

$$b_i(T_{\mathrm{c}i})=0.08664\frac{RT_{\mathrm{c}i}}{p_{\mathrm{c}i}}$$

$$\alpha_i(T_{\mathrm{r}i},\omega_i)=1$$

在其他温度下：

$$a_i(T)=a_i(T_{\mathrm{c}i})\cdot\alpha_i(T_{xi},\omega_i)$$

$$b_i(T)=b_i(T_{\mathrm{c}i})$$

$$\alpha_i(T_{xi},\omega_i)=[1+m_i(1-T_{\mathrm{c}i}^{0.5})]^2$$

$$m_i=0.480+1.574\omega_i-0.1715\omega_i^2$$

式中　ω_i——偏心因子，查表可求得（参见郭天民等编著《多元气—液平衡和精馏》中附录 C）。

若把由实验得到的压缩因子方程 $pV=ZRT$ 代入式（2-115），可得到 SRK 方程用于混合体系的 Z 三次方程：

$$Z_{\mathrm{m}}^3-Z_{\mathrm{m}}^2+(A_{\mathrm{m}}-B_{\mathrm{m}}-B_{\mathrm{m}}^2)Z_{\mathrm{m}}-A_{\mathrm{m}}B_{\mathrm{m}}=0 \tag{2-119}$$

对于混合物：

$$A_{\mathrm{m}}=\frac{a_{\mathrm{m}}(T_{\mathrm{r}i},\omega_i)p}{RT} \tag{2-120}$$

$$B_{\mathrm{m}}=\frac{b_{\mathrm{m}}p}{RT} \tag{2-121}$$

将式（2-115）代入式（2-102）或式（2-103），可导出 SRK 方程用于计算混合物气相或液相中各组分逸度和逸度系数的方程为：

$$\ln\left(\frac{f_i}{x_ip}\right)=\ln\varphi_i=\frac{b_i}{b_{\mathrm{m}}}(Z_{\mathrm{m}}-1)-\ln(Z_{\mathrm{m}}-B_{\mathrm{m}})-\frac{A_{\mathrm{m}}}{B_{\mathrm{m}}}\left(2\frac{\psi_j}{a_{\mathrm{m}}}-\frac{b_i}{b_{\mathrm{m}}}\right)\ln\left(1+\frac{B_{\mathrm{m}}}{Z_{\mathrm{m}}}\right) \tag{2-122}$$

式中：

$$\psi_j=\sum_{j=1}^{n}x_i(a_ia_j\alpha_i\alpha_j)^{0.5}(1-k_{ij}) \tag{2-123}$$

建立了以上计算公式，即可用 SRK 方程进行油气藏烃类体系露点、泡点、闪蒸等各种相态模拟计算，也可用于计算天然气的压缩因子。

3. PR（Peng－Robinson）方程

对于油气藏烃类多组分体系等，多组分混合体系 PR 方程的形式为：

$$p=\frac{RT}{V-b_{\mathrm{m}}}-\frac{a_{\mathrm{m}}(T)}{V(V+b_{\mathrm{m}})+b_{\mathrm{m}}(V-b_{\mathrm{m}})} \tag{2-124}$$

式中 a_{m}、b_{m} 仍可采用范德华混合规则求得：

$$a_{\mathrm{m}}(T)=\sum_{i=1}^{n}\sum_{j=1}^{n}X_iX_j(a_ia_j\alpha_i\alpha_j)^{0.5}(1-k_{ij})$$

$$b_{\mathrm{m}}=\sum_{i=1}^{n}x_ib_i$$

其中，k_{ij} 为 PR 方程的二元交互作用系数，也可在有关的文献资料中查得，其他参数对于纯组分物质体系仍有：

在临界条件下：

$$a_i=0.45724\frac{R^2T_{\mathrm{c}i}^2}{p_{\mathrm{c}i}}$$

$$b_i=0.07780\frac{RT_{\mathrm{c}i}}{p_{\mathrm{c}i}}$$

$$\alpha_i(T_{\mathrm{r}i},\omega_i)=1$$

在其他温度下：

$$a_i(T)=a_i(T_{\mathrm{c}i})\cdot\alpha_i(T_{xi},\omega_i)$$

$$b_i(T)=b_i(T_{\mathrm{c}i})$$

$$\alpha_i(T_{xi},\omega_i)=[1+m_i(1-T_{\mathrm{c}i}^{0.5})]^2$$

$$m_i=0.480+1.574\omega_i-0.176\omega_i^2$$

式中　ω_i——偏心因子，查表可求得。

PR 方程对应的混合体系的 Z 三次方程为：

$$Z_{\mathrm{m}}^3-(1-B_{\mathrm{m}})Z_{\mathrm{m}}^2+(A_{\mathrm{m}}-2B_{\mathrm{m}}-3B_{\mathrm{m}}^2)Z_{\mathrm{m}}-(A_{\mathrm{m}}B_{\mathrm{m}}-B_{\mathrm{m}}^2-B_{\mathrm{m}}^3)=0 \tag{2-125}$$

其中
$$A_{\mathrm{m}}=\frac{a_{\mathrm{m}}(T)\,p}{(RT)^2};\ B_{\mathrm{m}}=\frac{b_{\mathrm{m}}p}{RT}$$

将 PR 方程（2－124）式代入基本热力学方程式（2－103）或式（2－104），即可推导出对应于 PR 方程的混合体系各组分的逸度计算公式：

$$\ln\left(\frac{f_i}{x_ip}\right)=\ln\varphi_i=\frac{b_i}{b_{\mathrm{m}}}(Z_{\mathrm{m}}-1)-\ln(Z_{\mathrm{m}}-B_{\mathrm{m}})-\frac{A_{\mathrm{m}}}{2\sqrt{2}B_{\mathrm{m}}}\left(\frac{2\psi_j}{a_{\mathrm{m}}}-\frac{b_i}{b_{\mathrm{m}}}\right)\ln\left(\frac{Z_{\mathrm{m}}+2.414B_{\mathrm{m}}}{Z_{\mathrm{m}}-0.414B_{\mathrm{m}}}\right) \tag{2-126}$$

其中
$$\psi_j=\sum_{j}^{n}x_j(a_ia_j\alpha_i\alpha_j)^{0.5}\ (1-k_{ij})$$

当计算平衡气相液相混合物中各组分逸度时，x_i 则分别表示气相液相的组成 y_i，x_i。

PR 方程，由于引力项中进一步考虑了分子密度对分子引力的影响，其结构上更为合理。经后人大量实验数据的验算，用于纯组分蒸气压的预测及含弱极性物质体系的气液平衡计算比 SRK 方程有较显著的改进，尤其对液相容积特性的预测能给出更好的估计。用于临界点，PR 方程所得到的理论 Z_{c} 值为 0.3074，更接近于实际分子体系的 0.264～0.292。故 PR 方程对于临界区物性的预测也能得到满意的结果，因此被普遍用于油气藏烃类体系相态计算中。

五、状态方程相平衡计算方法

值得注意的是，上述所建立的露点相平衡计算模型、泡点相平衡计算模型和等温闪蒸相平衡计算模型，需要采用数值迭代计算方法进行求解，常用的算法有逐步迭代算法和牛顿—拉夫森算法。考虑到国内外已开发出成熟的油气藏流体相平衡计算软件，有关运用流体相平衡热力学计算方法求解油气流体相态和 pVT 高压物性参数的计算步骤和方法，这里仅对逐步迭代算法做一个简要介绍。

1. 露点或泡点压力计算编程方法

运用前面所述露点压力相平衡计算模型式（2-106）进行露点压力计算时，计算机编程可按以下步骤进行：

（1）输入各组分的 n_i，p_{ci}，T_{ci}，ω_i，k_{ij}；

（2）给定一组露点范围内的 T，p_d 初值；

（3）用 Wilson 公式（2-91）计算 K_i 初值；

（4）由 $x_i=n_i/K_i\Rightarrow$计算各 x_i 初值，此时 $y_i=n_i$；

（5）用 PR 方程计算状态方程系数 a_i，b_i，a_m，b_m，A_m，B_m；

（6）代入状态方程系数，由 PR 方程的 Z 三次方程计算 Z_g，Z_L；

（7）求气、液相的 ϕ_{ig}，ϕ_{iL}，f_{ig}，f_{iL}；

（8）检验 $|f_{iL}-f_{ig}|\leqslant\varepsilon=10^{-3}$；

（9）如果不满足检验条件（8）$\Rightarrow$对 K_i 进行迭代计算：$K_{i(j+1)}=K_{ij}\dfrac{f_{iLj}}{f_{igj}}\Rightarrow$（4）；

（10）如果满足检验条件（8）$\Rightarrow$计算 $F_{n+1}=\sum\dfrac{n_i(K_i-1)}{1+(K_i-1)N_g}$；

（11）检验 $|F_j|\leqslant\varepsilon=10^{-3}$；

（12）如果不满足检验条件（11）$\Rightarrow$用弦截法调整 p_d（或 T）$\Rightarrow p_{j+2}=p_{j+1}-\dfrac{F_{j+1}(p_{j+1}-p_j)}{F_{j+1}-F_j}\Rightarrow$（4）；

（13）如果满足检验条件（11）$\Rightarrow$打印计算结果：x_i，p_d；

（14）返回到（2）进行下一次计算。

提醒注意的是，上述计算中，在高温高压下，K_i 是随温度、压力和组成而变化的，因此，这里采用了迭代算法进行求解，迭代格式为：

$$K_{i(j+1)}=K_{ij}\frac{f_{iLj}}{f_{igj}} \tag{2-127}$$

式中，j 为迭代次数。

泡点压力计算步骤同露点压力类似，只需把第（4）步内容换成由 $y_i=n_ik_i$，计算各组分的 y_i 初值，此时 $y_i=n_i$。

2. 等温闪蒸编程计算方法

（1）输入各组分的 n_i，p_{ci}，T_{ci}，ω_i，k_{ij}；

（2）给定一组露点范围内的 T，p 的值；

（3）用 Wilson 公式（2-91）计算 K_i 初值；

（4）同 $F(V_j)=\sum\dfrac{n_i(K_i-1)}{1+(K_i-1)N_{gj}}\Rightarrow$用牛顿法对 N_g进行迭代$\Rightarrow N_{gj+1}=N_{gj+1}-\dfrac{F(N_{gj})}{F'(N_{gj})}$；

(5) 检验$|F(N_{gj})| \leqslant \varepsilon = 10^{-3}$;

(6) 若不满足检验条件⇒(4);若满足检验条件⇒(7);

(7) 同$y_i = \dfrac{n_i K_i}{1+(K_i-1)N_g}$和$x_i = \dfrac{n_i}{1+(K_i-1)N_g}$分别求$x_i$,$y_i$;

(8) 计算PR状态方程系数a_i,b_i,a_m,b_m,A_m,B_m;

(9) 同PR状态方程的Z三次方程代入状态议程系数计算Z_g,Z_L;

(10) 求气、液相的ϕ_{ig},ϕ_{iL},f_{ig},f_{iL};

(11) 检验$|f_{iL} - f_{ig}| \leqslant \varepsilon = 10^{-3}$;

(12) 如果不满足检验条件⇒对K_i进行迭代计算:$K_{i(j+1)} = K_{ij}\dfrac{f_{iLj}}{f_{igj}}$,返回到(4);

(13) 如果满足条件,打印计算结果:x_i,y_i,N_g,N_L;

(14) 返回到(2)进行下一次计算。

第七节　地层流体高压物性参数应用示例*

在油田实际开发过程中,油藏流体高压物性参数的用途很广,如在油藏数值模拟中及有关油藏工程的各种计算中,这些参数都是必不可少的、最基础的资料,它对于正确认识油层、评价油层、提出合理的开发方案起着重要作用。

矿场实际应用中,其重要用途之一是按物质平衡方法计算储量、分析油藏动态。下面就以带气顶并有水侵入的物质平衡方程为例,通过推导和分析该油藏的物质平衡,一方面可了解高压物性参数到底有什么用途,另一方面也便于加深和巩固对油气高压物理概念的进一步理解。

一、油气藏物质平衡的基本概念

设有一定容积的油藏,开发一段时间后,已采出部分气量和油量,此时,我们可以分别建立油相和气相的物质平衡方程。如以气相的物质平衡来考虑,则采出的气量与剩余在地下的气量应当等于开发前油藏中原有的气量,即:

油藏中原有的气量=产出气量+剩余在油藏中的气量

这就是气藏或油藏中,气相物质平衡的概念。虽然,油、气藏各不相同,特别是油藏,有饱和的油藏或不饱和的单相油藏,有的带气顶或无气顶,有的还可能有边水或底水,或在开发过程中可能注水或注气,但都遵循物质平衡原则。那么,对于具体油气藏,如何建立其物质平衡方程呢?

二、物质平衡方程的导出示例

在推导物质平衡方程的过程中,要涉及以下各种参数和符号:

N——原始储油量(指在地面可以得到的体积量),m^3;

G——原始储气量,m^3;

R_{si}——原始溶解气油比,m^3/m^3;

N_p——累积产油量,m^3;

R_p——累积平均生产气油比,m^3/m^3;

R_s——在油藏压力降至 p 时的溶解气油比，m^3/m^3；

W——在油藏压力降至 p 时侵入油藏的总水量，m^3；

W_p——累积总产水量，m^3；

$m=V_g/V_o$——原始气顶容积与油带容积的比值；

B_{oi}——原始油藏压力下地层油体积系数；

B_o——压力为 p 时，地层油体积系数；

B_{gi}——在原始油藏压力下，气体的体积系数；

B_g——压力为 p 时，气体的体积系数；

B_{ti}——在原始油藏压力下，油气两相体积系数；

B_t——压力为 p 时，油气两相体积系数；

B_w——压力为 p 时，地层水体积系数。

现以在开发过程中有水侵入（是指边水、底水或注入水的总称）且带气顶的油藏为例（油藏在开发前后采出油、气、水压力变化情况如图 2-81 所示），讨论怎样去建立它的物质平衡方程。

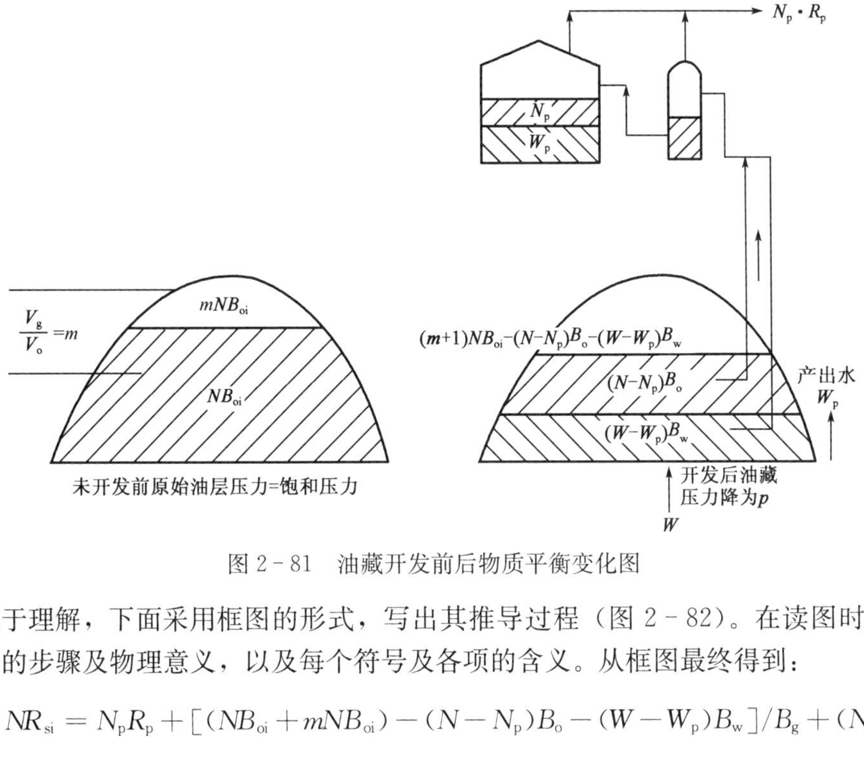

图 2-81 油藏开发前后物质平衡变化图

为便于理解，下面采用框图的形式，写出其推导过程（图 2-82）。在读图时，应注意各项推导的步骤及物理意义，以及每个符号及各项的含义。从框图最终得到：

$$\frac{mNB_{oi}}{B_{gi}}+NR_{si}=N_pR_p+[(NB_{oi}+mNB_{oi})-(N-N_p)B_o-(W-W_p)B_w]/B_g+(N-N_p)R_s \tag{2-128}$$

整理后可得：

$$\frac{mNB_{oi}}{B_{gi}}+NR_{si}=\frac{N_pR_p+[(NB_{oi}+mNB_{oi})-(N-N_p)B_o-(W-W_p)B_w]}{B_g}+(N-N_p)R_s \tag{2-129}$$

采用两相体积系数 $B_t=B_o+(R_{si}-R_s)B_g$ 及 $B_{ti}=B_{oi}$代入式（2-129），化简得：

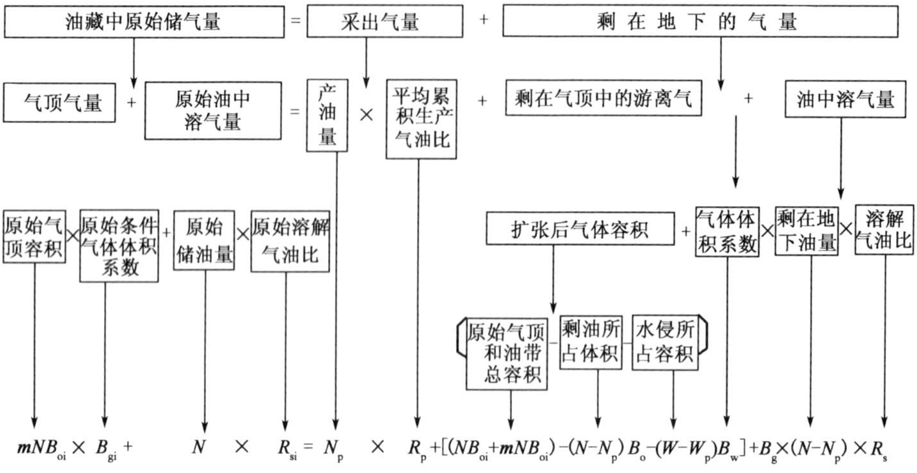

图 2-82　油藏物质平衡方程的导出

$$N=\frac{N_{\mathrm{p}}[B_{\mathrm{t}}+(R_{\mathrm{p}}-R_{\mathrm{si}})B_{\mathrm{g}}]-(W-W_{\mathrm{p}})B_{\mathrm{w}}}{(B_{\mathrm{t}}-B_{\mathrm{ti}})+mB_{\mathrm{ti}}\left(\frac{B_{\mathrm{g}}-B_{\mathrm{gi}}}{B_{\mathrm{gi}}}\right)} \tag{2-130}$$

式（2-130）就是油藏物质平衡的一般形式。针对不同油藏实际情况，上式可以简化，例如：

（1）当油藏无气顶时，则 $m=V_{\mathrm{g}}/V_{\mathrm{o}}$，可简化方程式的分母。

（2）当油藏无边水、底水、注入水时，则 W、W_{p} 均等于零，可简化方程式的分子。

由式（2-130）还可看出，该方程中包括了三类数据，这些数据可通过不同的方法获得：

第一类是油、气高压物性参数，如 R_{si}、R_{s}、B_{gi}、B_{g}、B_{oi}、B_{o}、B_{ti}、B_{t}、B_{w} 等，通常是由实验测定或查图获得。求得此类参数最难的问题是如何得到一个较准确的目前地层压力 p 的数值，而这一数值在进行实验测定时是首先必须要知道的。同时还要求在高压物性测定中，油气的相平衡应与油藏中发生的相平衡过程相一致。但实际测定时室内脱气过程往往与油藏的脱气过程不完全相同，从而使所测得的原油体积系数及气油比与实际油藏会有偏差，这对储量计算也将带来误差。此外，对所测定的实验参数还需要进行匀整处理后才能采用。

第二类是生产统计资料，如 N_{p}、W_{p}、R_{p}。在这些矿场生产统计资料中，由于产出原油的多少是生产的重要指标，而且需要向外输送，故受到重视，所以一般采出油量的统计数据是比较准确的。从油中分离出的天然气，常在矿区只作燃料烧掉，水则排放掉或回注，因此，产气、产水量由于不够重视常使统计数据精度低，误差可达10%以上，处理数据时应特别注意。为正确了解油层生产情况，为物质平衡方程提供可靠数据，必须要认真做好对所有产出物的统计工作。

第三类是地质动态参数，如 m、W。一般 m 值是靠地质和测井资料求出，但地层中，实际油水和油气界面常不明显，存在油、水或油、气过渡带，这时要准确地划分出气顶和油带就会十分困难。水侵量 W，也可用地质取心、渗流解析法或统计分析等方法确定。

有了上述各参数后，就可求出未知储量 N 值。由数学分析表明，若采用最小二乘法，列出不同开发时期（即不同地层压力 p 下）的物质平衡方程组，还可以同时计算出原始储量 N 和水侵量 W。当然，如由容积法初算出原始储量 N 值，则可用此法估算出水侵量 W。

上述分析表明，物质平衡方程只能用于已开发相当长时期的油藏，即已累积了足够生产统计资料、压力也有明显降低的油藏。

由于物质平衡方法具有其明显的特点——仅以物质平衡和相态平衡为依据，可回避油层非均质及多相渗流计算的困难，不需复杂的数学方程，不需复杂的计算程序等而得到较广泛的应用，并与容积法、渗流计算法所计算的储量互相对比、相辅相成而受到重视。

习　题

一、掌握下述基本概念

1. 组成、组分　2. 体系、相　3. 相平衡
4. 自由度　5. 泡点、露点　6. 天然气在原油中的溶解度 R_s
7. 平衡常数　8. 天然气的相对分子质量　9. 天然气的密度及相对密度
10. 压缩因子 Z　11. 对应状态原理　12. 对比压力、对比温度
13. 天然气　14. 石油　15. B_g、B_o、B_w、B_t
16. 地层油、气、水的压缩系数 C_o、C_g、C_w
17. 地层油、气、水的粘度 μ_o、μ_g、μ_w
18. 天然气水合物　19. 地层油的溶解气油比 R_s
20. 饱和压力　21. 凝析气藏

二、分析及简答

22. 按相对密度情况可依次将油气藏分为哪几类？按原油中胶质—沥青质的含量、含蜡量及含硫量可将原油分为哪几类？

23. 天然气和石油的主要成分是什么？

24. 简述单、双（多）组分体系的相态特征。

25. 试分析干气、湿气、凝析气、轻质油和重质油藏相图特征。

26. 油气的分离方式有哪几种类型？简述各分离方式的特点。

27. 天然气组成的表示方法有哪些？

28. 压缩因子 Z 的物理意义是什么？“当 $Z=1$ 时，实际气体则成为理想气体”，这种说法对吗？

29. 地层水的概念是什么？它与普通水和地层油比较具有什么特点？组成地层水的主要化学成分有哪些？水型的划分原则是什么？

30. 天然气水化物形成的条件是什么？水化物形成可能造成的损害有哪些？如何防止水化物的形成？

31. 试画出下列关系曲线：$B_g \sim p$、$B_g \sim T$、$C_g \sim p$、$\mu_g \sim T$、$B_o \sim p$、$\mu_o \sim T$、$\mu_o \sim p$、$B_w \sim p$、$C_w \sim T$、$C_w \sim p$、$\mu_w \sim T$、$B_t \sim p$。

32. 试定性画出两个不同温度下，天然气在原油中的溶解度 R_s 和溶解气油比 R 随压力的变化规律。

33. 试根据油、气系统相平衡状态方程导出：

(1) 露点压力方程 $\sum_{i=1}^{n}\frac{n_i}{K_i}=1$

(2) 泡点压力方程 $\sum_{i=1}^{n}n_iK_i=1$

(3) 简述由泡点方程计算给定 p、T 条件下的烃类体系泡点压力的试算步骤。

34. 天然气组成分析资料如下表：

组　　分	重 量 组 成	相对分子质量
甲烷	0.70	16.043
乙烷	0.14	30.070
丙烷	0.09	44.097
丁烷	0.07	58.124

(1) 求各组分的摩尔组成；

(2) 由摩尔组成计算该天然气的相对分子质量和相对密度。

35. 甲烷储存于溶剂为 $2m^3$ 的容器内，压力、温度分别为 5MPa 和 27℃，计算甲烷气体的质量。

36. 天然气的相对密度为 0.743，当地层压力为 36MPa，地层温度为 93.3℃时，求天然气的压缩因子。

37. 计算含 H_2S 和 CO_2 的天然气压缩因子。已知地层温度为 93.3℃，地层压力为 36MPa，视临界温度为 225.19K，视临界压力为 5.538 MPa，在该天然气中，H_2S 占 18.41%，CO_2 占 1.64%。

38. 天然气的相对密度为 0.74，地层温度为 99℃，地层压力为 38MPa，计算该气体的体积系数。

39. 某油田气的组成分析结果为：

组　　分	CH_4	C_2H_5	C_3H_6	C_4H_{10}
摩尔组成	0.902	0.045	0.031	0.021
临界温度 t_c，K	190.67	305.50	370.00	425.39
临界压力 p_c，MPa	4.73	4.98	4.26	3.79

地层温度 32℃，油层压力 8.3MPa。

(1) 求气体的压缩因子；

(2) 求气体的体积系数；

(3) 若油井日产气 $10000m^3$（标准状态），则它在地下所占的体积为多少；

(4) 求该气体的压缩系数；

(5) 求该气体的粘度。

40. 某一地层油样的高压物理性质实验，做出如下图所示的溶解油气比曲线，求：

（1）原始溶解气油比；

（2）原始饱和压力；

（3）当地层压力降到 50atm 时，从单位体积地面脱气原油中分离出的游离气有多少；

（4）分别求出 0～50、50～100atm 的平均溶解系数，并比较之。

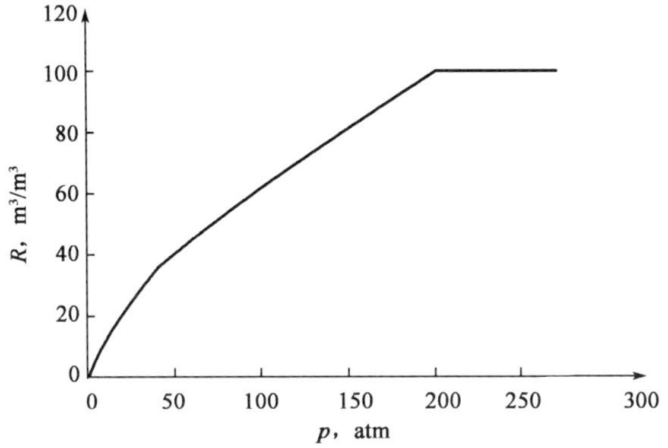

41. 某天然气组成及临界压力、临界温度如下表，试计算地层压力为 20MPa、温度为 100℃时天然气的粘度。

参数项 / 组分	摩尔组成	临界压力 p_c，MPa	临界温度和 T_c，K
甲烷	0.75	4.73	190.67
乙烷	0.25	4.98	305.5

42. 某油藏含油面积为 110km^2，油层有效厚度为 20m，取岩样测得油层的平均孔隙度为 20%，束缚水饱和度 0.24，取油样分析得地层条件下原油的体积系数为 1.5，脱气原油相对密度为 0.84，试计算该油藏的地质储量。

43. 某断块砂岩体体积为 14.4×10^7m^3，孔隙度为 20%，地层油的压缩系数为 10×10^{-4} MPa^{-1}，水的压缩系数为 4×10^{-4}MPa^{-1}，砂岩的压缩系数为 1×10^{-4}MPa^{-1}（以岩石体积为基础），原始地层压力为 200atm，饱和压力为 190atm，束缚水饱和度为 25%，190～200atm 时，地层油的平均体积系数为 1.2，试计算该断块油层靠油层弹性驱油可采出多少原油？

44. 某高压油样实验结果如下：油层压力为 20MPa，该压力下油样体积为 445cm^3，一次降压至 1atm，20℃时脱气原油体积为 300cm^3，脱气量为 17000 cm^3，油层饱和压力为 8 MPa，该压力下油的体积为 460cm^3，试求：原油体积系数 B_o、原始溶解油气比 R_{si}、饱和压力时的溶解系数 α、原油的压缩系数 C_o。

45. 某油田一口井的地层水化学组成如下：

组　分	K^++Na^+	Mg^{2+}	Ca^{2+}	Cl^-	$SO_4{}^{2-}$	$HCO_3{}^-$	$CO_3{}^{2-}$
含盐量，mg/L	1311	27	70	1861	72	519	0
离子当量	39.10 +22.97	12.15	20.04	35.45	48.45	61.01	30.00

试判断该地层水的水型。

参 考 文 献

[1] Φ·Л·卡佳霍夫．油层物理．张朝琛译．北京：石油工业出版社，1960.

[2] Amyx J W，Bass D M JR，Whiting R L. Petroleum Reservior Engineering，Physical Properties，McGraw - HillCo.，New York，1960.

[3] 洪世铎．油藏物理基础．北京：石油工业出版社，1985.

[4] 罗蛰潭．油层物理．北京：地质出版社，1985.

[5] 张博全，王岫云．油（气）层物理．武汉：中国地质大学出版社，1989.

[6] 杨继盛．天然气开采工程．北京：石油工业出版社，1986.

[7] SY 5154—87. 油气藏流体取样推荐作法．

[8] Beggs H D，Robinson J F. Estimating the Viscosity of Crude Oil Systems，JPT Sept 1975，1140 - 1141.

[9] 陈元千．油气藏的物质平衡方程式及其应用．北京：石油工业出版社，1979.

[10] 朱自强，姚善泾，金彰礼．流体相平衡原理及其应用．杭州：浙江大学出版社，1990.

[11] [美] K. S. 佩德森，fredenslund Aa，Thomassen P. 石油和天然气的性质．北京：中国石化出版社，1992.

[12] 李士伦，杨继盛，施太和，等．天然气工程．北京：石油工业出版社，2000.

[13] [英] Ali Danesh. 油藏流体的 pVT 与相态．北京：石油工业出版社，2000.

[14] 李士伦，张正卿，　　　等．注气提高石油采收率技术．成都：四川科学技术出版社，2001.

[15] 王允诚，向阳，邓礼正，等．油层物理学．成都：四川科学技术出版社，2006.

[16] [美] 威廉 D，麦凯恩 JR. 石油流体性质．罗悌夫，罗景琪，译．北京：石油工业出版社，1984.

[17] R·C·里德，J M 普劳斯尼茨．气体和液体性质．李芝芬，杨怡生，译．北京：石油工业出版社，1994.

[18] Standing M B. 地下油气相态特征．徐怀大，译．北京：中国工业出版社，1966.

[19] C·U·伊克库．天然气开采工程．冈秦麟，谢增瑜，袁庆峰，等，译．北京：石油工业出版社，1990.

[20] SY/T 5543—2002，凝析气藏流体取样配样和分析方法．

[21] 郭天民．多元气—液平衡和精馏．北京：石油工业出版社，2006.

第三章　多相流体的渗流机理

前面已经分别研究了储层岩石本身的一些储集和渗流性质以及多相流体（油、气、水）的相态转化及其物理性质。那么当这两者相结合，即多相流体在高度分散、弯弯曲曲的毛细孔道所构成的岩石中，其分布及流动又会产生什么样的岩石—流体综合特性呢?

岩石颗粒细、孔道小，使得岩石具有巨大的表面；流体本身又是多组分的不稳定体系，在孔道中又有可能同时出现油、气、水三相，这种流体分散储集在岩石中会造成流体各相之间、流体与岩石颗粒之间存在着多种界面（气—固、气—液、液—液、液—固）。界面现象极为突出，表现出与界面现象有关的界面张力、吸附作用、润湿作用及毛管现象、各种附加阻力效应等，对流体在岩石中的分布和流动会产生重大影响。因此，地下流体在岩石中的流动既不同于油、气、水在管线中的流动，更不同于水在河床中的流动。通常，人们把流体在多孔介质中的流动称为渗流。

渗流时，首先需要了解的是在岩石孔隙中油水究竟是怎样分布的？渗流过程中会发生哪些变化？有什么特点？采用哪些参数来描述地层中各种阻力的变化？如何减少和消除这些附加阻力？只有研究了渗流物理特性，才能找出油井生产指标（如产量、压力）变化的原因，也只有研究了渗流机理、岩石的润湿性等，才能对部分原油不能采出的原因有深刻的认识。因此，本章研究的内容也是提高采收率的基础部分。此外，本章中有关相对渗透率曲线及毛管压力曲线的研究，是油藏工程计算中极为重要的基础和资料，具有重要的实际意义。

第一节　储层岩石中各种界面现象的回顾

无论是在有束缚水的天然原始油层中还是在注水开发的油层中，孔隙中的流体至少存在油水两相，当地层压力降到泡点压力以下，还会因原油脱气而出现油气水三相。因此，可以认为油层是一个由固相和两个不互溶的液相，以及有时还有气相所构成的比面极大的高度分散系统。而在这一系统中，所呈现的有关界面性质的一些问题，如水驱油问题、互溶混相驱油时的油水界面消失问题，以及由于存在油水界面时的毛细管附加阻力问题等，都是与两相界面分子的相互作用有关。这和前面所讲的如流体的相对密度、粘度以及地层油的其他一些物理性质等不同，后者主要是与物质内部的分子力有关。

通常，把由相内分子所引起的一些性质称为“体积性质”；把由于两相界面层分子所引起的一些性质称为“表面性质”。

为了与后面章节衔接，首先对流体和岩石间的界面现象、表面物理化学性质——界面张力、表面吸附、表面润湿性及毛管力、界面粘度等做一些简要的回顾。

一、储层流体的相间界面张力及其测定

1. 界面张力的基本概念

只要两相接触，就有界面出现。习惯上，人们经常把“表面”和“界面”混用。严格来

讲，只有当接触的两相中有一相是气相时，才能把与气相接触的界面称为表面。如固—气、液—气接触的界面称为固体和液体的表面；对固—液、液—液相接触的界面仍应称为界面。

那么处于界面层的分子与处于相内的分子有什么不同呢？为便于讨论，首先从水的表面层谈起。如图 3-1 所示，水相（液体）内分子层的每一个分子（如分子 b），由于它们同时受到周围同类分子力的作用，所以其分子力场处于相对平衡状态，即周围分子力的合力为零。而水表面层的分子（如分子 a），它们一方面受到液体（水）层内分子力的作用，另一方面又受到空气（气相）分子的作用，由于水的分子力远远大于空气的分子力，所以表面层分子就会自发地力图向下沉入水中，表面层分子受到周围分子力的作用合力不再为零，力场也不再平衡。表面层分子比液相内分子储存有多余的“自由能”，这就是两相界面层的自由表面能。如想将液相内的水分子举升到水表面上，必须付出能量做功，这种能量将转化为自由表面能。可以看出，只有当存在有两相界面时，才有分子力场的不平衡，也才有自由表面能的存在。以上是以水和空气为界面开始讨论的，如果将水和空气两相换成任意两相，不论是气—液、液—液，还是气—固、液—固，只要有界面存在，就必然存在上述的自由表面能，其原理是相同的。完全互溶的两相，例如乙醇和水、煤油和汽油，由于其不存在界面，所以，体系就不存在自由表面能。

既然自由表面能是界面分子所具有的，那么界面面积越大，其自由表面能也越大。根据热力学第二定律，任何自由能都有趋于最小的趋势，所以，当一滴水银掉在桌面上时是成球形而不是其他形状，这是由于等体积球形表面积最小，表面能也最小的缘故。

大量研究表明，所谓的表面或界面，并非是一个没有厚度的纯粹的几何面，而是处于两相之间的一个具有一定厚度的界面层［图 3-2（a）］。这一层的结构和性质与它相邻的两相都不一样，而是由两相界面逐渐过渡到相内分子层的，整个过渡层 A—B 中的所有分子，都或多或少地具有自由表面能。

从图 3-2（b）可以看出，在界面层范围内，其热力学性质（如内能等）逐渐过渡变化，在这一过渡的界面层中，分子的热力学性质是连续变化的，直到分子力场平衡为止。就水而言，水与空气接触的表面层厚度至少也有几个分子层厚。

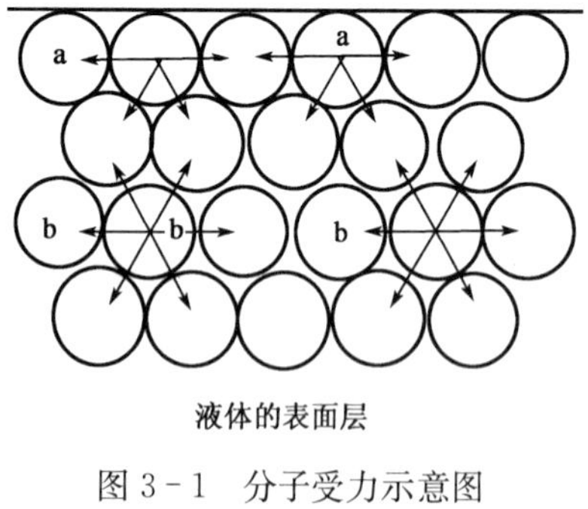

图 3-1　分子受力示意图

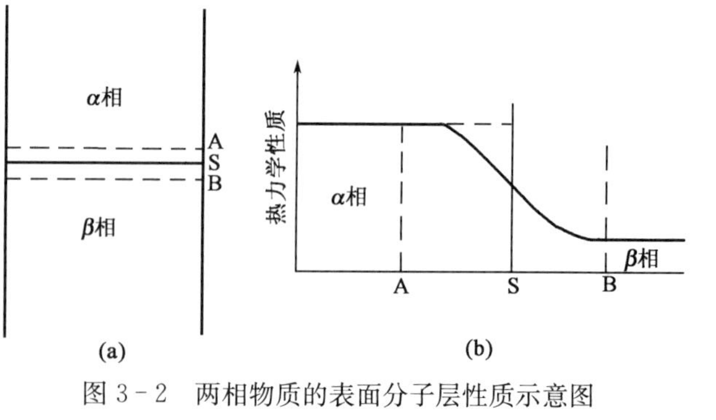

图 3-2　两相物质的表面分子层性质示意图

（a）假想几何界面；（b）界面热力学性质

由于体系表面层上的分子力的不对称作用使得其能量比相内分子能量高，故增加体系的新表面积，就相当于把更多的分子从相内移到表层来，则必须克服相内分子的吸引力而做功，这种做功的能量就转化为新生界面的自由表面能。如图 3-3 所示，它是用金属丝作成的框架，中间是肥皂膜，框架右端的金属丝是可移动的，如要增大肥皂膜的表面，则必须对可移动的金属丝施加力才行，因此表面自由能的概念也表征了形成新表面时需要做的功，也即是将分子自相内移至表面需要做的功。

假设在恒温、恒压和组成一定的条件下，以可逆过程使体系增加新表面积为 ΔA，外界所作的表面功为 W，则体系自由能的增加量 ΔU 为：

$$\Delta U = W \tag{3-1}$$

增加单位新表面所做的功为：

$$\frac{\Delta U}{\Delta A} = \frac{-W}{\Delta A} = \sigma \tag{3-2}$$

如写成微分形式，则：

$$\mathrm{d}U = \sigma \mathrm{d}A \tag{3-3}$$

或

$$\sigma = \left(\frac{\partial U}{\partial A}\right)_{T,p,n} \tag{3-4}$$

式中　U——体系的自由能，J；

ΔA——增加的新表面积，m^2；

T、p、n——体系的温度、压力和组成条件；

σ——比表面自由能，J/m^2。

比表面自由能，即体系单位表面积的自由能，也可想象为作用于单位面积上的力，习惯称其为“表面张力”。

比表面能的单位为米·牛顿/米^2，而米·牛顿/米^2＝牛顿/米，工程上常用毫牛顿/米，(读作毫牛每米，记为 1mN/m，且 1 毫牛每米＝1 达因/厘米）因为米·牛顿是能量的量纲，而毫牛顿（或牛顿）是力的量纲，故物理学上都把 σ 称为表面张力。热力学上多采用表面能的概念，而据力学观点，在实际应用中又常采用表面张力这一术语。

这里需要说明的是，对两相界面，表面张力只是自由表面能的一种表示方法，两相界面上并非真正存在着什么“张力”。实际上，只有在三相周界上，表面能才呈现出表面张力的作用，或者说只有在三相周界上，表面能才以“张力”的形式表现出来。这可以理解为：高山上的积雪具有势能，但处于静止的积雪并不表现出这种势能（和力量），只有当特定的条件下（如从山上滑落下时），这种势能才以“力”的形式表现出来。人们所熟悉的不规则的纤维丝环（图 3－4），上面放上少许肥皂液薄膜，只有当刺破中心后，出现纤维丝、肥皂液、空气三相时，由于三相中各相间界面以张力形式表现出来，其作用结果才使纤维丝环变成了规则的圆形丝环。

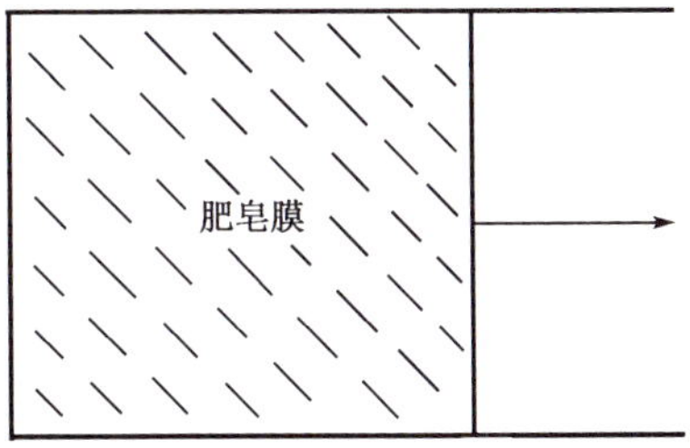

图 3－3　必须做功才能增大肥皂膜表面

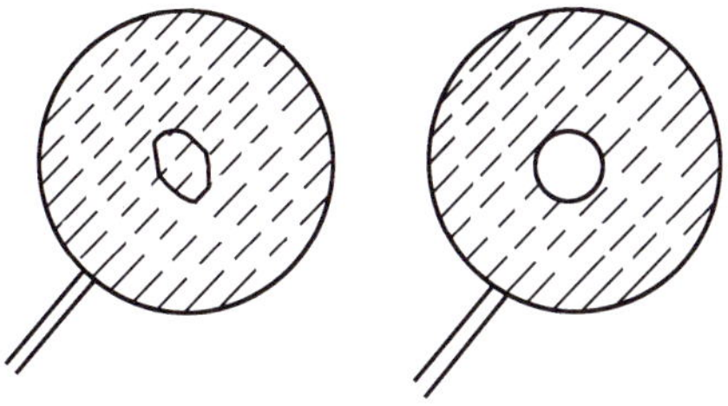

图 3－4　不规则的丝环在表面张力作用下形成圆环

表 3-1 给出了某些常见物质与空气接触时的表面张力和与水接触时的界面张力。

表 3-1 某些物质与空气、水的界面张力值

物质	与空气接触时的表面张力（20℃时），mN/m	与水接触时的界面张力（20℃时），mN/m
水银	484.0	375
水	72.8	0
苯	28.6	33.4
变压器油	39.1	45.1
杜依玛兹石油	27.2	30.3

2. 界面张力的影响因素

1）物质的组成

由表 3-1 可以看出，水银与空气接触时的表面张力要大于水银与水接触的界面张力，这是因为两相间分子的极性差越大，表面能也就越大的特点。在液体中水的极性最大，而空气的极性很小，所以水与空气的界面张力最大。作为有机溶剂的原油与甲苯，由于它们都是有机物，因而之间的极性差很小，界面张力也就很小，甚至可以达到互溶以至界面消失。

2）相态

表面张力的另一个特点是其数值的大小与两相的相态有关，如液—液之间的自由界面能一般小于液—气之间的自由界面能。

3）温度和压力

温度和压力直接影响到分子间的距离，因而分子间的作用力也随之变化，使得界面层上分子的力场受到影响而造成界面张力发生变化。

对于任何液、气两相，表面张力都会有随着温度和压力的增加而减小的现象。因为当温度升高时，一方面增大了液体分子间的距离，分子间的引力减小，另一方面液体的蒸发，使液体与蒸汽间分子的力场差异变小，从而降低了表面张力。而升高压力将增加气体在液体中的溶解度，液体的密度因而减小，而气体受压密度增加，两相的密度差减小，从而导致了两相分子间的差异变小，分子力场不平衡减弱，最终表现为表面张力降低。

3. 油藏流体间的界面张力

虽然油气层中，除各流体间如油—水、气—水、油—气的界面之外，还存在着流体与岩石各个界面上的界面张力，但因为固体表面张力很难测定，这里只讨论油层中流体间的界面张力。油层中流体的界面张力直接影响到油层中流体在岩石表面上的分布、孔隙中毛管力的大小和方向，因而也直接影响着流体的渗流。有关界面张力的研究对油气开采、提高原油采收率都有极其重要的意义。

由于油层中流体组成的复杂性及流体所处的温度、压力条件不同，油层中流体界面张力的变化要比纯液体复杂得多，不同油气层的界面张力差别很大。但利用上述有关界面张力的基本概念，同样可解释油藏流体界面张力的大小及变化规律。

1）油—气界面张力

先讨论石油—天然气界面上的表面张力的变化情况。油藏中的原油通常都含有一定数量的溶解气，此时油中溶解气量的大小对界面张力起着十分重要的作用。图 3-5 是溶解气对油—气界面张力影响的一个例子。由于空气中 80％是氮气，而氮气在油中的溶解度极低，因此，尽管压力增加到很高，其表面张力减小仍然不大。而对于天然气而言，情况就不同。

天然气中最多的是甲烷，尽管甲烷的饱和蒸气压比其他的烷烃大，但比氮气却要小得多，比氮气更易溶于油中。其次天然气中并非只含甲烷，还含有乙烷、丙烷、丁烷等，这些烷烃的饱和蒸气压比甲烷还要小得多，它们就更容易溶解于油中。这样不难看出，由于天然气比氮气易溶于油中，所以随着压力的增加，油—天然气的表面张力降低较多。

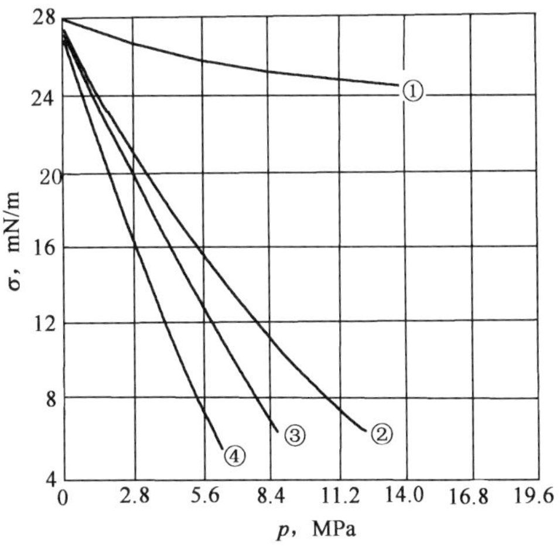

图 3-5　原油—气表面张力和溶解度关系（据吉玛都金诺夫，1956）

①与空气；②与天然气；③与 CO_2 气；④汽油与 CO_2

由上述可知，天然气中含重烃气越多，即天然气越湿，其溶解气量则越大，当压力增加时，表面张力减小更大。因此，由于地层油处于高温、高压情况下，并溶有大量的天然气，其表面张力将比地面油的表面张力小得多。在油藏内部，气顶附近原油的表面张力也小于远离气顶的原油的表面张力。

至于二氧化碳，因其饱和蒸气压很小，在油中的溶解度则比天然气更大，它和原油间的表面张力随着压力的增加而减小的程度也更大。汽油和二氧化碳界面上的表面张力之所以更低，是因为汽油是由轻质烃类组成，更易溶解二氧化碳的缘故。

综上所述，随着气相饱和蒸气压的减小，溶解度的增大，石油相对密度的减小，天然气湿度的增大，压力和温度的增加等，油—气表面张力将进一步减小。

2）油—水界面张力

关于原油—地层水间的界面张力，目前多是在取得地下油、水样后，在地面模拟地层温度等条件下测定，但至今对准确测定在油层条件下的油—水界面张力的方法还需进一步完善。苏联学者卡佳霍夫（Ф·И·КОТЯХОВ，1956）曾经对油—水界面张力作过比较详细的论述，并认为：

（1）对于无溶解气的纯油—水体系，温度和压力的改变对油、水间界面张力基本无影响。这可理解为温度增加，使油、水同时膨胀；而增大压力，又使油、水同时收缩，而油、水各自的分子热力学性质变化基本一致，使得油、水间的分子力场仍可能保持不变，从而表面张力仍可保持不变。但也有研究者认为，随着温度的升高，油—水界面张力会有明显的降低，而压力对界面张力的影响较小。

（2）在有溶解气存在时，油—水中溶解气量的多少，对油—水两相间的界面张力起着决定性的作用。溶解度的大小变化规律为：温度升高，溶解度减少；压力升高，溶解度会增大，且变化明显；天然气在油中的溶解度远远大于在水中的溶解度等。

在有溶解气的条件下，油—水界面张力随压力变化的关系如图 3-6 所示（曲线①、②、③代表相对密度和溶解气量不同的三种原油的情况）。由图可见，当压力小于 p_b（饱和压力）时，随着压力的增高，界面张力则增大，这是由于气体在油中的溶解度大而在水中的溶解度小，造成油—水间分子力场（或极性）差异更大而引起的；当压力大于 p_b 时，增加压力，界面张力稍有减小但不很显著，因为在高于饱和压力后，气体已全部溶于油水中，增加压力仅仅是对流体增加了压缩作用。

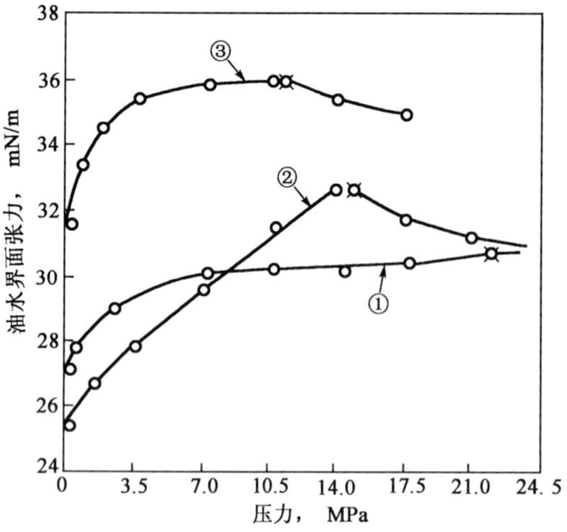

图 3-6　地下油—水界面张力与地层压力关系曲线
（据 Holcott，AIME，1939）

在有溶解气的情况下，仍然是温度升高，界面张力降低，这是因为温度增加，分子运动加剧，油—水接触面上分子力场差异减小所致。

此外，原油的组成不同，如油中轻烃的多少，原油的密度、粘度不同，则油、水间的分子力场不同，界面张力也不同，若原油中轻烃含量高、密度低、粘度小，则油—水界面间分子极性差异增大，界面张力也将增大。

必须提及的是，油水中所含的活性物质及无机盐，会直接影响到油水间的界面张力，这部分内容将在后面有关表面吸附问题时再作讨论。

由于地层流体组成的复杂性，界面张力的变化也不尽相同，因而人们对地层流体界面张力的变化规律认识各异，为更好地认识其客观规律，还需今后进一步的努力。表 3-2 是国内外部分油田所测得的油—水界面张力值。

表 3-2　国内外部分油田的油水界面张力值

油 田 名 称	油水界面张力，mN/m	测 定 条 件
杜依玛兹油田	30.2	地面
罗马什金石油	25.6	地面
老格罗兹内Ⅱ/HⅡ	26.0	地面
得克萨斯 34 个油田	13.6～34.3	地面
胜利油田	23～31	70℃
辽河油田	9～24	45～85℃
大庆油田	30～36	地下
长庆油田	28.6	51℃
任丘油田	40	地面

4. 界面张力的测定和查图法

测定界面张力的方法很多，如液滴重量法、液滴（气泡）最大压力法、吊片及吊环法、旋转液滴法和悬垂液滴法等。不同方法所用的测试仪器、测试条件不同，所能测定流体界面张力的范围也不同，应根据实际的需要选用不同的方法。

一般来讲，测定较高的界面张力（$1\sim10^2$mN/m），可用吊片法；中等的界面张力（$10^{-1}\sim1$mN/m），可用悬滴法；如需测微乳液和油（或水）的低界面张力或超低界面张力（$10^{-3}\sim10^{-1}$mN/m），则可用旋转液滴法。

目前，在我国广泛采用并作为石油行业标准的测定油—水、油—气界面张力的主要方法是悬滴法和吊片法。

1）*悬滴法*

悬滴法的原理是在预定的温度条件下，置于注射器中的物质［图 3-7(a)中的水］在重力和界面张力的作用下形成液滴。界面张力力图把液滴向上拉，重力则使液滴脱落，界面张力的大小与脱落时的液滴形状成一定的比例关系，通过光学系统摄影记录下液滴形状［图 3－7(b)］，作图测量出液滴的最大直径 d 及距离液滴顶端出口处的直径 d_i，按下述公式，即可计算出这两种物质间的界面（或表面）张力。

$$\sigma = \frac{\Delta \rho g d^2}{H} \tag{3-5}$$

$$\Delta \rho = \rho_1 - \rho_2$$

式中 σ——界（表）面张力，mN/m；

g——重力加速度，980cm/s^2；

$\Delta \rho$——两相待测物质的密度差，g/cm^3；

H——液滴形态的修正值，它是 d、d_i 的函数，可在有关的表中查得。

在采用此方法时，需注意选择注射器针头的大小，如当待测物为普通液体时，选 0.7mm 针头；如为粘稠液，视其粘度大小，针头可选 1.5～2.0mm。方法本身对针头端面加工要求严格，做到光滑、平整。如所测液体密度小于周围介质密度时，可选用“L”形针头进行测定（图 3－8）。

悬滴法也可用来测定气—液的表面张力。

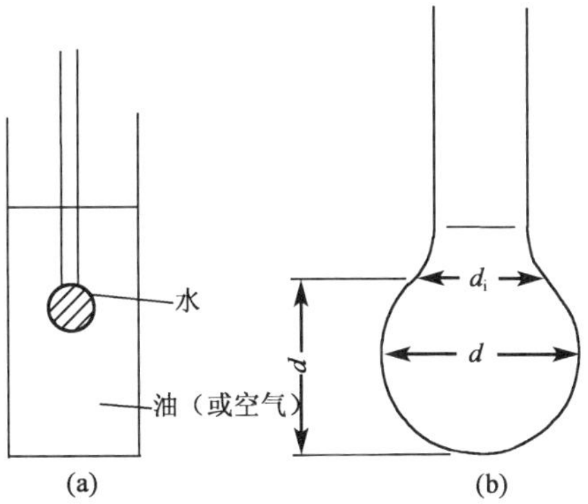

图 3－7 悬滴法测界面张力示意图

(a) 密度关系 $\rho_o < \rho_w$（直针头）；(b) 测量 d 和 d_i

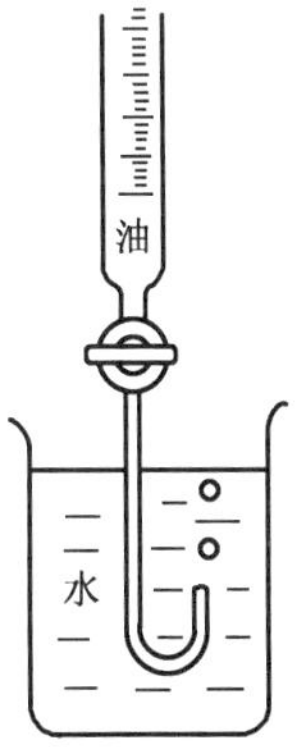

图 3－8 L 型针头密度关系 $\rho_o < \rho_w$

2) 吊片法

吊片法（又称悬片法、吊板法等）界面张力测定仪如图 3－9 所示。测定基本原理为：当调节升降装置，使试样皿内的油、水界面刚好与吊片底端接触时，由于固相（吊片）和两个液相（油、水）相接触，固—液、液—液各界面张力表现出来，其作用结果是使玻璃片向下拉动。此时，由一套记录显示装置将拉力 P 的大小直接记录下来，按下式即可计算出界面张力。

$$\sigma = \frac{2P}{L_1 + L_2} \tag{3-6}$$

式中 σ——界面张力，mN/m；

P——拉力，10^{-2}mN；

L_1、L_2——挂片的长度和厚度，cm。

该方法适用于密度差不大于 0.4g/cm^3，界面张力为 5～100mN/m 的油—水两相界面张力的测定。

测定时，除仪器本身的精度要求外，对于玻璃片（吊片）的清洗和预处理要求较高（例如需要预先将玻璃片放在 A 液中（图 3－9），润湿高度为 5mm，3～5min 等），这是能否测准数据的关键，操作时必须注意。此外，丰富的实践经验也是十分必要的。

目前国内采用 CBVP 式 A－3 表面张力计，配套的玻璃吊片为 2.4cm×2.4cm×0.03cm。

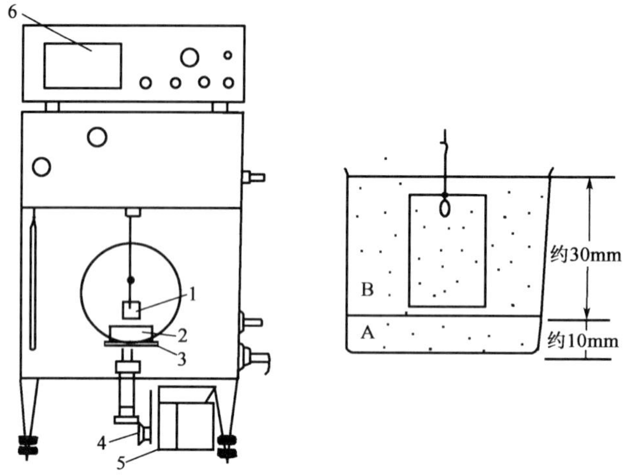

图 3－9　吊片法表面张力测定仪原理示意图

1—玻璃片；2—试样皿；3—升降台；4—齿轮；5—马达；6—数值显示器

3）查图（诺模图）法

（1）地下油—水界面张力诺模图（图 3－10），如已知地面温度（21℃）所测得的油—水界面张力及地层温度，可由图 3－10 直接一次查出地下油—水的界面张力。

（2）地下甲烷气—水界面张力诺模图（图 3－11），如果气藏中天然气主要是甲烷，则由已知的地下温度及压力，由图 3－11 可直接查出甲烷—水的界面张力。

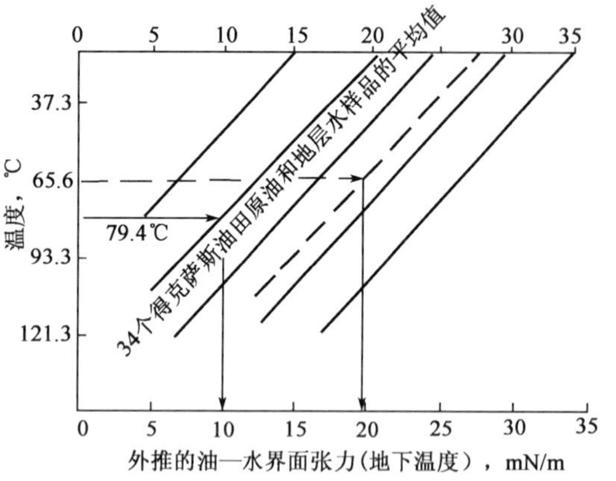

图 3－10　求地下油—水界面张力诺模图

（据 Schowalter，1979）

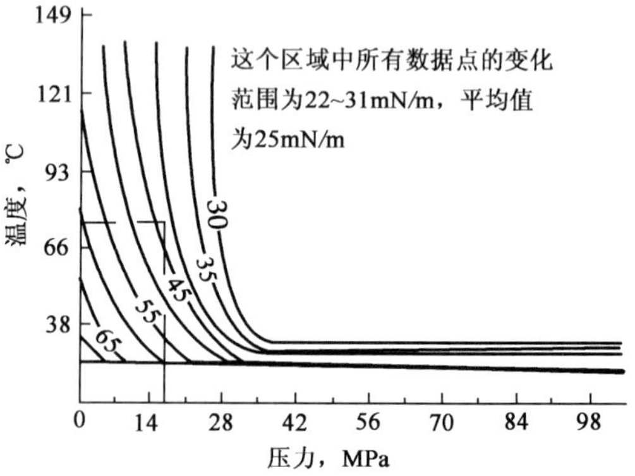

图 3－11　计算地下甲烷—水界面张力诺模图

（据 Schowalter，1970）

二、界面吸附现象

1. 吸附的概念

由于表面层分子力场的不平衡、不对称性，因而存在表面自由能。由热力学第二定律可知，物质总是有自发地减小表面自由能的趋势。通过改变物质的形状（如变为球形）可以减小表面自由能，另外物质还可以通过吸附作用和润湿作用降低体系的自由能。下面讨论有关的吸附问题。

吸附现象发生于物质的两相界面处，由于储层岩石内存在多种界面，且界面的表面积巨大，因此油层内广泛存在吸附现象。

根据吸附分子与固体表面原子结合力的性质，吸附作用可划分为物理吸附和化学吸附两类，而且它们既可能发生在静态条件下，也可能发生在动态条件下。在物理吸附中，吸附物质分子仅是通过范德华力吸附在界面上。在吸附过程中会同时伴随着解吸现象，开始时吸附速度大大超过解吸速度，但两个速度的差别会逐渐减小，直至两个速度相等而进入吸附平衡，吸附物质分子在吸附剂表面形成吸附层（或称为界面层）。而在化学吸附中，吸附物质分子会与吸附剂发生化学反应，生成表面化学化合物质，通过共价键力实现键合。在多数情况下，吸附过程会同时伴有物理吸附和化学吸附，即称为混合吸附。

2. 气—液界面（表面）的吸附

液体表面的吸附问题与液体内所含物质关系极为密切。此时怎样吸附？怎样降低界面能呢？下面以在纯水（无离子）中加入少量活性剂（如肥皂）为例，分析在水与空气的界面上会产生什么现象。

纯水中加入少许活性剂后，可发现含活性剂的水表面张力比纯水降低了。表面张力对外来物（活性剂）的存在极其敏感。尽管外来物质很少，它却使表面张力降低很多。怎样来解释这种表面能降低的现象呢？首先得从外来物的性质讨论起。

根据活性剂性质，就其化学结构而言，它是高级脂肪酸的一些盐类，例如钠肥皂，其化学通式为 $C_nH_{2n-1}COONa$，比如 $C_{12}H_{23}COONa$。常用的几种活性剂结构如图 3－12 所示。从其结构可以看出，它们的一端是由碳、氢所组成的基团，具有对称的非极性结构，通常称为碳氢链（如 $C_{12}H_{23}$），另一端却具有非对称的极性基团（如 COONa）。由此可以看出活性剂分子是具有两性的分子，即一端是极性，另一端是非极性。通常，把凡具有上述两性结构的分子，多用小蝌蚪符号“～～～o”或“——o”表示。长的一端代表非极性的碳氢链，圆的一端代表极性基团。

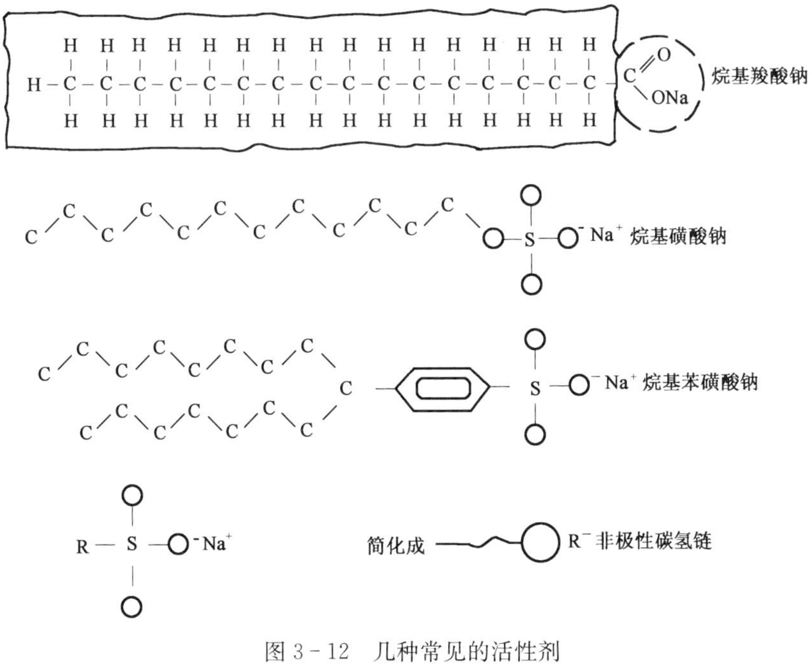

图 3－12　几种常见的活性剂

凡是具有上述结构的分子所组成的物质，放入液体中都能降低界面张力。活性剂放入纯水中，活性剂分子就将自发地集聚在两相界面层上（图 3－13）。这是因为纯水的表面张力很大（72.8mN/m），即在水和空气的界面上具有较大的自由能。换句话讲，水和空气，水为极性的，空气为非极性的，因此，它们的极性差很大。而在水中的活性剂分子，其极性端力图与水（极性）作用，其非极性端则力图与空气（非极性）相作用，于是界面上的极性差减小了。可见，只有活性剂集中到界面上去，才能达到极性差减小的目的。极性差的减小，也就是自由表面能的减小，即表面张力的减小。根据热力学第二定律，这种活性剂分子向界面层集中的过程是自发的过程。

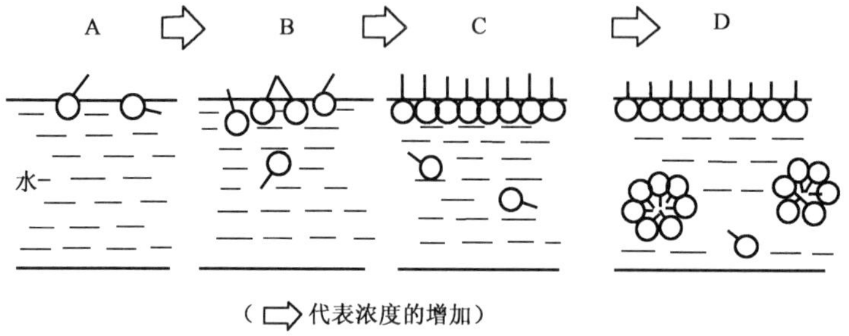

图 3－13　两相界面层吸附物质浓度的变化

溶解在具有两相界面系统中的物质，自发地集聚到两相界面层上，并降低该界面层的界面张力，这种现象被称为“吸附”。被吸附在两相界面层上并能大大降低表面张力的这种物质，称为表面活性物质或表面活性剂。界面层单位面积上比相内多余的吸附量称为比吸附，记为 G。

在恒温条件下，比吸附和溶质浓度及表面张力随溶质浓度的变化率之间的关系，可由吉布斯（Gibbs）吸附等温式表示：

$$G=-\frac{1}{RT}C\left(\frac{\partial \sigma}{\partial C}\right)_T \tag{3-7}$$

式中　G——吉布斯吸附量，为单位面积表面层中溶质的摩尔数与溶液内任一相当薄层中溶质的摩尔数之差值（或过剩值，或多余量），mol/m^2；

C——溶质在溶液内部的平衡浓度，无量纲；

$\left(\frac{\partial \sigma}{\partial C}\right)_T$——恒温时，表面张力随溶液浓度的变化率，代表溶质表面活性的大小，也称表面活度；

T——绝对温度，K；

R——通用气体常数，8.3144J/（mol・K）。

由式（3－7）看出：当$\frac{\partial \sigma}{\partial C}<0$ 时，则比吸附 $G>0$，称正吸附，它表示表面张力随溶质浓度的增加而降低，此溶质为活性物质。

若$\frac{\partial \sigma}{\partial C}>0$ 时，则比吸附 $G<0$，也称负吸附，它表明表面张力随溶质浓度的增加而增大。多数的无机盐如 NaCl、$MgCl_2$、$CaCl_2$ 等，当其溶于水中之后，由于增加了水相分子的内聚力，从而增加了油—水、气—水界面张力。使表面张力增高的这类物质称为非表面活性物质。

根据式（3－7）绘出的两相界面张力σ和比吸附G与溶液中表面活性物质之间的关系曲线如图3－14所示。从图上可以看出，当表面活性物质的浓度较小时，随浓度的增加，表面张力的减小和比吸附的增大都较快。但是，当浓度增加到一定程度以后，比吸附却不再增加，而趋于比吸附最大值G。这是因为吸附在两相界面层上的表面活性剂物质随浓度的增加，趋饱和所致（图3－13）。此时的σ值，也就不再随浓度的增加而继续减低，便出现了图3－13中最右边的情况，即在水中的活性剂分子彼此聚集在一起，憎水的非极性端向内互相靠拢，亲水基向外形成所谓胶束。由于非极性的憎水端完全被极性端包围在内部，与水脱离接触，因此也能稳定地溶于水中，而对水的表面张力几乎无多大的影响。

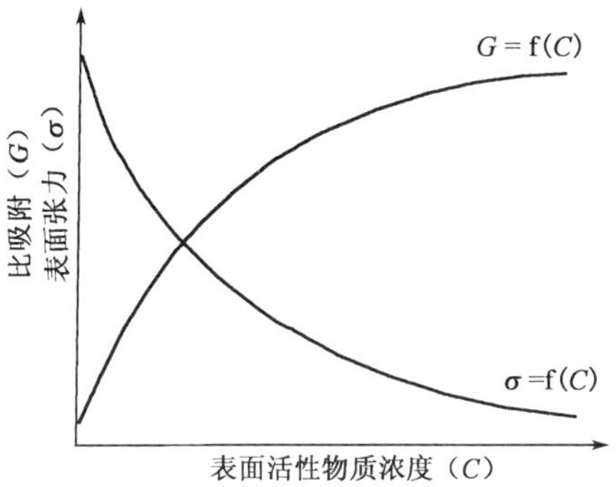

图3－14　比吸附和表面张力等温线

从上述活性水的例子和吸附过程可以看出，凡是吸附作用的发生，都应满足苏联学者Ⅱ.A. 列宾捷尔院士所提出的“极性均衡”原则，即：极性A＞极性C＞极性B，A、B代表任意两相液体，C代表被吸附的物质。

3. 气—固界面上的吸附

关于气体在固体表面上的吸附，其中一种常用的理论是1916年由兰格缪尔（Langmuir）提出，该理论认为固体表面的各个原子的力场不饱和，产生剩余力。这种剩余力使碰撞到固体表面的气体分子被吸附。吸附作用是气体分子在固体表面凝聚和逃逸两种相反过程达到动态平衡的结果。

兰格缪尔提出了吸附量与气体压力的关系，即等温吸附关系式：

$$V = V_{\infty} \frac{bp}{1+bp} \tag{3-8}$$

式中　V——某一定量吸附剂上气体吸附质的摩尔数，mol；

V_{∞}——该一定量吸附剂所能吸附的最大摩尔数，mol；

p——气体压力，MPa；

b——吸附系数或特性常数，1/MPa。

值得说明的是，当p值很低时，bp值远小于1，$V \approx V_{\infty} bp$，因此V与压力p成正比。而当p值很高时，bp值远大于1，则有$V = V_{\infty}$，表明高压力下，吸附剂的表面已被单分子层的吸附物质覆盖，增加压力，吸附量不再增加。

兰格缪尔提出的气体在固体表面单分子层吸附理论和其他学者提出的多分子层理论，都给出了在一定条件下适用的理论计算公式，并可用来解释某些现象。

和液体一样，固体表面上的原子和分子所受的力是不对称的，因此固体表面也存在界面能。固体可以吸附碰撞到其表面上的气体分子或从溶液中吸附其他物质，以降低其表面能。历史上，对吸附作用的研究和工业应用是从固体开始的。然而由于固体表面的复杂性，对于固体表面的某些吸附机理至今尚未完全弄清。一般来讲，固体表面的吸附具有以下规律：

（1）固体表面对被吸附物质的吸附量（一般用单位质量的固体的吸附量表示）随着吸附

界面面积的增大而增大。

(2) 固体表面是凹凸不平的，表面物质的成分也不均一，不同的成分具有不同的吸附性能，所以固体的吸附具有选择性。固体表面不同部位的吸附效果常有较大差异。

(3) 吸附是放热的，所以升高温度吸附量降低。但是，有的体系在温度升高时溶质的溶解度降低，使溶质在固体表面的吸附量增加，此时，当溶解度降低程度超过了温度对吸附量的影响时，吸附量将随温度的增加而增加。

(4) 吸附量与被吸附物质的浓度成正比，浓度越大，吸附量越大；气体具有较大的压缩性，固体表面对气体的吸附随压力的升高而增大。

4. 液—固界面上的吸附

液体在固体（如岩石）表面上的吸附常出现边界层。形成边界层的原因有两点：一是由于固体表面力场的诱导作用；二是吸附层本身分子（如活性剂）的影响。固体吸附的最大特点是固体表面物质的成分很不均一，表面凹凸不平，使不同部位具有不同的吸附性能，而表现出选择性吸附。固体的极性部分易吸附极性物，而非极性部位易吸附非极性物等。

例如，在油层中除岩石骨架固体颗粒外还有油、水，水是一种极性很强的液体，组成岩石的矿物也是极性的，所以水容易被岩石吸附。原油中各种烃类的氧、硫、氮化合物，如环烷酸，沥青质等都具有极性结构，则可以被岩石表面吸附。因此可以认为：石油在岩石中的吸附程度主要取决于石油中所含极性物质的多少。

许多研究表明，固体表面的吸附层是十分牢固的，它具有反常的力学性质及很高的抗剪切的能力，几乎无法用机械的方法除去它们。例如，A. ф. 捷夫曾在 70kg 离心力作用下进行从多孔介质中的驱水试验，证明在驱出了多孔介质水之后，在颗粒表面上还剩下约几个分子层的薄膜。E. B. 泽烈金指出，玻璃面上油水膜厚度约为 0.075μm。在油水共存的岩石孔隙中，水可以被吸附于孔隙内壁，形成一牢固的吸附层，这一吸附层在一般的油层压差下很难除去，于是半径刚好等于或小于吸附层厚度的孔隙，会因吸附水膜堵塞而失去含油价值。从吸附理论考虑，吸附水膜的厚度应当是含油孔隙半径的下限值，只有那些半径大于水膜厚度的孔隙才是有效的。

由于吸附层的厚度受岩石表面及液体性质、孔隙结构、表面粗糙度、温度及压力等多种因素的影响，随上述因素的不同，吸附作用的影响也不相同。利用储层岩石表面具有选择性吸附的特点，在注入表面活性剂溶液之前预先注入可称为“牺牲剂”的某种物质，使其优先在岩石表面上吸附，这样可以减少表面活性剂在岩石表面上的吸附损失，提高经济效益。目前，吸附理论已在提高原油采收率方面得到广泛的应用。

液体在固体表面的吸附要比气体吸附复杂的多。计算溶质在固液界面的吸附量与液相中溶质浓度的经验公式目前也有几种，如兰格缪尔（Langmuir）的吸附等温式表示为：

$$\Gamma = \Gamma_{\infty} \frac{bc}{1+bc} \tag{3-9}$$

式中 Γ——吸附量，mol/g；

Γ_{∞}——饱和吸附量，即 1g 吸附剂当表面盖满一层时所能吸附的溶质的量，mol/g；

c——溶质的浓度，mol/L；

b——吸附系数，其数值与温度、溶质和溶剂的性质有关，L/mol。

三、润湿现象和毛管力

吸附现象是由于物质表面的未饱和力场自发地吸附周围介质以降低其表面自由能的自发现象。润湿现象也是自然界中的一类自发现象。它是当不相混的两相流体（如油、水）与岩石固相接触时，其中的一相流体沿着岩石表面铺开，其结果也使体系的表面自由能降低，我们称这种现象为润湿现象。能沿岩石表面铺开的那一相称为润湿相。

由于润湿作用支配着油、气、水在地层岩石孔隙中的微观分布，因而在本章第二节将专门讨论润湿机理及储层岩石的润湿性问题。

在油层中，油—水与岩石（或气—水与岩石）接触所发生的润湿现象与发生在地面上、桌面上或大烧杯水面、湖面的广大开阔空间里不同。油层中的润湿现象发生在岩石的细小毛管这一特定条件下，于是在毛管中会出现弯液面和由于弯液面而产生的毛管力。

毛管力对于油、气、水在岩石中的渗流起着十分重要的作用，由此而产生的各种附加阻力是我们更为关注的问题。为此，有关毛管力的大小、方向、测定及应用等将在本章的第三节中讨论。

四、界面粘度

地层骨架是高度分散体系，固—液界面到处可见，在固—液界面上除了有上述的吸附、润湿等现象发生外，当流体在岩石这样细小的孔道中渗流时，在岩石颗粒骨架表面上流体所表现出的粘度又如何？也就是说，界面粘度和流体的体相粘度（bulk Viscosity）是否一样呢？

范德特泊（Van den Tempel）采用窄缝粘度计研究了界面粘度问题。实验装置如图 3-15 所示。其测定方法与液体的泊稷叶（Poiseuille）法完全相似。在压差 $\Delta p = p_1 - p_2$ 作用下，测定液膜流过窄缝的流速（或流量）即可。实验时，要求移动压片的速度要能保持液膜压力差 Δp 为常数，以达到稳定流动。

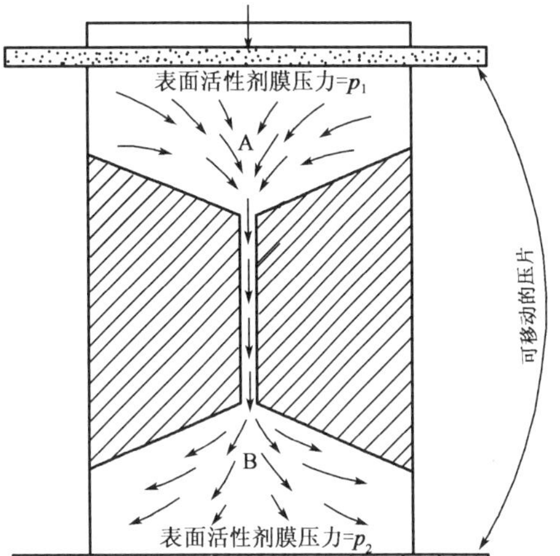

图 3-15　界面窄缝粘度计

（据 D. W. Criddle，1960）

不少学者还采用了其他的测定界面粘度的方法，如美国得克萨斯大学石油系著名教授 R. S. Schechter（1970 年），他是将液膜展开在由同心圆筒形成的圆环形窄缝中，并通过同心的液体容器转动来传递运动，进行测定。

目前，有关表面流变学的研究是一个既活跃也很难对付的课题，每个人所得出的实验数据都是不肯定的——随研究者和所用的仪器类型而定，并且测定时对于杂质极为敏感，也不能肯定是否因为边缘效应等严重干扰了测量，而使计算出的界面粘度误差很大。

根据测量结果，界面粘度约比液膜物体相的粘度大 10^6 倍。倘若此差异是真的而不是实验的问题，那么这可能暗示在很薄的界面区域内，极性基之间是高度结构化的（例如通过氢键效应），致使极性基相互之间不易移动。总之，不管上述数据是否可靠，但在岩石表面上出现异常高的粘度，已早为人们所认识和接受。

第二节　储层岩石的润湿性

油藏在注水开发情况下，岩石孔隙内油、水共存，究竟是水附着到岩石表面把油吸起，还是水只能把孔隙中的油挤出，这都根据岩石的润湿性而定。

岩石润湿性是岩石—流体综合特性。一般认为润湿性、毛管压力特性属于岩石—流体静态特性，而相对渗透率则属于岩石—流体动态特性。但无论是静态、还是动态特性，均与流体（油、水）在岩石孔道内的微观分布和原始分布状态有关。

润湿性是研究外来工作液注入（或渗入）油层的基础，是岩石与流体间相互作用的重要特性。研究岩石的润湿性十分重要，它是和岩石孔、渗、饱、孔隙结构等同样重要的一个储层基本特性参数。特别是油田注水时，研究岩石的润湿性，对判断注入水是否能很好地润湿岩石表面，分析水驱油过程水洗油能力，选择提高采收率方法以及进行油藏动态模拟试验等方面都具有十分重要的意义。

一、有关润湿的基本概念

润湿是我们日常生活中经常接触到的表面现象。例如，一滴水滴在玻璃上很快铺开，我们认为水对玻璃表面润湿好。但一滴水银滴在玻璃上不能铺开，就认为水银对玻璃表面湿润不好，这些现象都是润湿现象。所谓润湿性，就广泛的意义上讲是指：当存在两种非混相流体时，其中某一相流体沿固体表面延展或附着的倾向性。

1. 润湿产生的原因

如将一小块岩石放入水银中，可以发现水银并不在岩块表面上铺开。相反将岩块放入水中，岩石表面就被水所润湿，此时，岩石表面与水接触，设它们的界面张力为 σ_{ws}。在岩块投入水前，岩块处于空气中时，设其表面张力为 σ_{gs}。投入水的前后，岩块表面积 A 没有发生改变，但表面能变化了，设表面能的改变为 ΔU，则：

$$\Delta U=\sigma_{ws}\cdot A-\sigma_{gs}\cdot A=(\sigma_{ws}-\sigma_{gs})\cdot A \tag{3-10}$$

通常 $\sigma_{gs}>\sigma_{ws}$，所以表面能的改变 $\Delta U<0$ 为负值，说明表面能降低。表面能降低，是润湿现象之所以发生的根本原因。正如前述，表面能趋于减小，这是一切表面现象所遵循的规律。因此，物理化学中，常将润湿定义为固体与液体接触时引起表面能下降的过程。同理可解释为什么水银不润湿岩石的原因：是因为 σ_{Hg} 大于 σ_{gs}，使 ΔU 为正值。

2. 润湿程度的衡量标准

1）接触角（也称润湿角）

假如表面有一液滴，则所谓接触角是过气液固三相交点对液滴表面所做切线与液固界面所夹的角。接触角通常用符号 θ 表示，并规定从密度大的流体一侧算起。图 3-16 是水和水银对玻璃表面的接触角。油水对岩石表面的接触角如图 3-17 所示。

按接触角定义，可得：

$\theta=0$	完全润湿	亲水性极强或强水湿
$\theta<90°$	润湿好	亲水性好或水湿
$\theta>90°$	润湿不好	亲油性好或油湿
$\theta=180°$	完全不润湿	亲油性极强或强油湿

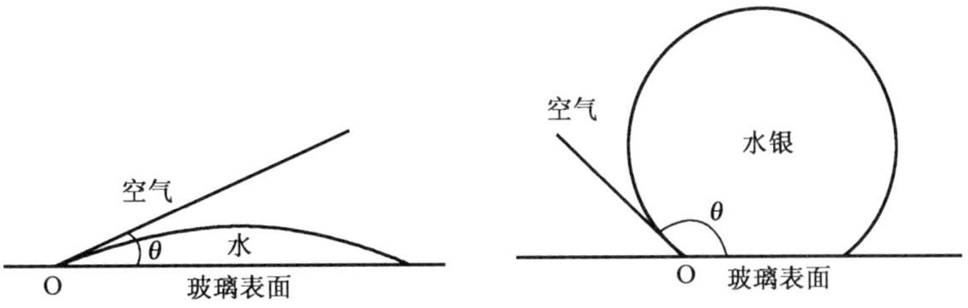

图 3-16　水和水银在玻璃表面上的接触角

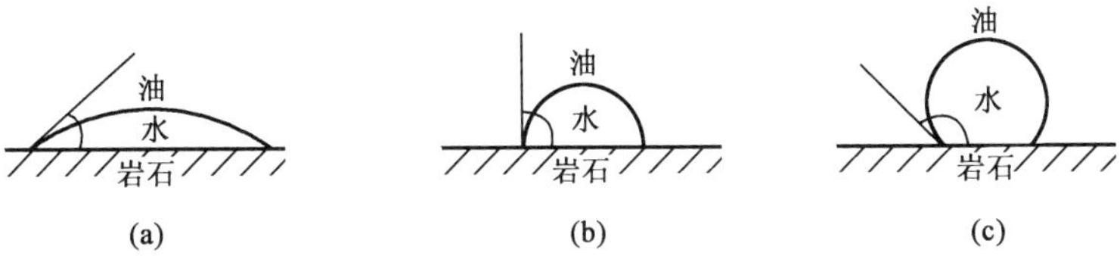

图 3-17　油水对岩石表面的接触角

(a) 水湿；$\theta<90^\circ$；(b) 中间润湿性，$\theta=90^\circ$；(c) 油湿，$\theta>90^\circ$

由图 3-18 可以看出，O 点为油—水—岩石三相交点，即为三相周界接触点。O 点处有三种表面张力（气液表面张力气 σ_{gL}、气固表面张力 σ_{gs}、液固表面张力 σ_{Ls}）在相互作用着。这三种表面张力之间达到平衡时有下列关系，即著名的杨氏（young）方程：

$$\sigma_{gs}=\sigma_{Ls}+\sigma_{gL}\cos\theta \tag{3-11}$$

因此

$$\cos\theta=\frac{\sigma_{gs}-\sigma_{Ls}}{\sigma_{gL}} \tag{3-12}$$

则

$$\theta=\arccos\frac{\sigma_{gs}-\sigma_{Ls}}{\sigma_{gL}} \tag{3-13}$$

由公式（3-13）可以看出，只要已知 σ_{gs}、σ_{Ls}、σ_{gL}后，就可由式（3-13）计算求得接触角。但目前除了 σ_{gL}可以直接测定外，σ_{gs}、σ_{Ls}数值还不能直接测定。因此，很难由表面张力计算接触角，而多采用直接测量角度的大小。

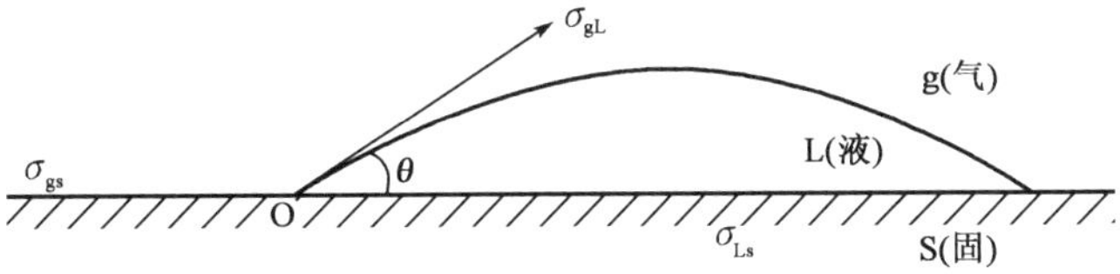

图 3-18　接触角与表面张力的关系

2）附着功（也称粘附功）

附着功是指将单位面积（例如 $1cm^2$）固—液界面在第三相（例如气相）中拉开所作的功（图 3-19）。在这一分开的过程中，设表面能变化为 ΔU_s

$$\Delta U_s=(U_{新的}-U_{原来的})\times 1=[(\sigma_{gL}+\sigma_{gs})-\sigma_{Ls}]\times 1 \tag{3-14}$$

根据表面张力的概念，$\sigma_{gL}+\sigma_{gs}>\sigma_{Ls}$，故 ΔU_s 必定大于零，即体系的表面能增加。这个表面能的增量 ΔU_s 就等于附着功（或粘附功），以符号 W 表示，于是：

$$\begin{aligned}W=\Delta U_s&=(\sigma_{gL}+\sigma_{gs})-\sigma_{Ls}\\&=(\sigma_{gs}-\sigma_{Ls})+\sigma_{gL}\end{aligned} \tag{3-15}$$

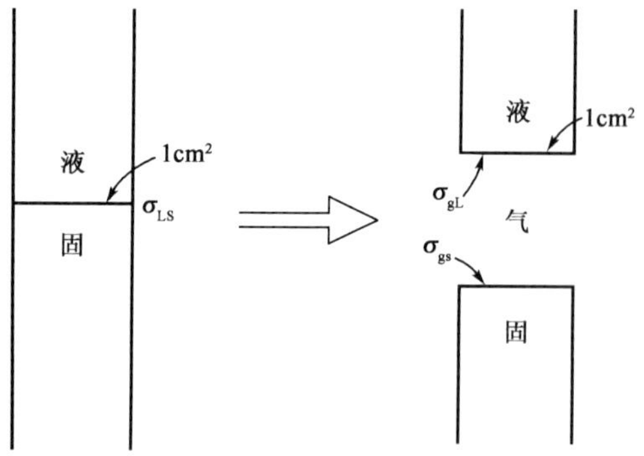

图 3-19　附着功示意图

再由杨氏方程式，式（3-11）得：

$$\sigma_{gs}-\sigma_{Ls}=\sigma_{gL}\cos\theta \qquad (3-16)$$

则接触角与附着功之间具有如下关系：

$$W=\sigma_{gL}(1+\cos\theta) \qquad (3-17)$$

由式（3-17）可以看出，θ越小，粘附功W越大，也即液体对固体的润湿程度越好。

除上述两个标准以外，衡量润湿程度还有其他标准，有的与我们关系不大（如润湿热），有的（如油排比、水排比等）将在本节后面有关润湿性的测定中再作讨论。

3. 润湿反转现象

液体对固体的润湿能力有时会因为第三种物质的加入而发生改变。例如，一个亲水性的固体表面由于表面活性物质的吸附，可以改变成一个亲油性表面。或者相反，一个亲油性的表面由于表面活性物质的吸附变成一个亲水性的表面（图 3-20）。固体表面的亲水性和亲油性都可在一定条件下发生相互转化。我们把固体表面的亲水性和亲油性的相互转化称为润湿反转。

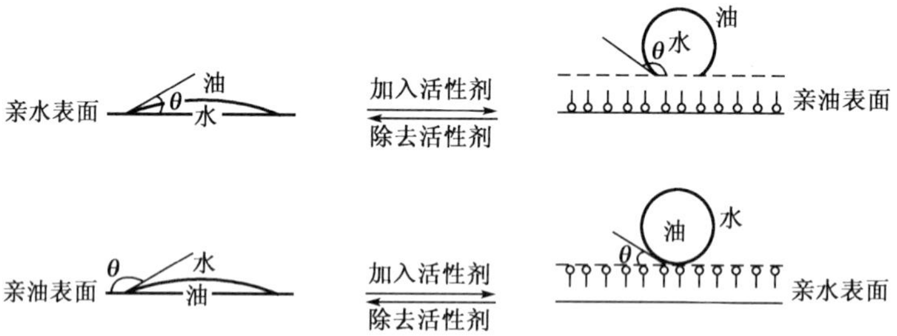

图 3-20　润湿反转现象

油层中的砂岩（主要是硅酸盐），按它的性质是亲水性固体。因此，在砂岩表面上的油较容易被洗下来，但砂岩表面常常由于表面活性物质的吸附而改变性质，即发生了润湿反转。现在储油层中相当一部分的砂岩表面是亲油表面，油在这样的砂岩表面不易被水洗下来，这是原油采收率不高的原因之一。目前有些提高采收率的方法就是根据润湿反转的原理提出来的。例如，向油层注入活性水，使注入水中的表面活性剂按极性相近规则吸附第二层，抵消了原来表面活性物质的作用（图 3-21），从而使砂岩表面由亲油表面再次反转为亲水表面。这样，油就容易被水洗下来，达到提高采收率的目的。

图 3-21　由表面活性剂引起的润湿反转

二、储层岩石的润湿性及其影响因素

储层岩石表面是亲水的还是亲油的？在研究润湿性的初期，根据油藏岩石都是在水环境中沉积成岩，而且组成岩石的各种矿物也多是亲水的，因而认为油藏岩石颗粒表面亲水。后来，在对地层流体，特别是对原油组分进行分析后，人们认识到，储层岩石虽然是在水环境中形成，但在油藏形成后，岩石表面长时间和油接触，原油中的活性物质会吸附在岩石表面上，就有可能使岩石表面由亲水转化为亲油。

随着对油层润湿性更为广泛的研究，越来越多的研究表明：很多储层岩石具有非均质润湿性，不同表面具有不同的选择性湿性。当系统具有非均质润湿时，表现为部分岩石表面为水湿，其余部分为油湿，即部分润湿或混合润湿。

部分润湿也称斑状（斑点，斑块）润湿，是指油湿或水湿表面无特定位置。就单个孔隙而言，一部分表面为强水湿，其余部分则可能为强油湿，且油湿表面也并不一定连续。实验中是将水湿颗粒（如玻璃球）和油湿颗粒（如特氟隆球）按一定比例混合而成具有部分润湿性的“岩心”（图 3-22）。混合润湿则是指不同大小的孔道其润湿性不同，小孔隙保持水湿不含油，而大孔隙砂粒表面由于和原油接触变为油湿，此时原油可连续流动（图 3-23）。

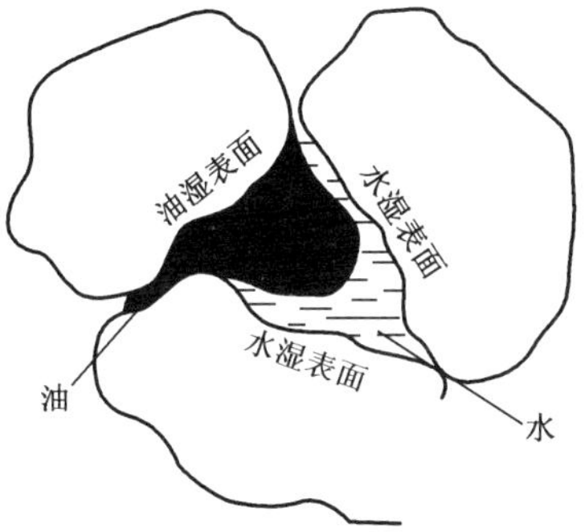

图 3-22　斑状润湿示意图
（据 Morrow，1976）

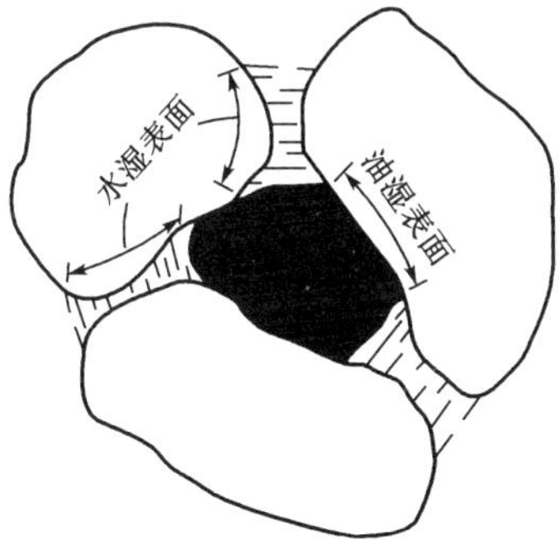

图 3-23　混合润湿示意图
（据 Morrow，1976）

为什么在宏观上同一油藏不同层段，或同一层段在横向上润湿性会有变化的？为什么在微观上，颗粒与颗粒之间、孔道与孔道不同部位之间也都表现出如此的非均质性？究其原因是由于影响岩石润湿性的各种因素所造成的。影响岩石润湿性的因素有以下几种。

1. 岩石矿物组成的影响

油藏岩石主要为砂岩和碳酸盐岩，后者的组成相对比较简单，主要为方解石和白云岩，而砂岩则是由不同性质和晶体构成的硅酸盐矿物，如长石、石英、云母及粘土矿物和硫酸盐等组成。由于构成砂岩矿物组分与组成的多样性，使砂岩的润湿性较碳酸盐岩更为复杂。

根据水滴在固体表面上接触角的大小，一般将固体分为两类：一类为石英、硅酸盐、碳酸盐、硅铝酸盐，水滴在这些矿物表面上的润湿接触角 $\theta<90^\circ$，这类岩石称为亲水的岩石；另一类如烃类有机固体和矿物中的金属硫化物等，水滴在它们表面上的润湿接触角 $\theta>90^\circ$，称为憎水的岩石。岩石的矿物成分不是单一的，虽然多数表面为亲水，但亲水程度不同。最亲水的是由水云母组成的粘土，其余按亲水次序强弱排列为：石英、石灰岩、白云岩、长石。

粘土矿物对岩石的润湿性有较大的影响，特别是蒙脱石是吸水的，泥质胶结物的存在会增加岩石的亲水性。有些粘土矿物含有铁，如鲕状绿泥石粘土（$Fe_3Al_2Si_2O_{10}\cdot 3H_{20}$），铁具有从原油中吸附表面活性物质的能力，当其覆盖在岩石颗粒表面时，可以局部改变岩石表面为亲油。由此可以看出，不同的矿物成分具有不同的润湿性，而储层岩石沉积来源广，矿物本身又十分复杂，因而在宏观和微观上都会导致岩石之间润湿性存在着显著的差异。

2. 油藏流体组成的影响

研究流体组成对润湿性的影响包括三个方面：原油中主要成分——不同烃类（非极性）的影响；原油中所含极性物（各种 O_2、S、N_2 的化合物）的影响；原油中活性物质的影响。

就原油中非极性部分的烃类系统而言，不同的烃类，含碳原子数不同、表现出的非极性不同。以戊烷、已烷、辛烷至十二烷分别与聚四氟乙烯光滑表面上的前进接触角关系为例（表 3－3）可以看出：随碳原子数增加，接触角增大。

表 3－3　不同烃类组分在聚四氟乙烯光面上前进角

烃　类	戊　烷 (C_5H_{12})	己　烷 (C_6H_{14})	辛　烷 (C_8H_{19})	十二烷 ($C_{12}H_{26}$)
前进角，(°)	0	8	26	42

实际原油中，除含有烃类非极性物外，总是不同程度的含有极性物质。原油中的极性物质对各种矿物表面的润湿性都有影响，但影响的程度各不相同，有的能够完全改变岩石的润湿性，使润湿性发生转化，有的影响程度比较轻微，这取决于极性物质的性质。图 3－24 表示出在同样的石英表面，原油组成不同时对润湿接触角的改变情况，其接触角可以大于 90°，也可小于 90°。即同一表面，油的性质不同，使其润湿性既可表现为亲油，也可表现为亲水。石油中的沥青质就是一种极性物质，它很容易吸附在岩石表面上使表面成为油湿，而且沥青的吸附性很强烈，以致用常规的岩石清洗法都无法将其去掉。

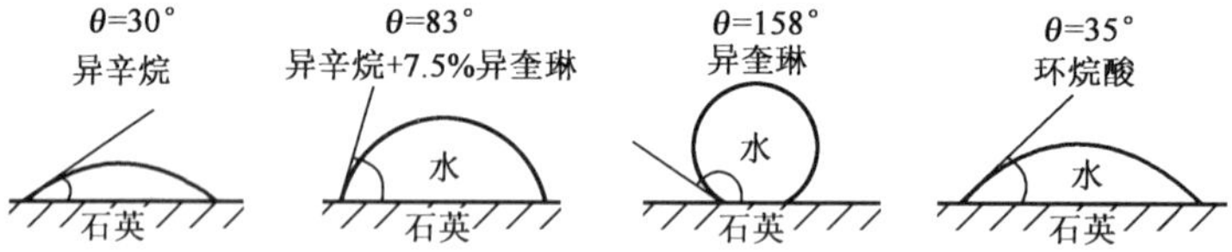

图 3－24　不同油和水对石英和方解石的润湿接触角
（据 Benner 和 Bartell，1941）

3. 表面活性物质的影响

表面活性物质对岩石润湿性的影响比上述极性物质的影响更为显著。一定量的活性剂在庞大的岩石表面上吸附，会使润湿发生反转。目前，在水驱油中添加表面活性剂以降低油—水界面张力和改变岩石润湿性是提高驱油能力的有效方法。地层水中的表面活性物质吸附在岩石表面上，但吸附的数量随水中溶解的电解质的增加而减少。此外，水中存在某些金属离子也会改变岩石的润湿性，在测定润湿接触角时，如水中加入 10mg/L 铜离子，将会使某些岩石的润湿性发生变化，由亲水转为亲油。

4. 矿物表面粗糙度的影响

采用接触角法测定岩石润湿性的实验都要求岩石矿物表面必须光滑、平整。这是因为在杨氏方程的推导中曾假设固体表面光滑，表面能（表面张力）各处相同。但在实际油层中，岩石表面粗糙不平，各处的表面能也不均匀。因此岩石的润湿性在各部位也有所差异，表现出呈斑点状润湿，尤其是矿物颗粒的尖锐凸出部分及棱角，对润湿性有着特别的影响。很多实验表明，尖棱对润湿周界来说，常常是难以克服的障碍，当润湿周界到达棱角时，就在棱角处受阻。此时，在棱角与三相润湿周界接触处的接触角应加上所谓的形角 τ 的影响(图 3-25)。形角 τ 越大，则棱角对三相润湿周界沿着固体表面移动的阻力就越大。此时所测得的润湿角就不能反映真实情况。

有关孔隙结构、温度、压力对润湿性的影响研究还不多，有些研究表明，温度和压力对油层润湿性影响不大。

综上所述可以看出，岩石的润湿性是岩石骨架本身矿物组成与地层中流体组成相互作用的结果。润湿性不仅是岩石骨架的性质，也是岩石—流体的综合特性。

三、润湿滞后现象

润湿滞后是在一相驱替另一相过程中出现的一种润湿现象，它会直接影响到不同驱替过程中所测得的毛管力曲线和相对渗透率曲线的形状和位置（详细内容将在本章后两节中讨论）。为了对润湿滞后能有一个比较明确的认识，在此单独进行讨论。

如图 3-26 所示，将原来水平的固体表面倾斜一个角度 α，可以发现：油—水—固三相周界（A、B）不能立即向前移动，而仅是油—水两相界面发生变形，从而使原始的接触角 θ 发生变化。这时，在 A 点上方，水占据了油原来的部分空间而形成前进接触角 θ_1，$\theta_1>\theta$；在 B 点上方，油驱水而形成后退角 θ_2，$\theta_2<\theta$。

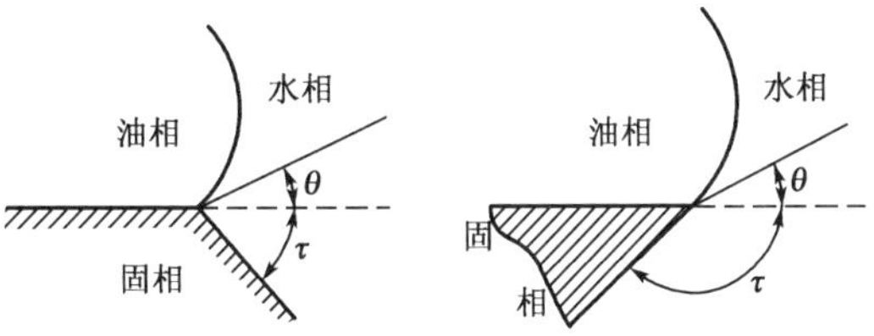

图 3-25　润湿接触角 θ 与形角 τ 的关系

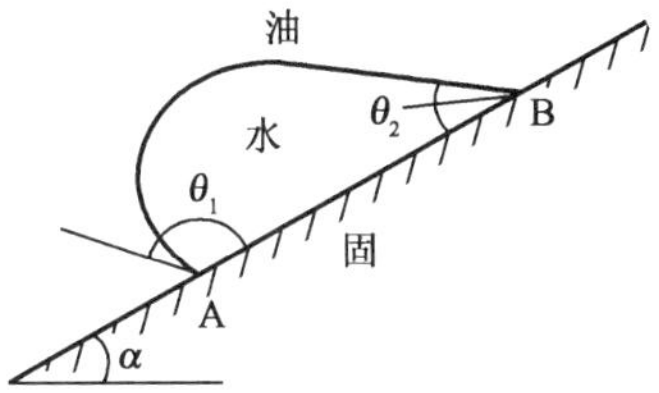

图 3-26　润湿滞后的前进角 θ_1 和后退角 θ_2
（据洪世铎，1980）

所谓润湿滞后，即三相润湿周界沿固体表面移动迟缓而产生润湿接触角改变的现象。不同情况所引起的润湿滞后现象不同，常将润湿滞后分为静滞后和动滞后两类。润湿滞后现象与下列几种因素有关。

1. 静润湿滞后

所谓静润湿滞后是指油、水与固体表面接触的先后次序不同时所产生的滞后现象（即是以水驱除固体表面上的油呢？还是以油驱除固体表面上的水?）。例如，实验发现：把水滴放到事先沉浸在石油中的矿物表面上所测得的润湿接触角 θ_w 总是大于把油滴放到事先沉浸于水中的矿物表面上所测得的接触角 θ（按规定，接触角均在极性较强的水这一侧量得）。这种随润湿先后次序不同而润湿角改变的现象，称为静润湿滞后或接触角滞后。

其中，θ_1 为前进角，θ_2 为后退角，并用两者差值 $\Delta\theta=\theta_1-\theta_2$，表示接触角滞后现象的严重程度（$\Delta\theta$ 有时可大于 60°）。因此，当测定两相流体对岩石的选择性润湿接触角时，应注意这种静止滞后现象，需要测得其平衡后的 θ 角才对。

实验研究表明，导致接触角滞后可能有三种原因：（1）表面粗糙度；（2）表面非均质性；（3）表面宏观分子垢的不可流动性（如表面活性物质在固体表面上的吸附层）。

通常，随着岩石骨架颗粒表面粗糙程度和非均质性的增加，三相润湿周界移动更加困难，润湿滞后现象也就更为显著。

油中所含表面活性物质在岩石表面上所形成的吸附层将使滞后现象增强，并在吸附层完全饱和时，滞后现象最强烈。因此，与岩石固体表面相接触的油和水，当其沿固体表面移动时，越靠近固体表面就越难移动。如岩石孔道表面为亲水，当水驱油时，原油中的表面活性物质在岩石孔道表面上的吸附将影响油膜的移动速度，油膜附着在孔道表面上越牢固，移动就越困难，滞后就越严重。研究表明，接触角滞后是引起毛管力滞后的主要原因之一。

2. 动润湿滞后

动润湿滞后是指：在水驱油或油驱水过程中，当三相周界沿固体表面移动时，因移动的延缓而使润湿角发生变化的现象。结合油层中的情况，并以亲水毛管为例（图 3－27）。静止平衡时，弯液面形成的平衡接触角为θ；水驱油时，三相周界（A，B）不立刻移动，弯液面发生变形，接触角增大为θ_1；若油驱水，则接触角减小为θ_2。同样，把水驱油时形成的接触角定为前进角或称增大角θ_1；油驱水时形成的角为后退角或减小角θ_2；当三相周界停止移动并处于稳定的润湿接触角时，所测定的角为平衡角θ，三者的关系为$\theta_1>\theta>\theta_2$

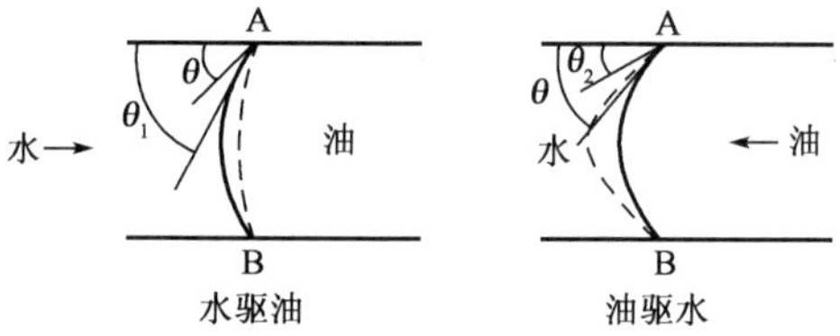

图 3－27　孔道中的动润湿滞后

图 3－28 表明，前进角（或后退角）的数值大小与润湿周界的移动速度有关，而不是一个定值。随着弯液面在孔道中运动速度的增加，前进角增大（或后退角减小）。如果孔道表面是亲水的，那么当弯液面以较低速度运动时，起初前进角θ_1可能小于 90°；当速度增加后，其前进角就可能大于 90°，使润湿发生反转。这一情况说明，尽管在静止或低速条件下，水可能很好地润湿地层，但当注水驱油速度过大时，弯液面的运动速度就会超过该液体（水）润湿岩石表面的临界速度。此时润湿角变大，润湿性发生反转，以致润湿作用不能很好发挥。当水在孔道中流过之后，还会在岩石表面上留下一层油膜而不利于水驱油。

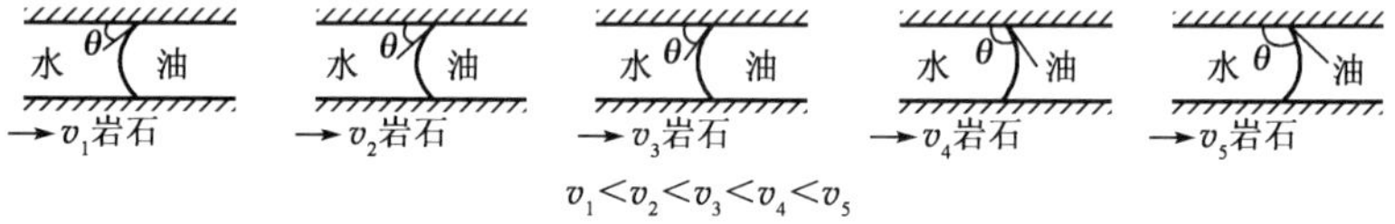

图 3－28　运动润滑滞后现象

3. 润湿滞后的影响因素

1）*石油中的表面活性物质在岩石表面上的吸附*

研究表明，光滑干净的大理石趋于平衡的速度很快；而在油中预浸 59 天的大理石松弛时间较长；经过油酸（油酸本身就是活性物质）预处理后松弛时间就更长。显然，这些现象与活性物质的吸附有关。因此，原油中的表面活性物质在岩石表面上的吸附并形成吸附层后将会加重静润湿滞后的程度。油膜附着在孔道表面上越牢固，移动就越困难，滞后就越严重。

2）*岩石颗粒表面粗糙程度*

一般说来，岩石颗粒表面粗糙程度和非均质性越严重，三相润湿周界移动就越困难，润湿滞后现象也就越显著。

固体的棱角和尖锐凸起对润湿滞后有很大影响。实验表明，尖棱对三相周界的移动阻力很大，三相周界到达尖棱处则遇阻，如图 3－25 所示，此时的接触角θ还应该加上“形角τ”

才能反映滞后情况（$\theta=\theta'+\tau$），“形角 τ”越大滞后也越大。

润湿滞后现象将影响不同驱替过程中所测得的毛管力曲线和相对渗透率曲线的形状和位置，详细内容将在后面有关章节中讨论。

四、岩石润湿性与水驱油的相互影响

研究表明，岩石的润湿性对水驱油过程会产生影响；反过来，长期的注水驱油也可改变岩石的润湿性。

湿润性对水驱油的影响是多方面的，这里主要讨论以下三个方面：润湿性决定了油水在岩石孔道中的微观分布以及残余油在孔隙中的存在方式；润湿性决定了孔道中毛管力的方向；地层中微粒本身的润湿性影响着微粒的运移方式。

1. 润湿性影响油水在孔道中的微观分布

岩石颗粒表面润湿性的差异，会使得油水在岩石孔隙中的分布不相同，岩石表面亲水的部分，其表面为水膜所包围，亲油部分则为油膜所覆盖。油水在岩石孔隙中的分布如图 3－29 所示。

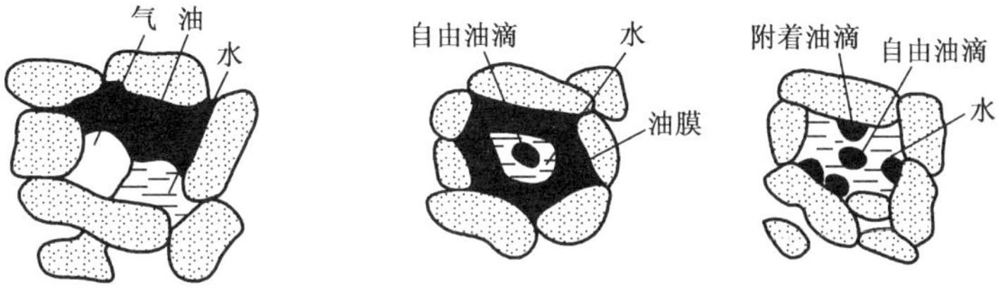

图 3－29　油水在岩石孔隙中的分布示意图

在各相界面张力的作用下，孔道中的润湿相总是力图附着于颗粒表面，并尽力占据较窄小的孔隙角隅，而把非润湿相推向更畅通的孔隙中间部位去。

图 3－30 分别表示在水湿［（a)、(b)、(c)）］和油湿［（d)、(e)、(f)］岩石孔隙中，油水饱和度不同时的分布情况。

从图中可以看出，如果岩石颗粒表面是亲水的（水湿），水则附着于颗粒表面。图（a）是当含水饱和度很低时，水便围绕颗粒接触点形成空心圆环状分布（pendularrings），称为环状分布。由于含水饱和度很低，这些水环不能相互接触彼此连通起来，因而不能流动，而以束缚水状态存在。与此同时，油的饱和度很高，处于“迂回状”连续分布在孔隙的中间部位，在压差作用下形成渠道流动。图（b）是当含水饱和度增加时，水环也随之增大，直至增到水环彼此连通起来，成为“共存水”的一种形式，它能否流动决定于所存在的压差大小。含水饱和度增大到高于共存水饱和度后，水也成“迂回状”分布而参与流动。图（c）是随含水饱和度的进一步增加，最终油则失去连续性并被破裂成油珠、油滴，成为“孤滴

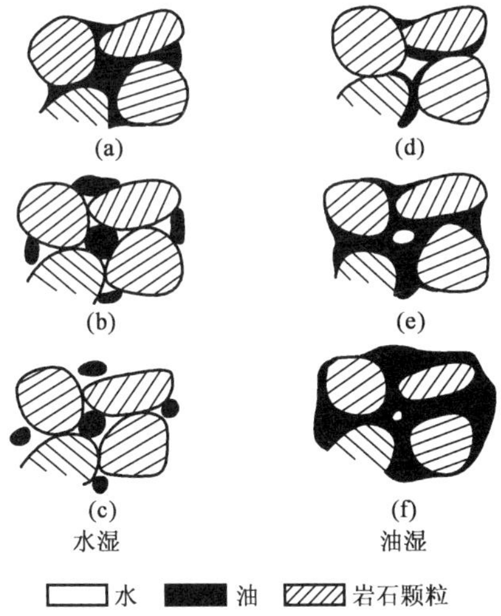

图 3－30　油水在岩石孔隙中的分布示意图

（a）水—环状、油—迂回状；（b）水、油—迂回状；（c）水—迂回状、油—孤滴状；（d）水—迂回状、油—环状；（e）水、油—迂回状；（f）水—孤滴状、油—迂回状

状”分布。油滴虽然靠水流能将其带走，但很容易遇到狭窄孔隙断面而被卡住，形成对液流的阻力。摩尔（Moore）采用示踪剂对强水湿岩心的水驱油研究表明，非湿相流体（油）相当大的部分局限于枝杈结构，尤其是在油饱和度接近 S_{or} 时更是如此。当注入水绕过它时，枝杈中的油因毛管力而被捕集和隔绝。另外，孔道的非均质也使 S_{or} 增加，因为它容易被水绕过而使油被捕集。

当岩石颗粒表面亲油时，油水分布状态及其随饱和度的变化与上述情况相反，如图 3－30 中（d）、（e）、（f）所示。

通过观察油水在人造多孔介质中的流动形态表明，油水系统多是以“渠道流态”的形式沿各自的一套相互连通的渠道网络流动（图 3－31）。这些渠道的直径变化很大，窄处不到一个砂粒直径，宽处约为粒径的许多倍。这些渠道往往被液—液界面或液—固界面所包围，盘绕迂回。当流体饱和度变化时，流动渠道网络的几何形状随之改变。当含水饱和度增加时，一般来说，水流渠道数量增加；与此同时油流渠道数量减小。由于多孔介质孔隙空间结构的四通八达，各条流动渠道总是能在渗流流道中找到自己相应的出路。此外，目前所观察到的液体渠道流态，几乎都是线性流动，遵循达西渗流定律。

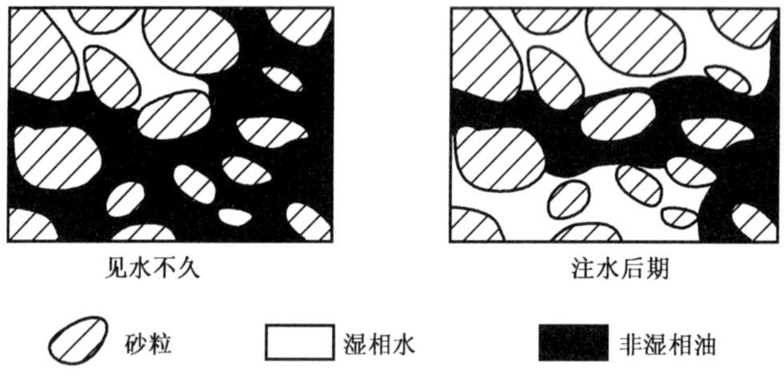

图 3－31　渠道流态显微照片

在注水过程中，油水的分布情况又将会如何呢？对于亲水岩石，随着含水饱和度的增加，水除了附着于颗粒表面的水膜和边角处之外，还以渠道流形式驱油。而残余油占据死胡同孔隙及很细的连通喉道，也有少部分的油被水分割成孤立的油滴而被包围。对于亲油岩石，水为非润湿相而首先取道于较大的流通性好的孔隙。继续注水时，水才逐渐侵入较小的孔道并使这些水浸小孔道串联起来，形成新的水流渠道。残余油除了一些停留于小的油流渠道内，其余的则是在大孔道表面形成油膜。薄膜形态的原油具有高的流动阻力，水很难将油膜从岩石表面驱走。当岩石是中等润湿性时，经水驱替后的残余油除了占据在死胡同孔隙中外，还有许多小油滴粘附在孔隙的岩石壁上。

通过上述的分析还可以看出，油水在岩石孔隙中的分布不仅与油水饱和度有关，而且还与饱和度的变化方向有关，即与湿相驱替非湿相还是非湿相驱替湿相有关，图 3－32 表示了这两个过程的差异。通常，将非润湿相驱替湿相的过程称为驱替过程，随着驱替过程进行，湿相饱和度降低，非湿相饱和度逐渐增高。把湿相驱替非湿相的过程称为“吸吮过程”，随着吸吮过程的进行，湿相饱和度不断增加。例如，亲水岩石水驱油过程则为吸吮过程，亲油岩石水驱油则为驱替过程。图 3－32（a）和图 3－32（b）分别给出驱替过程和吸吮过程中油水分布状态的示意图。由于岩石饱和流体的先后次序（即润湿次序）不同，即使饱和度相同，油水在孔隙中的分布状态也不同。从图 3－32（a）中可以看出，岩石孔隙中首先为油饱和，然后再注水，则饱和顺序是先油后水；而图 3－32（b）则是首先为水饱和过，随后油将水赶走，在颗粒表面留下一层水膜，最后又用水来驱油，则饱和顺序是水—油—水。这种饱和顺序的先后也称饱和历史，它代表了从原始到现在的润湿（饱和）过程的次序，其中也包含着静润湿滞后的含义，即所谓“静润湿滞后”也就是由于润湿（饱和）顺序不同所引起的滞后现象。

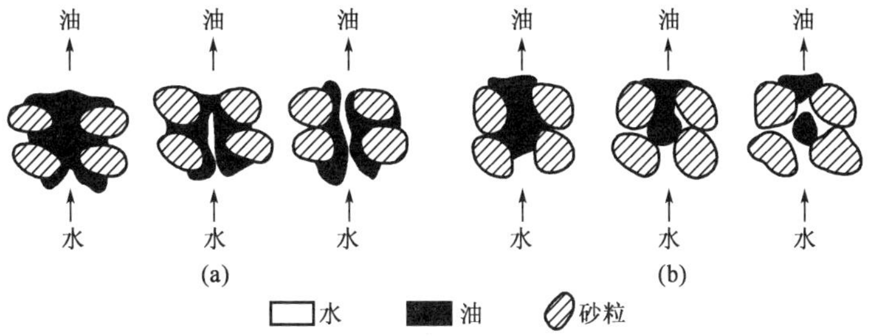

图 3-32　注水时润湿次序对水驱油的影响

（a）亲油岩石水驱油的驱替过程；（b）亲水岩石水驱油的吸吮过程

2. 润湿性决定孔道中毛管力的方向

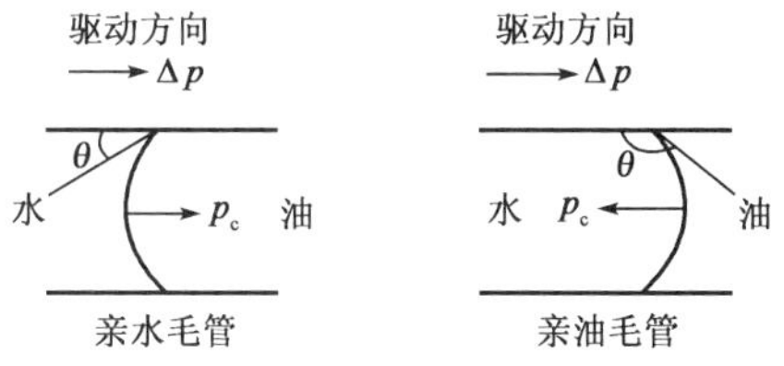

图 3-33　不同润湿性孔道的毛管力方向

岩石润湿性不同，可考虑在地层中有亲水孔道（毛管）和亲油孔道之分。不同的润湿性，润湿接触角 θ 的大小不同，弯液面凹凸形状和方向也不同，其结果所产生的毛管力方向也不同，如图 3-33 所示。可见，在亲水毛管中，毛管力 p_c 的方向与注水驱替压差 Δp 方向一致，p_c 为动力；相反，在亲油毛管中，毛管力 p_c 与注水驱油方向 Δp 相反，p_c 为阻力。流动阻力的大小，直接影响着油、水的流动。在实际生产中，当生产或注水压差很小时，毛管力对于驱油将起到重要的作用。

3. 润湿性影响地层中微粒的运移

在油田开发的初期，地层中只有油流动而产纯油，以束缚水状态存在的水相不流动。这时，亲水微粒可在束缚水膜的保护下不参与油的流动，如图 3-34 所示，即整个地层中没有微粒运移。

油层一旦注水或水驱油时，油水可同时流动，这时在束缚水膜保护下的微粒也开始随水流动。但只要油水同时流动，亲水微粒一般就不会在孔隙窄口处形成桥堵（架桥）而随水流走（图 3-35）。

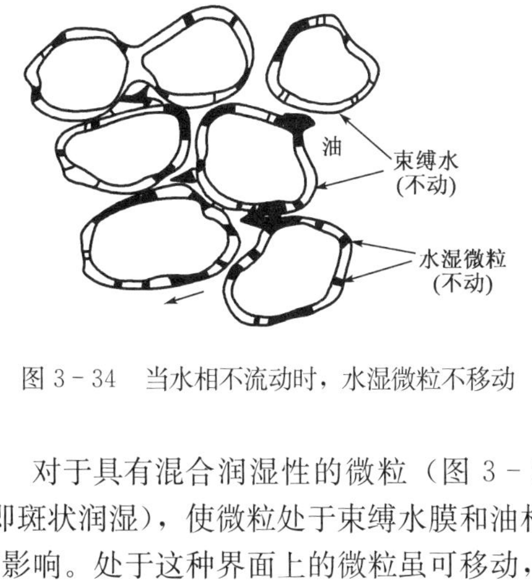

图 3-34　当水相不流动时，水湿微粒不移动

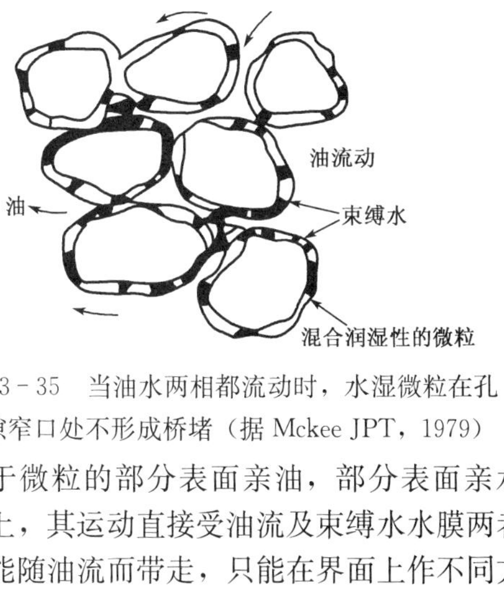

图 3-35　当油水两相都流动时，水湿微粒在孔隙窄口处不形成桥堵（据 Mckee JPT，1979）

对于具有混合润湿性的微粒（图 3-36）。由于微粒的部分表面亲油，部分表面亲水（即斑状润湿），使微粒处于束缚水膜和油相的界面上，其运动直接受油流及束缚水水膜两者的影响。处于这种界面上的微粒虽可移动，但并不能随油流而带走，只能在界面上作不同方

向的移动。

图 3－37 表示了向油层中加入油—水互溶剂的情况。加入油—水互溶剂时，由于减小了界面张力以致消除了油水界面，使受界面张力和润湿性所控制的微粒得以释放，产生运移。从解除桥堵来看，这种情况的出现是有利的，但大量微粒的释放与运移也可能导致微粒堵塞而损害油层。因此，在使用互溶剂时，必须事先开展实验，认清油层中微粒的运移情况。

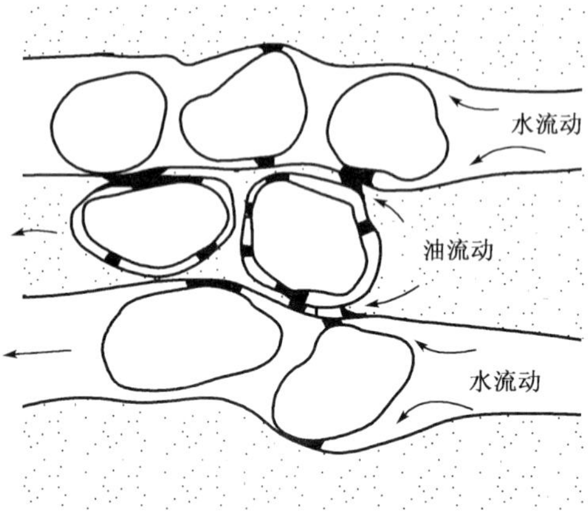

图 3－36　具有混合润湿性的微粒移动

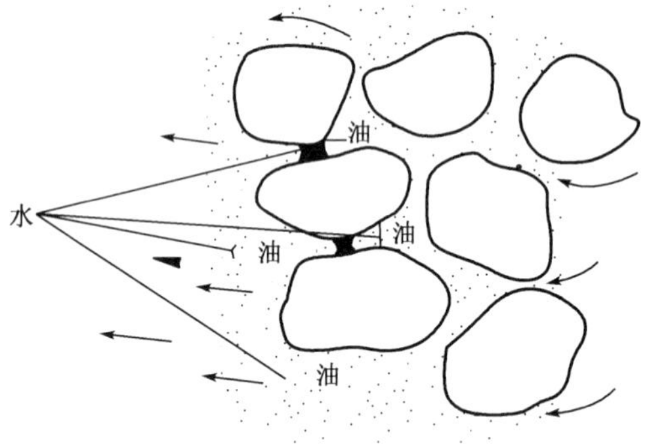

图 3－37　注入油水互溶剂释放出由于润湿性和界面张力所控制的微粒的运移

4. 润湿性影响油藏采收率

当水驱油时，地层原油采收率的高低、驱油效果的好坏在很大程度上与水对地层岩石的润湿性有关。

岩石润湿性不同，向地层中注入同样孔隙体积倍数（PV）的水时，原油的采收率却不同（图 3－38）。例如，当注入孔隙体积倍数为 0.6 时，强亲油岩石（$\theta=180°$）的采收率为 37%，而强亲水岩石（$\theta=0°$）的采收率可达 57%。在均质润湿系统中，公认注水对水湿储层比油湿储层更有效。这可解释为：在水湿地层中，毛管力为驱油动力，且小孔隙的毛管力更大，导致水所波及的孔道范围更大，水的润湿作用若能充分发挥，则油层颗粒表面上的石油就被采出更多。因此，油层注水时，选择润湿能力强的注入水是很重要的。此外，还应考虑动润湿滞后现象对水的润湿作用的影响，以及石油和储层岩石表面性质的复杂性对水的润湿作用的影响等。

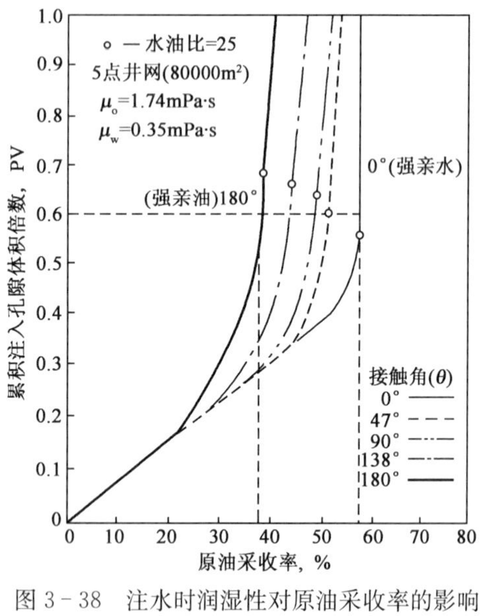

图 3－38　注水时润湿性对原油采收率的影响（据 Owen、Archer JPT，1971）

5. 注水对岩石润湿性的影响

长期注水会导致岩石润湿性发生变化。大庆油田通过水淹区密闭取心发现，当油层含水饱和度超过 40%时，大部分岩石表面性质由原来的弱亲油转变为弱亲水；当含水饱和度超过 60%时，则全部表现为亲水性。这主要是由于注入水的长期冲洗，使岩石颗粒表面油膜脱落，长石、石英表面呈现出（或恢复）本来具有的亲水性。这种润湿性的转变对提高水驱油效率有利，它对进一步研究改善注水效果和考虑注水后的三次采油具有很大的实用意义。

而沃伦（Warren）和考尔洪（Calhoun）研究了不同润湿性人造岩心在注入一定体积水（20PV）后的最终采收率，得出了最大采收率（即最好的洗油效果）出现在中间润湿性的条件，因为在这一条件下导致油非连续和捕集的界面张力最小。在强水湿系统中，水趋向于通过较小孔隙，从而使较大孔隙中的一些油被绕过，且强界面张力更容易掐断油流。而在强油湿系统中，水沿较大孔隙具有一种指进趋势，同时也绕过一些较小孔隙中的油。相反，在中间润湿性情况下，很少有水绕过和捕集油的可能。

由于润湿性对油层水驱油及采收率的影响十分重要，但又很复杂，目前不少学者仍致力于该课题的研究，并取得了大量的研究成果。

五、油藏岩石润湿性的测定

由于油藏岩石的润湿性非常复杂，至今还没有一种令人满意的方法来测定油藏岩石在油藏条件下的润湿性。但在实验室测量出的岩石润湿性可用于估算在油藏条件下岩石的润湿性。润湿性测定方法大体上可分为两类：一类是直接测量法，如接触角法、液滴法、吊板法等；另一类是间接测量法，如阿莫特法、自动吸入法、离心法等。下面介绍目前常用的几种方法。

1. 直接法——接触角法

接触角法是直接测量岩石润湿性中最常用的方法。该类润湿接触角测量方法中，又以液滴法最简单、实用。其总的作法是将待测矿物磨成光面，浸入油（或水）中，如图 3－39 所示；在矿物光面上滴一滴水（或油），直径约 1～2mm；利用一定的光学仪器或显微镜将液滴放大，拍下液滴形状照片，便可直接在照片上测出接触角。如果将矿物磨光片倾斜，减少（或增加）液滴的体积，也可用这种方法测量前进角和后退角。

图 3－39　测定油水润湿接触角示意图

为了用接触角法求得一个有代表性且真实的岩石润湿性，矿场测量用的油、水样应尽可能是直接取自油层的新鲜样品。如无新鲜油、水样，也可以用模拟油和根据地层水资料配制的模拟地层水。岩石中的矿物则只能用磨光的主要矿物晶体代替。目前，我国矿场上常采用冰洲石和方解石矿物磨光面来分别代替砂岩和碳酸盐岩石表面。

为了使测量的接触角更接近油层温度、压力条件，可以将矿物和液体置于能承受高压的小室内，在不同的地层温度、压力条件下进行测量。一般认为，温度对油水的润湿性影响较大，而压力的变化影响较小。

这种方法具有以下特点：

（1）原理简单，测量过程和结果直观，所以应用比较广泛。

（2）测量条件要求严格。如矿物表面要十分光滑、洁净、且没有污染；要求恒温条件，因为温度变化引起较大误差。

（3）测定时间长。因为需要液滴稳定，稳定时间不足就会导致较大的误差。平衡时间可能高达几百到上千小时。

（4）该方法不能直接测量油层岩石的润湿接触角。所用矿物只是岩石的主要成分，但并非实际岩石。因此，它只能定性地评价油层的润湿性。

然而很多研究已经表明：实际岩石的润湿性是斑点状的润湿，即岩石的润湿性具有宏观和微观的不均匀性。同一块岩石的表面，可能会显示出不同的润湿性。而采用测定接触角的方法，并不能反映出岩石中的斑点润湿或混合润湿的情况。因此，在直接方法的基础上又发展了各种间接测定岩石润湿性的方法。

2. 吊板法

近年来，威尔赫米（Wilhelmy）新技术可以解决岩石中的斑点润湿或混合润湿问题，其测量装置基本与测量界面张力的吊板法（图 3-9）相同，只是吊板是用待测岩石制作的。主要不同点在于该张力仪的数据记录部分与计算机相连，就可直接由计算机输出测得的结果。在实际测量中，首先测量油水界面张力 σ_{ow}，然后用岩板测定其穿过空气—油—盐水界面时产生的力的变化 f，再根据相关公式算出 $\cos\theta$ 和 θ 值。

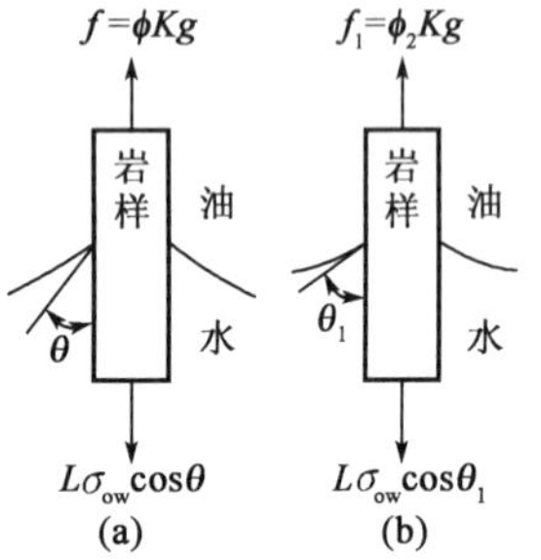

图 3-40　吊板法测量润湿角原理图

吊板法测量润湿角原理如图 3-40 所示，图（a）为吊板原始状态；当油水界面开始上移时，由于润湿滞后则呈现前进角 θ_1［图（b）］，$\theta_1>\theta$，故吊板失去平衡，此时下拉吊板的力为：

$$f = L\sigma_{ow}\cos\theta_1 \tag{3-18}$$

式中　L——吊板三相周界长度，cm；

σ_{ow}——油水界面张力，mN/m。

为使吊板重新平衡，在扭秤另一端所施加的平衡力为 f_1，根据仪器特点平衡力为：

$$f_1 = \phi_1 Kg \tag{3-19}$$

式中　ϕ_1——扭秤扭力旋扭刻度盘上的格数；

K——扭力常数，即扭力旋扭刻度盘一格相当平衡砝码的质量，g/格；

g——重力加速度，m/s^2。

当操作扭秤使吊板重新达到平衡时，则：

$$f_1 = \phi_1 Kg = L\sigma_{ow}\cos\theta_1 \tag{3-20}$$

改写式（3-20），得：

$$\cos\theta_1 = \frac{\phi_1 Kg}{\sigma_{ow}L} \tag{3-21}$$

式（3-21）右边各项均为通过仪器可得的参数，故：

$$\theta_1 = \arccos\frac{\phi_1 Kg}{\sigma_{ow}L} \tag{3-22}$$

当油水界面下移时，其静润湿滞后的后退角为 θ_2，同理可得：

$$\theta_2 = \arccos\frac{\phi_2 Kg}{\sigma_{ow}L} \tag{3-23}$$

式中　ϕ_2——油水界面下移时扭力旋扭刻度盘上的格数。

由于岩石的润湿性具有宏观和微观的不均匀性，对于同一块岩石表面，也可能会表现出不同的润湿性。即采用吊板法也不能完全反映出岩石中的斑点润湿或混合润湿的情况，因此，又出现了间接测定岩石润湿性的方法，其中自吸法及自吸离心法是较常用的方法。

3. 间接法——自吸及自吸离心法

这是基于所谓“相对润湿性”的概念而来的。例如，对于两种流体而言，其中必有一种比另一种更容易润湿岩石；从另一种意义上讲，能较好润湿岩石的流体会渗入岩石而把润湿性稍差的流体顶替出去。于是相对润湿性的概念就意味着：所谓润湿性，只不过是指两种流体的相对润湿能力而已。

下面讨论的自动吸入法和离心吸入法就是测定两种流体（如油、水）在岩石孔隙中自动取代能力的方法，也就是测定油、水对岩石的相对润湿能力的方法。目前这两种方法已在我国矿场上得到较广泛的应用。

实验所用的岩石必须选用未被污染的能代表油层原始或目前状况的新鲜岩样；油、水性质尽量模拟油层情况，例如采用原油经中性煤油稀释后，配制成与地层原油粘度相近的模拟油等。

1）自动吸入法（简称自吸法）

自吸法的原理：将已饱和油的岩样放入吸水仪中（图 3－41）。如果岩石亲水，在毛管力的作用下，水将自动吸入岩石将岩石中的油驱替出来。驱出的油浮于仪器的顶部，其体积可从上部刻度直接读出。岩石吸水，则表示岩石有一定的亲水能力。相反，如果把饱和水的岩样浸入油中（吸油仪中），若发生驱水现象，则岩石具有亲油能力，驱出的水沉于仪器底部，由刻度管上可读出驱出水量。

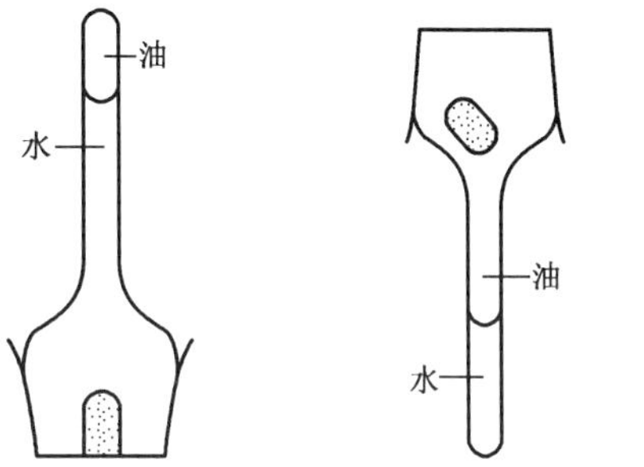

图 3－41　自动吸入法测润湿性装置

实际测定时，是将同一块岩样重复作吸水驱油和吸油驱水实验，由于岩石润湿的非均质性，岩石往往既亲水又亲油。一般的评价方法为：若吸水量大于吸油量，则认为岩石为亲水；反之亲油。若吸水量和吸油量相近，则认为中性润湿。

自吸法测定油层岩石的润湿性既简单，又比较接近油层的实际情况，是一种较好的方法。缺点是交换时间长，它只能定性确定油层的相对润湿性。此外，由于岩心的污染程度对润湿性的影响很大，因此如何保证岩心在取样、制样的过程中不受污染，力争实现在地层温度、压力条件下进行测量是提高吸入法质量的关键。

为了能定量或半定量地确定油层的相对润湿性，后来又发展了自吸离心法，又称阿莫特（Amott）法。

2）自吸离心法

方法原理：除自吸外，还利用离心机所产生的较大离心力将岩心毛管中可流动的液体排出，以得到总的可流动的毛管体积，再按一定的比值判断润湿性。

做法是将储油岩样用水冲洗（或驱替）到只剩下残余油饱和度而岩心中大量含水的情况，再将岩样浸入油中，浸泡 20h，测出自动吸入岩心中的油量，即吸油排水量。然后再将浸泡在油中的岩样用离心法吸油甩水，并测出靠离心力而吸油排出的水量，称离心排水吸油量。

自动吸油量与离心排水吸油量之和，代表了总的油驱水毛管体积。润湿程度则是采用自动吸入量与可驱替的总毛管体积之比值来判断，即：

$$\begin{cases} \text{水排比} = \dfrac{\text{自动吸水量}}{\text{自动吸水量} + \text{离心吸水(排油)量}} \\ \text{油排比} = \dfrac{\text{自动吸油量}}{\text{自动吸油量} + \text{离心吸油(排水)量}} \end{cases} \tag{3-24}$$

水排比接近于1，说明岩石自动吸水的能力很强，即不用借助于离心力，水也能大量自动进入岩心。故对于优先水湿的岩样，其水排比应接近或趋于1，而油排比接近于零；反之，优先油湿的岩样其油排比趋于1，水排比则接近于零；若油排比和水排比数值接近，则为中等润湿。

由此可以看出，自吸离心法比自吸法更能定量或半定量地评价岩心的相对润湿性。

根据我国并不普遍使用离心机的这一实际情况，我国有关油藏岩心润湿性测定推荐方法是自吸驱替法。

3）自吸驱替法

自吸驱替法原理与自吸离心法相同，不同点只在于将离心机旋转产生的离心力驱水（或油），改为将岩心装入岩心夹持器中加压进行驱替。

自吸驱替法测定润湿性的原理如图3－42所示。实验步骤与自吸离心法相类似。先让充满油的岩心（只含束缚水）自吸水，测出自吸水排油量Ⓒ，接着将岩心放入夹持器内用水驱，测出水驱油量Ⓓ。吸水实验结束后，进行吸油实验，将饱和水的岩心（只含残余油）放入吸油仪中吸油排水。接着用油驱，分别测出自吸油排水和油驱排水量Ⓐ和Ⓑ。吸油实验结束后，按式（3－25）计算出水（润）湿指数和油（润）湿指数，即：

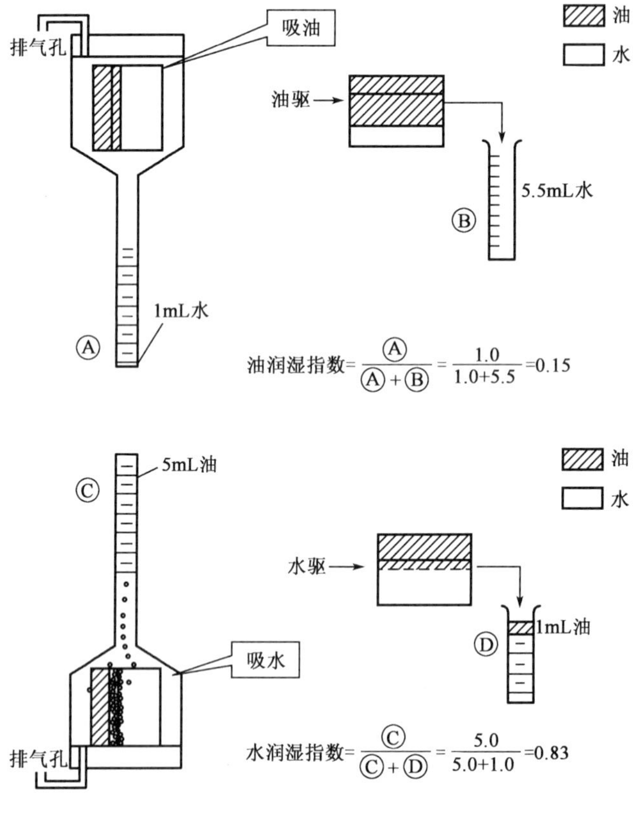

图3－42　吸水仪示意图

$$\begin{cases} 水湿指数 = \dfrac{自吸水排油量}{自吸水排油量 + 水驱排油量} \\ 油湿指数 = \dfrac{自吸油排水量}{自吸油排水量 + 油驱排水量} \end{cases} \tag{3-25}$$

根据水湿、油湿指数的大小，按表 3－4 评价岩石润湿性。

表 3－4　由润湿指数评价岩石润湿性

润湿指数	润湿性				
	亲油	弱亲油	中性	弱亲水	亲水
油湿指数	0.8～1	0.6～0.7	两指数相近	0.3～0.4	0～0.2
水湿指数	0～0.2	0.3～0.4		0.6～0.7	0.8～1

除了上述几种目前最常用的方法外，还有一些定量测定岩石润湿性的方法，如由毛管压力曲线、比面积法等。其他的从不同角度、冲破传统常规的方法，如核磁松弛法和染料吸附法也都处于研究之中。这类方法的依据和假设为：就微观的角度来看，多孔介质内表面的某一单元面积，总是要被其中两种流体之一所润湿或不润湿（无中间值）。于是研究其润湿性的问题就归结为如何确定内表面积中有多大的比率（百分数）为某一流体所润湿，又有多大比率为另一流体所润湿。这一比率越大，所说的这种流体的润湿能力就相对较高。有关这些方法的详细内容此处从略，但其新的思想值得吸取。总之，如何测准岩石的润湿性，仍是油层物理学科目前需要进一步研究解决的课题之一，也是非常困难的课题之一。

无论采用哪种方法来评价岩石的润湿性，都有一个如何保存和处理岩样的问题。保存方法不当和岩心在空气中暴露时间过长，沥青或重馏分在岩样孔隙表面的沉淀，都会使储层岩心呈现出更加亲油的趋势。此外，由于天然岩心含有粘土，在采用溶剂处理岩心时，岩石润湿性若发生改变，就会导致诸如粘土膨胀和分散、离子交换、有效孔隙度改变以及表面导电性变化等。因此，必须小心地保护天然岩心的润湿性，保持岩心的原始润湿性是准确评价岩石润湿性的前提条件。

在有关润湿性的测定工作中，由于各地测定方法不一，实验条件不同，在比较润湿性时，常常发生混乱。在分析实验数据时，应当注意这一点。我国石油行业虽然在 2006 年修订发布了 SY/T 5153—2007《油藏岩石润湿性测定方法》行业标准，但是各个实验室具体实践起来还有差距。

至于如何利用毛管压力曲线判断岩石润湿性，如润湿指数、视接触角法、比面积法或利用相对渗透曲线形状判断润湿性等，将在本章后面几节再讨论。

第三节　储层岩石的毛管压力曲线

地层中流体流动的空间是一些弯弯曲曲、大小不等、彼此曲折相通的复杂小孔道，这些孔道可单独看成是变断面、表面粗糙的毛细管，而储层岩石则可看成为一个多维的相互连通的毛细管网络。由于流体渗流的基本空间是毛管，因此研究油气水在毛管中出现的特性就显得十分重要。

一、毛管压力概念

1. 各种曲面附加压力的计算

我们知道，在一个大的容器中，静止液体的表面一般是平面。但在某些特殊情况下，例如毛管中，由于液体和固体间的相互润湿，液体会沿固体表面延展，使液—气相间的界面是一个弯曲表面。弯曲表面上的表面张力不是水平而是沿界面处与表面相切。对于凸面，表面

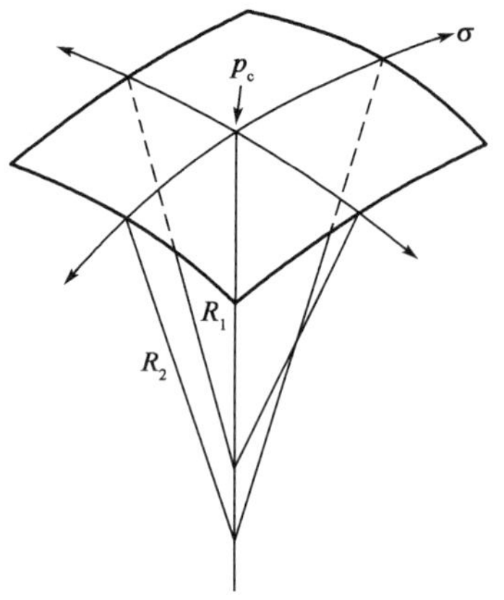

图 3－43　任意弯曲界面的附加压强

张力将有一指向液体内部的合力，凸面好像绷紧在液体上一样，液体内部的压力大于外部压力，使它受到一个附加压力。凹面正好相反，凹面好像要被拉出液面，因而液体内部的压力小于外面的压力，也受到一个附加压力（实际为“压强”，习惯上都叫“压力”，或简称为“力”，如将毛管压力简称为毛管力）。

从物理学中我们知道，对于形状简单的弯曲液面（图 3－43），该压强的方向与液面的凹向一致（如图中箭头所示），其大小由拉普拉斯方程确定，即：

$$p_c = \sigma\left(\frac{1}{R_1} + \frac{1}{R_2}\right) \tag{3-26}$$

式中　p_c——曲面的附加压力（压强），Pa；

σ——两相间界面张力，mN/m；

R_1、R_2——任意曲面的两个主曲率半径，即相互垂直的两相交切面内的曲率半径，mm。

方程（3－26）是研究毛管现象的一个最基本公式，应用上式的关键是如何确定不同曲面下的 R_1 和 R_2 值。

这种曲面附加压力在大的容器中是可以忽略的，只有在细小毛管中，此曲面附加压力才值得重视，因此人们常将这种附加压力称为毛管压力。

就油藏岩石而言，单根毛管中的弯液面常常有两种形式，如图 3－44 所示。一种是毛管中的油水接触面为球面；另一种是当管壁上有水膜，管中心部分为油充满时所形成的柱形界面。下面讨论不同情况下（球面、柱面，颗粒介质中曲面）毛管压力的计算。

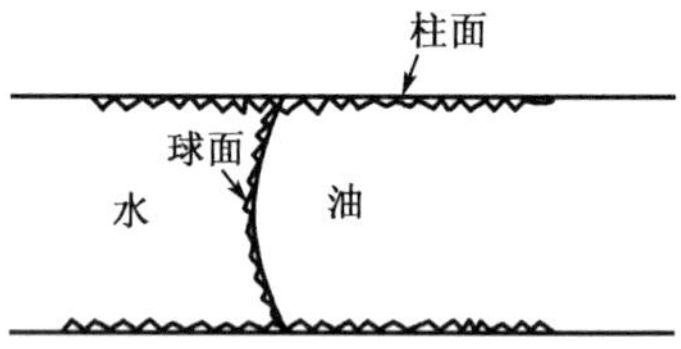

图 3－44　亲水毛管中的油水界面——球面和柱面

1）毛管中弯曲界面为球面的情况

此时，用两个相互垂直的面去切球面，截面与球面相交均为圆，且曲率半径 $R_1=R_2=R$，将此 R_1、R_2 代入式（3－26），则：

$$p_c = \sigma\left(\frac{1}{R_1} + \frac{1}{R_2}\right) = \frac{2\sigma}{R} \tag{3-27}$$

从图 3－45 可得到：

$$\cos\theta = \frac{r}{R}$$

式中　θ——润湿接触角，(°)；

r——毛管半径，mm。

将 $\frac{1}{R} = \frac{\cos\theta}{r}$ 代入式（3－27），则：

$$p_c = \frac{2\sigma}{R} = \frac{2\sigma\cos\theta}{r} \tag{3-28}$$

p_c 指向弯液面内侧，即指向非润湿相一方。

式（3－28）是毛管压力最重要、最常用的公式。该式表明 p_c 与毛管半径 r 成反比；毛管半径越小，毛管压力越大。两相界面张力越大，接触角越小（越容易润湿），则毛管力也越大。

2）毛管中弯液面为柱面的情况

如亲水岩石毛管，管壁四周为束缚水，毛管中心是油（或气），此时，油水界面则为圆柱面（图 3-46）。

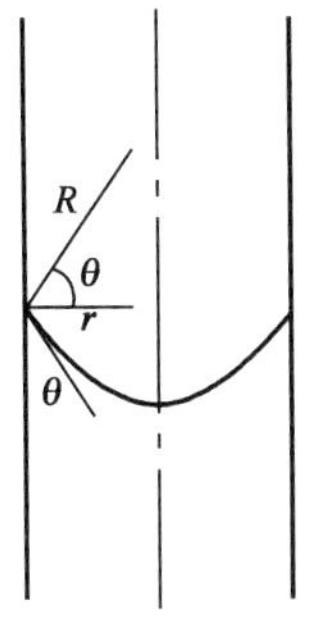

图 3-45　毛管半径与曲率半径间的关系

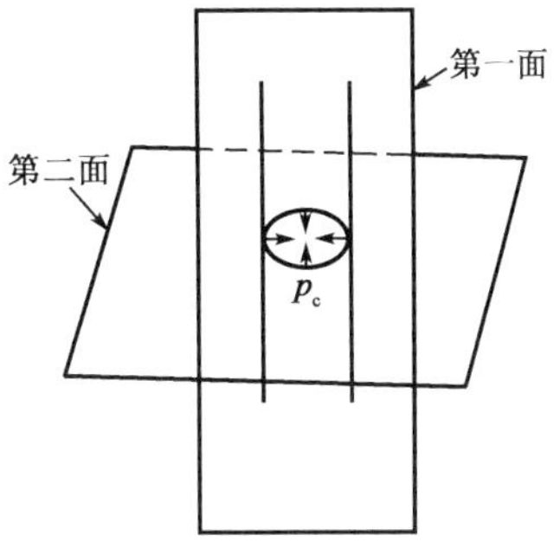

图 3-46　柱面附加压力（即毛管力）方向

现取通过该圆柱一条母线的截面作为第一面，则截面与圆柱形油水界面相交为一直线，故 $R_1=\infty$，再用与第一面相垂直的面去切圆柱，则相截油水界面为一圆，所得曲率半径 $R_2=r$。将 $R_1=\infty$ 及 $R_2=r$ 代入式（3-26），则：

$$p_c=\sigma\left(\frac{1}{\infty}+\frac{1}{r}\right)=\frac{\sigma}{r} \tag{3-29}$$

毛管力 p_c 指向管心，其作用是使毛管中的水膜增厚。

下面我们研究两种常见情形下如何计算毛管力的问题。

3）毛管断面渐变的情况

实际岩石孔道中，毛管半径往往发生变化，而公式（3-28）仅适用于毛管半径不变的等径毛管。对于半径变化的情况，可按管壁倾斜时对接触角的影响来考虑。例如，圆锥形毛管（图 3-47）。此时粗端的曲率半径应为 $R=r/\cos(\theta+\beta)$，细端的曲率半径为 $R=r/\cos(\theta-\beta)$，所以圆锥形毛管的毛管压力应为：

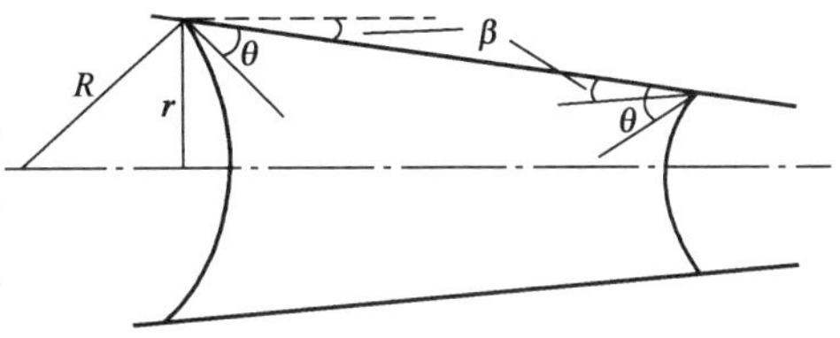

图 3-47　圆锥形毛管的毛管压力

$$p_c=\frac{2\sigma\cos(\theta\pm\beta)}{r} \tag{3-30}$$

式中　β——毛管壁与毛管中心线的夹角，即锥角之半；

　　　θ——静止时的平衡接触角。

式（3-30）说明，对于半径渐变的毛管，其毛管压力受毛细管几何形状的影响是变化的，最大的毛管压力出现在毛细管的细端，此时 $\cos(\theta-\beta)$ 值最大。因此，当进行驱替试验时，只要驱替压力大于毛管最细端的最大毛管压力，就可以把毛管中其余部分的润湿相驱替出来。

4）两相流体处于平行裂缝间的情况

近年来发现白云岩和石灰岩孔隙喉道主要是片状，油—水（或油—气）处于平行裂缝之间。这时，毛管压力公式可采用平行板的毛细管压力公式，即假设两相液体是处于两平行板

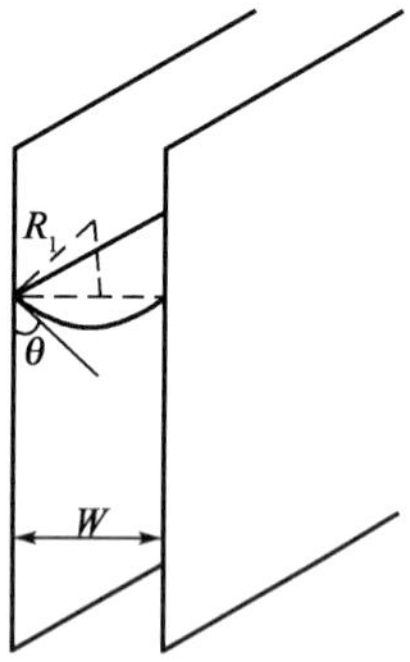

图 3－48　两平行板间的毛管压力

之间（图 3－48）。两平行板间的宽度为 W。在这种情况下，两相流体间的弯液面（即界面）呈半圆柱形。同理，由正截面所得界面曲率半径 R_1；水平面截得两相界面为直线，其曲率半径 $R_2=\infty$，将 R_1、R_2 代入式（3－26），即得：

$$p_c=\frac{\sigma}{R_1} \tag{3-31}$$

由图 3－48 可知，$\cos\theta=\frac{W/2}{R_1}$，即 $\frac{W}{2}=R_1\cos\theta$

所以

$$p_c=\frac{2\sigma\cos\theta}{W} \tag{3-32}$$

式中，W 为两平行板间的宽度，式（3－32）即为计算两平行板间毛管压力的公式。它与圆柱形毛管压力计算公式（3－28）不同之处为：只需把毛管半径换成平行板间的宽度 W 即可。显然，式（3－32）可用于研究裂缝性储集层的毛管压力。可以看出，裂缝宽度越小，则毛管压力越大。

5）理想岩石中的毛管力

理想岩石是指由等直径砂粒组成的岩石。讨论油水处于等直径砂粒间的情况（图 3－49）更接近储层岩石的实际情况。湿相流体处于砂粒接触处，呈环状分布；非湿相则位于孔道中心部分，两相间有一弯曲交界面。

采用垂直面切油水界面，得曲率半径 R_1；用水平面切油水界面，得曲率半径 R_2（两曲率中心位于界面两侧），则：

$$p_c=\sigma\left(\frac{1}{R_1}+\frac{1}{R_2}\right) \tag{3-33}$$

实际岩石中，弯液面的曲率半径（R_1、R_2）一般不能测定，故常用平均曲率半径 R_m 代替，并且有：

$$\frac{1}{R_m}=\frac{1}{R_1}+\frac{1}{R_2} \tag{3-34}$$

于是：

$$p_c=\frac{\sigma}{R_m} \tag{3-35}$$

式中　R_m——平均曲率半径，可通过其他参数求出（如采用关系式 $p_c=\Delta\rho gh=\sigma/R_m$，可求得 R_m），mm。

由图 3－49 可以看出，随着润湿相数量的改变，润湿相饱和度 S_w 也改变，则界面曲率半径 R_1、R_2 和相应所得的 R_m 也会随之改变。例如，当湿相流体数量减小，湿相饱和度降低时，其 R_1，R_2 及 R_m 也相应要变小，毛管力 p_c 就会增大。由此可以得出：（1）平均曲率半径 R_m 与湿相饱和度 S_w 之间存在一种函数关系 $S_w=S(R_m)$；（2）平均曲率半径 R_m 与毛管压力 p_c 又存在一种函数关系 $p_c=p(R_m)$。因此，湿相饱和度与毛管压力之间相应的也存在着某种函数关系。

$$p_c=f(S_w) \tag{3-36}$$

2. 毛管中液体的上升（或下降）

如果将一根毛细管插入润湿相液体中，则管内液气界面为凹形，那么液体就受到一个附加向上的压力，使湿相液面上升到一定的高度［图 3－50（a）］；反之，如果把毛细管插入到非润湿相中，则管内液体界面成凸形，液体受到一个向下的附加压力，使非润湿相液面下降到一定的高度［图 3－50（b）］。这种在毛细管中产生的液面上升或下降的曲面附加压力，也称之为毛细管压力。

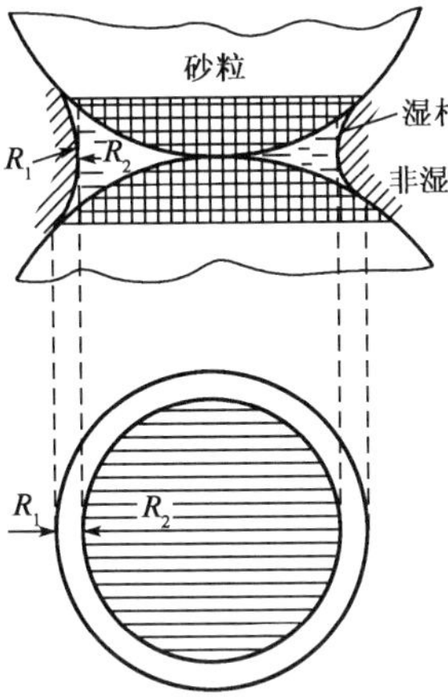

图 3－49　等径圆形砂粒中湿相、非湿相分布

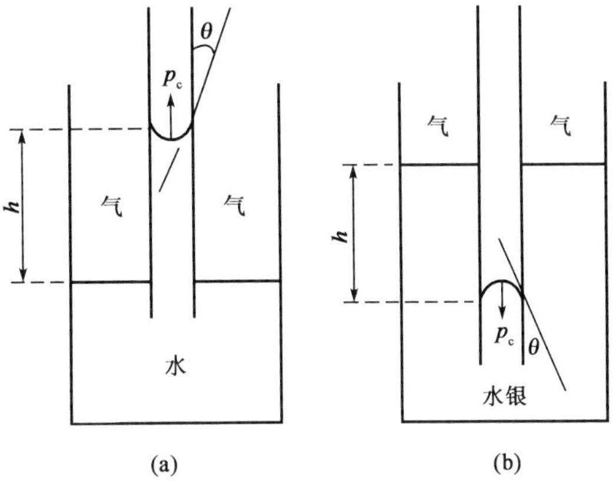

图 3－50　毛管中湿相的上升和非湿相的下降

（a）毛细管插入湿相；（b）毛细管插入非湿相

若在装有油、水两相的容器中插入毛细管，则湿相水会沿毛管上升，上升高度为 h［图 3－51（a）］。设油水界面张力为 σ，润湿接触角为 θ，油、水的密度分别为 ρ_o 和 ρ_w，并且设毛管中，紧靠油水界面附近，油相中 OB 点的压力为 p_{ob}，水相中 WB 点的压力为 p_{wb}；在大容器中，紧靠油水界面附近，油相中 OA 点和水相中 WA 点的压力分别为 p_{oa} 和 p_{wa}。则有：

油相中
$$p_{ob}=p_{oa}-\rho_o gh \tag{3-37}$$

水相中
$$p_{wb}=p_{wa}-\rho_w gh \tag{3-38}$$

又
$$p_{oa}=p_{wa} \tag{3-39}$$

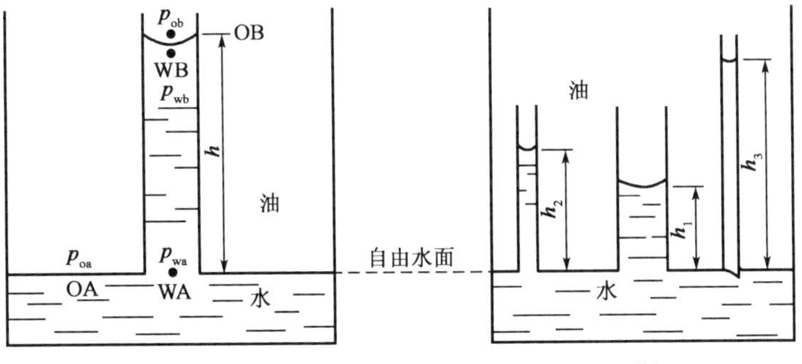

图 3－51　毛管中液体上升与毛管压力的关系

（a）单根毛管；（b）毛管系统

因为连通管中同一水平高度上的压力相等。并且认为烧杯容器足够大，OA 点所处油水界面为水平的，即毛管力为零。

人们还将毛管压力定义为两相界面上的压力差，其数值等于界面两侧非湿相压力减去湿相压力。毛管压力只存在于两相界面上，并可形成压力突变。根据上述定义，则得：

$$p_c = p_{ob} - p_{wb} = (\rho_w - \rho_o)gh = \Delta\rho gh \quad (3-40)$$

式中　$\Delta\rho$ ——两相流体密度差，kg/m^3；

h——润湿相在毛管中上升高度，mm；

g ——重力加速度，m/s^2。

式（3－40）是油层中毛细管平衡理论的基本公式。该式表明：液柱上升的高度与毛管压力 p_c 值有直接的关系，毛管压力越大，则液柱上升越高。

由式（3－40）再结合毛管压力公式 $p_c=2\sigma\cos\theta/r$，可得：

$$\Delta\rho gh = \frac{2\sigma\cos\theta}{r}$$

故

$$h = \frac{2\sigma\cos\theta}{r\Delta\rho g} \quad (3-41)$$

式（3－41）可用于计算液体（如水）在储层中上升高度。

由式（3－41）可以看出：在实际油层中毛管倾斜时，只要其他参数（如 σ，r，$\cos\theta$，$\Delta\rho$）相同时，上升的液柱高度将不变化。当毛管孔道半径变化时［图 3－51（b）］，则湿相上升高度会高、低不一致，孔道越小，上升越高。因此可得出：油藏中油水界面不是一个截然分开的平面，而是一个具有相当高度的油水过渡带（或油气过渡带）。一般而言，油水过渡带比油气过渡带厚度更大。

此外，对于实际油层，当岩石亲水时（$\theta<90°$，$\cos\theta>0$），按 $p_c=2\sigma\cos\theta/r$ 计算，p_c 为正、h 也为正，水面就会上升。如将亲水岩心浸泡在油中，就会发现水能在毛管力作用下自动进入岩心，驱出了岩心中的非湿相油，这一过程就称为吸吮过程或称自吸过程，吸入过程的 θ 越小，亲水性越强，自吸的能力也就越强。反之，当 $\theta>90°$时，表现出岩心不能自动吸水，p_c 成为阻力，如要使水进入岩心，则必须施加一个外力克服毛管力 p_c，才能使水驱油，这种过程即为驱替过程。

3. 毛管滞后现象

毛管滞后现象是发生在毛管中的一种特定现象，它与润湿滞后有类似之处。例如，把一根毛细管插入一盛有湿相流体的容器中（如水中），做吸入试验（图 3－52）。用湿相（水）排驱非湿相（空气）。空气中的压力为大气压力 p_a，在毛管压力的作用下，液体将沿毛管上升一定高度［图 3－52（a）］。同时，再把另一根同样的毛管先充满水，插入盛水容器，进行空气驱水的驱替试验，空气中的压力仍为大气压力 p_a。在重力作用下，水将沿毛细管下降到一定高度［图 3－52（b）］。从图可以看出，虽然空气中的压力相同，然而由于饱和顺序不同，驱替和吸入所产生的液柱高度并不相同，吸入液柱高度小于驱替液柱高度。发生在毛管中的这种现象被称为毛管滞后。

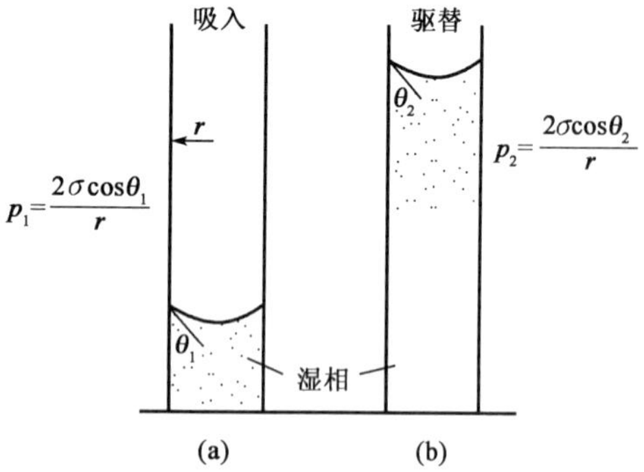

图 3－52　接触角滞后

产生毛管滞后的原因与润湿滞后及岩石孔道几何形态等有关。经前人的研究（如 Morrow 等），目前对毛管滞后现象已有了一定的认识，并把滞后的原因主要归结为以下几种情况。

1）润湿滞后引起的滞后（又称接触角滞后）

如图 3－52 所示，毛管半径不变时，在吸入和驱替过程中，由于润湿次序不同，表现为接触角不同。吸入过程产生前进角 θ_1，驱替过程产生后退角 θ_2。由于 $\theta_1>\theta_2$，$\cos\theta_1<\cos\theta_2$，使得吸入时毛管压力 p_{im}小于驱替时毛管压力 p_{dr}。于是，在相同的非湿相压力下，与驱替过程比较，吸入过程必定产生较低的液柱高度。或者说，在相同的驱替压力下，驱替过程的湿相流体饱和度大于吸入过程时的湿相流体饱和度。这个结论也是使用驱替法或吸入法研究毛管压力和孔隙结构的理论依据。从而可以得出，当岩石亲水时，驱替法（即油驱水）可以求得束缚水饱和度，吸入时（即水驱油）可以求得残余油饱和度，这些对研究原油采收率具有很大意义。

在毛管半径不变的情况下，所产生的毛管滞后只与接触角滞后有关。

2）毛管半径突变引起的滞后（即所谓的“墨水瓶”效应）

如图 3－53 所示，毛细管两头细，中间突然变粗，上部细段（喉道处）的半径为 r_t，中部粗段（孔隙处）半径为 r_p，$r_t<r_p$，则 $p_t>p_p$。假设在驱替和吸入过程中非湿相中的压力都等于 p，为简化问题并假设接触角 $\theta=0°$，则 $p_t=\dfrac{2\sigma}{r_t}, p_p=\dfrac{2\sigma}{r_p}$。那么，在驱替时，液面下降，弯液面将稳定停留在上部细段内；而在吸入时，液面上升，弯液面将稳定在中间的粗毛细管段内。其结果是，吸入过程湿相的吸入饱和度小于驱替时湿相饱和度。在考虑润湿接触角 $\theta=0°$的条件下，这种毛细管滞后仅与毛细管半径的变化有关。

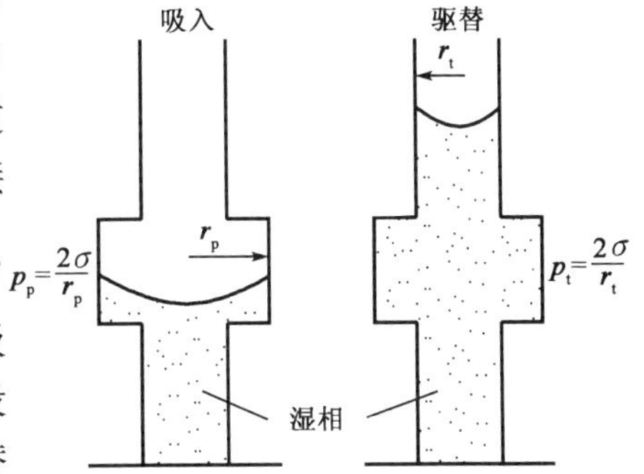

图 3－53　毛管半径突变

3）毛细管半径渐变引起的滞后

以图 3－54 所示的锥形毛管为例。在这种情况下，毛管滞后现象同时受接触角和毛管半径变化两个因素的影响，但暂不考虑接触角滞后，毛管半径变化的影响与上面第二种情况相同：$p_t=2\sigma/r_t$ 和 $p_p=2\sigma/r_p$。接触角变化是由毛管壁倾斜所引起的。根据式（3－30），在计算排驱毛管压力 p_t 时，接触角要减一个半锥角 β，而计算吸入毛管压力 p_p 时，要加一个半锥角 β，即：

吸入时
$$p_p=\frac{2\sigma\cos(\theta+\beta)}{r_p} \tag{3-42}$$

驱替时
$$p_t=\frac{2\sigma\cos(\theta-\beta)}{r_t} \tag{3-43}$$

由式（3－42）和式（3－43）及图 3－54 都可看出，毛管半径和接触角两个因素的影响是一致的，$p_p<p_t$，且吸入时湿相饱和度小于驱替时湿相饱和度。

对于实际的粗糙孔隙表面的变断面孔隙喉道系统（图 3－55），考虑其毛管滞后就需要同时考虑接触角滞后影响（即前进角 θ_1，后退角 θ_2）、变断面影响（$\theta_1+\beta$ 及 $\theta_2-\beta$）、孔隙半径影响（喉道和孔喉半径 r_t、r_p）及管壁粗糙度的影响等。但由于表面粗糙程度对其前进角和后退角的影响是无法测定的，只能通过排驱与吸入的毛管压力资料来确定，并定义视前进接触角为，$\theta_A=\theta_1+\beta$，视后退接触角为 $\theta_R=\theta_2-\beta$，则其毛管压力为：

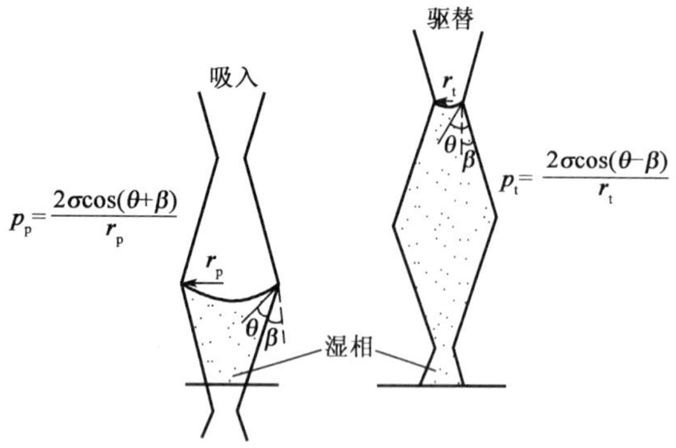

图 3－54 毛管半径渐变

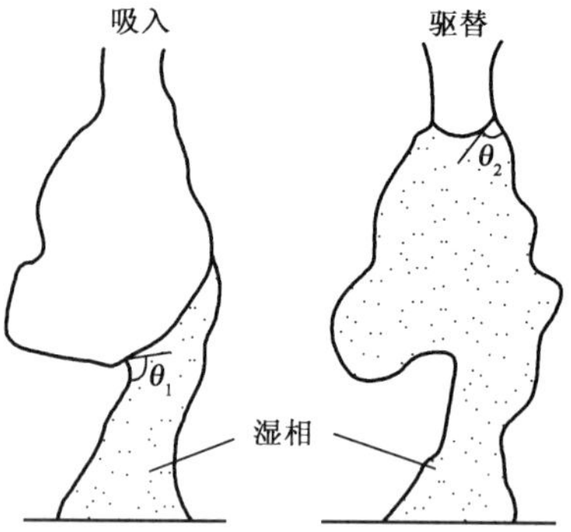

图 3－55 实际毛管中接触角，半径渐变和表面粗糙等共同引起的滞后现象

驱替过程
$$p_{dr}=\frac{2\sigma\cos\theta}{r_t}=\frac{2\sigma\cos\ (\theta_2-\beta)}{r_t} \qquad (3-44)$$

吸入过程
$$p_{im}=\frac{2\sigma\cos\theta_A}{r_p}=\frac{2\sigma\cos\ (\theta_1+\beta)}{r_p} \qquad (3-45)$$

式中 p_{dr}、p_{im}——驱替压力和吸入压力，MPa；

θ_R、θ_A——视后退角和视前进角，(°)。

由式（3－44）和式（3－45）可看出：驱替时，毛管压力所对应的是喉道半径；而吸入时，毛管压力所对应的是孔隙半径。实验中，对同一岩样进行吸入与驱替的毛管压力—饱和度曲线测定，可得出岩样孔隙与喉道大小及其分布的定量数值。

由以上分析可见：由于毛管滞后现象，在相同非湿相压力下，驱替过程的湿相饱和度大于吸入过程时的湿相饱和度。

二、岩石毛管压力曲线的测定和换算

油藏岩石的毛管压力和湿相（或非湿相）饱和度的关系曲线称为毛管压力曲线，如图 3－56所示。它是研究岩石孔隙结构及岩石中两相渗流所必需的资料，也是油层物理的重要内容之一。为了更好地理解曲线的各种定性、定量特征及他们的各种应用，需要首先了解毛管压力曲线的各种测定方法。

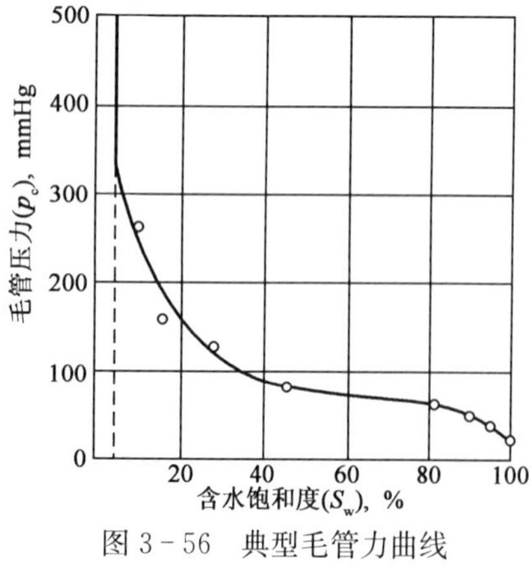

图 3－56 典型毛管力曲线

测定岩石毛管压力曲线的方法很多，但目前最常用的主要有三种：半渗透隔板法、压汞法和离心法。这些方法的基本原理相同，只是实验时所使用的流体工作介质、加压方式和测定时间长短不同等。但三种方法都各有其独特的优点，因此它们都有着广泛的应用。

1. 半渗透隔板法

半渗透隔板法所用实验装置如图 3－57 所示，它同时也代表了压汞法、离心法驱替过程的测定原理。在驱替过程中，只有当外加的驱替压力等于或大于一定喉道的毛管压力时，非润湿相才能通过喉道，进入孔隙中把湿相流体排出。这时的外加压力就相当于一定喉道的毛管压力。

加压法［图3－57（a）］测岩石毛管压力曲线所用的重要部件是一个带半渗透隔板的金属（或玻璃）漏斗，即岩心室。隔板有陶瓷或玻璃隔板、粉末金属烧结板、渗碳多橡胶等各种类型，而显示出不同的亲油、亲水性。隔板的最大孔隙应小于岩心的最小孔隙，这样当用湿相流体饱和隔板后，由于毛管力的阻碍作用，在外加压力未超过隔板喉道的穿透毛管压力之前，隔板只能允许湿相通过，而不能通过非湿相，因而称为半渗透隔板。实验时，隔板之下充满已经抽空排气的湿相液体（如水），隔板本身也要事先饱和湿相液体（如水）。将已经饱和湿相流体的待测岩心置于半渗透隔板之上，并用弹簧压紧。为使岩心与隔板贴紧，还常常在两者之间垫一层滤纸。通过岩心室上的金属管与压力源（如氮气瓶）连通，让岩心室内充满非湿相流体（油或气体）。若对非湿相施以排驱压力，非湿相将克服岩心的毛管力而进入岩心，将其中的湿相水排出。排出的湿相液体（如水）可通过隔板进入U形管，其体积可由刻度管上读出。在排驱压力没有超过隔板的最小毛管压力之前，非湿相油不可能通过隔板。为了防止驱出湿相液体（如水）量的蒸发，可在刻度管内水面上放一滴油。

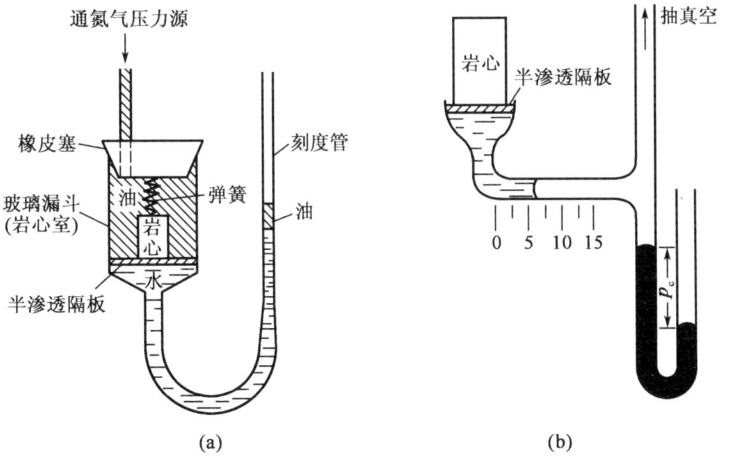

图3－57　半渗透隔板法测毛管压力示意图

（a）加压；（b）抽真空

实验时，从最小压力开始逐级升高压力。随着驱替压力加大，非湿相油将通过越来越细的喉道，进入所连通的孔隙，把越来越多的水从其中排出。也就是说，随着驱替压力的升高，非相湿饱度增加，湿相饱和度降低。

测定时，每达到一个预定压力值（或称压力点），需待系统稳定后（压力稳定、管内液面不再增加），才可进行一次读数，记下压力值及相应的累计排出水体积。然后将压力升高到下一个压力点，进行下一次读数，依此类推，直到预定最高压力为止。

最后，可获得一系列压力值及其相应的累计排出水体积（表3－5）。根据排出水体积及岩样最初饱和水的体积（表中为1.365cm^3），它相当于总孔隙体积V_p，按下式可计算出每个压力下的含水饱和度（或湿相饱和度）：

$$S_w=\frac{V_p-\sum V_w}{V_p} \tag{3-46}$$

式中　S_w——湿相饱和度（或水饱和度），%；

V_p——岩样孔隙体积，即最初岩样饱和湿相（水）体积，mL；

$\sum V_w$——累积排出湿相（水）体积，mL。

表 3-5 毛管力曲线实测结果

序　号	毛管力（p_c）mmHg	刻度管数值 cm^3	岩心中含水体积 cm^3	含水饱和 %
1	20	0	1.365	100
2	40	0.075	1.290	94.6
3	50	0.150	1.215	89.0
4	60	0.250	1.115	81.8
5	80	0.750	0.615	45.0
6	120	1.000	0.365	27.0
7	160	1.125	0.240	17.9
8	260	1.225	0.140	10.7
9	390	1.285	0.080	6.3
10	>390	1.285	0.080	6.3

根据所测资料，即可绘制出压力和饱和度关系曲线，这就是驱替毛管压力曲线，如图 3-58 曲线①所示。

半渗透隔板法所能测定的最大毛管压力取决于隔板孔径的大小。非湿相开始突破隔板孔隙时的压力（即阀压）就是实验所允许的最大压力。隔板材料的孔隙越小，阀压越高，测试范围就越大，目前国内生产的隔板可高达 2.5MPa 以上。

在驱替过程达到最大压力之后，还可以按相反过程逐渐降压。此时，在毛管压力作用下，水（湿相）将自动吸入岩样，而将非湿相排除，此过程为吸入过程。记录下每个压力点湿相的吸入量，算出相应湿相饱和度，又可绘制出吸入毛管压力曲线（图 3-58 曲线②）。

用抽真空来代替加压测毛管力装置［图 3-57（b）］。此时，从隔板下部抽真空，在真空作用下，岩样中的水通过半渗隔板进入下部刻度管中。改变真空度的大小，即可获得不同压差，但最高（最大）压差不可能超过 0.1MPa。抽真空与加压测毛管压力的原理相同，只是建立压差的方式不同，另外适用的岩心孔隙大小范围也不同。

半渗透隔板法最大的缺点在于测试时间太长，平衡速度十分缓慢，一个样品需要长达几十小时或几十天。如果非湿相采用气体，则可缩短稳定时间，加快测试速度。目前国外所用的测量装置，岩心室一次可以放入数十块岩样，从而提高了效率。

半渗透隔板法虽然因测量速度慢不能满足常规测试的要求，但无论气驱水、气驱油，还是油驱水、水驱油，都比较接近油层条件，测量精度较高，故是一种经典的标准测定方法。

2. 压汞法

压汞法最初用于化工，后被引进到石油工业中，近年来已获得十分广泛的应用和发展。目前国内外所使用压汞仪基本原理一样，所不同的仅是加压和计量方式不同。加压方式一般有计量泵加压、油泵加压和高压气瓶加压三种。计量泵是直接对水银加压，油泵和高压气瓶是通过油或氮气将压力传递给水银而达到加压目的。计量水银注入量的方法主要有计量泵计量和膨胀计计量两种。图 3-59 是用高压氮气瓶加压、计量泵计量的压汞仪装置图。该仪器的主要部件是计量泵和岩心室，计量泵内装有水银，并与岩心室连通。实验时，其主要测定步骤如下：

（1）把已清洗烘干的岩样放入岩样室的空腔内，上紧压盖；

（2）控制水银面在下部窗口比下标线稍低的位置，将系统抽真空；

（3）进泵，使水银面恰至下标线，此时刻度尺上的读值记为零；

（4）进泵，使水银面升至上窗口的上标线，若此时刻度尺的读值为 V，已知岩心室体积 V_E，则岩样外部体积 $V_f = V_E - V$；

（5）关闭真空系统，引入高压气源；设与某一压力平衡的毛管力为 p_c，在平衡压力 p_c 下水银被压入岩样的孔隙内，水银面将降至上标线以下；进泵使水银面复原至上标线，从刻度尺上便可读出压入岩样中的水银体积 V_{Hg}；

（6）根据岩样的孔隙度 ϕ 和岩样的外表体积 V_f，便可算出岩样中的水银饱和度 $S_{Hg} = V_{Hg}/(\phi V_f)$；

（7）根据不断进泵得到的 p_c 和 S_{Hg}，便可绘出压汞毛管力曲线，如图 3－58 曲线①所示；同样，在压汞进程达到终点最高压力后，再逐级降压，使压入岩样中的汞退出，便可得到一条退汞曲线，如图 3－58 的曲线②所示。

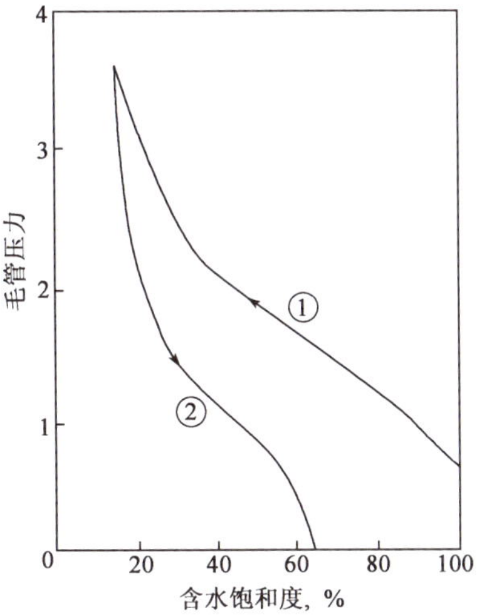

图 3－58　毛管压力曲线

①驱替曲线（压汞曲线）；②吸入曲线（退汞曲线）

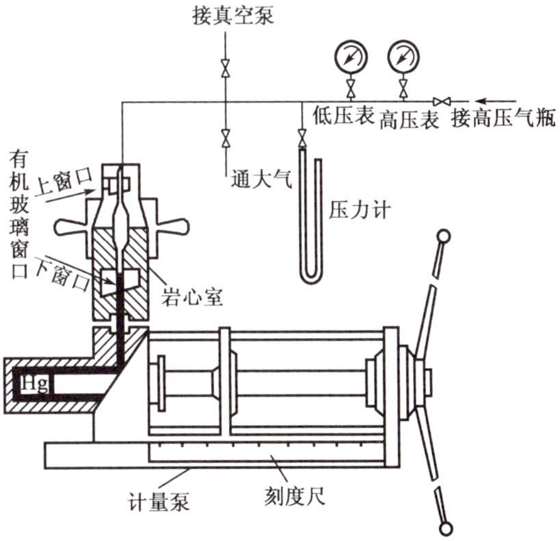

图 3－59　压汞法测毛管压力装置图

国外多采用膨胀计来计量进入岩心的水银体积。膨胀计为一根不锈钢管，内装有铂金丝（图 3－60）。水银在管内的变化必然会改变铂金丝的电阻大小。因此事先经过标定的膨胀计便可以根据电阻的变化来测得每个压力点的进汞量。采用膨胀计计量比计量泵计量精度更高。

压汞法的最大优点是测量速度快，对样品的形状、大小要求不严。测一个样品一般只需 1～2h，并且可以测定不规则岩屑的毛管压力。压汞法也有很多缺点，例如非湿相采用水银，且岩样在真空条件下将水银压入，这与油层实际情况差别较大，并且水银有毒，危害健康。为防止中毒，最好在低温（＜20℃）和通风较好的实验室进行测定。测定后的岩样因被水银污染而不能再被利用。

3. 离心法

离心法是依靠高速离心机所产生的离心力，代替外加的排驱压力从而达到非湿相驱替湿相的目的。在离心法测定中，将一块饱和湿相液体（水）的岩样装入充满非湿相流体（油）的岩样盒（即离心管）中，把离心管放在离心机上，离心机以一定的角速度进行旋转（图3-61）。由于两相流体密度不同，即使在旋转半径和角速度相同的条件下，油和水也将产生不同的离心力，这个离心力差值与孔隙介质内流体两相间毛管压力两相平衡。在该离心力作用下，水将被甩离孔隙，而让出的孔隙被油所取代。将离心力以离心压力表示，则油水两相之间所存在的离心压力差，就是非湿相排驱湿相的排驱压力。

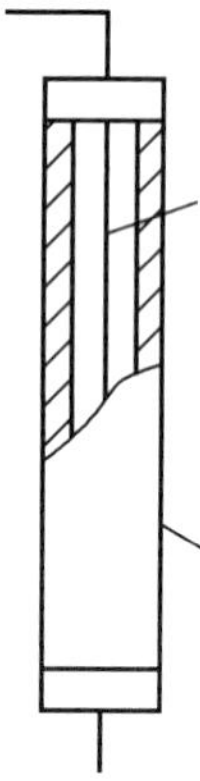

图 3-60　膨胀剂

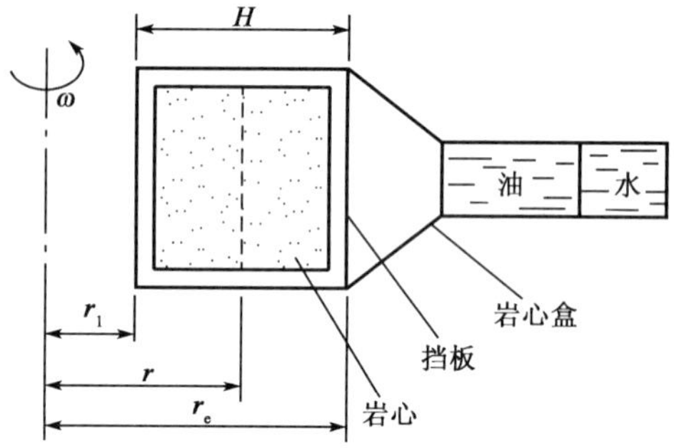

图 3-61　离心法示意图

r_1—岩心内端面至转轴距离；r—岩心中部至转轴距离；r_e—岩心外端面至转轴距离

通过观察窗和闪光仪可记录下平衡时驱出的水体积，由此可算出该离心力下的饱和度。当由低向高逐渐增大离心机转速时，与之平衡的毛细管压力也不断增加，记录下驱出液体体积，就可获得毛细管压力与湿相（水）饱和度的关系曲线。

毛管压力和湿相流体饱和度的计算方法有以下几种。

1）平均值法

采用石油行业标准（SY/T 5436—2008）《岩石毛管压力曲线的测定》的计算公式，即：

$$p_c = 1.097 \times 10^{-9} \Delta\rho L \left(R_e - \frac{L}{2}\right) n^2 \tag{3-47}$$

$$\overline{S}_w = (V_{wi} - V_w)/V_{wi} \times 100\% \tag{3-48}$$

式中　p_c——岩样的毛管压力，MPa；

$\Delta\rho$——两相流体密度差，g/mL；

n——离心机转速，rad/min；

L——岩样的长度，cm；

R_e——岩样的外旋转半径，cm；

$\overline{S}_w$——岩样的平均含水饱和度，%；

V_{wi}——岩样初始饱和水体积，mL；

V_w——岩样被驱出的累积水体积，mL。

2）一次逼近法

$$p_c = \frac{1}{2} \Delta\rho\omega^2 (r_e^2 - r_1^2) \tag{3-49}$$

$$S(p_{ci}) = \frac{d\overline{S}p_{ci}}{dp_{ci}} \tag{3-50}$$

式中　ω——角速度，rad/min。

　　$\Delta\rho$——两相流体密度差，g/mL；

　　r_1——岩样的内旋转半径，cm；

　　r_e——岩样的外旋转半径，cm。

实验中，所使用的湿相和非湿相流体可以根据需要进行选择，如气驱水或气驱油、水驱油或油驱水等。当水驱油时［图 3-62（a）］，由于油的密度小于水的密度，被驱出的油浮于距离心机轴的近端。用油驱水时［图 3-62（b）］，则驱出的水将沉积于距离心机轴的远端，与水驱油刚好相反。采用不同的离心头，可用同一离心机实现水驱油和油驱水。

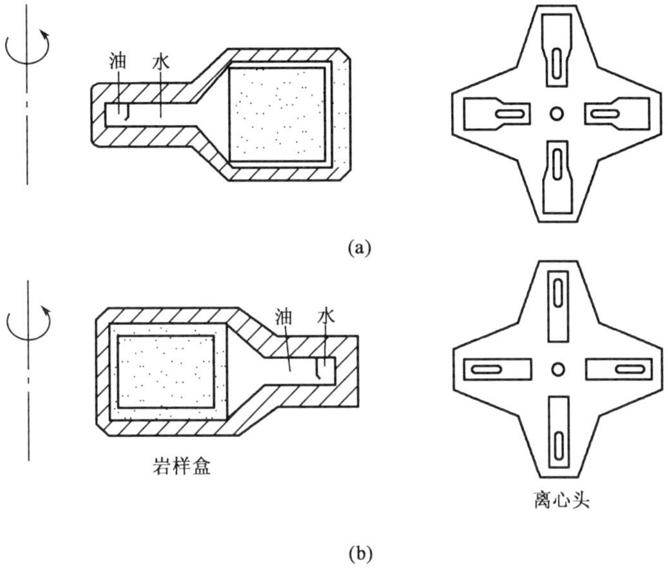

图 3-62　水驱油和油驱水时的离心管位置示意图

（a）水驱油；（b）油驱水

该方法的优点是直接可以得到油—水、油—气、气—水等的毛管压力曲线，并且能够很方便地采用驱替和吸入两种方式来测定毛管压力曲线，测定也比较迅速，是一种比较有前途的方法。缺点是计算比较麻烦，设备也较其他方法复杂。目前所用离心机转速虽可高达21000rad/min，但最高压力只有 1.4MPa，这对于较致密的岩石（如灰岩）来说，压力仍太低。由于上述问题，在一定程度上也影响了该方法的广泛使用。

4. 毛管压力曲线的换算

实际中，在室内测定毛管压力曲线时，测定条件不可能做到与实际油藏条件完全相同。例如在实验室测定时，不同的方法（如压汞法、隔板法）所使用的流体体系不同，两种实验方法中流体的表面张力和润湿角等均不同，因而使所测毛管压力数值也不相同。在使用毛管压力曲线资料、对比不同测试方法测得的毛管压力曲线、把实验室测定结果应用于地下条件时等，都需要事先进行相应的换算。

若采用同一岩样进行实验，则：

在实验室条件下：

$$p_{cL} = \frac{2\sigma_L \cos\theta_L}{r}, 即\ r = \frac{2\sigma_L \cos\theta_L}{p_{cL}} \tag{3-51}$$

在油藏条件下：

$$p_{cR}=\frac{2\sigma_R\cos\theta_R}{r}, 即\ r=\frac{2\sigma_R\cos\theta_R}{p_{cR}} \tag{3-52}$$

式中 p_{cL}——实验室条件下曲面的附加压力（压强），mN/cm^2；

σ_L——实验室条件下两相间界面张力，mN/cm；

θ_L——实验室条件下润湿接触角，(°)；

p_{cR}——油藏条件下曲面的附加压力（压强），mN/cm^2；

σ_R——油藏条件下两相间界面张力，mN/cm；

θ_R——油藏条件下润湿接触角，(°)。

因是同一岩样，式（3-51）和式（3-52）中 r 应相等，由此可得到如下通用换算公式：

$$p_{cR}=\frac{\sigma_R\cos\theta_R}{\sigma_L\cos\theta_L}p_{cL} \tag{3-53}$$

利用式（3-53），可将不同方法下测定的毛管压力换算到油层条件下的毛管压力，以及进行不同方法间毛管压力的换算。下面列举三种情况来进行说明，以下转换均假设 σ、θ 与压力温度无关。

情况 1：将压汞法所测的毛管压力 p_{Hg} 换算为油层条件下的油—水毛管压力 p_{ow}。已知汞表面张力 $\sigma_{Hg}=480mN/m$，$\theta_{wg}=140°$，油水界面张力 $\sigma_{ow}=25mN/m$，$\theta_{ow}=0°$，则：

$$p_{ow}=\frac{\sigma_{ow}\cos\theta_{ow}}{\sigma_{Hg}\cos\theta_{Hg}}p_{Hg}=\frac{25\times\cos0°}{480\times\cos140°}p_{Hg}\approx\frac{1}{15}p_{Hg} \tag{3-54}$$

即实际油藏中油水的毛管压力 p_{ow} 仅为压汞法所得毛管压力的 1/15。

情况 2：将半渗透隔板法（水—空气体系）所测得的毛管压力 p_{wg} 换算为地下油水毛管压力。已知水的表面张力 $\sigma_{wg}=72mN/m$，接触角 $\theta_{wg}=0°$。则：

$$p_{ow}=\frac{\sigma_{ow}\cos\theta_{ow}}{\sigma_{wg}\cos\theta_{wg}}p_{wg}=\frac{25\times\cos0°}{72\times\cos0°}p_{wg}\approx\frac{1}{3}p_{wg} \tag{3-55}$$

即实际油藏中油水的毛管压力 p_{ow} 仅为半渗隔板法所测得的毛管压力 p_{wg} 的 1/3，如图 3-63 所示。

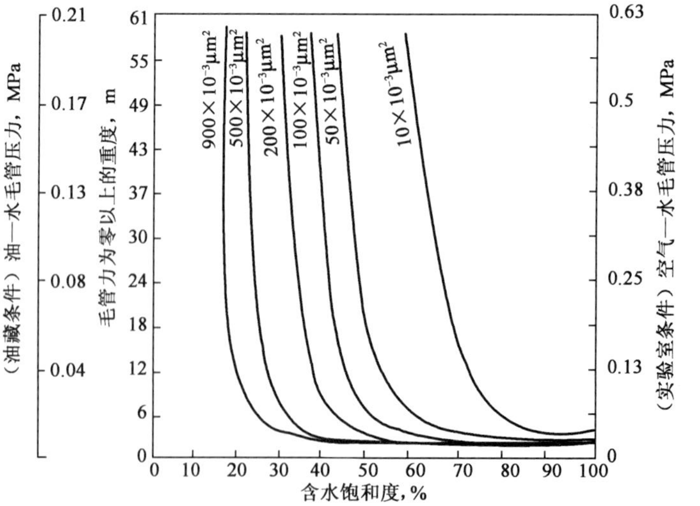

图 3-63 毛管压力曲线换算
（据 Frick，SPE-AIME）

情况 3：将压汞法所测得的 p_{Hg} 换算为半渗隔板法下的气水毛管压力 p_{wg}，则：

$$p_{wg}=\frac{\sigma_{wg}\cos\theta_{wg}}{\sigma_{Hg}\cos\theta_{Hg}}p_{Hg}=\frac{72\times\cos0^\circ}{480\times\cos140^\circ}p_{Hg}\approx\frac{1}{5}p_{Hg} \tag{3-56}$$

这说明需要将压汞法所得的毛管力曲线按比例缩小 5 倍后，即可与半渗透隔板法所得曲线相比较。一般认为半渗隔板法较接近油层条件，精度较高，其所测曲线可作为标准曲线与其他方法相对比。实践已证明，不同方法的测定结果均与半渗隔板法基本上相吻合。

在应用毛管压力曲线时，常利用毛管压力与喉道半径及液柱高度间的函数关系将毛管压力值 p_c 换算成对应于此压力下的喉道半径 r_c 和此压力下湿相（水）上升的高度 h，有时毛管压力曲线的纵坐标还直接标出喉道半径和液柱高度。p_c 与 r_c、h 间的换算方法为：

由 $p_c=2\sigma\cos\theta/r$，如压汞法中取 $\sigma=480\text{mN/m}$，$\theta=140^\circ$，则压汞毛管压力 p_{Hg} 与喉道半径 r 间具有如下关系：

$$p_{Hg}=\frac{2\sigma_{Hg}\cos\theta_{Hg}}{r}\approx\frac{0.75}{r}\qquad 或\ r\approx\frac{0.75}{p_{Hg}} \tag{3-57}$$

式中 p_{Hg}——压汞时的毛管压力，MPa；

r——毛管压力为 p_{Hg} 时所对应的喉道半径，μm。

如压汞时毛管压力为 1MPa，则对应的孔隙半径为 0.75μm。将式（3-57）转换成 SI 制单位，并应用式（3-40）将实验测得的毛管压力换算为地层条件下的毛管压力 p_{cR}，则：

$$h=\frac{100p_{cR}}{\rho_w-\rho_o} \tag{3-58}$$

式中 h——油水界面以上湿相（水）液柱高度，m；

p_{cR}——地层条件下（如油—水）的毛管压力，MPa；

ρ_w、ρ_o——地层条件下的水、油密度，g/cm^3。

［例 3-1］ 试将图 3-63 中 $200\times10^{-3}\mu\text{m}^2$ 岩心的室内毛管力曲线（右坐标），转换成以自由水面以上高度的坐标来表示油水饱和度的分布，设油藏条件下的 $\sigma_{wo}=24\text{mN/m}$，$\rho_w=1088\text{kg/m}^3$，$\rho_o=848\text{kg/m}^3$，常压下水的表面张力 $\sigma_{wg}=72\text{mN/m}$，$\theta_R=\theta_L$。

解： 在图 3-63 曲线上任取一含水饱和度 $S_w=40\%$，其相应的室内毛管力 $p_{cL}=0.065\text{MPa}$，按式（3-53）转换为油藏条件下的毛管力 p_{cR}：

$$p_{cR}=\frac{\sigma_{wo}}{\sigma_{wg}}p_{cL}=\frac{24}{72}\times0.065=0.022\text{MPa}=22000\text{Pa}$$

由式（3-58）则得自由水面以上高度 h：

$$h=\frac{p_c}{(\rho_w-\rho_o)\cdot9.81}=\frac{22000}{(1088-848)\cdot9.81}=9.34(\text{m})$$

从右侧坐标 $p_{cL}=0.065\text{MPa}$ 起作水平线，交左侧纵坐标于 a 点，此点高度标注为 9.34m。

同理可求得其他含水饱和度下的高度 h，并按上述方法标记在左侧高度坐标上，则建立了自由水面以上高度的坐标轴，这样便将图中室内毛管力曲线转换为油水饱和度与自由水面以上高度的关系曲线（图 3-63 中左侧坐标）。

三、岩石毛管压力曲线的基本特征

正如前述，理想孔隙介质的毛管压力是湿相（或非湿相）饱和度的函数，但对实际的储层岩石来说，影响毛管压力的因素远不是这样单一。它不仅是湿相（非湿相）饱和度的函数，还直接受储层岩石的孔隙大小、孔隙分选性、流体和岩石矿物的组成、毛管滞后等诸多因素的影响，所测得的毛管压力曲线也各不相同。那么，对于这些毛管压力曲线，有无共同之处呢？应该研究毛管力的哪些特征参数来认识毛管压力曲线呢？

1. 毛管力曲线的定性特征

典型的毛管压力曲线如图 3－64 所示，曲线坐标为半对数坐标。一般毛管力曲线具有两头陡、中间缓的特征。故有时也将其分为三段——初始段、中间平缓段和末端上翘段。

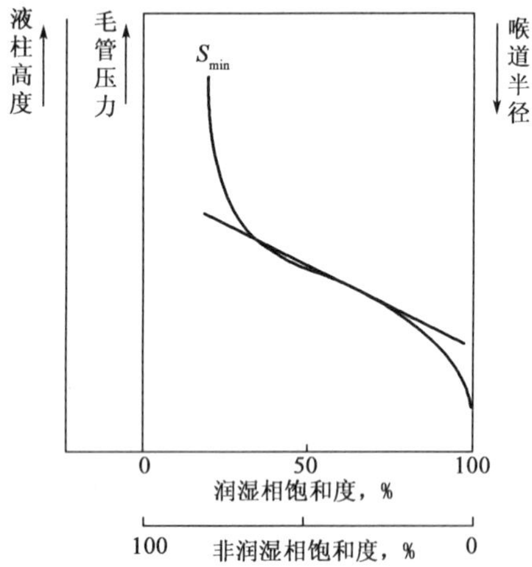

图 3－64　典型的毛管压力曲线

开始的陡段表现为随压力升高非湿相饱和度缓慢增加。此时，非湿相饱和度的增加大多是由于岩样表面凹凸不平或切开较大孔隙引起的，并不代表非湿相已真正进入岩心。有时，只有其中的一部分进入岩心内部，其余部分消耗于填补凹面和切开的大孔隙。

毛管曲线中间平缓段是主要的进液段，大部分非湿相在该压力区间进入岩心，故非湿相饱和度增大很快而相应的毛管压力变化则不太大。曲线中间段的长、短，位置的高低对分析岩石的孔隙结构起着很重要的作用。毛管力曲线中间平缓段越长，说明岩石喉道的分布越集中，分选越好。平缓段位置越靠下，说明岩石喉道半径越大。

曲线的最后陡翘段表示随着压力的急剧升高，非湿相进入岩心的量越来越小，直至非湿相完全不能再进入岩心为止。如果曲线陡翘段表现为与纵轴相平行，则说明再增加压力，非湿相饱和度已不会变化。

2. 毛管压力曲线的定量特征

通常采用下列参数来描述毛管压力曲线的定量特征（图 3－65）。

1）排驱压力（阀压）p_T

所谓排驱压力就是指非湿相开始进入岩样最大喉道的压力，也就是非湿相刚开始进入岩样的压力，因此有时又称排驱压力为入口压力、门槛压力或阀压，其对应于岩样最大喉道半径的毛管压力。排驱压力确定的方法很多，一般采用的方法是将毛管压力曲线中间平缓段延长至非湿相饱和度为零时与纵坐标轴相交，其交点所对应的压力就是排驱压力。

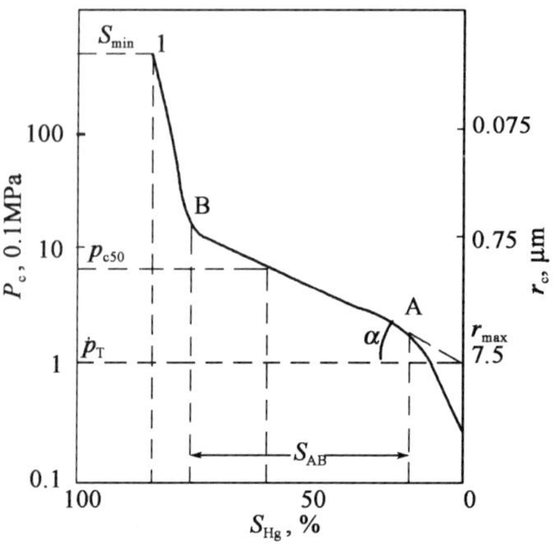

图 3－65　毛管压力曲线定量特征

排驱压力是评价岩石储集性能好坏的主要参数之一，由排驱压力的大小，可评价岩石性能，特别是渗透性的好坏。凡岩石渗透性好，排驱压力 p_T 均比较低；反之 p_T 越大，岩石物性越差。

利用 p_T 值,可确定岩石最大喉道半径以及判断岩石的润湿性(详见“毛管力曲线应用”部分)。

2）饱和度中值压力 p_{c50}

饱和度中值压力 p_{c50} 是指在驱替毛管压力曲线上饱和度为 50%时对应的毛管压力值。p_{c50} 相应的喉道半径是饱和度中值喉道半径 r_{50}，简称为中值半径。

显然，p_{c50} 值越小，r_{50} 越大，表明储油岩石的孔渗条件越好，产油能力越高；反之 p_{c50} 值越大，则表明储油岩石的孔渗条件越差，产油能力越低；有时，因岩石物性很差，p_{c50} 太大，以至在曲线上读不出来（即 p_{c50} 值大于仪器的最高压力）。因为多数岩石的孔隙大小分布接近于正态分布，r_{50} 可粗略地视为岩石的平均喉道半径大小。

3）最小湿相饱和度 S_{min}

最小湿相饱和度表示当驱替压力达到最高时，未被非湿相浸入的孔隙体积百分数。如岩石亲水，则最小湿相饱和度代表了束缚水饱和度，反之，若岩石亲油，则 S_{min} 代表了残余油饱和度。最小湿相饱和度代表了仪器最高压力下所对应的孔喉半径（包括比它更小的孔喉）及其所连通（或控制）的孔隙体积占整个岩样孔隙体积的百分数，该数值越大，表示这种小孔喉越多。

S_{min} 实际上是反应岩石孔隙结构及渗透率的一个指标，根据岩样岩性和孔渗条件，S_{min} 一般在 0～90%之间变化。岩石物性越好，S_{min} 值越低。

S_{min} 值还取决于所使用的仪器的最高压力。在毛管压力曲线的尾部不平行于压力轴的情况下，仍把它作为束缚水饱和度来考虑会造成错误，特别是对低孔隙度、低渗透性的岩样，其误差会更大，值得注意。

3. 毛管压力曲线的统计性质

除了上述毛管压力曲线的定量值外，还可以用各种统计模型来确定其特征值，下面介绍两种统计方法。

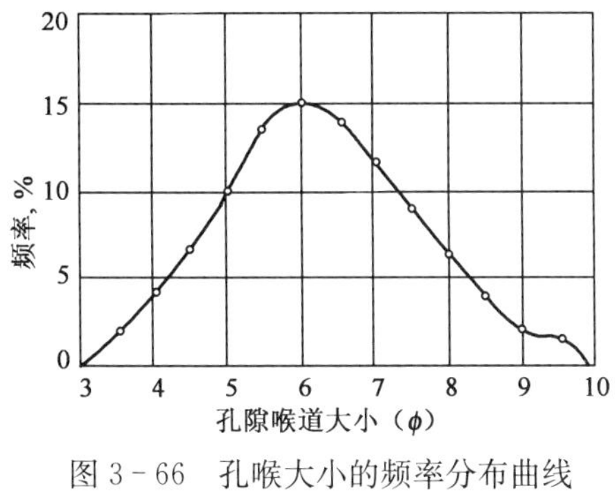

图 3-66　孔喉大小的频率分布曲线

1）正态概率曲线及用图解法求特征值

正态概率曲线应用于沉积岩的粒度分析时，可以用来判断沉积环境。而用于孔隙喉道大小分布的研究国内外的经验还不多。在 Chilingar 等（1972）所著《酸盐岩油气的开采》一书中，曾提出国外有的碳酸盐岩的孔隙喉道大小是遵从正态分布的。即其孔隙喉道大小的频率分布曲线是对称的（图 3-66）。对于遵从正态分布的曲线，将其绘制在正态概率坐标纸上应为一直线（图 3-67）。其纵坐标用累计频率（%）表示；横坐标则用 ϕ 值表示。其中 $\phi=-\log_2 D$，D 是孔喉直径（mm）。ϕ 值与 D 值的换算见表 3-6。

应用正态概率曲线图解法可描述孔隙喉道大小的特征参数有：

（1）主要倾向量度。

①中值（D_{50}）。

孔隙喉道直径中值，是分布处于最中间的孔喉直径。它比一半孔喉大而比另一半孔喉

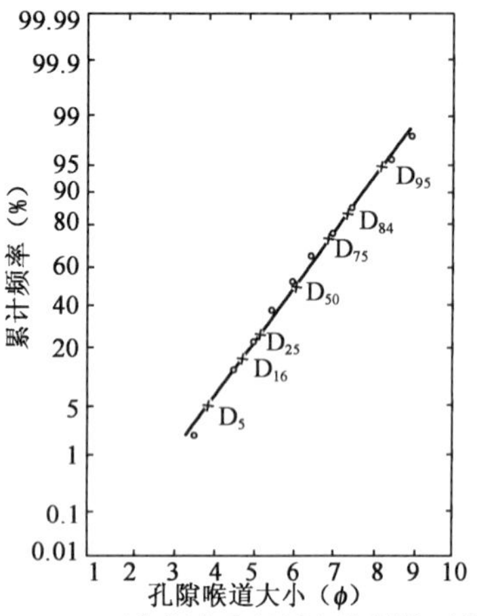

图 3-67　正态概率坐标纸上绘制的对称频率分布为一直线（据 Chilingar 等，1972）

小，它反映了岩石受到化学或物理成岩作用及任何后续蚀变影响的总孔喉大小。然而，它可能是一个很容易引起误解的数值，因为中值不是平均值。

②平均值（D_M）。

平均值是孔喉大小总平均数的量度，可以用下式计算，即：

$$D_M=\frac{D_5+D_{15}+D_{25}+\cdots+D_{85}+D_{95}}{10} \quad (3-59)$$

或简化为：

$$D_M=\frac{D_{16}+D_{50}+D_{84}}{3} \quad (3-60)$$

③峰值（D_m）。

峰值是频率曲线的峰，即最常出现的孔喉直径。如果出现两种主要的孔喉大小，则频率曲线呈双峰型，于是就会有两个峰值。造成双峰的主要原因是岩石中出现了两种主要的孔喉大小，它显然对应于两种孔隙类型。

表 3-6　孔隙喉道直径 D（毫米）与 φ 值的换算表

D，(mm)	φ	D，mm	φ	D，mm	φ	D，mm	φ
4.00	−2.00	0.351	1.50	0.037	4.75	0.0039	8.00
3.36	−1.75	0.297	1.75	0.031	5.00	0.0033	8.25
2.83	−1.50	0.250	2.00	0.026	5.25	0.0028	8.50
2.38	−1.25	0.210	2.25	0.022	5.50	0.0023	8.75
2.00	−1.00	0.177	2.50	0.019	5.75	0.0020	9.00
1.68	−0.75	0.149	2.75	0.016	6.00	0.0016	9.25
1.41	−0.50	0.125	3.00	0.013	6.25	0.0014	9.50
1.19	−0.25	0.105	3.25	0.011	6.50	0.0012	9.75
1.00	0	0.088	3.50	0.0093	6.75	0.00098	10.00
0.841	0.25	0.074	3.75	0.0078	7.00	0.00050	11.00
0.707	0.50	0.062	4.00	0.0066	7.25	0.00030	12.00
0.500	1.00	0.052	4.25	0.0055	7.50		
0.420	1.25	0.044	4.50	0.0047	7.75		

（2）分选性的量度。

孔喉分选（S_p）是样品中孔喉大小的标准偏差量度，毛管压力曲线中的平台越平越长，则表示该样品的孔喉分选越好，S_p 值越小。其计算式为：

$$S_p=\frac{(D_{84}-D_{16})}{4}+\frac{(D_{95}-D_5)}{6.6} \quad (3-61)$$

（3）不对称性的量度——歪度（Sk_p）。

歪度是孔喉大小分布的非正态的量度。对称型曲线 Sk_p 值为 0；Sk_p 值变化范围为 $-1 \leqslant Sk_p \leqslant 1$。正值表示曲线在小孔喉方向有一尾巴，负值表示曲线向较大孔喉方向歪斜。

$$Sk_p = \frac{D_{84}+D_{16}-2D_{50}}{2(D_{84}-D_{16})}+\frac{D_{95}+D_5-2D_{50}}{2(D_{95}-D_5)} \tag{3-62}$$

（4）峰度的量度——峰态（K_p）。

峰态是峰值程度的量度，也就是孔喉分布中尾部孔喉直径展幅与中央部分孔喉直径展幅的比值：

$$K_p = \frac{D_{95}-D_5}{2.44(D_{75}-D_{25})} \tag{3-63}$$

正态曲线的 K_p 为 1；而平峰及双峰型分布的 K_p 值小于 1，可能低到只有 0.6；高而窄的尖峰曲线的 K_p 值可能为 1.5～3。

式（3－59）至式（3－63）中，D_n 是在第 n 个百分位数的孔喉直径。

用正态概率曲线所求得的特征值其物理意义是十分清楚的。平均值（D_M）的 ϕ 值越大，就是总的孔隙喉道的平均直径 D_M（mm）越小，其毛管压力曲线就越偏于细歪度。当窄喉道在整个孔隙喉道中占优势时，则对储集油气和它的渗滤性均不利。孔喉分选系数 S_p 直接反映了孔喉分布的集中程度。当在总孔喉系统中具有某一等级的孔隙喉道占绝对优势时，表明其孔喉分选程度好。歪度则直接与毛管压力曲线有关，当毛管压力曲线凹向饱和度轴时，表现为细歪度，即细孔喉增多。

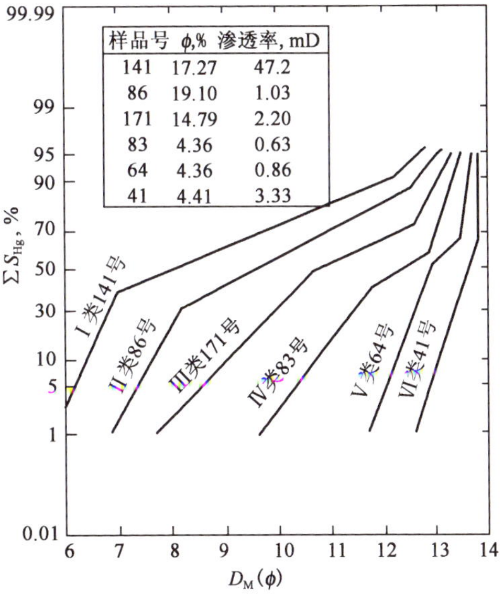

图 3－68　陕甘宁盆地直罗油田太 7 井延长统

然而实际岩石的孔隙喉道分布是错综复杂的，在自然界中遇到单一的标准正态分布孔隙结构是罕见的。对于绝大多数储集岩而言，将毛管压力曲线绘在正态概率纸上，一般呈现出多段式的折线。这些折线与孔隙成因究竟是原生的或是次生的有关，这一问题尚没有得到证明。但大量的实际资料表明，上述多段式折线统计学量度对于表征某一地区岩石的孔隙结构特征仍是有效的。图 3－68 是陕甘宁盆地直罗油田太 7 井延长统长石石英砂岩典型岩样的正态概率曲线图。由图可见，该层段的正态概率曲线一般由三段组成，自上而下，第一段属于粗孔段，随着类别增高，ϕ 值变大；第二段属于中孔段，这一段的起点也有同样的规律，中孔段结束时，各类均值的差异缩小；第三段为细孔尾部，随着类别的增高，细孔尾部的累计频率下降，同时 ϕ 值增大。必须指出：上述所指的粗中细是指在本样品中的相对程度，不能同其他样品的数值混淆起来。

必须强调指出：正态概率曲线及用图解法确定的量度，由于未考虑水银在最高压力下不能压入的孔隙空间，因此，它只表示水银能注入的孔隙空间的量度，而不是岩石的全孔隙量度。正因为如此，这些量度没有通用的对比价值，它仅仅可以用于某个地区及层段分类、对比及评价储集岩的孔隙系统。

2）地质混合经验分布及用矩法确定特征值

对砂岩和碳酸盐岩进行了大量的实际资料处理后，发现储集岩的孔喉分布并不属于正态分布。同时，用图解法确定的特征参数只具有一定的对比性。根据地质统计理论，可以将储集岩的孔喉分布看成在成岩及后生作用过程中几种成因造成的孔喉分布的组合。这样，可以把储集岩的孔喉分布在统计学上使用地质混合经验分布的数字特征，这就包括了所有百分位数的特征，更符合实际情况。

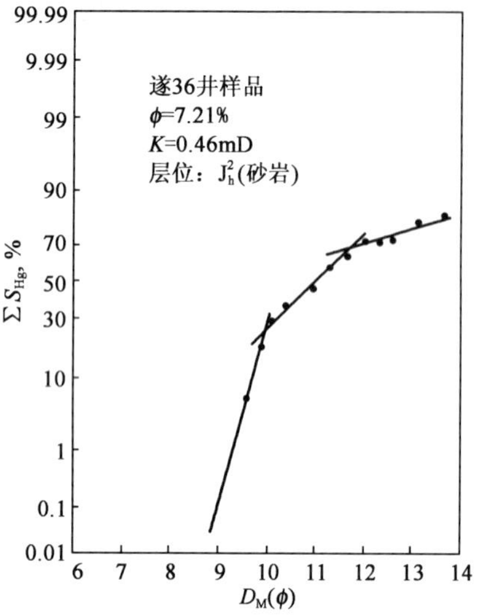

图 3－69　在正态概率坐标系中的地质混合经验分布曲线（据罗蛰潭等，1981）

以往在计算砂岩或孔隙性碳酸盐岩孔喉分布的数字特征时，是将数据绘在正态概率纸上用图解法求出各种量度，这是基于正态分布的置信区间推算出来的。然而对于混合分布，使用矩法来求得孔喉分布的特征参数则更为合理。这是因为所绘制在正态概率坐标纸上的孔喉分布和砂岩的粒度统计曲线极为相似（图 3－69）。因此，可以使用原点矩求均值，用二阶中心矩求方差等。

要用矩法计算各特征参数，首先要解决观测值的分组问题。如果任一组观测值被分成10～15 个区间，则全部信息都能被保留下来；如果一组数据包含极端值，则把有小或大的中值的区间宽度放宽是方便的。根据各种储集岩的孔喉特征，使用 ϕ 值等间隔分布，将观测值［砂岩为 2.74～12.74（ϕ）；碳酸盐岩为 3.74～13.74（ϕ）］划分成 11 个区间，区间宽度定为 1ϕ。这种划分实质上是将粗孔部分的区间加密，而将细孔部分的区间放宽，这样，所计算的特征参数更能反映储集岩孔喉分布的实际情况。

可以用数学语言把关于观测值的信息概括为可进行处理的数学方法。即对于许多类型的观测值，岩石孔喉的重要数学特征参数可以有以下几种（koch 和 Link，1970）：

（1）均值（$\overline{X}$）。

均值是位置特征参数之一，它是描述实验数据的平均位置。对储集岩的孔隙结构来说，它表示全孔喉分布的平均位置。均值可以用观测值的加权平均得到，即：

$$\overline{X} = \sum_{i=1}^{n} X_i \Delta S_i / 100 \qquad (3-64)$$

式中　X_i——区间的始值（用中值、末值均可），对于储集岩用 ϕ 值表示；

ΔS_i——观测值，小数；

n——分组数，n=11。

（2）标准差（σ）。

标准差属于散布特征参数，它是描述以均值 $\overline{X}$ 为中心的散布程度。标准差在孔隙中的应用是描述孔喉大小的分选程度，它也可以称为孔喉的分选系数。标准差可描述实验数据在整个数轴上的分散程度。对于孔隙系统来说，孔喉分选越好，其分选系数越小。

$$\sigma=\left[\sum_{i=1}^{n} f_i (X_i-\overline{X})^2/100\right]^{1/2} \tag{3-65}$$

(3) 变异系数 (C)。

变异系数是标准差与平均值之比，是观测值相对变化性的一种很有用的度量。它用以描述孔喉平均值和分选程度的比较。若孔喉的平均值（ϕ 值）越大（细孔越多）、分选越好（都是细孔），则 C 值越小。而孔喉的平均值（ϕ 值）越小（粗孔越多），但因岩样中总是存在着一定数量的细孔，其分选只能是较好的或中等的。所以，无论对砂岩或碳酸盐岩，C 值要随 $\overline{X}$ 和 σ 两者的变化趋势来确定其大小。在一定范围内，C 值可以反映储集岩孔隙结构的好坏。一般来说，C 值越大，则表示储集岩的孔隙结构越好。

$$C=\frac{\sigma}{\overline{X}} \tag{3-66}$$

(4) 歪度 (Sk)。

歪度是分布特征参数之一，它是描述分布不对称的量度，又可称为偏度。歪度表示分布相对于平均值来说是偏于大孔或偏于小孔，一般为 $-2\sim2$。

$$Sk=\sum_{i=1}^{n} f_i (X_i-\overline{X})^3/100\sigma^3 \tag{3-67}$$

根据大量的实际资料处理和统计，发现在上述 4 个特征值之间，以及在特征值和排驱压力、饱和度中值毛管压力、孔隙度和渗透率之间都有内在的相关关系。对我国各主要油气区进行统计后得出以下认识：

①砂岩储集岩的孔喉均值和孔喉分选系数之间具有一种肯定的倾向性关系，即均值越小，则孔喉分选系数越大。

②砂岩储集岩的孔喉均值和变异系数成反比直线关系，即：

$$C=0.9057-0.0637\overline{X}$$

方程的相关系数为 0.93。

③好的储集岩其孔喉歪度为正值，大都在 0.25～1 之间；差的储集岩其歪度均为负值。

④孔喉均值（ϕ 值）越小，则储集岩的孔、渗越好。

⑤孔喉均值与岩样的饱和度中值毛管压力以及排驱压力在半对数坐标上具有明显的线性关系，可以写成：

$$\lg p_{c50}=-2.8738+0.3777\overline{X} \qquad (r=0.9700)$$

$$\lg p_d=-3.9300+0.9054\overline{X} \qquad (r=0.9500)$$

由上可见，用地质混合经验分布及用矩法处理所得的各种度量参数，由于它是考虑了全孔喉分布（包括压汞压入的和未压入的），所以比较符合实际情况。

计算实例见表 3-7。

表 3-7 压汞法测定岩样孔隙大小分布用矩法处理的特征值计算表

序号	毛管压力 p_c 0.1MPa	$X_i=-\log_2 D$		水银饱和度 S_{Hg} %	间隔饱和度 ΔS_{Hg} %	$X_i \times \Delta S$	$X_i-\overline{X}$	$(X_i-\overline{X})^2\Delta S$	$(X_i-\overline{X})^3\Delta S$
		砂岩	碳酸盐岩						
1	0.1	2.74	3.74	0	0	0	−6.22	0	0
2	0.2	3.74	4.74	0.59	0.59	2.21	−5.22	16.08	−83.92
3	0.4	4.74	5.74	1.68	1.09	5.17	−4.22	19.41	−81.92
4	0.8	5.74	6.74	7.94	6.26	35.93	−3.22	64.91	−208.99
5	1.6	6.74	7.74	35.81	27.87	187.84	−2.22	137.35	−304.93
6	3.2	7.74	8.74	48.53	12.72	98.45	−1.22	18.93	−23.10
7	6.4	8.74	9.74	59.15	10.62	92.82	−0.22	0.51	−0.11
8	12.8	9.74	10.74	66.20	7.05	68.67	+0.78	4.29	3.35
9	25.6	10.74	11.74	74.76	8.56	91.93	+1.78	27.12	48.28
10	51.2	11.74	12.74	83.08	8.32	97.68	+2.78	64.30	178.75
11	102.4	12.74	13.74	100	16.92	215.56	+3.78	241.76	913.85
累计值						896.26		594.66	+441.26
岩样编号：中-3（砂岩） 岩样孔隙度：25.22% 岩样渗透率：$53.2\times10^{-3}\mu m^2$			排驱压力：$p_d=1.3\times10^{-1}$MPa 饱和度中值毛管压力 $p_{c50}=3.3\times10^{-1}$MPa 最小非饱和孔隙体积 $S_{min}=11.21\%$			均值：$\overline{X}=\sum X_i\Delta S/100=8.96$ 标准差：$\sigma=[\sum(X_i-\overline{X})^2\Delta S/100]^{1/2}=244$ 歪度：$Sk=\sum(X_i-\overline{X})^3\Delta S/100\sigma^3=0.304$ 变异系数：$C=\sigma/\overline{X}=0.272$			

四、毛管压力曲线的应用

最初测定储油岩石的毛管压力主要是为了确定油层的束缚水饱和度，应用范围相当狭窄。随着研究工作的深入发展，有关储层的几乎全部参数，如束缚水饱和度、残余油饱和度、孔隙度、绝对渗透率、相对渗透率、岩石润湿性、岩石比面以及孔隙喉道大小分布等，在某种程度上都可以利用毛管压力资料来确定，并提出了很多有用的评价储层的新参数。因此，毛管压力资料已经在油气勘探和开发中得到了十分广泛的应用。下面仅就毛管力曲线的部分应用作一简介。

1. 毛管压力资料在岩石孔隙结构研究中的应用

毛管压力曲线是毛管压力和饱和度的关系曲线。由于一定的毛管压力对应着一定的孔隙喉道半径（$r=2\sigma\cos\theta/p_c$），因此，毛管压力曲线实际上包含了岩样孔隙喉道的分布规律，如图 3-65 所示，在毛管压力曲线的右侧纵坐标上就直接标出了孔隙半径大小。

由毛管压力曲线资料，可以利用作图法进一步确定每一个不同等级的孔隙喉道体积占总孔隙体积的百分数，从而可以确切地评价岩石的孔隙结构对其储油气性和渗流能力的作用。

常用的孔喉大小及分布图有三种形式，根据不同需要可以任选一种使用。

1）孔隙喉道的柱状频率直方分布图

图 3-70 是一种不均匀分布的形式，其作法是沿着毛管压力曲线作横的平行线，并且以此横线作为所取的间隔大小。横线与毛管压力曲线相交处的饱和度减去前一条横线与毛管压力曲线相交处的饱和度，即为该两条横线所相应间隔的孔隙喉道体积占总孔隙体积的百分数。

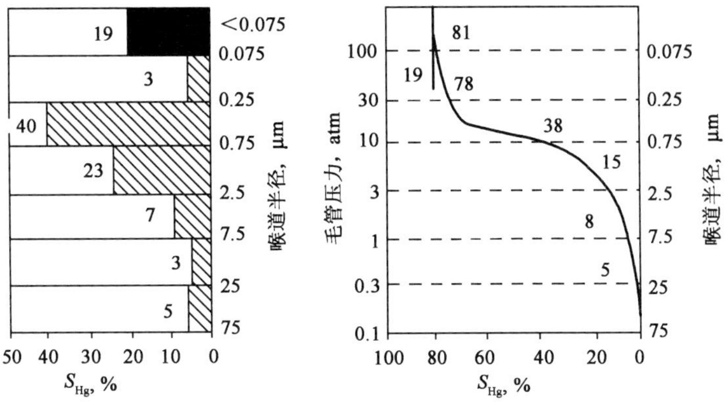

图 3-70　孔隙喉道大小的柱状频率分布图

两图横坐标为各等级孔喉体积占总孔隙体积的百分数

图 3-71 是等值划分的孔隙喉道大小的柱状频率分布图。根据等值划分的规定，将孔隙喉道大小的间隔划分成 10、6.3、4.0、2.5、1.6、1.0、0.63、0.40、0.25、0.16、0.10、0.063、小于 0.04μm 等 13 个间隔。把孔隙喉道半径作为横坐标，并从毛管压力曲线上，对应这 13 个间隔的压力值分别查出其水银饱和度，每一间隔的饱和度差值，就是该间隔孔隙喉道体积占总孔隙体积的百分数（频率）。

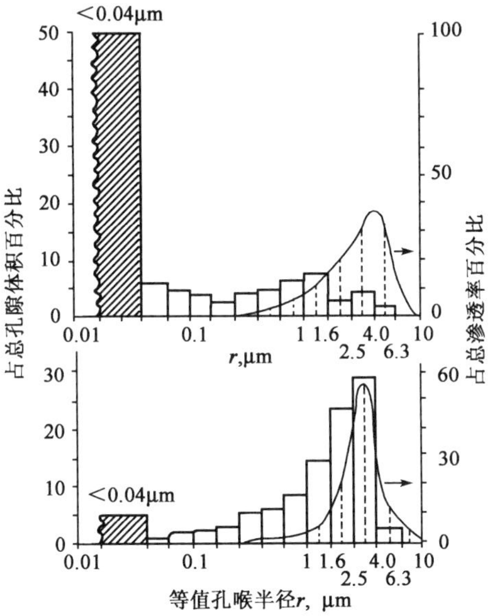

图 3-71　等值划分的孔隙喉道柱状频率分布图（据 Rieckmann，1963）

图为道尔吉—赛他砂岩，$\phi=24.0\%$，$K=2.4\times10^{-3}\mu m^2$；下图为二叠系豪勃特白去岩，$\phi=14.1\%$，$K=5.3\times10^{-3}\mu m^2$

这种分布图具有直观、便于对比的优点。如果将按式（3-55）所计算的每一间隔的渗透率贡献值同时绘在图中，则可以很快地判别究竟哪一个等级的孔隙喉道在渗滤中是最主要的。

2）孔隙喉道的频率分布曲线及累计频率分布曲线

这与上述的直方图基本相同，但是不用柱状表示，而是用柱状中心联成平滑的曲线。累计频率曲线只是将前面间隔的孔隙喉道体积叠加起来。分布曲线如图 3－72 所示。

3）孔隙喉道的体积分布曲线

图 3－73 为孔隙喉道的体积分布频率曲线和累计体积分布频率曲线。横坐标是喉道大小（μm）的对数分布，而纵坐标则是对应每一个喉道大小的孔喉体积（cm^3）。孔喉体积就等于某一间隔的水银饱和度乘上岩样的总孔隙体积（即 $V_i=\Delta S_{i-(i+1)}\cdot V_T$）。该图可以反映出不同喉道半径所控制的孔喉体积。

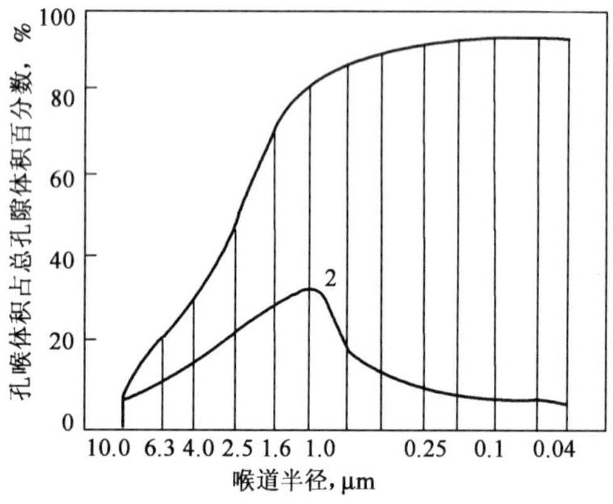

图 3－72　孔隙喉道的频率分布曲线及累计频率分布曲线

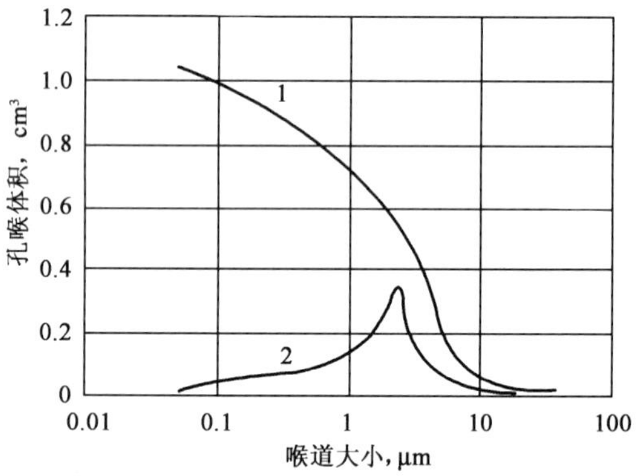

图 3－73　孔隙喉道的体积分布曲线

1—累计频率曲线；2—频率曲线

在工程上，孔喉半径对于确定泥浆暂堵剂的粒级大小及聚合物驱中筛选高分子化合物，寻找最优的粒级匹配关系都是很重要的。

2. 根据毛管压力曲线形态评估岩石储集性能好坏

毛管压力曲线形态主要受孔隙喉道的分选性和喉道大小所控制。所谓分选性是指喉道大小的分散（或集中）程度。喉道大小分布越集中，则分选越好，毛管力曲线的中间平缓段也就越长，且越接近于与横坐标平行。孔隙喉道大小及集中程度主要影响着曲线的歪度（又称偏斜度）。歪度是毛管压力曲线形态偏于粗喉道或细喉道的量度。喉道越大，大喉道越多，则曲线越靠向坐标的左下方，称为粗歪度。反之曲线靠右上方，则称为细歪度。图 3－74 是六种理想化的典型毛管力曲线。显然，(a) 是极好的储集层，而 (e) 是极差的储集层。

对于碳酸盐岩，其裂缝—孔隙双重介质特征可以从毛管力曲线上较清晰地反映出来，典型的双重孔隙介质的压汞毛管力曲线如图 3－75 所示。因此，仅用孔隙度和渗透率已不足以反映油藏岩石的储渗性。

3. 应用毛管压力曲线确定孔隙的表面积

对于在仪器最高压力范围内的孔隙，可以近似地计算出这些孔隙的内表面积。计算时假定所有孔隙都是圆柱形的。

任意一支圆柱形毛细管的内表面积为：

$$A=2\pi rL=\frac{2\pi r^2L}{r}=\frac{2V}{r} \tag{3—68}$$

式中　S——圆柱形毛细管的表面积；cm^2；

r——毛细管半径，cm；

L——毛细管的长度，cm；

V——该支毛细管的体积 cm^3。

整个岩石孔隙系统的总表面积近似为：

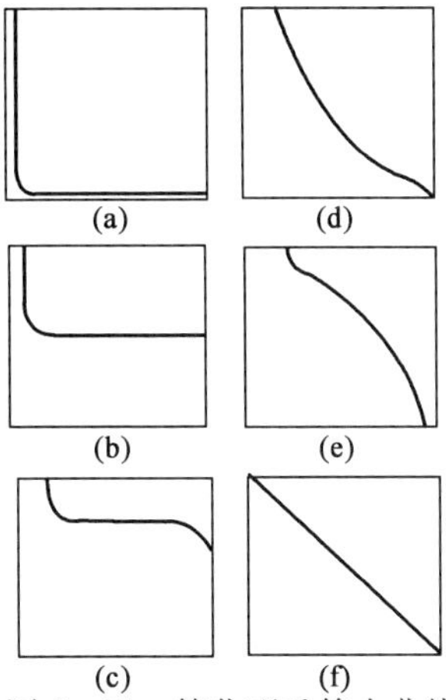

图 3-74　简化型毛管力曲线

(a) 分选好，裂缝均匀粗偏度；(b) 分选好，裂缝均匀；(c) 分选好，裂缝均匀细偏度；(d) 分选不好，裂缝不均匀，略粗偏度；(e) 分选不好，裂缝均匀略粗偏度；(f) 未分选，极不均匀

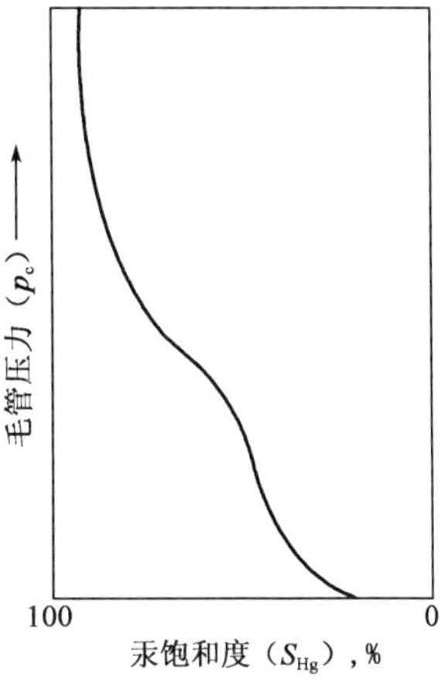

图 3-75　双重介质毛管压力曲线图

$$S_{总}=\sum_{i=1}^{n}\Delta S_i=\frac{2\Delta V_1}{\bar{r}_1}+\frac{2\Delta V_2}{\bar{r}_2}+\cdots+\frac{2\Delta V_n}{\bar{r}_n} \tag{3-69}$$

其具体做法是首先绘制出孔隙大小的体积分布曲线，然后将分布曲线划分成 10 个区间，从每个区间定出平均半径 $\bar{r}_i$ [$\bar{r}_i=(r_i+r_{i-1})/2$] 和相应的孔隙体积间隔量。代入式（3-69）后，就可求出孔隙的总表面积。

[例 3-2] 某岩样的孔喉体积分布曲线如图 3-76 所示，试确定该岩样孔隙的内总表面积。

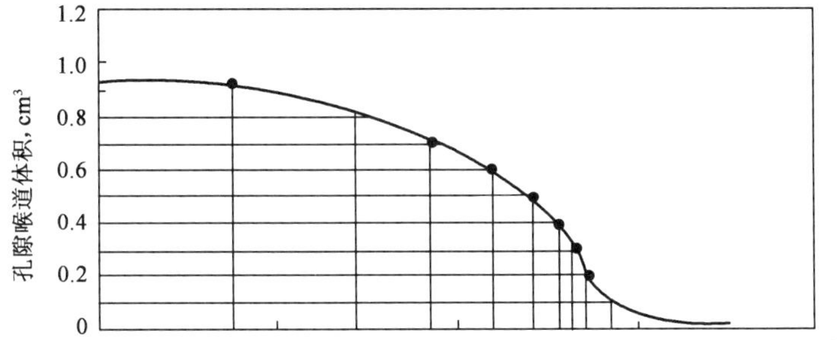

图 3-76　用岩样孔喉体积分布曲线确定孔隙表面积的图解

解： 首先在孔喉体积坐标上每 $0.1cm^3$ 处划横线与分布曲线相交，在交点处引垂直线与喉道大小的坐标相交。依次求出各交点的喉道半径（自右向左）为 30、7、6、4.5、3.5、2.2、1.5、0.75、0.28、0.073μm。再求出各间隔的平均值。

然后按式（3-69）计算：

$$S_{总}=\left[\frac{2\times0.1}{18.5}+\frac{2\times0.1}{6.5}+\frac{2\times0.1}{5.25}+\frac{2\times0.1}{4.0}+\frac{2\times0.1}{2.85}+\frac{2\times0.1}{1.85}+\frac{2\times0.1}{1.125}+\frac{2\times0.1}{0.515}+\frac{2\times0.12}{0.1765}\right]\times10^4$$

$$=(0.018+0.0308+0.0381+0.05+0.0702+0.1081+0.1778+0.3883+1.3598)\times10^4$$

$$=2.2339\times10^4\ (cm^2)$$

若岩样的总体积为 12.2719cm³，重量为 31.2933g，则该样品按体积计算的比表面为：

$$S_{比}=\frac{2.2339\times10^{4}}{12.2719}=1820.3\ (cm^{2}/cm^{3})$$

该样品按重量计算的比表面为：

$$S_{比}=\frac{2.2339\times10^{4}}{31.2933}=713.9\ (cm^{2}/g)$$

4. 根据毛管压力曲线资料定义的若干综合系数

在对大庆油田储油气岩石进行研究后，我国王传禹、杨普华（1980）等一些专家提了许多为描述储层岩石孔隙结构的综合参数，下面分别予以介绍。

1）孔隙结构系数（ϕ_p）

孔隙结构系数表征了真实岩石孔隙特征与长度相同的平行柱状毛细管束模型之间的差别，其数值反映了各种综合因素对这种差别的影响程度。

$$\phi_p=\frac{\phi}{8K}\ (\bar{r})^{2} \tag{3-70}$$

式中 $\bar{r}$——平均孔喉半径 μm；

K——渗透率，μm^2；

ϕ——孔隙度，小数。

当 $\phi_p=1$ 时，即为毛管束模型。

2）相对分选系数（D_r）

相对分选系数定义为分选系数 S_p 除以均值 D_M，其物理意义相当于数理统计中的变异系数，即：

$$D_r=\frac{S_p}{D_M} \tag{3-71}$$

3）特征结构系数（$1/D_r\phi_p$）

特征结构系数是相对分选系数和孔隙结构系数乘积的倒数，是影响驱油效率的孔隙结构特征组合参数。大庆油田岩样的渗透率与该系数在双对数坐标中成正比直线关系，渗透率越高，特征结构系数就越大，其驱油效率也越高。

4）孔隙结构系数（G_s）

孔隙结构系数是玉门油田张芳洲等于 1980 年提出的一个综合系数，它定义为：

$$G_s=\frac{D_M}{\phi_y S_p} \tag{3-72}$$

式中 D_M——孔喉分布均值；

S_p——孔喉分选系数；

ϕ_y——大于有效孔隙喉道的连通孔隙分数。

M 油层的有效孔隙喉道下限定为 0.691μm。张芳洲等认为，孔隙结构系数是评价储层孔隙结构的首要参数，它与岩石物性参数成正比。

5）均质系数（α）

沈平平等在对胜利油田大量样品进行研究的基础上，提出了用均质系数（α）来描述储集岩的孔隙结构特征。

$$\alpha=\frac{\int_{0}^{S_{0.1}} r\ (S)\ dS}{r_{max}S_{0.1}} \tag{3-73}$$

式中 $S_{0.1}$——最大注入压力（8MPa）对应的最大饱和度，%；

$r(S)$——压汞所确定的孔喉半径分布函数；

S——水银饱和度，%；

r_{max}——排驱压力所对应的最大连通孔喉半径，μm。

α 变化范围为 0～1，α 越大，则表示孔隙结构越均质。

5. 应用毛管力曲线确定油层的平均毛管压力 J（S_w）函数

实验中所得出的毛管压力曲线是用极小的岩样，如井壁取心、钻屑或少数有代表性的岩心而获得。虽然具有一定的代表性，但它毕竟只代表了储层中一个点的情况。在油田实际应用中，存在着取平均值和综合对比研究的问题。J（S_w）函数则是针对这个问题提出的。J 函数曲线把油层流体界面张力、润湿性和岩石的渗透率与孔隙度等的影响综合在一起来表征油层的毛管压力曲线特征。在很多情况下，当一个储层的所有毛管力数据以 J 函数表示时，都将简化为一单调曲线。因此，J 函数能更好地对油层进行评价及对比。J 函数可以用下式来表达：

$$\mathrm{J}(S_w) = \frac{p_c}{\sigma\cos\theta}\left(\frac{K}{\phi}\right)^{\frac{1}{2}} \tag{3-74}$$

式中 J（S_w）——J 函数，无量纲；

p_c——毛管压力，MPa；

σ——界面张力，mN/m；

θ——润湿接触角，（°）；

K——空气渗透率，μm^2；

ϕ——孔隙度，小数。

由于实际 θ 值很难测准，且只要毛管压力曲线测量用的岩心及流体是储层的岩心和流体时，润湿性或 $\cos\theta$ 项是一个恒定常数，因而不影响 J 函数曲线形态，故可将 $\cos\theta$ 项忽略，式（3-74）可简化为：

$$\mathrm{J}(S_w) = \frac{p_c}{\sigma}\left(\frac{K}{\phi}\right)^{\frac{1}{2}} \tag{3-75}$$

J（S_w）函数最初是基于量纲分析推论出的一个半经验无量纲关系函数，后来实践已证明，J 函数是毛管压力曲线一个很好的综合处理方法。Leverett 认为同类岩石的 J（S_w）函数具有普遍意义。布朗（Brown）等人获得的实际资料（图 3-77）表明：同一层内同一种岩石类型的 J 函数，可以成功地进行对比。

图 3-77（a）是取自同一个油藏的所有岩样的毛管压力曲线经转换得到的 J 函数曲线。尽管从大量数据点可以看出其总的趋势，但点仍然分散。（b）、（c）是将灰岩和白云岩分开后所得到的曲线，白云岩数据点比较集中。图中曲线（c）为灰岩，在低含水饱和度时数据点很分散。（d）为细晶灰岩样，数据点也相当分散。

通过 J 函数的筛选，有两个效果：（1）求出了同一类型岩样（白云岩或细晶灰岩）的毛管压力曲线的平均资料；（2）找出了不同类型岩样（粗晶灰岩）的岩石物性特征。

一般不同储层的 J（S_w）函数曲线是不同的，同一储层中渗透率差别较大的毛管压力资料也不能获得统一的 J（S_w）函数曲线。因此，J 函数整理毛管压力数据的方法一般多用在储层相对比较均匀的情况。在储层结构比较复杂，非均质比较严重时，使用 J（S_w）函数有较大误差。也有人（如 Dullien）认为，J（S_w）函数中引入 K、ϕ 是不适当的，该值不能反映不同样品孔隙结构之间的差异，这是 J（S_w）函数的应用受到限制的重要原因。

6. 确定油（水）饱和度与油水过渡带高度之间的关系

正如前所述，地层中油水之间不存在一个截然的分界面，而是一个很厚的油水过渡带。在此过渡带内，含水饱和度从下至上逐渐减少，由 100% 含水降到束缚水饱和度为止。那么，在不同高度处相应的油（水）饱和度是多少呢？

图 3－78 为过渡带中油（水）饱和度的变化示意图。可利用所测得的毛管压力，按式（3－58）直接将 $p_c(S_w)$ 换算成 $h(S_w)$ 关系，即可求出油（水）过渡带高度与含水（油）饱和度之间的变化关系。但若要准确确定油水同产区的厚度，还需与相对渗透率曲线结合。

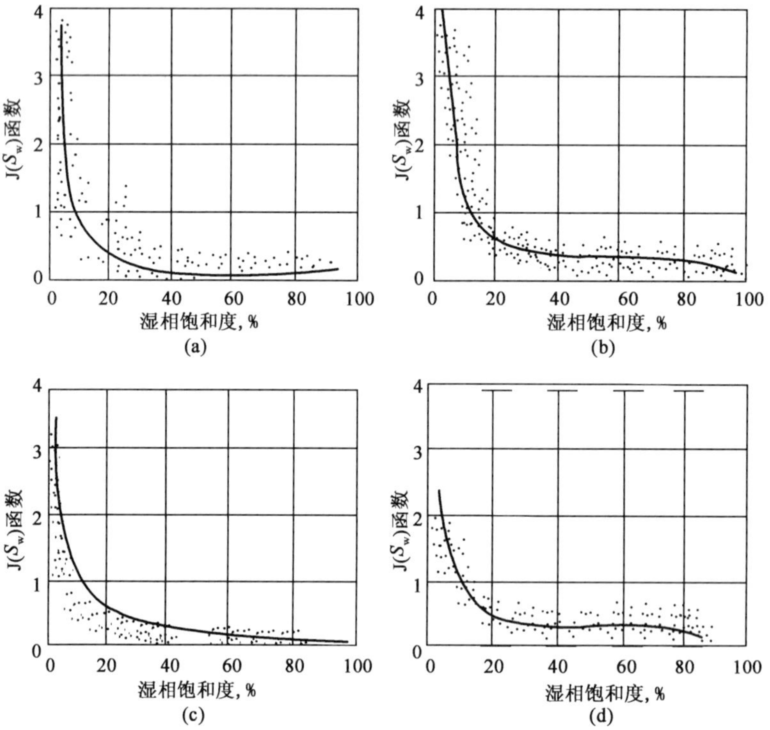

图 3－77　毛管力曲线的 J（S_w）函数关系

（a）全部岩样；（b）灰岩岩样；（c）白云岩样；（d）细晶灰岩样

7. 用毛管压力曲线法研究驱油效率

在毛管压力曲线测量中，采用加压非湿相驱替岩心中湿相属于驱替过程，所得的毛管压力曲线称为驱替毛管力曲线，简称驱替曲线；降压用湿相驱替非湿相的毛管力曲线，简称吸入（或吸吮）曲线。在压汞法中，通常又把驱替称为注入，把吸入称为退出。

近十几年来，不少研究者开展了对吸入曲线的研究，研究中发现，有相似驱替曲线的岩样，其吸入曲线可以不相似。这反映了岩石孔隙结构上的差异和复杂性，这也是人们在孔隙结构研究中，特别是在研究碳酸盐岩的孔隙结构上广为引用压汞—退汞毛管力曲线的一个原因。

测定驱替和吸入毛管力曲线较为方便的方法是压汞法。实验时，先加压向岩样中注入水银，然后降压使水银退出，这一过程可以反复多次进行，即可以再次（二次）注入，再次退出等，从而得到毛管压力回线，如图 3－79 所示。毛管压力回线的测定至少包括压汞、退汞和重压汞三个过程。进行毛管压力回线实验的目的是研究岩石的孔隙结构及其对岩石内流体分布、流动机理和非湿相毛细管效应对驱油效率的影响。图 3－79 中的毛管压力回线包括一次注入曲线 I、退出曲线 W 和二次注入曲线 R。一次注入时压力从零到最高压力，湿相饱和度从 100%降至 S_{min}（最小湿相饱和度），而非湿相饱和度从 0 到最大值 S_{max}。退出曲线压力从最高值降到零，但发现：非湿相（水银）并不能全部退出，有部分水银因毛管力作用而残留于岩石中（残余水银饱和度 S_R）。退汞曲线和压汞曲线在形态上的差别是由毛管压力滞后作用引起的，其滞后包括捕集滞后（traphysteresis）和拖延滞后（draghysteresis）。捕集滞后是由岩石的孔隙结构决定的。不同孔隙结构的岩石，具有不同捕集滞后现象，这可由压汞曲线和重压汞曲线的区别具体表现出来。拖延滞后是由于退汞过程中水银对岩石润湿角的改变和水银在岩样中受到不同程度的污染而使其表面张力下降等原因造成，其滞后状况可由退汞曲线和重压汞曲线的差别表现出来。

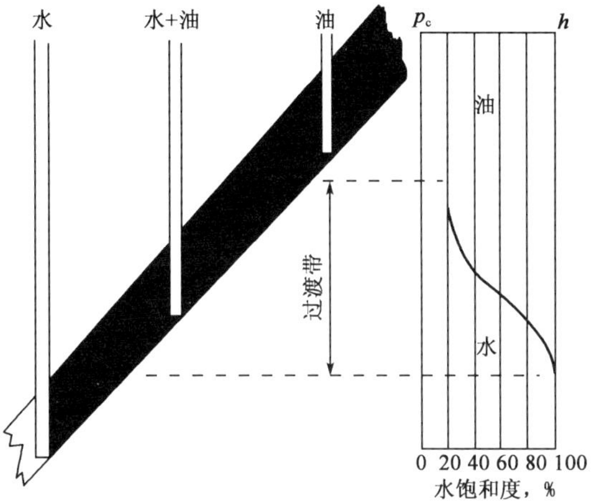

图 3-78　在过渡带中油和水饱和度变化的示意图

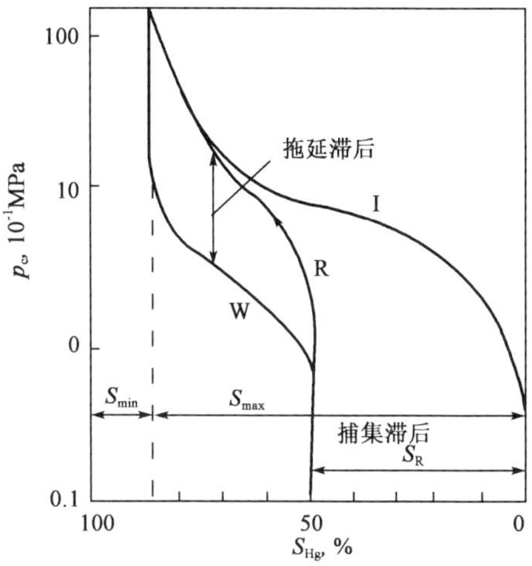

图 3-79　注入和退出毛管压力曲线

I—一次注入曲线；W—退出曲线；

R—二次注入曲线

一次注入和二次注入所得的最小湿相饱和度是一致的，为 S_{min}。二次注入曲线与退出曲线构成一闭合环，称为滞后环（图 3-79 中 R—W 环）。

沃德洛（Wardlaw，1976）把降压后退出的水银体积与降压前注入的水银总体积的比值称为退出效率 E_w，并由下式确定：

$$E_w = \frac{S_{max} - S_R}{S_{max}} \times 100\% \tag{3-76}$$

退出效率实际上是非湿相的驱替效率，对于亲水油层，则为非湿相原油的驱油效率。这就为研究石油驱油效率，探讨采收率与孔隙结构，流体性质之间的关系提供了一条新的途径。在进行二次和三次采油的室内模拟实验中特别应注意驱替和吸入毛管力曲线的不同。

8. 应用注入和退出曲线确定平均孔—喉体积比

根据 Wardlaw（1976）的理想模型研究得出的结论，只适用于孔—喉比较大时，即在非润湿相退出时主要是喉道退出，并可用退出曲线衡量喉道分布和体积，因此，可以用注入曲线和退出曲线两者来确定该岩样的平均孔—喉体积比。

在退出曲线的低压部分呈垂直线时，这种方法具有较高的精确度。

十分明显，注入曲线所反映的是喉道和与该喉道相连通的孔隙的总体积；而退出曲线则仅仅是反映喉道的体积，两条曲线的差值即为孔隙体积，而

$$平均孔喉体积比 = \frac{孔隙体积}{喉道体积} = \frac{\overline{S}_{max} - (S_{max} - S_R)}{S_{max} - S_R}$$

所以，孔—喉体积比 V_{pT} 等于：

$$V_{pT}=\frac{S_R}{S_{max}-S_R} \tag{3-77}$$

［例 3－3］ 试按图 3－80 中的注入曲线和退出曲线确定该岩样的孔—喉体积比。

解： 图 3－80 中，(a) 图为毛管压力曲线，(b) 图为孔隙和喉道的体积占总孔隙体积的百分数，(c) 图为喉道体积占总孔隙体积的百分数。

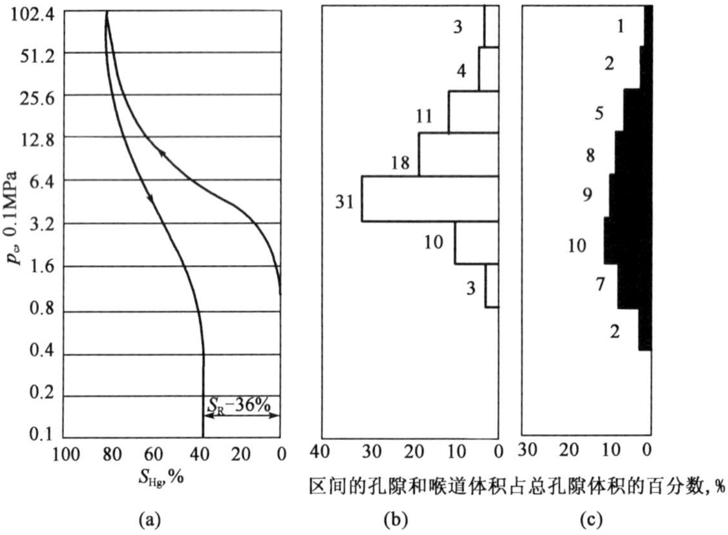

图 3－80　确定孔—喉体积比的图解

(a) 岩样的注入和退出曲线；(b) 按注入曲线绘制的孔隙和喉道的饱和度分布；(c) 按退出曲线绘制的喉道的饱和度分布

该岩样的孔隙和喉道的总体积，用占岩石总孔隙体积百分数表示（即注入水银饱和度 S_{max}）为 80%；喉道体积占总孔隙体积的百分数为 44%。从 (a) 图可见捕集滞后 $S_R=36\%$。所以孔—喉体积比为：

$$V_{pT}=\frac{80-44}{44}=\frac{36}{44}=0.818$$

因此，该样品喉道体积多于孔隙体积。

9. 毛管压力资料确定储层岩石的润湿性

这里主要讨论两类方法。

1) *面积比较法*

对比驱替和吸入毛管力曲线，可反映出油藏岩石的润湿特征。图 3－81 和图 3－82 给出了离心法测得的毛管压力曲线，图中虚线 Ⅰ 是岩样完全饱和水后用油驱水所得的毛管力曲线，目的在于模拟油藏的束缚水饱和度；曲线 Ⅱ 是在上述油驱水后，改用水驱油所得的毛管压力曲线（当最后已知岩石为亲水时，可将此回线 Ⅱ 称为吸入曲线）；曲线 Ⅲ 是紧接着再用油驱水所得毛管力曲线。A_1 为曲线 Ⅲ 的下包面积，A_2 为曲线 Ⅱ 的下包面积。比较 A_1、A_2 面积大小，若 $A_1>A_2$，表明用油驱水所做的功大于用水驱油所做的功，反映出油藏岩石是亲水的；反之，若 $A_1<A_2$，则表明油藏岩石是亲油的；若 $A_1=A_2$，则表明油藏岩石为中等润湿。

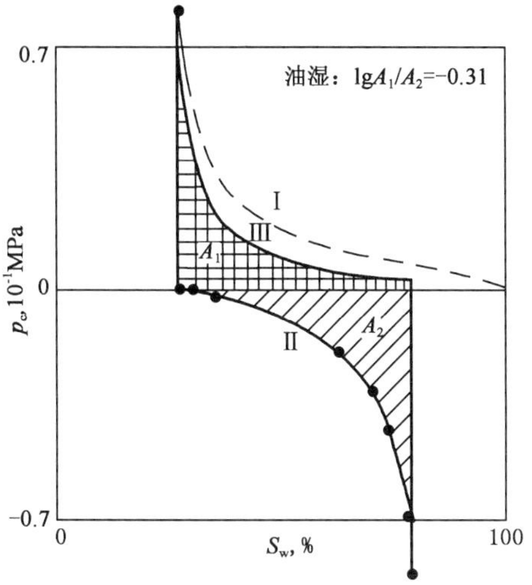

图 3－81　亲油岩石毛管力曲线的下包面积比

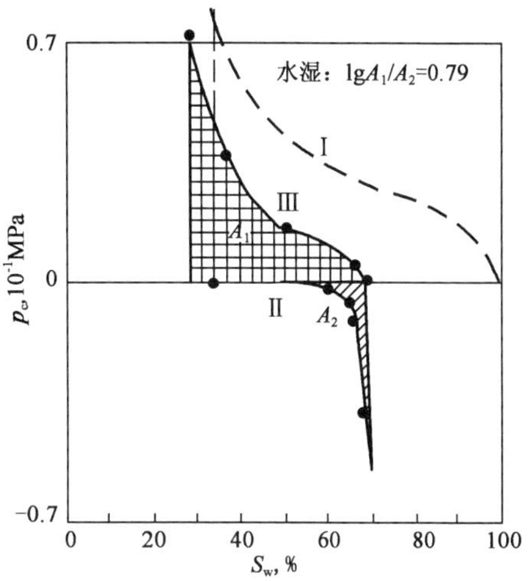

图 3－82　亲水岩石毛管力曲线的下包面积比

通常以 $\lg\dfrac{A_1}{A_2}$ 作为毛管压力曲线确定油藏岩石润湿性的定量指标：

（1）$\lg\dfrac{A_1}{A_2}>0$，岩石亲水（水湿）；

（2）$\lg\dfrac{A_1}{A_2}<0$，岩石亲油（油湿）；

（3）$\lg\dfrac{A_1}{A_2}=0$，中等润湿。

需要说明的是，作图时将水驱油毛管压力曲线Ⅱ倒绘只是为了便于比较和统计更为方便。

2）润湿指数和视接触角法

润湿指数和视接触角法的理论基础为：在油—空气系统中，以油润湿岩石的能力为标准，把水—油系统中，水润湿岩石的能力与上述标准进行比较来判断水—油系统中水对岩石的润湿能力。

具体作法为：将一块岩石分为两半，一块饱和油后作空气驱油，另一块饱和水后用油驱水，分别测出两条毛管压力曲线，并求出两曲线的排驱压力，即阀压（p_{Tog}和 p_{Two}）。

润湿指数 W 定义为：

$$W=\frac{\cos\theta_{\mathrm{Two}}}{\cos\theta_{\mathrm{og}}}=\frac{p_{\mathrm{Two}}\sigma_{\mathrm{og}}}{p_{\mathrm{Tog}}\sigma_{\mathrm{wo}}} \tag{3-78}$$

式中　θ_{Two}、θ_{og}——岩样与水—油、油—气的接触角，(°)；

p_{Two}、p_{Tog}——油进入已饱和水岩样和空气进入已饱和油岩样的阀压 MPa；

σ_{og}、σ_{wo}——油—气、水—油两相界面的界面张力，mN/m。

液体比气体远能润湿固体，因此，油和空气相比，油则润湿岩石，故 $\theta_{\mathrm{og}}=0$，$\cos\theta_{\mathrm{og}}=1$，从而用空气驱替完全为油润湿的岩石则需较大的阀压 p_{Tog}。

假若水能很好地润湿岩石，$\cos\theta_{\mathrm{wo}}$也必将较大，从而用油驱替润湿岩样的水，也将需要较大的阀压 p_{Two}。

因此，当按式（3－78）计算出的 $W=1$ 时，表明水—油系统中，水对岩石的润湿能力达到了油—空气系统中油对岩石的润湿能力，即水完全润湿岩石；如果 $W=0$，则表明水—油系统中，水完全不能润湿岩石，相反，油则很容易进入岩石，即油完全润湿岩石。W 值若在 0～1 之间，越接近于 0 越亲油，越接近于 1 越亲水。

由于油和空气相比，岩石亲油，故可取 $\theta_{og}=0$，$\cos\theta_{og}=1$，由式（3－78）可将视接触角 θ_{wo} 定义为：

$$\cos\theta_{wo}=\frac{p_{Two}\sigma_{og}}{p_{Tog}\sigma_{wo}} \tag{3-79}$$

或

$$\theta_{wo}=\arccos\frac{p_{Two}\sigma_{og}}{p_{Tog}\sigma_{wo}} \tag{3-80}$$

式（3－80）右侧的各参数值都是可以测得的，故油—水系统的视接触角 θ_{wo} 的大小可由式（3－80）算出，并且可作为水和油对岩石润湿程度的一个指标。θ_{wo} 越接近于 0，岩石越亲水；θ_{wo} 越接近于 90°，岩石越亲油。

由此可见，根据毛管力曲线所得的阀压及油—水、油—气界面张力，则可用润湿指数 W 或视接触角 θ_{wo} 来判断岩石的润湿性。

10. 用毛管压力曲线可计算岩石的绝对渗透率和相对渗透率

这部分内容将在本章相对渗透率曲线一节进行讨论。

11. 应用高速离心机所测得的毛管压力曲线可在室内快速评定油井工作液对储层的损害或增产措施的效果

该方法的原理为：如果地层受到损害，则毛管压力曲线表现出高的入孔压力和高的束缚水饱和度，即曲线向右上方移动。因此，通过对比岩样在接触工作液前后毛管压力曲线特征的变化，可判断储层是否受到损害以及评价各种工作液中添加剂的处理效果。该方法由 J. O. Amaefule 等人于 1984 年提出，有兴趣者可参见 SPE 12475。

五、现代孔隙结构实验方法*

1. 恒速压汞技术研究储层的微观孔喉特征

孔隙在结构上可划分为孔隙和喉道，储层岩石微观孔隙结构决定其宏观储、渗性质，由微观孔隙结构参数计算岩石的宏观性质是石油工业中的一个重要研究领域。压汞技术是目前获取微观孔隙结构定量资料的重要手段，利用常规压汞技术结果，通过计算进汞量分析不同喉道所控制的孔隙体积，给出岩心样品中喉道大小的分布特征，但常规压汞技术不能直接测量喉道数量，只能给出不同喉道半径及对应喉道所控制的体积分布。由于受孔隙体积的影响，这一分布并非是准确的喉道分布。而恒速压汞技术可直接获取孔隙和喉道的个数分布，能够分别提供孔隙和喉道的毛细管压力曲线，给出孔隙半径分布、喉道半径分布、孔喉比分布等岩石微观孔隙结构特征参数，能够反映岩样内部的孔隙、喉道发育程度及孔隙、喉道之间的配套发育程度（孔喉半径比）等，克服了常规压汞技术对应同一毛管压力曲线可能会有不同孔隙结构的缺陷。

恒速压汞技术（Automated system for Pore Examination）是目前国际上用于岩石微观孔隙结构特征分析最先进的新技术之一。J. 1. Gates 于 1959 年在室内用汞孔隙仪测定溶洞型碳酸盐岩样时观察到了压力波动。之后，Crawford 和 Hoover 于 1966 年记录下了人造多孔介质注水过程中的压力波动。1970 年，Morrow 对非润湿相以极低速度驱替润湿相的情况进行了分析，并引入了一些术语来描述压力波动特征。直到 1989 年，Yuan 和 Swanson 应用孔隙测定仪 APEX（Apparatus for Pore Examinatinn）实际开展了恒速压汞实验。该实验是以极微小的速度向多孔介质中注入汞，假定注入过程中接触角和界面张力保持不变，通过监测注入过程中汞的压力波动，提供孔隙空间结构的详细信息。由于恒速压汞技术能同时得到孔隙和喉道的信息，因此其更适用于孔喉性质差异较大的低孔、低渗（特低渗）透储层孔喉特征评价。

1）恒速压汞技术原理

与常规压汞不同，为保证准静态进汞过程（汞的饱和度在一个瞬时可以认为不变）的发生，恒速压汞技术以非常低的进汞速度（通常为 0.00005mL/min）将汞注入岩石孔隙体积内，并根据进汞压力的涨跌来获取孔隙结构信息。恒速压汞技术既克服了常规压汞的缺陷，又实现了对喉道数量的测量。实验中所得到的孔隙、喉道等微观孔隙结构参数能较好地反映储层流体渗流过程中的动态孔喉特征。实验过程中，需保持界面张力与接触角不变，孔隙形状的变化会引起弯月面形状的改变，进而引起毛细管压力的改变。汞进入孔隙空间受喉道控制，依次由一个喉道进入下一个喉道。在准静态过程中，当汞突破喉道限制进入孔隙的瞬间，汞会在孔隙空间内以极快的速度重新分布，而产生一个压力降落，之后压力回升直至把整个孔隙充满，接着又进入下一个喉道。进汞过程如图 3－83 和图 3－84 所示，图 3－83 为孔隙群落及汞前缘突破每个结构的示意图，图 3－84 为对应的压力变化示意图。当进汞前缘进入到主喉道 1 时，压力逐渐上升，突破后，压力突然下降。图 3－84 中的第 1 个压力降落 O（1），然后汞逐渐将第 1 个孔隙空间充满并进入下一个次级喉道，产生第 2 个次级压力降落 O（2），逐渐将主喉道所控制的所有次级孔隙空间充满，压力上升至主喉道处的压力时即为一个完整的孔隙单元。主喉道半径由突破点的压力确定，孔隙大小由进汞体积确定，进汞压力曲线上可明确反映出喉道大小及数量，恒速压汞技术进汞过程的微观特征曲线如图 3－85 所示。

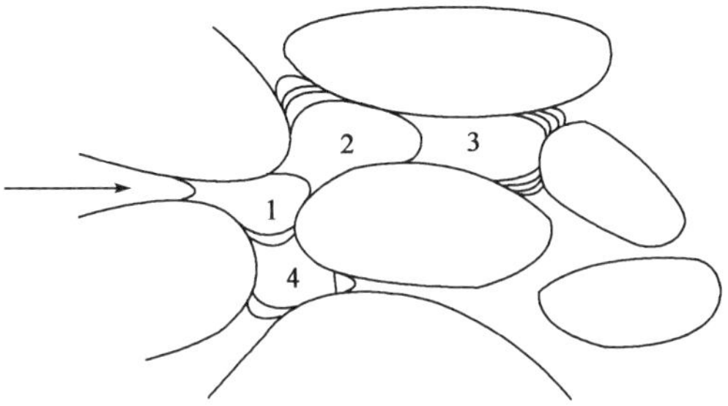

图 3－83　恒速压汞孔隙结构示意图

1、2、3、4—主喉道

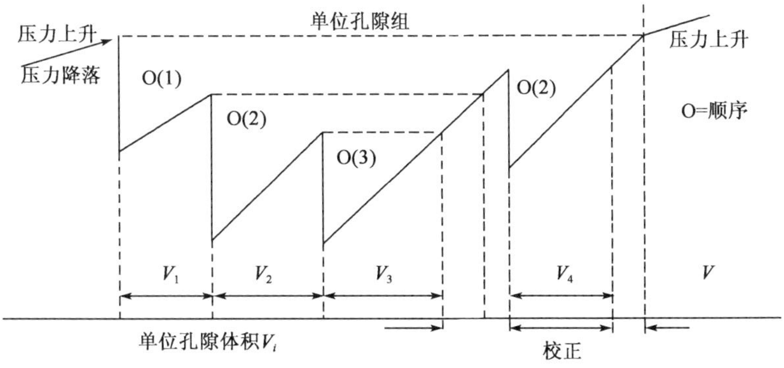

图 3－84　恒速压汞原理示意图

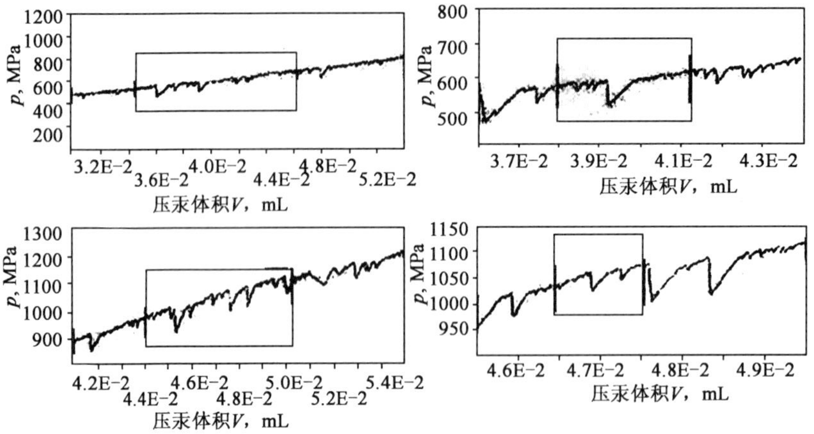

图 3-85 恒速压汞过程微观特征曲线

恒速压汞实验的最高进汞压力为 900psi（约 6.2MPa），实验中水银的界面张力为 485N/m，接触角为 140°，那么由公式 $p_{Hg}=\frac{2\sigma_{Hg}\cos\theta_{Hg}}{r}$ 可求得与之对应的喉道半径约为 0.12μm。

2）恒速压汞实验步骤

目前国内乃至国际上使用的最先进的恒速压汞实验装置是美国 Coretest Systems 公司生产的 ASPE—730 型恒速压汞测试仪器。具体实验步骤如下：

（1）钻取直径为 2.5cm 的标准岩心，洗油后烘干；

（2）测标准岩心的孔隙度、渗透率；

（3）岩样抽真空后浸泡在汞液中；

（4）以非常低的恒定速度向岩心中注入汞，进汞过程中压力周期降落—回升，压力达 900psi（约 6.2Mpa）时实验结束，对应的喉道半径约为 0.12μm；

（5）恒速压汞实验的同时，通过计算机系统进行实时监控和自动化数据采集及输出，以备后续处理。

2. 核磁共振（NMR）研究岩石孔隙结构

1）基本原理

核磁共振技术是利用氢原子核（质子 1H）自身的磁性及其与外加磁场相互作用的原理，通过测量地层岩石孔隙流体中氢核的核磁共振弛豫信号的幅度和弛豫速率来探测地层岩石孔隙结构的一种技术。在探测岩石孔隙中饱和含氢流体时，氢原子核弛豫信号的幅度与地层的孔隙度成正比，其弛豫速率或弛豫时间 T_2 与孔隙大小和流体性质有关。

核磁共振实验提供的原始数据是随时间衰减的自旋—回波串，它包含了储层物性、孔隙类型、孔径大小、流体类型及其分布等十分丰富的信息。自旋—回波串可表示为多个衰减指数的叠加：

$$E_{cho}(t)=\sum\phi_i\exp\left(-\frac{t}{T_{2i}}\right) \qquad (3-81)$$

式中 $E_{cho}(t)$——t 时刻的回波幅度；

T_{2i}——第 i 个组分的横向弛豫时间，$i=1$，2，…，N；

ϕ_i——对应于第 i 个组分的核磁共振孔隙大小。

通过对式（3-81）进行多指数拟合，求出按孔隙度刻度的 $\phi_i - T_{2i}$ 分布曲线，即得到所谓的核磁共振 T_2 分布。T_2 分布反映了孔隙大小及分布，大孔隙组分对应较大的 T_2 值，小孔隙组分对应较小的 T_2 值，因此，核磁共振 T_2 分布反映了岩石的孔隙结构。如果将岩心完全用水饱和，则其 T_2 分布能较真实可靠地反映岩石孔隙的大小及其分布。在实验室中进行这种 T_2 分布测量的方法操作简便，用时短，对岩样无损坏，不存在人为误差，因此测量精度高且可靠。

2）由岩心 NMR 数据计算孔隙度、束缚水饱和度

（1）孔隙度的计算。

应用饱和了盐水的岩心样品的 T_2 谱和标准水样的 NMR 数据可以计算得到岩心样品对应于第 i 个 T_{2i} 值的孔隙度 ϕ_i：

$$\phi_i = \frac{M_{ri}}{m_r k_r} \cdot \frac{m_w k_m}{M_w} \cdot \frac{V_w}{V_r} \times 100\% \tag{3-82}$$

其中，M_{ri} 为样品第 i 个 T_{2i} 所对应谱的幅度，M_w 为标准水样 T_{2i} 谱的总幅度，m 和 k 分别为 NMR 实验累加次数和谱仪接收增益，V 为测量样品的体积。下标 r 代表岩心，w 为标准水样。

岩心样品的总孔隙度（以下称为孔隙度）为：

$$\phi_{NMR} = \sum_i \phi_i \tag{3-83}$$

图 3-86 为用 NMR 弛豫法和常规方法测定的 20 种岩心样品孔隙度的相关图。利用线性拟合得到两者之间的相关系数 $r=0.98$，说明两种方法之间有很好的相关性。

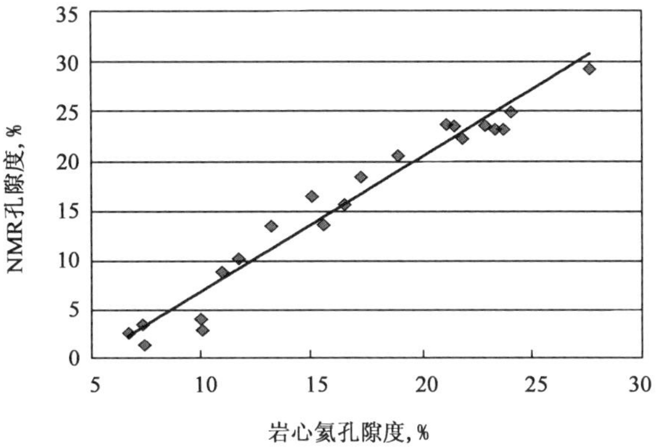

图 3-86 NMR 孔隙度与岩心孔隙度相关性

岩心氦孔隙度是指用氦气测得的孔隙度

（2）T_2 截止值的确定。

一般认为在 T_2 谱上存在一个 T_2 截止值（$T_{2cutoff}$），大于 $T_{2cutoff}$ 的 T_2 分布所对应的面积为可动流体孔隙体积，小于 $T_{2cutoff}$ 的 T_2 分布所对应的面积为束缚流体孔隙体积。将大于 T_2 截断值的峰称为可动峰，小于 T_2 截断值的峰称为不可动峰。可动峰与不可动峰的面积之比即为可动流体（FFI）与不可动流体（BVI）之比。因此，确定各个岩心样品的可动与不可动流体之比值后，对照 T_2 谱即可确定各块岩心样品的 T_2 截止值。

图 3-87 为离心脱水前和脱水后测定的 T_2 谱，以及由式（3-82）计算得到的相应的逐点累加孔隙度。在实际工程应用中，受时限和成本的制约，通常仅以少数几口勘探井作岩心测试，以它们的 $T_{2cutoff}$ 平均值作为同一地区的不同地层段的 $T_{2cutoff}$ 值，用于 NMR 测井建模

和数据分析。

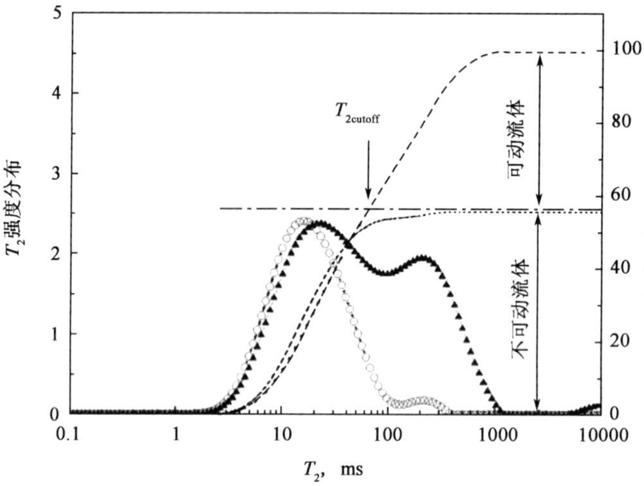

图 3－87　T_2 截止值 $T_{2cutoff}$的示意图

▲为离心脱水前的 T_2 谱；o 为离心脱水后的 T_2 谱；…为岩心逐点累加孔隙度；－－－为 BVI 的逐点累加孔隙度

（3）NMR 束缚水饱和度的确定。

用 NMR 确定束缚水饱和度，有三种方法：①自旋回波强度比值法：岩心离心脱水后与脱水前 NMR 信号强度之比；②T_2 截止值法：在离心脱水前的 T_2 谱中，$T_{2cutoff}$前 T_2 谱面积与 T_2 谱总面积之比；③T_2 加权法，即 T_2 谱的每一个分量 T_{2i}都包含束缚水的贡献，只是贡献的大小不同，按贡献率的大小通过加权的方法求束缚水饱和度。

第一种方法受实验条件的影响最大，与常规法测定值偏差比较大。T_2 截止值法和 T_2 加权法与常规法测定值具有良好的相关性，如图 3－88 和图 3－89 所示。

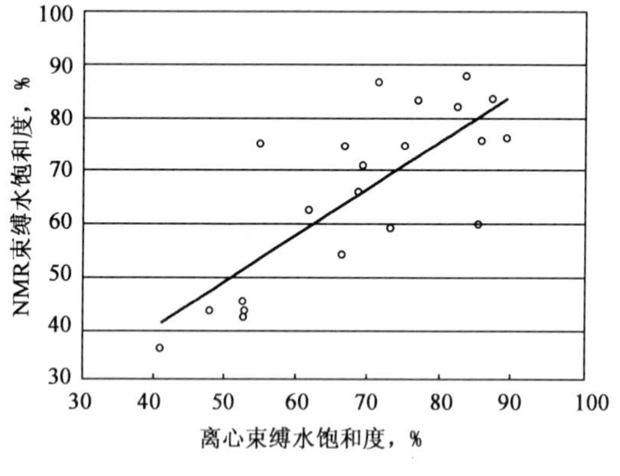

图 3－88　离心束缚水饱和度与 NMR 束缚水饱和度对比图

（截止值法：$y=0.8918x+4.3308$；$r=0.78$）

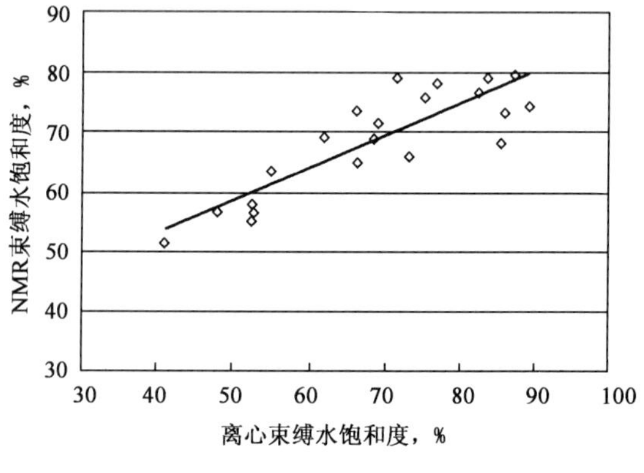

图 3－89　离心束缚水饱和度与 NMR 束缚水饱和度对比图

（T_2 加权法：$y=0.5318x+31.816$；$r=0.86$）

相对孔隙度计算结果的误差而言，NMR 束缚水饱和度与常规束缚水饱和度之间的误差较大。因此，发展合理且方便的束缚水饱和度计算模型，仍然是 NMR 实验研究的一个方向。

3）NMR 渗透率模型

渗透率与孔隙度及岩石比表面积有关，可用 Kozeny 方程来描述：

$$K = \frac{0.101\phi^3}{\Gamma(1-\phi)^2}\left(\frac{S}{V}\right)^2 \tag{3-84}$$

式中 K——渗透率，mD；

ϕ——孔隙度，%；

S/V——岩石的比表面积，cm^2/cm^3；

Γ——“结构因子”或“弯曲度因子”，其大小取决于孔隙的形状以及单位长度内的固体中流体流过的路径，无量纲。

NMR 渗透率模型有以下四种。

（1）SDR 模型：

$$K_1 = C_{s1}\left(\frac{\phi_{NMR}}{100}\right)4 \cdot T_{2g}^2 \tag{3-85}$$

式中 ϕ_{NMR}——盐水饱和岩心样品的 NMR 孔隙度；

T_{2g}——T_2 谱的几何平均值，按式（3-86）计算，模型参数为 C_{s1}。

$$T_{2g} = \left(\prod (T_{2i})^{\phi_i}\right)^{\frac{1}{\phi_{NMR}}}$$

即：

$$\ln \overline{T}_{2g} = \sum_{j=1}^{m_r}(\phi_j \ln T_{2j})/\phi_{NMR} \tag{3-86}$$

式中，ϕ_i 为 T_2 谱的第 i 个分量 T_{2i} 所对应的孔隙度值，ϕ_{NMR} 为 NMR 测得的总孔隙度，与式（3-82）、式（3-83）的定义相同。

该模型以平均弛豫时间 T_{2g} 为参数，不受束缚水模型的影响。但对测量孔隙中流体的性质很灵敏，当岩石孔隙中含有烃（油或天然气）时，T_2 分布谱的几何平均值会发生变化，使估算的渗透率产生改变，因而对水基泥浆地层有比较好的效果。

（2）Coates-cutoff 模型：利用盐水饱和岩心样品的 NMR 孔隙度 ϕ_{NMR} 以及 T_2 截止值求得的可动水体积（FFI）和不可动水体积（BVI），计算渗透率，模型参数为 C_{n1}。

$$K_2 = \left(\phi\frac{\phi_{NMR}}{C_{n1}}\right)^4\left(\frac{FFI}{BVI}\right)^2 \tag{3-87}$$

（3）Coates-sbvi 模型：利用盐水饱和岩样的 NMR 孔隙度 ϕ_{NMR}、T_2 加权法求得的可动水体积（ϕ_{NMRM}）和不可动水体积（ϕ_{NMRB}），计算渗透率，模型参数为 C_{n2}。

$$K_3 = \left(\frac{\phi_{NMR}}{C_{n2}}\right)^4\left(\frac{\phi_{NMRM}}{\phi_{NMRB}}\right)^2 \tag{3-88}$$

Coates 的两个模型均以可动流体、不可动流体孔隙体积为基础，对束缚水模型的计算精度很敏感，可动、不可动流体孔隙体积的测定方法对渗透率的计算结果影响很大。当地层含高粘度原油时，由于束缚水孔隙体积增加，求出的渗透率会偏低。这两种方法的优点是对含低粘度原油的地层，估算的渗透率受油的影响较小，可以获得满意的结果。

（4）SDR-REV 模型：以 SDR 模型为基础，利用盐水饱和岩心样品的 NMR 孔隙度、T_2 几何平均计算渗透率，由方程（3-89）对测量数据重新计算，模型参数改为 C_{s2}、m、n：

$$K_4 = C_{s2}\left(\frac{\phi_{NMR}}{100}\right)m \cdot T_{2g}^n \tag{3-89}$$

上述各渗透率方程中，渗透率单位为 mD，T_{2g} 为 ms，孔隙度为%。

四种 NMR 渗透率模型计算的结果对比如图 3-90 所示。

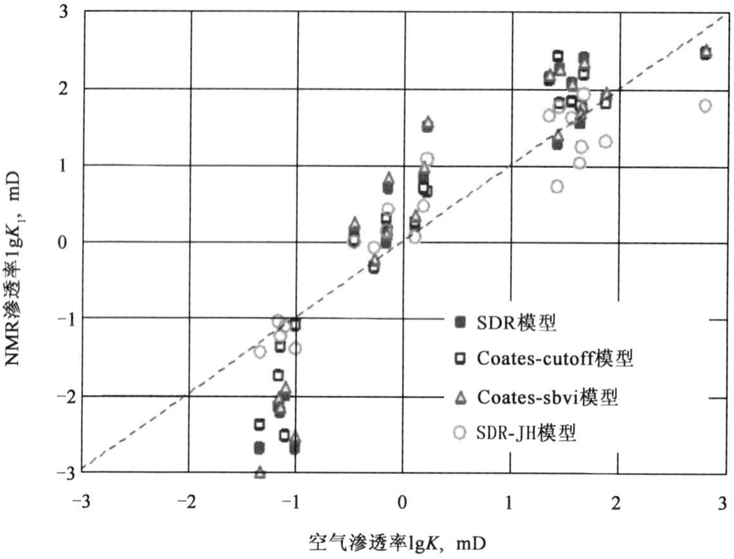

图 3-90　四种 NMR 渗透率模型计算的结果对比

3. CT 扫描研究岩石孔隙结构

CT 扫描技术观测油层岩心孔隙结构是一种快速有效的测试方法。用 CT 扫描装置分析岩心能在不改变岩心外部形态、内部结构的条件下，在几秒钟内观测整块岩心内部的结构状况，液流分布情况等。

1）*X-CT 扫描原理*

X-CT 扫描成像技术可以通过岩石内部各成像单元的岩石密度差异以 256 个灰度等级可视化地将岩石内部的微观结构特征（如裂缝、孔隙、微裂缝、次生溶蚀孔及均质、非均质性等）真实地反映出来。因具有扫描速度快、扫描覆盖范围大、Z 轴分辨率高和对岩心没有损伤等优点，X-CT 越来越受到重视。

CT 断层扫描技术是建立在 BEER'S 定理之上的，当一束 X 射线穿透一个物体时，部分 X 射线会被吸收或反射掉，但大部分能穿透物体。透过物体后的 X 射线的强度与该物体的密度有关，所以检测器检测到的 X 射线强度与物体的厚度满足公式（3-90）。

$$\frac{I}{I_0} = \exp^{-\mu h} \tag{3-90}$$

式中，I_0 是原始 X 射线强度，I 是透过物体的 X 射线强度，μ 是 X 射线的衰竭系数，h 是物体厚度。

对于一些物质，衰竭系数是已知的。当一系列的 X 射线检测器被安装在被检测物体的周围时，就可以获得来自不同角度的 X 射线强度。通过处理这一系列的 X 射线资料，即可得到由不同数目像素组成的 CT 图片［像素数：（5～50）$\times 10^5$］，图像质量取决于图像的制式。每一个像素的 CT 值可由公式（3-91）计算。

$$CT = 1000\frac{(\mu - \mu_r)}{\mu_r} \tag{3-91}$$

式中　μ_r——岩石的衰竭系数。

CT 值随物质密度的增加而增加。

2）测试设备

（1）多层螺旋 X-CT 扫描仪。工业用 CT 扫描精度可以达到 1μm，对裂缝的观察精度非常适用，但是要达到这精度要求样品必须暴露在空气中，样品外表面不能加任何物质，这从实验条件上限制了该技术的应用。而医用 CT 扫描精度在 10μm 以上，基本可以满足实验要求，图 3－91（a）为医用多层螺旋 X-CT 扫描仪。

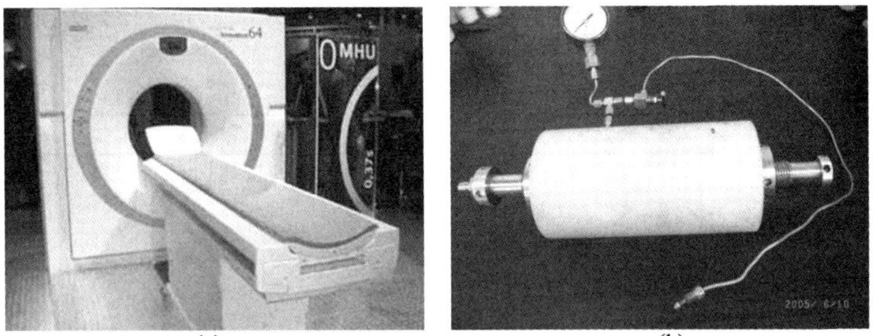

图 3－91　CT 扫描用实验设备

（a）多层螺旋 X-CT 扫描仪；（b）实验用特制岩心夹持器

（2）特制岩心夹持器。由于 CT 值与密度密切相关，普通铁制夹制器密度较大，严重影响测量结果，因而夹持器采用工程塑料制成，该夹持器仅两个端面处为铁质螺口，其余部分全为工程塑料制成，中间装有橡胶套，通过外接有效应力泵给岩心加压，如图 3－91（b）所示。

3）岩石密度及结构

CT 值随物质密度的增加而增加，通过 X-CT 技术对干岩心扫描成像，可以检测岩心的密度及孔隙结构，图 3－92 是三块岩心的 CT 图像。

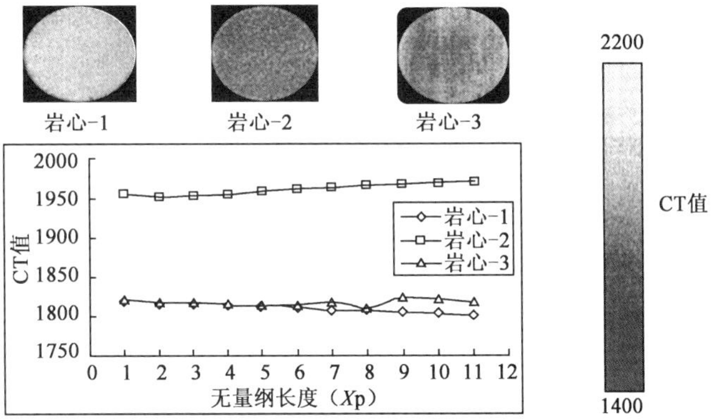

图 3－92　干岩心的 X-CT 扫描成像结果

4）孔隙度及其分布

Withjack 建立了岩石 CT 值与孔隙度的关系：

$$\phi = \frac{CT_{wr} - CT_{or}}{CT_{w} - CT_{o}} \tag{3-92}$$

式中，下标 o 和 w 分别代表油和水，ow 和 or 分别代表油水两相和油相饱和的岩石。

通过 X-CT 扫描 100％饱和空气的岩心与 100％饱和水的岩心，可以用公式（3－92）计算各个岩心截面的孔隙度。岩心 CT 扫描结果如图 3-93 所示。

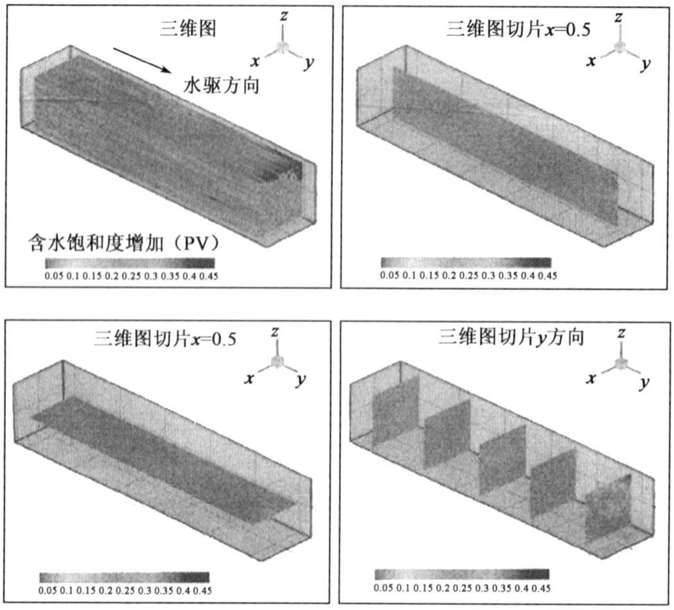

图 3-93　岩心孔隙度 CT 三维图像及二维切片图

4. 微 CT 研究岩石孔隙结构

相对于 CT，微 CT 的精度更高，可以达到亚微米级，有利于低渗透储层孔隙结构的研究，另外微 CT 可以用于三维重构。

1）测试设备

目前，有两种微 CT 设备应用于成像研究中，一种是台式微 CT（图 3-94）；另一种是同步 X 射线微 CT（图 3-95）。

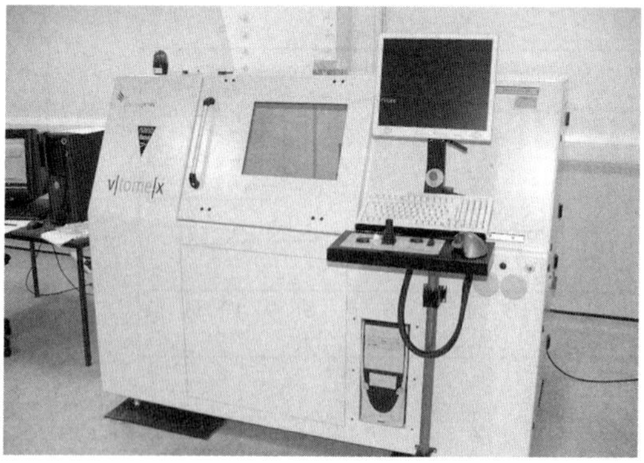

图 3-94　英国伦敦帝国大学材料学院 XMT 实验室使用的台式微 CT“v | tome | x”

v | tome | x 具有高分辨率，由图像获取和处理软件组成。纳米聚焦系统的 X 射线管的焦斑大小小于 1μm。但在实际应用中一般采用 1.5μm 的焦斑大小以获得足够的光子通量通过岩样，通过探测器响应。该系统的 16bit 数码 X 射线探测器是一个平面平板探测器，像素大小 400μm，视场 512×512 像素。

该系统的探测器像素大小 14μm，动态范围 16bit，视场 2048×2024 像素。

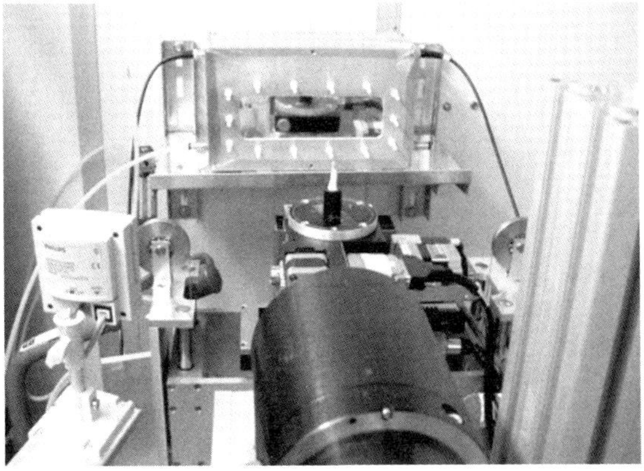

图 3-95　意大利德里亚斯的同步辐射特微 CT 扫描器 SYRMEP
(Synchrotron Radiation for MEdical Physics)

2）工作原理

微 CT 的工作原理如图 3-96 和图 3-97 所示。这两种设备最主要的区别是 X 射线源，其基本的工作原理是相同的。

样品通过高精度可旋转样品台作高精度的定位和旋转，X 射线穿过样品，探测器用于接收图像。每旋转一个角度获得一张模糊不清的透视图，这些图片作为原始信息用于计算机处理和 3D 图像重构。X 射线源、样品台旋转、扫描图像参数的设定等都由计算机控制和完成。

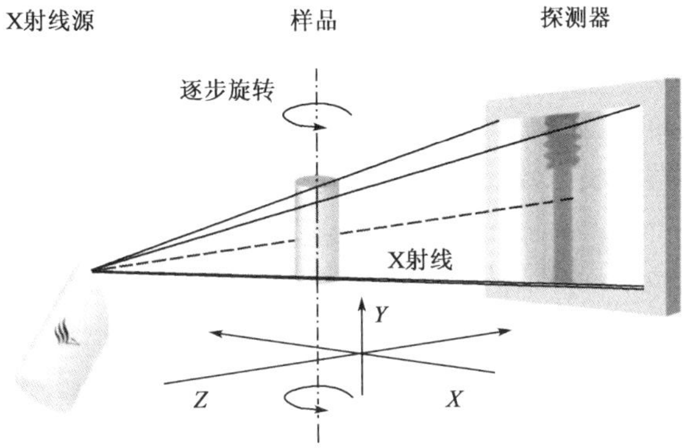

图 3-96　v | tome | x 系统的基本装置及工作原理示意图

台式扫描器使用工业管产生一束 X 射线作为一锥形光束，样品至少每半度成像一次，完成整个扫描过程需要旋转 360°；同步扫描器产生一平行光束，由于光束的对称性，只需旋转 180°即可完成扫描。

微 CT 扫描技术同样是建立在 BEER’S 定理之上的，X 射线通过一同质材料或混合材料的衰减可以使用式（3-93）计算。

$$\frac{I}{I_0}=\exp^{-\sum_i \mu_i x_i} \tag{3-93}$$

衰减强度被探测器接收，传输给计算机。

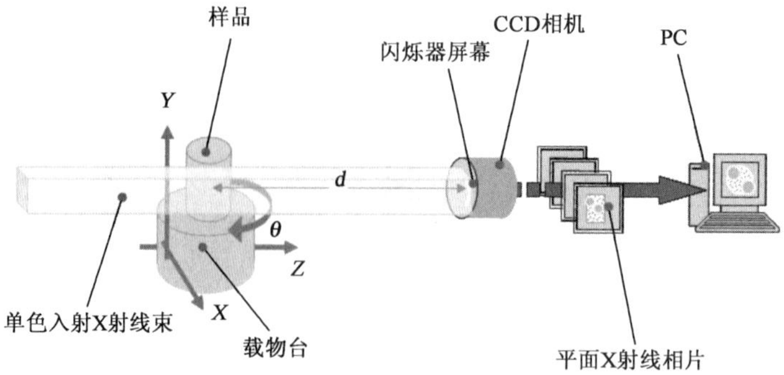

图 3-97　SYRMEP 系统的基本装置及工作原理示意图

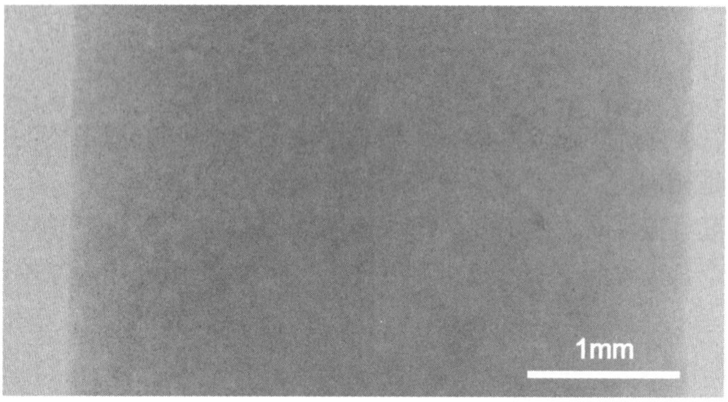

图 3-98　探测器接收的通过砂岩 X 射线衰减的投影剖面

3）微 CT 图像对比

台式扫描器使用的是多色光源，同步扫描器使用的是单色光源，所以，同步扫描器的噪声干扰远小于台式扫描器，成像效果好，如图 3-99 所示。

4）空间分辨率

空间分辨率是指图像中可辨认的临界物体空间几何长度的最小极限。在实践中，我们一般要求粗砂岩的分辨率是 15～20μm；疏松砂岩的分辨率是 5～15μm；固结砂岩和大部分碳酸盐岩的分辨率小于 5μm。各种砂岩不同分辨率的图像如图 3-100 所示。

第四节　储层岩石驱油过程中的阻力效应

研究储层内驱油机理，就是要研究开采过程中油层内部所发生的变化。例如，在注水采油过程中，作为驱油介质的水（或气）要不断克服阻力，从孔道中驱出原油，与此同时却会引起油层内部油、气、水分布数量和分布形式不断发生改变。如原来连续分布的油可能会渐变成单个分散的油滴或油柱等。油层内部流体的重新分布所发生的变化，是油层内驱油能量和驱油过程中所产生的多种阻力相互制约的结果。与此同时，变化后的情况又决定着连续驱油时能量和阻力状况。因而只有研究驱油过程中油层内部的这些阻力变化，才能更好地解释生产中所发生的一些现象，并可从实际情况出发采取措施，更有效地用水（气）驱出地层中的原油。

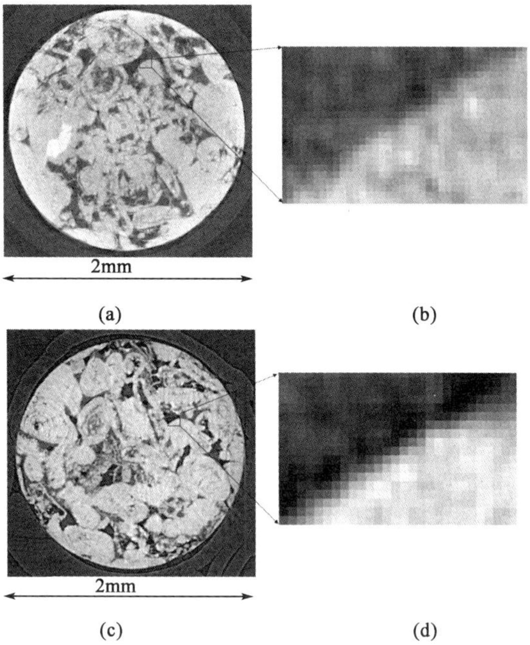

图 3－99　(a) 和 (c) 是石灰岩样本分别通过台式微 CT 和同步辐射微 CT 成像的图像横截面；(b) 和 (d) 是两个图像相同部分的细节图

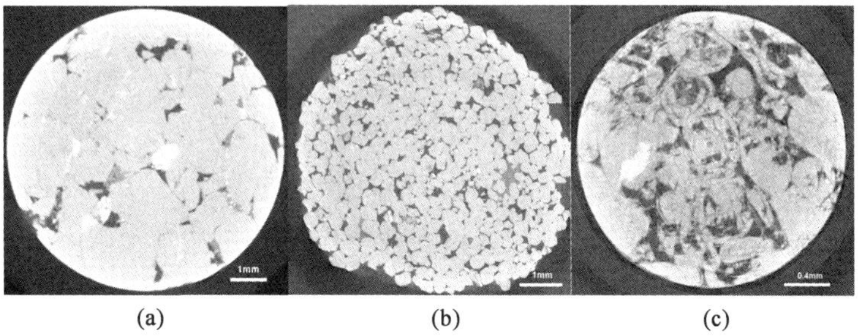

图 3－100　(a) 分辨率为 19μm 的粗砂岩图像；(b) 分辨率为 8μm 的疏松砂岩图像；(c) 分辨率为 2.9μm 的石灰岩图像

一、水驱油的非活塞性

注水开发油田的初期，人们曾想象水在地层中驱油就像活塞在气缸中运动一样，会将油全部驱净（图 3－101）。但是，生产实际中的各种现象否定了这种看法，如油井见水后长时间内油水同出，说明地层中长时间的油水同时流动；一排油井同时生产，但见水时间却相差很远等。对这种现象进一步分析并通过实验发现了水驱油的非活塞性，即水驱油时油层并不是如图 3－101 所示，而是形成三个不同的流动区：即纯水流动区、油水混合流动区和纯油流动区（图 3－102）。为什么会出现这种非活塞式驱油呢？

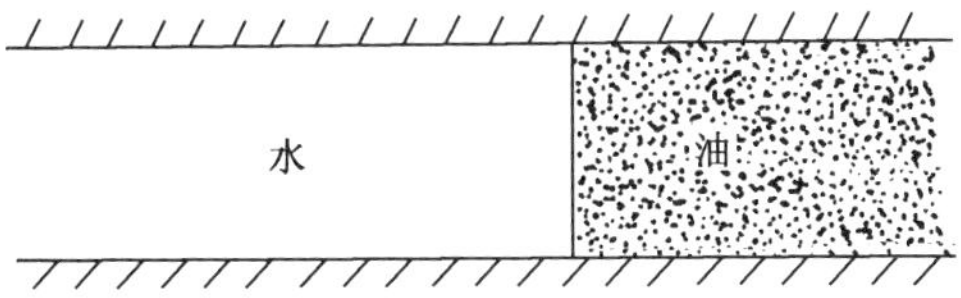

图 3－101　活塞式水驱油情况

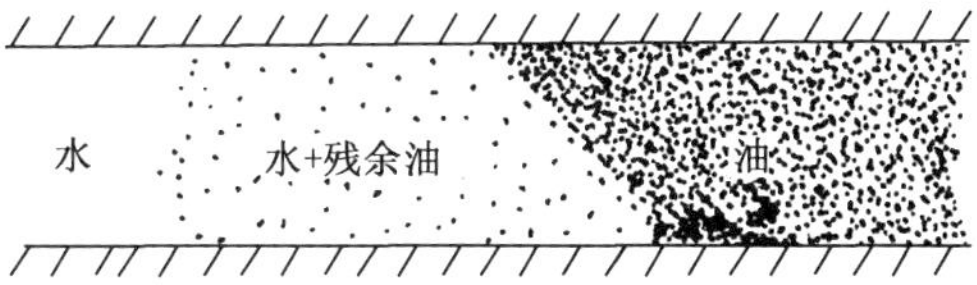

图 3－102　非活塞式水驱油情况

通过第一章和本章的讨论已经知道，地层孔隙结构非常复杂，孔道有大有小；有的孔道表面亲油，有的则亲水。油和水在这种严重的非均质地层中流动时，各孔道中的驱油能量和所产生的阻力各不相同。如在外界驱动压差保持一定的情况下，给予各孔道内的能量应该相等。但实际上，对亲水孔道来说，毛管力是驱油动力，因而它就可获得附加能量；相反，在亲油孔道中的毛管力却成为附加阻力。无论毛管力是动力还是阻力，由于孔道大小不同，油水在其中流动时所产生的动力和遇到的阻力也必然不同。因而各孔道中的流动速度也就不同。油水粘度差将加剧各孔道内油水流动速度的差异。各孔道中的流动速度不同，油水界面就必然参差不齐，使在纯水流动区和纯油流动区之间产生一个既有油又有水的油水混合流动区。

各孔道中的流动速度不同固然是造成油水混合区的一个原因，但更加深入地研究地层毛管孔道中的各种阻力效应，就会发现造成这种速度不同，形成这种油水混合区及部分原油不能被采出有更为复杂的因素。

二、毛管孔道中的各种阻力效应

下面就油层中常见的几种情况，讨论由于毛管力所引起的各种阻力效应。

1. 当油柱（或气泡）处于静止状态

如图 3－103 实线所示，当油滴（珠）半径大于毛管孔道半径后，此时油滴变成油柱状，对管壁会产生一种挤压力。

此时柱形曲面产生指向管心的毛管力为 p'，由式（3－29）可得；

$$p'=\frac{\sigma_{ow}}{r} \tag{3-94}$$

球形曲面（为图 3－103 中实线所示的弯液面）产生的毛管力为 p''，由式（3－28）可得

$$p''=\frac{2\sigma}{R}=\frac{2\sigma_{ow}\cos\theta}{r} \tag{3-95}$$

p''在水平方向上由于大小相等、方向相反而相互抵消，但它可施加于管壁上，这可理解为是液体压强传递定律，即帕斯卡原理所致。（帕斯卡原理：密闭容器内的液体，能把它在一处受到的压强，大小不变地向内部各点和各方向传递，这即为液体压强传递定律），如图 3－104 所示。

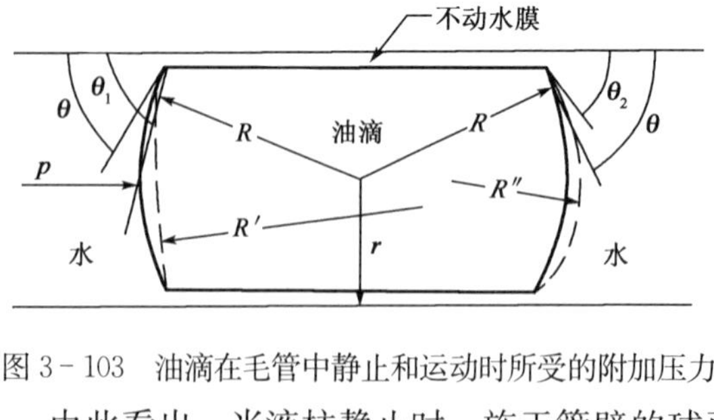

图 3－103　油滴在毛管中静止和运动时所受的附加压力

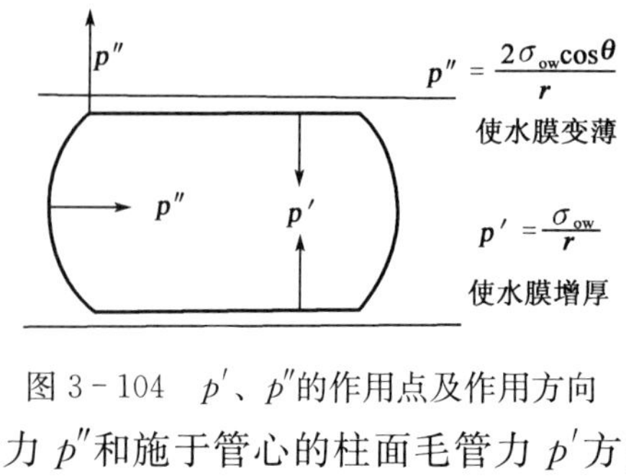

图 3－104　p'、p''的作用点及作用方向

由此看出，当液柱静止时，施于管壁的球面毛管力 p''和施于管心的柱面毛管力 p'方向正好相反。毛管力 p''使液膜变薄，p'则使液膜增厚，两种力作用结果，液膜最后保持一定的平衡厚度。最后液珠静止时的毛管力 p_I（指向管壁）为：

$$p_I=\frac{2\sigma\cos\theta}{r}-\frac{\sigma}{r}=\frac{2\sigma}{r}(\cos\theta-0.5) \tag{3-96}$$

由式（3－96）可以看出，油水（或油气）的表面张力越大，毛管半径越小，施加于管壁液膜的毛管效应也越大，液膜在达到平衡前其厚度减小也越快。

值得注意的是圆柱表面上的薄膜具有反常的特性——高粘滞力和高强度。因此，要使油柱移动，必须要有足够的压差，才能克服 p_{I} 和薄膜所造成的摩擦阻力。

2．在压差作用下，当油柱欲运动时

由于润湿滞后，首先是油柱弯液面产生变形（图 3－103 虚线所示），且弯液面两端的曲率半径不等。这时，两端毛管力分别为：

$$p'=\frac{2\sigma}{R'} \text{ 和 } p''=\frac{2\sigma}{R''}$$

所产生的第二种附加阻力 p_{II} 为：

$$\begin{aligned} p_{\mathrm{II}} &= p''-p'=2\sigma\left(\frac{1}{R''}-\frac{1}{R'}\right) \\ &= \frac{2\sigma}{r}(\cos\theta_2-\cos\theta_1) \end{aligned} \quad (3-97)$$

p_{II}的方向与流动方向相反，是一种附加阻力，故要使液滴移动，则所加压差为 $\Delta p > p_{\mathrm{I}} + p_{\mathrm{II}} +$液膜阻力。注意 p_{I} 和 p_{II}不是数量上直接相加的简单关系，因为 p_{I} 是作用于管壁上的压力，对流动方向上作用力的大小还得考虑管壁上油柱的水膜的摩擦阻力系数等。

3．当珠泡流到孔道窄口时的遇阻情况

如图 3－105 所示，当珠泡欲通过狭窄孔喉时，界面变形，前后端弯液面曲率不等，阻力增加，故第三种毛管效应附加阻力 p_{III} 为：

$$p_{\mathrm{III}}=2\sigma\left(\frac{1}{R''}-\frac{1}{R'}\right) \quad (3-98)$$

那么，若要使该珠泡通过孔道狭窄口而流动，至少需要多大的压差呢？此时，我们需要考虑 p_{III}在何时为最大值。实际情况为：当油滴前沿端变形到与孔道最窄处一样大时，p_{III} 为最大。因为此时 $R''=r$，若考虑液滴后端的曲率半径，$R'=\infty$，则 p_{III} 为最大值时：

$$p_{\mathrm{III}}=2\sigma\left(\frac{1}{r}-\frac{1}{\infty}\right) \quad (3-99)$$

通常，人们把液滴通过孔道狭窄处时，液滴变形产生附加阻力的现象称为“液阻效应”。而将气泡通过窄口时产生附加阻力的现象称为气阻效应，或称贾敏（Jamin）效应。推而广之，似乎也可将固相微粒运移至窄口时，堵塞喉道的效应称为固阻效应。大庆油田通俗地将气、液、固阻效应分别称为气锁、水锁、土锁（固阻与气阻、液阻效应不同的是，固相微粒在堵塞处不一定变形）。

由上面分析看出，当两相流动时，特别是当一相连续，另一相可能不连续，成分散状于另一相时，加之岩石中孔道大小不一，孔喉很多，使得各种阻力效应十分明显。这就是在生产中应尽可能避免钻井泥浆进入油层，酸化后应尽力排出、排尽残酸，以及使地层压力不要低于饱和压力而造成油层脱气的理论根据。当然，事物总是一分为二的，近代发展的各种堵水技术，三次采油中的泡沫驱等，就是变这种害为利的例子。

上述的各种附加阻力，在油水混流区是经常会遇到的。除上述的阻力外还应了解渗流中的其他阻力如粘滞力等，只考虑其中一种力及同时考虑两种力作用时，油层孔道中的渗流情况如何？为便于研究和掌握一些物理概念，下面讨论几种简化的地层岩石孔道中的渗流情况。

三、在几种简化岩石孔道中的渗流

我们先从最简单的单毛管、单相、只考虑粘滞力时入手，再考虑多毛管、两相、同时考虑粘滞力和毛管力的情况。

1. 单根毛管、单相液流

相当于在开发初期、油藏中未脱气，也未注水，只存在单相，故只考虑粘滞力作用的情况（毛管力为零）。

单根毛管的流动公式为：

$$q=\frac{\pi r^{4}\Delta p}{8\mu L}\text{或}v=\frac{r^{2}\Delta p}{8\mu L} \tag{3-100}$$

式中 v——流动速度，mm/s。

对于两根毛管情况，当压差 Δp、粘度 μ、毛管长度 L 均相同时，毛管中的流动速度 v 与管径平方成正比。例如，毛管半径分别为 r_1 及 r_2，且 $r_1>r_2$，则其流速之比为：

$$\frac{v_1}{v_2}=\left(\frac{r_1}{r_2}\right)^2$$

故

$$v_1=\left(\frac{r_1}{r_2}\right)^2 v_2 \tag{3-101}$$

这说明，若两毛管半径相差10倍，则流速会相差100倍。因此，在岩石孔道中，在外加压差作用下，渗流主要发生在大孔道中，有一部分小孔道实际上可能未参与流动。由此可推知，所测岩石渗透率，只不过是岩石孔道通过液体能力的一个平均统计数值，实际上，大孔道对渗流、对渗透率的贡献最大。保护油层，在很大程度上，首先要保护岩石中的大孔道。

2. 单根、多根互不连通毛管孔道中的二相液流

同时考虑粘滞力和毛管力，并假设：毛管半径为 r，原油粘度为 μ_2，水（或滤液）粘度为 μ_1，水为湿相，油为非湿相（图3-106）。那么，两相界面运动速度（即流速 v）沿程怎样变化呢?

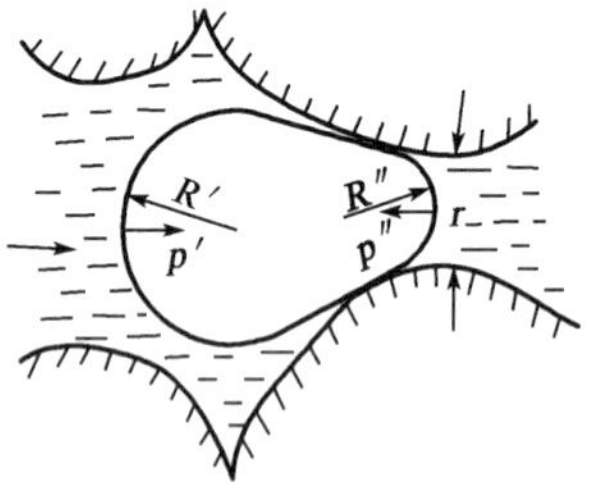

图3-105　珠泡在孔道窄口遇阻变形示意图

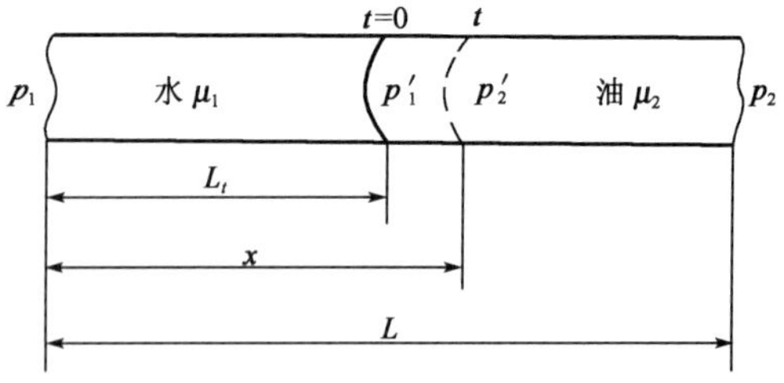

图3-106　毛管孔道中的两相液流

将弯液面两侧的流动视为单相流，当时间为 t 时，根据毛管流速公式可写出：

水相流速为：

$$v_1=\frac{\mathrm{d}x}{\mathrm{d}t}=\frac{r^2(p_1-p'_1)}{8\mu_1 x} \tag{3-102}$$

油相流速为：

$$v_2=\frac{\mathrm{d}x}{\mathrm{d}t}=\frac{r^2(p'_2-p_2)}{8\mu_2(L-x)} \tag{3-103}$$

因为液流连续流动，则 $v_1=v_2$

$$\frac{\mathrm{d}x}{\mathrm{d}t}=\frac{r^2(p_1-p_1')}{8\mu_1 x}=\frac{r^2(p_2'-p_2)}{8\mu_2(L-x)}=\frac{r^2(p_1-p_1'+p_2'-p_2)}{8[\mu_1 x+\mu_2(L-x)]} \tag{3-104}$$

又因为 $p_2'-p_1'=p_c$，则建立微分方程为：

$$\frac{\mathrm{d}x}{\mathrm{d}t}=\frac{r^2(p_1-p_2+p_c)}{8[\mu_1 x+\mu_2(L-x)]} \tag{3-105}$$

分离变量并积分，整理后解得：

$$v=\frac{r^2(p_1-p_2+p_c)}{8\sqrt{(\mu_2 L)^2-(\mu_2-\mu_1)[\frac{r^2 t}{4}(p_1-p_2+p_c)+2\mu_2 L L_t-L_t^2(\mu_2-\mu_1)]}} \tag{3-106}$$

式中　L_t——t 时刻油水界面位置，mm。

由式（3－106）可以看出：流速 v 与动力和阻力等因素（如 Δp，p_c，μ_1，μ_2，$(\mu_2-\mu_1)$，r，L，L_t）有关。不同半径的孔道，流速不同；同一半径孔道中流速不是固定的，它取决于粘度差 $(\mu_2-\mu_1)$。如果 $\mu_1<\mu_2$，如同水驱油一样，流速将越来越快，其结果是在不同大小孔道中，即不同渗透率带的地层中会出现微观和宏观上的指进现象，即所谓的粘性指进现象（图 3－107）。

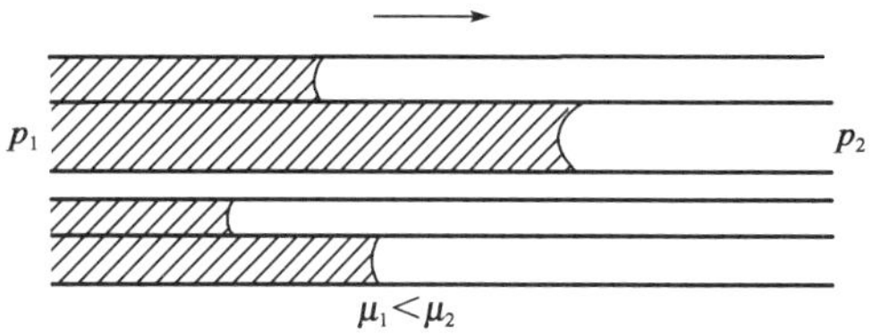

图 3－107　微观指进现象

地层的非均质越严重，孔道大小相差越大，注入工作剂（如水）与原油粘度差越大，μ_1 比 μ_2 小得越多，则指进现象越严重，油井见水越早，油水同产（同流）时间也越长。平面上的指进现象如图 3－108 所示。

3. 不等直径的并联孔道（或称孔隙对子）

如图 3－109 所示，可理解为是地层岩石孔隙网中常见的基本单元，也是连通孔隙网中一个最简化的模式，它代表大小孔道相互交错或并联或串联的情况。此时，两并联管中的流体，在大管中是否一定比小管中流得更快呢？从前面的分析已知道，孔道中油水的流动速度是受驱油能量和油水流动阻力相互制约的。

图 3－108　平面上粘性指进

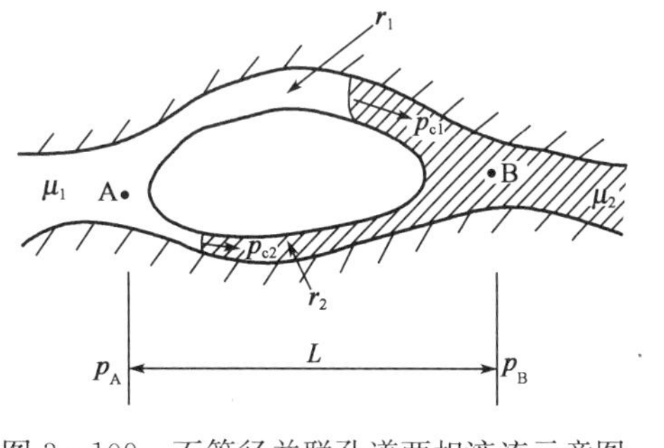

图 3－109　不等径并联孔道两相液流示意图

设：大毛管孔道的半径为 r_1，流量为 q_1；小毛管的孔道半径为 r_2，流量为 q_2；两毛管孔道的长度相同都是 L，而且都是亲水的。如果各孔道内的油水粘度相同均为 μ，那么当通过的总流量为 q 时，水在各孔道内驱油时的粘滞阻力和毛管力可以写成：

$$\Delta p_1=\frac{8q_1\mu L}{\pi r_1^4};p_{c_1}=\frac{2\sigma\cos\theta}{r_1} \tag{3-107}$$

$$\Delta p_2 = \frac{8q_2\mu L}{\pi r_2^4} \quad p_{c2} = \frac{2\sigma\cos\theta}{r_2} \tag{3-108}$$

式中 Δp_1，Δp_2——大、小孔道内粘滞阻力产生的压降，MPa；

p_{c1}，p_{c2}——大、小孔道内毛管力，MPa；

σ——表面张力，mN/m；

θ——润湿角，(°)。

因为各毛管相互连通，大小孔道在 A、B 两点处的压力相同，所以各孔道内的压力平衡关系为：

$$p_A + p_{c1} - \Delta p_1 = p_B; \qquad p_A + p_{c2} - \Delta p_2 = p_B$$

或

$$p_{c1} - \Delta p_1 = p_{c2} - \Delta p_2 \tag{3-109}$$

将式（3-107）、式（3-108）代入式（3-109），并考虑到 $q = q_1 + q_2$，则：

$$q_1 = \left[\frac{4\mu Lq}{\pi r_2^4} - \left(\frac{1}{r_2} - \frac{1}{r_1}\right)\sigma\cos\theta\right] \Big/ \left[\frac{4\mu L}{\pi}\left(\frac{1}{r_1^4} + \frac{1}{r_2^4}\right)\right] \tag{3-110}$$

$$q_2 = \left[\frac{4\mu Lq}{\pi r_1^4} + \left(\frac{1}{r_2} - \frac{1}{r_1}\right)\sigma\cos\theta\right] \Big/ \left[\frac{4\mu L}{\pi}\left(\frac{1}{r_1^4} + \frac{1}{r_2^4}\right)\right] \tag{3-111}$$

如果以 $q_1 = v_1 \pi r_1{}^2$，$q_2 = v_2 \pi r_2{}^2$ 分别代入式（3-110）和式（3-111），经整理，可得到两毛管中的流速之比为：

$$\frac{v_1}{v_2} = \frac{\dfrac{4\mu Lq}{\pi r_2^2} - r_2^2\left(\dfrac{1}{r_2} - \dfrac{1}{r_1}\right)\sigma\cos\theta}{\dfrac{4\mu Lq}{\pi r_1^2} + r_1^2\left(\dfrac{1}{r_2} - \dfrac{1}{r_1}\right)\sigma\cos\theta} \tag{3-112}$$

式中 q——通过并联孔道的总流量，mL/min。

我们讨论以下几种情况：

（1）毛管力不起作用时，即当 $\theta = 90°$，$\cos 90° = 0$，有界面，但不显示毛管力，则两毛管中的流速关系为：

$$v_1 = \left(\frac{r_1}{r_2}\right)^2 v_2 \tag{3-113}$$

此时，大孔道中 $v_1 > v_2$，当大孔道水淹时，小孔道中还会剩下油柱，形成较长时间的油水两相同时流动。

（2）并联孔道总流量 q 小，且毛管力 $p_c \neq 0$ 时（即 $\cos\theta \neq 0$），此时并不总是 $v_1 > v_2$，要视 Δp、p_c 的作用大小而定。流量 q 小，实际为外加压差 Δp 小，而 p_c 的大小又要由 σ、$\cos\theta$ 及 r 的大小来定。

（3）当两相界面同时达到出口端，即 $v_1 = v_2$ 时，为最理想的驱油情况。解出并联毛管的总流量 q_o：

$$q_o = \frac{\pi\sigma\cos\theta(r_1^2 + r_2^2)r_1 r_2}{4\mu L(r_1 + r_2)} \tag{3-114}$$

例如，$r_1 = 2 \times 10^{-4}$ cm，$r_2 = 1 \times 10^{-4}$ cm，$\mu = 1$mPa·s，$\sigma = 30$mN/m，$\theta = 0°$时，按式（3-112），当 $v_1 = v_2$ 时，通过并联孔道的总流量为：

$$q = \frac{\pi\sigma(r_1^2 + r_2^2)r_1 r_2}{4\mu L(r_1 + r_2)} = 1.6 \times 10^{-5}(\text{cm}^3/\text{s})$$

进一步计算表明：

当 $q<q_0$ 时，因为毛管力 p_c 起主要作用，故小孔道中速度大，油水界面先到达出口端，而大孔道中将留下残余油。

当 $q>q_0$ 时，因为压差 Δp 起主要作用，故大孔道中速度大，油水界面先到达出口端，而小孔道中将留下残余油。残余油留下的结果，会在孔道狭窄处形成液阻效应，使驱油能量降低，从而导致采收率降低。

上述分析表明，当用一相流体驱替另一相流体时，只有合理地选择注入流量（或压差、或流速），才能将岩心中的被驱替液驱扫得更干净。但实际实验中，确定合理的流量很难。因此，在驱替实验过程中，提出“先用较低的流速驱替，再逐渐增大速度”来建立岩心中的束缚水饱和度，其理论基础就在于此。

4. 单根变断面毛管的两相流动

实际的多孔介质孔隙体系是由直径变化的孔隙或串联或并联且相互连通的毛细管网络组成。这种毛管网络要比等径单孔隙模型和双孔隙模型更为复杂多变。当液—液界面（如油—水界面）在这种不规则的孔道中流动时，界面的形状将随孔道截面大小而变化（图 3-110）。该图代表毛管断面呈渐扩、渐缩的情况。这表明随着断面的时涨时缩，界面始终处于瞬变的不平衡状态，界面曲率将逐点改变，因而两侧的毛管压力也随之而变化，并且，界面总是朝达到其能量为最小的形态方向变化。界面形态的变化和调整总在进行着。此时，如果所施加的压差不足以克服由此引起的毛管力，则界面将停止向前移动；如果所施加的压差较大，则界面将向前跃进。这本身就说明流体并不是均匀地流过多孔介质，而是一种阶跃和跳跃式的。该现象由赫恩斯（W. B. Haines）所发现，故称为“赫恩斯阶跃”（Hainesjumps），这种“阶跃”（或“跳变”）是多孔介质毛管体系中微观渗流机理的一个重要特征。

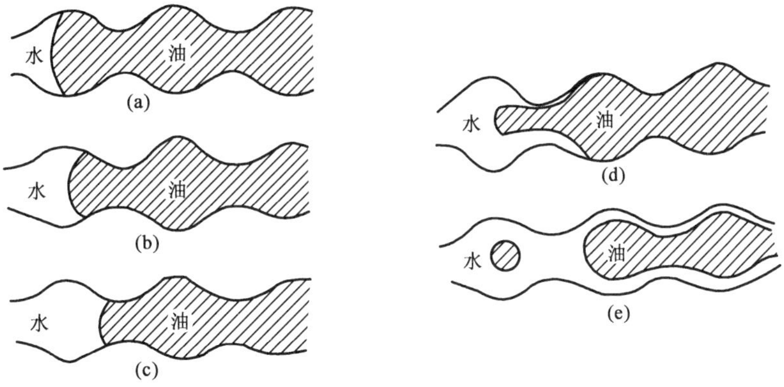

图 3-110　油水界面经过变断面孔道时的情况

（a）、（b）、（c）变断面孔道中，弯液面处于瞬变的不平衡状态；（d）、（e）被湿相（水）卡断而滞留于孔道中的油滴

图 3-110（c）和（d）是表示连续的油丝在穿过多孔介质窄口时，被润湿相水所卡断，而在地层孔道中剩下单个油滴的物理过程。在实际地层存在很多狭窄的溢口时，这些珠滴就可能成串。那么，这些成串的单个珠泡在毛管中流动时，又表现出什么渗流特征呢？

5. 毛管孔道中的混合液流

毛管孔道中的混合液流可理解为油层孔道中有水珠、气泡和油滴的情况，如图 3-111 所示。

设孔道长度为 L，半径为 r_0，其中有气泡（或油滴）均匀分布在油（或水）中。气泡半

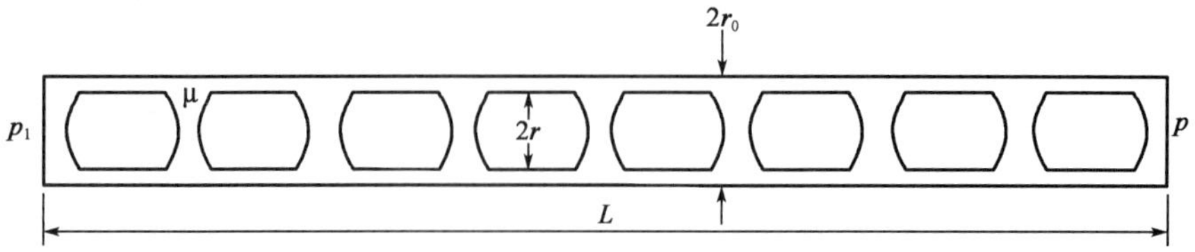

图 3-111　毛管孔道中的混合液流

径为 r，若孔道全部为气泡（或油滴）挤满。在流动时气泡（或油滴）不变形，也不与分散介质产生相对运动（即无滑脱），这相当于念珠式的移动。如设分散介质的粘度为 μ（两端压差为 p_1-p_2）。在层流流态下，越接近管壁，流速越低，因此，它的速度和气泡（或油滴）的半径 r 及孔道半径 r_o 的大小有关。

此时来研究一下满管液流时与环流时（有珠、泡时）液流速度 v_L 的变化规律。

满管液流时：

$$v_o=\frac{r_0^2\Delta p}{8\mu L} \tag{3-115}$$

环流时，珠、泡周围介质（如油）的液流速度 v_L 为：

$$v_L=\frac{(r_0^4-r^4)\Delta p}{8\mu L r_0^2} \tag{3-116}$$

式（3-116）去除式（3-115），可得环流和单相流的速度比为：

$$\frac{v_L}{v_o}=1-\left(\frac{r}{r_0}\right)^4 \tag{3-117}$$

$$v_L=\left[1-\left(\frac{r}{r_0}\right)^4\right]v_0 \tag{3-118}$$

根据式（3-117），当气泡（或油滴）半径与孔道半径比值（r/r_o）分别为 0.9、0.99、0.999 时，则环流液体的流速与单相液流速的比值（v_L/v_o）分别为：0.35、0.04、0.004。

由此看出，珠泡 r 越接近于孔道半径，则环流液体的流速就会大幅度地下降，加之孔隙表面存在异常粘度的吸附层，则油滴或气泡充满和堵塞孔道就十分严重。所以当泥浆失水、压井液滤液侵入油层，会使油流阻力增大、试油困难、产能降低。

以上所讲的附加阻力和驱油毛管模型的驱油情况，是我们研究渗流机理、进行岩心流动实验分析和研究、生产及实验中各种现象的理论基础。实际上，由于岩石孔隙结构的复杂性、多变性，加上流体又是多相，故很难用上面的公式进行驱替速度和附加阻力计算。珠泡所产生的阻力、液膜的异常粘度及毛管压力等引起的整个岩石各相的阻力是无法计算的。那么，怎样研究各相所受阻力大小呢？我们仍采用油层物理的基本研究方法——通过多相流体流动的实验，求取各相流体在流动中所显示出的平均宏观流动阻力（或流动能力）。这就是下面将要讨论的、目前最有效的方法——引入相渗透率和相对渗透率的概念。

第五节　储层岩石的有效渗透率和相对渗透率曲线

由前面几节的讨论已经知道：岩石的润湿性、各种界面阻力、孔隙结构等都会影响到岩石中油水的流动能力。也就是说，在多相流体流动时，各相间会发生相互作用、干扰和影响。这时用什么参数来描述相间（如岩石—油—水）的相互影响的大小呢？最常用的就是相渗透率，它是岩石—流体间相互作用的动态特性参数，也是油藏开发计算中最重要的参数之一。

一、有效（相）渗透率和相对渗透率的概念

所谓有效（相）渗透率是指多相流体共存和流动时，岩石让其中某一相流体通过能力的大小，就称为该相流体的有效渗透率或相渗透率。油、气、水各相的有效（相）渗透率可分别记为 K_o、K_g、K_w。

有效渗透率与绝对渗透率之间在概念上、数值大小上有什么区别呢?

1. 绝对渗透率

例如，设有一岩样长 3cm、截面积为 2cm^2，其中用粘度为 1mPa·s 的盐水 100%饱和，在压差为 0.2MPa 下的流量为 0.5cm^3/s，则该岩样的绝对渗透率为：

$$K=\frac{Q\mu L}{A\Delta p}\times 10^{-1}=\frac{0.5\times 1\times 3}{2\times 0.2}\times 10^{2}=375(\mathrm{mD})$$

如果用粘度为 3mPa·s 的油 100%饱和岩心，在同样压差下流动，油流量为 0.167cm^3/s，这时该岩样的绝对渗透率为：

$$K=\frac{Q\mu L}{A\Delta p}\times 10^{-1}=\frac{0.167\times 3\times 3}{2\times 0.2}\times 10^{2}=375(\mathrm{mD})$$

由此可见，绝对渗透率只是岩石本身的一种属性，只要流体不与岩石发生物理化学反应，则绝对渗透率与通过岩石的流体性质无关。

2. 相（有效）渗透率

例如，对于上例中同一岩样，若其中饱和 70%的盐水（S_w=70%）和 30%的油（S_o=30%），而且在渗流过程中饱和度不变。且在压差同上例条件下，则盐水的流量为0.30cm^3/s，而油的流量为 0.02cm^3/s，此时油、水各自的相（有效）渗透率如何考虑呢?

虽然达西定律是在单相流动情况下得出的，但可以扩展应用于多相流动情况。在多相流动时，可将某相流动视为它在固相及其他相组合成的介质中流动，故仍采用达西公式，但渗透率则以该相有效渗透率代替，于是便把多相流动中所产生的各种附加阻力都归结到该相流体的有效渗透率数值的变化上，则：

盐水的有效渗透率为：$K_w=\frac{Q_w\mu_w L}{A\Delta p}\times 10^{2}=\frac{0.3\times 1\times 3}{2\times 0.2}\times 10^{2}=225(\mathrm{mD})$ (3-119)

油的有效渗透率为：$K_o=\frac{Q_o\mu_o L}{A\Delta p}\times 10^{2}=\frac{0.02\times 3\times 3}{2\times 0.2}\times 10^{2}=45(\mathrm{mD})$ (3-120)

油、水两相的有效渗透率之和 $K_w+K_o=270.9$mD，它小于 $K=375$mD。这一结论是带有普遍性的，即同一岩石的有效渗透率之和总是小于该岩石的绝对渗透率。这是因为共用同一渠道的多相流体共同流动时的相互干扰，此时，不仅要克服粘滞阻力，而且还要克服毛管力、附着力和由于液阻现象增加的附加阻力等缘故。因此，相渗透率这一概念不仅反映了油层岩石本身的属性，而且还反映了流体性质及油、水在岩石中的分布以及它们三者之间的相互作用情况，这就是为什么相渗透率是岩石与流体相互作用的动态特性的原因。

3. 相对渗透率

在实际应用中，为了应用方便（将渗透率无量纲化），也为了便于对比各相流动阻力的

比例大小，又引入了相对渗透率的概念。

某一相流体的相对渗透率则是该相流体的有效渗透率与绝对渗透率的比值，它是衡量某一种流体通过岩石能力大小的直接指标。

油、气、水的相对渗透率分别记为：

$$\begin{cases} K_{ro} = K_o/K \\ K_{rg} = K_g/K \\ K_{rw} = K_w/K \end{cases} \quad (3-121)$$

例如，在上例中，可得到：

水的相对渗透率： $K_{rw} = \dfrac{K_w}{K} = \dfrac{0.225}{0.375} = 0.60$（或 60%）

油的相对渗透率： $K_{ro} = \dfrac{K_o}{K} = \dfrac{0.015}{0.375} = 0.12$（或 12%）

可以看出：尽管 $S_w + S_o = 100\%$，而 $K_{rw} + K_{ro} = 72\%$，小于 100%。此结论对相对渗透率也是具有普遍性，即同一岩石的相对渗透率之和总是小于 1 或小于 100%。

上例还说明，当 $S_w = 70\%$，$S_o = 30\%$时，即水和油的饱和度相差 70/30＝2.33 倍，而水和油的相对渗透率却差 0.60/0.12＝5 倍。那么，若含水饱和度增加 10%（即 $S_w = 80\%$，$S_o = 20\%$）时，K_{rw}和 K_{ro}之差是否仍然是 5 倍，还是相差倍数更大或更小呢？大量实验表明，饱和度和相渗透率间不是一个简单的数学关系。它们间的关系通常是由实验测出，并表示为相对渗透率和饱和度之间的关系曲线——相对渗透率曲线。

二、相对渗透率曲线特征及影响因素

1. 相对渗透率曲线特征

典型的油水（或油气）相对渗透率曲线如图 3－112 所示，即一般成 X 型交叉曲线。其纵坐标为两相各自的相对渗透率 K_{ri}，横坐标为含水饱和度从 0→1 增加；含油饱和度从 1→0 减小。

实际应用中，作为相对渗透率比值的分子都是采用某相流体在某一饱和度下的相渗透率值，但其分母——作为对比的标准量则有多种：

①气测的岩石绝对渗透率（K 或 K_a）；

②地层水 100%饱和下的岩石渗透率（K_{sw}）；

③端点（End—Point）渗透率：可以是储层在束缚水饱和度下油相的渗透率 K_o；或在残余油饱和度下水相的渗透率 K_w。

之所以采用不同的量作为分母，有时是为了作图，便于整理对比之用，如当地层水下的渗透率 $K_w < 0.1K$ 时，就可用 K_w 为分母。因此，在实际计算中使用相对渗透率值时要注意其分母是用什么量作为基准的。

近年来，在采用微乳液体系驱油时，对于（过剩相）油、（过剩相）水和微乳液这三相或二相体系，常采用如图 3－113 所示的相对渗透率表示方法。而不作成相互交叉的 X 型曲线，其不同点在于各相饱和度均向同一方向增加。在近年的有关化学驱的研究中，常常见到这种相对渗透率曲线图。采用这种方式表示，更便于各相间流动能力的对比，也便于写出相

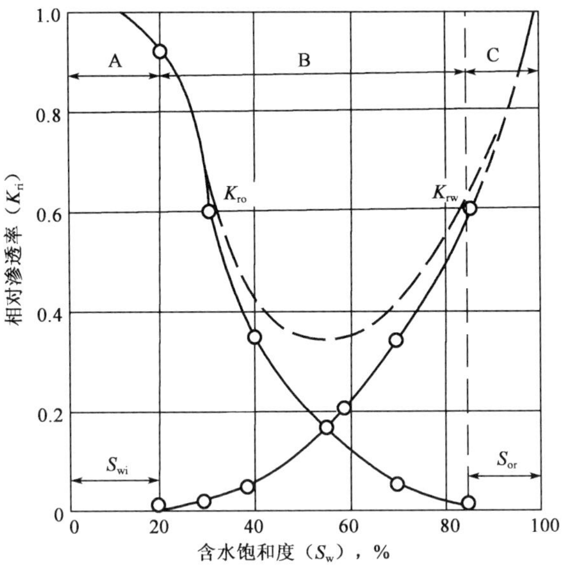

图 3-112　油水相对渗透率曲线

对渗透率与饱和度间的数学经验关系式 K_{ri}（S_i）。

1）两相相对渗透率曲线

为了更好地理解两相相对渗透率曲线所表现出的曲线形状特征及地下油（气）水分布和流动情况，我们以图 3-112 加以讨论。该曲线是某油藏的偏亲水岩石实验所得的实际油水相对渗透率曲线。根据曲线所表现出的特点，将它分为三个区。

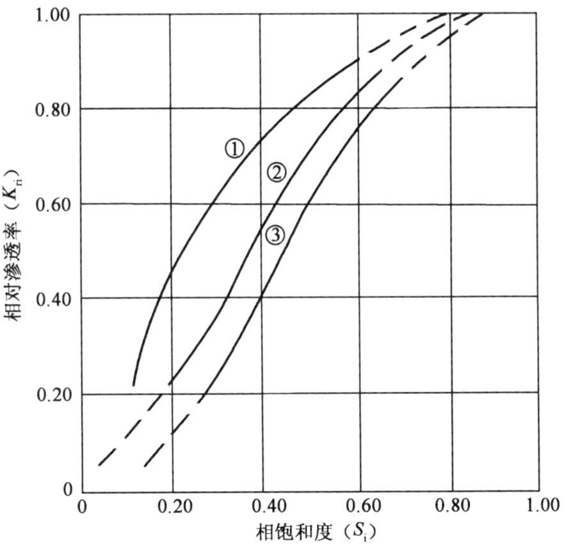

图 3-113　三相流体的相对渗透率曲线（据 M. Delshed，1985）

①微乳液；②油；③水

单相油流区（A 区）：其曲线特征表现为 S_w 很小，$K_{rw}=0$；S_{ro}值很大，K_{ro}有下降但下降不多。这种曲线特征是由岩石中油水分布和流动情况所决定的。岩石中的情况是当含水饱和度很小（例如图中 $S_w<S_{wi}=20\%$）时，由于孔隙表面的亲水性，水则处于岩石颗粒表面及孔隙的边、角、狭窄部分，油则处于大的易流动的流通网络中。这样，水对油的流动影响

很小，因而油的相对渗透率降低较小。而水由于处于孔隙的边、角及颗粒表面不能流动，所以水的相对渗透率为零。S_{wi}即为束缚水饱和度，或称为平衡饱和度、不能再减小的含水饱和度（小于此饱和度水则不能再流动）、共存水饱和度和残余湿相饱和度。

值得注意的是，虽然因为湿相以一定饱和度占据岩石中某些空间（如颗粒表面、死孔隙），使非湿相饱和度未达到 100%，但由于非湿相的流道与非湿相单独存在时几乎一样，因而其相渗透率几乎等于绝对渗透率。随着湿相饱和度进一步增加，湿相虽然未能流动，但由于湿相增加，影响到非湿相的流动空间（即流道）大小。因此表现为非湿相渗透率稍有降低。

油水同流区（B 区）：此区内，油水饱和度都具有一定的数值，曲线表现为随含水饱和度 S_w 的逐渐增大，K_{rw}的增加和 K_{ro}的下降都很显著，但 K_{ro}下降比 K_{rw}增加更明显。在该区内，湿相水饱和度已达一定数值，在压差作用下能够开始流动，这一饱和度即为最低湿相（水）饱和度。大于该饱和度，水在岩石孔道中开始占有了自己的孔道网络，即连通孔道越来越多，流道网逐渐扩大，故 K_{rw}逐渐增高。与此同时，非湿相油饱和度减小，油的流道逐渐被水所取代。当非湿相油减少到一定程度时，不仅原来的流道被水所占据，而且由于孔隙结构复杂多变，油在流动过程中容易因水流动而失去连续性，此时便出现液阻效应，它对油（及水）的流动都会有很大的影响。在该区间内由于油水同流，造成油水互相作用、互相干扰。因此油水同流区也是流动阻力效应最明显的区域，此区内油水两相渗透率之和（$K_{rw}+K_{ro}$）会出现最低值（见图 3－112 中的虚线）。

纯水流动区（C 区）：该区内，非湿相油的饱和度小于最小的残余油饱和度（即 $K_{ro}=0$ 所对应的含油饱和度）。曲线表现为 $K_{ro}=0$，K_{rw}变化急剧，此时非湿相油已失去连续性而分散成油滴，分布于湿相水中，最后滞留于孔隙内。这部分油滴由于贾敏效应对水流造成很大的阻力。由图 3－112 可以看出：当含油饱和度为 0～15%（残余油饱和度）时，使得水相的相对渗透率从 100%降至 60%（下降了 40%），可见分散油滴对水流造成的阻力。

大量实验已经表明，无论对于油—气、气—水或油—微乳液、水—微乳液体系，还是对于未胶结的砂子或已胶结的砂岩等，其相对渗透率和饱和度的关系曲线在总的特征上是一致的。图 3－113 实际上代表了湿相—非湿相体系的共同特征，例如：

（1）无论湿相还是非湿相都存在一个刚刚能开始流动时的最低饱和度（也称平衡饱和度），当流体饱和度小于最低饱和度时，则不能流动。总的规律为：湿相最低饱和度大于非湿相最低饱和度，如亲水岩石束缚水饱和度大于残余油饱和度。

（2）非湿相饱和度未达 100%时，其相对渗透率几乎可以达到 100%；而湿相饱和度则必须达到 100%时，其相对渗透率才能达 100%。

（3）两相同流（共渗）时，其两相相对渗透率之和必定小于 1，且出现渗透率之和的最小值。

2）三相存在时的相对渗透率

生产实际中，随着油田注水开发和地层原油脱气，实际储层岩石中不仅可以同时存在两相，还可以三相同时共存，那么怎样去考虑三相存在的相对渗透率呢？

当油层中出现油、气、水三相且均具有一定饱和度值时，这三相是否都参与流动，则必须根据三相的相对渗透率与饱和度关系曲线图来确定。三相相对渗透率曲线图可用三角图（图 3－114）及普通直角坐标图（图 3－113）表示。

图 3－114（a）、（b）、（c）分别为油、气、水各相的相对渗透率与饱和度的关系图，从

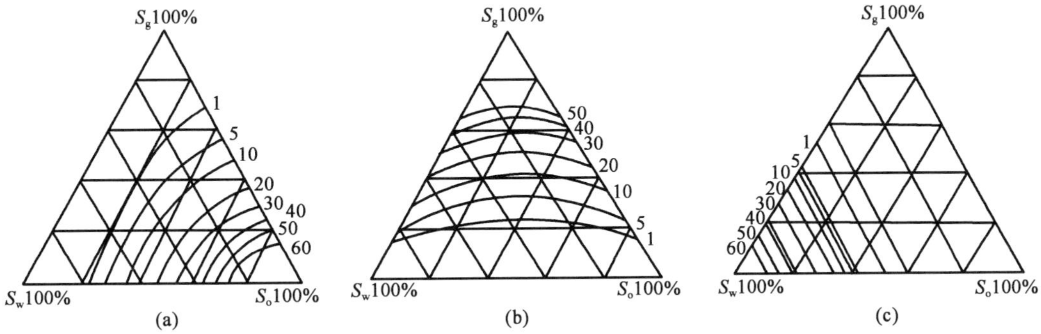

图 3－114　油水相对渗透率与三角饱和度关系曲线（亲水介质）（据 leverett 和 lewis，1941）

（a）油；（b）气；（c）水

图 3－114（c）可看出，湿相（水）的相对渗透率只与湿相饱和度有关，当其他两个饱和度相同时，对水相渗透率的影响也相同。

如果以各相相对渗透率的 1％作为每相流动的起点，并将各相相对渗透率的 1％的等值线综合绘在同一三角图上，如图 3－115 所示。由图中就可看出在什么样的饱和度组合下，可以发生单相、两相或三相流动。其中，单相和两相流动区范围最大，而能发生三相同流的饱和度组合范围都很小。因此，在大多数实际运用中，只需作出两相相对渗透率曲线即能满足工程实际要求。例如斯通（Stone）等人在 1970 年就建立了一套用两相资料来表示三相的方法：

当气含量低时，则可认为水—烃（油和气）两相，水是润湿相，烃为非润湿相；

当水含量低时，则可认为气—液（油和气）两相，液是润湿相，气为非润湿相。

这样把二相归结为润湿相和非润湿相两相来考虑，大大便利于工程实际应用。需要说明的是，该三相相对渗透率曲线是 Leverett 等人 1941 年在亲水介质中测得的。不同岩石和流体，将会有不同的曲线。那么，到底哪些因素会影响相对渗透率数值的大小和曲线的相对位置呢？

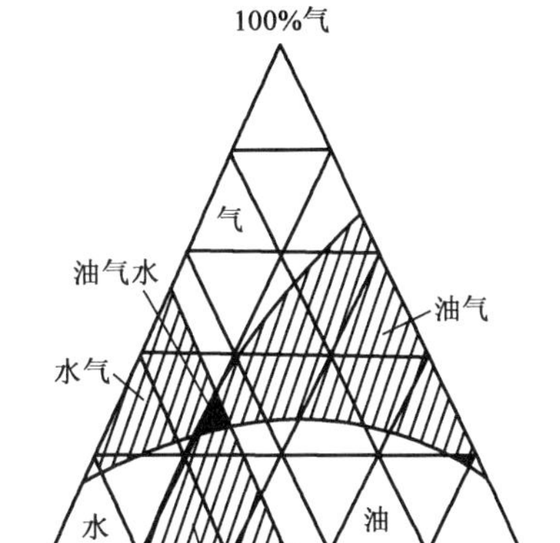

图 3－115　三相存在时，流动状态与饱和度关系图（据 Leverett 和 Lewis，1941）

2. 影响相对渗透率的因素

大量研究表明：对一块给定的岩心其相对渗透率不是饱和度的唯一函数，它强烈地受岩石润湿性的影响，同时还与流体饱和顺序（饱和历史）、岩石孔隙结构、实验所采用的流体、实验温度以及压差等有关，即相对渗透率是一个多因素的函数。实验所测得的相对渗透率曲线，正是这所有因素作综合作用的最后结果。

1）岩石润湿性的影响

岩石润湿性对相对渗透率的影响总的趋势是随着岩心由强亲水转化为强亲油，油的相对渗透率趋于降低。这可根据不同润湿性，油水在岩石中的分布不同来加以解释：对亲水岩石，水常分布在细小孔隙、死孔隙或颗粒表面上，水的这种分布方式使得它实际上对油的渗透率影响很小；而亲油岩石在同样的饱和度条件下，水既不存在于死孔隙，也不是水膜，而是以水滴、连续水流的形式分布在孔道中阻碍着油的渗流，油本身以油膜附着于颗粒表面或在小孔隙中，因而在相同的含油饱和度下，油的相对渗透率会降低。这种变化趋势可以从下面的两类实验结果中进一步看出。

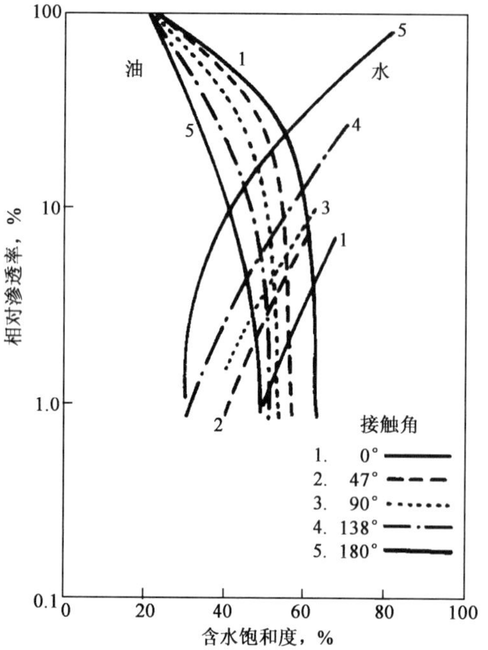

图 3-116　水驱油时，润湿性对相对渗透率的影响
（据 Owen 和 Archer JPT，1971）

第一类实验是利用天然岩心，在油水体系中加入不同浓度的表面活性剂，以改变岩石接触角从而改变岩石润湿性所测得一组相对渗透率曲线，如图 3-116 所示。由图可见，当岩石由强亲油（$\theta=180°$，曲线 5）转变到强亲水（$\theta=0°$，曲线 1）时，油相的相对渗透率依次增大，而水相的相对渗透率则减小，相对渗透率曲线交点依次向右移动。这与实际在强水湿岩石所测得的相对渗透率曲线（图 3-117）是一致的。相对渗透率曲线以半对数坐标表示，有助于观察和分析靠近终点饱和度的相对渗透率特征。

第二类实验是由欧文斯（Owens）等人所测的油相端点相对渗透率（即在实验开始时的束缚水饱和度下所测的油相渗透率值 K_{ro}^{o}，其结果见表 3-8。由表可以看出，随着润湿接触角的增加，岩石亲油性变强，油的有效渗透率逐渐降低，油相的端点相对渗透率 K_{ro}^{o} 也逐渐降低。

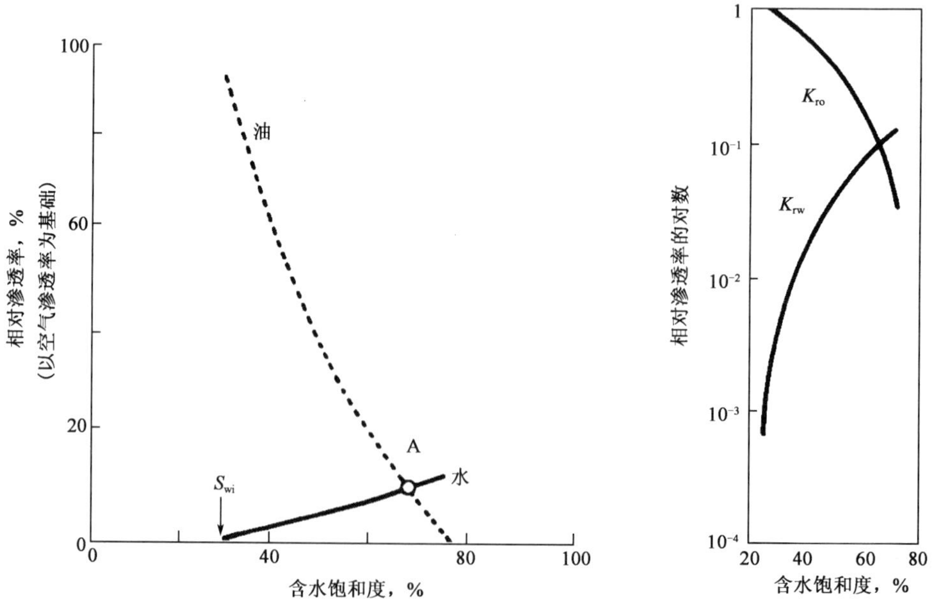

图 3-117　强水湿岩石油水相对渗透率曲线特征

表 3-8　润湿接触角与油相相对渗透率的关系

接　触　角，(°)	0	47	90	138	180
油相端点相对渗透率（K_{ro}°）	0.98	0.83	0.80	0.67	0.63

人们常根据相对渗透率曲线若干特征点的数值大小来判断岩石的润湿性。克雷格法则见表 3-9：

表 3-9　确定岩石润湿性的克雷格法则

特　征　点	水　　湿	油　　湿
束缚水饱和度（S_{wi}）	＞20%～25%	＜15%
在油水相对渗透率相等处的饱和度（S_i）	＞50%	＜50%
残余油饱和度下的水相相对渗透率（K_{rr}^{o}）	＜30%（普遍情况）	＞30%
束缚水饱和度下的油相相对渗透率（K_{rr}^{o}）	接近 100%	＞50%

上述的分析表明，在测定某一具体油层岩石的相对渗透率曲线时，只有当岩石的润湿性确实是取样层位的润湿性时，实验结果才能真正代表该层的流动性质。因此，要得到确实有代表性的相对渗透率曲线，必须确保从地层到实验室测定的整个过程中都保持岩石原有的润湿性。

2）油水饱和顺序（饱和历史）的影响

所谓饱和顺序的影响是指测定相对渗透率的实验过程是采用驱替过程还是吸入（吸吮）过程。因为过程不同，会影响流体在岩石孔道中的分布，而且在润湿特征及毛管压力特征上也都会出现滞后现象。由此可以推想到，在驱替和吸入过程中同样可以看到这种滞后现象对相对渗透率曲线的影响。

图 3-118 是驱替和吸入过程的相对渗透率与湿相饱和度的关系曲线。值得注意的是湿相相对渗透率只是它本身饱和度的函数。这就是说：吸入时的湿相相对渗透率将重走驱替时的路线。这种情况在选择性润湿很强的系统中（强亲水或强亲油时）可以见到。但对非润湿相，任何饱和度吸入过程的相对渗透率总是低于驱替过程的相对渗透率数值。

值得提到的是，另一些研究者（如 Osoba 等，1951）得出了与上述不完全一致的看法。他们的结果表明（图 3-119），不管是湿相还是非湿相，其相对渗透率都受饱和顺序的影响。但有一点看法是一致的，这就是非湿相的相对渗透率受饱和顺序的影响比湿相要大得多，而湿相的驱替和吸入过程的相对渗透率曲线总是比较接近。

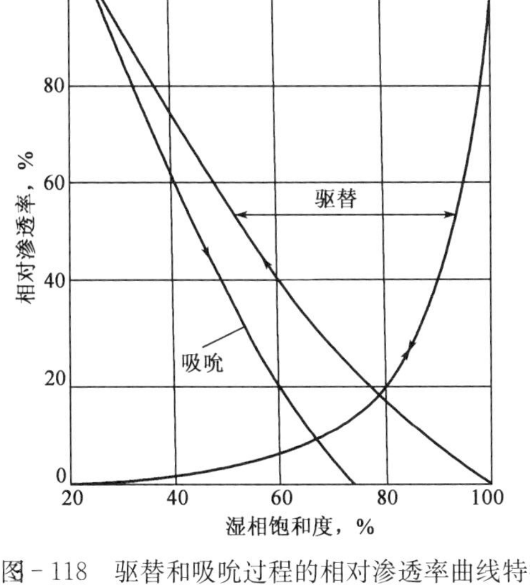

图-118　驱替和吸吮过程的相对渗透率曲线特征

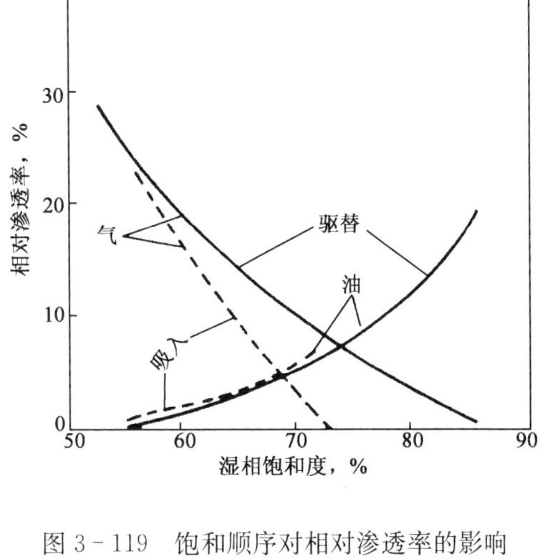

图 3-119　饱和顺序对相对渗透率的影响

驱替过程所获得的相对渗透率曲线与吸吮过程获得的不同，这种现象也称为滞后现象。相对渗透率曲线上表现出的这种滞后，是由于毛管力滞后作用引起。正如前述，产生毛管力滞后的原因是多方面的，如润湿次序引起的滞后及毛管半径的变化引起的滞后等。这些滞后现象最终都会在相对渗透率驱替所得的相对渗透率曲线和吸吮所得相对渗透率曲线中表现出来。由于饱和顺序对所测相对渗透率（尤其是对非湿相渗透率）影响较大，因此，一方面在实验室测定相对渗透率曲线时，应尽量按照生产实际过程考虑，并由此选择是采用驱替过程还是吸入过程来进行相对渗透率曲线的测定。另一方面，在应用相对渗透率曲线资料进行开发计算时，也需要按照实际油藏形成和开采的物理过程，来确定应该选用驱替所测的相对渗透率曲线还是吸入过程所测的相对渗透率曲线。

3）*岩石孔隙结构的影响*

由于流体饱和度分布及流体流动的渠道直接与孔隙大小及分布有关，因而反应岩石中各相流动阻力大小的相对渗透率曲线也必然受其影响。莫根（Morgan 等，1970）曾用两种不同孔隙结构、不同渗透率的砂岩所作的油—水相对渗透率曲线（图 3－120）反映了不同孔隙大小（即不同渗透率）对相对渗透率的影响。可以看出：（1）高渗透、大孔隙砂岩的两相共渗区的范围大，束缚水饱和度低；（2）孔隙小、连通性好的束缚水饱和度高，两相流覆盖饱和度的范围较窄；（3）孔隙小、连通性不好的 K_{ro} 和 K_{rw} 的终点数值都较小；（4）同样都是大孔隙，连通性不好与连通性好的曲线特征差别较大；连通性不好者更接近于小孔隙连通性好的曲线特征。

4）*温度对相对渗透率曲线的影响*

温度对油水相对渗透率的影响对研究热力采油的渗流和驱替过程是至关重要的。近 30 多年来，国内外一直在进行关于温度对相对渗透率的影响的研究，开展了不少试验工作，并采用数学方法提出了温度与相对渗透率的解析表达式。

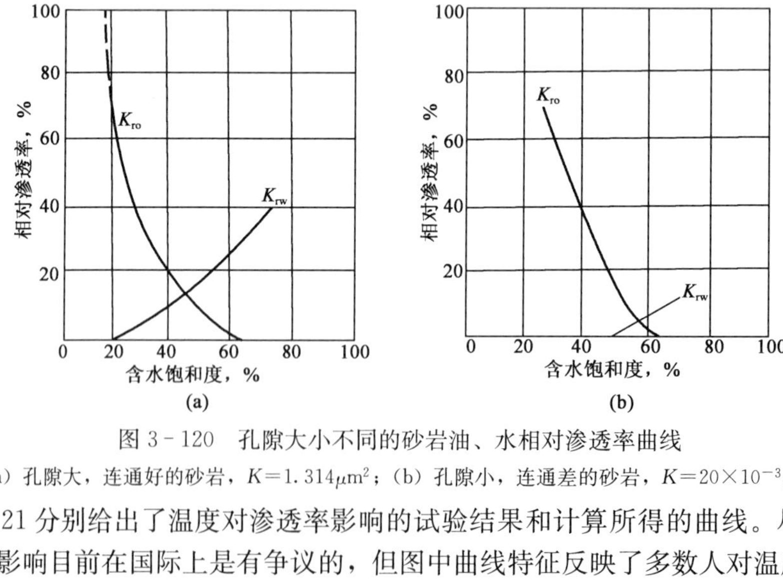

图 3－120　孔隙大小不同的砂岩油、水相对渗透率曲线

（a）孔隙大，连通好的砂岩，$K=1.314\mu m^2$；（b）孔隙小，连通差的砂岩，$K=20\times10^{-3}\mu m^2$

图 3－121 分别给出了温度对渗透率影响的试验结果和计算所得的曲线。尽管温度对相对渗透率的影响目前在国际上是有争议的，但图中曲线特征反映了多数人对温度对相对渗透率曲线影响的普遍看法。人们认为：温度增高，束缚水饱和度增大是温度与相对渗透率关系的重要特征。导致束缚水饱和度增加的原因，多数人认为：（1）亲油岩石表面吸附的极性物质在高温下解附，使大量水转而吸附于岩石表面；（2）岩石变得更加水湿，接触角减小，原

来隔着水膜的含油孔道转化为含水孔道。此外，温度增高，会导致岩石热膨胀，使孔隙结构发生变化，渗透率也会随之改变。也有人认为温度对相对渗透率的影响是由于油水粘度比随温度变化产生的结果。

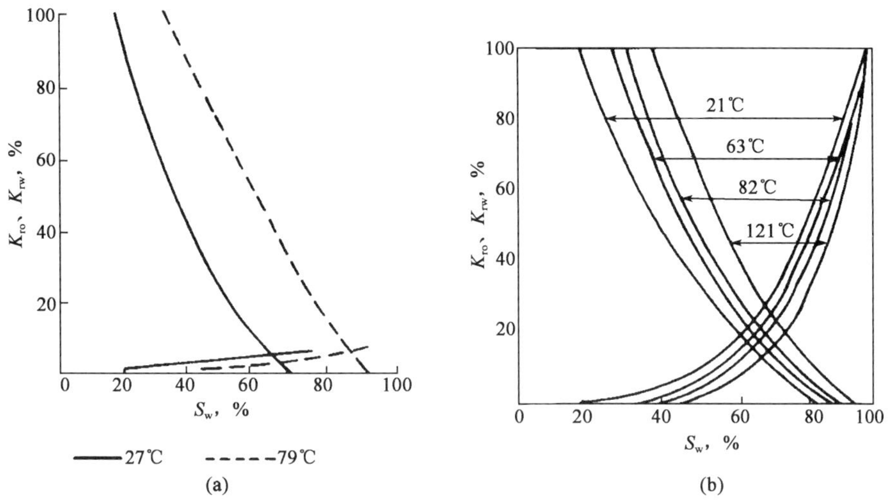

图 3－121　温度对油水相对渗透率的影响

(a) 实验结果（weibrandt，1975）；(b) 计算所得曲线（Honarpour，1986）

5）流体物性

（1）流体粘度的影响。

在 20 世纪 50 年代以前，一般认为相对渗透率与两相的粘度比无关。后来发现，非润湿相粘度很高时，非润湿相相对渗透率随粘度比（非湿相/湿相）增加而增加，并且可以超过 100%；而润湿相相对渗透率与粘度比无关。

这种现象可以用柯屯（Coton）的水膜理论解释。从水膜理论出发，可以这样解释，由于润湿相在固体表面吸附的那部分液体可视作一层润湿膜；当非润湿相粘度很大时在其上流动，实际上可看成某种程度的滑动，润湿膜起着润滑的作用。非润湿相粘度越大时，就越处于滑动状态，因而其相对渗透率增高了。

粘度比的影响随孔隙半径的增大而减少，当岩石渗透率大于 1mD 时，粘度比影响可以忽略不计。

不同粘度比的相对渗透率曲线如图 3－122 所示，只有在含油饱和度较高时，粘度比的影响才显现出来。这是由于含油饱和度高时，它所占据并流经的孔道数目也多，粘度比对相对渗透率影响也就越大；而水饱和度高时，相应油所占据并流经的孔道数目减少，使非润湿相的油在较大孔道中流动，故粘度比的影响就小了。

（2）流体中表面活性物质的影响。

根据巴巴良的研究，在孔隙介质中共同渗流的油、水相态有三种：①油为分散相，水为分散介质；②油是分散介质，水是分散相；③油、水为乳化状态。这三种状态在渗流过程中是互相转化的。分散体系与油水中的极性化合物的多少，与油水中的表面活性物质及其含量有关，这些物质的变化使油水界面张力、流体在岩石表面上的吸附作用发生变化。图 3－123 分别为加入表面活性物质后，a、b 两种状态下的油水相对渗透率曲线。对比两曲线可知，由于分散介质的渗透能力大于分散相，所以出现 $K_{roa}<K_{rob}$，$K_{rwa}>K_{rwb}$。

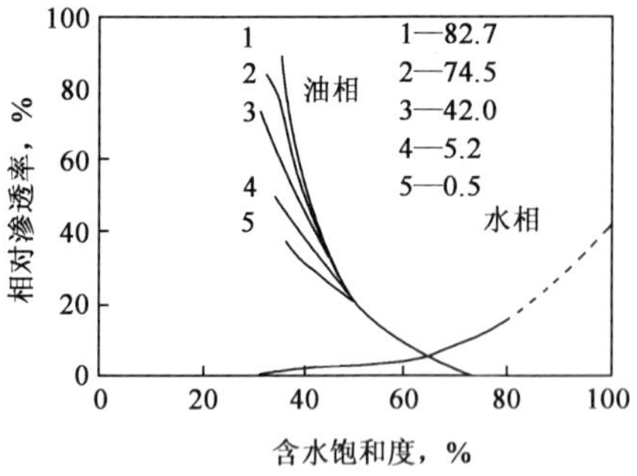

图 3-122　油水粘度比对相对渗透率的影响

6）其他因素的影响

除上述五个主要影响相对渗透率的因素外，还有很多其他因素，这里主要讨论 π 准数（$\pi=\sigma/K\Delta p$）因素的影响。

在考虑室内实验与实际油层中渗流的相似模拟时，其中的一个相似准数就是 π 准数：$\pi=\sigma/K\Delta p$ 或 $\pi=\sigma/\mu v$，其物理概念表示了微观毛管压力梯度与驱动压力梯度比值的影响。π 的数值大小包括了实验压差 Δp，岩石渗透率 K 和流体间界面张力 σ 的影响。在进行实验时，当所用岩心和流体一定时，则 K、σ 一定，π 值的大小变化直接与实验压差 Δp 有关。一般认为，只要 Δp 不使流速达到产生惯性效应的程度，则对相对渗透率曲线无影响。但另一方面，当 π 值在数量级上发生改变，如当流体界面张力降低 $10^2\sim10^8$ 个数量级时，则为超低界面张力流体流动，此时 π 值的大小会对两相流体的相对渗透率曲线产生影响，如使非湿相的残余饱和度降低等。

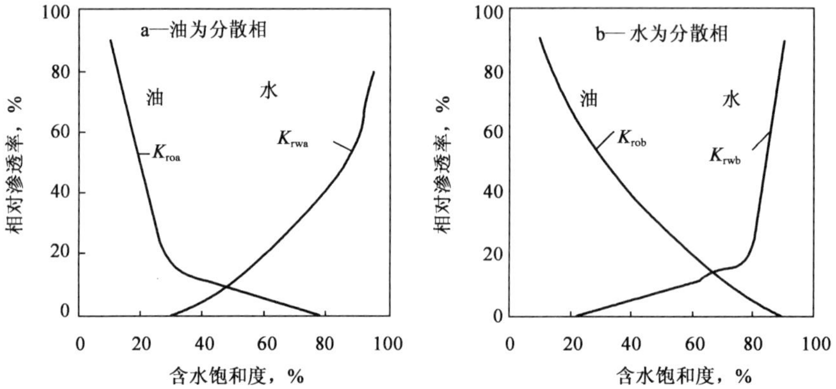

图 3-123　分散相与分散介质的相对渗透率曲线

（据杨普华，1980）

影响相对渗透率的因素是多方面的，实际在分析和使用曲线时必须注意实验的测试条件是否与地层情况相一致。应尽量在保持地层条件如岩石润湿性、流体、温度、压力及驱动过程的情况下进行测试，才能较真实地反应地下渗流规律，至于如何更好地模拟地层条件，是油层物理研究向纵深发展的方向之一。

三、相对渗透率曲线的测定和计算

有关相对渗透率曲线的获取已有专著进行讨论，如《油藏相对渗透率》（霍纳波编，石油工业出版社，1989）一书中就提及了近 20 种求相对渗透率曲线的各种方法。但概括而言，方法分直接测定和间接计算两大类。直接测定法分为稳定法和不稳定法两种；间接计算法有毛管力曲线计算法、矿场资料计算法和按经验公式计算法三种。

1. 稳定法

稳定法测定相对渗透率的原理是基于稳定流动时的达西公式（3-119）、式（3-120）及式（3-121）。其实验装置流程如图 3-124 所示。主要测定步骤为：

（1）抽提清洗岩心，烘干岩心，抽真空饱和水（或油）；

（2）将岩心放入岩心夹持器内，测定单相水（或油）渗透率；

（3）用微量泵以恒定的排量分别将油和水注入岩心；

（4）当岩样出口油、水流量分别等于注入的油、水流量时，表明岩心中油水两相达到稳定，由压力传感器测出岩样两端的压差，由油水计量器测量油和水的流量，并由累计产出的油水量，计算含水饱和度；

（5）根据以上数据可算出一个含水饱和度下的油、水相对渗透率；

（6）改变油、水微量泵的排量，即改变注入岩心的油水比例，重复上述（3）～（5）过程，得到另一个含水饱和度下的油、水相对渗透率；

（7）多次重复以上过程，便可得到一组含水饱和度下的油、水相对渗透率，从而得到相对渗透率曲线。

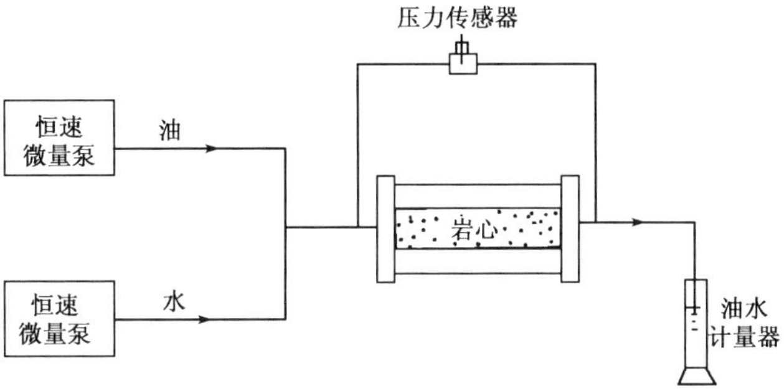

图 3－124　稳定法测相对渗透率流程示意图

相对渗透率曲线是相对渗透率与饱和度的函数，所以每次测量时还必须同时测量岩心中的油、水饱和度。确定油、水在岩心中的饱和度是稳定法测量中较困难的问题，目前采用的方法有以下几种。

1）物质平衡法

物质平衡法（又称体积法）其原理是基于物质平衡，即：

流进岩心的量－流出岩心的量＝岩心中积聚量

现以 j 相的物质平衡为例，则有：

$$V_{\mathrm{T}} f_j - V_{j\mathrm{T}} = V_{\mathrm{p}}(S_j - S_{j1}) \tag{3-122}$$

$$S_j = \frac{V_{\mathrm{T}} f_j - V_{j\mathrm{T}}}{V_{\mathrm{p}}} + S_{j1} \tag{3-123}$$

式中　S_j——测试点 j 相的饱和度，%；

V_{T}——在实验达到稳定之前，进入岩心的油水总体积，cm^3；

f_j——j 相占总流量的分数，%；

$V_{j\mathrm{T}}$——j 相流出岩心的总体积，cm^3；

V_{p}——岩心孔隙体积，cm^3；

S_{j1}——在前一测试点时，j 相在岩心中的饱和度，%。

因此，只要准确记录下进入和流出岩心的液量，就可按式（3－123）计算出相应测量点下的流体饱和度。

2）称重法

称重法是利用油水（或油气）两相的密度差不同，当岩心中所含油水体积不同（饱和度不同）时，则岩心和流体的总重量也不同。因此，已知干岩样重量 W_d 后，在每个测量点都称得岩心的总重量 W，这两者之差（$W-W_d$）即为岩样中油水重量之和。应用下式即可算出岩心中的含水（或含油）饱和度：

$$W - W_d = V_p S_w \rho_w + V_p(1 - S_w)\rho_o$$

$$S_w = \frac{(W - W_d) - V_p\rho_o}{V_p(\rho_w - \rho_o)} \tag{3-124}$$

式中 W——岩样总重，g；

W_d——干岩样重，g；

V_p——岩样孔隙体积，cm^3；

S_w——岩样中含水饱和度，小数；

ρ_o、ρ_w——油、水密度差，g/cm^3。

当两相流体的密度差较大（如气、水）且实验用岩心体积也较大时，称重法是确定饱和度的一种很好方法。该法不足之处是每作一个测量点称重时，需要中断实验。

3）电阻率法

根据油水电阻率（或电导率）不相同的原理，在测试的岩心段中插入电极，通过测量岩心的不同电阻率来确定油水饱和度。

4）利用示踪剂来确定饱和度

国内近年发展了一种放射性示踪剂来确定饱和度，特别是对相间有传质作用的微乳液—油—水等化学驱油更具有实际意义。它是利用在油、水、微乳液三相中分别加入化学示踪剂 C^{14}、C^{36}、TS（TritiatedSulfonate），通过测定岩心流出物中上述示踪剂浓度的变化来计算出各相饱和度。

5）采用 CT 影像技术和 NMR 影像技术

可在实验过程中不中断实验的情况下，测定出每一稳定状态下岩心的油水饱和度。正如在本章第三节所述，该技术最大的优点是不中断实验和不损害岩心。

此外，在稳定法中如何更方便、更准确地测定出岩心中各相流体饱和度的问题，也是在不断进行研究、不断发展的研究课题。

实验测定相对渗透率一般是从 100％的湿相饱和度开始的，即先用湿相流体饱和岩心，并测得 100％湿相时的渗透率值；然后逐渐增加非湿相的泵入比例，使湿相饱和度逐渐降低；直至最后只泵入非湿相而湿相不再流出，测出残余湿相饱和度下的非湿相渗透率（即端点渗透率），这样可测得驱替时相对渗透率曲线。如果以 100％的非湿相饱和度开始，按相反方向进行，可测出吸入相对渗透率曲线。根据实际油藏中注水开发的过程是驱替过程还是吸入过程，确定油田开发计算中应该选用何种相对渗透率曲线。

2. 不稳定法

不稳定法与稳定法不同之点主要在于测试理论不同，与此相应的测试过程和计算公式也不同。

1）测试理论

不稳定法是以水驱油基本理论（即贝克莱—列维尔特前沿推进理论）为出发点，并认为在水驱油过程中，油、水饱和度在岩石中的分布是水驱油时间和距离的函数。因此油、水在孔隙介质中的渗流能力，即油、水的相渗透率也随饱和度分布的变化而变化，油、水在岩石某一横断面上的流量也随时间而变化。这样，只要在水驱油过程中能准确地测量出恒定压力时的油、水流量或恒定流量时的压力变化，即可计算出两相相对渗透率随饱和度的变化关系。由于油、水饱和度的大小及分布随时间和距离而变化，整个驱替过程为不稳定过程，所以该方法被称为不稳定法（即非稳定法）。

2）计算公式

非稳定流油、水相对渗透率有关计算公式的推导比较繁冗（在“渗流力学”课程将会述及），这里仅列出其最终结果，公式为：

$$\frac{K_{rw}}{K_{ro}}=\frac{\mu_w}{\mu_o}-\frac{f_w}{1-f_w} \tag{3-125}$$

$$\bar{S}_w=S_{w2}+f_o\cdot V_i/V_p \tag{3-126}$$

式中 K_{rw}、K_{ro}——水、油的相对渗透率；

μ_w、μ_o——水、油的粘度，mPa·s；

f_w、f_o——水、油的分流量（流量百分数），%；

$\bar{S}_w$——岩心平均含水饱和度，%；

S_{w2}——岩心出口端面的含水饱和度，%；

V_i——油水累积注入量，mL。

不稳定法一般只测定出不同饱和度下油、水的相对渗透率比值 K_{rw}/K_{ro}，再利用其他公式确定出其中一相（如油相）相对渗透率 K_{ro}，再由式（3－125）便可求出水相的相对渗透率 K_{rw}。

3）测试步骤

以恒速法（恒流法）为例，实验流程如图 3－125 所示，不稳定法测定岩心中油水两相相对渗透率曲线的基本步骤为：

①岩心制备、清洗；

②测定绝对渗透率：把饱和水的岩心装入夹持器里，加围压，加热岩心至地层温度，用水测定岩心 100%饱和水时的绝对渗透率 K；

③测定束缚水饱和度：在恒速下进行油驱水试验，可以得到驱替过程的相对渗透率曲线，注油 10 倍孔隙体积，终点即为束缚水饱和度，并可测得束缚水饱和度下油相渗透率；

④水驱油：在恒速下进行水驱油试验，得到吸入过程的相对渗透率曲线；累计注水 10 倍孔隙体积，终点是残余油饱和度，并可测得残余油饱和度下水相的端点渗透率。

不稳定法利用式（3－125）和式（3－126）计算相对渗透率时，由于公式推导过程中有两个基本假设，故上述实验过程应满足这两个条件：(a) 压差（或流速）必须足够大，以使流动压力梯度比相间的毛管力大得多，大到足以使毛管效应可以忽略的程度；(b) 在线性多孔介质的所有截面上流速都是恒定的，即两相流体均可视为不可压缩。如果驱替相是气体时，实验就更需要在足够高的压力下进行，压差经常需要在 0.4MPa 以上。此外，不同研究者在导出其公式时都相应具有不同的假设条件，在应用这些公式时需要认真注意其假设条件，并判断实验条件是否与假设相一致。

4）稳定法和不稳定法优缺点比较

将稳定法与不稳定法相比较，目前普遍认为，稳定法具有最广泛的应用和最大的可靠性，并可在比较宽的饱和度范围内测定相对渗透率。在稳定法测定中，由于达到了毛管力平衡，计算公式是基于可靠的达西定律。而非稳定法在计算中，由于不严格的简化假设，故在解释上带来很多不可靠性。因此，有人认为从不稳定法得到的值只能认为是定性的。与稳定

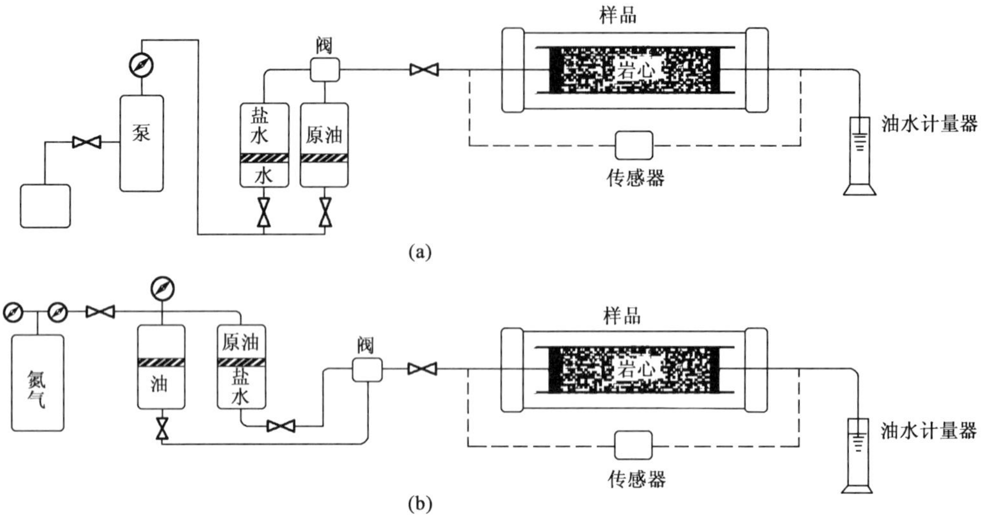

图 3-125 非稳态法测相对渗透率流程示意图

(a) 恒速法；(b) 恒压法

法相比，不稳定法主要优点是所需的仪器设备较少以及所需的测量时间较短等。

3. 油水相对渗透率测定中的几个问题

1）端点效应

在实验测定相对渗透率曲线时，一个值得重视的问题是如何消除或减少岩样的端点效应，即出口末端效应和入口端效应。所谓末端效应实质是多孔介质中两相流动在出口端出现的一种毛管效应，其表现特点为：(1) 距多孔介质出口末端端面一定距离内湿相饱和度过高；(2) 出口端见水出现短暂的滞后。图 3-126 表示出口端面水侵入孔隙示意图，可以看出，当水开始达到出口端面时［图 3-126 (a)］，油水弯液面凹向出口，毛管压力 p_c 是弯液面前进的动力。当水开始流出出口端面时，由于弯液面的变形，发生反转［图 3-126 (b)］，使得岩心出口端内侧水的压力低于出口端外侧被油充满空间的压力，该压差等于出口端的毛管压力。此时，毛管力 p_c 力图阻止水流出出口端，推迟了出口端面水的流出，其结果使水聚集在出口端，造成出口端含水（湿相）饱和度增高。这种出口末端效应是由于湿相（水）到达出口端后，毛管孔道突然失去连续性所引起的一种毛管端点效应。

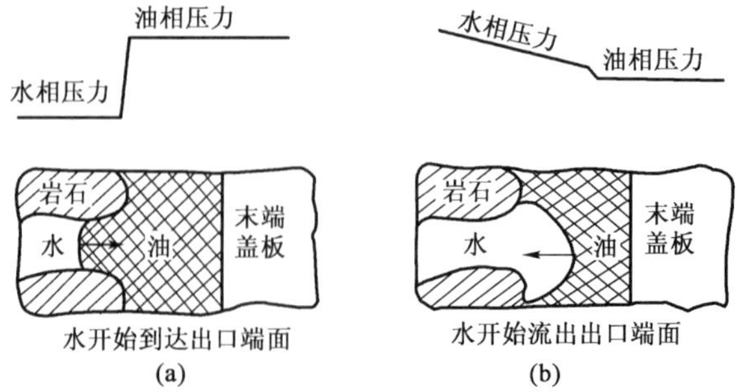

图 3-126 出口端面水侵孔隙示意图

实验和理论计算都已表明，出口末端效应的范围一般只限于距出口端面约 2cm 左右（图 3-127），它主要取决于实验时所选用的流体流动速度（或压差），流速增加末端效应影响的范围会减小甚至可以忽略不计，因此，增大实验压差，就成为一种消除或减少末端效应的方法。

另一种消除末端效应的方法是在测试岩样前、后各加上2cm长的多孔介质（如人造岩心或天然岩心），这就是实验时装设“三段岩心”的依据（图3－128）。目前国外在研究两相流动机理时，采用30～60cm长的露头岩心、人造岩心或标准岩心，这也是减少末端效应的有效方法之一。

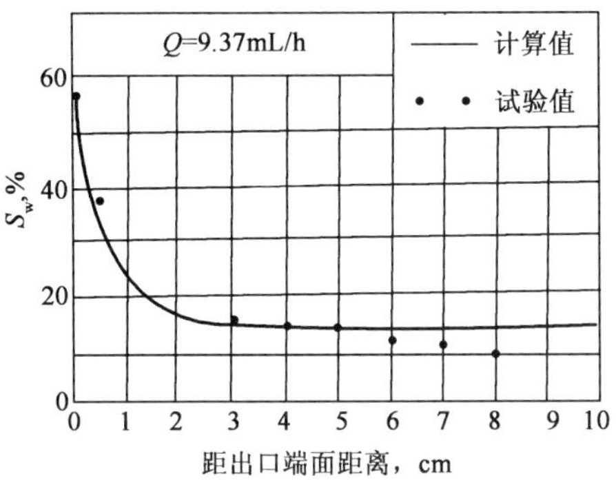

图3－127 试验和计算的末端效应比较

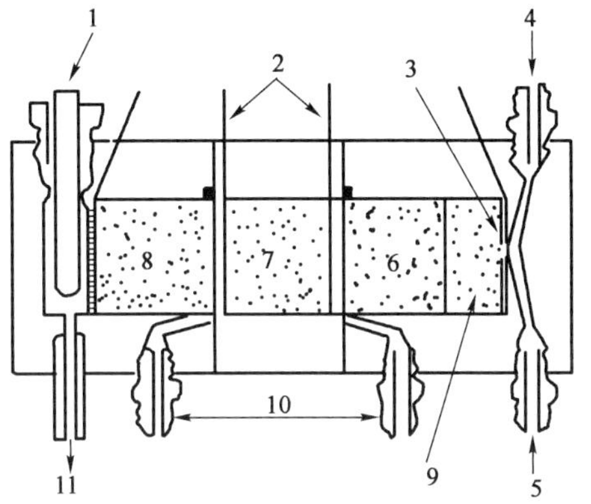
图3－128 消除末端效应装设“三段岩心”装置示意图

1—温度计；2—电极；3—带孔钢板；4、5—入口；6—混合段；7—测量段；8—终止段；9—高渗透孔板；10—测量压差的端点；11—出口

欣克利（Hinkley）等人研究了由一系列短岩心紧靠在一起的组合岩心的末端效应。他们发现，即使岩心经过仔细加工紧压在一起，岩心之间饱和度的非连续性仍将产生，从而该组合岩心的末端效应增大。但当在岩心彼此接触面之间加上相同润湿性和渗透率的材料时，则可使这些末端效应减小。对水湿岩心可用滤纸或薄纸；对油湿岩心尚未找到合适的材料（他们当时用的是特氟隆滤膜）。

在不稳定实验中，如果在水湿岩心中应用低粘油，驱替就可能是活塞式，而不出现两相同时流动，此时只能测出束缚水饱和度或残余油饱和度下的渗透率 K_{ri}^{o}。为延长两相流动（即产水）时间，一般多采用粘滞油。为消除末端效应，常采用高速驱替，此时注入水将通过一些较大孔隙而导致过早地见水，使得水驱特性与油湿类似。同时，湿相水在岩石表面形成的水膜对非湿相油起着润湿作用，其结果会使非湿相的相对渗透率大于100%。因此，通常岩石为强亲水时，则不应选用不稳定法。

强水湿岩心实验表明，增加流速会使出口末端效应减至最小，但却增大了入口端效应的严重性。所谓入口端效应是指在强润湿岩心实验时，岩心在入口端吸入湿相，使非湿相从岩心中瞬时向入口端面流出的现象。如向强水湿岩心同时注入油水时，注入水在岩心入口端面首先和一部分岩心面接触，如果润湿性足够强，则水在接触部分便自吸入岩心，使油从岩心中瞬时逆向流出岩心。随水连续不断驱动，水继续进入部分岩心端面，从而建立起不稳定的非线性流的区域。随驱动的继续，毛管力使水在整个岩心截面上重新分布，故这种入口端效应加重。

端点效应在实际孔隙型储层中是不重要的，然而，在实验室试验中却可能对测得的含油饱和度和采收率影响很大。此外，在强水湿的裂缝—孔隙型储层中，入口端效应导致与裂缝中的水接触部分的基质岩块存在自吸水，从而使基质岩块中油逆向流出到裂缝系统中，该渗流机理也是裂缝—孔隙型储层采用渗吸驱油开发方式的基本理论依据之一。

2）岩样的润湿性

测定油藏岩石油水相对渗透率时，应保持油藏岩心的天然润湿性，不使其由于取心处理运输和储存直至测定前而受影响和改变。实验表明：天然亲水岩石如与油基泥浆或与油乳泥浆的滤液接触过久，可使岩石表面变为中等润湿性或亲油；而水基泥浆虽然也会影响岩石的润湿性，但 pH 值为中性或酸性泥浆的影响则很小。因此，任何情况下都以含活性剂较少、失水量又低的水基泥浆取心为宜。

岩样如暴露于空气过久，测得的残余油饱和度将比“新鲜岩样”测得的要高；而且，用溶剂提取岩样所得到的残余油饱和度甚至比未经提取的新鲜岩样测得的要高。经实验，原先油湿的岩样于空气中暴露一周以后变为水湿。一般认为，暴露于空气，由于氧化作用会大大改变岩样的润湿性。因此，必须防止岩心被空气污染，应采用有效的包装方法。实践证明，在井场就地把岩心缠上聚乙烯膜，外面再套上铝箔，然后再用石蜡或塑料密封的办法是有效的。

如果不能获得保持天然润湿性的原始状态的岩心，可考虑用人工复原的岩心。“人工复原”的含义是指，岩心先经提取干净再烘干，然后再使它的润湿性和饱和度恢复到油藏的原始条件。人工复原的方法在未知油藏岩石润湿性以前无从谈起，因此在未确知岩石的润湿性以前，也只能应用原始状态的岩心；即使已知油藏岩石的润湿性，也只能在确知为强水湿或强油湿的条件下应用人工复原岩心，因为若使岩心重新恢复到任何程度的中间润湿性，是相当困难的。

对那些通过接触角的测定或井场自吸测定证实岩样为亲水时，建议采用的实验步骤为：（1）将岩心饱和水；（2）用精制油（如白油）驱替，直至获得某一模拟共存水饱和度为止；（3）进行相对渗透率的测定。

对油湿岩石，要复原共存水饱和度及其分布状态是不可能的。因此，对亲油岩石一般建议将岩心先完全饱和油，再进行相对渗透率的测定。

人工复原成强亲水的岩心，一般可采用高温处理的办法（如在 400℃高温烘箱处理 5h），而处理成强亲油的岩心，通常可采用硅油或其他一些油湿剂进行处理。

3）实验所用流体

可用精制白油或煤油作为油相，用氮作为气相，而水相则视测定饱和度的方法而定，一般可用蒸馏水、盐水或模拟地层水。

4）其他

亲油岩心只要共存水饱和度小于 20%，它对相对渗透率就没有影响。亲水岩心，共存水饱和度对测出的相对渗透率特征有决定性影响。因此，对亲水岩样应设法使其共存水饱和度接近油藏实际情况，但对于致密的低（特低）渗透岩心，尤其是致密的低（特低）渗透气藏岩心，实验测得的束缚水饱和度往往高于油藏实际的共存水饱和度，因而测得的相对渗透率曲线的代表性需要正确判断。

总之，在进行相对渗透率曲线的测定时，不论是所用的岩心和流体，还是实验程序和条件，都应考虑各方面的因素，以便获得真正能代表油藏条件下的相对渗透率曲线。

4. 用毛管力曲线计算相对渗透率*

它的理论根据为：（1）毛管力曲线既然反映了岩石的孔喉分布，因此根据毛管压力曲线所确定的孔喉分布就可计算出岩石的渗透率；（2）既然相对渗透率主要取决于流体饱和度，而毛管压力的大小也直接与湿相、非湿相饱和度有关（即毛管力曲线），那么，通过适当的毛管压力函数转化，根据岩石内流体饱和度的变化特征来计算相对渗透率也是可能的。

1）*岩石绝对渗透率的计算*

第一个进行岩石绝对渗透率研究工作的是普塞尔（Purcell，1949），其渗透率计算公式是根据毛管束模型导出的，即假设岩石是由一束直径不等但长度相等的毛管所构成。根据泊谡叶定律，流体通过单根毛管孔道的流量为：

$$q=\frac{\pi r^4\Delta p}{8\mu L}$$

设单根毛管孔隙体积为 V，则 $V=\pi r^2 L,\pi r^2=\frac{V}{L}$；又从毛管压力 $p_c=2\sigma\cos\theta/r$ 求得 $r^2=4(\sigma\cos\theta)^2/p_c^2$，代入上式有：

$$q=\frac{\pi r^4\Delta p}{8\mu L}=\frac{(\sigma\cos\theta)^2\Delta pV}{2\mu L^2 p_c^2} \tag{3-127}$$

假想岩石由 n 根不等直径的毛管所组成，其总流量应为：

$$Q=\frac{(\sigma\cos\theta)^2\Delta p}{2\mu L^2}\sum_{i=1}^{n}\frac{V_i}{(p_c)_1^2} \tag{3-128}$$

对于实际岩石，根据达西公式有：

$$Q=\frac{KA\Delta p}{\mu L} \tag{3-129}$$

联立求解上述两个方程，得：

$$K=\frac{(\sigma\cos\theta)^2}{2AL}\sum_{i=1}^{n}\frac{V_i}{(p_c)_1^2} \tag{3-130}$$

根据任一毛管孔道体积 V_i 与所有毛管孔道总体积 V_p 的比值，相当于该毛管孔道在总的毛管系统中的饱和度，即：

$$S_i=\frac{V_i}{V_p},V_p=\frac{V_i}{S_i} \tag{3-131}$$

因岩石的视体积等于 AL，故孔隙度 $\phi=V_p/AL=V_i/ALS_i$，则：

$$V_i=\phi ALS_i \tag{3-132}$$

将式（3－132）代入式（3－130），得：

$$K=\frac{(\sigma\cos\theta)^2}{2}\phi\sum_{i=1}^{n}\frac{S_i}{(p_c)_1^2} \tag{3-133}$$

考虑到假想岩石与真实岩石的差别，引入一校正系数 λ（又称岩性系数），并写成积分形式，式（3－133）则变成：

$$K=\frac{(\sigma\cos\theta)^2}{2}\phi\lambda\int_{S=0}^{S=1}\frac{dS}{p_c^2} \tag{3-134}$$

式（3－134）积分前面的系数都是反映岩石和流体性质的参数，对一个已确定的油水体系而言，它们为定值，从而渗透率只取决于式（3－134）毛管力和饱和度函数的积分部分。

为求得 K 值，通常是根据毛管力曲线，作出毛管力平方的倒数 $\frac{1}{p_c^2}$ 和饱和度的关系图（图3－129）。而式（3－134）中的积分 $\int_0^1 dS/p_c^2$ 恰好是 $\frac{1}{p_c^2}$ 这一关系曲线的下包面积。所以，根据毛管力曲线，利用式（3－134）就可以计算出岩石的绝对渗透率 K。

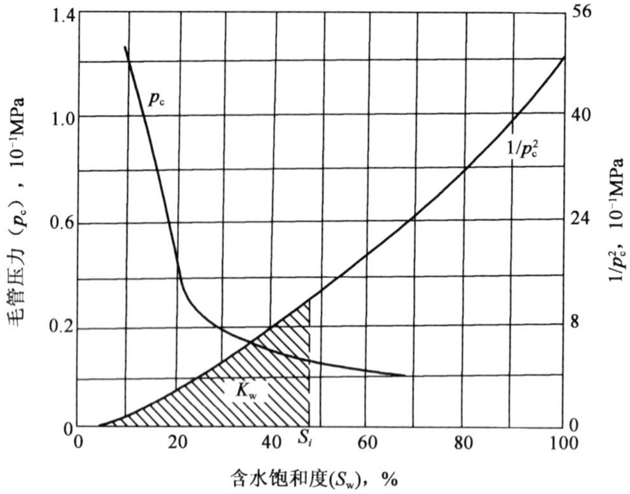

图 3－129 毛管力曲线计算相对渗透率的图解

2）油、水的相渗透率和相对渗透率的计算

前面已经指出，用隔板法以油驱水求毛管力曲线时，当外加压差可以克服某一毛管力 $(p_c)_i$ 时，那么在孔道半径大于 $r_i = 2\sigma\cos\theta/(p_c)_i$ 的孔道中将只有油存在和流动；而孔道半径小于 r_i 的那些孔道中将只有水存在和流动。设在上述两种情况下岩石中含水饱和度为 S_i，那么小于 r_i 的孔道中，含水饱和度必然小于 S_i，即图 3－129 曲线 $\frac{1}{p_c^2}$ 中 S_i 的左侧相当于含水的毛管孔道，而 S_i 的右侧则相当于含油的孔道。因此，可以认为岩石中含水饱和度为 S_i 时，水和油的有效渗透率分别为：

$$K_w = 0.5(\cos\theta)^2\phi\lambda\int_0^{S_i}\frac{dS}{p_c^2} \tag{3-135}$$

$$K_o = 0.5(\cos\theta)^2\phi\lambda\int_{S_i}^{1}\frac{dS}{p_c^2} \tag{3-136}$$

而水和油的相对渗透率则为：

$$K_{rw} = \frac{K_w}{K} = \frac{\int_0^{S_i}\frac{dS}{p_c^2}}{\int_0^{1}\frac{dS}{p_c^2}} \tag{3-137}$$

$$K_{ro} = \frac{K_o}{K} = \frac{\int_{S_i}^{1}\frac{dS}{p_c^2}}{\int_0^{1}\frac{dS}{p_c^2}} \tag{3-138}$$

式（3－137）的分子积分为图 3－129 中 $\frac{1}{p_c^2}$ 曲线 S_i 左侧的下包面积；式（3－138）的分子积分为 S_i 右侧的下包面积；两式的分母积分则为 $\frac{1}{p_c^2}$ 曲线的整个下包面积。因此，由图 3－129便很容易求出 K_{rw}、K_{ro}。

在不同的含水饱和度 S_i 下，利用上述方法便可求出相应的 K_{rw} 和 K_{ro}，从而可绘出油水相对渗透率和含水饱和度的关系曲线。

值得注意的是，由于以上公式是根据十分简单的毛管束模型推导出来的，与实际岩石的孔隙结构相差甚远，故其精度很低。

为了提高其计算精度，不少研究者进行了大量的工作，如伯丁（Burdine，1953）等先后用不同的方法导出了类似的渗透率计算公式。根据迂曲度是饱和度的函数，伯丁划分出了湿相和非湿相迂曲度，设τ为孔隙介质只由一种流体饱和时的迂曲度，τ_{wt}为两相渗流条件下湿相的迂曲度，迂曲度比值$\tau_{rwt}=\tau/\tau_{wt}$，令：

$$\tau_{rwt}=\frac{S_{wt}-S_{min}}{1-S_{min}} \tag{3-139}$$

$$\tau_{rnwt}=\frac{S_{nwt}-S_{nwtr}}{(1-S_{min})-S_{nwtr}} \tag{3-140}$$

式中　S_{min}——用毛管压力曲线确定的最小湿相饱和度，对亲水岩石则为束缚水饱和度，%；

S_{nwtr}——残余非湿相饱和度，为亲水岩石中的残余油饱和度；

τ_{rnwt}——非湿相迂曲度比值，小数。

迂曲度比值τ_r随饱和度的改变而发生变化。

伯丁得出的计算公式如下：

对湿相：

$$K_{rwt}^2=\frac{\tau_{rwt}^2\int_0^{S_{wt}}\frac{dS}{p_c^2}}{\int_0^1\frac{ds}{p_c^2}} \tag{3-141}$$

对非湿相：

$$K_{rnwt}^2=\frac{\tau_{rnwt}^2\int_{S_{wt}}^1\frac{dS}{p_c^2}}{\int_0^1\frac{dS}{p_c^2}} \tag{3-142}$$

式中　K_{rwt}——湿相相对渗透率；

K_{rnwt}——非湿相相对渗透率。

伯丁的计算公式与实际比较接近，是目前应用较多的一种方法。

由于饱和顺序也是影响相对渗透率的主要因素，换言之，即在采用毛管压力资料计算相对渗透率曲线时也需要考虑流动过程的类型，是驱替过程还是吸入过程。对于这两种饱和度变化过程，还需要进行修正才能分别得出驱替过程的相对渗透率曲线和吸入过程的相对渗透率曲线。对此问题的修正，不同学者也提出了不同的方法，较常用的一种是斯坦丁（Standing）方法。他采用与岩石孔隙尺寸分布范围和分布频率等有关的分布指数（λ）进行修正，从而得出驱替和吸入过程的相对渗透率曲线。限于篇幅，此处从略，有兴趣者可查阅有关文献。

采用毛管力曲线计算岩石绝对渗透率和相对渗透率的方法对于确定岩屑的渗透率具有更为特殊的意义，因为通常岩屑难以用常规方法测定其渗透率。

5. 用经验统计公式计算相对渗透率*

方法的基本思路是考虑能否从已经测得的大量相对渗透率曲线中，根据实验数据，通过线性回归等数理统计方法，找到一些预测相对渗透率的经验公式。20 世纪 50 年代起，不少研究者已导出多种的经验公式，这包括油—气、油—水、油—气—水及微乳液—油—水等二相、三相相对渗透率计算公式。

1）油—水两相的相对渗透率（Rose 方法）

油—水两相相对渗透率计算公式见表 3－10。其中，$S_w^*=\frac{S_w-S_{wi}}{1-S_{wi}}$，$S_{wi}$是束缚水饱和度。

表 3-10 油—水相对渗透率经验公式

岩石类型	K_{ro}	K_{rw}
非固结砂子，分选好	$(1-S_w^*)^3$	$(S_w^*)^3$
非固结砂子，分选差	$(1-S_w^*)^2\ (1-S_w^{*1.5})$	$(S_w^*)^{3.5}$
胶结砂岩，石灰岩	$(1-S_w^*)^2\ (1-S_w^{*2})$	$(S_w^*)^4$

Rose 方法的主要缺点是两相的残余饱和度必须已知，且要求相当准确。

2）Rapoport 和 Leas 润湿相相对渗透率方程

Rapoport 和 Leas 润湿相相对渗透率方程是基于表面能关系式和 Kozeny-Carmen 方程。它们是作为定义润湿相相对渗透率的上下界而提出的。

Rapoport 和 Leas 提出的最大和最小的润湿相相对渗透率分别为：

$$K_{rwt}(\max)=\frac{\left(\dfrac{S_{wt}-S_m}{1-S_m}\right)^3\left(\displaystyle\int_1^{S_m}p_c\mathrm{d}S\right)^2}{\displaystyle\int_{S_{wt}}^{S_m}p_c\mathrm{d}S\ \dfrac{\displaystyle\int_1^{S_{wt}}p_c\mathrm{d}S}{\left(\dfrac{1-\phi}{\phi S_{wt}}\right)\left[\dfrac{p_c(S_{wt}-S_m)}{\displaystyle\int_{S_{wt}}^{S_m}p_c\mathrm{d}S}\right]^2}} \tag{3-143}$$

$$K_{rwt}(\min)=\left(\frac{S_{wt}-S_m}{1-S_m}\right)^3\frac{\displaystyle\int_1^{S_{wt}}p_c\mathrm{d}S}{\displaystyle\int_1^{S_m}p_c\mathrm{d}S+\int_1^{S_{wt}}p_c\mathrm{d}S} \tag{3-144}$$

式中 S_m——排驱型毛管压力曲线的最小润湿相残余饱和度，小数；

S_{wt}——确定润湿相相对渗透率的值对应的润湿相饱和度；小数；

p_c——排驱型毛管压力，MPa；

ϕ——孔隙度，小数。

3）Gates、Lietz 和 Fulcher 润湿相相对渗透率

Gates 和 Lietz 在 Purcell 模型的基础上导出了以下的润湿相相对渗透率表达式：

$$K_{rwt}=\frac{\displaystyle\int_0^{S_{wt}}\frac{\mathrm{d}S}{p_c}}{\displaystyle\int_0^1\frac{\mathrm{d}S}{p_c}} \tag{3-145}$$

Fulcher 等人研究了毛细管数（粘滞力与毛管力之比）对油水两相相对渗透率曲线的影响。

4）Wahl、Torcaso 和 Wyllie 的气—油相对渗透率比方程

Wahl 等人根据砂岩油藏的矿场观测资料，提出了以下的排驱型气—油相对渗透率比方程：

$$\frac{K_{rg}}{K_{ro}}=\psi(0.0435+0.45564) \tag{3-146}$$

式中，ψ 表示（$1-S_{wc}-S_o-S_{gc}$）/（S_o-C）；S_{gc} 是临界气饱和度，以总孔隙度体积的分数表示；C 是常数，等于 0.25。

Torcaso 和 Wyllie 比较了不同束缚水饱和度下，由 Corey 方程计算的和由 Wahl 等人的

经验关系式得到的气油相对渗透率比。比较结果表明，Corey 的工作理论上是坚实的，因为它同 Wyllie 等人由矿场资料得到的值是一致的。

5）Brook 和 Corey 的排驱型相对渗透率

Brook 和 Corey 修正了 Corey 原来的排驱型毛管压力—饱和度关系，并把修正后的方程同 Buredine 方程结合起来，导出了下列方程，可以预测任何孔隙大小分布的排驱型相对渗透率：

$$S_w^* = \left(\frac{p_b}{p_c}\right)^{\lambda}, p_c \geqslant p_b \tag{3-147}$$

式中，λ 和 p_b 都是表征介质特征的常数；λ 是介质孔隙大小分布的量度；p_b 是最大孔隙尺寸的量度（相应于连续非润湿相存在时的最小排驱毛管压力）。利用这个关系，两相相对渗透率可由下式给出：

$$K_{rwt} = (S_{wt}^*)^{\frac{2+3\lambda}{\lambda}} \tag{3-148}$$

$$K_{rnwt} = (1 - S_w^*)^2 [1 - (S_w^*)^{\frac{2+\lambda}{\lambda}}] \tag{3-149}$$

式中，K_{rwt} 和 K_{rnwt} 分别为润湿相和非润湿相渗透率。λ 和 p_b 的值由作图法得到，在双对数坐标上画出 $(S_w - S_{wi})/(1 - S_{wi})$ 与毛管压力直线关系，λ 是其斜率，p_b 是在 $(S_w - S_{wi})/(1 - S_{wi}) = 1$ 处的截距。

理论上 λ 可以是大于零的任何值，而且对于孔隙相对均匀的介质其值较大，对于孔隙大小变化大的介质其值较小。对于各种砂岩，通常出现的 λ 值为 2～4。Talash 得出了指数稍有不同的类似方程。

6）Wylllie、Gardner 和 Torcaso 排驱型水—油相对渗透率

Wylllie 和 Gardner 提出了如下的排驱型水—油相对渗透率的表达式：

$$K_{rw} = \left(\frac{S_w - S_{wi}}{1 - S_{wi}}\right)^2 \frac{\int_{S_{wi}}^{S_w} dS_w / p_c^2}{\int_{S_{wi}}^{1} dS_w / p_c^2} \tag{3-150}$$

$$K_{ro} = \left(\frac{1 - S_w}{1 - S_{wi}}\right)^2 \frac{\int_{S_w}^{1} dS_w / p_c^2}{\int_{S_{wi}}^{1} dS_w / p_c^2} \tag{3-151}$$

对于任何润湿相和非润湿相相对渗透率更一般的表达式为：

$$K_{rwt} = \left(\frac{S_L - S_{wi}}{1 - S_{wi}}\right)^2 \frac{\int_{S_{wi}}^{S_L} dS_w / p_c^2}{\int_{S_{wi}}^{1} dS_w / p_c^2} \tag{3-152}$$

$$K_{rwnt} = \left(\frac{1 - S_L}{1 - S_{wi}}\right)^2 \frac{\int_{S_L}^{1} dS_w / p_c^2}{\int_{S_{wi}}^{1} dS_w / p_c^2} \tag{3-153}$$

式中 K_{rwt} ——润湿相相对渗透率（K_{rw} 和 K_{ro}）；

K_{rnwt} ——非润湿相相对渗透率（K_{rg}）；

S_{wi} ——束缚水饱和度；

S_L ——总的液体饱和度，等于（$1 - S_g$）。

Wyllie 和 Gardner 还提出了已知某一相相对渗透率时的水或油的相对渗透率表达式为：

$$K_{rw} = (S_w^*)^2 - K_{ro}[S_w^*/(1 - S_w^*)]^2 \tag{3-154}$$

式中，S_w^* 定义为 $(S_w - S_{wi})/(1 - S_{wi})$，是水湿系统中可动的归一化润湿相饱和度。在 $1/p_c^2$ 和 $\frac{S_o}{(1 - S_{wi})}$ 具有线性关系的基础上，他们得到了具有粒间孔隙的水湿岩石的排驱型水相相对渗透率：

$$K_{rw} = (S_w^*)^4 \tag{3-155}$$

Torcaso 和 Wyllie 提出了下面的水湿砂岩气—油相对渗透率的计算方程，其中 $\frac{1}{p_c^2}$ 近似为有效饱和度的线性函数。其推导是以 Corey 建立的关系式（3-156）为基础的：

$$\frac{K_{rg}}{K_{ro}} = \frac{(1 - S^*)^2(1 - S^{*2})}{(S^*)^4} \tag{3-156}$$

式中，S^* 代表有效含油饱和度，并等于 $\frac{S_o}{(1 - S_{wi})}$。显然，为了计算气—油相对渗透率比，需要可靠的束缚水饱和度 S_{wi}。

柯里（Corey，1954）使用如下公式来计算气驱采油过程中，油（湿相）—气（非湿相）两相的相对渗透率：

$$K_{rwt} = \left(\frac{S_{wt}}{1 - S_{wt}}\right)^4 \tag{3-157}$$

$$K_{rwt} = \left(1 - \frac{S_{wt}}{S_m - S_{wi}}\right)^2 \left[\left(1 - \frac{S_{wt}}{1 - S_{wt}}\right)^2\right] \tag{3-158}$$

式中　S_m——最低油相饱和度，%。

霍纳普（Honaropur，1982）等人，对油—水两相相对渗透率采用如下的指数形式公式：

$$K_{rw} = K_{rw}^o\left(\frac{S_w - S_{wr}}{1 - S_{or} - S_{wr}}\right)^{n_1} \tag{3-159}$$

$$K_{ro} = K_{ro}^o\left(\frac{S_w - S_{wr}}{1 - S_{or} - S_{wr}}\right)^{n_2} \tag{3-160}$$

式中　K_{rw}^o——水相的端点相对渗透率，即残余油饱和度下的水相渗透率与绝对渗透率之比值；

K_{ro}^o——油相的端点相对渗透率，即束缚水饱和度下的油相渗透率与绝对渗透率之比值；

n_1、n_2——指数，可由已知曲线或经验确定。

勒克（Lake，1985）采用的三相相对渗透率的计算公式为：

$$K_{rj} = K_{rj}^o\left[\left(\frac{S_j - S_{jr}}{1 - \sum_{j=1}^{3} S_{jr}}\right)\right]^{n_2} \tag{3-161}$$

$$S_{jr} = \min(S_j, S_{jr}) \tag{3-162}$$

至于如何计算出任一相 j 的端点相对渗透率 K_{rj}^o 和指数 n_j 还有相应的一组计算公式，可参阅有关文献，此处从略。

另外，纳尔（Naar）、皮尔逊（Pirson）及韦利（Wyllie）等的经验公式，也已得到较多的应用。采用经验公式计算相对渗透率，除可以避开实验测定的麻烦外，它对预测相对渗透率，对数值模拟等都是十分有用的。

6. 矿场资料计算法*

由于矿场生产中，油、气、水产量的高低直接与油、气、水各相的相对渗透率有关，于是人们就考虑能否利用矿场的实际生产数据，如油、气、水产量，压力，气油比，水油比，油层岩性等资料来反求油层平均的相对渗透率问题。下面简要介绍如何利用矿场资料，再结合油藏物质平衡方程计算溶解气驱油藏的油气相对渗透率等问题。

1）油气的相对渗透率计算

对于地层压力降到饱和压力以下但尚未注水的油田，地层中已脱气，假设油气在地层孔隙中均匀分布，油气两相压降相同，不考虑重力、井底压力降时，对于油气两相渗流可由平面径向流公式求出：

油相：
$$Q_o = \frac{2\pi h K_{ro} K}{B_o \mu_o \ln \frac{r_e}{r_w}}(p_e - p_w) \tag{3-163}$$

气相：
$$Q_g = \frac{2\pi h K_{rg} K}{B_g \mu_g \ln \frac{r_e}{r_w}}(p_e - p_w) \tag{3-164}$$

式中 Q_o、Q_g——油、气的产量，m^3/d；
B_o、B_g——油和气的体积系数，m^3/m^3；
p_e、p_w——供给边缘压力和井底压力（对气相，p_e、p_w 为压力函数），MPa；
r_e、r_w——供给半径和油井半径，m；
h——油层有效厚度，m。

此时，气油比 R 为（未考虑油中仍溶有气时）：

$$R = \frac{Q_g}{Q_o} = \frac{B_o}{B_g} \cdot \frac{\mu_o}{\mu_g} \cdot \frac{K_{rg}}{K_{ro}} \tag{3-165}$$

若考虑到在地层条件下气体在油中的溶解度 R_s，则总的气油比为：

$$R = R_s + \frac{B_o}{B_g} \cdot \frac{\mu_o}{\mu_g} \cdot \frac{K_{rg}}{K_{ro}} \tag{3-166}$$

式中 R_s——在地层条件下气体在油中的溶解度，m^3/m^3；
R——总的生产气油比，m^3/m^3。

式（3-166）可写成：

$$\frac{K_{rg}}{K_{ro}} = \frac{R - R_s}{F} \tag{3-167}$$

式中，$F = \frac{B_o}{B_g} \cdot \frac{\mu_o}{\mu_g}$，可由高压物性资料求得。

此时的油、气相饱和度值，可由物质平衡方法计算出，即：

$$S_L = S_o + S_{wi} = (1 - S_{wi}) \frac{N - N_p}{N} \cdot \frac{B_o}{B_{oi}} + S_{wi} \tag{3-168}$$

$$S_g = 1 - S_L \tag{3-169}$$

式中　S_L、S_g——液相和气相的饱和度，%；

N——原始地质储量，10^4 t；

N_p——累积采油量，10^4 t；

B_{oi}、B_o——原始地层压力和目前压力下油的体积系数，m^3/m^3。

利用式（3－167）、式（3－168）和式（3－169），再代入高压物性参数及生产数据，即可得出 K_{rg}/K_{ro}—S_L 的关系曲线。

该方法不足之处在于上述假设条件一般油层不易全部满足，如由于井底周围总是存在着压力降，气体在流动过程中会有气窜的发生，实际气油比总是高于计算值。为了克服物质平衡数据不准的缺点，通常采用统计方法选取有关生产参数来消除和减少误差。

2）油水相对渗透率的计算

对于水驱和注水开发的油田，在生产井见水后，也可按同样的道理，利用生产统计数据计算油、水相对渗透率比值与饱和度的关系曲线，其计算公式为：

$$\frac{K_{rw}}{K_{ro}}=\frac{R_w}{\frac{\mu_o}{\mu_w}\cdot\frac{B_o}{B_w}}=\frac{R_w}{F} \tag{3-170}$$

式中　R_w——生产水油比，m^3/m^3。

相应的饱和度也可用物质平衡法求得：

$$S_o=\frac{1}{1+\frac{B_o}{B_w}\cdot R_w} \tag{3-171}$$

$$S_w=1-S_o \tag{3-172}$$

利用某一生产阶段的水、油产量，可计算出水油比 $R_w=Q_w/Q_o$。

四、相渗透率和相对渗透率曲线的应用

相对渗透率曲线是研究多相渗流的基础，它在油田开发计算、动态分析、确定储层中油气水的饱和度分布及与水驱油有关的各类计算中都是必不可少的重要资料，这里只介绍其中三个方面的应用。

1. 计算油井产量和流度比

当油水两相同时流动时，若已知油、水在地层中的饱和度，则可在相对渗透率曲线上查出相应的 K_{ro}、K_{rw}，再由已知的岩石渗透率 K 值，可求出油、水两相的相渗透率 K_o、K_w，按下述达西公式计算出油、水产量 Q_o、Q_w 值：

$$Q_o=\frac{K_{ro}KA\Delta p}{\mu_o L}=\frac{K_o A\Delta p}{\mu_o L} \tag{3-173}$$

$$Q_w=\frac{K_{rw}KA\Delta p}{\mu_w L}=\frac{K_w A\Delta p}{\mu_w L} \tag{3-174}$$

值得注意的是，如所用的相对渗透率值是相渗透率与地层水饱和度下的渗透率之比，则 K 值应为地层水饱和度下的渗透率值；如果相对渗透率是相渗透率与束缚水饱和度下的岩心渗透率之比，则 K 应为束缚水饱和度下的渗透率。

利用式（3－173）和式（3－174），研究油水同产时的水油比，它可用下式表示：

$$\frac{Q_w}{Q_o}=\frac{\dfrac{K_{rw}KA\Delta p}{\mu_w L}}{\dfrac{K_oKA\Delta p}{\mu_o L}}=\frac{\dfrac{K_w}{\mu_w}}{\dfrac{K_o}{\mu_o}}=\frac{\lambda_w}{\lambda_o}=M \tag{3-175}$$

当油、水粘度一定时，油、水产量比决定于油、水两相的有效渗透率（或相对渗透率）的比值，我们引用流度（λ）来表示该相流体流动的难易程度。流度即为流体的有效渗透率与其粘度的比值，且定义：$\lambda_w=K_w/\mu_w$，$\lambda_o=K_o/\mu_o$，分别称为水和油的流度。流度 λ 值越大，说明该相流体越容易流动。水驱油时，流度比 M 定义为驱油液（水）的流度与被驱替液（油）的流度之比，即：

$$M=\frac{\lambda_w}{\lambda_o} \tag{3-176}$$

从前面相对渗透率的例子可以看出：虽然油水粘度只相差 3 倍（$\mu_o=3\text{mPa}\cdot\text{s}$，$\mu_w=1\text{mPa}\cdot\text{s}$），但由于饱和度相差 2.33 倍（$S_w=70\%$，$S_o=30\%$），使得相渗透率相差 5 倍（$K_w=0.225\mu\text{m}^2$，$K_o=0.045\mu\text{m}^2$），最后是油水流度相差为 15 倍，即：

$$\frac{Q_w}{Q_o}=\frac{K_w\cdot\mu_o}{K_o\cdot\mu_w}=\frac{0.225\times 3}{0.045\times 1}=15$$

流度比这一参数，对于预测驱替介质（如水）的波及范围大小，从而预测采收率的高低具有十分重要的意义，更详细的内容将在第四章讲述。

2. 确定储层中油水的饱和度分布、油水接触面位置及产纯油的闭合高度

由相对渗透率曲线可求得束缚水饱和度和残余油饱和度及不同饱和度下的相对渗透率；由毛管压力曲线又确定不同油水饱和度所对应的自由水面以上的高度。因此在储层均一的情况下，将相对渗透率曲线再结合毛管压力曲线，就可确定油水在储层中的分布，即地层不同闭合高度下的含油饱和度，从而划分出地层中的产纯油区、纯水区及油水同产区等。

图 3－130 是利用相对渗透率曲线和毛管压力曲线确定油水接触面和产能的示意图，由图中看出，A 点以上的油层只含束缚水，为产纯油的含油区；A～B 间是油水共存、油水同产的混合流动区；B～C 为含残余油的纯水流动区，只产水；C 点以下为 100%含水（当然更是 100%产水），称为含水区。

当毛管力采用油水接触面以上的液柱高度表示时，A 点的毛管压力所对应的高度就代表了这种孔隙体系的油层产纯油的最低闭合高度。如果实际油层的闭合高度大于此值，就可能产纯油，大得越多，产纯油的厚度就越大；反之，如果实际油层的闭合高度小于此值，则只能是油水同产而不一定具有工业开采价值了。

图 3－130 与图 3－78 的区别在于：由于结合了相对渗透率曲线，就能较准确地确定出在毛管压力曲线中 A、B 点的位置，从而确定出油水接触面的高度及油水同产区的厚度。此外，毛管压力曲线 B～C 段对应的微观原油分布特点与相对渗透率曲线对应的微观残余油分布特点有着本质的不同。

3. 利用相对渗透率曲线分析油井产水规律

所谓产水规律就是研究随着地层中含水饱和度的增加油井产水率的变化情况。

产水率 f_w 是油水同产时总产液量 $Q=Q_w+Q_o$ 中产水量 Q_w 所占的百分数或分数，即：

$$f_w=\frac{Q_w}{Q_w+Q_o}=\frac{K_w/\mu_w}{K_w/\mu_w+K_o/\mu_o}=\frac{1}{1+\left(\dfrac{K_o}{K_w}\right)\left(\dfrac{\mu_w}{\mu_o}\right)} \tag{3-177}$$

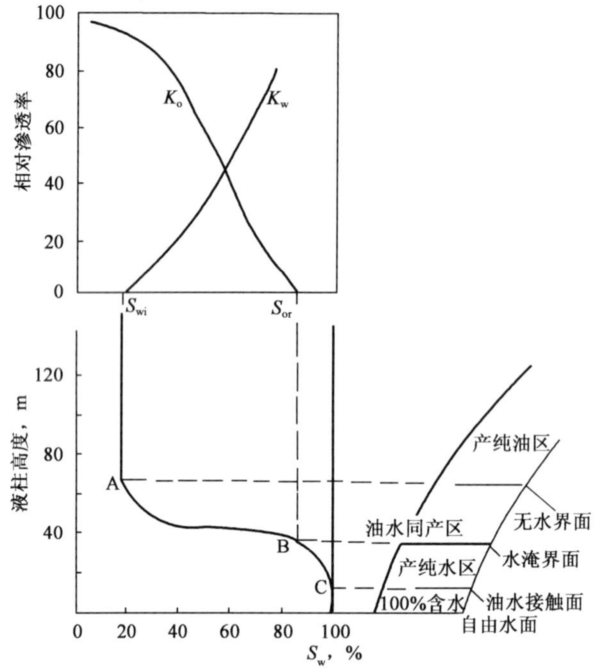

图 3-130　确定储层中油水接触面和产能的示意图

式（3-177）称为分流方程。对一个具体油藏水油粘度比 μ_w/μ_o 一定，产水率只取决于油水的相对渗透率比值的大小，而后者是油藏含水饱和度的函数，所以产水率 f_w 是含水饱和度 S_w 的函数，其函数关系如图 3-131 所示。由图中可看出，即使油井 100%产水，油藏中含水饱和度也达不到 100%，地层中尚存有一定的残余油饱和度。

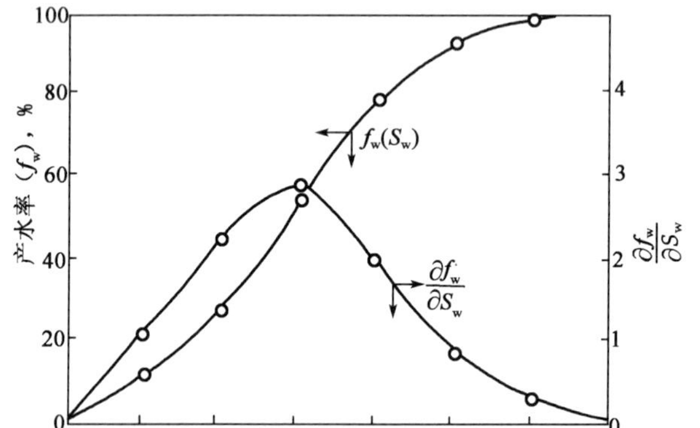

图 3-131　产水率及产水率上升速度与含水饱和度的关系

实际上为了便于应用，常将式（3-177）中的 K_o/K_w 表示为含水饱和度 S_w 的函数，即将图 3-114 中的 K_{ro}、K_{rw}值转换为 K_o/K_w 而作成如图 3-132（半对数坐标）所示的相对渗透率的比值 K_o/K_w 与含水饱和度 S_w 的关系。图 3-132 的曲线为两端弯曲但中间主要段为直线，而这一直线段恰好是实际常用到的两相同时流动的饱和度所对应的渗透率的比值范围，而且多数岩石的相对渗透率比值曲线都具有这种类似的特征。该直线段可用下式表示：

$$\frac{K_o}{K_w} = a\mathrm{e}^{-bS_w} \tag{3-178}$$

式中 a——直线的截距；

b——直线的斜率。

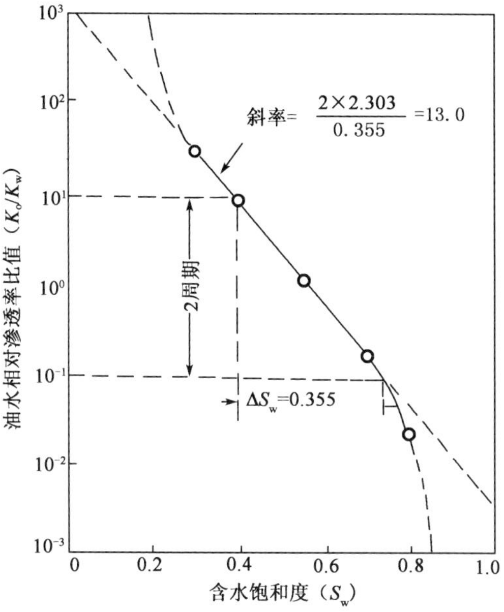

图 3-132　相对渗透率比值与含水饱和度的关系

系数 a、b 由岩石和流体的性质决定，岩石的渗透率、孔隙大小分布、流体粘度、界面张力和润湿性等不同，a 和 b 值也就不同。

a 和 b 可用图解法求出，如图 3-132 所示。截距 $a=1222$，斜率 $b=\frac{2\times 2.303}{0.355}=13$（式中：2.303 为常用对数和自然对数的换算系数，2 表示 K_o/K_w 从 $10^{-1}\sim10^1$ 包括 2 个对数周期，0.355 为这两个周期内的含水饱和度变化 ΔS_w）。

也可用解联立方程的方法算出 a、b 值，例如：当 $S_w=0.3$ 时，$K_o/K_w=25$；当 $S_w=0.7$ 时，$K_o/K_w=0.14$，将这两组数值分别代入式（3-178），则得：

$$25=a\mathrm{e}^{-0.3b}$$

$$0.14=a\mathrm{e}^{-0.7b}$$

联立该两方程，可求得 $a=1222$，$b=13$ 且与图解法所得数值相同。

在求得 $K_o/K_w=a\mathrm{e}^{-bS_w}$ 关系式后，将其代入式（3-147），可得到 f_w 与 S_w 的关系式如下：

$$f_w=\frac{1}{1+(\mu_w/\mu_o)a\mathrm{e}^{-bS_w}} \tag{3-179}$$

从上述的产水率 f_w 关系式（3-177）或式（3-179）可以得到几点启示：

（1）随油水两相流度比 $M=\left(\frac{K_w}{\mu_w}/\frac{K_o}{\mu_o}\right)$ 的增大，f_w 也增大，油越稠（$\mu_o\geqslant\mu_w$），产水率 f_w 越高，因此稠油层一旦见水后，产水率增大很快；

（2）油藏随含水饱和度 S_w 增大，产水率 f_w 也升高，所以在油水过渡带不同位置的油井，其产水率也不同。产水率 f_w 的上升速度（$\partial f_w/\partial S_w$）与饱和度的关系，可通过式（3-179）对 S_w 取偏导数求得：

$$\frac{\partial f_w}{\partial S_w}=\frac{(\mu_w/\mu_o)ba\mathrm{e}^{-bS_w}}{[1+(\mu_w/\mu_o)a\mathrm{e}^{-bS_w}]^2} \tag{3-180}$$

$\frac{\partial f_w}{\partial S_w}$实质是图 3－131 中 $f_w(S_w)$曲线的斜率，可用图解法求出$\frac{\partial f_w}{\partial S_w}$随 S_w 的变化，$\frac{\partial f_w}{\partial S_w}$的物理意义为：当含水饱和度 S_w 增加单位数值（例如 1%）时，产水率 f_w 增长的百分数。f_w（S_w）曲线表明，随油藏逐渐水淹，油井产水率开始增加并不明显，以后则迅速增加；当油井产水率相当高时，产水率增长速度又减慢，即两头慢中间快。认识了产水的上升规律，有助于我们预先采取措施以防止油井过早水淹。用此理论可解释水驱特征曲线（$\sum Q_w$—$\sum Q_o$ 关系曲线）为什么中间一段为直线，两头发生偏离的原因。

4. 确定自由水面

在应用毛管力曲线确定油水过渡带含水饱和度的讨论中可以看到，要有效地计算油藏流体饱和度的分布必须确定自由水面。

从一些相对渗透率曲线的统计资料可以看出，水 100%的参与流动的点未必都是含水饱和度为 100%的点（图 3－133）。因此，有人提出地下存在两个水面的看法：

（1）自由水面：指毛管力为零的水面，它是静止的、水平的；

（2）100%产水的水面：指产水率为 100%的水面，低于它便 100%产水、不产油。

图 3－133 表示了地下的这两个水面。从图中可以看出，随油层渗透率的减小，水面（2）升高，水面（1）在油层中则普遍处于静止条件，它提供的是一个水平的基准面。从采油角度分析，规定最高产水点［水面（2）］为水淹面是必要的；而从油田开发角度来看，规定毛管力为零的水面［水面（1）］则更合乎定义。

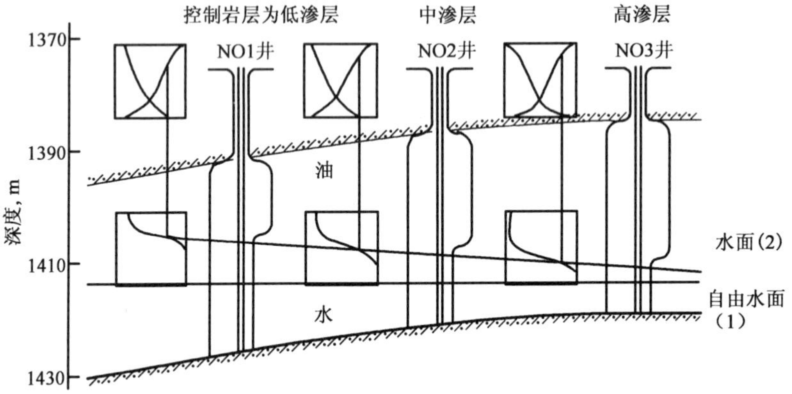

图 3－133　油层中的两个水面及自由水面示意图

实际上，水面（1）和水面（2）的位置可由电测曲线、钻柱测试以及相对渗透率和毛管力曲线等确定。例如，电测曲线和钻柱测试资料可以确定水 100%地流动或油的相对渗透率为零的水面（2）的深度，记为 h_2；而由相对渗透率曲线可以确定出 $K_{ro}=0$ 的含水饱和度值（S_w）。根据此饱和度由毛管力曲线查出该饱和度距自由水面的高差，记为 d_h，则自由水面的深度 h_1 为：$h_1=h_2+d_h$。

上述存在有两个水面的看法以及自由水面的确定，实质有助于解释为什么某些水面是倾斜的，某些油藏较高部位是水、较低部位是油的非重力平衡现象。地层渗透率越好，孔隙结构越接近超毛细管系统，两个水面就越接近。

5. 计算驱油效率和油藏水驱采收率

1）驱油效率和水驱采收率的计算

油藏原油采收率定义为采出原油量与地下原始储量的比值，它是采出地下原油原始储量的百分数。油藏原油采收率也可表示为体积波及效率（又称波及系数）与驱油效率（又称洗油效率）的乘积，即：

$$E_R=\frac{V_{o采出}}{V_{o原始}}=\frac{V_{o原始}-(V_{o未波及}+V_{o波及})}{V_{o原始}}=E_v\cdot E_D \qquad (3-181)$$

式中 E_v——波及系数或波及效率，小数；

E_D——驱油效率，小数；

$V_{o原始}$——原始含油体积，10^4m^3；

$V_{o采出}$——采出油的体积，10^4m^3；

$V_{o未波及}$——未波及区内的剩余油体积，10^4m^3；

$V_{o波及}$——波及区内的残余油体积，10^4m^3。

波及系数表示注入工作剂在油层中的驱扫波及程度。体积波及系数定义为被工作剂驱扫过的油层体积百分数。例如，一个面积为 A、平均厚度为 h 的油藏（或井组），工作剂的波及面积为 A_s，波及厚度为 h_s，工作剂驱扫过油层的体积为 $V_s=A_s\cdot h_s$，则体积波及系数为：

$$E_v=\frac{A_s}{A}\cdot\frac{h_s}{h} \qquad (3-182)$$

式中 E_v——体积波及系数或简称波及系数；

A_s、h_s——工作剂驱扫过的油层面积和油层厚度。

在波及区域内，工作剂并非活塞式驱油，虽然水流经过孔隙，但并未将油驱净。由于岩石微观孔隙结构复杂，工作剂只能将一部分大孔道中的油驱替出来，而某些孔道留下残油。因此，驱油效率 E_D 在微观上表征原油被注入工作剂清洗的程度。

驱油效率 E_D 可以在实验室内通过水驱油试验实测，或由相对渗透率曲线确定，可用下式计算：

$$E_D=\frac{S_{oi}-S_{or}}{S_{oi}}=1-\frac{S_{or}}{S_{oi}} \qquad (3-183)$$

式中 S_{oi}——原始含油饱和度，%；

S_{or}——残余油饱和度，%。

在实验室内实测时，由于小岩心内体积波及系数可认为是100%，因此岩心水驱油的采收率等于其驱油效率。

由于油藏的采收率是体积波及系数与洗油效率的乘积，波及系数 E_v 越大，洗油效率 E_D 越高，则油藏原油采收率 E_R 越大。因此提高油藏原油采收率必须从提高波及系数和洗油效率两方面入手，而提高驱油效率的关键是降低残余油饱和度。

2）残余油饱和度的影响因素

影响残余油饱和度的因素很多，主要是由驱油的非活塞性所决定的；在微观上看，岩石的物性、孔隙结构、润湿性、流体性质、界面性质及人工建立的驱动情况等均影响残余油饱和度。

对于水湿岩心，水驱油的残余油滴能否流动取决于油滴两端人工建立的压差和油滴弯液面上附加毛管力，即取决于施加在油滴上的动力和阻力。

可用压力梯度 $\Delta p/l$ 表示油滴受到的动力（l 为油滴长度，Δp 为施加在油滴上的压差）。关于附加阻力，以图 3－105 的第二种阻力效应这种较简单的情况为例，附加阻力可按照式（3－95）计算。式中除 σ 外，其他都是难于确定的量，所以，定量描述阻力往往只涉及 σ。

定义油滴上的动力与阻力之比 $\frac{\Delta p/l}{\sigma}$ 为毛管数。对于特定的岩石，其润湿性、毛管半径一定，则油滴能否流动取决于毛管数 $\frac{\Delta p/l}{\sigma}$。当此值达到一定值时，油滴便能流动。将压力梯度用达西公式换算为水的粘度 μ 与渗流速度 v 之积。因此，对于一定性质的孔隙介质，毛管数定义为 $\frac{v\mu}{\sigma}$，用 N_c 表示，即：

$$N_c = \frac{v\mu}{\sigma} \tag{3-184}$$

N_c 为无量纲量，它表示在一定润湿性和一定渗透率的孔隙介质中两相流动时，排驱油滴的动力（即粘滞力 μv）与阻力 σ 之比。

大量实验研究表明，残余油饱和度与毛管数有良好的相关关系，表 3－11 是三种岩心的实验数据。从表 3－11 中数据可以看出：(1) 不同岩心，在相同排驱条件下，残余油饱和度不相同；(2) 增加粘滞力或降低界面张力都使残余油饱和度下降。

表 3－11　残余油饱和度与毛管数关系

驱动条件					残余油饱和度，小数		
排驱条件	v，mm/s	μ_o/μ_w	σ，mN/m	N_c	TorPedo 岩样	Elgin 岩样	Berea 岩样
初始排驱条件	0.007	1.0	30	2.33E−04	0.416	0.482	0.495
改变粘滞力	0.7	1.0	30	2.33E−02	0.338	0.323	0.395
	0.007	0.055	30	2.33E−04	0.193	0.275	0.315
改变毛管力	0.007	1.0	1.5	4.67E−03	0.285	0.275	0.315

摩尔（Moore）和斯洛伯德（Slobed）则考虑了润湿性，定义的毛管数用下式表示：

$$N'_c = \frac{v'\mu}{\sigma\cos\theta} \tag{3-185}$$

式中　v'——为真实速度，mm/s。

图 3－134 是 N'_c 与残余油饱和度 S_{or} 关系的试验曲线，残余油饱和度随 N'_c 增加而降低。

艾布拉姆斯（Abrams）用一有效流速 $v/(S_{oi}-S_{or})$ 代替渗流速度，而且考虑了水与油的粘度比对毛管数的影响，定义的毛管数称变异毛管数（N_{cam}），即：

$$N_{cam} = \frac{v\mu}{(S_{oi}-S_{or})\sigma\cos\theta}\left(\frac{\mu_w}{\mu_o}\right)^{0.4} \tag{3-186}$$

式中　S_{oi}——注水前原始含油饱和度，%；

S_{or}——注水后残余油饱和度，%。

图 3－135 是几块岩心的试验曲线。由图看出，在 N_{cam} 小于 10^{-6} 时，曲线较平缓，残余油饱和度变化不大，这是普通水驱油的毛管数范围，毛管力对排驱起支配作用。然而，随

N_{cam}增加，残余油饱和度下降，在 $10^{-5}<N_{cam}<10^{-4}$范围内，为毛管力与粘滞力对残余油饱和度的影响相抗衡的阶段。在更大毛管数下，残余油饱和度变得很小，这时，水驱油主要是靠粘滞力起作用。

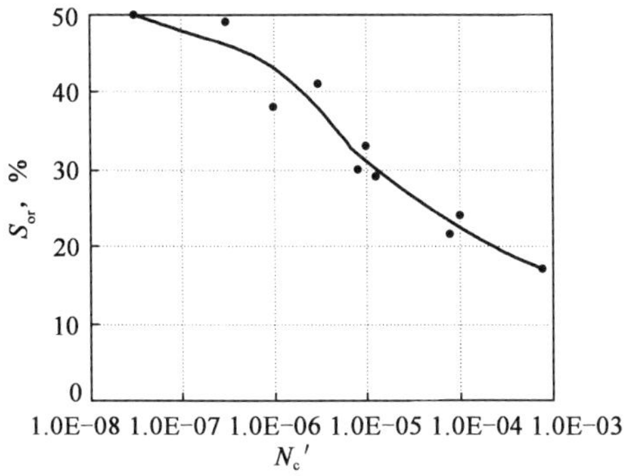

图 3-134 残余油饱和度 S_{or}与毛管数 N_c'的关系

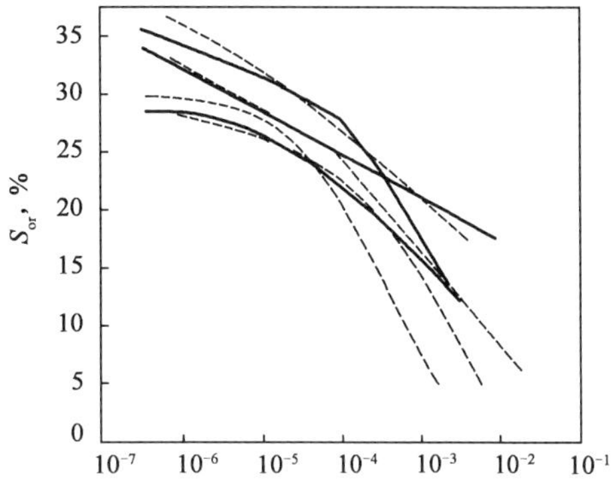

图 3-135 残余油饱和度 S_{or}与毛管数 N_{cam}的关系

由式（3-95）知，附加毛管阻力与油滴长度无关。但油滴越长，分布在油滴上的附加毛管阻力梯度越小，在一定的粘滞力作用下，油滴越容易排驱。例如，某砂岩的孔喉半径 $r=10^{-4}$cm，油滴长度 l 若为孔喉半径的 100 倍（即为 10^{-2} cm），设油水界面张力为 36mN/m，$\theta=0$。这时，作用在油滴上的毛管阻力梯度为：

$$\frac{\mathrm{d}p_c}{\mathrm{d}l}=\frac{2\sigma}{rl}=\frac{2\times36}{10^{-4}\times10^{-2}}=72\times10^6\left(\frac{\mathrm{mN}}{\mathrm{m}}/\mathrm{cm}^2\right)=7.2\mathrm{MPa/cm}$$

一般水驱油所能达到的压力梯度大约为 2.8×10^2 Pa/cm$=2.8\times10^{-4}$ MPa/cm。这个数值远远小于上述的毛管阻力梯度，故油滴滞留不动，但若油滴长度增加为 10^2cm，毛管阻力梯度则降为 7.2×10^{-4} MPa/cm，与上述人工建立的压力梯度相差不大，油滴启动的可能性便大大增加。这也反过来说明，残余油饱和度越低（残余油滴越小），越需要更大的驱动压力。

6. 其他应用

相对渗透率曲线的用途还有很多，如判断岩心的润湿性等，在此不再展开讨论。

关于三相相对渗透率曲线的应用，多是用于二次采油和三次采油的油藏动态分析和计算方面。

相对渗透率曲线是油田开发动态计算必不可少的基础资料，其应用非常广泛，将在相关课程中陆续涉及。在接下来的提高采收率一章中，我们可更深刻地体会到油层物理学科在油田开发及开采中的综合应用。

习 题

一、掌握下述基本概念

1. 自由表面能	2. 界面张力	3. 吸附
4. 润湿	5. 润湿性	6. 润湿滞后
7. 动润湿滞后	8. 静润湿滞后	9. 毛管压力
10. 毛管压力曲线	11. 排驱压力	12. 饱和度中值压力
13. 中值吼道半径	14. 驱替过程	15. 吸允过程

16. 润湿指数　　17. 贾敏效应（液阻效应，气阻效应）

18. 粘性指进现象　　19. 有效渗透力（相渗透率）

20. 相对渗透率　　21. 流度　　22. 流度比

23. 产水率

二、分析及简答

24. 油藏流体表面张力随地层压力、温度、天然气在原油中的溶解度的变化规律如何？

25. 吸附作用是什么？产生润湿现象的原因是什么？影响岩石润湿性的因素有哪些？

26. 润湿程度大小如何描述？根据它怎样划分亲水、亲油、中性岩石？

27. 画出下图中的前进角 θ_1，后退角 θ_2 及三相周界处的界面张力 σ。

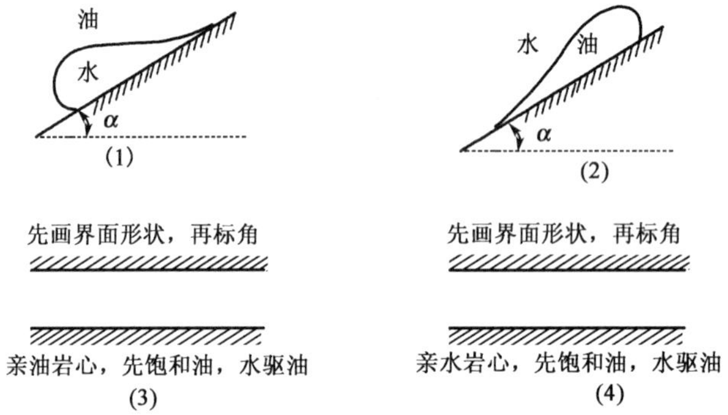

28. 毛管压力曲线中间平缓段的长、短及高低位置反映了岩石怎样的物性特征？

29. 具有相同 p_{c50} 的两块岩样，设 1 号岩样比 2 号岩样的分选程度好，且平均孔道半径前者大于后者，试绘出毛管压力与润湿相饱和度的关系图，并加以解释。

30. 由各种阻力效应公式 p_{I}、p_{II}、p_{III} 分析，你认为减小气阻、液阻（贾敏效应）的方法有哪些？

31. 油、气、水在油藏的宏观分布如何？油水在岩石孔道中的微观分布如何？油水在孔道中的微观分布取决于哪些因素？

32. 强亲油岩石与强亲水岩石的相对渗透率曲线对比各有什么特点？

33. 综述毛管压力曲线及相对渗透率曲线的用途。

34. 怎样确定油藏中自由水面（开始 100％含水的界面）和油水接触面（开始 100％产水的界面）？如何确定含油水过渡带的含水饱和度的变化规律（请用图示表示并解释）。

35. 如果砂岩的渗透率不同，它们的毛管压力曲线，束缚水含量与油水过渡带的厚度有什么不同？

36. 实际油藏的油水界面是否为一“镜面”，为什么？

37. 饱和顺序不同将如何影响毛管压力曲线和相对渗透率曲线？由哪些原因造成？

38. 一般为什么亲水油藏原油采收率大于亲油油藏？

39. 学完油层物理，你认为地层原油不能 100％采出的原因有哪些？

三、计算

40. 有三支不同半径的毛细管（$r_1=1\text{mm}$，$r_2=0.1\text{mm}$，$r_3=0.01\text{mm}$），插入同一盛有

油水的盒中（如下图所示），已知水的密度为 1g/cm^3，油的密度为 0.87g/cm^3，并测得油水界面张力为 33dyn/cm，接触角为 30°。

求：（1）分别求出三支毛细管中水面上升的速度；

（2）试画出图中三根毛细管油水界面的相对位置，并表明 p_c 方向；

（3）从计算结果分析，考虑实际具有底水的油藏，你得出怎样的结论。

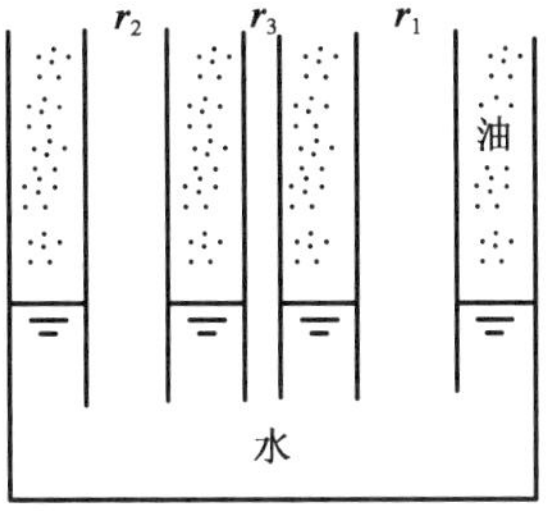

41. 有一岩样由毛细管压力资料得到油排水的排驱压力为 0.40MPa，而空气排油的排驱压力为 0.46MPa，另测得油—水界面张力为 28.0dyn/cm，空气—油表面张力为 24.9dyn/cm，求该岩样的润湿指数及视接触角，并判别润湿性。

42. 在毛管中存在一滴水（见下图），水滴静止时测得水面与毛管壁面的夹角为 135°，对毛管加压（另一端通大气），使水滴移动，移动开始时测得接触角分别是接触角分别是 $\theta' = 150°$，$\theta'' = 120°$。若水的表面张力为 72.8dyn/cm，毛管内半径为 0.1mm，若考虑水滴对管壁产生的阻力效应是垂直作用于管壁压力的 1/10，试求使水滴移动时所需的外界压差为多大？

43. 有一变径毛管如下图所示，已知 $r_1 = 0.1$mm，$r_2 = 1$cm，今有一气泡欲通过窄口，气泡两端为原油，测得油气界面的界面张力为 21.8dyn/cm，接触窄口产生最大变形时的接触角 $\theta_1 = 80°$、$\theta_2 = 15°$，试估算气泡通过窄口所引起的压力差？

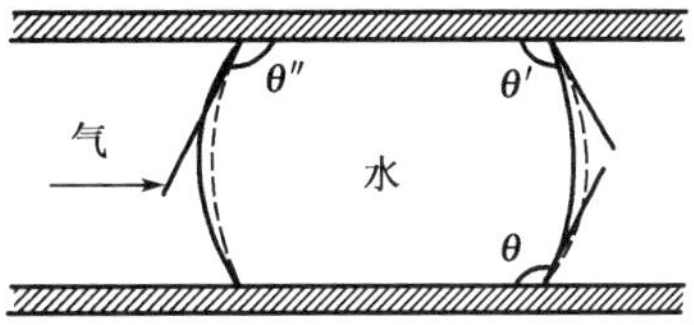

题 42

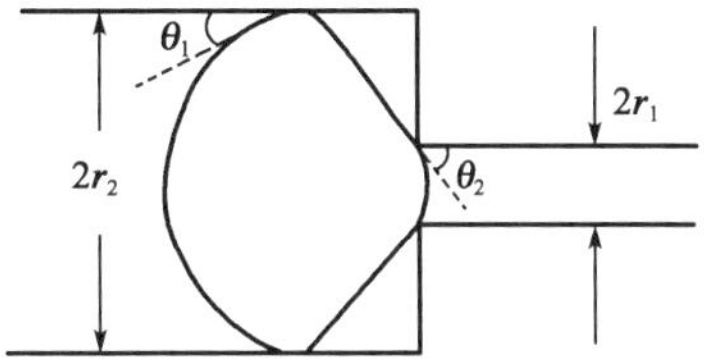

题 43

44. 如果孔隙最窄处的半径为 10^{-8} cm，油气表面张力为 30dyn/cm，由于低于饱和压力，油中已经出现含有半径为 3×10^{-4} cm 的气泡，试计算气泡通过孔隙最窄处时需要多大的压差？设油的相对密度为 0.85，那么次压差相当于多高的油柱？

45. 已知水银的表面张力 $\sigma_{Hg} = 480$ dyn/cm，油水界面张力为 $\sigma_{wo} = 30$ dyn/cm，水银—岩石系统的接触角 $\theta_{Hg} = 140°$，油—水—岩石系统的接触角 $\theta_{wo} = 45°$，油水密度差 $\Delta\rho_{wo} = 0.4$g/cm^3，由压汞法得饱和中值压力 $p_{c50} = 20$kg/cm^2，求 p_{c50} 所对应的油柱高度。

46. 某岩心用半渗透隔板法做气驱水试验，实测结果见下表：

编　号	1	2	3	4	5	6	7	8	9	10
毛管压力 Pe，mmHg	10	20	50	70	90	140	180	280	400	7420
刻度管数，cm^3	0	0.096	0.130	0.312	0.397	1.331	1.612	1.757	1.844	1.844

若已知岩样饱和水总体积 2.0mL，水气界面张力为 $\sigma_{wg} = 72$ dyn/cm。

求：(1) 绘制毛管压力曲线；

(2) 岩样的视排驱压力 p_T；

(3) 饱和中值压力及饱和度中值的喉道半径；

(4) 绘制孔隙大小分布曲线；

(5) 绘制孔隙大小累积分布曲线。

47. 设水银的表面张力 $\sigma_{Hg}=400$ dyn/cm，油水界面张力 $\sigma_{wo}=29$ dyn/cm，水银与岩石的接触角 $\theta_{Hg}=159°$，油、水与岩石的接触角 $\theta_{wo}=40°$，水的密度 $\rho_w=1.1g/cm^3$，油的密度 $\rho_o=0.85g/cm^3$，排驱压力 $p_d=9.14$MPa，计算 p_d 所对应的油柱高度。

48. 有一岩样长 10cm，截面积 6.25cm²，在保持含水 40%和含油 60%条件下，若岩样两端施加 5atm 压差，测得油的流量为 0.04cm²/s，水的流量为 0.04cm²/s，并已知油的粘度为 2.5cP，水的粘度为 0.8cP，岩样的绝对渗透率为 0.1D，试求：

(1) 该条件下，油、水的相渗透率（有效渗透率）；

(2) 该条件下，油，水的相对渗透率；

(3) 该条件下，油和水的流度及油水流度比 M；

(4) 从计算结果分析，你可得何结论？

49. 在一油藏中，若气体的渗透率为 0.06D，而油的渗透率为 0.25D，气体的粘度为 0.015cP，油的粘度为 1.25cP，试问气和油的流度为多少？气对油的流度比是多少？由计算结果分析说明什么问题？

50. 从一油层取一块有代表性的岩样，用半渗透隔板法，以油排水测得毛细管压力曲线如图 1 所示，同时测得该岩样的相对渗透率曲线如图 2 所示。实验中所用的油水均为该油层的原油及地层水，从许多测定资料综合判断，该油层的自由水平面为海拔－3180m，地层条件下油水密度差为 0.3g/cm³。求该油层的油水界面位置及油水过渡带厚度。

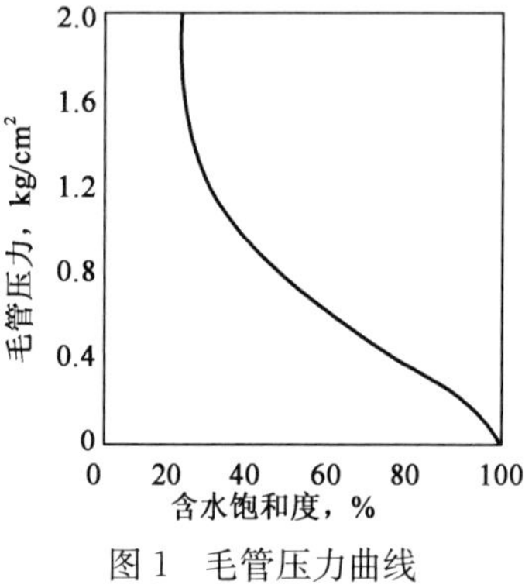

图 1　毛管压力曲线

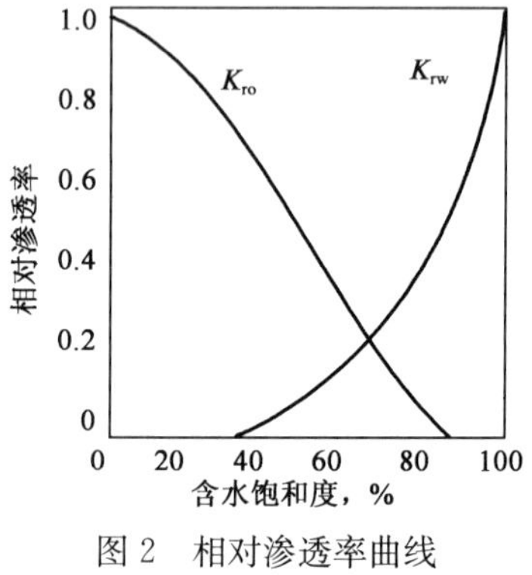

图 2　相对渗透率曲线

51. 某砂岩油层岩心测出的油水相对渗透率与含水饱和度的关系数据如下表：

S_w，%	0	10	20	30	40	50	60	70	75	80	90	100
K_{ro}	1.0	1.0	1.0	0.94	0.80	0.44	0.16	0.045	0	0	0	0
K_{rw}	0	0	0	0	0.04	0.11	0.20	0.30	0.36	0.44	0.68	1.0

(1) 试在直角坐标纸上绘出油、水相相对渗透率随含水饱和度的变化关系曲线；

(2) 在半对数纸上绘出相对渗透率比值 $\frac{K_{ro}}{K_{rw}}$ 与含水饱和度的关系曲线。

参 考 文 献

[1] 洪世铎，油藏物理基础．北京：石油工业出版社，1985.
[2] 杨胜来，魏俊之．油层物理学．北京：石油工业出版社，2004.
[3] 秦积舜，李爱芬．油层物理学．2 版．北京：石油大学出版社，2005.
[4] 王允诚，向阳，邓力正，等．油藏物理学．成都：四川科学技术出版社，2006.
[5] J 贝尔，等．多孔介质流体动力学．北京：中国建筑工业出版社，1983.
[6] Leverett M C. Capillary Behavior in Porous Solids. AIME，1941.
[7] SY/T 5336—2006，岩心分析方法．
[8] 罗蜇潭．油层物理．北京：地质出版社，1985.
[9] Core Lab. A Course in the Foundamentals of Core Analysis. 1973.
[10] 张博全，王岫云．油（气）层物理．武汉：中国地质大学出版社，1989.
[11] 王平平．油藏物理实验技术．北京：石油工业出版社，1995.
[12] 石油院校教材编写组．采油工程，第一分册．北京：石油工业出版社，1960.
[13] T D 范，高尔夫·拉特．裂缝油藏工程基础．北京：石油工业出版社，1986.
[14] 张守谦、李占诚．石油地球物理测井．北京：石油工业出版社，1991.
[15] Amyx J W，Bass D M JR，Whiting R L. Petroleum Reservior Engineering，Physical Properties，1960，32：234.
[16] Thomas W Mecke. Formation fines and Factors Controlling Their Movement in Porous Media. JPT，1979，103：78.
[17] 卢寿慈．界面分选原理及应用．北京：冶金工业出版社，1992.
[18] Katz D，et al. Handbook of Natural Gas Engineering. McGraw—Hill books，1959.
[19] Standing M B. Volumetric and Phase Behavior of Oil Field Hydrocarbons. Reinhold Publishing Company，1952.
[20] Koch G S，Link R F. Statistical Analysis of Geological Date. John Wiley and Sons，Inc. New York，1970.
[21] D 麦凯恩 JR. 石油流体性质．北京：石油工业出版社，1984.
[22] LP 达克．油藏工程原理．北京：石油工业出版社，1984.
[23] 陈元千．地层流体性质与油藏类型，石油知识，1987，7（4）：38－43.
[24] 秦同洛，陈元千．实用油藏工程方法．北京：石油工业出版社，1989.
[25] M 霍纳波，AH 哈维．油藏相对渗透率．北京：石油工业出版社，1989.
[26] 罗蜇潭，王允诚．油气储集层的孔隙结构．北京：科学出版社，1985.
[27] Muecke T W. Formation Fines and Factors Controlling Their Movements in Porous Media. JPT，1979，7（4）：79.
[28] Hocott C R. Interfacial Tension Between Water and Oil under Reservoir Condition. 184 Trans AIME，1939，16（5）：79.
[29] Anderson W G. Wettability Literature Survey—Part5. The Effects of Wettability on Relative Permeability，SPE16323.
[30] Owens W W，Archer D L. The Effect of Rock Wettability on Oil－Water relative Per-

meability Relationships. JPT ，1977，10（3）：112.
［31］洪世铎．测量接触角的 Wilhelmy 新技术．钻井液与完井液，1990，7（4）．
［32］Fleureau J M. Wettability of Reservior Core Samplea，SPE 19681.
［33］Anderson W G. Wettability Literture Survey—Part 6. The Effects of Wettability on Waterflooding，JPT ，1987（12）：234.
［34］洪世铎，韩锦文．温度对相对渗透率影响的探讨．石油大学学报．1988，11（4～5）．
［35］M 霍纳波，AH 哈维．相对渗透率测量（综述）．王荣纵，译．世界石油科学，1989（2）．
［36］Treiber L E，Archer D L，Owens W W. A Laboratory Evaluation of the Wettability of Fifty Oil Reservoir，SPEJ ，Trans AIME，12：1972，203.
［37］Owens W W，Archer D L. The Effect of Rock Wettability on Oil - Water Relative permeability Relationships. JPT Trans AIME，1971，51.
［38］Amaefulw J O，Handy L L. The Effect of Interfacial Tensions on Relative Oil/Water Pemeabilities of Consolidated Porous Media，SPEJ，1982.
［39］Mungan N. Interfacial Effect in Immiscible Liquid—Displacement in Porous Media. SPEJ Trans AIME，1966，273.
［40］SY/T 5370—1999，表面及界面张力测定方法．
［41］SY/T 5153—2007，油藏岩石润湿性测定方法．
［42］SY/T 5346—2005，岩石毛管压力曲线的测定．
［43］SY/T 5344. 毛细管压力曲线的测定——离心机法．1988
［44］SY/T 5345—2007，岩石中两相相对渗透率测定方法．
［45］M 麦斯盖特．采油物理原理．北京：石油工业出版社，1979.
［46］A 班恩，BA 马克西莫夫．岩石性质对地下流体渗流的影响．北京：石油工业出版社，1981.
［47］Timmerman E H. Practical Reservoir Engineering（Part 1）. Pennwell Publishing Company，1982.
［48］Calhoun Johe Jr. Fundamentals of Reservior Engineering. University of Oklahoma Press，1960.
［49］Dong Hu. Micro - CT Imaging and Pore Network Extractiom . London：Imperial College，2007.
［50］赵彦超，陈淑慧，郭振华．核磁共振方法在致密砂岩储层孔隙结构中的应用．地质科技情报，2006，25（1）：109.
［51］彭石林．核磁共振技术在石油分析和探测中的应用．武汉：中国科学院武汉物理与数学研究所，2005.
［52］孙卫，史成恩，赵惊蛰，等．X - CT 扫描成像技术在特低渗透储层微观孔隙结构及渗流机理研究中的应用——峰油田庄 19 井区长 82 储层为例．地质学报，2006，80（5）：775.
［53］M 霍纳波，AH 哈维．油藏相对渗透率．高雅文，译．北京：石油工业出版社，1989.
［54］葛家理．油气渗流力学．北京：石油工业出版社，1982.
［55］沈平平．油水在多孔介质中的运动理论与实践．北京：石油工业出版社，2000.

[56] 杜清枝，杨继顺．物理化学．重庆：重庆大学出版社，1997.
[57] Amott E. Observation Relating to The Wettability of Porous Rock. Trans. AIME, 1959, V216, 156.
[58] Richardson S G. Flow. Through Porous Media, Handbook of fluid Dynaniex Section 16. New York: McGra Hill Book Company, 1961.
[59] Brown, Harry W. Capillary Pressure Lnvestigation. Trans AIME, 1951.
[60] Johnson E F, Bossler D P, Nauman V O. Calculation of Relative Permeability from Displacement Experiments. Trans AIME, 1959, V216, 370.
[61] Lo H Y, Mungan N. Effect of Temperature on Water - Oil Relative Permeabilities in Oil - Water and Water - Wet System. SPE 4505, 1973.
[62] Miller M A, Ramey H J. Effect of Temperature on Oil/Water Relative permeabilities of Unconsolidated and Consolidated Sand, SPE 12116, 1983.
[63] Lefebve du Prey E J. Factors Affecting Liquid - Liquid Relative Permeabilities of A Consolidated porous Medium. SPEJ, 1973, V2, 39.

第四章 提高原油采收率机理

原油采收率是采出地下原油占原始地质储量的百分数，即采出原油与地下原始储量的比值。一般来说，经过一次、二次采油，油藏采收率约为20%～50%。提高原油采收率的技术方向在哪里？影响采收率的因素有哪些？各种方法的驱油机理、适用性怎样？这些问题是我们在本章中要讨论的主要内容。

第一节 提高原油采收率的基本概念

一、提高原油采收率的重要性和迫切性

纵观石油开采的全过程，便可发现提高原油采收率在其中占有极其重要的位置。如果世界现有油藏能增加1%的原油采收率，就相当于多采出目前全球年耗油量的1～2倍。一个大油田，如能使原油采收率提高5%～10%，其增加的原油产量就十分可观，在某种程度上就相当于发现一个或几个新油田！另外，就技术而言，有关提高采收率的研究工作也是石油工业中最复杂的一项工作，而且迄今没有一种全球通用的方法，因为油藏地质条件和油藏特征等都有很大的差异。一个油藏采收率的高低，既依赖于客观的地质条件（如地质储量、储层岩石的孔渗性、非均质性、原油粘度等），也取决于人为的努力（如开发水平、采油工艺水平、采取的提高采收率措施等）。

残留在地下的原油量是否一成不变，是否是等待人们想什么时候开采就去开采呢？事实上不是这样，残留在地下可供我们再次开采的油量，会随着时间的推延不断减少。因为日复一日，年复一年，油田井场设备的腐蚀，井筒井底结构的损坏，地面井场改作他用（如农业用）等都会使油井彻底报废，其结果使得地下储存的这部分等待开采的原油也彻底报废！因为没有多少提高采收率的方法能承担得了钻新井的费用，故现行的提高采收率方法其基本出发点是利用现有的井场设备等而进行。

对于一次和二次采油后的地下剩余油不能等闲视之，因为通过提高原油采收率的方法可以采出的油量——即目标油量在逐年减少。这就需要我们认准、掌握和抓住实施提高采收率方法的时机。错过它，必然会遇到技术上和经济上的困难。

随着大量老油田原油的不断采出，油井产水和油层含水不断上升，原油产量会出现（或已出现）递减趋势。同时，我国各油田采收率一般不高，这与我国对能源的需求极不匹配。因此，对于石油技术人员设法提高原油采收率日益具有紧迫性和重要性。

提高采收率技术是一个涉及面广、科学性强、内容复杂而综合性强的科学课题。限于篇幅和时间，本章只涉及有关提高原油采收率的基本概念、基本原理及技术方向。不涉及具体的室内试验、数值模拟、现场应用、工艺设施和经济评价等。

二、一次采油、二次采油、三次采油、提高采收率

1. 一次采油

在油田开发过程中，仅依靠天然能量开采原油的方法称为一次采油。天然能量包括：天然水驱、弹性能量驱、溶解气驱、气驱及重力驱等。大约在20世纪40年代以前，人类对油藏的作用只限于钻出油井，为油流提供通道。一次采油采收率很低，当时的采收率一直未超过15%。埋藏深、原油粘度大、地层压力低的油藏，不仅采收率低，而且开发年限很长。

2. 二次采油

在一次采油之后，用注水（或注气）的方法弥补采油的亏空体积，增补地层能量而进行的采油方法称为二次采油方法。在我国多数油田，为了保持油层压力，通常将注水与一次采油同时进行。因此，又将注水称为压力保持法。二次采油平均采收率很少超过50%。

3. 三次采油

三次采油的特点是针对二次采油未能采出的残余油和剩余油，采用向地层注入其他驱油工作剂或引入其他能量的方法，称为三次采油法。通常三次采油紧跟在二次采油之后，如化学驱油及混相驱油等。

4. 提高采收率

三次采油的概念具有某种局限性。对于某些稠油油藏，热力采油几乎与一次采油同时进行，因为对于高粘稠油油藏，若一开始不采用热采（如注蒸汽），几乎就无法再进行采油。

目前，采用“提高原油采收率”（Enhanced Oil Recovery，简写为“EOR”）这一术语来概括除天然能量采油和注水、注气非混相采油以外的任何方法，而不管它使用在哪一个采油期。这些提高采收率方法与二次采油不同，它需要深入到微观孔隙中，引起各种物理—化学变化来驱油。

目前室内研究和矿场应用比较成熟的EOR方法主要有三大类：化学驱油法、混相驱油法和热力采油法。

三、未注入工作剂时的采收率

对于仅靠天然能量的一次采油，其最终采收率的高低主要取决于油藏本身客观地质条件。例如，原油从油层流入井底依靠何种能量驱油，即油藏的驱动方式。驱动方式不同，采收率也不同。

最常见的驱动方式有：水驱、气驱和溶解气驱。一般来说，水总是比气更能润湿岩石，所以更能渗入孔隙的细微部分，因而水驱效率较高，一般为35%～75%。个别油藏，如美国东得克萨斯，预计天然水驱采收率可达80%。气驱油时，气体不能润湿岩石，并首先窜入大孔道中而在小孔道留下残余油，其次是气体粘度远小于水的粘度，所以窜流和混流比较严重，因此气驱采收率低于水驱。但对于油层厚度很大的顶部注气而言，采收率会较高。溶解气驱采收率最低，这是由于仅靠油中溶解气的脱出膨胀驱油，气油比太高，产量递减太快的缘故，其采收率只有5%～25%。

如何计算溶解气驱和水驱时的采收率呢？

计算任何一种驱动方式下的采收率其通式都为：

$$采收率 = \frac{采出油量}{地质储量} = \frac{地质储量 - 剩余储量}{地质储量} \tag{4-1}$$

用容积法可求出原始地质储量和剩余油量（地面体积），即：

原始地质储量：
$$N_o = Ah\phi(1 - S_{wi})/B_{oi} \tag{4-2}$$

剩余油量：
$$N_{or} = Ah\phi \cdot S_{or}/B_o \tag{4-3}$$

式中　N_o——换算到地面条件下的原始地质储量，m^3；

N_{or}——换算到地面条件下的地层剩余油量，m^3；

A——油藏面积，m^2；

h——油藏厚度，m；

ϕ——孔隙度；

S_{wi}——束缚水饱和度，小数；

S_{or}——残余油饱和度，小数；

B_{oi}——油藏原油原始体积系数；

B_o——体积系数。

则采收率（η）为：

$$\begin{aligned}\eta &= \frac{N_o - N_{or}}{N_o} \\ &= \frac{Ah\phi(1 - S_{wi})/B_{oi} - Ah\phi S_{or}/B_o}{Ah\phi(1 - S_{wi})/B_{oi}} \\ &= 1 - \frac{S_{or}}{1 - S_{wi}} \frac{B_{oi}}{B_o}\end{aligned} \tag{4-4}$$

式（4－4）说明，只要能测得原始束缚水饱和度 S_{wi} 及原始原油体积系数 B_{oi}，以及油藏枯竭时的残余油饱和度 S_{or} 及枯竭时地层压力下的原油体积系数 B_o，就可由式（4－4）计算出油藏的采收率。

若近似认为 $B_{oi} \approx B_o \approx 1$，则由式（4－4）可得：

$$\eta = 1 - \frac{S_{or}}{1 - S_{wi}} = \frac{1 - S_{wi} - S_{or}}{1 - S_{wi}} \tag{4-5}$$

式（4－4）和式（4－5）即为计算一次采收率的通式。只是在溶解气驱和水驱时，残余油饱和度 S_{or} 的表达式稍有不同。

例如，对于没有外来能量补充的溶解气驱，地层压力会很快下降到原油饱和压力以下，此时气体会从油中大量释出并膨胀，孔道中存在油、气和束缚水三相。由于是油、气两相混合流动，使流动阻力增大，能量利用降低。当气相饱和度增加时，气体的流度 K_g/μ_g 变得很大，而使油的流度 K_o/μ_o 变得很小，所以气油比很高，产量递减很快，直至油不能流动。

枯竭时，溶解气驱油藏中各相饱和度应满足下式：

$$S_{wi} + S_{or} + S_g = 1 \tag{4-6}$$

即
$$S_g = 1 - S_{wi} - S_{or}$$

结合式（4－5），可以得出溶解气驱采收率为：

$$\eta = \frac{S_g}{1 - S_{wi}} \tag{4-7}$$

由式（4－7）可以看出，溶解气驱时地层中含气饱和度越高时，采收率也越大。

通常，进行岩心分析，可测定出岩心中残余油和束缚水饱和度，就可估算枯竭时含气饱和度，从而求出采收率。对于注水油田，如果采油速度远远大于注水速度，就会使某些局部未受到注水的影响，压力降低迅速，而成为溶解气驱，导致局部地区的采收率很低。

当油藏存在边水、底水、且与含水区（或供水区）连通性好，以致油藏采出的原油能得到水的及时补充。这样，油藏压力始终高于饱和压力，成为天然的水驱油藏。

在水驱油藏枯竭停止采油时，地层为束缚水、残余油和进入油层中的水（$S_{in.w}$）所饱和，即：

$$S_{wi}+S_{or}+S_{in.w}=1 \tag{4-8}$$

则

$$S_{in.w}=1-S_{wi}-S_{or}$$

将式（4-8）代入式（4-5）中，水驱采收率为：

$$\eta_{w}=\frac{S_{in.w}}{1-S_{wi}} \tag{4-9}$$

式中 $S_{in.w}$——注入水在地层中的饱和度，小数；

η_{w}——水驱时的采收率，小数。

由式（4-9）看出，注入地层中的水越多，含水饱和度越高，则驱出的油越多，采收率就越高。

在按上述公式计算采收率时，需要说明的是，当采用室内岩心分析方法测定束缚水饱和度和残余油饱和度时，对于取心应该有一定的要求。例如，通常在用水基钻井液钻井取心的过程中，岩心会受到钻井液的冲刷，这与水驱的情况相近，故可以按岩心分析法估算残余油饱和度。但还需注意，岩心在提出地面时由于溶解气膨胀的排驱作用，所以还应将实验用抽提法测定的残余油饱和度乘以油层条件下原油体积系数，才能作为地下岩心残余油饱和度而代入公式。例如，所测出的残余油饱和度为20%，而水驱后在油层压力下的原油体积系数$B_{o}=1.25$，那么将地面测出的饱和度修正到地下的残余油饱和度时，$S_{or}=1.25\times20\%=25\%$，此即为代入公式时的$S_{or}$。

为了准确测定束缚水饱和度，最好能用油基钻井液取心，但实际上出于经济、安全等考虑，较少采用油基钻井液。上述公式中的S_{wi}、S_{or}也可从岩石物性资料如毛管压力曲线、相对渗透率曲线以及岩心驱替试验中求得。

四、注入工作剂时的采收率

完全靠天然水驱的油藏十分罕见，普遍采用向地层注入工作剂（例如水）的办法来实现人工水驱。在向油层注入工作剂时（包括注水、注聚合物溶液等），如何考虑和计算此时的原油采收率呢？

在注入工作剂驱油时，地层中的实际情况一方面在宏观上由于注水前缘的不规则，地层中有的部位可能完全没有受到水的波及，油根本无法被采出，于是形成死油区，如图4-1阴影区所示。另一方面，在水波及（或水淹）区内，从微观上看油也并未全部被水驱走，小孔道中可能原封不动或残留下一定数量的油滴或形成油膜依附于孔道壁表面上。由此可见，对于注入工作剂驱油时，原油采收率取决于工作剂的波

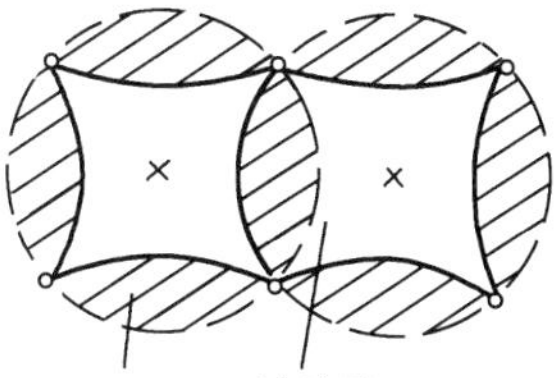

图4-1 注入井平面波及示意图

及或驱扫（Sweep）情况及注入工作剂在孔道中排驱（Displacement）原油的程度这两个方面。

1. 宏观波及效率 E_s

波及系数表示注入工作剂在油层中的波及程度。如果一个油藏，其面积为 A，平均厚度为 h。假设向该油藏注入工作剂时，工作剂的波及面积为 A_s，波及厚度为 h_s，则工作剂驱扫过油层的体积 $V_s = A_s \cdot h_s$。

于是，波及系数可定义为被工作剂驱扫过的油层体积百分数，它又称为体积波及系数，其表达式如下：

$$E_s = \frac{A_s}{A} \cdot \frac{h_s}{h} \tag{4-10}$$

式中 E_s——体积波及系数；

A_s——工作剂驱扫过的油层面积，m^2；

h_s——工作剂驱扫过的油层厚度，m。

若定义面积波及系数

$$E_A = \frac{A_s}{A} \tag{4-11}$$

垂向波及系数

$$E_z = \frac{h_s}{h} \tag{4-12}$$

则式（4－10）可表示为：

$$E_s = E_A \cdot E_z \tag{4-13}$$

即体积波及系数为面积波及系数与垂向波及系数的乘积。有时，考虑垂向上波及系数 $E_z=1$，此时，体积波及系数就等于平面波及系数。

2. 微观驱油效率 E_D

在注入工作剂波及过的区域内，工作剂排驱原油的程度是不完全的，驱油效率又称洗油效率，表示注入工作剂在孔隙中清洗原油的程度。由于油藏岩石微观孔隙大小不一，工作剂只能将一部分大孔道中的油驱替出来，其他一些小孔道则可能未受波及，或者虽然水流经过孔隙，但并未将油驱净，孔隙中还存在有残余油。因此，洗油效率只是在微观上表征原油被注入工作剂清洗的程度。

假设油藏中原始含油饱和度为 S_{oi}，残余油饱和度为 S_{or}，则洗油效率 E_D 可用下式表示：

$$E_D = \frac{S_{oi} - S_{or}}{S_{oi}} = 1 - \frac{S_{or}}{S_{oi}} \tag{4-14}$$

3. 原油采收率与波及效率及驱油效率间的关系

在同时考虑波及程度及洗油效率两个因素时，原油采收率 η 可表示为：

$$\begin{aligned}\eta &= \frac{V_{采出}}{V_{原始}} = \frac{V_{原始} - (V_{未波及} - V_{波及区残余})}{V_{原始}} \\ &= \frac{V_{波及} - V_{波及区残余}}{V_{原始}} \\ &= \frac{A_s h_s \phi S_{oi} - A_s h_s \phi S_{or}}{A h \phi S_{oi}}\end{aligned}$$

$$=\frac{A_s h_s}{Ah}\left(1-\frac{S_{or}}{S_{oi}}\right)$$

$$=E_s \cdot E_D \tag{4-15}$$

显然，整个油藏的采收率是宏观波及系数与微观洗油效率的乘积。波及系数 E_s 越大，洗油效率 E_D 越高，则油藏原油采收率 η 越大。如果注入剂的波及效率太低，不管洗油效率多高，采收率仍不高；反之，如果只是波及，但孔隙中仍有大量原油，则采收率同样不会高，这就启发我们要考虑提高采收率就必须从提高波及系数和微观洗油效率两方面入手。

目前研究波及系数和洗油效率的方法很多，如室内进行各种物理模拟、岩心测定、数值模拟及矿场钻检查井等。

对于较均质的油藏，能否根据油藏岩石及流体性质，如岩石渗透率、原油粘度等估算或预测水驱时的采收率呢？不少研究者都在这方面进行了大量统计分析工作，其中一种是考虑到水驱采收率的高低主要受岩石物性、原油性质、束缚水含量及油层厚度的影响。原油粘度越低，岩石渗透率越高，孔隙越大，流动阻力越小，采收率越高。同样，当束缚水含量高时，由于束缚水一般只在小孔道中存在，使得在能流动的大孔道中的含油饱和度相对增大，而油不易滞留。油层不太厚，油水的重力分离作用将不明显，也对采收率是一个有利因素。

根据上述影响水驱采收率的主要因素，人们得出了不同类型的预测水驱采收率的经验公式，有的已经在我国矿场中作为对比方法之一而得到应用。

一种是仅考虑地层岩石渗透率（K）和原油地下粘度（μ_o）与采收率（η）的关系，即：

$$\eta = 0.214298(K/\mu_o)^{0.1316} \tag{4-16}$$

式（4－16）使用简便，其适用范围是地层渗透率 $K=(20\sim5000)\times10^{-3}\mu m^2$；地下原油粘度 $\mu_o=0.5\sim6mPa\cdot s$。

另一类公式考虑因素较多，如：

$$\eta = 0.11403 + 0.2719\lg K + 0.25569S_{wi} - 0.1355\lg\mu_o - 1.5380\phi - 0.001067h \tag{4-17}$$

由于实际油藏千差万别，开发条件和储量本身估算精度不一致，按式（4－17）估算其采收率，有时误差可达 19%。但对于统计经验公式来说，其误差范围也是允许的，或者说这就是“有总比无好”。

考虑到井网密度时，计算采收率的经验公式为：

$$\eta = [0.698 - 0.16625\lg(K/\mu_o)]e^{\frac{-0.792}{S}\left(\frac{K}{\mu_o}\right)^{-0.253}} \tag{4-18}$$

式中　S——井网密度，口/km²。

利用水驱特征曲线，即累积产水量（W_p）和累积产油量（N_p）间的 $\lg W_p$—N_p 曲线，也是目前我国不少注水开发油田用以计算采收率的方法。

以甲型水驱曲线为例，其表达式为：

$$\lg W_p = A + BN_p \tag{4-19}$$

式中　N_p——累积产油量，10^4t；

W_p——累积产水量，10^4t；

A、B——甲型水驱曲线的直线截距和斜率。

累积产油量 N_p 与含水率的关系为：

$$N_p = \frac{1}{B}\left[\lg\frac{f_w}{2.303B(1-f_w)} - A\right] \tag{4-20}$$

当含水率 $f_w=0.98$ 时，采收率为：

$$\eta = N_p/N = \frac{1}{B}\left[\lg\frac{21.277}{B} - A\right] \tag{4-21}$$

第二节　影响原油采收率的因素

原油采收率是注入工作剂的宏观波及系数与微观洗油效率二者的乘积。因此，凡是影响这两个参数的各种因素均会影响采收率。

大量现场资料分析表明，地层的非均质性、驱替流度比及原油的粘度、油藏润湿性等是影响采收率的主要内因；人为的工作状况如井网的合理布置、注水方式、油井的工作制度、采油工艺技术水平以及管理水平等是影响采收率高低的外因。因此，石油采收率的高低，一方面取决于油藏天然的地质条件（内因），另一方面还要受到人为因素的影响与制约。

一、油层非均质性的影响

近年来国内外都特别强调在采取措施前，除了解油层的基本物性（如孔、渗性等）外，还必须对其他的地质特征，如高渗透带、裂缝、断层、方向性等进行深入的了解。即对于油层的各种非均质性要做到心中有数。

油层的非均质性通常是由沉积条件造成的。次生的成岩作用、断层作用也对油层的非均质性产生影响。由于沉积条件不同，造成沉积碎屑物的分选程度、堆积方式和充填不同。岩石的胶结物数量与类型不同，造成油层岩性在平面上、垂直剖面上有极大的差异。在沉积过程中，尽管岩层成层沉积，但水流方向与垂直于水流方向的渗透率却相差甚大，有时其差值可达几十倍甚至上百倍。

油层的非均质可以划分为垂直剖面上、平面上和结构特征上的非均质三种类型。前两种统称为宏观非均质，即油层岩石宏观物性参数（孔、渗）的非均质性，一般认为宏观非均质性对注入工作剂的波及系数影响很大。岩石孔隙结构特征的非均质性则属微观的非均质性，它表现为孔隙大小分布、孔隙孔道的曲折程度、毛管力作用以及表面润湿性等。它主要影响注入工作剂和洗油效率。当然，严格地讲，无论是宏观还是微观非均质性，对波及系数和洗油效率都有直接而明显的影响。

1. 油层渗透率的非均质性

油藏渗透率的变化包括两个方面：一是各向异性，即某一点渗透率在不同的方向上其值不同；二是非均质性，即从油层的一点到另一点的渗透率值不同。

油层渗透率在垂直剖面上的非均质性，往往导致油层水淹厚度不均匀。这是因为注入水沿不同渗透率层段，推进的速度快慢各异。当渗透率的级差（最大渗透率值与最小渗透率值之比）增大时，常出现明显的单层突进，高渗透层见水早，造成水淹厚度小，波及效率低。

渗透率在平面上的各向非均质性，会导致平面上水线推进不均匀，使有的生产井过早见水和水淹。

例如，若地层的渗透率沿 x、y 轴方向相差很大，$K_y \gg K_x$（极端情况可考虑为 y 轴方向存在一裂缝带）。当采用如图 4－2（a）所示的行列状布井时，由于注采系统的水流方向与高渗透带方向（y 方向）一致，注水时很容易形成水窜，其波及系数很低。反之，如采用

图 4-2（b）所示的布井方式，利用 y 方向渗透率 K_y 高的特性，沿 y 轴方向布置一排注水井，拉成一条水线，使注采系统的水流方向与高渗透率方向垂直，就会使波及系数大大提高。当然，对于面积布井（如五点法等），情况就复杂得多，需要通过调整井网，调整注入井的注入量或生产井的产量来增大水的波及面积。

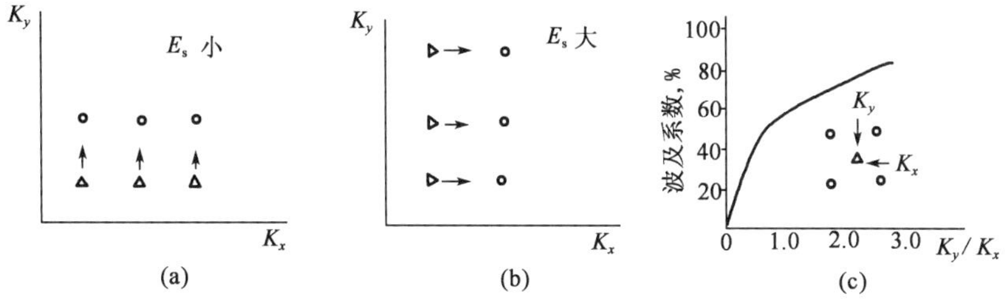

图 4-2　注入井布井方式与波及系数的关系

（a）$K_y \gg K_x$，垂直 K_y 方向排状布井；（b）$K_y \gg K_x$，平行 K_y 方向排状布井；（c）面积注水 K_y/K_x；

△—注水井；○—采油井

2. 沉积韵律的影响

油层沉积韵律直接反映岩相、岩性在纵向剖面上的变化。注水开发油层时，沉积韵律不同，注水的波及系数及洗油效率也表现出不同的特性。

例如正韵律油层，其岩性特点是从下而上由粗变细。这种沉积韵律的油层，由于油层纵向上渗透率的差异，下部渗透率高，上部渗透率低。再加上油水的密度差，其结果是油层下部水流快，连通好，表现为纵向上水洗厚度小，但水洗层段驱油效率高；在平面上水淹面积大，含水上升快，水淹快。

反韵律油层的岩性特征正好与正韵律相反。油层从下至上颗粒由细变粗。这类油层，油水运动规律、开采效果与正韵律油层相比也截然不同。其水淹规律为：油层见水厚度大、含水上升慢。但驱油效率不高，无明显的水洗层段，大量的原油需要在生产井见水后，继续增加注水量后才能采出。

复合韵律的油层，其岩性变化和顺序兼有正韵律油层及反韵律油层的特征。在复合韵律油层内，油水运动的规律取决于高低渗透带所处的位置。如果高渗透带偏于下部，油层以正韵律为主，这时油水运动特征大致与正韵律类似，即层内驱油底部效率高，而顶部效率低。但与正韵律高渗透层相比，其见水厚度更大，水线推进较均匀，水窜现象更轻微。

通过对油层沉积韵律与水驱效果的探讨，可以看出，为了提高波及系数和洗油效率，必须针对不同油层、不同的油水运动规律采取不同措施。例如，增加水洗厚度是开发正韵律高渗透油层的关键，也是制定措施的依据和出发点；而开发好反韵律油层最重要的考虑，则是设法提高其洗油效率。

二、流度比及油层流体粘度对采收率的影响

根据流度比的定义，流度比可表示为：

$$M=\frac{\lambda_w}{\lambda_o}=\frac{K_w}{K_o}\cdot\frac{\mu_o}{\mu_w} \tag{4-22}$$

式（4-22）代表注水时，在水窜入生产井前所用的流度比计算公式。如在水窜后改注聚合物溶液，那么在计算聚合物和油的流度比 M_{po} 时，应改用下式：

$$M_{po} = \frac{\lambda_p}{\lambda_T} = \frac{\dfrac{K_p}{\mu_p}}{\dfrac{K_o}{\mu_o} + \dfrac{K_w}{\mu_w}} \tag{4-23}$$

式中　λ_p、λ_T——聚合物段塞的流度和聚合物段塞前方的油—水混合带的流度。

上式的 K_p、K_o、K_w 应在室内用保持天然状态的岩心测定出其相对渗透率曲线后才能确定。聚合物的 λ_p 则应在有残余油的状态下测出。

室内物理模拟研究表明：流度比的大小直接影响着注入工作剂的波及系数，进而影响原油的采收率。如以五点法注采井网的模型试验为例，流度比与波及面积的关系如图 4－3 所示。

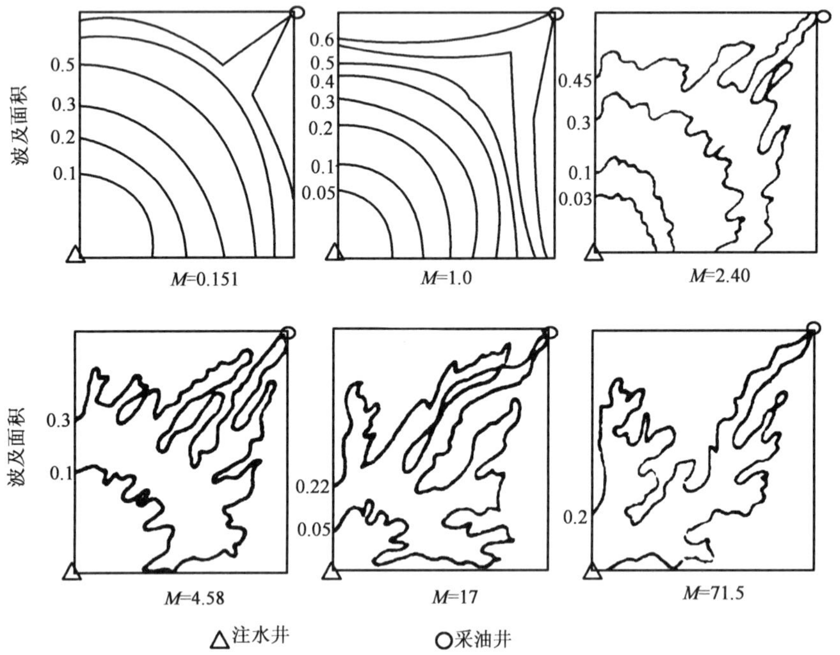

图 4－3　五点井网单元流度比与波及面积的关系

当 $M=1$ 时，说明油水的流动能力相同，从图 4－3 可以看出，油水前缘推进均匀，波及面积很大，可达 60%左右；如果 $M<1$，则说明驱动液（水）的流度比被驱动液（油）的流度还小，波及系数更大，可达 70%左右，故把 $M<1$ 时的流度比称为有利流度比；若 $M>1$，通常是油的粘度大于水的粘度，也即水驱稠油，因为油水前缘不规则，出现粘性指进，称为不利流度比，这就会大大影响波及效率，油井见水时波及面积仅为 20%，从而降低水驱稠油时的采收率。

由此看出，对于注入工作剂驱油的情况，要提高采收率必须要控制和调节流度比，使其尽量小于或接近于 1，而降低流度比的关键，目前最好的办法是提高注入剂的粘度。

另一方面，由于流度比是由注入工作液和油藏流体两方面所决定的，因而地层原油的性质 μ_o、K_o 就直接影响着流度比的高低。如果原油本身粘度过高，会使流度比太大，水驱效果就会很差，以致对于高粘油层采用注水的办法被认为是完全不可取的，只能设法降低原油本身的粘度，提高其流动性，才是开发好这类油藏的最好方法。

从天然岩心的模型试验结果也可说明原油粘度变化对采收率的影响。表 4－1 表示原油粘度不同时（水的粘度 μ_w 可认为不变），即 μ_o/μ_w 不同时，对无水采收率的影响。

表 4-1　μ_o/μ_w 对无水采收率影响（天然岩心试验）

μ_o/μ_w	5.87	21.5	41.6	82.0	115.0	138.0
无水采收率，%	56.2	42.5	18.5	14.5	13.0	12.7

从上表所列试验结果不难看出：在相对均匀的天然岩心上，μ_o/μ_w 对开发效果的影响很大，特别是当 μ_o/μ_w 在 10～50 区间内变化时，无水采收率下降十分明显。但当 μ_o/μ_w 超过 50 后，由于 μ_o/μ_w 的影响基本上已达到最大范围，影响反而不明显了。

对于层内非均质比较严重的油藏，μ_o/μ_w 的影响较均质地层更为严重，它将使层内非均质水驱油的影响更加加剧，其驱油效果更差。如正韵律油层，由于油水粘度差大，在驱动压差不大时，重力分离使得在油层下部高渗透带水容易流动，在底部大部分水淹后，底部中水相饱和度增高，水相渗透率 K_w 增大，从而导致油层纵向上的流度比 M 增大，纵向上波及系数降低，层内非均质的矛盾表现更加突出。

三、油藏润湿性对采收率的影响

油藏润湿性是影响驱油效果的关键参数之一。克塞尔认为，一个中等润湿的和水湿的油藏与一个油湿的和中等润湿的油藏相比，其聚合物驱的经济效益可以相差 1～2 倍。因此，确定油藏范围内润湿性分布是极其重要的。

油藏润湿性对原油采收率的影响，是由岩石对油和水的润湿性不同引起的。有的油层岩石为亲水（或偏亲水）、有的为亲油（或偏亲油），有的部分亲水、部分亲油。对于亲水油层，在水驱过程中，由于水能很好地润湿孔壁，水易于驱净亲水油层内的油，而对亲油油层内的油则难以驱净。根据实际油田统计资料，亲油油层的采收率目前最高的也只有 45%左右，而亲水油层的采收率可达 80%。对均质润湿系统，公认水湿油层比油湿储层水驱更有效。

亲油油层，由于油能优先润湿岩石的颗粒表面，油与固体颗粒间存在着较强的附着力。当注入水（或聚合物）进入亲油孔道时，由于油与岩石表面的附着力，使得水很难与岩石表面接触和在岩石表面流动，并且毛管力为驱油阻力。另一方面，水的粘度比油更小，水会沿孔道中心窜流而留下油膜，成为残余油。增大注水速度，这种窜流会更加明显。

表 4-2 显示了岩石表面润湿性不同对水驱油效果的影响，它由胜利油田某产层模拟实验所得。实验中当采用硅油处理岩石时，会使岩石表面由亲水转变为亲油。

表 4-2　不同润湿性对驱油效果的影响

润 湿 性	注入不同孔隙体积倍数时的采收率，%			
	无水期	0.5	1.5	2.5
亲　油	8.7	14.5	21.0	26.0
亲　水	14.0	29.2	42.0	51.2

由上述实验结果可以看出，尽管层内的非均质程度相同，但由于岩石表面润湿性的变化，当注入孔隙体积倍数都为 2.5 时，两者采收率相差一倍，这说明，不利的表面润湿性会加重地层非均质性所造成的不利影响。

第三节　残余油饱和度的分布及测定方法

一个油藏在经历了一次或二次采油后，残余油分布在哪里？其数量如何？必须对此有深入的研究和认识。注水结束，这是新方法实施的前提条件和起点，也是制订各种三次采油方案的依据。比如，注水后岩石的润湿性如何？是否已发生反转或仅是润湿性程度上的改变？小孔道是被堵塞或是被水冲刷变大，即渗透性是改善或是恶化？不了解上述情况而想要正确设计及实施下一步的方案，几乎是不可能的。

一、残余油的概念及分布

经过一次或二次采油之后的油藏中，大约还有占原始储量的一半或一半以上的石油，仍被俘留或闭锁在岩石的孔隙之内，成为残余油。就目前的石油工艺与技术水平而言，难以在采出原油的过程中不形成残余油。因此，如何调动残余油参与流动，就是提高采收率新方法的目的和考虑问题的出发点。

国外，特别是美国，对于残余油的研究非常重视，也很深入。我国在这方面已经开展了大量的工作。正是这些残余油量的存在，就构成了提高采收率措施的努力目标。

习惯上，人们通常讲在油田注水后油藏中存在大量的“残余油”。但就更严格地从概念上讲，注水后地下的残余油应该包括两部分——剩留油和残余油。所谓剩留油（或称剩余油）是指由于波及系数低，注入水尚未波及的区域内所剩留下的原油（即局部死油区内的油）。例如，低渗透夹层内和水绕过带中的剩余油；未被井钻到的透镜体中的油；局部不渗透遮挡（断层、逆掩断层等）处的原油等。这部分油是宏观上连续分布的，其形成与油藏平面和厚度上的宏观非均质性、注采井网的布置以及注入工作剂的流度等有关。而残余油是指注入水在波及区内或孔道内已扫过区域仍然残留、未能被驱走的原油。例如，毛管力束缚的残余油；它残留在工作剂通过的地带，在细小的孔隙中完全被毛细管力束缚的油；或由于压力梯度小，油不流动，或岩石表面的薄膜油等。这类油的分布是微观的，且大多不连续。虽然剩留油和残余油的概念不同，它们在地下所处的状态也不同，但通常人们只从它们未被采出而残余在地下的这一角度、这一事实出发，统称它们为注水后的残余油。

尽管如此，当人们研究选用何种提高采收率的方法时，实际也是从剩留油和残余油两方面考虑的。一方面从如何增大波及区，从而提高工作剂的波及效率，减少残留油着手。这可采用调整注采井网系统、增打加密井、调整注入工作液的流度等办法。另一方面，是如何将孔道中被捕集的油滴或颗粒表面上的油膜清洗下来，调动残余油流动来考虑，如活性剂驱等。

每个油层都有自己所特有的残余油分布类型，即使同样类型的油田，各种类型残余油之间的相互比例关系也不相同。因此，认真地分析研究各个油层中各种类型残余油所占的百分比是很重要的，缺乏有关残余油类型的资料，就难以科学地论证各个具体油田应该采用哪一种提高采收率方法。

遗憾的是目前对于正在开采的油层内发生的过程和石油重新分布过程还研究得不够，原因是这一问题极其复杂。虽然已有相当多的物理方法模拟油层中残余油的分布，但是没有而且也不可能有全面的物理模拟方法，因为难以在实验室里模拟透镜体、断层、逆掩断层，滞流带及非均质性。尽管如此，上述问题又不能不设法解决。

残余油在孔道中存在的状态和数量，主要受岩石表面润湿性和孔隙微观结构的影响。由于岩石中的斑状润湿和部分润湿，孔道结构大小各异，使其残余油的形状也千差万别。例如，对于亲水岩石，由于水能很好地湿润岩石，所以靠近岩石表面一定是水，油只存在于孔隙中，成为珠滴状而卡住或呈绳索条状，如图 4－4 中 1、2、3 所示。对于亲油岩石，由于油对岩石的润湿能力大于水，因此油会紧贴附在岩石颗粒表面形成油膜或悬垂环状，如图 4－4中 4 所示。

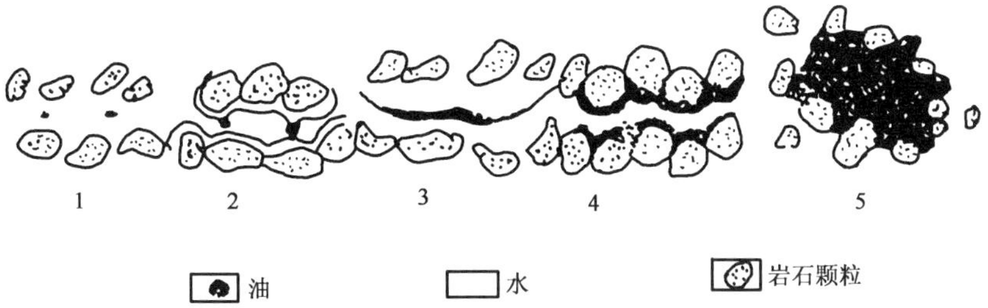

图 4－4　残余油在孔道中的分布规律

1—孤岛状；2—珠状（或滴状）；3—索状；4—悬垂环状；5—簇状油块

润湿性不同，残余油存在的方式不同，要想调动残余油流动的相应措施也应有所不同。这就是我们研究残余油存在形态的出发点和目的。比如，为了使油膜能流动，提高水的洗油能力最要紧；而为了使油滴解卡，则应降低油—水界面张力，以致消除油水界面。当然，这两者都离不开向驱替液中加入活性剂，这也就是目前普遍认为只有采用活性剂驱油才能减少残余油的原因。

二、毛管数与减饱和度曲线

既然润湿性影响孔隙中残余油的存在方式和数量，那么如何研究其不同润湿性对残余油存在数量大小的影响呢？除润湿性外，驱替时的其他参数如流体的粘度、与原油的界面张力、驱替压差、岩石渗透率等对残余油饱和度有何影响呢？目前国内外广泛采用减饱和度曲线［简称 CDC 曲线（Capillary Desaturation Curves）］来分析影响湿相和非湿相残余饱和度的大小。

在研究减饱和度曲线时，涉及一个十分重要的参数——毛管数，毛管数 N_{vc}是粘滞力与毛管力的比值。目前关于毛管数有多种定义和表达式，此处采用 Chatzis 和 Morrow1982 年提出的毛管数表达式，即：

$$N_{vc}=\frac{\mu v}{\sigma}=\frac{\mu}{\sigma}\frac{K\Delta p}{\mu L}=\frac{K\Delta p}{\sigma L} \tag{4-24}$$

式中　v——渗流速度，m/s；

μ——排驱液粘度，mPa·s；

σ——油水界面张力，mN/m；

K——渗透率，μm^2；

Δp——驱替压差，MPa；

L——岩心长度，m。

若 $L=1$，则：

$$N_{vc}=\frac{K\Delta p}{\sigma}=\frac{1}{\pi} \tag{4-25}$$

式中　π——π 准数，它是毛管数 N_{vc}的倒数，表示毛管压力（梯度）与驱动压力（梯度）之比。

CDC 曲线是不同毛管数 N_{vc} 与湿相、非湿相残余饱和度的关系曲线，典型的 CDC 曲线如图4－5所示。曲线的横坐标是毛管数的对数，纵坐标是残余湿相和残余非湿相饱和度，即 S_{wr} 和 S_{nwr}。

曲线的形状一般为：在低毛管数 N_{vc} 下（如 $N_{vc}<10^{-5}$），湿相和非湿相残余饱和度 S_{wr} 和 S_{nwr} 均处于曲线的平缓部分；但随着毛管数 N_{vc} 增大到某一数值时，即曲线的拐点处，称为临界毛管数（Critical Capillary Number）或转折毛管数，随着毛管数的继续增大，则残余饱和度开始降低。

孔隙大小分布对 CDC 曲线的影响如图 4－6 所示。

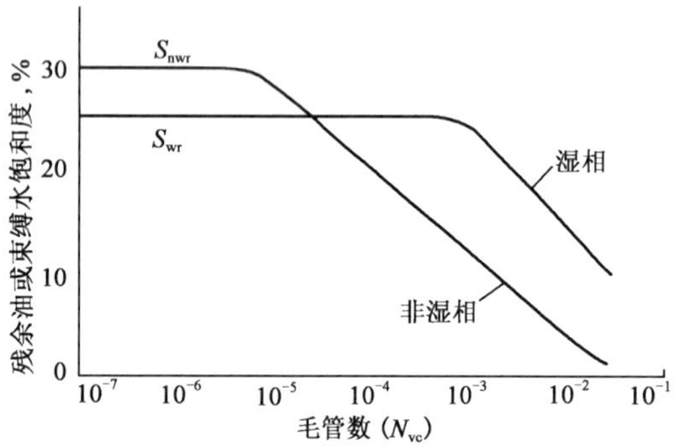

图 4－5　典型的毛管减饱和度曲线

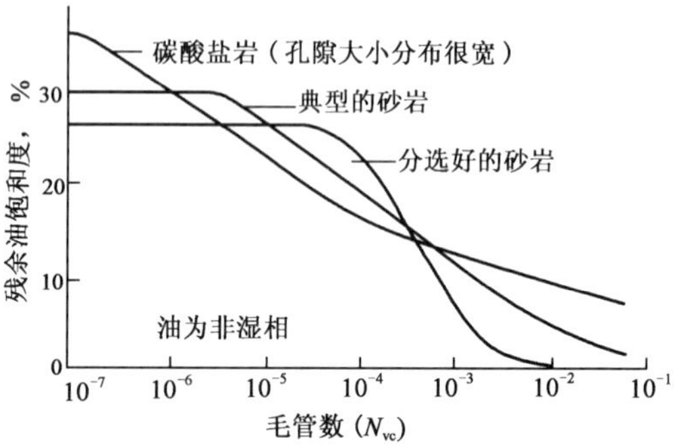

图 4－6　孔隙大小分布对 CDC 曲线的影响

进一步分析图 4－5 和图 4－6 中的 CDC 曲线，可得出如下结论：

（1）强湿相比非湿相的 CDC 曲线往右移 10^2～10^3，即湿相的毛管数只有在比非湿相的毛管数高 2～3 个数量级时，湿相的残余饱和度才开始下降。显然，中等润湿性所得出的曲线应该在强湿相和强非湿相之间。由此可看出润湿性对残余饱和度大小的影响。

（2）图 4－6 表示了不同岩石，即不同孔隙大小分布对 CDC 曲线的影响：岩石分选性越好，在低毛管数下的 S_{or} 也越低。由该图还可看出，孔隙大小分布范围越宽，则残余饱和度发生变化的范围也越大。

上述结论，对于怎样提高原油采收率有什么启示呢？

（1）实际油田中大多数的水驱是在低的毛管数范围，即 N_{vc} 为 10^{-7}～10^{-5}，这样的 N_{vc} 所对应的 S_{wr} 和 S_{nwr}，都正好处于 CDC 曲线的平缓段上。这意味着如不改变注水的毛管数（即改变 μ，σ、Δp、K 等），则残余油的饱和度不会改变（降低）。

（2）为了降低残余油饱和度，需要在水驱的 N_{vc} 值上使其再增高 10^2～10^4 个数量级。其办法为：一是增大渗流速度或驱替液的粘度；二是大大降低驱替流体与原油的界面张力。在实际中，要增大渗流速度增加毛管数的幅度十分有限，而较为可行的方法是增大驱替液的粘度或降低注入液和原油的界面张力。

三、确定残余油饱和度的方法

确定残余油饱和度的方法可分为直接法和间接法，或者分为室内测定和矿场测试方法。主要包括：钻检查井取心测定、室内物理模拟、矿场测井及采用注入化学剂的单井示踪剂法。限于篇幅，这里仅叙述各种方法的最基本原理，有兴趣者可查阅有关文献。

1. 在水淹区钻检查井取心

在水淹区钻检查井并取心，仍然是最常用的、最可靠的观察和测定岩石物性的方法。通过岩心分析，可获得岩心所代表的局部储油层的确切岩石物性。岩心分析又是基本的方法，它和其他确定残余油饱和度方法配合使用、相互对比，就会得出更为全面的、确切的认识。

利用压力取心筒取出的岩样可更接近于原始井下状态，并能相当精确地测定各种液体的饱和度。压力取心与常规取心的不同点在于，在取心钻头上部有一个旋转阀，当上提钻柱时，它能关闭岩心筒，并使岩心保持压力。经过地面的一系列操作，当岩心用于分析时，它仍能保持从井底进入岩心筒时的流体饱和度。

2. 室内各种模拟实验

（1）采用钻井所取的油层岩心，或相应露头岩心，或人造岩心，按照地层中水驱油的实际物理过程，根据相似模拟原理，进行驱替实验，可测出驱替结束后的残余油饱和度。

（2）采用地层真实岩心和模拟地层油、水，在地层温度等条件下测定出油、水相对渗透率曲线，由曲线上相对渗透率 $K_{ro}=0$ 处，可求得残余油饱和度。

（3）由压汞和退汞的毛管压力曲线可求得非湿相（油）残余饱和度。通过压汞和退汞实验，可得出毛管压力曲线。由一次注入曲线（I）和退出曲线（W），可求出非湿相的最大饱和度，以及退汞时仍然未退出的非湿相残余饱和度，即被捕获而留在岩心中的非湿相残余饱和度。若是亲水地层，这就为残余油饱和度。

（4）用微观模型可视技术观测残余油的分布。近几年来，微模型可视技术得到了很大的发展，除常规的、各种形状网格模型外，目前国内已可用真实岩心的孔隙铸体薄片，将其孔道复制在玻璃模型上，进行驱替实验。再经过一系列的录像、电视显像技术，可观察到整个驱替过程的发展、变化以及残余油的滞留和捕集方式，由此有助于进一步研究影响残余油的存在方式和数量大小的各种因素。

3. 矿场测井法

目前广泛应用水淹层测井解释资料，确定残余油饱和度。用测井方法的优点是不用专门打检查井，而且比上述岩心分析法代表的测试范围更大些。

这种测井—注入—再测井方法的基本原理为：分别测出井底附近在水驱后的地层电阻率 R_i 和纯水时的地层电阻率 R_o，然后代入下述公式进行计算，可求得残余油饱和度 S_{or}，即：

$$S_{or}=1-\left(\frac{R_o}{R_i}\right)^n \tag{4-26}$$

式中 S_{or}——残余油饱和度，小数；

R_i——水驱油后地层中有残余油和注入水时的电阻率，Ω·m；

R_o——100%地层水饱和下的地层电阻率，Ω·m；

n——饱和度指数，与岩性有关，可由岩心分析实验统计确定。

饱和度指数 n 值与岩石电阻率与含油饱和度之间的关系，可通过实验资料整理计算。通常选取一批有代表性的岩样，在实验室内先测出其完全含地层水时的电阻率 R_o，然后向完全含水的岩样逐步挤入原油，同时不断测定出在不同含油饱和度下该相的含油岩样电阻率 R_i。由此可计算求得含油饱和度与电阻率比值 R_o/R_i 间的关系，就可求得饱和度指数 n 值。可在此基础上，再用地层水驱油，找出残余油饱和度下的 n 值大小。

矿场的具体测井步骤为：首先在注水后地层中存在水和剩留油情况下，进行电阻率测井，求得 R_i 值［图 4-7（a）］；然后用化学溶剂（如醇类）将井底周围的油彻底驱离井眼四周［图 4-7（b）］；最后再注地层水，并测出地层水时的电阻率 R_o。将 R_o、R_i 代入式（4-

26)，即可求出井眼周围区域的残余油饱和度 S_{or}。

因为电阻率测井只能在裸眼井中进行，为了能在下套管井中进行测定，还有其他的测井方法，如脉冲中子俘获测井法等。

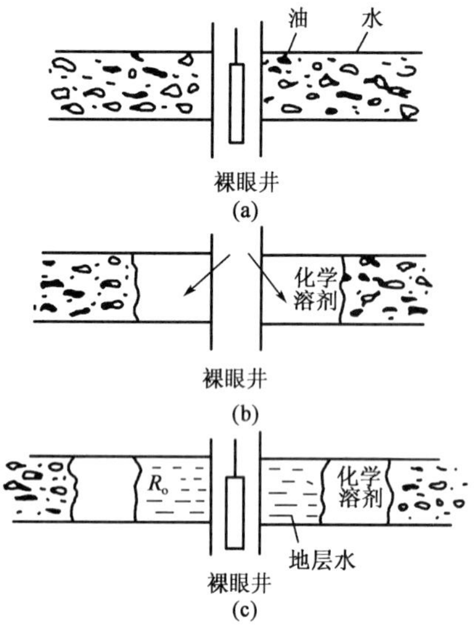

图 4－7　测井—注入—测井电阻率法简图

4. 单井示踪剂法

单井化学示踪剂法测定残余油饱和度，是利用同一口井注入和采出含有化学示踪剂液体的方法来测定残余油饱和度。这种方法国外（美国）20 世纪 70 年代初开始试验研究，现在已有应用。胜利油田于 1983 年也开始在不同的油层上进行过现场实验，并获得了成功。

单井化学示踪剂法测残余油饱和度的基本原理为：示踪剂在油层的固定油相（即残余油相）和流动水相之间能按所固有的关系进行分配，符合色谱原理。当把低相对分子质量的酯（如醋酸乙酯）作为示踪剂注进油层以后，遇水发生水解，生成另一种稳定的醇作为第二种示踪剂。其反应式为：

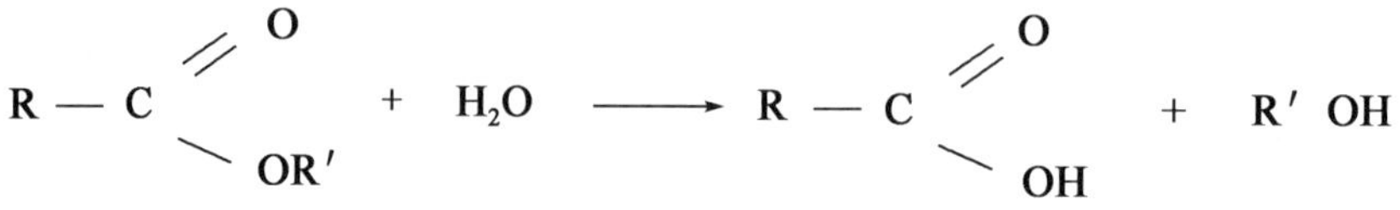

酯类(第一示踪剂)　　　　**醇类(第二示踪剂)**

这两种示踪剂在油、水中的溶解度有很大差别。第一示踪剂是油溶性的，它主要溶解在油里，而在水中溶解量很少，它在油层中的运动速度由油溶液运动速度和水溶液运动速度两部分组成；第二种示踪剂则是亲水的，它几乎不溶于油而全部溶于水，在油层内与水的运动速度相同。于是，这两种示踪剂在油层内运动速度不相等，在回采过程中发生分离。两种示踪剂浓度的峰值到达地面的时间不同，产生一个时间差。这种时间差和残余油量有定量的关系，残余油的数量越大，时间差越大。

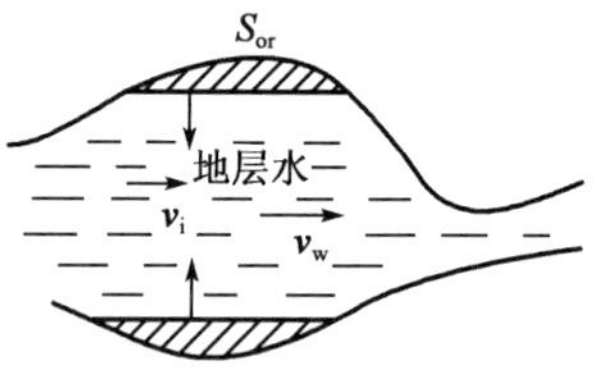

图 4－8　化学示踪剂分子进入油层一个孔道后的运动示意图

这可以从设想的醋酸乙酯化学示踪剂进入油层中的一个孔道后的分子运动来解释（图 4－8）。示踪剂分子进入油层孔道后的运动速度 v 包括两部分：

$$v_i = n_o v_o + (1 - n_o) v_w \qquad (4-27)$$

式中　v_i——示踪剂分子在油层中的运动速度；

v_o——残余油分子在油层中的运动速度；

v_w——地层水在油层中的运动速度；

n_o——溶于油的那部分示踪剂浓度；

$1-n_o$——溶于水的那部分示踪剂浓度。

很显然，残余油的分子运动速度 v_o 为 0，所以：

$$\frac{v_{\mathrm{i}}}{v_{\mathrm{w}}} = 1 - n_{\mathrm{o}} \tag{4-28}$$

另一方面，在达到热动力学平衡时，

$$\frac{n_{\mathrm{o}}}{1 - n_{\mathrm{o}}} = \frac{C_{io} S_{\mathrm{or}}}{C_{iw} S_{\mathrm{w}}} = K_i \frac{S_{\mathrm{or}}}{S_{\mathrm{w}}} \tag{4-29}$$

式中 C_{io}——局部孔隙内油相中示踪剂 i 的浓度；

C_{iw}——局部孔隙内水相中示踪剂 i 的浓度；

K_i——示踪剂 i 在油相和水相中的分配系数。

又

$$S_{\mathrm{w}} = 1 - S_{\mathrm{or}} \tag{4-30}$$

$$\frac{n_{\mathrm{o}}}{1 - n_{\mathrm{o}}} = K_i \frac{S_{\mathrm{or}}}{1 - S_{\mathrm{or}}} \tag{4-31}$$

将式（4－28）代入式（4－31），得：

$$\frac{v_{\mathrm{w}} - v_{\mathrm{i}}}{v_{\mathrm{i}}} = K_i \frac{S_{\mathrm{or}}}{1 - S_{\mathrm{or}}} \tag{4-32}$$

式（4－32）中 K_i 值从实验室求得，v_{i} 为醋酸乙酯分子在油层中的运动速度，由于水解后产生的第二种示踪剂乙醇溶于水不溶于油，所以，v_{w} 约等于乙醇分子在油层中的运动速度。因此，只要现场测出 v_{w}、v_{i}，即可计算出 S_{or}的数值。

本方法全过程由三部分组成：（1）室内测出示踪剂在油水中的分配系数；（2）现场试验：把第一示踪剂液注入目的层，关井一定时间，让示踪剂部分水解产生第二示踪剂，然后开井采出注进油层的示踪剂液体，并不断测出采油液中第一示踪剂和第二示踪剂浓度，绘出“示踪剂浓度和采出液体积”的回采曲线（图 4－9）；（3）把室内和现场试验数据输入计算机，计算出残余油饱和度。

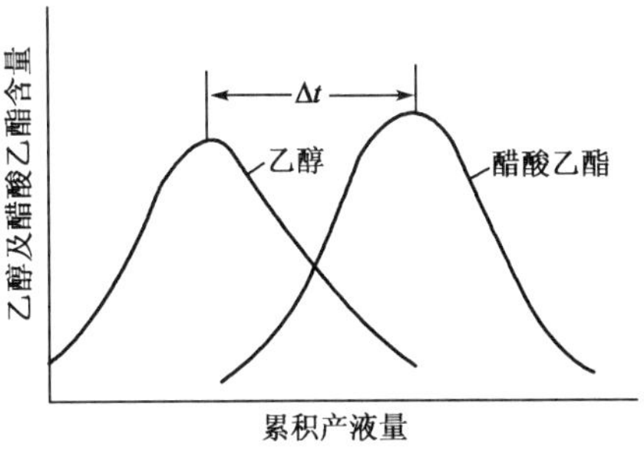

图 4－9　随累积产液量变化的乙醇及醋酸乙酯含量曲线

单井示踪剂测残余油饱和度，这一方法具有成本低、取样体积大、研究测试范围广、不需要打新井等优点。所测得的残余油饱和度数值为试验油层的加权平均值，一般略低于其他方法。

比较上述各种确定残余油饱和度的方法后可以看出，它们各有其优点和不足之处，采用多种方法可以相互对比、印证和补充。

第四节　化学驱油法

化学驱油法是在注入水中添加化学剂，以改善水的波及效率和洗油能力，从而提高原油采收率的方法。

从改善水驱油流度比出发，发展了聚合物溶液、泡沫液等驱油方法，提高驱替液的粘度，降低其流度。另一方面，从改善驱油剂的洗涤能力，以及改变岩石的不利润湿性出发，又发展了活性水驱、微乳液驱、碱水驱。化学复合驱则是由多种化学剂复配而成，能够同时提高水的波及效率和洗油能力。

本节对上述各种方法的特点、驱油机理等作简单介绍。

一、聚合物驱

聚合物驱油法主要是向水中加入高分子聚合物，提高注入水的粘度，降低水相流度，使水驱油流度比下降，减弱粘性指进，从而提高波及系数来提高采收率。该方法又称增粘水驱或稠化水驱。

1. 驱油用聚合物

一般来说，驱油用聚合物包括两大类：一类是合成聚合物，如部分水解聚丙烯酰胺（HPAM）；另一类是生物聚合物，如黄原胶等。HPAM 是最常用的一种，它是由聚丙烯酰胺在氢氧化钠的作用下部分水解而成，从而使其分子链上具有酰胺基和羧基：

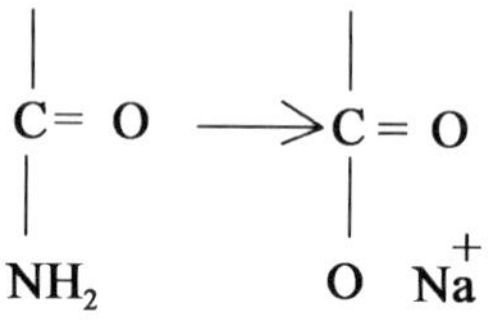

(酰胺基)　　(羧基)

这一过程称为水解。水解度就是指酰胺基变成羧基的百分数。这两个基团都是有很强的极性，它们对水有很强的亲和力，所以能溶于水中，对水产生增粘作用。

驱油用聚合物相对分子质量一般为几百万至几千万，对高温高矿化度油藏使用的聚合物相对分子质量达两千万以上。当然为了增粘，也不是相对分子质量越大越好，相对分子质量过大，机械降解严重。水解度一般为 20%～25%，水解度过大，所产生的这些极性基团还会更加强烈的吸附在砂岩中的粘土矿物或碳酸盐表面上，特别是在水化粘土矿物上的吸附更加强烈，其中以水化蒙脱石负电性最强，因此，吸附也最为严重，在使用聚合物时应注意。通常选用何种相对分子质量的聚合物？水解度多大为宜？均需根据实际油藏岩心进行实验研究确定。

基于聚合物性能和经济因素的考虑，通常对其要求如下：

（1）聚合物必须具有一定的抗温抗盐性、老化稳定性，以致油藏温度下聚合物溶液具有稳定的设计粘度；

（2）化学稳定性好，与油层水和注入水的配伍性好，不会产生化学沉淀伤害油层；

（3）在岩石孔隙中的吸附量小；

（4）用量小，增粘效果明显；

（5）来源广泛，价格低廉。

聚丙烯酰胺水溶液的粘度与剪切速率之间的关系表现为非牛顿流体特性，如图 4－10 所示。可以看出，粘度随剪切速率的增加而降低。

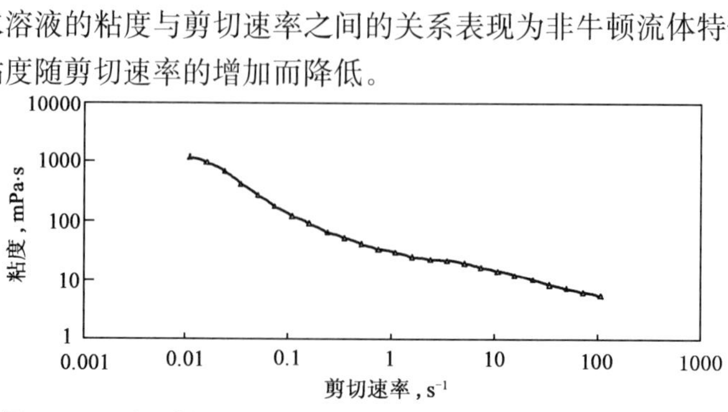

图 4－10　聚丙烯酰胺溶液的流变曲线（聚合物浓度 1500mg/L）

2. 驱油机理

聚合物驱的驱油机理主要是提高水相粘度和降低水相渗透率，从而降低水相流动性而不明显地影响油相的流动性，使水驱油流度比下降，减弱粘性指进（图 4－11），从而提高波及效率，达到提高采收率的目的。

图 4－12 表示流度比（M）、注入孔隙体积倍数（V_d）与面积波及效率（E_A）间的关系曲线。可以发现，油水流度比减小，面积波及系数提高。

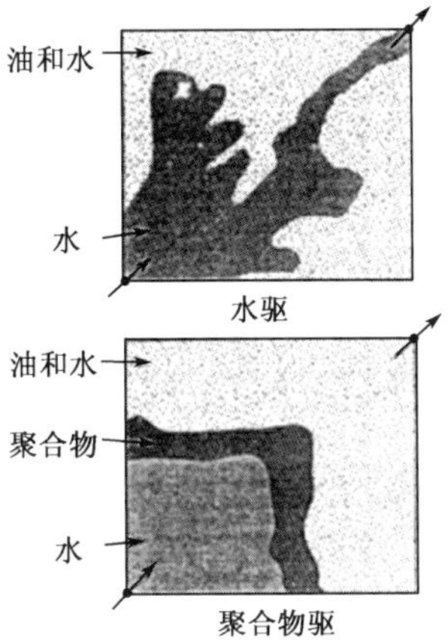

图 4－11　聚合物驱控制粘性指进示意图

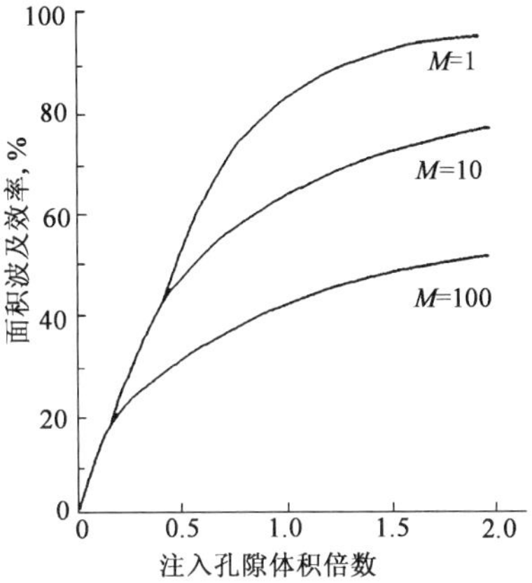

图4－12　流度比、注入孔隙体积倍数与面积波及效率间的关系

3. 聚合物驱油矿场应用

20 世纪 60 年代曾广泛开展稠化水驱，但发现提高采收率并不十分明显，主要问题是聚合物驱油仅能提高波及效率，几乎不能提高微观洗油效率，其次是吸附、捕集、滞留等缘故。

由于聚合物稠化剂提高粘度的幅度有限，因此这种方法仅对原油粘度 5～125mPa·s 的油藏最适宜；聚合物受油藏温度控制较大，故一般用于低于 93℃左右的油藏；当储层岩石粘土含量较大时，聚合物的消耗量就会很大；此外，还需要考虑聚合物溶液的注入性，生物聚合物尤为严重，堵塞可能是生物残渣或聚合物交联造成的，上述问题在论述实施方案的可能性时，值得考虑。

尽管聚合物驱存在以上局限性和问题，但是在油田开发早期阶段进行是有效的。因为它可以免除注水后所形成的清水带对聚合物溶液的稀释作用和已经形成的粘性指进，可明显的延缓油井见水时间，降低含水率，从而提高采油速度。

聚合物驱是我国提高采收率的主导技术，在大庆、大港、胜利、南阳等油田进入了工业化矿场应用。2002 年大庆油田聚合物驱产油量达到 1000×10^4t。大量的矿场应用实践表明，聚合物驱比水驱可提高采收率 5％～12％。

二、表面活性剂驱

表面活性剂驱油是最复杂的提高采收率方法之一，尽管此法的注入费用较高，然而它能从轻质油藏中最终开采出大量原油，其中大部分油用其他提高采收率方法不可能开采出来。

生活中，用肥皂水洗涤带油污的衣服就会洗净，利用活性剂溶液来提高采收率的想法也由来已久，出现了各种活性剂溶液的驱油方式。

驱油用表面活性剂一般使用石油磺酸盐（Petroleum Sulfonates）。表面活性剂驱分为活性水驱和微乳液驱，活性水驱使用的表面活性剂浓度一般在临界胶束浓度以下，微乳液驱使用的表面活性剂浓度一般在临界胶束浓度以上。

1. 活性水驱

活性水驱的主要机理为：它能降低油水界面张力，减少残余油的毛细管阻力，使残余油更易于启动、运移、聚并，形成油墙，从而提高采收率。此外，还可增加原油在水中的分散，形成油/水乳状液，油滴被活性水夹带而被采出；改变原油的流变性，对于高粘原油非牛顿液体，活性剂进入油中，降低极限动剪切应力；改变地层表面的润湿性，如亲油变为亲水等。

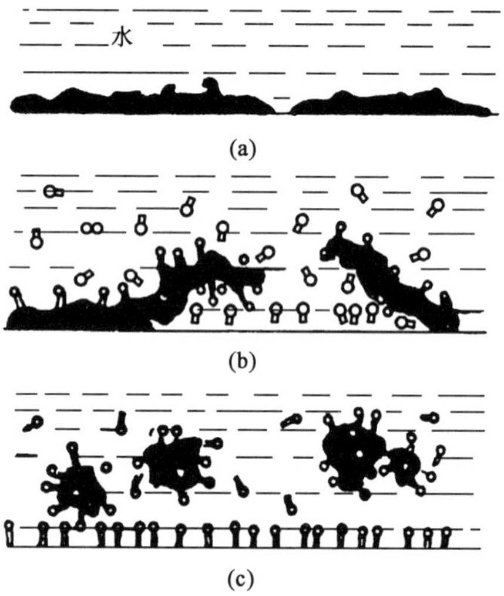

图 4－13　洗涤剂和机械作用从固体表面清除油污的过程

活性水是怎样改善水驱油效果的呢？对此，我们不妨对活性剂溶液从固体表面清除油污做一些分析。如图 4－13（a）所示，由于水本身的表面张力很高，润湿作用不强，水不能去除掉孔壁油污；如图 4－13（b）所示，水中加入活性剂后，憎水的非极性端会吸附在油滴及固体表面上，从而减少油污与岩石的附着力；如图 4－13（c）所示，洗涤剂分子在已经脱掉油的孔壁上和油滴周围形成吸附层，使油滴悬浮在溶液中，然后依靠流水的冲刷而离开岩石颗粒表面，被水驱走。

但是，这一方法存在着它致命的弱点，一是由于巨大的岩石表面会使活性剂被大量吸附在注入井附近，如有粘土质点存在，则活性剂将全被吸附，活性水很快变为清水；另一方面，由于活性水溶液的粘度仍很低，油水流度比几乎无明显变化，波及效率仍不高。因而此法已很少使用。

2. 微乳液驱油法

人们从理论上和室内实验中（如 CDC 减饱和度曲线）都已证明，如果驱替液和被驱替液（原油）之间的界面张力达到 10^{-3} mN/m 数量级以下时，则由于毛管力作用被陷留在较细或喉道窄口处的二次残余油基本都可以全部驱出。并且发现，一定配方的活性剂溶液（胶束溶液）可以达到这样的超低界面张力的要求。

所谓微乳液驱油法就是向地层中注入浓度较高的活性体系，通过增溶作用形成水包油、油包水的微乳液结构，以提高油层采收率的方法。尽管驱油机理复杂、活性剂成本太高，目前尚处于先导试验（Pilot test）阶段，但仍认为该法是最具有发展前途的方法。

1）胶束的形成

当活性剂在溶液中的浓度较低时（图 4－14），溶液中基本是单个活性剂分子，而且多数活性分子定向排列在表面上。活性剂在表面上的吸附量随浓度的增加而趋于饱和。

当活性剂浓度很高时，因单个活性剂分子在表面已排满，分布在表面的活性剂分子浓度不再增加。而溶液内活性剂分子间相互碰撞的机会增大，活性剂分子的亲油基团的吸引力变

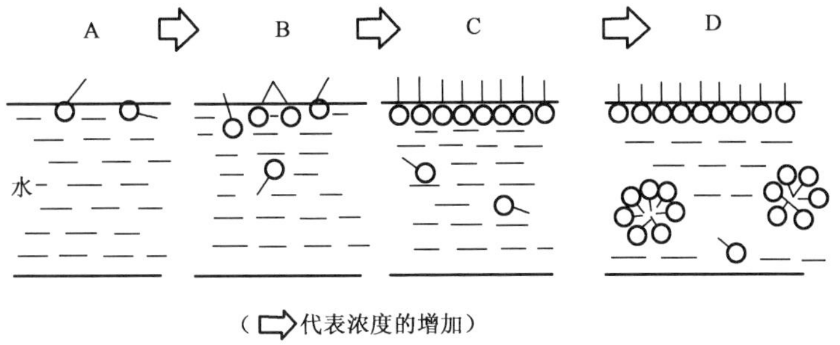

图 4－14　两相界面层吸附物质浓度的变化

得突出，烃链便相互吸引而缔合成以烃链为内核而亲水基外露的分子聚结体，称为胶束（micelle）。单个胶束可由 20～100 多个活性分子组成，其直径为活性剂分子的多倍，约为 10～100Å。对其整个溶液体系而言，称为胶束溶液。

在形成胶束的过程中，由于链烃和水接触，界面减小了，因而胶束的形成过程是一个降低界面表面能的过程，即胶束的形成是一个自发过程。

随着活性剂浓度的增减，胶束粒径的大小和数量也会改变。浓度增加时，胶束数量也增加。活性剂在溶液中开始明显形成胶束的浓度，称为临界胶束浓度。由于胶束的形成，改变了活性剂在溶液中的状态，所以在临界胶束浓度处，溶液的表面张力、溶解度、相对密度、电导率等都会产生突变。

2）胶束溶液的特点——增溶作用

胶束溶液的最大特点就是增溶作用，也就是形成胶束后的溶液，就好像有机溶剂一样，具有溶解不溶于水的有机物质（如原油）的能力，胶束的数目越多，溶解有机物的能力越强。

胶束的增溶作用，是把难溶于水的油相集中分布在胶束内部，由于油不是以分子状态分散，所以它不同于一般的溶液；又由于油滴不是另成一相与水接触，而是居于水外相胶束内部，所以不是一般的乳状液。图 4－15 是分散体粒径与分类关系示意图，可以看出，乳状液粒径为 1～10 μm，比胶束大得多。

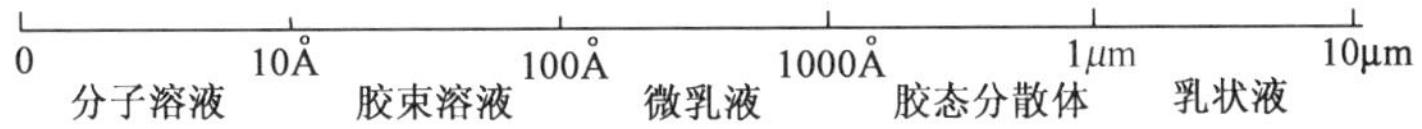

图 4－15　分散体粒径大小与分散关系

以上是烃类在活性剂溶液中的增溶，即油在水外相胶束中的增溶（图 4－16），同样也存在水在油外相胶束中的增溶（图 4－17）。

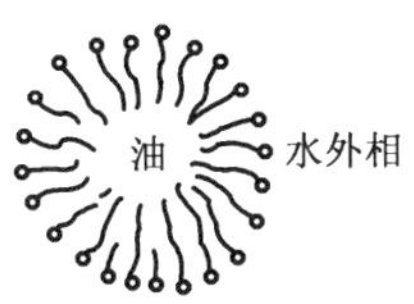

图 4－16　水外相胶束

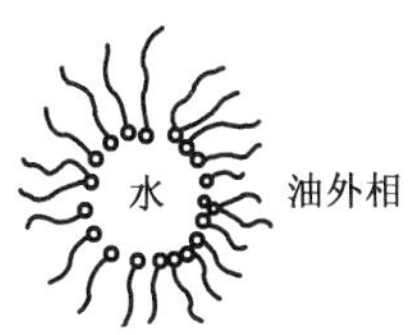

图 4－17　油外相胶束

3）微乳液的性质

为了增加胶束溶液的稳定性和调节其粘度，并为获得更加好的增粘效果，还可以向其中增加助活性剂。助活性剂（Co－surfactant）又称共活性剂，常用的是 C_3～C_5 的醇类（如丙醇等)，它可以从石油化学工厂得到。助活性剂本身具有一定的活性，且渗透力强，在胶束直径增大的情况下，不致使油水直接接触而有利于胶束稳定。

加入助活性剂后，体系的增溶能力可大大提高，胶束直径变大，其粒径为 80～1600Å，而成为一种透明或半透明的水—油—活性剂—醇—盐的体系，这类体系称之为微乳液。此时微乳液的界面膜由活性剂和助活性剂构成，这种混合膜是微乳液具有高度稳定性的重要原因，也是加入助活性剂的理由。而胶束的壳层通常只由活性剂分子所构成，不一定含助活性剂。

组成胶束的烃可以用各种石油产品和原油，也可用纯烃；表面活性剂以合成石油磺酸盐更好。

微乳液体系的相特性受溶液的含盐度，即电解质浓度的影响很大。随着体系含盐（如 NaCl）量的增加，可以配制出下相微乳液、中相微乳液及上相微乳液（图 4－18)。电解质的作用是改变溶液中离子势场，调节活性剂亲油、亲水等。

由图 4－18 可知，通过控制水溶液中含盐量的高低，可配制不同类型微乳液。同时也说明，微乳液对于地层水矿化度的大小是很敏感的。

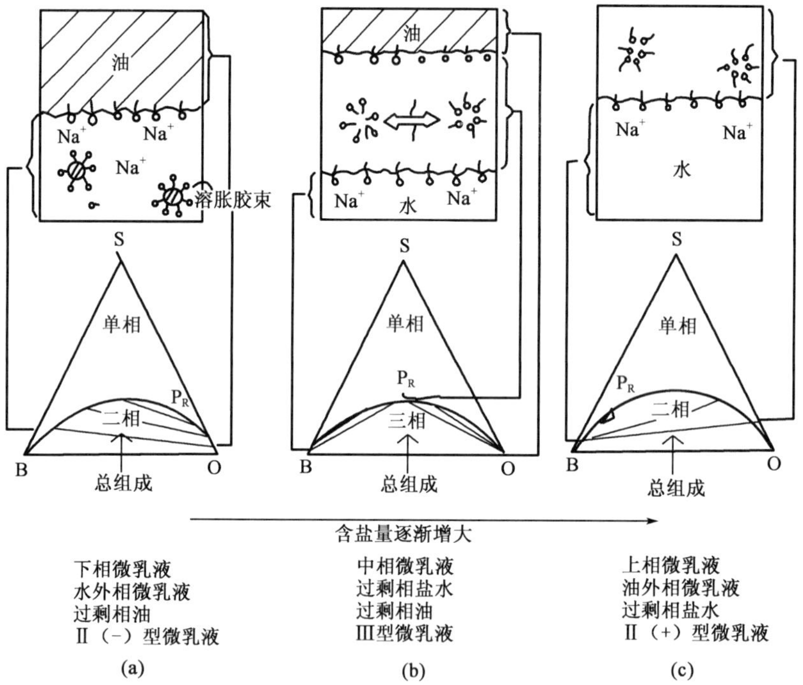

图 4－18　微乳液类型随含盐量的变化关系

B—盐水相；S—活性剂溶剂相；O—油相；P_R—折点

4）微乳液驱油机理

(1) 微乳液与过剩油具有超低界面张力，能降低毛管力。利用微乳液增溶性质，形成水包油结构可通过水相携带原油到地面；形成油包水结构有利于形成富油带（oil bank)，增加含油饱和度，大幅度提高采收率；形成单相微乳液能够消除油水界面，即具有消除驱替液和被驱替原油之间的界面，达到与地层油的混相作用，从而提高洗油效率，提高采收率。

（2）微乳液溶液，严格地说是一种非牛顿流体。这种流体在岩石孔隙中流动时所表现的粘度成为视粘度或达西粘度，其数值大小与流动速度有关。人们利用胶束溶液希望有这样的驱油效果，即在剖面上胶束液先进入高渗透层，由于流速增大，粘度也增大，迫使这种溶液自行进入低渗透层驱油，可以提高垂向剖面的波及系数。在平面和微孔道中也希望有类似的特性，从而可以提高波及面积和洗油效率，消除渗透率差异和孔隙结构上的非均质性的不良影响。

5）*矿场试验及存在问题*

目前矿场试验的主要方法是将微乳液驱油效率高和聚合物驱波及效率高的两个优点结合起来，可达到洗油效率及波及系数均优的效果。胶束—聚合物驱替流程如图 4-19 所示。

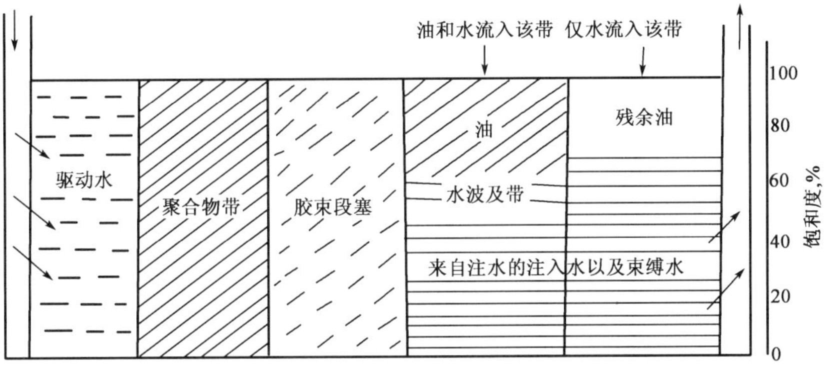

图 4-19　复合驱示意图

（1）矿场试验。

注入时，先向油层注入微乳液（胶束）段塞，接着注调整流度的聚合物溶液，再接着便是注入作为驱油流体的普通水。注入的油外相胶束段塞逐渐增溶一部分地层中的水，并驱替原油及大部分水。此时生产井只产水不出油，表面常规水驱结束。在胶束后注入的聚合物溶液又常称为流度缓冲液。整个驱替体系为水→聚合物段塞→胶束段塞→油层中的原有的油和水，这是最简单的注入模式。根据实际需要，可以设计较上述更为复杂的驱替系统。例如，为了避免地层水中盐类对活性剂的影响，可以在微乳液段塞前加注一段预清洗液（如清水、NaCl 溶液等）。由于原油在胶束段塞前富集而形成富油带，含油饱和度增大，最后在胶束前缘接近生产井时，富油带的油便从生产井产出。

关于活性剂浓度段塞大小问题，目前有两种方式：一种高浓度小段塞；一种是低浓度大段塞。但室内和现场试验认为前者更优。一般认为段塞体积大于孔隙体积的 5%。

（2）存在的主要问题。

①经济问题：因为活性剂浓度至少必须达到临界胶束浓度以上，而且浓度高时，采收率也高。但这需要大量的活性剂，则存在一个经济问题。1985 年，有人认为，对于油价每桶为 35 美元时，可达到不亏不赚。

②活性剂吸附问题难以解决：大庆油田实验认为，用胶束处理水井，主要是排除井底附近的残余油、油水乳化液以及少量石蜡、沥青等有机物，从而使水相渗透率上升，岩石吸水能力上升，尤其对新井转注，效果更好。据文献报道，用木质素磺酸盐作牺牲剂效果很好。

在研究活性剂水驱过程中，Taber 曾提出过所谓“低张力水”的方法，其原理是在水中加入表面活性剂，使油水界面张力降低到 10^{-3} 数量级，二次残余油就基本上可以驱尽，从而提高洗油效率，提高原油采收率。由于它不像胶束那样要求活性剂达到过饱和状态，所以活性剂浓度比胶束小。尽管如此，依然存在活性剂吸附问题，而这在原油生产中是非常不利的。

三、碱性水驱

为了克服活性剂在岩石中被吸附，以及活性剂用量大、价格昂贵的缺点，兼顾原油中含有各种有机酸，人们试图将碱液注入油层，利用碱液与有机酸作用，在油层中就地生成活性剂物质，从而降低油水界面张力，改变润湿性，以提高洗油效率，这就是所谓碱性水驱油法。

该方法具体运作为：向水中加入 1%～5%的 NaOH、Na_2CO_3 等碱性物，将注入水的 pH 值控制在 12～13 左右注入油层。由于无机碱来源较广，价格便宜，因此具有明显的经济优势。

碱性水驱的机理：

(1) 在低浓度的碱性水驱中，主要的驱油机理是降低油水界面张力。

(2) 高浓度碱性水驱时，碱与原油中的有机酸反应产生的活性剂被吸附在岩石表面，从而改变岩石的润湿性。有人认为，在这种润湿性转化的不稳定过程中，水流作用更容易将油驱走。

(3) 碱性水与原油中以环烷酸为代表的有机酸反应生成水包油型乳化剂——环烷酸钠皂。例如：

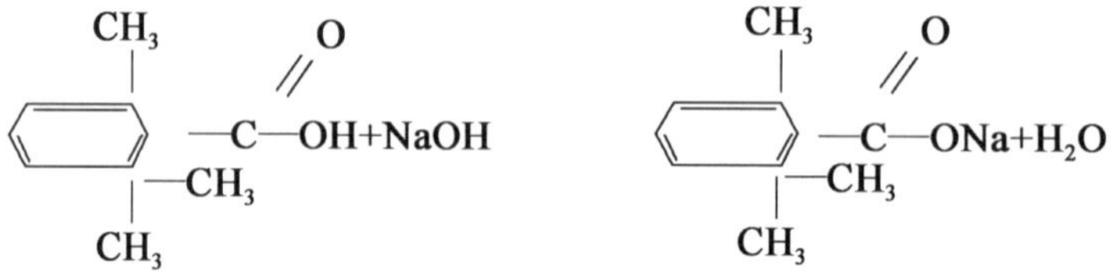

(4) 乳化捕集作用：乳化剂的存在会使原油与水乳化而生成水包油型乳化液，将油随水带出，当遇到狭窄的岩石孔隙时，就会遇阻，乳化被捕集，结果使水的流度降低，抑制水驱粘性指进，提高了垂向与水平波及系数，这种作用又称乳化液的锁塞效应。这一驱油机理适用于非均质的稠油油藏。

上述四种机理产生的前提是要求原油中必须含有一定数量的酸。为了能生成足够的活性物质，保证碱与有机酸反应，只有对酸值（酸数）较高的原油方能进行碱性水驱。经研究认为，原油的最小酸数应为 0.5～1.5mgKOH/克原油。酸数不是一个绝对的数值范围，它与酸的类型和产生活性剂性质有关。

值得注意的是，当地层岩石中含钙镁等盐类及粘土时，便会与碱反应而产生 $Ca(OH)_2$ 一类沉淀。例如：

石膏　　$CaSO_4 + 2NaOH \rightarrow Na_2SO_4 + Ca(OH)_2 \downarrow$

粘土　　Ca—粘土＋NaOH → Na—粘土＋$Ca(OH)_2 \downarrow$

　　　　H—粘土＋NaOH → Na—粘土＋H_2O

上述反应的结果，会大大增加碱的消耗，降低碱水驱的效果。因此，进行碱水驱必须尽量避开含石膏、粘土的地层，并且注入碱性水时，要先注入淡水前置液，驱除含 Ca^{2+}、Mg^{2+} 等离子的地层水。

利用碱性水驱的另一局限性在于：该方法不适用于原油粘度过高的油藏，它也具有普通水驱流度比过高的弊端。目前，常在碱水中掺入聚合物溶液来改善其流度。

应当指出，碱水驱尽管存在各种局限性，驱油机理也不十分清楚，但矿场试验表明，它可将采收率提高 10%以上，因此此法确有诱人之处，仍不失为一种很有效的提高采收率方法。

四、三元复合驱

如前所述，聚合物具有控制流度和提高波及效率的作用；表面活性剂具有降低油水界面张力或/和增溶油水的能力，可以降低驱油过程中的毛管阻力，提高微观洗油效率；碱能够与地层原油中的酸性物质作用，就地生成表面活性剂，发挥表面活性剂驱的作用。聚合物驱、表面活性剂驱和碱水驱方法各有特点和局限性，如果将它们结合形成三元复合驱，由于具备界面张力低、流度控制合理的双重特点，因而既能大幅度降低残余油饱和度、提高驱油效率，又能提高波及效率，使采收率大大提高。

碱、聚合物、表面活性剂驱油技术主要是注入复合驱油体系，通过改变驱替相的粘度、相对渗透率、油水界面张力、岩石润湿性来提高石油采收率，注入流体既能进行流度控制又能降低界面张力，提高波及效率和驱油效率，从而提高原油采收率。

碱、聚合物、表面活性剂在轻油藏的水驱机理有如下认识：

（1）为采出增产原油有必要加入流度控制剂。不加入适量的流度控制剂，设计最佳的碱、表面活性剂溶液也不会显著增产原油或是增产原油很少。

（2）在碱、聚合物、表面活性剂溶液中由于吸附作用损失了表面活性剂，或者表面活性剂加入量减少都会大大降低增油产量。

（3）各种类型的碱、聚合物、表面活性剂都可以混合并使界面张力降至最低值。每一组分都将改变界面张力，因此，如何混合碱、聚合物、表面活性剂溶液中的不同组分是十分关键的。

（4）注入的化学组分与岩石间的相互作用对采出增产原油起主要作用，超低界面张力值对于采出增产原油是重要的。

（5）在共注过程中碱的加入减少了表面活性剂和聚合物的吸附作用，表面活性剂和聚合物的吸附作用相互影响并存在流体与流体间相互作用。

我国大庆油田“八五”和“九五”期间所开展的三元复合驱矿场先导性试验结果得到证实，中区西部和杏二区西部三元复合驱矿场先导性试验取得了比水驱提高采收率 17%～22%（OOIP），比聚合物驱提高采收率 10%（OOIP）的良好效果，同样展示了该项技术的广阔应用前景。由此可见，以三元复合驱为主的化学复合驱技术已日趋成熟并将在我国油田开发中发挥巨大作用。

第五节　气体混相驱油法

20 世纪 40 年代，当人们认识到水驱方法提高采收率所受到的限制后，就开始研究混相驱了。

在注气实践中人们发现，当进行高压注气生产原油时，采收率可高达50%～70%，洗油效率几乎接近100%，采出的气体中含有较多的轻质油组分；而低压注气时，采收率仅为25%～35%，洗油效率很低。为什么会有这种现象呢？研究表明，当高压注气后，油藏原油中的轻烃可以被气体抽提，并被气带出，大大改善了气驱油时的洗油效率。进一步研究发现，在这一过程中，发生了所谓的“互溶混相”现象。

一、混相驱概述

气体混相驱（Miscible displacement）是注入气体与原油在一定条件下实现混相驱替的提高采收率技术，是提高采收率的重要方法之一。它的基本机理是驱替溶剂（注入的混相气体）与被驱替剂（地层原油）在油藏条件下形成混相，消除界面，使多孔介质中的毛细管力降为零，从而降低因毛细管效应产生毛细管滞留所圈捕的石油，原则上可以使微观驱油效率达到百分之百。

1. 混相驱种类

可用来混相的物质有二氧化碳、干气（或富气）、氮气和液化石油气等，也有采用烟道气的报道。总之，应选用同原油极性差最小的物质以便在最小的混相压力下形成混相。当然，混相物质的选择除了要求在技术上是可行外，最重要的还要在经济上可行，二者必须兼备。从经济上讲，天然CO_2气（即CO_2气矿）和N_2（从空气中分离）是最有利的混相气体。然而，地下原油的性质能否保证在低于（或接近）地层压力下形成混相也是重要的因素。

根据不同注入气体与原油系统的特性，可将混相驱分为一次接触混相驱和多级接触混相驱。对多级接触混相驱又可细分为蒸发气驱（贫气驱）和凝析气驱（富气驱）两种方式。

不管注入哪一种溶剂，混相驱都是一种介质驱动另一种介质，使注入的混相剂与原油相混，并使原油向生产井流动的过程。此时，一般在地层中会出现三个带，即驱动介质带、混相带和富油带（图4-20）。

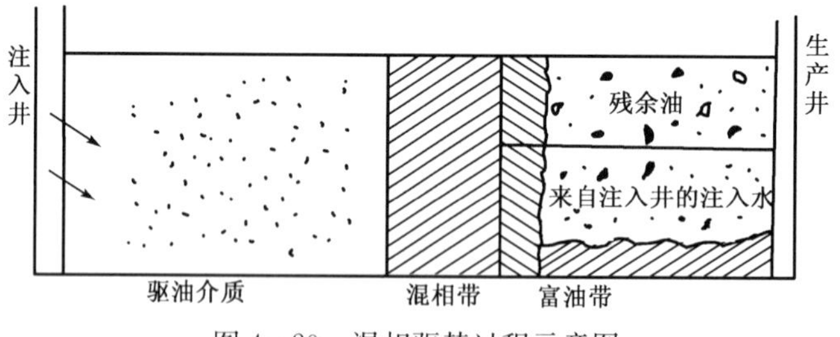

图4-20　混相驱替过程示意图

由于存在着原油与注入剂互溶混相带，就使地层中原油和注入剂之间的界面消失，直至界面张力为零、毛管压力为零，而极有利于将原油驱替入生产井。

2. 混相条件

混相条件取决于：

（1）油藏的温度：温度高则混相压力可以较低，因此深部油藏便于混相；

（2）原油的密度：含轻烃较多的原油，密度小，可在较低的压力和温度下即能混相；

（3）混相剂：易溶于原油的溶液，如液化石油气、二氧化碳等较易于混相；与原油性质相差悬殊的物质，如甲烷、氮气等，则需要更高压力才能混相。

3. 混相驱的拟三元（三角）相图

在混相驱油研究中，常用三角相态变化图来描述混相的机理。这里以拟（视）三组分：C_1、C_{2-6}、C_{7+}三元相图为例来加以说明。

三组分三角相图是在一定压力、温度下，仅仅改变体系中三组分的组成比例而作出的。当压力和温度一定时，三元相图的特征就一定了（图4-21）。图中GK为露点线，LK为泡点线，二线的汇合点为临界点K，GKL所包围的区域为气、液两相区。KA为临界相态分界线；CGK以外区为纯气相区；LKA为纯液相区；C_{2-6}KA区是以气相为主的临界混相区。

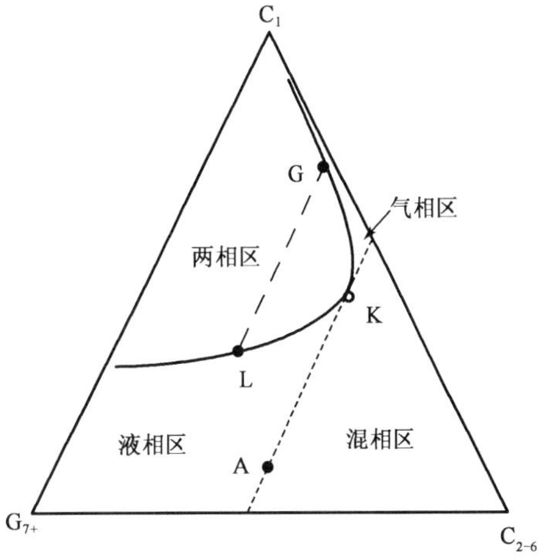

图4-21　拟三元相图

由于注入剂和原油之间由不混相发展到混相的过程，其相态变化都是在两相区中进行，因此对两相区的特点应引起足够重视。在两相区内的任一点，其点所处位置代表体系总组成。由于处于两相区内，说明该体系一定呈现气、液两相。当体系平衡时，该体系的气相组成与液相组成一定，且体系所处点的位置还决定了气、液相两相数量比例的多少。

例如，给定某种饱和液体L，就有一种相对应的饱和蒸气相G与之处于平衡，直线LG称为“联系线”或“系线”。在该系线上的任意一点因为落在两相区内，故该体系为气、液两相共存，其气相与液相的组成固定，分别为G、L所代表的组成。

以上是对一定温度、压力下的相图而言。当温度、压力改变时，两相区范围的大小如何变化呢？如图4-22所示，图中表明两相区范围会随压力升高和温度降低而缩小，从而更加容易形成混相。

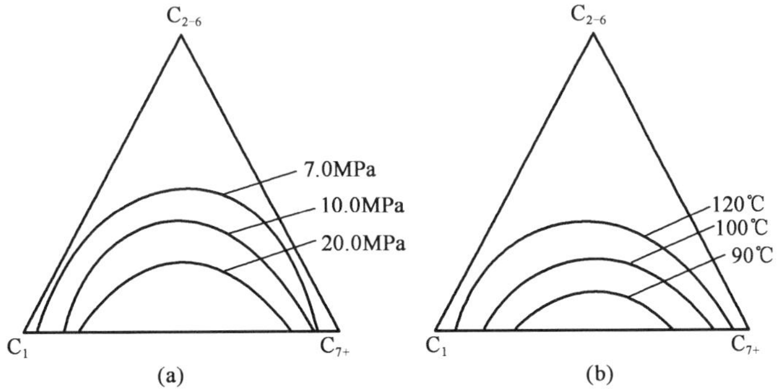

图4-22　三元相图两相区随压力温度变化图

（a）温度一定；（b）压力一定

二、一次接触混相驱

达到混相驱替最简单和最直接的方法是注入按任何比例都能与原油完全混合的溶剂，例如液化石油气，以便使所有的混合物为单相。最典型的一次接触混相驱方法是液化石油气段塞法，简称为LPG（Liquified Petroleum Gas）驱，它是利用液化石油气产品（如乙烷、丙烷及丁烷）与原油一旦接触就可立即互相混溶的特点（即一次混相），将液态烃注入油层，与原油混相，以提高采收率。

一次接触混相驱的相态要求如图 4-23 所示。在这个拟三元相图上液化石油气溶剂用拟组分 C_2～C_6 代表。所有的液化天然气和原油的混合物，在这一图上全部位于单相区。为在溶剂与原油之间达到一次接触混相驱，驱替压力必须位于 $p-X$ 相图临界凝析压力之上，因为溶剂与原油混合物在这一压力之上为单相。

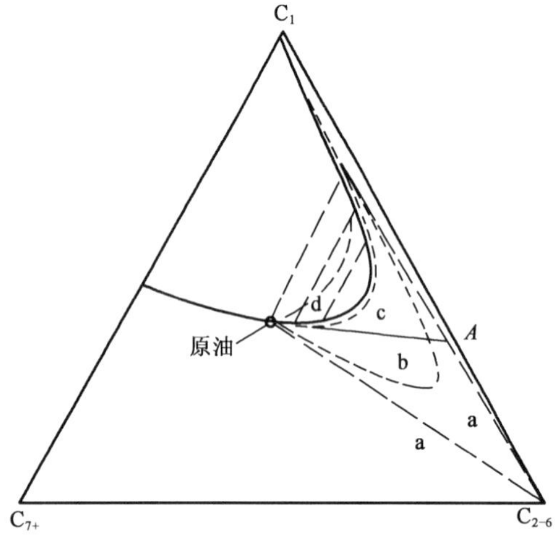

图 4-23　溶剂段塞的一次接触混相

液化石油气段塞或丙烷段塞（Propane Slug）法的物理混相过程如图 4-24 所示。如注入丙烷段塞（以 C_3 为主），其注入量约为孔隙体积的 5%，丙烷段塞后面是用来推动该段塞的天然气、其他气体或水。段塞在油层中移动，就把地层中的油和可动的水驱走。在段塞前面形成富油带或油墙（Oil Bank），水则在油的前面流动而被产出。

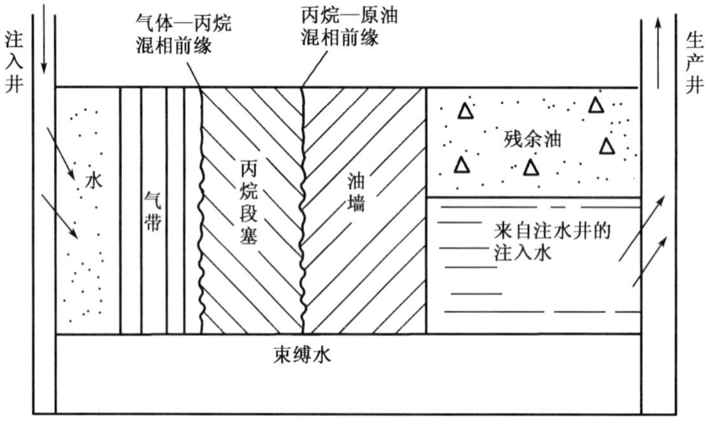

图 4-24　丙烷段塞混相驱示意图

应用这种方法的油层必须超过一定的深度，这是因为要使段塞和前面的原油之间保持接触混相，使丙烷为液态时的地层压力就必须很高。在通常的油层温度下丙烷和前面原油混相需要大约 20.0～40.0MPa 的压力。如果使用空气或烟道气驱替混相段塞，所需的混相压力还要高，因而这一方法用于较深部的油层，并且在任何条件下，油层的温度必须低于混相段塞的临界温度。

注液化石油气应在上、下盖层封闭较好的油层或倾角较大的油层中为宜，这样液化石油气的损失就可减少；同时还要求能回收液化石油气。注液化石油气段塞驱油必须在前方形成富集油带，这主要取决于段塞的大小。此外，段塞驱油的成功与否还与油层的均质性有关，岩层均质性越好，其采收率也越高。

目前，由于注液化石油气段塞驱油法的经济效果对大多油田均不理想，适应的油层条件也过于苛刻，通常靠注富气加以改善，即采用富气混相法。

三、多级接触混相驱

注入气体后，油藏原油与注入气之间就地出现组分传质作用，形成一个驱替相过渡带，其流体组成由原油组成过渡为注入流体的组成。这种原油与注入流体在流动过程中重复接触并靠组分就地传质作用达到混相的过程，称为多次接触混相或动态混相。

在多级接触混相驱中，需用到两个概念，即向前接触和向后接触。向前接触是指平衡的气相与新鲜的原油接触，通过蒸发或抽提作用进行相间传质。而向后接触是指平衡液相与新鲜注入气之间不断进行的相间传质。这两种驱替的混相带在不同地点发生，向前接触发生在前缘，向后接触发生在后缘。

根据传质方式的不同，多次接触混相驱分为凝析气驱（富气驱）和蒸发气驱（贫气驱）。

1. 凝析气驱

富气中含有大量的 C_2～C_6 组分，它不能与油藏原油发生一次接触混相，但在适当的压力下可与油藏原油达到凝析气驱动态混相。即注入的富气与油藏原油多次接触，并发生多次凝析作用，富气中的中间组分不断凝析到油藏原油中，使原油逐渐加富，直到与注入气混相。

富气凝析气驱混相的机理如图 4－25 所示，图中示出了油藏原油及注入富气 B 的组成。由此可见，油藏原油与富气起初并不混相，但当富气接触油藏原油后，由于富气中的中间组分溶于原油中，原油加富，油藏流体组成变为 M_1，其相应的平衡气液分别为 G_1、L_1；随后，再注入富气推动可移动的平衡气体 G_1 向前进入油藏，留下平衡液体 L_1 供注入气接触，并发生混合，在这一位置上形成一新的混合物 M_2，其平衡气液分别为 G_2、L_2；继续注入富气，重复上述过程，井眼附近液相组成以相同方式逐渐沿泡点曲线改变，直至临界点，气液达到平衡，油气不存在相界，完全达到混相。

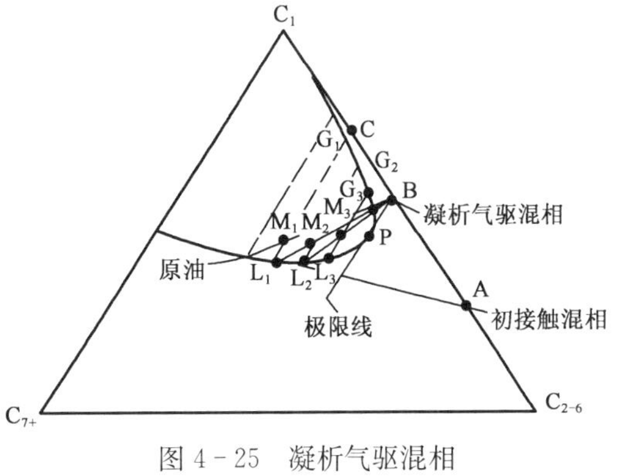

图 4－25　凝析气驱混相

显然注富气混相驱是多次接触混相过程，通过注入富气中的中间组分不断凝析到原油中，原油逐渐被加富，在注入气的后端与原油性质达到相同，从而实现混相。通常必须注入相当多的富气才能使混相前缘的混相得以保持，一般采用的富气段塞为 10%～20%的孔隙体积。段塞后面可为贫气（以甲烷为主）或贫气水。

2. 蒸发气驱

达到动态混相驱替的另一机理是，依靠就地蒸发（汽化）作用，让中间相对分子质量烃从油藏原油蒸发并进入注入气。这种达到混相的方法称为蒸发气驱过程。用干气、二氧化碳、烟道气或氮气作为注入气是可以达到混相的。当油藏原油含有较多中间烃时，通过注入气与原油多次接触，能蒸发或抽提油藏原油中的烃，使注入气富化，实现蒸发气驱动态混相。干气、烟道气和氮气主要用以抽提 C_2～C_5，CO_2 也能达到动态混相，主要用于抽提更大相对分子质量的烃，即 $C_2 \sim C_{30}$。这里以干气为例讨论蒸发气驱混相的机理。

图 4－26 中的油藏原油 A 含有较多的中间相对分子质量烃，并且它的组成位于通过临界点的极限系线的延长段上。注入初期，注入气体与油藏原油是不混相的，注入气体由井眼向外非混相地驱替原油，并在气前缘的后面留下一些未驱替走的原油。此时注入气体与初次接触后未驱替走的原油的总组成为 M_1，油藏中平衡的气、液相组成为 G_1、L_1。继后，注入气体推动平衡气体 G_1 更深入地进入油藏，平衡气接触到新鲜的油藏原油，液体 L_1 则残留在后面。通过第二次接触，油藏达到一个新的总组成 M_2，其相应的平衡的气、液相组成为 G_2、L_2。再进一步注入气体，使气体 G_2 向前流动并接触新鲜的油藏原油。重复以上过程，使驱替前缘的气体组成沿露点曲线逐渐改变，直到它达到临界点的组成——临界点流体直接与油藏原油混相。

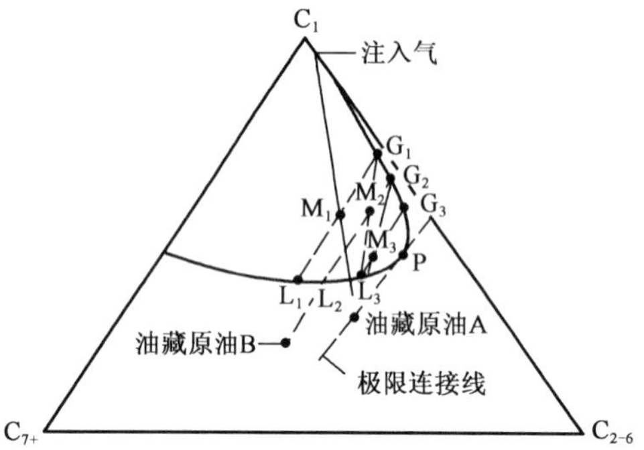

图 4－26　蒸发气驱混相

据蒸发气驱机理分析，只要油藏原油的组成位于极限系线或其右侧，注入气组成位于极限系线左侧，就能达到混相。如果原油组成位于极限系线的左侧，则气体的富化仅能发生在当平衡气体的组成延长后通过原油组成系线的情况。图 4－26 给出了一个例子，当驱替油藏的原油组成为 B 时，注入气体被富化后仅能达到平衡气体 G_2 的组成，不会富化至超过这一组成，因为气体 G_2 进一步接触油藏原油仅能产生位于通过 G_2 系线上的混合物。原油组成必须位于极限系线右侧的意义是，只有欠饱和甲烷的原油才能被干气混相驱替。因此，图 4－26泡点曲线上的原油组成 L_2 与甲烷—天然气不会发生蒸发气驱混相。

在注气过程中，随着油藏原油的中间相对分子质量烃浓度的减小，为达到混相，要求更高的注入压力。增加压力可以增加蒸发作用，使中间相对分子质量烃进入蒸气相，从而减少两相区并改变连接点的斜率。对许多原油而言，注入干气、氮气、烟道气需要较高的混相压力，但在油藏注入工程中却往往达不到此要求。

二氧化碳驱需要的混相压力较低，与干气、氮气、烟道气相比，更易于实现混相。在一定条件下，CO_2 会从原油中抽提出较重组分的碳化合物，不断使 CO_2 的驱油前缘与原油组成接近，从而形成混相，有效地将地层原油驱替入生产井，提高原油采收率。

1）驱油类型

CO_2 驱油类型通常有两种：一种是 CO_2 水驱油，如图 4－27（a）所示；另一种是水驱 CO_2 段塞驱油，如图 4－27（b）所示。试验表明水驱 CO_2 段塞驱油效果比 CO_2 水驱效果好。其原因是 CO_2 段塞驱油时，CO_2 直接与油接触，而 CO_2 水驱时仍是靠溶解于水中的 CO_2 慢慢向油中扩散，而且在 CO_2 水驱流动时，其前方形成共存水富集带，从而使 CO_2 和原油的流动受阻挡而变差。从图 4－28 可以看出，在所用 CO_2 量相同的条件下，CO_2 段塞驱油比 CO_2 水驱的采收率要高 25％～35％。

2）CO_2 的驱油机理

（1）CO_2 极易溶于原油中，从而使原油从稠变稀，粘度大大降低。并且原油越稠，CO_2

降粘效果越显著。随压力的增加，油中溶解 CO_2 气量增大，粘度迅速降低；

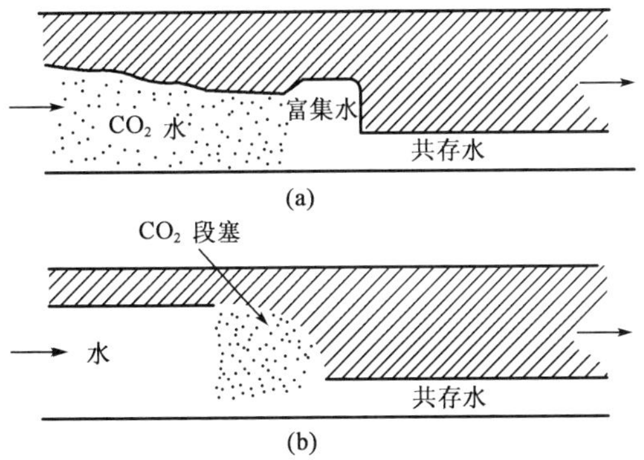

图 4－27　CO_2 水驱和水驱 CO_2 段塞的比较示意图

（a）CO_2 水驱；（b）水驱 CO_2 段塞

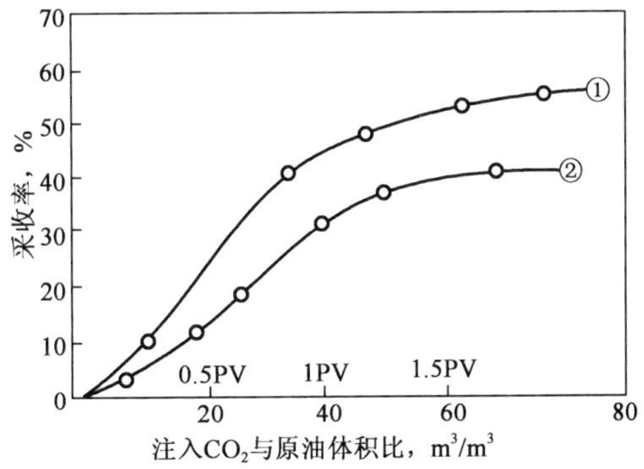

图 4－28　CO_2 水驱和水驱 CO_2 段塞原油采收率的对比

①水驱 CO_2 段塞；②CO_2 水驱

（2）CO_2 易溶于原油，使原油体积膨胀，原油密度越小，体积膨胀率越大，通常其体积膨胀可达 10%～40%；体积膨胀的结果，使地层油饱和度增大；

（3）CO_2 对原油中的轻质组分有抽提作用，其抽提效率（指抽提出的烃类液体体积与 CO_2 体积之比）比相同条件下的甲烷更大；

（4）在一定压力下注入 CO_2，类似高压注干气的机理与接触的原油混相；由于 CO_2 本身的相特性，临界温度比天然气高，故与天然气相比，CO_2 更容易溶于原油，CO_2 的拟三角相图两相区比甲烷的小，CO_2 实现混相的最低压力也比甲烷更低，故更容易实现混相，而成为一种良好的混相剂；

（5）CO_2 溶于油中可显著地降低界面张力，有的可降至 0.01dyn/cm；Martin 甚至发现 CO_2 与某些原油接触后会形成洗涤剂并改变岩面润湿性。

3）CO_2 驱油存在的问题

（1）在低压下，CO_2 的粘度很低，容易过早地从生产井突破，发生气窜，降低扫油效率。

（2）混相后，原油粘度比地层油粘度低得多，很易产生指进，提前窜流到生产井中。通常需要交替注入几个 CO_2 水段塞。

（3）需要 CO_2 的注入量太大，采出 $1m^3$ 原油一般需注入大约 $8900\sim17800m^3$ CO_2。

实际表明，只要有充足的气源，注富气、注 CO_2 及高压注干气等方法在混相驱中是很有前途的。这些方法的驱油效果是以气液的质量转换为基础，而不是建立在直接混相上，因此这些方法大都适用于轻质油（相对密度小于 0.8762）。

除上述各方法外，还可向地层注入不活泼气体如 N_2，使之与油层流体多次接触，从原油中提取较轻组分的碳氢化合物，从而达到混相驱替原油的目的。也可采用三种供驱油试验用的不活泼气，即锅炉烟道气、发动机废气、低温分离空气时获得的氮气，其中锅炉烟道气是比较现实的不活泼气。

氮气（N_2）与地层原油之间的混相过程与高压注干气过程相类似，它们都需要在注入气体和地层原油之间产生能建立混相的过渡带。在原油和注入气之间形成混相所需要的压力，取决于地层内流体的性质，也取决于体系的压力和温度。在获得混相以前，需要一定的驱替距离，当驱替气中含有大量氮气时，实现混相所需要的距离实际上是很长的。某些挥发性地层原油很容易与氮气、烟道气混相，就像它们很容易与碳氢化合物混相一样。

采用不活泼气体驱油，只在有限的流体成分、压力和温度范围内才会有效。因此，能够使用不活泼气体驱油法的油层是有限的。尽管如此，该方法仍很有前途，因为获得气源相对容易些。

第六节　热力采油法

在提高原油采收率的三大方法中，热力采油法是世界上发展最快、成效最显著的方法。目前世界上用此种方法采出的油量超过 $16\times10^4m^3/d$，其中美国为 $8\times10^4m^3/d$，俄罗斯 $6.5\times10^4m^3/d$，加拿大为 $8000m^3/d$。因此，它也是提高采收率方法中采出油量最多的方法。美国靠 EOR 方法采出的油量中，热力法采出的原油占 60%以上。

我国不少油田，如胜利、辽河、克拉玛依、南阳等油田都有丰富的稠油资源。它们的原油地下粘度从几十到成千上万毫帕·秒，开发这类油田的根本问题是原油的流动性太差。目前世界各国在开发过程中，把地层条件下原油粘度大于 100mPa· s，相对密度大于 0.9 的油藏看做是注水效果极差的对象。这时水驱采收率小于 15%，若靠提高注入液的粘度，减少流度比来提高采收率，其效果也很有限。

那么，如何对付这类高粘油田呢？实践证明，加热是最有效的办法。采用热力驱油，采收率可高达 40%～60%。

热力驱的机理在于使原油粘度大大降低，这就改善了原油流动性能，提高了波及效率；热能还会使原油膨胀，增加了原油从油藏排出的动力；此外，热能对原油有蒸发，甚至蒸馏作用，这蒸馏出的轻质馏分和前面的较冷的地层原油接触时，发挥溶解作用，改善流动性。

油层驱油的热量一般有两种加热方式：一种是热源在地面，向油层注入热载体（如蒸汽）的方法。常见的有注蒸汽、热水、烟道气。注蒸汽的方法采用最广，实施也相对容易些，但热量损耗较大。另一种是热源在地下，即井下安装电热器、井下蒸汽发生器、或直接在油层点火燃烧的火烧油层法。火烧油层法热耗虽小，但实施较难。所以到目前为止，远不如蒸汽法那样普遍。

目前已形成三种商业性热力采油技术，即蒸汽驱、蒸汽吞吐和火烧油层。

一、蒸汽吞吐法

蒸汽吞吐法（Steam huff and puff），也称循环注蒸汽（Cyclic steam injection）或蒸汽浸泡法（Steam Soak），是目前热力采油中广泛应用的方法。

该方法的过程分三步：注入蒸汽—关井浸泡—开井生产。首先是向生产井注入大量蒸汽；然后关井数天（如 3～7 天），使热量充分向油层扩散，从而显著提高重油流度，这即为蒸汽浸泡油层阶段；最后开井进行生产。由于注入井与采油井为同一井，故常称为单井吞吐。

在蒸汽注入阶段，蒸汽与油层中原油充分接触，在浸泡阶段，由于原油温度升高，粘度降低，因而在开井生产时，油就会流入井底。通常认为，注入蒸汽后，除显著提高原油流度外，对提高采收率还有以下有利因素。例如，地层中流体的热膨胀，其结果会减小最终残余油饱和度；可起到清洗井筒的效应，使井周围的渗透率得到改善。由于蒸汽吞吐方法见效快，世界不少国家都广泛采用，其中美国使用最多，仅加利福尼亚州的中途日落油田，1979

年吞吐井就达 1821 口，日产原油 3100t。蒸汽吞吐在我国也是一种实用的方法。

为了减少关井停产时间，对于厚油层，可以采取一井连续注入和同时连续生产的方法，如图 4－29 所示，即在油层的中上部位置，在套管内下一封隔器，从油、套管环形空间向油层上部注入蒸汽，原油则从封隔器以下的油层进入油管进行采油，而不需要关井停产。

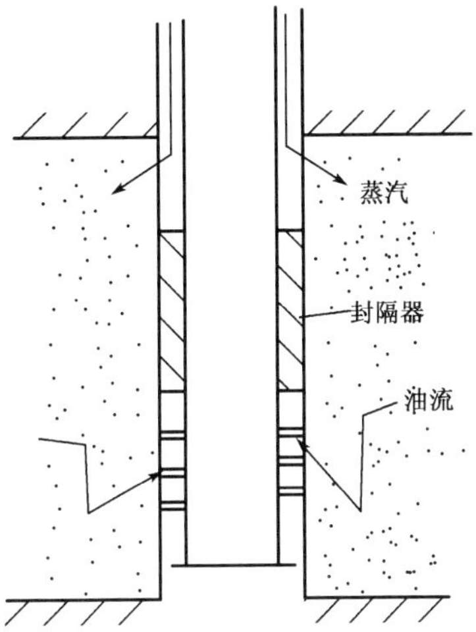

图 4－29　厚油层蒸汽吞吐示意图

进行蒸汽吞吐的油层最好能满足以下条件：

（1）油层要厚、要浅，这样才可以减少盖层、底层及井筒的热损耗。一般油层厚度要大于 10m，井深最好不超过 1000m；

（2）原油要稠，含油饱和度要高，才能使降粘效果显著，避免热量浪费；一般原油粘度要大于 200mPa·s，含油饱和度要高于 50%；

（3）地层压力要高，使原油容易流入井。

对于一般的油层，油井在进行一次吞吐后，产量会逐渐降低。当产量降低至一定程度时，可以再注蒸汽，关井浸泡，再开井生产，如此循环，进行第二次或更多次的吞吐。

严格讲来，蒸汽吞吐只是一种增产措施，因为它只是改善了井底附近原油的粘度，改善了井周围的流动条件，并未改变驱动方式，进入油层的能量也较少。虽然有的井反复吞吐几十次仍有原油采出，但效果会依次递减。为此，通常的作法是经过几次蒸汽吞吐后，就将井网改成蒸汽驱。如加拿大的 Peace Rive 油田，开始时采用蒸汽吞吐，以后改为蒸汽驱，采收率可望达到 50%以上。

二、蒸汽驱油法

蒸汽驱油法也是当前的主要热力采油法之一。除了由蒸汽吞吐转为蒸汽驱外，也可以一开始就直接采用。

该法的驱油过程与注水相同。按蒸汽进入油层的过程可以将其分成四个带，即高温蒸汽带、热水带、冷水带和高饱和油带（图 4－30）。

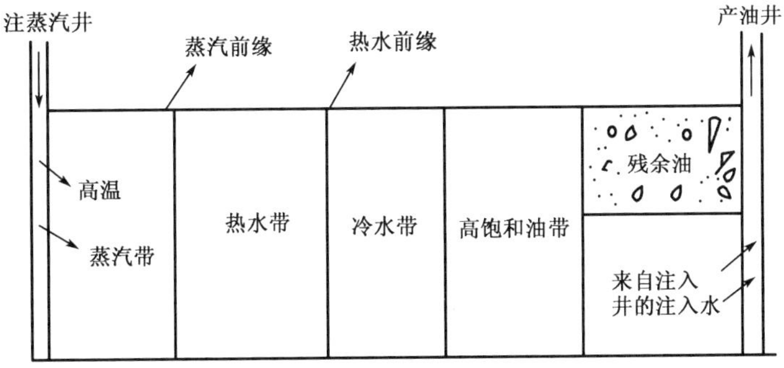

图 4－30　蒸汽驱油过程示意图

通常进行蒸汽驱油，首先要选择适当的井网，将蒸汽注入预定的注入井中，使注入井周围形成一个高温蒸汽饱和带。此饱和带的温度与注入蒸汽的温度几乎相等。当蒸汽离开注入井向外扩散时，压力逐渐下降，由于蒸汽对原油和地层的传热作用，蒸汽的温度也不断下降，蒸汽离开注入井一段距离后，便开始冷凝，逐渐形成水带。然后继续排驱原油向生产井运移，形成冷水带。由于热量的不断扩散，直至形成几乎与地层原油温度相同的高饱和油带。

在高温饱和蒸汽带内，原油和岩石开始发生一系列物理化学变化，这些变化包括原油热膨胀，部分轻质油蒸发，原油粘度降低，并且使原油的相对渗透率增高，原油流动性变好。

为了节约蒸汽，可在注入一定数量的蒸汽后改注热水或冷水，以增加蒸汽驱的经济效益。这一结论已经现场证实是有效的。这是因为在大量注入蒸汽后，注入周围的高饱和蒸汽带内的温度仍很高，在注入热水或冷水后，便会发生热交换，形成热水驱。

由于注热水过程中，在地面、井筒和油层内损失的热量非常大，还会在油层中发生热水指进，降低体积扫油效率，因而一般不单独注热水，而是倾向于注蒸汽后改注热水。

蒸汽驱油法要求油层均质，若油层中存在有高渗透条带，则对注蒸汽来说是一大灾难。此外，考虑到井筒热损耗及盖层和底层的热损失速度，油层深度一般不得超过1000m，油层厚度不得小于6m。

蒸汽驱的缺点在于热损耗大。一般需要将采出油量的三分之一作为产生蒸汽的燃料，此外蒸汽驱还存在见效较蒸汽吞吐晚，难以控制等缺点。但大量的生产现场实践已经表明，凡是适合注蒸汽的油田，注蒸汽可达到非常高的原油采收率。现在需要想办法将热力采油法推广到那些含高粘原油而目前注蒸汽适用性差的油藏，包括薄油藏、含油饱和度低或产油层的有效厚度与总厚度之比较小的油藏、更深部的油藏以及具有高渗透条带的油藏。

此外，在生产上，蒸汽吞吐和蒸汽驱等方法还存在以下问题值得注意：

（1）在采油工艺上，由于注入高温蒸汽，油井套管产生热应力，如不采取适当的绝热措施，就会使套管毁坏，在冷却时还会产生变形、裂纹、甚至断裂。因此，保护油井套管是保证注蒸汽措施顺利进行的前提。

（2）在油层方面，由于高温蒸汽的注入，可能会使原油乳化、粘土膨胀、出砂等不利于产油的地层损害问题。

由于蒸汽驱及蒸汽吞吐的热源均在地面，热耗很大。那么，是否可以将热源放于地下呢？其方法之一就是火烧油层。

三、火烧油层

火烧油层又称就地燃烧（In－situ Combustion），主要有正向燃烧法和反向燃烧法两种燃烧方式。

1. 正向燃烧法

正向燃烧法简称正烧法，它是在空气注入井井底附近将油层点燃，燃烧前缘从注入井向生产井传播、移动，并连续注入空气，驱动燃烧带穿过油层达到附近生产井，从而产出原油的方法，如图4－31（a）所示。

火烧油层的工艺流程是首先选取一套注采井网，向注入井试注一定的空气。试注的目的一方面可证实该油层是否可以注进空气；同时也可使油层具有一定的空气饱和度，以便对空气有足够大的相渗透率，提供燃烧所必需的氧气，以及排出燃烧所产生的废气。然后用井下点火器加热油层至自燃温度（视油层性质不同，燃烧温度可在250～500℃）。再继续注入空

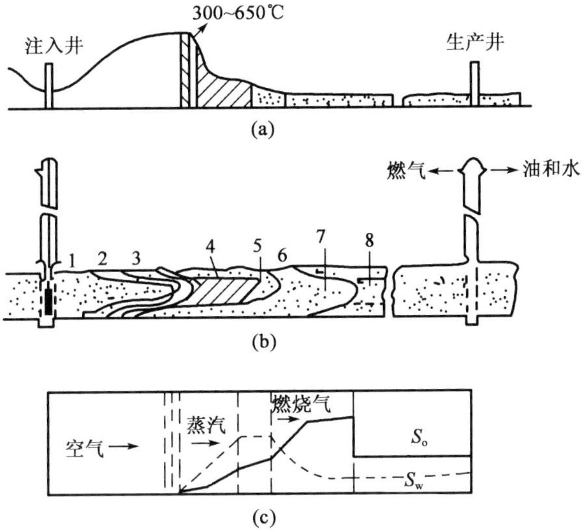

图 4-31　火烧油层燃烧过程示意图

(a) 温度分布；(b) 燃烧剖面；(c) 饱和度分布

1—已燃带——成为疏松的净砂；2—火线——正在燃烧的狭窄地带；3—焦化带——原油焦化裂化后留下的残炭、燃料；4—蒸汽带——共存水和燃烧生成的水汽；5—热水带——蒸汽凝析物；6—轻质油带——蒸馏和裂化产生的轻质油凝析物；7—富油带——被驱集到前沿的油，由于热和轻油稀释，粘度被降低；8—原始含油带——热力尚未影响到的地区

气，保证持续燃烧，使火线向油层的纵深发展，直至驱替原油至生产井。

在点火初期，由于高温，使近井地带原油蒸发和焦化；轻质油蒸汽向前流动与冷油层换热而凝析下来；焦化的重烃变成残留的可燃碳，可为继续燃烧提供热量。燃烧后的热废气在往前流动时加热稠油和岩层，废气中的水分则凝析成热水带，如图 4-31（b）所示。只要有足够的残碳量、足够的温度及空气，燃烧就可维持。燃烧过程中原油和水的饱和度分布和温度分布如图 4-31（c）所示。

对于火烧油层如此高的油层温度，是否会将原油烧尽呢？实际情况是如果适当控制好空气的注入量，采收率可望达 50%～80%，其余的 20%～50%中，燃掉的只是 5%～10%。此时地层中的残余油是由于地层非均质性、注入气和地层油的流度比仍然很大、气与油的重力分离作用严重、平面上和剖面上的波及系数仍然很低等而残留于地层中。

但对于火线波及的地区，由于温度很高，稠油粘度大大降低，并且发生膨胀作用、轻质油稀释作用以及水汽驱替和某种程度的混相作用，除了部分重烃焦化作为燃料被烧掉外，洗油效率几乎可达 100%。

正向燃烧方法具有空气的流动方向与火线前缘的移动方向一致的特点，从而使得前缘推进快，具有采油速度高、开发时间短等优点。但事物一分为二，其缺点表现在燃烧带后面的热量未充分利用，热能利用低，前面的富油带会降低废气渗透率，使燃烧条件恶化，甚至熄火，而常使原油难以流至生产井。对于粘度很高的原油，正烧法难以维持继续燃烧，为此常采用逆烧法。

2. 反向燃烧法

反向燃烧法又称逆烧法，其过程是先在生产井点火后，在生产井注入空气，让点火井向外燃烧一段距离后，再将点火井转为生产井，并转为在邻近井注空气，驱动原油向原来的点火井（即生产井）推进，而燃烧前缘却从点火井向邻近注气井方向移动，与原油流动方向恰好相反（图 4－32）。

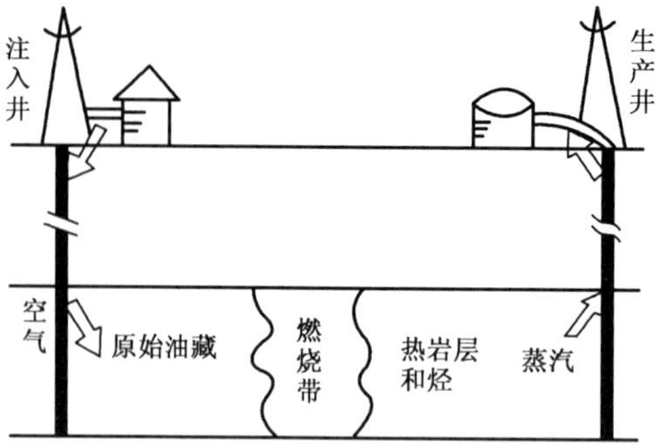

图 4－32　反向燃烧法示意图

通常进行的反向燃烧法，将原油加热至 260～270℃时，粘度则可减少到原始粘度的 1/1000以下，从而可以采出极稠的原油，采收率通常可达 50％。一般反烧法所需的空气量为正向燃烧法的两倍，并且还会烧掉原油的中间馏分。

从以上两种提高原油采收率的燃烧法不难看出，进行火烧，原油饱和度要高，含水要低，并且油层不能太薄、太厚。太薄的油层热损耗太大；油层过厚，全面燃烧困难，推进速度也慢。同时，在原油性质上，密度不宜过大，或过小。密度过大，沉焦量大，需要的气量大；密度过小则沉焦量不足，难以维持燃烧。在油层性质上，最好是均质，这样前缘推进较均匀，波及系数就大。油层如埋藏太深，费用则会大大增高。

值得提到的是，火烧油层比注蒸汽要求有更高的工艺技术水平，因而限制了它的广泛应用。

对于原油粘度和相对密度更大的油砂矿、沥青矿，如埋藏很浅、厚度很大时，可以采用剥离表层土的方法采掘含沥青的岩层，这就是常用的露天采油方法。例如加拿大，使用现已发现和开发的常规石油仅够他们 11 年的用量，但把他们国内所有的油砂矿加在一起，可使加拿大全部使用合成油并自给 250 年的时间。由此看来，在努力寻求各种非常规性能源的今天，油砂矿、沥青矿也应引起人们的高度重视。

综合上述的提高采收率方法可以看出，各种方法都有优点和缺点，并有一定的适用范围。另一方面，实际油层各自的特性不同，情况千差万别。因此，首先需要对油层本身和方法这两个方面进行深入了解。在选择采收率方法上首先应从油层评价开始，即针对现行油层进行取心，并进行分析、测试，了解油层渗透率、原油相对密度、残余油饱和度的大小和分布等，同时还要对所选的采收率方法进行室内实验，开展小井距区现场试验，详细收集资料，并进行可行性论证等，在此基础上才能进行整体方案设计及现场试验。

一种新的采收率方法从提出到现场应用，往往需要二三十年，甚至更长的时间。采收率方法的实施需要地质、油藏、采油、油田化学等各方面人员的协同配合、共同努力。我们相信，EOR 技术在满足我国对石油的需求中，有着广阔的前景。

习　题

1. 什么是一次采油、二次采油、三次采油和提高采收率（Enhanced Oil Recovery）？EOR 包括哪些方法？

2. 什么是波及效率和微观驱油效率？如何计算波及效率和驱油效率？

3. 什么是剩余油和残余油？残余油有哪些主要类型？

4. 影响原油采收率的主要因素有哪些？

5. 什么是毛管数？简述毛管数公式中各物理量的意义？什么是减饱和度曲线？画出减饱和度曲线示意图。

6. 化学驱有哪些主要类型？简述聚合物驱、表面活性剂驱、碱水驱和复合驱的主要驱油机理。

7. 气体混相驱包括哪些主要类型？比较 CO_2 多级接触混相驱与富气多级接触混相驱方法在混相条件、混相类型、混相带位置等方面的不同点。

8. 简述蒸汽驱、蒸汽吞吐和火烧油层等热力采油方法的驱油机理。

参 考 文 献

[1] 孔柏岭．聚合物驱全过程调剖技术的矿场应用．石油学报，2008（2）．

[2] 刘义坤．聚合物驱开发指标预测方法研究．大庆石油地质与开发，2007（2）．

[3] 李杰训，等．聚合物驱油地面工程技术．北京：石油工业出版社，2008.

[4] 李永太．低渗透油田聚合物驱油室内研究及现场试验．北京：石油工业出版社，2007.

[5] 胡博仲，刘恒，李林．聚合物驱采油工程．北京：石油工业出版社，2004.

[6] 韩冬．表面活性剂驱油原理及应用．北京：石油工业出版社，2001.

[7] 董秀勤，窦云芹，宋会美，等．三次采油复合驱表面活性剂性能概述．油气田地面工程，2007（9）．

[8] 葛际江，张贵才，蒋平，等．驱油用表面活性剂的发展．油田化学，2007，27（3）：287－292.

[9] 郭东红，张飞宇，邱宾．三次采油表面活性剂的研究与应用进展（二）．精细与专用化学品，2008，16（8）：32－34.

[10] 郭东红，张飞宇，邱宾．三次采油表面活性剂的研究与应用进展（三）．精细与专用化学品，2008，16（9）：21－23.

[11] 李胜彪，贾胜彬．表面活性剂驱提高采收率先导性试验研究．石油天然气学报，2007，29（4）：117－128.

[12] 冈秦麟．论我国的三次采油技术．油气采收率技术，1998，5（4）：1－6.

[13] 韩显卿．提高采收率原理．北京：石油工业出版社，1993.

[14] Green D W，Willhite G P. Enhanced Oil Recovery，Texas，Henry L. Doherty Memorial Fund of AIME. Society of Petroleum Engineers，1998：1－420.

[15] Camilleri D，ngelsen S，Lake，etal. Description of an improved compositional micellar /polymer simulator. Soc Pet Eng Res Eng，1987，2（4）：427－432.

[16] Camilleri D，etal. 1987b，Improvements in physical－property models used in micellar /polymer flooding. Soc Pet Eng Res Eng，1987，2（4）：433－440.

[17] Thomas C P，Fleming P D，Winter W K. A Ternary，two－phase，mathematical model

of oil recovery with surfactant systems. Soc Pet Eng，1984，24（6）：606－616.
［18］Richardson J G. Calculation of waterflood recovery from steady－state relative permeability data . Trans AIME，1957，2（5）：64－66.
［19］Odeh A S. Effect of viscosity ratio on relative permeability. Trans AIME，1959，216：346－353.
［20］F H 波特曼．提高采收率原理技术．谭文标，等，译．北京：石油工业出版社，1985.
［21］高树棠，等．聚合物驱提高石油采收率．北京：石油工业出版社，1996.
［22］陈铁龙，蒲万芬．聚合物应用与评价方法．北京：石油工业出版社，1997.
［23］马世煜．聚合物驱油实用工程方法．北京：石油工业出版社，1995.
［24］刘文章．稠油注蒸汽热采工程．北京：石油工业出版社，1997.
［25］王云峰，等．表面活性剂及其在油气田中的应用．北京：石油工业出版社，1995.
［26］张景存．提高采收率方法研究．北京：石油工业出版社，1991.
［27］李克向．保护油气层钻井完井技术．北京：石油工业出版社，1993.
［28］A·T·格尔布诺夫，л·п·布钦柯夫．碱水驱．崔耀南、金衍泰，译．北京：石油工业出版社，1995.
［29］杨普华，等，增效碱驱提高采收率译文集．北京：石油工业出版社．1993.
［30］杨承志．表面活性剂在驱油过程中的沉淀损失及其影响因素．石油勘探与开发，1988，6：59－64.
［31］杨承志，表面活性剂吸附理论的最新进展．油田化学，1988，5（4）：331－336.
［32］郭尚平，黄延章，周娟，等．物理化学渗流微观机理．科学出版社．1990.
［33］赵福麟．采油化学．东营：石油大学出版社．1989.
［34］и. л. 马尔哈辛．油层物理化学机理．李殿文，译．北京：石油工业出版社，1987.
［35］陈月明．热力采油．东营：石油大学出版社，1994.

附　录

附录Ⅰ　公式（1－15）的推导

考虑将真实岩石简化为由直毛管组成的假想岩石时（附图1），则：

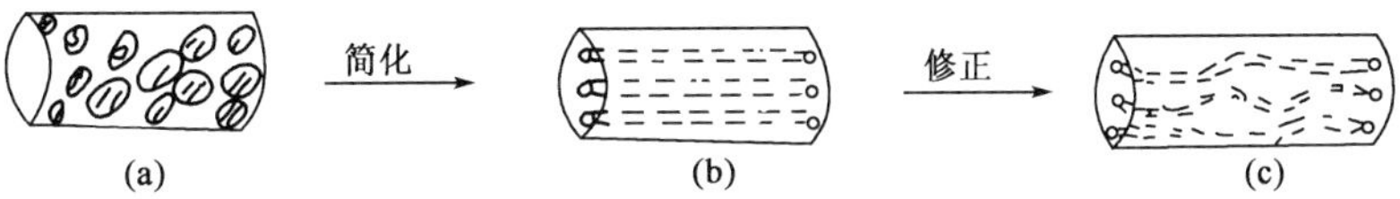

附图1　毛管束模型示意图

（a）真实岩石；（b）等径直毛管；（c）等径弯曲毛管

$$S=\frac{n\cdot(2\pi r)\cdot L}{AL}=\frac{n\cdot 2\pi r}{A} \tag{1}$$

若考虑流体通过岩石孔隙实际走过的长度 L_e 与岩石外表长度 L 的差异（附图1图c），引入迂曲度 τ 的概念，即：

$$\tau=\frac{L_e}{L} \tag{2}$$

则
$$S=\frac{n\cdot 2\pi r\cdot L\tau}{AL}=\left(n\pi r^2\tau\cdot\frac{2}{r}\right)\Big/A \tag{3}$$

又
$$\phi=\frac{n\pi r^2L\tau}{AL}=n\pi r^2\tau/A \tag{4}$$

将式（4）代入式（3），则：

$$S=\frac{2\phi}{r} \tag{5}$$

$$r=\frac{2\phi}{S} \tag{6}$$

又由毛管渗流公式
$$Q=\frac{n\cdot\pi r^4\Delta p}{8\mu L\tau} \tag{7}$$

达西公式
$$Q=\frac{KA\Delta p}{\mu L}\quad\text{或}\quad v=\frac{K\Delta p}{\mu L} \tag{8}$$

根据等效渗流阻力原理，则：

$$\frac{KA\Delta p}{\mu L}=\frac{n\pi r^4\Delta p}{8\mu L\tau}$$

得
$$K=\frac{n\pi r^4}{8\tau A}=\frac{(n\pi r^2\cdot\tau)r^2}{8\tau^2A} \tag{9}$$

将式（4）代入式（9），则可得到渗透率（K）与空隙半径（r）和孔隙度（ϕ）之间的关系，即：

$$K=\frac{\phi r^2}{8\tau^2} \tag{10}$$

如已知岩石渗透率（K）、孔隙度（ϕ），则可按下式计算岩石空隙半径（r），即：

$$r = \sqrt{\frac{8K\tau^2}{\phi}} \tag{11}$$

对比式（11）和式（6），则得：

$$\frac{8K\tau^2}{\phi} = \frac{4\phi^2}{S^2}$$

当渗透率 K 单位为 μm^2 时，则：

$$K = \frac{\phi^3}{2\tau^2 S^2} \times 10^8 \tag{12}$$

此即所谓高才尼方程，即第一章中的公式（1-16）。它是将真实岩石简化为毛管束模型（等径及弯曲毛管构成）而得到的 K、ϕ、S 间的关系式。可令 $k = 2\tau^2$，k 称为高才尼常数。

为了进一步研究岩石比面与 K、ϕ 的关系，将毛管束模型修正为由等径颗粒组成的理想土壤会更接近真实情况。但此时，孔道断面不为圆形，于是引用水力学中的水力半径的概念。根据水力半径的定义为过水断面面积/湿周，可得：

$$r_h = \frac{\phi}{S} \tag{13}$$

设孔道水力半径为 r_h，卡尔曼作了下述的推导。由水力学知道，圆管内的真实流速为：

$$v_i = \frac{r_h^2 \Delta p}{S' \mu L} \tag{14}$$

式中　S'——内部粗糙的形状系数，其平均值为 2.5。

管内真实流速 v_i 与岩石渗流速度 v 的关系为：

$$v_i = \frac{v\tau}{\phi} \tag{15}$$

由式（15）再结合式（14）、式（8），得：

$$v = \frac{\phi}{\tau} v_i = \frac{\phi}{\tau} \cdot \frac{r_h^2}{2.5\mu} \cdot \frac{\Delta p}{L} = \frac{K \Delta p}{\mu L} \times 10^{-8}$$

解得

$$K = \frac{\phi}{2.5\tau} \cdot r_h^2 \times 10^8 \tag{16}$$

将式（13）代入式（16），得：

$$K = \frac{\phi}{2.5\pi} \cdot \frac{\phi^2}{S^2} = \frac{\phi^3}{2.5\tau S^2} \times 10^8 \tag{17}$$

对非胶结的非球形颗粒组成的岩石，可引入形状修正系数 τ_s，式（17）可改为：

$$K = \frac{1}{2.5\tau\tau_s} \cdot \frac{\phi^3}{S^2} \times 10^8 \tag{18}$$

式（18）即为高才尼—卡尔曼方程。式中 $2.5\tau\tau_s$ 为高才尼常数。该方程由于对孔道断面形状进行了修正，故较为真实地描述了岩石间比面、渗透率、孔隙度等的关系式，也是测定岩石比面的理论基础。

在测定岩石比面时，采用水柱高度 H 代表压差 $p_1 - p_2$，此时，结合气测岩石渗透率计算公式：

$$K = \frac{2p_o Q_o \mu L}{A(p_1^2 - p_2^2)} \tag{19}$$

并考虑：$p_1^2 - p_2^2 = p_o^2 - (p_o - H)^2 = p_o^2 - p_o^2 + 2Hp_o - H^2 \approx 2Hp_o$

$p_1 = p_o \approx 1.033 \times 10^3$ cm 水柱

式中　μ——流体粘度，mPa·s。

则式（19）为：

$$K = \frac{Q_o \mu L}{AH} \times 1.033 \times 10^3 \tag{20}$$

对比式（20）和式（18），并取 $\tau = 1.4$，$\tau_s = 1.4$，则：

$$S = \sqrt{\frac{10^8}{2.5 \times 1.4 \times 1.4} \phi^3 \times \frac{AH}{Q_o \mu L \times 1.033 \times 10^3}} = 140\sqrt{\phi^3}\sqrt{\frac{AH}{Q_o \mu L}} \tag{21}$$

式（21）即为气测岩石比面大小的计算公式，即本书中式（1-15）。

附录Ⅱ　公式（1-130）的推导

首先假设毛管长为 L（cm），内壁半径为 r_0（cm），其中有粘度为 μ（mPa·s）的流体，在压差为 $p_1 - p_2$（dyn/cm²）下作层流流动，若流体可以润湿毛细管壁，则在管壁处的流速为零，在管中心处的流速则最大。这种流动可视为一组分别以不同速度运动的同心液筒，在个液筒之间存在着粘滞力。

粘滞力的大小，可用牛顿内摩擦定律表示，即：

$$F = \mu A \frac{dv}{dX} = -\mu A \frac{dv}{dr} \tag{1}$$

$$A = 2\pi r L$$

式中　A——同心液筒圆柱面积，它是液筒半径的函数，cm²；

$\frac{dv}{dr}$——速度梯度，cm/（s·cm）；

F——粘滞力，dyn。

作用于半径为 r 的液筒上的粘滞力为：

$$F = -\mu \cdot 2\pi r L \cdot \frac{dv}{dr} \tag{2}$$

此时，作用于同一液筒上的驱动力则为（$p_1 - p_2$）πr^2。假设液流没有加速度，那么驱动力和粘滞阻力应相等，即：

$$-\mu \cdot 2\pi r L \cdot \frac{dv}{dr} = \pi \gamma^2 (p_1 - p_2)$$

$$dv = -\frac{(p_1 - p_2) r dr}{2\mu L}$$

上式积分后可得：

$$v = -\frac{(p_1 - p_2) r^2}{4\mu L} + C_1$$

由 $r = r_0$ 时 $v = 0$，可求出其积分常数 $C_1 = r_0^2$（$p_1 - p_2$）/（$4\mu L$），故：

$$v = \frac{(r_0^2 - r^2)(p_1 - p_2)}{4\mu L} \tag{3}$$

式（3）表明，沿着毛管半径方向，速度的分布规律为一抛物线（附图 2）。中心处的速度最大，管壁处则为零，任一半径 r 处速度分布由式（3）算出。

附图 2　毛管中粘滞流动时的速度分布

已知毛管中速度分布后，其流量如何呢？假设通过厚度为 dr 的单元液筒的体积流量为 $\mathrm{d}q = v\mathrm{d}A$ ，而 $\mathrm{d}A = 2\pi r\mathrm{d}r$ 。于是通过该毛管的流量即为这些个别单元液筒流量的叠加，即：

$$q = \int_0^q \mathrm{d}q = \int_0^{r_0} v\mathrm{d}A = \int_0^{r_0} \frac{(p_1 - p_2)(r_0^2 - r_2)}{4\mu L} \times 2\pi r\mathrm{d}r$$

上式积分后，得：

$$q = \frac{\pi r_0^4 (p_1 - p_2)}{8\mu L} \tag{4}$$

对于任一半径为 r 的毛管，则其流量为：

$$q = \frac{\pi r^4 (p_1 - p_2)}{8\mu L} \tag{5}$$

式（5）即为液体在毛管中作粘滞性渗流的泊谡叶公式（Poiseuille’ s law）。

若设介质单位截面积中有几根半径为 r 的毛管，总截面积为 A ，则通过该介质的总流量为：

$$Q = \frac{nA\pi r^4 (p_1 - p_2)}{8\mu L}$$

当考虑流体通过岩石孔隙实际走过的长度 L_e 与岩石外表长度为 τ 时，则：

$$Q = \frac{nA\pi r^4 (p_1 - p_2)}{8\mu L\tau}$$

此即为式（1 - 130）。